한눈에 보는
건축법규

황 석 규 편저

알기 쉽고 찾기 쉬운
건축법·건축법시행령·건축법시행규칙·요약

○ 편저자 소개

황 석 규
- 부산대학교 건축공학과
- 내외건축 (서울)
- 동일건축 (서울)
- 건축사 / 대한건축사협회 정회원
- (주)보고건축사사무소 대표이사

출 강
- 동부산대학교
- 동의대학교
- 부산과학기술대학교
- 창원대학교
- 동명대학교
- 부산대학교

○ 질문과 도움을 주실 분은 아래로 연락바랍니다.
- HP : 010 - 3855 - 4184
- E-mail : 581bogo @ daum. net

책 머 리 에

   이 책의 초안을 1991.5.31 건축법이 전면개정 되면서 관보를 복사해서 만들게 되었다.
당시에는 요약을 손으로 직접 필기했던 것을 그 동안 몇 차례 수정도 하고 법이 바뀔 때마다
고쳐서 보던 것을 97년부터는 건축사 수험생들을 위해 워드 작업을 해서 사용하였다.

   다들 건축실무에서 많이 경험했겠지만 매년 바뀌는 법을 그때마다 수정해서 보기란 여간
번거로운 것이 아니며 가볍게 1년 정도 보고 부담 없이 구입할 수 있는 또한 가장 많이 접하
는 내용만 있는 책이 필요했다.
   그래서 이렇게 혼자 만들어서 보던 책이 벌써 20년이 훌쩍 넘었다.

   부산광역시 건축사회 법규위원으로 일하면서 회원들을 위한 법령집 제작에 이 책의 체제
중 요약 부분에 조례를 실어 만들어 본 경험도 있다.

   그러다 1999년에 정식 출판을 하게 되었지만 여러 가지 사정으로 중단되고 강의교재와
사무실, 지인들을 위해 계속 업그레이드되어 사용되어 왔다.

   우선 이 책의 쓰임은 실무자들에게는 한눈에 대조식으로 된 원문을 볼 수 있고
학생들에게는 건축법, 건축법 시행령, 건축법 시행규칙의 체계에 쉽게 접근할 수 있으며
수험생에게는 이 책의 1/4인 요약 부분만 보면 수험대비가 될 것으로 판단된다.
비전문가들이 보는 책이 아니란 생각에서 설명은 많이 줄였다.
   아마도 실무에서 핸드북으로 사용하면 유용할 것 같다.

   아직 많은 부분에서 모자란 점이 있겠지만 이 책을 보는 분들의 조언으로 앞으로 보완해
가고자하며 그림설명도 곁들일 수 있도록 시간을 갖고 여백을 채우고자한다.

   그리고 출판을 위해 힘쓰신 도서출판 미세움 식구들에게 깊은 감사드립니다.
직접 일일이 워드작업을 하고 있는 아빠에게 많은 도움을 준 딸 혜린에게도 고마움을 전하며
붓을 놓는다.

2023년 초에 …

雲崗　黃 錫 圭 識

찾 아 보 기

* 법(령)

제9장의3 결 합 건 축

제9장 보   칙

제10장 벌   칙

부   칙

건축법의 개요

1. 건축법의 목적

건축법은 건축물의 대지·구조 및 설비의 기준과 건축물의 용도 등을 정하여

건축물의 안전·기능·환경 및 미관을 향상시킴으로써 공공복리의 증진에 이바지함

2. 우리 나라 건축법의 변천

(1) 시가지 건축규칙 (市街地建築規則 / 1913)

　　우리 나라 최초의 근대적인 건축에 관한 법규

(2) 조선 시가지 계획령 (朝鮮 市街地 計劃令 / 1934. 6. 20. 제령 제 18 호)

　　도시가 근대화경향을 띠고 시가지의 창설(創設) 또는 개량의 필요가 생겨 제정

　　공포된 것

(3) 건축법 (1962.1.20. 법률 제 984 호)

　　5.16 이후 당시의 국가재건최고회의는 "구법 정리(舊法整理)에 관한 임시조치법

　(1961.7.15.법률 제659호)"을 제정 공포하여 구한국(舊韓國), 일제(日帝), 미군정

　(美軍政)시대에 제정한 법은 1961년 말까지 우리 나라의 현실에 맞게 정리 못하면

　1962년 1월 20일을 기해 폐지하도록 하였다.

　　이리하여 조선시가지 계획령(朝鮮市街地計劃令) 중 시가지계획에 관한 부분은

　도시계획법(1962.1.20 법률 제983호)으로, 건축통제에 관한 부분은 건축법(1962.

　1.20. 법률 제984호)으로 각각 정리 확충되어 독립된 법률로서의 면모를 갖추게

　됨과 동시에 30여 년 동안 시행되어 온 조선시가지계획령은 폐지되었다.

3. 법의 체계

（1）헌법(憲法)

국가에서 최상위에 존재하는 기본법으로 다른 모든 법률이 법으로서의 효력을 가질 수 있는 근거이며, 따라서 헌법에 저촉되는 것은 법으로서의 효력을 가질 수 없다.

（2）법률(法律)

헌법이 규정하는 범위 내에서 국민의 권리와 의무에 관하여 국회의 의결을 거쳐 제정·공포한 국법의 제 1 형식으로 대통령이 이를 공포한다.

예 : 건축법

（3）명령(命令)

국회의 의결을 거치지 않고 행정기관이 제정·공포하는 명령.

① 대통령령(大統領令) : 대통령이 법률에서 위임된 사항과 법률을 시행하기 위하여 필요한 사항에 대하여 발(發)하는 명령으로 "시행령"이라 한다.

예 : 건축법 시행령

② 총리령·부령(總理令·部令) : 국무총리 또는 행정부의 장이 소관부처의 업무를 시행함에 있어 법률이나 대통령령의 위임 또는 직권으로 제정하는 명령으로 "시행규칙" 이라 한다.

예 : 건축법 시행규칙 (국토교통부령)

（4）지방자치법규 (地方自治法規)

지방 자치 단체는 명령의 범위 안에서 자치 입법권을 갖는다.

① 조례(條例) : 지방자치단체가 지방의회의 의결에 의하여 법령의 범위 내에서 그 사무에 관하여 제정하는 자치 법규

예 : ○ ○ 시(군, 구)건축조례

② 규칙(規則) : 지방자치단체의 장이 법령 또는 조례가 위임하는 범위 내에서 그 권한에 속하는 사무에 관하여 제정하는 명령으로 "시행세칙"이라 한다.

예 : 건축법 시행세칙

4. 법령(法令)의 형식

법령은 일반적으로 제명(題名), 본칙(本則), 부칙(附則)의 세부분으로 구성되는데,
건축법의 형식은 다음과 같다.

제명 및 법령번호 ── 建 築 法 (1962. 1. 20 法律 第984號)

본　　칙 ──┬── 第 1 章　總 則
　　　　　　├── 第1條 (目的) 이 法은 建築物의 垈地·構造·設備의 ……을
　　　　　　└── 目的으로한다. (이하중략)

부　　칙 ──┬── 附　　　則 (1962. 1. 20)
　　　　　　├── ① 〔施行日〕 이 法은 公布한 날로부터 施行한다.
　　　　　　└── (이하중략)

(1) 제명(題名) 및 법령번호(法令番號)

제명에는 법령의 종류를, 법령번호에는 그 법령을 공포한 날짜와 법령번호를
표시한다.

(2) 본 칙(本則)

그 법령이 목적하는 실질적 규정을 내용으로 한 것으로 조(條), 항(項), 호(號),
목(目)으로 표시한다.

① 조(條)
법령 내용의 기본적인 사항을 구분 규정한 것으로 각 조에는 괄호에
표제가 표시된다.
예 : 第1條(目的)

② 항(項)
조에 있어서 규정되는 사항이 복잡할 때, 항으로 나누어 표시한다.
예 : ①, ②, ③ …

③ 호(號)
조 (條)또는 항(項)에 있어서 어떤, 어떤 사항의 명칭 등을 게기(揭記)할
때는 호(號)로 나누어 표시한다.
예 : 1.,2.,3.,…

④ 목(目)
호(號)를 다시 구분할 때에는 목(目)으로 나누어 표시한다.
예 : 가.,나.,다.…

(3) 부칙 (附則)

부칙에서는 법령의 시행일을 규정하고 당해 법령이 제정 또는 개정에 따른 신법과
구법의 관계를 규정한 경과 규정이 표시된다. 또 필요한 경우에는 당해 법령의 제정
또는 개정으로 이에 따른 다른 법령의 관련조항을 부칙에서 개정하기도 한다.

(4) 건축법의 내용

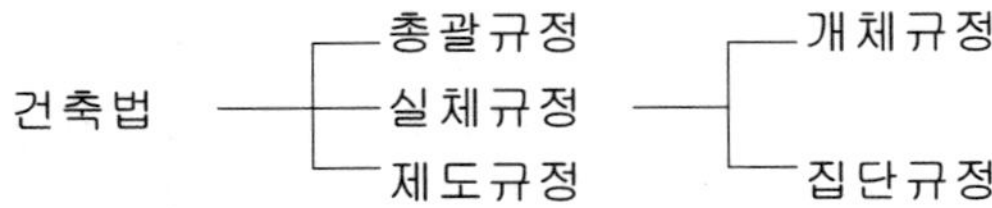

1) 총괄규정
  총괄규정은 건축법의 목적, 용어의 정의, 면적 및 높이의 산정방법, 적용하는
범위, 다른 법령과의 관계 그리고 기존건축물 등에 대한 경과조치 등의 규정을
내용으로 하고 있다.

2) 실체규정(實體規定)

① 개체규정(個體規定)
  모든 건축물은 각각 이용목적에 따라 건축물의 실체에 대하여 기술적인 기준을
일률적으로 규정할 수 없으므로 개체 규정은 최소한의 기술적인 기준만 정하고
전문적인 기술을 요하는 구체적인 사항에 대하여는 국가가 시행하는 기술자격
시험에 합격한 자에게 건축사(建築士)자격을 부여하여 이들로 하여금 설계를
하도록 제도화함으로써 건축물의 개체에 대한 질적향상을 도모하고 있다.

가. 규정내용에 따른 구분
  ◦ 안전유지에 관한 규정
  ◦ 위생에 관한규정

나. 건축물의 용도에 따른 구분
  ◦ 일반건축물에 관한 규정
  ◦ 특수용도의 건축물에 관한규정

다. 적용하는 부분에 따른 구분
  ◦ 건축물의 대지에 관한 규정
  ◦ 건축물에 관한 규정
  ◦ 건축물에 설치하는 설비에 관한 규정
  ◦ 공작물에 관한 규정

② 집단규정(集團規定)
　기존도시와　앞으로　도시화할 구역에서　건축시설의 기본계획　및　각 건축물과
타건축물 또는 도로 기타 공공시설간의 기능, 형태 등의 조정과 토지의 합리적인
이용계획을 규정

가. 용도제한에 의한 규정
　도시계획구역의 전반에 걸쳐 도시계획법의 규정에 의하여 지정한 지역, 지구 및
구역으로 구분하여 지정목적에 적합한 용도의 건축물만 건축할 수 있도록 규정
　　◦ 지역(地域)에 따른 용도제한
　　◦ 지구(地區)에 따른 용도제한
　　◦ 대지가 지역·지구 또는 구역에 걸치는 경우의 조치

나. 형태제한(形態制限)에 관한 규정
　건축물의 밀도 및 형태를 규제
　　◦ 건폐율에 관한 규정
　　◦ 용적률에 관한 규정
　　◦ 대지면적의 최소한도에 관한 규정
　　◦ 대지 안의 공지에 관한 규정
　　◦ 건축물의 높이제한에 관한 규정

다. 방화(防火)에 관한 규정
　도시의 방화적인 측면에서 특히 중요하다고 인정되는 부분에 한하여 지구(방화지구)를
정하고 당해 지구내에 건축하는 건축물에 대하여는 방화상 기준을 방화지구 이외의 구역 내
건축하는 건축물보다 더욱 강력히 규제.

라. 도로(道路)에 관한 규정
　도시 전반에 걸친 건설계획에서 건축물 및 대지의 위치와 도로 기타공공시설의 위치와
도로와의 상호관계를 합리적으로 유지하는데 필요한 일반적인 기준을 규정

3) 제도규정(制度規定)

① 건축허가, 착공신고, 중간검사, 사용검사, 건축물의 유지·관리 등에 관한 규정
 법령에 위반된 설계 및 시공 등 위법행위를 사전에 지도하고 방지하기 위하여 필요한
 설계도서 및 관계 서류를 제출토록 하여 건축허가·착공신고·중간검사·사용검사를 받도록
 하고 건축물의 철거 및 멸실 신고와 건축물의 유지·관리를 하는 내용도 규정

② 위반건축물의 행정처분에 관한 규정
 과오 또는 고의로 법령의 규정에 부적합하게 건축하는 경우에 당해 건축물의 위반정도와 성질에
 따라 시장·군수·구청장은 건축주·공사시공자·설계자·공사감리자에게 건축물에 대한 건축허가
 또는 승인의 취소, 효력의 정지, 공사의 중지, 철거, 개축, 증축, 수선, 사용금지(영업허가제한),
 사용제한(전기·전화·수도·가스설비 등 설치제한) 기타 필요한 조치를 명할 수 있다.

③ 위반건축물의 관계자에 대한 벌칙(罰則)에 관한 규정
 ◦ 건축법에 의한 위반대상자(違反對象者)는 당해 위반건축물의 건축주·관리자·설계자
   ·공사감리자·건축구조기술사 및 공사시공자로 구분하여 건축물의 위반상황에 따라
   당해 위반행위자를 처벌대상자로 규정.
 ◦ 법인의 경우에 당해 법인의 종업원 및 법인의 대표자도 함께 벌하는 양벌규정을 적용
 ◦ 벌칙의 종류와 형량은 당해 위반건축물의 규모·용도·위반사항에 따라 징역형(懲役刑)
   ·벌금형(罰金刑)·과태료(過怠料) 및 이행강제금(履行强制金)으로 구분하여 벌하도록
   규정하며, 징역형과 벌금형을 병과하기도 한다.

5. 법(法)의 효력

(1) 법의 효력발생시기

법령은 관보(官報)에 의하여 공포되며 공포 후 이를 국민에게 주지시키기 위해 일정기간이
경과 된 후 효력을 발생하게 된다.
즉, 법률은 특별한 규정이 없는 한 공포(公布)한 날로부터 20일을 경과함으로써 효력을 발생
한다고 헌법에 명시되어 있다. 그 효력의 발생이 시작되는 날인 시행일(施行日)은 그 법령의
부칙(附則)에 반드시 규정되어 있다.

(2) 법률 불소급(不遡及)의 원칙

법은 시행일(施行日)로부터 효력을 발생하며, 그 전에 발생한 사실에 대해서는 적용하지
아니함을 원칙으로 한다. (기득권의 존중 및 법적 안정성의 요구에 의하여 성립)

(3) 신법(新法)과 구법(舊法)

동일 사항에 관하여 저촉되는 신법이 제정되면, 신법의 효력발생과 동시에 구법의 효력은
상실된다. 이때 구법 밑에서 이루어져서 신법 시행 후에도 존속하는 관계를
경과규정(經過規定)이라 하고 일반적으로 부칙에서 규정한다.

(4) 특별법(特別法)과 일반법(一般法)

특별법은 일반법에 우선하다.

6. 법의 용어(用語)

(1) 이상(以上), 이하(以下), 이전(以前), 이후(以後), 이내(以內)
　기산점(起算點)이 포함된다.

(2) 초과(超過), 미만(未滿), 넘는
　기산점(起算點)이 포함되지 않는다.

(3) 또는, 이거나
　선택적으로 연결할 때 쓰는 것으로 큰 뜻으로 선택적 연결로서 "이거나"를,
　작은 뜻의 선택적 연결로서 "또는"을 쓴다.

(4) 준용(準用)한다.
　비슷한 내용의 조문(條文)을 되풀이하지 않고 그 조문에 필요한 사항만을
　적용한다는 뜻

(5) 각 호(各 號)에, 각 호(各 號)의 1에
　"각 호에"는 표시된 호(號) 전부(병합적 지정)를, "각 호의 1에"는 표시된
　호 중에서 하나의 호만(선택적 지정)을 말한다.

(6) 전2항(前2項), 제2항(第2項)
　"전2항"이라 하면 그 항(項)을 포함하지 않은 그 항에 앞서 있는 2개의 항을
　가리키며 "제2항"이라 하면 제1항 다음에 오는 제2항만을 가리킨다.

(7) 그러하지 아니하다, 하여서는 아니 된다.
　"그러하지 아니하다"란 허용(許容)된다는 뜻이며 "하여서는 아니 된다"란
　불허(不許)한다는 뜻이다.

(8) 및, 그리고
　"및"은 2개 이상의 명사 또는 동사를 병합할 때 사용하며, 특히 3개 이상을
　병합할 때는 "및"은 맨 마지막 명사나 동사 앞에 사용한다. "그리고"는 단계를
　지우는 문구 끼리를 연결하는 병합적 용어로써 "및"의 병합적 용어보다 큰
　문구를 연결하는데 사용된다.

(9) 내지
　"~에서 ~까지"를 뜻한다.

(10) 공(供)하는
　"사용되는", "쓰이는"을 뜻한다.

(11) 갈음할 수 있다.
　"대신할 수 있다."는 뜻이다.

7. 건축법과 관계가 밀접한 법규

① 건축기본법
② 국토의 계획 및 이용에 관한 법률
③ 주차장법
④ 건축사법
⑤ 주택법
⑥ 건설기술진흥법
⑦ 건설산업기본법
⑧ 소방법
⑨ 시설물의 안전관리에 관한 특별법
⑩ 건축물관리법 (2019. 4. 30. 제정, 2020. 5. 1. 시행)

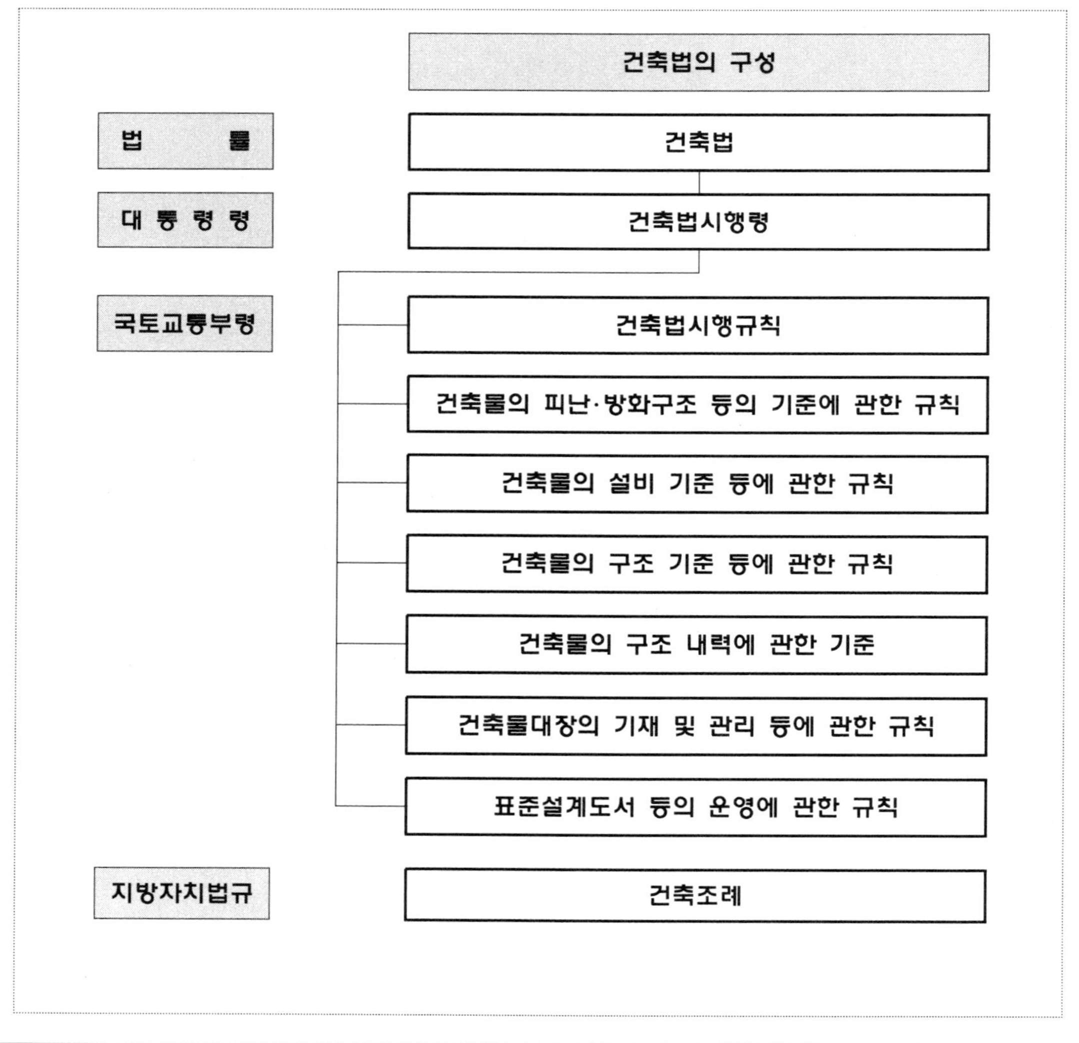

건 축 행 정 흐 름 도

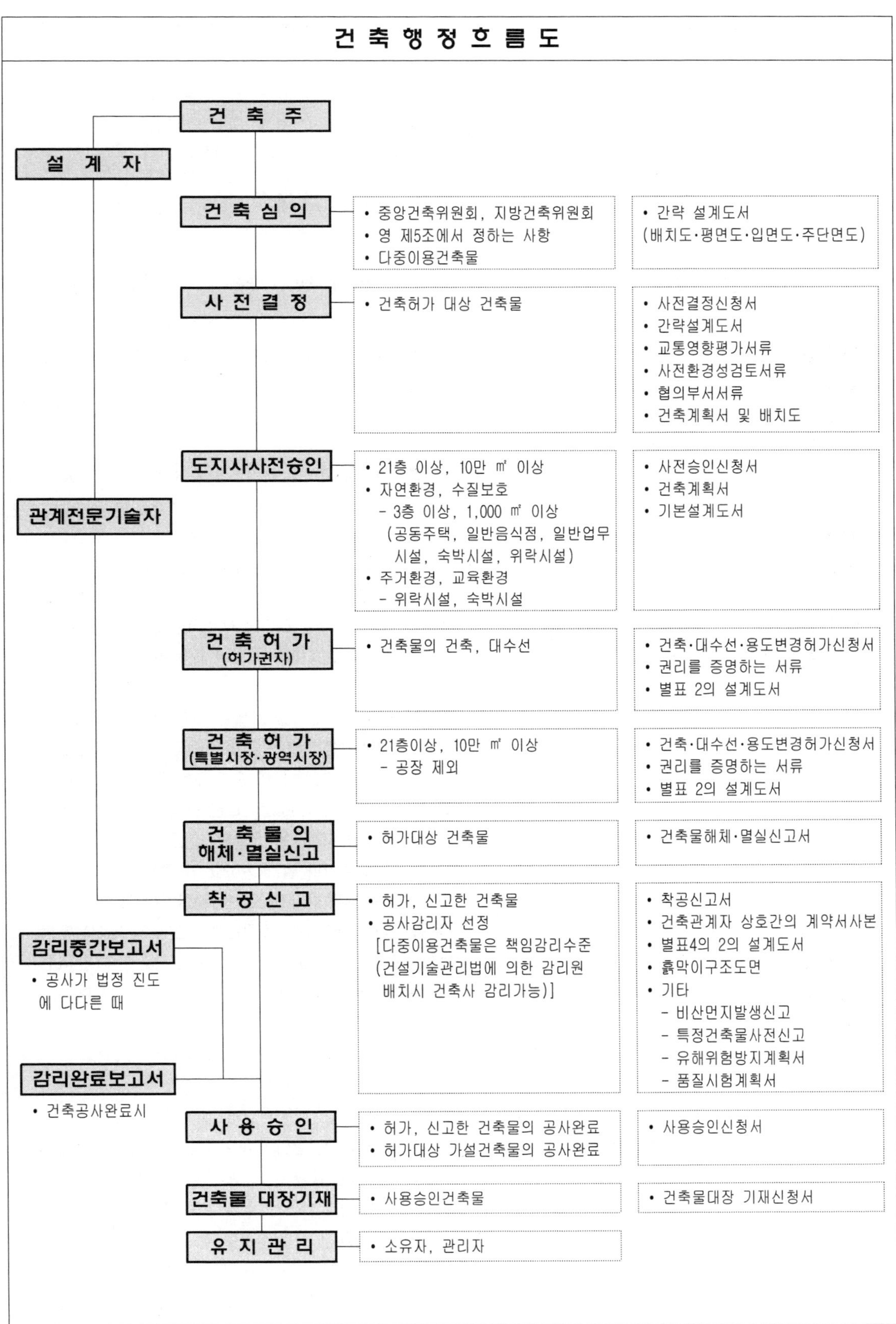

<table>
<tr><th>건 축 법</th><th>건 축 법 시 행 령</th></tr>
</table>

제   정 62.01.20 법률 제 984호
전부개정 08.03.21 법률 제 8974호
일부개정 21.08.10 법률 제18383호
일부개정 22.02.03 법률 제18825호
일부개정 22.11.15 법률 제19045호

제   정 62.04.20 각   령 제 650호
전문개정 92.05.30 대통령령 제13655호
일부개정 21.11.02 대통령령 제32102호
일부개정 21.12.21 대통령령 제32241호
일부개정 22.04.29 대통령령 제32614호

제 1 장 총 칙

제1조【목 적】 이 법은 건축물의 대지·구조·설비기준 및 용도 등을 정하여 건축물의 안전·기능·환경 및 미관을 향상시킴으로써 공공복리의 증진에 이바지하는 것을 목적으로 한다.

제2조【정 의】 ① 이 법에서 사용하는 용어의 뜻은 다음과 같다. 〈개정 16.02.03〉

8. **"건축"**이란 건축물을 신축·증축·개축·재축(再築)하거나 건축물을 이전하는 것을 말한다.

4. **"건축설비"**란 건축물에 설치하는 전기·전화 설비, 초고속 정보통신 설비, 지능형 홈네트워크 설비, 가스·급수·배수(配水)·배수(排水)·환기·난방·냉방·소화(消火)·배연(排煙) 및 오물처리의 설비, 굴뚝, 승강기, 피뢰침, 국기 게양대, 공동시청 안테나, 유선방송수신 시설, 우편함, 저수조(貯水槽), 방범시설, 그 밖에 국토교통부령으로 정하는 설비를 말한다. 〈개정 16.01.19〉

제 1 장 총 칙

제1조【목 적】 이 영은「건축법」에서 위임된 사항과 그 시행에 필요한 사항을 규정함을 목적으로 한다. 〈개정 08.10.29〉

제2조【정 의】 이 영에서 사용하는 용어의 뜻은 다음과 같다. 〈개정 20.04.28〉

1. **"신축"**이란 건축물이 없는 대지(기존 건축물이 철거되거나 멸실된 대지를 포함한다)에 새로 건축물을 축조(築造)하는 것[부속건축물만 있는 대지에 새로 주된 건축물을 축조하는 것을 포함하되, 개축(改築) 또는 재축(再築)하는 것은 제외한다]을 말한다.
2. **"증축"**이란 기존건축물이 있는 대지에서 건축물의 건축면적, 연면적, 층수 또는 높이를 늘리는 것을 말한다.
3. **"개축"**이란 기존건축물의 전부 또는 일부[내력벽·기둥·보·지붕틀(제16호에 따른 한옥의 경우에는 지붕틀의 범위에서 서까래는 제외한다) 중 셋 이상이 포함되는 경우를 말한다]를 철거하고 그 대지에 종전과 같은 규모의 범위에서 다시 축조하는 것을 말한다.
4. **"재축"**이란 건축물이 천재지변이나 그 밖에 재해(災害)로 멸실된 경우 그 대지에 다음 각 목의 요건을 모두 갖추어 다시 축조하는 것을 말한다. 〈개정 16.05.17〉
   가. 연면적 합계는 종전 규모 이하로 할 것
   나. 동(棟)수, 층수 및 높이는 다음의 어느 하나에 해당할 것
     1) 동수, 층수 및 높이가 모두 종전 규모 이하일 것
     2) 동수, 층수 또는 높이의 어느 하나가 종전 규모를 초과하는 경우에는 해당 동수, 층수 및 높이가「건축법」(이하 "법"이라 한다), 이 영 또는 건축조례(이하 "법령 등"이라 한다)에 모두 적합할 것
5. **"이전"**이란 건축물의 주요구조부를 해체하지 아니하고 같은 대지의 다른 위치로 옮기는 것을 말한다.

<table>
<tr><th>건 축 법 시 행 규 칙</th><th>요 약</th></tr>
<tr><td>

제   정 62.05.04 경제기획원령 제 11호
전문개정 92.06.01 건설부령   제 504호
일부개정 21.06.25 국토교통부령 제 862호
일부개정 21.12.31 국토교통부령 제 935호
일부개정 22.11.02 국토교통부령 제1158호

제1조 【목적】 이 규칙은 「건축법」및 「건축법시행령」에서 위임된 사항과 그 시행에 필요한 사항을 규정함을 목적으로 한다.
〈개정 12.12.12〉

</td><td>

목 적

1. 대지 기준
2. 구조   "
3. 설비   "
4. 용도 지정
5. 안전·기능·환경 및 미관향상
6. 공공복리증진

건 축

1. 신축
건축물이 없는 대지에 새로 건축물 축조
※ 부속건축물만 있는 대지에 주된 건물 축조 포함
2. 증축
기존 건축물이 있는 대지에서 건축면적, 연면적, 층수 또는 높이를 늘리는 것
3. 개축
기존건축물의 전부 또는 일부 [내력벽, 기둥, 보, 지붕틀(한옥의 경우 서까래 제외)중 셋 이상 포함] 철거 후 같은 규모의 범위에서 다시 축조
4. 재축
천재지변, 그 밖에 재해로 멸실 후 개축
가. 연면적 합계는 종전 규모 이하로 할 것
나. 동(棟)수, 층수 및 높이는 다음에 해당할 것
 1) 동수, 층수 및 높이 모두 종전 규모 이하일 것
 2) 동수, 층수 또는 높이의 어느 하나가 종전 규모를 초과하는 경우
   - 해당 동수, 층수 및 높이가 법령 등에 모두 적합할 것
5. 이전
주요구조부를 해체하지 않고 같은 대지의 다른 위치로 옮기는 것

건축설비

전기·전화 설비, 초고속 정보통신 설비, 지능형홈네트워크 설비, 가스·급수·배수(配水)·배수(排水)·환기·난방·소화(消火)·배연(排煙) 및 오물처리의 설비, 굴뚝, 승강기, 피뢰침, 국기게양대, 공동시청 안테나, 유선방송수신시설, 우편함, 저수조(貯水槽), 방범시설, 그 밖에 국토교통부령으로 정하는 설비

</td></tr>
<tr><td>

건축물의 피난·방화구조 등의 기준에 관한 규칙

제   정 99.05.07 건설교통부령 제 184호
일부개정 13.03.23 국토교통부령 제 1 호
일부개정 21.12.23 국토교통부령 제 931호
일부개정 22.02.10 국토교통부령 제1106호
일부개정 22.04.29 국토교통부령 제1123호

제1조 【목적】 이 규칙은 「건축법」 제49조, 제50조, 제50조의2, 제51조, 제52조, 제52조의4, 제53조 및 제64조에 따른 건축물의 피난·방화 등에 관한 기술적 기준을 정함을 목적으로 한다.
〈개정 19.10.24〉

</td><td></td></tr>
</table>

건 축 법	건 축 법 시 행 령
	[제2조] 6. "**내수재료**(耐水材料)"란 인조석·콘크리트 등 내수성을 가진 재료로서 국토교통부령으로 정하는 재료를 말한다. 7. "**내화구조**(耐火構造)"란 화재에 견딜 수 있는 성능을 가진 구조로서 국토교통부령으로 정하는 기준에 적합한 구조를 말한다.
건 축 법	건 축 법 시 행 령

<table>
<tr><th colspan="2">건축물의 피난·방화구조 등의 기준에 관한 규칙</th><th>요　　　약</th></tr>
</table>

건축물의 피난·방화구조 등의 기준에 관한 규칙	요　　　약

제2조【내수재료】 「건축법 시행령」(이하 "영"이라 한다) 제2조제6호에서 "국토교통부령으로 정하는 재료"란 벽돌·자연석·인조석·콘크리트·아스팔트·도자기질재료·유리 및 그 밖에 이와 비슷한 내수성 건축 재료를 말한다. 〈개정 19.08.06〉

제3조【내화구조】 영 제2조제7호에서 "국토교통부령으로 정하는 기준에 적합한 구조"라 함은 다음 각 호의 어느 하나에 해당하는 것을 말한다. 〈개정 19.08.06〉

1. 벽의 경우에는 다음 각 목의 어느 하나에 해당하는 것
가. 철근콘크리트조 또는 철골철근콘크리트조로서 두께가 10센티미터 이상인 것
나. 골구를 철골조로 하고 그 양면을 두께 4센티미터 이상의 철망모르타르(그 바름바탕을 불연재료로 한 것으로 한정한다. 이하 이 조에서 같다) 또는 두께 5센티미터 이상의 콘크리트블록·벽돌 또는 석재로 덮은 것
다. 철재로 보강된 콘크리트블록조·벽돌조 또는 석조로서 철재에 덮은 콘크리트블록등의 두께가 5센티미터 이상인 것
라. 벽돌조로서 두께가 19센티미터 이상인 것
마. 고온·고압의 증기로 양생된 경량기포 콘크리트패널 또는 경량기포 콘크리트블록조로서 두께가 10센티미터 이상인 것
2. 외벽 중 비내력벽인 경우에는 제1호에도 불구하고 다음 각 목의 어느 하나에 해당하는 것
가. 철근콘크리트조 또는 철골철근콘크리트조로서 두께가 7센티미터 이상인 것
나. 골구를 철골조로 하고 그 양면을 두께 3센티미터 이상의 철망모르타르 또는 두께 4센티미터 이상의 콘크리트블록·벽돌 또는 석재로 덮은 것
다. 철재로 보강된 콘크리트블록조·벽돌조 또는 석조로서 철재에 덮은 콘크리트블록등의 두께가 4센티미터 이상인 것
라. 무근콘크리트조·콘크리트블록조·벽돌조 또는 석조로서 그 두께가 7센티미터 이상인 것

요　　　약

내수재료

벽돌, 자연석, 인조석, 콘크리트, 아스팔트, 도자기질재료, 유리 및 그 밖에 이와 비슷한 내수성 건축재료

내화구조

※ 화재에 견딜 수 있는 성능을 가진 구조

구 분	철근콘크리트조 또는철골철근콘크리트조	철 골 조	무근콘크리트조·콘크리트블록조·벽돌조·석조	철재로 보강된 콘크리트블록조·벽돌조·석조	기 타
벽 ( )속은 외벽 중 비내력벽의 경우	두께 10cm (7cm) 이상인 것	양쪽을 두께4cm (3cm)이상의 철망모르타르*1 또는 두께5cm (4cm)이상의 콘크리트블록·벽돌·석재로 덮은 것	두께(7cm) 이상인 것	철재에 덮은 두께 5cm (4cm) 이상인 것	① 벽 돌 조 / 두께가 19cm 이상인 것 ②고온·고압 증기 양생된 경량기포콘크리트패널 또는 경량기포 콘크리트블록조 /두께가 10cm 이상인 것
기 둥 작은지름이 25cm 이상 인 것 ( )속은 경량골재 사용경우	모든것	①두께6cm (5cm) 이상의 철망모르타르 또는 두께 7cm 이상의 콘크리트 블록·벽돌·석재로 덮은 것 ②두께5cm 이상의 콘크리트로 덮은 것	×	×	×
바 닥	두께 10cm 이상인 것	×	×	철재의 덮은 두께가 5cm이상 인 것	철재의 양면을 두께5cm이상의 철망모르타르*1 또는 콘크리트로 덮은 것
보 ( )속은 경량골재 사용경우	모든것	①두께6cm (5cm)이상의 철망모르타르*1 로 덮은 것 ②두께5cm 이상의 콘크리트로 덮은 것	×	×	철골조의 지붕틀*2로서 그 바로아래에 반자가 없거나 불연재료로 된 반자가 있는 것
지 붕	모든것	×	×	모든것	철재로보강된 유리블록 또는 망입유리 로 된 것
계 단	모든것	모든것	모든것	모든것	×
기 타	국토교통부장관이 정하여 고시하는 내화구조의 성능기준에 적합하다고 인정한 것				

＊1. 그 바름바탕을 불연재료로 하지 아니한 것을 제외.

＊2. 바닥으로부터 그 아랫부분까지의 높이가 4m이상인 것에 한한다.

※ 품질시험 생략

가. 「산업표준화법」에 따른 한국산업규격으로 내화성능이 인정된 구조로 된 것
나. 한국건설기술연구원장이 인정한 내화구조 표준으로 된 것
다. 한국건설기술연구원장이 인정한 성능설계에 따라 내화구조의 성능을 검증할 수 있는 구조로 된 것

[별표 1]

내화구조의 성능기준

1. 일반기준

(단위 : 시간)

용도	용도구분	용도규모 층수 / 최고 높이(m)		벽						보·기둥	바닥	지붕·지붕틀
				외벽			내벽					
				내력벽	비내력벽		내력벽	비내력벽				
					연소우려가 있는 부분	연소우려가 없는 부분		간막이벽	승강기·계단실의 수직벽			
일반 시설	제1종 근린생활시설, 제2종 근린생활시설, 문화 및 집회시설, 종교시설, 판매시설, 운수시설, 교육연구시설, 노유자시설, 수련시설, 운동시설, 업무시설, 위락시설, 자동차 관련 시설(정비공장 제외), 동물 및 식물 관련 시설, 교정 및 군사 시설, 방송통신시설, 발전시설, 묘지 관련 시설, 관광 휴게시설, 장례시설	12 / 50	초과	3	1	0.5	3	2	2	3	2	1
			이하	2	1	0.5	2	1.5	1.5	2	2	0.5
		4 / 20 이하		1	1	0.5	1	1	1	1	1	0.5
주거 시설	단독주택, 공동주택, 숙박시설, 의료시설	12 / 50	초과	2	1	0.5	2	2	2	3	2	1
			이하	2	1	0.5	2	1	1	2	2	0.5
		4 / 20 이하		1	1	0.5	1	1	1	1	1	0.5
산업 시설	공장, 창고시설, 위험물 저장 및 처리시설, 자동차 관련 시설 중 정비공장, 자연순환 관련 시설	12 / 50	초과	2	1.5	0.5	2	1.5	1.5	3	2	1
			이하	2	1	0.5	2	1	1	2	2	0.5
		4 / 20 이하		1	1	0.5	1	1	1	1	1	0.5

2. 적용기준

가. 용도

1) 건축물이 하나 이상의 용도로 사용될 경우 위 표의 용도구분에 따른 기준 중 가장 높은 내화시간의 용도를 적용한다.

2) 건축물의 부분별 높이 또는 층수가 다를 경우 최고 높이 또는 최고 층수를 기준으로 제1호에 따른 구성 부재별 내화시간을 건축물 전체에 동일하게 적용한다.

3) 용도규모에서 건축물의 층수와 높이의 산정은 「건축법 시행령」 제119조에 따른다. 다만, 승강기탑, 계단탑, 망루, 장식탑, 옥탑 그 밖에 이와 유사한 부분은 건축물의 높이와 층수의 산정에서 제외한다.

나. 구성 부재

1) 외벽 중 비내력벽으로서 연소우려가 있는 부분은 제22조제2항에 따른 부분을 말한다.

2) 외벽 중 비내력벽으로서 연소우려가 없는 부분은 제22조제2항에 따른 부분을 제외한 부분을 말한다.

3) 내벽 중 비내력벽인 간막이벽은 건축법령에 따라 내화구조로 해야 하는 벽을 말한다.

다. 그 밖의 기준

1) 화재의 위험이 적은 제철·제강공장 등으로서 품질확보를 위해 불가피한 경우에는 지방건축위원회의 심의를 받아 주요구조부의 내화시간을 완화하여 적용할 수 있다.

2) 외벽의 내화성능 시험은 건축물 내부면을 가열하는 것으로 한다.

[제3조]

3. 기둥의 경우에는 그 작은 지름이 25센티미터 이상
   인 것으로서 다음 각 목의 어느 하나에 해당하는 것
   다만, 고강도 콘크리트(설계기준강도가 50MPa 이상인
   콘크리트를 말한다. 이하 이 조에서 같다)를 사용하
   는 경우에는 국토교통부장관이 정하여 고시하는 고강
   도 콘크리트 내화성능 관리기준에 적합해야 한다
   가. 철근콘크리트조 또는 철골철근콘크리트조
   나. 철골을 두께 6센티미터(경량골재를 사용하는 경우
       에는 5센티미터)이상의 철망모르타르 또는 두께 7
       센티미터 이상의 콘크리트블록·벽돌 또는 석재로
       덮은 것
   다. 철골을 두께 5센티미터 이상의 콘크리트로 덮은 것

4. 바닥의 경우에는 다음 각 목의 어느 하나에 해당하
   는 것
   가. 철근콘크리트조 또는 철골철근콘크리트조로서
       두께가 10센티미터 이상인 것
   나. 철재로 보강된 콘크리트블록조·벽돌조 또는 석조
       로서 철재에 덮은 콘크리트블록등의 두께가 5센티
       미터 이상인 것
   다. 철재의 양면을 두께 5센티미터 이상의 철망모르
       타르 또는 콘크리트로 덮은 것

5. 보(지붕틀을 포함한다)의 경우에는 다음 각 목의
   어느 하나에 해당하는 것 다만, 고강도 콘크리트를
   사용하는 경우에는 국토교통부장관이 정하여 고시
   하는 고강도 콘크리트내화성능 관리기준에 적합해야
   한다.
   가. 철근콘크리트조 또는 철골철근콘크리트조
   나. 철골을 두께 6센티미터(경량골재를 사용하는 경우
       에는 5센티미터)이상의 철망모르타르 또는 두께 5
       센티미터 이상의 콘크리트로 덮은 것
   다. 철골조의 지붕틀(바닥으로부터 그 아랫부분까지의
       높이가 4미터 이상인 것에 한한다)로서 바로 아래에
       반자가 없거나 불연재료로 된 반자가 있는 것

6. 지붕의 경우에는 다음 각 목의 어느 하나에 해당하
   는 것
   가. 철근콘크리트조 또는 철골철근콘크리트조
   나. 철재로 보강된 콘크리트블록조·벽돌조 또는 석조
   다. 철재로 보강된 유리블록 또는 망입유리로 된 것

7. 계단의 경우에는 다음 각 목의 어느 하나에 해당하
   는 것
   가. 철근콘크리트조 또는 철골철근콘크리트조
   나. 무근콘크리트조·콘크리트블록조·벽돌조 또는 석조
   다. 철재로 보강된 콘크리트블록조·벽돌조 또는 석조
   라. 철골조

8. 「과학기술분야 정부출연연구기관 등의 설립·운영
   및 육성에 관한 법률」 제8조에 따라 설립된 한국건
   설기술연구원의 장(이하 "한국건설기술연구원장"이라
   한다)이 국토교통부장관이 정하여 고시하는 방법에
   따라 품질을 시험한 결과 별표 1에 따른 성능기준에
   적합할 것　　　　　　　　　　〈개정 21.12.23〉

9. 다음 각 목의 어느 하나에 해당하는 것으로서
   한국건설기술연구원장이 국토교통부장관으로부터
   승인받은 기준에 적합한 것으로 인정하는 것
     가. 한국건설기술연구원장이 인정한 내화구조
         표준으로 된 것
     나. 한국건설기술연구원장이 인정한 성능설계에
         따라 내화구조의 성능을 검증할 수 있는
         구조로 된 것
　　　　　　　　　　　　　〈신설 10.4.7〉
10. 한국건설기술연구원장이 제27조제1항에 따라
    정한 인정기준에 따라 인정하는 것
　　　　　　　　　　　　　〈신설 10.4.7〉

건 축 법	건 축 법 시 행 령
	[제2조] 8. "**방화구조(**防火構造**)**"란 화염의 확산을 막을 수 있는 성능을 가진 구조로서 국토교통부령으로 정하는 기준에 적합한 구조를 말한다.
건 축 법	건 축 법 시 행 령

<table>
<tr><th>건축물의 피난·방화구조 등의 기준에 관한 규칙</th><th>요　　　약</th></tr>
<tr><td>

제4조【방화구조】　영 제2조제8호에서 "국토교통부령으로 정하는 기준에 적합한 구조"란 다음 각 호의 어느 하나에 해당하는 것을 말한다.

〈개정 19.08.06〉

1. 철망모르타르로서 그 바름두께가 2센티미터 이상인 것
2. 석고판 위에 시멘트모르타르 또는 회반죽을 바른 것으로서 그 두께의 합계가 2.5센티미터 이상인 것
3. 시멘트모르타르 위에 타일을 붙인 것으로서 그 두께의 합계가 2.5센티미터 이상인 것
4. 삭제 <10.4.7>
5. 삭제 <10.4.7>
6. 심벽에 흙으로 맞벽치기한 것
7. 「산업표준화법」에 따른 한국산업표준(이하 "한국산업표준"이라 한다)에 따라 시험한 결과 방화 2급 이상에 해당하는 것

</td><td>

방화구조

※ 화염의 확산을 막을 수 있는 성능을 가진 구조

구　조	두　께
① 철망모르타르	바름두께가 2 ㎝ 이상인 것
② 석고판 위에 시멘트모르타르 또는 회반죽을 바른 것 ③ 시멘트모르타르 위에 타일을 붙인 것	두께의 합계가 2.5 ㎝ 이상인 것
⑥ 심벽에 흙으로 맞벽치기 한 것	모두 인정
⑦ KS 시험결과 방화 2급 이상에 해당하는 것	

</td></tr>
</table>

건 축 법	건 축 법 시 행 령
[제2조 제1항]	[제2조] 9. "**난연재료(難燃材料)**"란 불에 잘 타지 아니하는 성능을 가진 재료로서 국토교통부령으로 정하는 기준에 적합한 재료를 말한다. 10. "**불연재료(不燃材料)**"란 불에 타지 아니하는 성질을 가진 재료로서 국토교통부령으로 정하는 기준에 적합한 재료를 말한다.
2. "**건축물**"이란 토지에 정착(定着)하는 공작물 중 지붕과 기둥 또는 벽이 있는 것과 이에 딸린 시설물, 지하나 고가(高架)의 공작물에 설치하는 사무소·공연장·점포·차고·창고, 그 밖에 대통령령으로 정하는 것을 말한다.	11. "**준불연재료**"란 불연재료에 준하는 성질을 가진 재료로서 국토교통부령으로 정하는 기준에 적합한 재료를 말한다.
21. "**부속건축물**"이란 건축물의 안전·기능·환경 등을 향상시키기 위하여 건축물에 추가적으로 설치하는 환기시설물 등 대통령령으로 정하는 구조물을 말한다. 〈신설 16.02.03〉	12. "**부속건축물**"이란 같은 대지에서 주된 건축물과 분리된 부속용도의 건축물로서 주된 건축물의 이용 또는 관리하는 데에 필요한 건축물을 말한다. 19. 법 제2조제1항제21호에서 "**환기시설물 등 대통령령으로 정하는 구조물**"이란 급기(給氣) 및 배기(排氣)를 위한 건축 구조물의 개구부(開口部)인 환기구를 말한다. 〈신설 16.07.19〉

<table>
<tr><th>건축물의 피난·방화구조 등의 기준에 관한 규칙</th><th>요 약</th></tr>
<tr><td>

제5조【난연재료】 영 제2조제9호에서 "국토교통부령으로 정하는 기준에 적합한 재료"란 한국산업표준에 따라 시험한 결과 가스 유해성, 열방출량 등이 국토교통부장관이 정하여 고시하는 난연재료의 성능기준을 충족하는 것을 말한다. 〈개정 22.02.10〉

제6조【불연재료】 영제2조제10호에서 "국토교통부령으로 정하는 기준에 적합한 재료"란 다음 각 호의 어느 하나에 해당하는 것을 말한다. 〈개정 22.02.10〉

1.콘크리트·석재·벽돌·기와·철강·알루미늄·유리·시멘트모르타르 및 회. 이 경우 시멘트모르타르 또는 회 등 미장재료를 사용하는 경우에는 「건술기술진흥법」 제44조제1항제2호에 따라 제정된 건축공사표준시방서에서 정한 두께 이상인 것에 한한다.

2.한국산업표준에 의하여 시험한 결과 질량감소율 등이 국토교통부장관이 정하여 고시하는 불연재료의 성능기준을 충족하는 것

3. 그 밖에 제1호와 유사한 불연성의 재료로서 국토교통부장관이 인정하는 재료. 다만, 제1호의 재료와 불연성재료가 아닌 재료가 복합으로 구성된 경우를 제외한다.

제7조【준불연재료】 영 제2조제11호에서 "국토교통부령으로 정하는 기준에 적합한 재료"란 한국산업표준에 따라 시험한 결과 가스 유해성, 열방출량 등이 국토교통부장관이 정하여 고시하는 준불연재료의 성능기준을 충족하는 것을 말한다. 〈개정 22.02.10〉

</td><td>

불연재료·준불연재료·난연재료

구분	정의	KS 시험 항목
불연재료	불에 타지 아니하는 성능을 가진 재료	· 질량감소율 등 불연재료 기준충족
준불연재료	불연재료에 준하는 방화성능을 가진 재료	· 가스 유해성, 열방출량 등 준불연재료 기준충족
난연재료	불에 잘 타지 아니하는 성능을 가진 재료	· 가스 유해성, 열방출량 등 난연재료 기준충족

※ 불연재료의 종류
콘크리트·석재·벽돌·기와·철강·알루미늄·유리·시멘트모르타르·회

~ 건축공사표준시방서 미장두께 : 15mm 이상

건축물
(1) 토지에 정착하는 공작물
  1. 지붕과 기둥 또는 벽이 있는 것
  2. 이에 딸린 시설물
(2) 지하 또는 고가의 공작물
    사무소, 공연장, 점포, 차고, 창고

부속건축물
같은 대지에서 주된 건축물과 분리된 부속용도의 건축물로서 주된 건축물의 이용 또는 관리에 필요한 건축물

환기시설물 등 대통령령으로 정하는 구조물
급기(給氣) 및 배기(排氣)를 위한 건축 구조물의 개구부(開口部)인 환기구

</td></tr>
</table>

[제2조 제1항]

3. "**건축물의 용도**"란 건축물의 종류를 유사한 구조, 이용 목적 및 형태별로 묶어 분류한 것을 말한다.

[제2조]

13. "**부속용도**"란 건축물의 주된 용도의 기능에 필수적인 용도로서 다음 각 목의 어느 하나에 해당하는 용도를 말한다.

　가. 건축물의 설비, 대피, 위생, 그 밖에 이와 비슷한 시설의 용도

　나. 사무, 작업, 집회, 물품저장, 주차, 그 밖에 이와 비슷한 시설의 용도

　다. 구내식당 · 직장어린이집 · 구내운동시설 등 종업원 후생복리시설, 구내소각시설, 그 밖에 이와 비슷한 시설의 용도. 이 경우 다음의 요건을 모두 갖춘 휴게음식점(별표 1 제3호의 제1종 근린생활시설 중 같은 호 나목에 따른 휴게음식점을 말한다)은 구내식당에 포함되는 것으로 본다.

　　1) 구내식당 내부에 설치할 것

　　2) 설치면적이 구내식당 전체 면적의 3분의 1 이하로서 50제곱미터 이하일 것

　　3) 다류(茶類)를 조리 · 판매하는 휴게음식점일 것

5. "**지하층**"이란 건축물의 바닥이 지표면 아래에 있는 층으로서 바닥에서 지표면까지 평균높이가 해당층 높이의 2분의 1 이상인 것을 말한다.

　라. 관계 법령에서 주된 용도의 부수시설로 설치할 수 있게 규정하고 있는 시설, 그 밖에 국토교통부장관이 이와 유사하다고 인정하여 고시하는 시설의 용도　　　　〈개정 14.11.11〉

6. "**거실**"이란 건축물 안에서 거주, 집무, 작업, 집회, 오락, 그 밖에 이와 유사한 목적을 위하여 사용되는 방을 말한다.

14. "**발코니**"란 건축물의 내부와 외부를 연결하는 완충공간으로서 전망이나 휴식 등의 목적으로 건축물 외벽에 접하여 부가적(附加的)으로 설치되는 공간을 말한다. 이 경우 주택에 설치되는 발코니로서 국토교통부장관이 정하는 기준에 적합한 발코니는 필요에 따라 거실 · 침실 · 창고 등의 용도로 사용할 수 있다.

19. "**고층건축물**"이란 층수가 30층 이상이거나 높이가 120미터 이상인 건축물을 말한다.
　　　　　　　　　　　　〈신설 11.09.16〉

15. "**초고층 건축물**"이란 층수가 50층 이상이거나 높이가 200미터 이상인 건축물을 말한다.
　　　　　　　　　　　　〈신설 09.7.16〉

15의2. "**준초고층 건축물**"이란 고층건축물 중 초고층 건축물이 아닌 것을 말한다.　〈신설 11.12.30〉

건 축 법 시 행 규 칙	요 약

	건축물의 용도
	
	건축물의 종류를 유사한 구조, 이용 목적 및
	형태별로 묶어 분류한 것(영 별표 1 참조)
	
	부속 용도
	
	건축물의 주된 용도의 기능에 필수적인 용도로서
	다음에 해당하는 용도
	1. 건축물의 설비, 대피, 위생 등
	2. 사무, 작업, 집회, 물품저장, 주차 등
	3. 구내식당·직장어린이집·구내운동시설 등
	   - 종업원 후생복리시설, 구내소각시설 등
	4. 관계 법령에서 주된 용도의 부수시설로 설치할
	   수 있게 규정하고 있는 시설의 용도
	
	발코니
	
	 - 건축물의 내부와 외부를 연결하는 완충공간
	 - 전망·휴식 등의 목적으로 건축물 외벽에 접하여
	   부가적으로 설치되는 공간
	 - 주택에 설치되는 발코니 : 거실·침실·창고 등
	
	지하층
	
	건축물의 바닥이 지표면(G.L) 아래에 있는 층으로서
	바닥에서 지표면까지 평균높이가 해당 층높이
	(천정높이가 아님)의 1/2 이상인 것
	
	거 실
	
	건축법상 거실 : 거주·집무·작업·집회·오락 등의
	                목적에 사용되는 방
	거실이 아닌 것 : 현관·복도·계단·부속창고·기계실·
	                화장실·욕실·다락
	
	초고층 건축물
	
	층수 50층 이상이거나 높이 200 m 이상인 건축물
	
	준초고층 건축물
	
	고층건축물 중 초고층 건축물이 아닌 것
	
	고층건축물
	
	층수가 30층 이상이거나 높이 120 m 이상인 건축물

건 축 법	건 축 법 시 행 령
[제2조 제1항] 7. **"주요구조부"** 란 내력벽(耐力壁), 기둥, 바닥, 보, 지붕틀 및 주계단(主階段)을 말한다. 다만, 사이기둥, 최하층 바닥, 작은 보, 차양, 옥외계단, 그 밖에 이와 유사한 것으로 건축물의 구조상 중요하지 아니한 부분은 제외한다. 12. **"건축주"** 란 건축물의 건축·대수선·용도변경, 건축설비의 설치 또는 공작물의 축조(이하 "건축물의 건축등" 이라 한다) 에 관한 공사를 발주하거나 현장 관리인을 두어 스스로 그 공사를 하는 자를 말한다. 13. **"설계자"** 란 자기의 책임(보조자의 도움을 받는 경우를 포함한다)으로 설계도서를 작성하고 그 설계도서에서 의도하는 바를 해설하며, 지도하고 자문에 응하는 자를 말한다. 14. **"설계도서"** 란 건축물의 건축등에 관한 공사용 도면, 구조 계산서, 시방서(示方書), 그 밖에 국토교통부령으로 정하는 공사에 필요한 서류를 말한다. 〈개정 13.03.23〉 15. **"공사감리자"** 란 자기의 책임(보조자의 도움을 받는 경우를 포함한다)으로 이 법으로 정하는 바에 따라 건축물, 건축설비 또는 공작물이 설계도서의 내용대로 시공되는지를 확인하고, 품질관리·공사관리·안전관리 등에 대하여 지도·감독하는 자를 말한다.	16. **"한옥"** 이란 「한옥 등 건축자산의 진흥에 관한 법률」 제2조제2호에 따른 한옥을 말한다. 〈개정 16.01.19〉

건 축 법 시 행 규 칙	요 약

<table>
<tr><td></td><td>

주요구조부

주요구조부 : 내력벽·기둥·바닥·보·지붕틀·주계단

주요구조부가 아닌 것 : 기초·사이기둥·최하층바닥·
작은 보·차양·옥외계단

건축주

건축물의 건축 등에 관한 공사를 발주하거나
현장관리인을 두어 스스로 그 공사를 행하는 자

설계자

자기 책임 하에 설계도서를 작성하고 해설하며
지도·자문하는 자

</td></tr>
<tr><td>

제1조의 2 【설계도서의 범위】 「건축법」(이하 "법"이라 한다) 제2조제14호에서 "그 밖에 국토교통부령으로 정하는 공사에 필요한 서류"란 다음 각 호의 서류를 말한다. 〈개정 13.03.23〉

  1. 건축설비계산 관계서류

  2. 토질 및 지질 관계서류

  3. 기타 공사에 필요한 서류

[본조신설 96.1.18]

</td><td>

설계도서

  1. 공사용 도면

  2. 구조 계산서

  3. 시방서

  4. 건축설비계산 관계서류

  5. 토질 및 지질 관계서류

  6. 기타 공사에 필요한 서류

공사감리자

자기 책임 하에 건축물, 건축설비 또는 공작물이
설계도서의 내용대로 시공되는지를 확인하고 품질
관리·공사관리·안전관리 등에 대하여 지도·감독하는 자

한 옥

「한옥 등 건축자산의 진흥에 관한 법률」
제2조제2호에 따른 한옥

  - "한옥"이란 주요 구조가 기둥·보 및 한식지붕틀로
된 목구조로서 우리나라 전통양식이 반영된 건축물
및 그 부속건축물

</td></tr>
</table>

<table>
<tr><th>건 축 법</th><th>건 축 법 시 행 령</th></tr>
<tr><td></td><td>

[제2조]

17. "**다중이용 건축물**"이란 다음 각 목의 어느 하나에 해당하는 건축물을 말한다. 〈개정 18.09.04〉

　가. 다음의 어느 하나에 해당하는 용도로 쓰는 바닥면적의 합계가 5천제곱미터 이상인 건축물

　　1) 문화 및 집회시설 (동물원 및 식물원은 제외한다)

　　2) 종교시설

　　3) 판매시설

　　4) 운수시설 중 여객용 시설

　　5) 의료시설 중 종합병원

　　6) 숙박시설 중 관광숙박시설

　나. 16층 이상인 건축물

17의2. "**준다중이용 건축물**"이란 다중이용 건축물 외의 건축물로서 다음 각 목의 어느 하나에 해당하는 용도로 쓰는 바닥면적의 합계가 1천제곱미터 이상인 건축물을 말한다. 〈개정 17.02.03〉

　가. 문화 및 집회시설(동물원 및 식물원은 제외한다)

　나. 종교시설

　다. 판매시설

　라. 운수시설 중 여객용 시설

　마. 의료시설 중 종합병원

　바. 교육연구시설

　사. 노유자시설

　아. 운동시설

　자. 숙박시설 중 관광숙박시설

　차. 위락시설

　카. 관광 휴게시설

　타. 장례시설

18. "**특수구조 건축물**"이란 다음 각 목의 어느 하나에 해당하는 건축물을 말한다. 〈개정 18.09.04〉

　가. 한쪽 끝은 고정되고 다른 끝은 지지(支持)되지 아니한 구조로 된 보·차양 등이 외벽(외벽이 없는 경우에는 외곽 기둥을 말한다)의 중심선으로부터 3미터 이상 돌출된 건축물

　나. 기둥과 기둥 사이의 거리(기둥의 중심선 사이의 거리를 말하며, 기둥이 없는 경우에는 내력벽과 내력벽의 중심선 사이의 거리를 말한다. 이하 같다)가 20미터 이상인 건축물

　다. 특수한 설계·시공·공법 등이 필요한 건축물로서 국토교통부장관이 정하여 고시하는 구조로 된 건축물

</td></tr>
</table>

건 축 법 시 행 규 칙	요 약
	다중이용건축물 (1) 연면적 5000 ㎡ 이상인 건축물 　- 문화 및 집회시설(동·식물원 제외) 　- 종교시설 　- 판매시설, 　- 운수시설 중 여객용 시설 　- 의료시설 중 종합병원 　- 숙박시설 중 관광숙박시설 (2) 16층 이상인 건축물 **준다중이용건축물** 다중이용 건축물 외의 건축물로서 바닥면적의 합계가 1,000 ㎡ 이상인 건축물 　가. 문화 및 집회시설(동물원 및 식물원 제외) 　나. 종교시설 　다. 판매시설 　라. 운수시설 중 여객용 시설 　마. 의료시설 중 종합병원 　바. 교육연구시설 　사. 노유자시설 　아. 운동시설 　자. 숙박시설 중 관광숙박시설 　차. 위락시설 　카. 관광 휴게시설 　타. 장례시설 **특수구조 건축물** 　가. 캔틸레버 구조로 된 보·차양 등 　　- 외벽의 중심선으로부터 3m 이상 돌출된 건축물 　나. 경간 - 20 m 이상인 건축물 　다. 특수한 설계·시공·공법 등이 필요한 건축물 　　- 국토교통부장관이 정하여 고시하는 구조

<table>
<tr><th>건 축 법</th><th>건 축 법 시 행 령</th></tr>
<tr><td>

[제2조 제1항]

1. "**대지(垈地)**"란「공간정보의 구축 및 관리 등에 관한 법률」에 따라 각 필지(筆地)로 나눈 토지를 말한다. 다만, 대통령령으로 정하는 토지는 둘 이상의 필지를 하나의 대지로 하거나 하나 이상의 필지의 일부를 하나의 대지로 할 수 있다.

</td><td>

제3조 【대지의 범위】 ① 법 제2조제1항제1호 단서에 따라 둘 이상의 필지를 하나의 대지로 할 수 있는 토지는 다음 각 호와 같다. 〈개정 21.01.08〉

1. 하나의 건축물을 두 필지 이상에 걸쳐 건축하는 경우 : 그 건축물이 건축되는 각 필지의 토지를 합한 토지

2. 「공간정보의 구축 및 관리 등에 관한 법률」 제80조제3항에 따라 합병이 불가능한 경우 중 다음 각 목의 어느 하나에 해당하는 경우: 그 합병이 불가능한 필지의 토지를 합한 토지. 다만, 토지의 소유자가 서로 다르거나 소유권 외의 권리관계가 서로 다른 경우는 제외한다.

　가. 각 필지의 지번부여지역(地番附與地域)이 서로 다른 경우

　나. 각 필지의 도면의 축척이 다른 경우

　다. 서로 인접하고 있는 필지로서 각 필지의 지반(地盤)이 연속되지 아니한 경우

3. 「국토의 계획 및 이용에 관한 법률」 제2조제7호에 따른 도시·군계획시설(이하 "도시·군계획시설"이라 한다)에 해당하는 건축물을 건축하는 경우: 그 도시·군계획시설이 설치되는 일단(一團)의 토지

4. 「주택법」 제15조에 따른 사업계획승인을 받아 주택과 그 부대시설 및 복리시설을 건축하는 경우 : 같은 법 제2조제12호에 따른 주택단지

5. 도로의 지표 아래에 건축하는 건축물의 경우 : 특별시장·광역시장·특별자치시장·특별자치도지사·시장·군수 또는구청장(자치구의 구청장을 말한다. 이하 같다)이 그 건축물이 건축되는 토지로 정하는 토지

6. 법 제22조에 따른 사용승인을 신청할 때에 둘 이상의 필지를 하나의 필지로 합필할 것을 조건으로 건축허가를 하는 경우 : 그 필지가 합쳐지는 토지　다만, 토지의 소유자가 서로 다른 경우는 제외한다.

</td></tr>
</table>

<table>
<tr><th>건 축 법 시 행 규 칙</th><th>요   약</th></tr>
<tr><td></td><td>

대지(1)

대지 : 공간정보의 구축 및 관리 등에 관한 법률에
    의하여 각 필지로 구획된 토지
  ※ 필지 : 하나의 지번이 붙는 토지

[예외1] 둘 이상의 필지를 하나의 대지로 하는 경우

(1) 하나의 건축물을 두 필지 이상에 걸쳐 건축하는
   경우 :
    그 건축물이 건축되는 각 필지의 토지를 합한 토지

(2) 공간정보의 구축 및 관리 등에 관한 법률에
   의하여 합병할 수 없는 경우
    합병이 불가능한 필지의 토지를 합한 토지
    (토지소유자가 서로 다르거나 소유권 이외의
     권리관계가 서로 다른 경우를 제외)
   1. 각 필지의 지번부여지역이 서로 다른 경우
  ※지번지역:里·洞 또는 이에 준하는 지역으로서
          지번을 설정하는 單位지역
   2. 각 필지의 도면의 축척이 다른 경우
   3. 서로 인접하고 있는 필지로서 각 필지의
     지반이 연속되지 아니한 경우

(3)「국토의 계획 및 이용에 관한 법률」제2조제7호
   에 따른 도시계획시설에 해당하는 건축물을
   건축하는 경우 : 그 도시계획시설이 설치되는
   일단의 토지

(4)「주택법」 제16조에 따른 사업계획승인을 받아
   주택과 그 부대시설 및 복리시설을 건축하는 경우
    : 같은 법 제2조제4호에 따른 주택단지

(5) 도로의 지표 아래에 건축하는 건축물의 경우 :
    특별시장·광역시장·특별자치도지사·시장·
    군수 또는 구청장(자치구의 구청장)이
    그 건축물이 건축되는 토지로 정하는 토지

(6) 조건부 건축허가의 경우 :
    사용승인시 하나의 필지로 합필을 조건으로
    건축허가를 하는 경우 그 필지가 합쳐지는 토지
    토지의 소유자가 서로 다른 경우는 제외

</td></tr>
</table>

건 축 법	건 축 법 시 행 령
	[제3조] ②법 제2조제1항제1호 단서에 따라 하나 이상의 필지의 일부를 하나의 대지로 할 수 있는 토지는 다음 각 호와 같다. 〈개정 08.10.29〉 1. 하나 이상의 필지의 일부에 대하여 도시계획시설이 결정·고시된 경우 : 그 결정·고시된 부분의 토지 2. 하나 이상의 필지의 일부에 대하여 「농지법」제34조에 따른 농지전용허가를 받은 경우 : 그 허가받은 부분의 토지 3. 하나 이상의 필지의 일부에 대하여 「산지관리법」제14조에 따른 산지전용허가를 받은 경우 : 그 허가받은 부분의 토지 4. 하나 이상의 필지의 일부에 대하여 「국토의 계획 및 이용에 관한 법률」제56조에 따른 개발행위허가를 받은 경우 : 그 허가받은 부분의 토지 5. 법 제22조에 따른 사용승인을 신청할 때에 필지를 나눌 것을 조건으로 하여 건축허가를 하는 경우 : 그 필지가 나누어지는 토지

건 축 법 시 행 규 칙	요 약
	대지(2) [예외2] 하나 이상의 필지의 일부를 하나의 대지로 할 수 있는 토지 (1) 하나 이상의 필지의 일부에 대하여 도시계획시설이 결정·고시된 경우 : 그 결정·고시된 부분의 토지 (2) 하나 이상의 필지의 일부에 대하여 「농지법」 제34조에 따른 농지전용허가를 받은 경우 : 그 허가받은 부분의 토지 (3) 하나 이상의 필지의 일부에 대하여 「산지관리법」 제14조에 따른 산지전용허가를 받은 경우 : 그 허가받은 부분의 토지 (4) 하나 이상의 필지의 일부에 대하여 「국토의 계획 및 이용에 관한 법률」 제56조에 따른 개발행위허가를 받은 경우 : 그 허가받은 부분의 토지 (5) 조건부 건축허가의 경우 : 사용승인을 신청할 때에 필지를 나눌 것을 조건으로 하여 건축허가를 하는 경우 필지가 나누어지는 토지

건 축 법	건 축 법 시 행 령

<table>
<tr><td>

[제2조 제1항]

9. **"대수선"**이란 건축물의 기둥, 보, 내력벽, 주계단 등의 구조나 외부 형태를 수선 · 변경하거나 증설하는 것으로서 대통령령으로 정하는 것을 말한다.

</td><td>

제3조의 2 【대수선의 범위】 법 제2조제1항제9호에서 "대통령령으로 정하는 것"이란 다음 각 호의 어느 하나에 해당하는 것으로서 증축·개축 또는 재축에 해당하지 아니하는 것을 말한다.

1. 내력벽을 증설 또는 해체하거나 그 벽면적을 30제곱미터 이상 수선 또는 변경하는 것
2. 기둥을 증설 또는 해체하거나 세 개 이상 수선 또는 변경하는 것
3. 보를 증설 또는 해체하거나 세 개 이상 수선 또는 변경하는 것
4. 지붕틀(한옥의 경우에는 지붕틀의 범위에서 서까래는 제외한다)을 증설 또는 해체하거나 세 개 이상 수선 또는 변경하는 것
〈개정 10.02.18〉

5. 방화벽 또는 방화구획을 위한 바닥 또는 벽을 증설 또는 해체하거나 수선 또는 변경하는 것
6. 주계단·피난계단 또는 특별피난계단을 증설 또는 해체하거나 수선 또는 변경하는 것
7. 삭제〈19.10.22〉
8. 다가구주택의 가구 간 경계벽 또는 다세대주택의 세대 간 경계벽을 증설 또는 해체하거나 수선 또는 변경하는 것
9. 건축물의 외벽에 사용하는 마감재료(법 제52조제2항에 따른 마감재료를 말한다)를 증설 또는 해체하거나 벽면적 30제곱미터 이상 수선 또는 변경하는 것
〈신설 14.11.28〉
[전문개정 08.10.29]

</td></tr>
<tr><td>

10. **"리모델링"**이란 건축물의 노후화를 억제하거나 기능 향상 등을 위하여 대수선하거나 건축물의 일부를 증축 또는 개축하는 행위를 말한다.
〈개정 17.12.26〉

12의2. **"제조업자"**란 건축물의 건축 · 대수선 · 용도변경, 건축설비의 설치 또는 공작물의 축조 등에 필요한 건축자재를 제조하는 사람을 말한다.
〈신설 16.02.03〉

12의3. **"유통업자"**란 건축물의 건축 · 대수선 · 용도변경, 건축설비의 설치 또는 공작물의 축조에 필요한 건축자재를 판매하거나 공사현장에 납품하는 사람을 말한다.
〈신설 16.02.03〉

</td><td></td></tr>
</table>

건 축 법 시 행 규 칙	요 약

	대수선
	
	다음의 각각을 증설 또는 해체하거나 수선·변경 하는 것
	(증축, 개축 또는 재축에 해당하지 않는 것)
	 1. 내력벽 (벽면적 30 ㎡ 이상 수선, 변경)
	 2. 기 둥(3개 이상 수선, 변경)
	 3. 보 (수선, 변경 : 3개 이상)
	 4. 지붕틀(수선, 변경 : 3개 이상)
	   – 한옥의 경우 서까래 제외
	 5. 방화벽 또는 방화구획을 위한 바닥 또는 벽
	 6. 주계단, 피난계단 또는 특별피난계단
	 7. 삭제
	 8. 다가구주택 및 다세대주택의 가구 및 세대간 경계벽
	 9. 외벽 마감재료를 증설 또는 해체하거나
	   벽면적 30 ㎡ 이상 수선 또는 변경
	
	※ 위 1 ~ 4의 경우 비록 면적과 개수가 적다하더라도
	  증설(추가) 또는 해체(철거)할 경우 구조적인 문제가
	  발생할 우려가 있어 허가 또는 신고를 하도록 함.
	
	리모델링
	
	건축물의 노후화 억제 또는 기능향상 등을 위하여
	대수선 또는 건축물의 일부를 증축 또는 개축하는 행위
	
	제조업자
	
	건축물의 건축 · 대수선 · 용도변경, 건축설비의 설치 또는
	공작물의 축조 등에 필요한 건축자재를 제조하는 사람
	
	유통업자
	
	건축물의 건축 · 대수선 · 용도변경, 건축설비의 설치 또는
	공작물의 축조에 필요한 건축자재를 판매하거나 공사현장
	에 납품하는 사람

<table>
<tr><th>건 축 법</th><th>건 축 법 시 행 령</th></tr>
<tr><td>

[제2조 제1항]

11. "**도로**"란 보행과 자동차 통행이 가능한 너비 4미터 이상의 도로(지형적으로 자동차 통행이 불가능한 경우와 막다른 도로의 경우에는 대통령령으로 정하는 구조와 너비의 도로)로서 다음 각 목의 어느 하나에 해당하는 도로나 그 예정도로를 말한다.

　가.「국토의 계획 및 이용에 관한 법률」,「도로법」,「사도법」, 그 밖의 관계 법령에 따라 신설 또는 변경에 관한 고시가 된 도로

　나. 건축허가 또는 신고 시에 특별시장·광역시장·특별자치시장·도지사·특별자치도지사(이하 "시·도지사"라 한다) 또는 시장·군수·구청장(자치구의 구청장을 말한다. 이하 같다)이 위치를 지정하여 공고한 도로　　〈개정 14.01.14〉

</td><td>

제3조의 3 【지형적 조건 등에 따른 도로의 구조 및 너비】

법 제2조제1항제11호 각 목 외의 부분에서 "대통령령으로 정하는 구조와 너비의 도로"란 다음 각 호의 어느 하나에 해당하는 도로를 말한다.

〈개정 14.10.14〉

1. 특별자치시장·특별자치도지사 또는 시장·군수·구청장이 지형적 조건으로 인하여 차량 통행을 위한 도로의 설치가 곤란하다고 인정하여 그 위치를 지정·공고하는 구간의 너비 3미터 이상(길이가 10미터 미만인 막다른 도로인 경우에는 너비 2미터 이상)인 도로

2. 제1호에 해당하지 아니하는 막다른 도로로서 그 도로의 너비가 그 길이에 따라 각각 다음 표에 정하는 기준 이상인 도로

막다른 도로의 길이	도로의 너비
10미터 미만	2미터
10미터 이상 35미터 미만	3미터
35 미터 이상	6미터
	(도시지역이 아닌 읍·면 지역은 4미터)

</td></tr>
<tr><td>

20. "**실내건축**"이란 건축물의 실내를 안전하고 쾌적하며 효율적으로 사용하기 위하여 내부 공간을 칸막이로 구획하거나 벽지, 천장재, 바닥재, 유리 등 대통령령으로 정하는 재료 또는 장식물을 설치하는 것을 말한다.　　〈신설 14.05.28〉

</td><td>

제3조의 4 【실내건축의 재료 등】 법 제2조제1항제20호에서 "벽지, 천장재, 바닥재, 유리 등 대통령령으로 정하는 재료 또는 장식물"이란 다음 각 호의 재료를 말한다.　　〈신설 14.11.28〉

1. 벽, 천장, 바닥 및 반자틀의 재료
2. 실내에 설치하는 난간, 창호 및 출입문의 재료
3. 실내에 설치하는 전기 · 가스 · 급수(給水), 배수(排水) · 환기시설의 재료
4. 실내에 설치하는 충돌 · 끼임 등 사용자의 안전사고 방지를 위한 시설의 재료

</td></tr>
</table>

<table>
<tr><th>건 축 법 시 행 규 칙</th><th>요　　　약</th></tr>
<tr><td></td><td>

도 로

(1) 통과도로

보행 및 자동차 통행이 가능한 너비 4 m 이상의 도로로서
다음 중 하나에 해당하는 도로 또는 예정 도로

「국토의 계획 및 이용에 관한 법률」· 「도로법」·「사도법」	신설 또는 변경에 관한 고시가 된 도로
건축허가 또는 신고시	시·도지사 또는 시장·군수·구청장이 그 위치를 지정·공고한 도로

**(2) 지형적 조건 등으로 차량통행을 위한 도로의 설치가
곤란한 경우**

특별자치도지사 또는 시장·군수·구청장이 그 위치를 지정·
공고하는 구간 내의　너비 3 m 이상(길이가 10 m 미만인
막다른 도로는 너비 2 m 이상)인 도로

(3) 막다른 도로

도로의 너비가 그 길이에 따라 각각 다음 표에 정하는 기준
이상인 도로

막다른 도로의 길이	도로의 너비
10 m 미만	2 m
10 m 이상　35 m 미만	3 m
35 m 이상	6 m (도시지역이 아닌 읍·면 지역은 4 m)

실내건축

건축물의 실내를 칸막이로 구획하거나 아래의 재료 또는
장식물을 설치하는 것
1. 벽, 천장, 바닥 및 반자틀의 재료
2. 실내에 설치하는 난간, 창호 및 출입문의 재료
3. 실내에 설치하는 전기 · 가스 · 급수(給水),
　 배수(排水) · 환기시설의 재료
4. 실내에 설치하는 충돌 · 끼임 등 사용자의 안전사고
　 방지를 위한 시설의 재료

</td></tr>
</table>

건 축 법	건 축 법 시 행 령
[제2조 제1항] 16. "**공사시공자**"란 「건설산업기본법」 제2조제4호에 따른 건설공사를 하는 자를 말한다. 16의2. "**건축물의 유지·관리**"란 건축물의 소유자나 관리자가 사용 승인된 건축물의 대지·구조·설비 및 용도 등을 지속적으로 유지하기 위하여 건축물이 멸실될 때까지 관리하는 행위를 말한다. 〈신설 12.01.17〉 17. "**관계전문기술자**"란 건축물의 구조·설비 등 건축물과 관련된 전문기술자격을 보유하고 설계와 공사감리에 참여하여 설계자 및 공사감리자와 협력하는 자를 말한다. 18. "**특별건축구역**"이란 조화롭고 창의적인 건축물의 건축을 통하여 도시경관의 창출, 건설기술 수준향상 및 건축 관련 제도개선을 도모하기 위하여 이 법 또는 관계 법령에 따라 일부 규정을 적용하지 아니하거나 완화 또는 통합하여 적용할 수 있도록 특별히 지정하는 구역을 말한다. 8의2. "**결합건축**"이란 제56조에 따른 용적률을 개별 대지마다 적용하지 아니하고, 2개 이상의 대지를 대상으로 통합적용하여 건축물을 건축하는 것을 말한다. 〈신설 20.04.07〉	

건 축 법 시 행 규 칙	요 약
	공사시공자 건설산업기본법 제2조 제4호의 규정에 의한 건설공사를 행하는 자 ※ 관련법 : **「건설산업기본법」** 제2조 제4호 4. **"건설공사"** 라 함은 토목공사·건축공사·산업설비 공사·조경공사 및 환경시설 공사 등 시설물을 설치 ·유지·보수하는 공사(시설물을 설치하기 위한 부지 조성공사를 포함한다), 기계설비 기타 구조물의 설치 및 해체공사 등을 말한다. 다만, 다음 각 목의 1에 해당하는 공사를 포함 하지 아니한다. 가. 전기공사업법에 의한 전기공사 나. 정보통신공사업법에 의한 정보통신공사 다. 소방법에 의한 소방설비공사 라. 문화재보호법에 의한 문화재수리공사 **건축물의 유지 · 관리** 건축물의 소유자나 관리자가 사용승인된 건축물의 대지 · 구조 · 설비 및 용도 등을 지속적으로 유지 하기 위하여 멸실될 때까지 관리하는 행위 **관계전문기술자** 건축물의 구조, 설비등 건축물과 관련된 전문 기술 자격을 보유하고 설계자 및 공사감리자와 협력하는 자 **특별건축구역** 조화롭고 창의적인 건축물의 건축을 통하여 도시 경관의 창출, 건설기술 수준향상 및 건축 관련제도 개선을 도모하기 위하여 이 법 또는 관계 법령에 따라 일부 규정을 적용하지 아니하거나 완화 또는 통합하여 적용할 수 있도록 특별히 지정하는 구역 **결합건축** 용적률을 개별 대지마다 적용하지 아니하고, 2개 이상의 대지를 대상으로 통합적용하여 건축물을 건축하는 것

건 축 법	건축법시행령
[제2조] ② 건축물의 용도는 다음과 같이 구분하되, 각 용도에 속하는 건축물의 세부 용도는 대통령령으로 정한다. 　1. 단독주택 　2. 공동주택 　3. 제1종 근린생활시설 　4. 제2종 근린생활시설 　5. 문화 및 집회시설 　6. 종교시설 　7. 판매시설 　8. 운수시설 　9. 의료시설 　10. 교육연구시설 　11. 노유자(老幼者: 노인 및 어린이)시설 　12. 수련시설 　13. 운동시설 　14. 업무시설 　15. 숙박시설 　16. 위락(慰樂)시설 　17. 공장 　18. 창고시설 　19. 위험물 저장 및 처리 시설 　20. 자동차 관련 시설 　21. 동물 및 식물 관련 시설 　22. 자원순환 관련 시설 〈개정 13.07.16〉 　23. 교정(矯正)시설 〈개정 22.11.15〉 　24. 국방·군사시설 〈신설 22.11.15〉 　25. 방송통신시설 　26. 발전시설 　27. 묘지 관련 시설 　28. 관광 휴게시설 　29. 그 밖에 대통령령으로 정하는 시설	**제3조의 5 【용도별 건축물의 종류】** 법 제2조 제2항 각 호의 용도에 속하는 건축물의 종류는 별표1과 같다. 　　　　　　　　　　〈개정 14.11.28〉

건 축 법 시 행 규 칙	요 약
	건축물의 용도 1. 단독주택 2. 공동주택 3. 제1종 근린생활시설 4. 제2종 근린생활시설 5. 문화 및 집회시설 6. 종교시설 7. 판매시설 8. 운수시설 9. 의료시설 10. 교육연구시설 11. 노유자(老幼者: 노인 및 어린이)시설 12. 수련시설 13. 운동시설 14. 업무시설 15. 숙박시설 16. 위락(慰樂)시설 17. 공장 18. 창고시설 19. 위험물 저장 및 처리 시설 20. 자동차 관련 시설 21. 동물 및 식물 관련 시설 22. 자원순환 관련 시설 23. 교정(矯正) 및 군사 시설 24. 방송통신시설 25. 발전시설 26. 묘지 관련 시설 27. 관광 휴게시설 28. 그 밖에 대통령령으로 정하는 시설

제3조 【적용제외】 ① 다음 각 호의 어느 하나에 해당하는 건축물에는 이 법을 적용하지 아니한다.

  1. 「문화재보호법」에 따른 지정문화재나 가지정(假指定) 문화재

  2. 철도나 궤도의 선로 부지(敷地)에 있는 다음 각 목의 시설

    가. 운전보안시설

    나. 철도 선로의 위나 아래를 가로지르는 보행시설

    다. 플랫폼

    라. 해당 철도 또는 궤도사업용 급수(給水)·급탄(給炭) 및 급유(給油) 시설

  3. 고속도로 통행료 징수시설

  4. 컨테이너를 이용한 간이창고(「산업집적활성화 및 공장설립에 관한 법률」 제2조제1호에 따른 공장의 용도로만 사용되는 건축물의 대지에 설치하는 것으로서 이동이 쉬운 것만 해당된다)

  5. 「하천법」에 따른 하천구역 내의 수문조작실

② 「국토의 계획 및 이용에 관한 법률」에 따른 도시지역 및 같은 법 제51조제3항에 따른 지구단위계획구역(이하 "지구단위계획구역"이라 한다) 외의 지역으로서 동이나 읍(동이나 읍에 속하는 섬의 경우에는 인구가 500명 이상인 경우만 해당된다)이 아닌 지역은 제44조부터 제47조까지, 제51조 및 제57조를 적용하지 아니한다. 〈개정 14.01.14〉

③「국토의 계획 및 이용에 관한 법률」제47조제7항에 따른 건축물이나 공작물을 도시·군계획시설로로 결정된 도로의 예정지에 건축하는 경우에는 제45조부터 제47조까지의 규정을 적용하지 아니한다. 〈개정 11.04.14〉

제4조 삭제 〈2005.7.18〉

<table>
<tr><th>건 축 법 시 행 규 칙</th><th>요　　　약</th></tr>
<tr><td>

「국토의 계획 및 이용에 관한 법률」 제49조

1. **제1종지구단위계획 :**

   토지이용을 합리화·구체화하고, 도시 또는 농·산·어촌의 기능의 증진, 미관의 개선 및 양호한 환경을 확보하기 위하여 수립하는 계획

2. **제2종지구단위계획 :**

   계획관리지역 또는 개발진흥지구를 체계적·계획적으로 개발 또는 관리하기 위하여 용도지역의 건축물 그 밖의 시설의 용도·종류 및 규모 등에 대한 제한을 완화하거나 건폐율 또는 용적률을 완화하여 수립하는 계획

</td><td>

적용제외

(1) 건축법 전체가 적용되지 않는 것

1. 문화재 보호법에 따른	지정·가지정문화재
2. 철도나 궤도의 선로부지에 있는	가. 운전보안시설 나. 철도선로의 위나 아래를 가로지르는 보행시설 다. 플랫폼 라. 해당 철도 또는 궤도사업용 급수·급탄 및 급유시설
3. 고속도로	통행료 징수시설
4. 컨테이너를 이용한	간이창고(공장의 용도로만 사용되는 건축물의 대지에 설치하는 것으로서 이동이 쉬운 것)
5. 하천구역 내	수문조작실

(2) 건축법의 전부를 적용하는 지역

　「국토의 계획 및 이용에 관한 법률」

　1.　도시지역

　2.　제2종지구단위계획구역

　3.　제2종지구단위계획구역외의 지역

　　　- 동 또는 읍의 지역

　　　(섬의 경우 인구 500인 이상인 경우에 한함)

(3) 건축법의 일부를 적용하지 않는 지역

　건축법의 전부를 적용하는 지역이 아닌 지역,

　1. 동 또는 읍외의 지역

　2. 관리지역

　3. 농림지역

　4. 자연환경 보전지역

[적용제외 법]

＊법 제44조 : 대지와 도로의 관계

＊법 제45조 : 도로의 지정·폐지 또는 변경

＊법 제46조 : 건축선의 지정

＊법 제47조 : 건축선에 따른 건축제한

＊법 제51조 : 방화지구 안의 건축물

＊법 제57조 : 대지의 분할제한

(4) 건축물이나 공작물을 도시계획시설로 결정된 도로의 예정지에 건축하는 경우 :

　　제45조부터 제47조까지의 규정을 적용 배제

</td></tr>
</table>

건 축 법	건 축 법 시 행 령

제4조 【건축위원회】 ① 국토교통부장관, 시·도지사 및 시장·군수·구청장은 다음 각 호의 사항을 조사·심의·조정 또는 재정(이하 이 조에서 "심의 등"이라 한다)하기 위하여 각각 건축위원회를 두어야 한다. 〈개정 14.05.28〉

1. 이 법과 조례의 제정·개정 및 시행에 관한 중요 사항
2. 건축물의 건축등과 관련된 분쟁의 조정 또는 재정에 관한 사항. 다만, 시·도지사 및 시장·군수·구청장이 두는 건축위원회는 제외한다.
3. 건축물의 건축등과 관련된 민원에 관한 사항. 다만, 국토교통부장관이 두는 건축위원회는 제외한다.
4. 건축물의 건축 또는 대수선에 관한 사항
5. 다른 법령에서 건축위원회의 심의를 받도록 규정한 사항

제5조 【중앙건축위원회의 설치 등】 ① 법 제4조제1항에 따라 국토교통부에 두는 건축위원회(이하 "중앙건축위원회"라 한다)는 다음 각 호의 사항을 조사·심의·조정 또는 재정(이하 "심의 등"이라 한다)한다. 〈개정 14.11.28〉

1. 법 제23조제4항에 따른 표준설계도서의 인정에 관한 사항
2. 건축물의 건축·대수선·용도변경, 건축설비의 설치 또는 공작물의 축조(이하 "건축물의 건축 등"이라 한다)와 관련된 분쟁의 조정 또는 재정에 관한 사항
3. 법과 이 영의 제정·개정 및 시행에 관한 중요 사항
4. 다른 법령에서 중앙건축위원회의 심의를 받도록 한 경우 해당 법령에서 규정한 심의사항
5. 그 밖에 국토교통부장관이 중앙건축위원회의 심의가 필요하다고 인정하여 회의에 부치는 사항

② 제1항에 따라 심의등을 받은 건축물이 다음 각 호의 어느 하나에 해당하는 경우에는 해당 건축물의 건축등에 관한 중앙건축위원회의 심의등을 생략할 수 있다.

1. 건축물의 규모를 변경하는 것으로서 다음 각 목의 요건을 모두 갖춘 경우
   가. 건축위원회의 심의등의 결과에 위반되지 아니할 것
   나. 심의등을 받은 건축물의 건축면적, 연면적, 층수 또는 높이 중 어느 하나도 10분의 1을 넘지 아니하는 범위에서 변경할 것
2. 중앙건축위원회의 심의등의 결과를 반영하기 위하여 건축물의 건축등에 관한 사항을 변경하는 경우

③ 중앙건축위원회는 위원장 및 부위원장 각 1명을 포함하여 70명 이내의 위원으로 구성한다.

④ 중앙건축위원회의 위원은 관계 공무원과 건축에 관한 학식 또는 경험이 풍부한 사람 중에서 국토교통부장관이 임명하거나 위촉한다. 〈개정 13.03.23〉

⑤ 중앙건축위원회의 위원장과 부위원장은 제4항에 따라 임명 또는 위촉된 위원 중에서 국토교통부장관이 임명하거나 위촉한다. 〈개정 13.03.23〉

⑥ 공무원이 아닌 위원의 임기는 2년으로 하며, 한 차례만 연임할 수 있다.

[본조 전문개정 12.12.12]

건 축 법 시 행 규 칙	요 약

중앙건축위원회 – 국토교통부

가. 중앙건축위원회 부의사항

1. 표준설계도서의 인정에 관한 사항
2. 건축물의 건축 등과 관련된 분쟁의 조정 또는 재정에 관한 사항
3. 법과 이 영의 제정·개정 및 시행에 관한 중요 사항
4. 다른 법령에서 중앙건축위원회의 심의를 받도록 한 경우 해당 법령에서 규정한 심의사항
5. 그 밖에 국토교통부장관이 중앙건축위원회의 심의가 필요하다고 인정하여 회의에 부치는 사항

나. 심의 생략 범위

1. 건축물의 규모를 변경하는 것(요건 모두 충족)
   가. 건축위원회의 심의 등의 결과에 위반되지 아니할 것
   나. 심의 등을 받은 건축물의 건축면적, 연면적, 층수 또는 높이 중 어느 하나도 1/10을 넘지 아니하는 범위에서 변경할 것
2. 중앙건축위원회의 심의등의 결과를 반영하기 위한 건축물의 건축 등에 관한 사항을 변경하는 경우

<table>
<tr><th>건 축 법</th><th>건 축 법 시 행 령</th></tr>
<tr><td></td><td>

제5조의2 【위원의 제척·기피·회피】 ① 중앙건축위원회의 위원(이하 이 조 및 제5조의3에서 "위원"이라 한다)이 다음 각 호의 어느 하나에 해당하는 경우에는 중앙건축위원회의 심의·의결에서 제척(除斥)된다.

  1. 위원 또는 그 배우자나 배우자이었던 사람이 해당 안건의 당사자(당사자가 법인·단체 등인 경우에는 그 임원을 포함한다. 이하 이 호 및 제2호에서 같다)가 되거나 그 안건의 당사자와 공동권리자 또는 공동의무자인 경우
  2. 위원이 해당 안건의 당사자와 친족이거나 친족이었던 경우
  3. 위원이 해당 안건에 대하여 자문, 연구, 용역(하도급을 포함한다), 감정 또는 조사를 한 경우
  4. 위원이나 위원이 속한 법인·단체 등이 해당 안건의 당사자의 대리인이거나 대리인이었던 경우
  5. 위원이 임원 또는 직원으로 재직하고 있거나 최근 3년 내에 재직하였던 기업 등이 해당 안건에 관하여 자문, 연구, 용역(하도급을 포함한다), 감정 또는 조사를 한 경우

  ② 해당 안건의 당사자는 위원에게 공정한 심의·의결을 기대하기 어려운 사정이 있는 경우에는 중앙건축위원회에 기피 신청을 할 수 있고, 중앙건축위원회는 의결로 이를 결정한다. 이 경우 기피 신청의 대상인 위원은 그 의결에 참여하지 못한다.
  ③ 위원이 제1항 각 호에 따른 제척 사유에 해당하는 경우에는 스스로 해당 안건의 심의·의결에서 회피(回避)하여야 한다.

[본조 신설 12.12.12]

제5조의3 【위원의 해임·해촉】 국토교통부장관은 위원이 다음 각 호의 어느 하나에 해당하는 경우에는 해당 위원을 해임하거나 해촉(解囑)할 수 있다. 〈개정 13.03.23〉
  1. 심신장애로 인하여 직무를 수행할 수 없게 된 경우
  2. 직무태만, 품위손상이나 그 밖의 사유로 인하여 위원으로 적합하지 아니하다고 인정되는 경우
  3. 제5조의2제1항 각 호의 어느 하나에 해당하는 데에도 불구하고 회피하지 아니한 경우

[본조 신설 12.12.12]

제5조의4 【운영세칙】 제5조, 제5조의2 및 제5조의3에서 규정한 사항 외에 중앙건축위원회의 운영에 관한 사항, 수당 및 여비의 지급에 관한 사항은 국토교통부령으로 정한다.
〈개정 13.03.23〉
[본조 신설 12.12.12]

</td></tr>
</table>

<table>
<tr><th>건 축 법 시 행 규 칙</th><th>요　　　　약</th></tr>
</table>

제2조【중앙건축위원회의 운영 등】 ① 법 제4조제1항 및 「건축법 시행령」(이하 "영"이라 한다) 제5조의4에 따라 국토교통부에 두는 건축위원회(이하 "중앙건축위원회"라 한다)의 회의는 다음 각 호에 따라 운영한다.　　　　　〈개정 13.03.23〉

  1. 중앙건축위원회의 위원장은 중앙건축위원회의 회의를 소집하고, 그 의장이 된다.
  2. 중앙건축위원회의 회의는 구성위원(위원장과 위원장이 회의 시마다 확정하는 위원을 말한다)과반수의 출석으로 개의(開議)하고, 출석위원 과반수의 찬성으로 조사·심의·조정 또는 재정(이하 "심의등"이라 한다)을 의결한다.
  3. 중앙건축위원회의 위원장은 업무수행을 위하여 필요하다고 인정하는 경우에는 관계 전문가를 중앙건축위원회의 회의에 출석하게 하여 발언하게 하거나 관계 기관·단체에 대하여 자료를 요구할 수 있다.
  4. 중앙건축위원회는 심의신청 접수일부터 30일 이내에 심의를 마쳐야 한다. 다만, 심의요청서 보완 등 부득이한 사정이 있는 경우에는 20일의 범위에서 연장할 수 있다. 〈신설 16.01.13〉
②중앙건축위원회의 회의에 출석한 위원에 대하여는 예산의 범위에서 수당 및 여비를 지급할 수 있다. 다만, 공무원인 위원이 그의 소관 업무와 직접적으로 관련하여 출석하는 경우에는 그러하지 아니하다.
③ 중앙건축위원회의 심의등 관련 서류는 심의등의 완료 후 2년간 보존하여야 한다. 〈신설 16.01.13〉
④ 중앙건축위원회에 회의록 작성 등 중앙건축위원회의 사무를 처리하기 위하여 간사를 두되, 간사는 국토교통부의 건축정책업무 담당 과장이 된다.
　　　　　〈신설 16.01.13〉
⑤ 이 규칙에서 규정한 사항 외에 중앙건축위원회의 운영에 필요한 사항은 중앙건축위원회의 의결을 거쳐 위원장이 정한다.

제2조의2【중앙건축위원회의 심의등의 결과 통보】
국토교통부장관은 중앙건축위원회가 심의등을 의결한 날부터 7일 이내에 심의 등을 신청한 자에게 그 심의 등의 결과를 서면으로 알려야 한다.
　　　　　〈개정 13.03.23〉

중앙건축위원회의 위원이 다음에 해당하는 경우 심의·의결에서 제척

  1. 위원 또는 그 배우자나 배우자이었던 사람이 해당 안건의 당사자(당사자가 법인·단체 등인 경우에는 그 임원을 포함)가 되거나 그 안건의 당사자와 공동권리자 또는 공동의무자인 경우
  2. 위원이 해당 안건의 당사자와 친족이거나 친족이었던 경우
  3. 위원이 해당 안건에 대하여 자문, 연구, 용역(하도급 포함), 감정 또는 조사를 한 경우
  4. 위원이나 위원이 속한 법인·단체 등이 해당 안건의 당사자의 대리인이거나 대리인이었던 경우
  5. 위원이 임원 또는 직원으로 재직하고 있거나 최근 3년 내에 재직하였던 기업 등이 해당 안건에 관하여 자문, 연구, 용역(하도급 포함), 감정 또는 조사를 한 경우

제5조의5 【지방건축위원회】 ① 법 제4조제1항에 따라 특별시·광역시·특별자치시·도·특별자치도(이하 "시·도"라 한다) 및 시·군·구(자치구를 말한다. 이하 같다)에 두는 건축위원회(이하 "지방건축위원회"라 한다)는 다음 각 호의 사항에 대한 심의 등을 한다. 〈개정 14.10.14〉

1. 법 제46조제2항에 따른 건축선(建築線)의 지정에 관한 사항

2. 법 또는 이 영에 따른 조례(해당 지방자치단체의 장이 발의하는 조례만 해당한다)의 제정·개정 및 시행에 관한 중요 사항 〈개정 14.11.28〉

3. 삭제 〈14.11.11〉

4. 다중이용 건축물 및 특수구조 건축물의 구조안전에 관한 사항 〈신설 14.11.28〉

5. 삭제 〈16.01.19〉

6. 삭제 〈20.04.21〉

7. 다른 법령에서 지방건축위원회의 심의를 받도록 한 경우 해당 법령에서 규정한 심의사항

8. 특별시장·광역시장·특별자치시장·도지사 또는 특별자치도지사(이하 "시·도지사"라 한다) 및 시장·군수·구청장이 도시 및 건축 환경의 체계적인 관리를 위하여 필요하다고 인정하여 지정·공고한 지역에서 건축조례로 정하는 건축물의 건축등에 관한 것으로서 시·도지사 및 시장·군수·구청장이 지방건축위원회의 심의가 필요하다고 인정한 사항. 이 경우 심의 사항은 시·도지사 및 시장·군수·구청장이 건축 계획, 구조 및 설비 등에 대해 심의 기준을 정하여 공고한 사항으로 한정한다. 〈개정 20.04.21〉

② 제1항에 따라 심의 등을 받은 건축물이 제5조제2항 각 호의 어느 하나에 해당하는 경우에는 해당 건축물의 건축 등에 관한 지방건축위원회의 심의 등을 생략할 수 있다.

③ 제1항에 따른 지방건축위원회는 위원장 및 부위원장 각 1명을 포함하여 25명 이상 150명 이하의 위원으로 성별을 고려하여 구성한다. 〈개정 16.01.19〉

④ 지방건축위원회의 위원은 다음 각 호의 어느 하나에 해당하는 사람 중에서 시·도지사 및 시장·군수·구청장이 임명하거나 위촉한다.

1. 도시계획 및 건축 관계 공무원

2. 도시계획 및 건축 등에서 학식과 경험이 풍부한 사람

⑤ 지방건축위원회의 위원장과 부위원장은 제4항에 따라 임명 또는 위촉된 위원 중에서 시·도지사 및 시장·군수·구청장이 임명하거나 위촉한다.

건 축 법 시 행 규 칙	요 약
	지방건축위원회 심의대상 1. 건축선(建築線)의 지정에 관한 사항 2. 조례의 제정·개정에 관한 중요 사항 3. 삭제 4. 다중이용 건축물 및 특수구조 건축물의 구조안전에 관한 사항 5. 삭제 - 미관지구내 심의 6. 분양을 목적으로 하는 건축물의 건축에 관한 사항 7. 다른 법령에서 지방건축위원회의 심의를 받도록 한 경우 해당 법령에서 규정한 심의사항 8. 건축조례로 정하는 건축물의 건축등에 관한 것으로서 시·도지사 및 시장·군수·구청장이 지방건축위원회의 심의가 필요하다고 인정한 사항

[제5조의5]

⑥ 지방건축위원회 위원의 임명 · 위촉 · 제척 · 기피 · 회피 · 해촉 · 임기 등에 관한 사항, 회의 및 소위원회의 구성 · 운영 및 심의 등에 관한 사항, 위원의 수당 및 여비 등에 관한 사항은 조례로 정하되, 다음 각 호의 기준에 따라야 한다.

  1. 위원의 임명 · 위촉 기준 및 제척 · 기피 · 회피 · 해촉 · 임기

    가. 공무원을 위원으로 임명하는 경우에는 그 수를 전체 위원 수의 4분의 1 이하로 할 것

    나. 공무원이 아닌 위원은 건축 관련 학회 및 협회 등 관련 단체나 기관의 추천 또는 공모절차를 거쳐 위촉할 것

    다. 다른 법령에 따라 지방건축위원회의 심의를 하는 경우에는 해당 분야의 관계 전문가가 그 심의에 위원으로 참석하는 심의위원 수의 4분의 1 이상이 되게 할 것. 이 경우 필요하면 해당 심의에만 위원으로 참석하는 관계 전문가를 임명하거나 위촉할 수 있다.

    라. 위원의 제척 · 기피 · 회피 · 해촉에 관하여는 제5조의2 및 제5조의3을 준용할 것

    마. 공무원이 아닌 위원의 임기는 3년 이내로 하며, 필요한 경우에는 한 차례만 연임할 수 있게 할 것

  2. 심의등에 관한 기준

    가. 「국토의 계획 및 이용에 관한 법률」 제30조제3항 단서에 따라 건축위원회와 도시계획위원회가 공동으로 심의한 사항에 대해서는 심의를 생략할 것

    나. 제1항제4호에 관한 사항은 법 제21조에 따른 착공신고 전에 심의할 것. 다만, 법 제13조의2에 따라 안전영향평가 결과가 확정된 경우는 제외한다. 〈신설 20.04.21〉

    다. 지방건축위원회의 위원장은 회의 개최 10일 전까지 회의 안건과 심의에 참여할 위원을 확정하고, 회의 개최 7일 전까지 회의에 부치는 안건을 각 위원에게 알릴 것. 다만, 대외적으로 기밀 유지가 필요한 사항이나 그 밖에 부득이한 사유가 있는 경우에는 그러하지 아니하다.

    라. 지방건축위원회의 위원장은 다목에 따라 심의에 참여할 위원을 확정하면 심의등을 신청한 자에게 위원 명단을 알릴 것

    마. 삭제 〈14.11.28〉

    바. 지방건축위원회의 회의는 구성위원(위원장과 위원장이 다목에 따라 회의 참여를 확정한 위원을 말한다) 과반수의 출석으로 개의(開議)하고, 출석위원 과반수 찬성으로 심의등을 의결하며, 심의등을 신청한 자에게 심의 등의 결과를 알릴 것

    사. 지방건축위원회의 위원장은 업무 수행을 위하여 필요하다고 인정하는 경우에는 관계 전문가를 지방건축위원회의 회의에 출석하게 하여 발언하게 하거나 관계 기관 · 단체에 자료를 요구할 것

    아. 건축주 · 설계자 및 심의등을 신청한 자가 희망하는 경우에는 회의에 참여하여 해당 안건 등에 대하여 설명할 수 있도록 할 것

    자. 제1항제4호, 제7호 및 제8호에 따른 사항을 심의하는 경우 심의등을 신청한 자에게 지방건축위원회에 간략설계도서(배치도 · 평면도 · 입면도 · 주단면도 및 국토교통부장관이 정하여 고시하는 도서로 한정하며, 전자문서로 된 도서를 포함한다)를 제출하도록 할 것 〈개정 20.04.21〉

    차. 건축구조 분야 등 전문분야에 대해서는 분야별 해당 전문위원회에서 심의하도록 할 것(제5조의6 제1항에 따라 분야별 전문위원회를 구성한 경우만 해당한다) 〈신설 14.11.28〉

    카. 지방건축위원회 심의 절차 및 방법 등에 관하여 국토교통부장관이 정하여 고시하는 기준에 따를 것 〈개정 14.11.11〉

  [본조 신설 12.12.12]

건 축 법 시 행 규 칙	요 약

지방건축위원회 위원

가. 공무원 : 전체 위원 수 1/4 이하

나. 공무원이 아닌 위원 : 관련 단체나 기관의 추천
　　　　　　　　　또는 공모절차를 거쳐 위촉

다. 다른 법령에 따라 지방건축위원회의 심의를 하는
　　경우 : 해당 분야의 관계 전문가가 그 심의에
　　위원으로 참석하는 심의위원 수의 1/4 이상이
　　되게 할 것.

라. 위원의 제척 · 기피 · 회피 · 해촉에 관하여는
　　제5조의2 및 제5조의3을 준용할 것

마. 공무원이 아닌 위원의 임기 : 3년 이내
　　- 필요한 경우에는 한 차례만 연임가능

심의 등

가. 건축위원회와 도시계획위원회가 공동으로 심의한
　　사항에 대해서는 심의 생략

나. 위원장은 회의 개최 10일 전까지 회의 안건과
　　심의에 참여할 위원을 확정, 회의 개최 7일 전까지
　　회의안건 각 위원에게 알릴 것.

다. 위원 확정시 신청자에게 위원 명단 통보

라. 과반수 출석으로 개의(開議)하고, 출석위원
　　과반수 찬성으로 심의등을 의결

마. 위원장은 필요시 관계 전문가 출석 발언 또는
　　관계 기관 · 단체에 자료 요구

바. 건축주 · 설계자 및 심의 등 신청자가 희망하는
　　경우 회의 참여 설명 가능

사. 신청자는 간략설계도서(배치도 · 평면도 · 입면도 ·
　　주단면도 및 고시된 도서로 한정, 전자문서로
　　된 도서포함) 제출

아. 건축구조 분야 등 전문분야에 대해서는 분야별
　　해당 전문위원회에서 심의
　　- 분야별 전문위원회를 구성한 경우 해당

자. 심의 절차 및 방법 등
　　- 국토교통부장관이 정하여 고시하는 기준

건 축 법	건 축 법 시 행 령

[제4조]

② 국토교통부장관, 시·도지사 및 시장· 군수· 구청장은 건축위원회의 심의 등을 효율적으로 수행하기 위하여 필요하면 자신이 설치하는 건축위원회에 다음 각 호의 전문위원회를 두어 운영할 수 있다. 〈개정 14.05.28〉

 1. 건축분쟁전문위원회(국토교통부에 설치하는 건축위원회에 한정한다)

 2. 건축민원전문위원회(시·도 및 시·군·구에 설치하는 건축위원회에 한정한다)

 3. 건축계획·건축구조·건축설비 등 분야별 전문위원회

③ 제2항에 따른 전문위원회는 건축위원회가 정하는 사항에 대하여 심의 등을 한다. 〈개정 14.05.28〉

④ 제3항에 따라 전문위원회의 심의등을 거친 사항은 건축위원회의 심의등을 거친 것으로 본다. 〈개정 14.05.28〉

⑤ 제1항에 따른 각 건축위원회의 조직·운영, 그 밖에 필요한 사항은 대통령령으로 정하는 바에 따라 국토교통부령이나 해당 지방자치단체의 조례(자치구의 경우에는 특별시나 광역시의 조례를 말한다. 이하 같다)로 정한다. 〈개정 13.03.23〉

제5조의6【전문위원회의 구성 등】 ① 국토교통부장관, 시·도지사 또는 시장· 군수· 구청장은 법 제4조제2항에 따라 다음 각 호의 분야별로 전문위원회를 구성·운영할 수 있다. 〈개정 13.03.23〉

 1. 건축계획 분야

 2. 건축구조 분야

 3. 건축설비 분야

 4. 건축방재 분야

 5. 에너지관리 등 건축환경 분야

 6. 건축물 경관(景觀) 분야(공간환경 분야를 포함한다)

 7. 조경 분야

 8. 도시계획 및 단지계획 분야

 9. 교통 및 정보기술 분야

 10. 사회 및 경제 분야

 11. 그 밖의 분야

② 제1항에 따른 전문위원회의 구성·운영에 관한 사항, 수당 및 여비 지급에 관한 사항은 국토교통부령 또는 건축조례로 정한다. 〈개정 13.03.23〉

[본조 신설 12.12.12]

건 축 법 시 행 규 칙	요 약
제2조의 3 【전문위원회의 구성 등】 ①삭제 〈1999.5.11〉 ②법 제4조제2항에 따라 중앙건축위원회에 구성되는 전문위원회(이하 이 조에서 "전문위원회"라 한다)는 중앙건축위원회의 위원 중 5인이상 15인이하의 위원으로 구성한다.　〈개정 06.5.12〉 ③전문위원회의 위원장은 전문위원회의 위원중에서 국토교통부장관이 임명 또는 위촉하는 자가 된다.　〈개정 13.03.23〉 ④ 전문위원회의 운영에 관하여는 제2조제1항 및 제2항을 준용한다. 이 경우 "중앙건축위원회"는 각각 "전문위원회"로 본다.　〈개정 12.12.12〉 [본조신설 98.9.29]	**전문위원회** | 분　야	구　성
1. 건축계획분야 2. 건축구조분야 3. 건축설비분야 4. 건축방재분야 5. 건축환경 분야 6. 건축물 경관분야 　(공간환경 분야 포함) 7. 조경분야 8. 도시계획 및 　단지계획 분야 9. 교통 및 정보기술분야 10. 사회 및 경제 분야 11. 그 밖의 분야	중앙위원회의 위원 중 5인 이상 15인 이하의 위원	

<table>
<tr><th>건 축 법</th><th>건 축 법 시 행 령</th></tr>
<tr><td>

제4조의 2 【건축위원회의 건축 심의 등】

① 대통령령으로 정하는 건축물을 건축하거나 대수선하려는 자는 국토교통부령으로 정하는 바에 따라 시·도지사 또는 시장·군수·구청장 에게 제4조에 따른 건축위원회(이하 "건축위원회"라 한다)의 심의를 신청하여야 한다.　　　　　〈개정 17.01.17〉

② 제1항에 따라 심의 신청을 받은 시·도지사 또는 시장·군수·구청장은 대통령령으로 정하는 바에 따라 건축위원회에 심의 안건을 상정하고, 심의 결과를 국토교통부령으로 정하는 바에 따라 심의를 신청한 자에게 통보하여야 한다.

③ 제2항에 따른 건축위원회의 심의 결과에 이의가 있는 자는 심의 결과를 통보받은 날부터 1개월 이내에 시·도지사 또는 시장·군수·구청장에게 건축위원회의 재심의를 신청할 수 있다.

④ 제3항에 따른 재심의 신청을 받은 시·도지사 또는 시장·군수·구청장은 그 신청을 받은 날부터 15일 이내에 대통령령으로 정하는 바에 따라 건축위원회에 재심의 안건을 상정하고, 재심의 결과를 국토교통부령으로 정하는 바에 따라 재심의를 신청한 자에게 통보하여야 한다.

　　　　　　　　　　　[본조신설 14.05.28]

제4조의3 【건축위원회 회의록의 공개】

시·도지사 또는 시장·군수·구청장은 제4조의2제1항에 따른 심의(같은 조 제3항에 따른 재심의를 포함한다. 이하 이 조에서 같다)를 신청한 자가 요청하는 경우에는 대통령령으로 정하는 바에 따라 건축위원회 심의의 일시·장소·안건·내용·결과 등이 기록된 회의록을 공개하여야 한다. 다만, 심의의 공정성을 침해할 우려가 있다고 인정되는 이름, 주민등록번호 등 대통령령으로 정하는 개인 식별 정보에 관한 부분의 경우에는 그러하지 아니하다.

　　　　　　　　　　　[본조신설 14.05.28]

</td><td>

제5조의7 【지방건축위원회의 심의】 ① 법 제4조의2제1항에서 "대통령령으로 정하는 건축물"이란 제5조의5제1항제4호, 제7호 및 제8호에 따른 심의대상 건축물을 말한다.　　　　　　　　〈개정 21.05.04〉

② 시·도지사 또는 시장·군수·구청장은 법 제4조의2제1항에 따라 건축물을 건축하거나 대수선하려는 자가 지방건축위원회의 심의를 신청한 경우에는 법 제4조의2제2항에 따라 심의 신청 접수일부터 30일 이내에 해당 지방건축위원회에 심의 안건을 상정하여야 한다.

③ 법 제4조의2제3항에 따라 재심의 신청을 받은 시·도지사 또는 시장·군수·구청장은 지방건축위원회의 심의에 참여할 위원을 다시 확정하여 법 제4조의2제4항에 따라 해당 지방건축위원회에 재심의 안건을 상정하여야 한다.

　　　　　　　　　　　[본조신설 14.11.28]

제5조의8 【지방건축위원회 회의록의 공개】 ① 시·도지사 또는 시장·군수·구청장은 법 제4조의3 본문에 따라 법 제4조의2제1항에 따른 심의(같은 조 제3항에 따른 재심의를 포함한다. 이하 이 조에서 같다)를 신청한 자가 지방건축위원회의 회의록 공개를 요청하는 경우에는 지방건축위원회의 심의 결과를 통보한 날부터 6개월까지 공개를 요청한 자에게 열람 또는 사본을 제공하는 방법으로 공개하여야 한다.

② 법 제4조의3 단서에서 "이름, 주민등록번호 등 대통령령으로 정하는 개인 식별 정보"란 이름, 주민등록번호, 직위 및 주소 등 특정인임을 식별할 수 있는 정보를 말한다.

　　　　　　　　　　　[본조신설 14.11.28]

</td></tr>
</table>

건 축 법 시 행 규 칙	요 약

제2조의4 【지방건축위원회의 심의 신청 등】

① 법 제4조의2제1항 및 제3항에 따라 건축물을 건축하거나 대수선하려는 자는 특별시·광역시·특별자치시·도·특별자치도 및 시·군·구(자치구를 말한다. 이하 같다)에 두는 건축위원회(이하 "지방건축위원회"라 한다)의 심의 또는 재심의를 신청하려는 경우에는 별지 제1호서식의 건축위원회 심의(재심의)신청서에 영 제5조의5제6항제2호자목에 따른 간략설계도서를 첨부(심의를 신청하는 경우에 한정한다)하여 제출하여야 한다.

② 영 제6조의3제2항 및 제4항에 따라 구조 안전에 관한 지방건축위원회의 심의 또는 재심의를 신청할 때에는 별지 제1호의5서식의 건축위원회 구조 안전 심의(재심의) 신청서에 별표 1의2에 따른 서류를 첨부(재심의를 신청하는 경우는 제외한다)하여 제출하여야 한다.

③ 법 제4조의2제2항 및 제4항에 따라 특별시장·광역시장·특별자치시장·도지사·특별자치도지사(이하 "시·도지사"라 한다) 또는 시장·군수·구청장(자치구의 구청장을 말한다. 이하 같다)은 지방건축위원회의 심의 또는 재심의를 완료한 날부터 14일 이내에 그 심의 또는 재심의 결과를 심의 또는 재심의를 신청한 자에게 통보하여야 한다.

[본조신설 14.11.28]

[별표 1의2] 〈신설 2015.07.07〉

구조 안전 심의 신청 시 첨부서류

(제2조의4제2항 관련)

분야	도서종류	표시하여야 할 사항
1. 건축	가.건축개요	1) 사업 개요: 위치, 대지면적, 사업기간 등 2) 건축물 개요: 규모(높이, 면적 등), 용도별 면적 및 건폐율, 용적률 등
	나.배치도	1) 축척 및 방위, 대지에 접한 도로의 길이 및 너비 2) 대지의 종·횡단면도
	다.평면도	1) 1층 및 기준층 평면도 2) 기둥·벽·창문 등의 위치 3) 방화구획 및 방화문의 위치 4) 복도 및 계단 위치
	라.단면도	1) 종·횡단면도 2) 건축물 전체높이, 각층의 높이 및 반자높이 등
2. 구조	가.구조계획서	1) 설계근거기준 2) 하중조건분석 3) 구조재료의 성질 및 특성 4) 구조 형식선정 계획 5) 구조안전 검토
	나.구조도 및 구조계산서	1) 구조내력상 주요부분 평면 및 단면 2) 내진설계(지진에 대한 안전여부 확인 대상)내용 3) 구조 안전 확인서 4) 주요부분의 상세도면
3. 기타	가.지질조사서	1) 토질개황 2) 각종 토질시험내용 3) 지내력 산출근거 4) 지하수위 5) 기초에 대한 의견
	나.시방서	1) 시방내용(표준시방서에 없는 공법인 경우만 해당함) 2) 흙막이 공법 및 도면

<table>
<tr><th>건 축 법</th><th>건 축 법 시 행 령</th></tr>
</table>

제4조의 4 [건축민원전문위원회]

① 제4조제2항에 따른 건축민원전문위원회는 건축물의 건축등과 관련된 다음 각 호의 민원[특별시장·광역시장·특별자치시장·특별자치도지사 또는 시장·군수·구청장(이하 "허가권자"라 한다)의 처분이 완료되기 전의 것으로 한정하며, 이하 "질의민원"이라 한다]을 심의하며, 시·도지사가 설치하는 건축민원전문위원회(이하 "광역지방건축민원전문위원회"라 한다)와 시장·군수·구청장이 설치하는 건축민원전문위원회(이하 "기초지방건축민원전문위원회"라 한다)로 구분한다.

  1. 건축법령의 운영 및 집행에 관한 민원

  2. 건축물의 건축등과 복합된 사항으로서 제11조 제5항 각 호에 해당하는 법률 규정의 운영 및 집행에 관한 민원

  3. 그 밖에 대통령령으로 정하는 민원

② 광역지방건축민원전문위원회는 허가권자나 도지사(이하 "허가권자등"이라 한다)의 제11조에 따른 건축허가나 사전승인에 대한 질의민원을 심의하고, 기초지방건축민원전문위원회는 시장(행정시의 시장을 포함한다)·군수·구청장의 제11조 및 제14조에 따른 건축허가 또는 건축신고와 관련한 질의민원을 심의한다.

③ 건축민원전문위원회의 구성·회의·운영, 그 밖에 필요한 사항은 해당 지방자치단체의 조례로 정한다.

[본조신설 14.05.28]

제5조의9 [건축민원전문위원회의 심의 대상]

법 제4조의4제1항제3호에서 "대통령령으로 정하는 민원"이란 다음 각 호의 어느 하나에 해당하는 민원을 말한다.

  1. 건축조례의 운영 및 집행에 관한 민원

  2. 그 밖에 관계 건축법령에 따른 처분기준 외의 사항을 요구하는 등 허가권자의 부당한 요구에 따른 민원

[본조신설 14.11.28]

건 축 법 시 행 규 칙	요 약
	건축민원전문위원회 (1) 질의민원 심의 　－ 허가권자의 처분이 완료되기 전의 것으로 한정 　1. 건축법령의 운영 및 집행에 관한 민원 　2. 건축물의 건축등과 복합된 사항으로서 건축허가 　　부수효과에 해당하는 법률 규정의 운영 및 　　집행에 관한 민원 　3. 건축조례의 운영 및 집행에 관한 민원 　4. 그 밖에 관계 건축법령에 따른 처분기준 외의 사항 　　을 요구하는 등 허가권자의 부당한 요구에 따른 민원 (2) ● 광역지방건축민원전문위원회 심의 　－ 허가권자나 도지사의 건축허가나 사전승인에 　　대한 질의민원을 심의 　● 기초지방건축민원전문위원회 　－ 시장(행정시의 시장 포함)・군수・구청장의 　　건축허가 또는 건축신고와 관련한 질의민원 　　심의. (3) 건축민원전문위원회의 구성・회의・운영, 　　그 밖에 필요한 사항 － 지방자치단체의 조례

<table>
<tr><th>건 축 법</th><th>건 축 법 시 행 령</th></tr>
</table>

제4조의 5 【질의민원 심의의 신청】

① 건축물의 건축등과 관련된 질의민원의 심의를 신청하려는 자는 제4조의4제2항에 따른 관할 건축민원전문위원회에 심의 신청서를 제출하여야 한다.

② 제1항에 따른 심의를 신청하고자 하는 자는 다음 각 호의 사항을 기재하여 문서로 신청하여야 한다. 다만, 문서에 의할 수 없는 특별한 사정이 있는 경우에는 구술로 신청할 수 있다.

　1. 신청인의 이름과 주소

　2. 신청의 취지·이유와 민원신청의 원인이 된 사실내용

　3. 그 밖에 행정기관의 명칭 등 대통령령으로 정하는 사항

③건축민원전문위원회는 신청인의 질의민원을 받으면 15일 이내에 심의절차를 마쳐야 한다. 다만, 사정이 있으면 건축민원전문위원회의 의결로 15일 이내의 범위에서 기간을 연장할 수 있다.

[본조신설 14.05.28]

제4조의 6 【심의를 위한 조사 및 의견 청취】

① 건축민원전문위원회는 심의에 필요하다고 인정하면 위원 또는 사무국의 소속 공무원에게 관계 서류를 열람하게 하거나 관계 사업장에 출입하여 조사하게 할 수 있다.

② 건축민원전문위원회는 필요하다고 인정하면 신청인, 허가권자의 업무담당자, 이해관계자 또는 참고인을 위원회에 출석하게 하여 의견을 들을 수 있다.

③ 민원의 심의신청을 받은 건축민원전문위원회는 심의기간 내에 심의하여 심의결정서를 작성하여야 한다.

[본조신설 14.05.28]

제5조의10 【질의민원 심의의 신청】

① 법 제4조의5제2항 각 호 외의 부분 단서에 따라 구술로 신청한 질의민원 심의 신청을 접수한 담당 공무원은 신청인이 심의 신청서를 작성할 수 있도록 협조하여야 한다.

② 법 제4조의5제2항제3호에서 "행정기관의 명칭 등 대통령령으로 정하는 사항"이란 다음 각 호의 사항을 말한다.

　1. 민원 대상 행정기관의 명칭

　2. 대리인 또는 대표자의 이름과 주소

　　(법 제4조의6제2항 및 제4조의7제2항·제5항에 따른 위원회 출석, 의견 제시, 결정내용 통지 수령 및 처리결과 통보 수령 등을 위임한 경우만 해당한다)

[본조신설 14.11.28]

건 축 법 시 행 규 칙	요 약
	 질의민원 심의신청 (1) 관할 건축 민원전문위원회에 심의 신청서 제출 (2) 문서로 신청 　　- 특별한 사정이 있는 경우 구술로 신청. 　1. 신청인의 이름과 주소 　2. 신청의 취지·이유와 민원신청의 원인이 된 　　사실내용 　3. 민원 대상 행정기관의 명칭 　4. 대리인 또는 대표자의 이름과 주소 　(위원회 출석, 의견 제시, 결정내용 통지 수령 및 　　처리결과 통보 수령 등을 위임한 경우만 해당) (3) 15일 이내에 심의절차 완료 　　- 사정이 있으면 건축민원전문위원회의 의결로 　　15일 이내의 범위에서 기간 연장

건 축 법	건 축 법 시 행 령
제4조의 7 【의견의 제시 등】 ① 건축민원전문위원회는 질의민원에 대하여 관계 법령, 관계 행정기관의 유권해석, 유사판례와 현장 여건 등을 충분히 검토하여 심의의견을 제시할 수 있다. ② 건축민원전문위원회는 민원심의의 결정내용을 지체 없이 신청인 및 해당 허가권자등에게 통지하여야 한다. ③ 제2항에 따라 심의 결정내용을 통지받은 허가권자 등은 이를 존중하여야 하며, 통지받은 날부터 10일 이내에 그 처리결과를 해당 건축민원전문위원회에 통보하여야 한다. ④ 제2항에 따른 심의 결정내용을 시장·군수·구청장이 이행하지 아니하는 경우에는 제4조의4제2항에도 불구하고 해당 민원인은 시장·군수·구청장이 통보한 처리결과를 첨부하여 광역지방건축민원전문위원회에 심의를 신청할 수 있다. ⑤ 제3항에 따라 처리결과를 통보받은 건축민원전문위원회는 신청인에게 그 내용을 지체 없이 통보하여야 한다. [본조신설 14.05.28] **제4조의 8 【사무국】** ① 건축민원전문위원회의 사무를 처리하기 위하여 위원회에 사무국을 두어야 한다. ② 건축민원전문위원회에는 다음 각 호의 사무를 나누어 맡도록 심사관을 둔다. 　1. 건축민원전문위원회의 심의·운영에 관한 사항 　2. 건축물의 건축등과 관련된 민원처리에 관한 업무지원 사항 　3. 그 밖에 위원장이 지정하는 사항 ③ 건축민원전문위원회의 위원장은 특정 사건에 관한 전문적인 사항을 처리하기 위하여 관계 전문가를 위촉하여 제2항 각 호의 사무를 하게 할 수 있다. [본조신설 14.05.28]	

건축법시행규칙	요 약

63

건축법시행규칙	요 약

건 축 법	건축법시행령

제5조 【적용의 완화】 ①건축주, 설계자, 공사시공자 또는 공사감리자(이하 "건축관계자"라 한다)는 업무를 수행할 때 이 법을 적용하는 것이 매우 불합리하다고 인정되는 대지나 건축물로서 대통령령으로 정하는 것에 대하여는 이 법의 기준을 완화하여 적용할 것을 허가권자에게 요청할 수 있다. 〈개정 14.05.28〉

제6조 【적용의 완화】 ①법 제5조제1항에 따라 완화하여 적용하는 건축물 및 기준은 다음 각 호와 같다. 〈개정 17.02.03〉

1. 수면 위에 건축하는 건축물 등 대지의 범위를 설정하기 곤란한 경우 : 법 제40조부터 제47조까지, 법 제55조부터 제57조까지, 법 제60조 및 법 제61조에 따른 기준

2. 거실이 없는 통신시설 및 기계·설비시설인 경우 : 법 제44조부터 법 제46조까지의 규정에 따른 기준

3. 31층 이상인 건축물(건축물 전부가 공동주택의 용도로 쓰이는 경우는 제외한다)과 발전소, 제철소, 「산업집적활성화 및 공장설립에 관한 법률 시행령」 별표 1 제2호마목에 따라 산업통상자원부령으로 정하는 업종의 제조시설, 운동시설 등 특수 용도의 건축물인 경우 : 법 제43조, 제49조부터 제52조까지, 제62조, 제64조, 제67조 및 제68조에 따른 기준 〈개정 13.03.23〉

4. 전통사찰, 전통한옥 등 전통문화의 보존을 위하여 시·도의 건축조례로 정하는 지역의 건축물인 경우 : 법 제2조제1항 제11호, 제44조, 제46조 및 제60조제3항에 따른 기준 〈개정 09.7.16〉

5. 경사진 대지에 계단식으로 건축하는 공동주택으로서 지면에서 직접 각 세대가 있는 층으로의 출입이 가능하고, 위층 세대가 아래층 세대의 지붕을 정원 등으로 활용하는 것이 가능한 형태의 건축물과 초고층 건축물인 경우 : 법 제55조에 따른 기준

6. 다음 각 목의 어느 하나에 해당하는 건축물인 경우: 법 제42조, 제43조, 제46조, 제55조, 제56조, 제58조, 제60조, 제61조제2항에 따른 기준 〈개정 16.07.19〉

   가. 허가권자가 리모델링 활성화가 필요하다고 인정하여 지정·공고한 구역(이하 "리모델링 활성화 구역"이라 한다) 안의 건축물

   나. 사용승인을 받은 후 15년 이상이 되어 리모델링이 필요한 건축물

   다. 기존 건축물을 건축(증축, 일부 개축 또는 일부 재축으로 한정한다. 이하 이 목 및 제32조제3항에서 같다)하거나 대수선하는 경우로서 다음의 요건을 모두 갖춘 건축물 〈신설 17.02.03〉

   1) 기존 건축물이 건축 또는 대수선 당시의 법령상 건축물 전체에 대하여 다음의 구분에 따른 확인 또는 확인 서류 제출을 하여야 하는 건축물에 해당하지 아니할 것

      가) 2009년 7월 16일 대통령령 제21629호 건축법 시행령 일부개정령으로 개정되기 전의 제32조에 따른 지진에 대한 안전여부의 확인

      나) 2009년 7월 16일 대통령령 제21629호 건축법 시행령 일부개정령으로 개정된 이후부터 2014년 11월 28일 대통령령 제25786호 건축법 시행령 일부개정령으로 개정되기 전까지의 제32조에 따른 구조 안전의 확인

      다) 2014년 11월 28일 대통령령 제25786호 건축법 시행령 일부개정령으로 개정된 이후의 제32조에 따른 구조 안전의 확인 서류 제출

<table>
<tr><th>건 축 법 시 행 규 칙</th><th>요   약</th></tr>
</table>

적용의 완화

(1) 완화절차

 1. 건축관계자가 허가권자에게 요청

 2. 건축위원회에서 완화여부 결정

 ※ **건축관계자** : 건축주, 설계자, 공사시공자, 공사감리자

 ※ **허가권자**　 : 특별시장, 광역시장, 특별자치시장, 특별자치도지사

                       /시장, 군수, 구청장 - 도지사는 허가권자가 아님

(2) 완화대상

1. 수면위에 건축하는 건축물등 대지의 범위를 설정하기 곤란한 경우 :
　법 제40조 부터 제47조, 법 제55조 부터 제57조, 법 제60조 및 법 제61조

2. 거실이 없는 통신시설 및 기계·설비시설인 경우 :
　법 제44조, 법 제45조 및 법 제46조

3. 31 층 이상인 건축물(공동주택 제외)과 발전소·제철소·제조시설·운동
　시설 등 특수용도의 건축물인 경우 : 법 제43조, 제49조부터 제52조, 제62
　조, 제64조, 법 제67조 및 제68조

4. 전통사찰, 전통한옥 등 전통문화의 보존을 위하여 시·도의 건축조례로
　정하는 지역의 건축물인 경우: 법 제2조제1항제11호, 제44조 및 제46조

5. 테라스하우스, 초고층 건축물인 경우 : 법 제55조에 따른 기준

6. 다음의 건축물 : 법 제42조, 제43조, 제46조, 제55조, 제56조, 제58조,
　제60조, 제61조제2항에 따른 기준

　가. 리모델링 활성화 구역안의 건축물

　나. 사용승인 후 15년 이상이 되어 리모델링이 필요한 건축물

　다. 기존 건축물을 건축(증축, 일부 개축 또는 일부 재축으로 한정)하거
　　　나 대수선하는 경우로서 다음의 요건을 모두 갖춘 건축물

　　1) 기존 건축물이 건축 또는 대수선 당시의 법령상 건축물 전체에
　　　대하여 다음의 구분에 따른 확인 또는 확인 서류 제출을 하여야
　　　하는 건축물에 해당하지 아니할 것

　　　가) 2009년 7월 16일 건축법 시행령 일부개정령으로 개정되기
　　　　　전의 제32조에 따른 지진에 대한 안전여부의 확인

　　　나) 2009년 7월 16일 건축법 시행령 일부개정령으로 개정된 이후
　　　　　부터 2014년 11월 28일 건축법 시행령 일부개정령으로 개정
　　　　　되기 전까지의 제32조에 따른 구조 안전의 확인

　　　다) 2014년 11월 28일 건축법 시행령 일부개정령으로 개정된 이후
　　　　　의 제32조에 따른 구조 안전의 확인 서류 제출

　　2) 기존 건축물을 건축 또는 대수선하기 전과 후의 건축물 전체에
　　　대한 구조 안전의 확인 서류를 제출할 것. 다만, 기존 건축물을
　　　일부 재축하는 경우에는 재축 후의 건축물에 대한 구조 안전의
　　　확인 서류만 제출

건 축 법	건 축 법 시 행 령
	[제6조]

[제6조] (시행령 열)

2) 제32조제3항에 따라 기존 건축물을 건축 또는 대수선하기 전과 후의
   건축물 전체에 대한 구조 안전의 확인 서류를 제출할 것.
   다만, 기존 건축물을 일부 재축하는 경우에는 재축 후의 건축물에 대한
   구조 안전의 확인 서류만 제출한다.

7. 기존 건축물에 「장애인·노인·임산부 등의 편의증진 보장에 관한 법률」
   제8조에 따른 편의시설을 설치하면 법 제55조 또는 법 제56조에 따른 기준
   에 적합하지 아니하게 되는 경우 : 법 제55조 및 법 제56조에 따른 기준

7의2. 「국토의 계획 및 이용에 관한 법률」에 따른 도시지역 및 제2종 지구
   단위계획구역 외의 지역 중 동이나 읍에 해당하는 지역에 건축하는 건축물
   로서 건축조례로 정하는 건축물인 경우 :
   법 제2조제1항제11호 및 제44조에 따른 기준   〈신설 09.7.16〉

8. 다음 각 목의 어느 하나에 해당하는 대지에 건축하는 건축물로서 재해예방
   을 위한 조치가 필요한 경우 : 법 제55조, 법 제56조, 법 제60조 및 법
   제61조에 따른 기준   〈개정 12.12.12〉
   가. 「국토의 계획 및 이용에 관한 법률」 제37조에 따라 지정된
       방재지구(防災地區)
   나. 「급경사지 재해예방에 관한 법률」 제6조에 따라 지정된 붕괴위험지역

9. 조화롭고 창의적인 건축을 통하여 아름다운 도시경관을 창출한다고
   법 제11조에 따른 특별시장·광역시장·특별자치시장·특별자치도지사 또는
   시장·군수·구청장(이하 "허가권자"라 한다)가 인정하는 건축물과
   「주택법 시행령」 제10조 제1항에 따른 도시형생활주택(아파트는 제외한다)
   인 경우 : 법 제60조 및 제61조에 따른 기준   〈개정 16.08.11〉

10. 「공공주택 특별법」 제2조제1호에 따른 공공주택인 경우 :
    법 제61조제2항에 따른 기준

11. 다음 각 목의 어느 하나에 해당하는 공동주택에 「주택건설 기준 등에 관한
    규정」 제2조제3호에 따른 주민공동시설(주택소유자가 공유하는 시설로서 영리
    를 목적으로 하지 아니하고 주택의 부속용도로 사용하는 시설만 해당하며, 이하
    "주민공동시설"이라 한다)을 설치하는 경우 : 법 제56조에 따른 기준
    가. 「주택법」 제15조에 따라 사업계획 승인을 받아 건축하는 공동주택
                                                        〈개정 16.08.11〉
    나. 상업지역 또는 준주거지역에서 법 제11조에 따라 건축허가를 받아 건축하는
        200세대 이상 300세대 미만인 공동주택
    다. 법 제11조에 따라 건축허가를 받아 건축하는 「주택법 시행령」제10조에 따른
        도시형생활주택   〈개정 16.08.11〉
                                                      [본호신설 12.12.12]

12. 법 제77조의4제1항에 따라 건축협정을 체결하여 건축물의 건축·대수선 또는
    리모델링을 하려는 경우: 법 제55조 및 제56조에 따른 기준
                                                      [본호신설 14.10.14]

<table>
<tr><th>건 축 법 시 행 규 칙</th><th>요　　　약</th></tr>
<tr><td></td><td>

7. 기존 건축물에 편의시설을 설치하면 법 제55조 또는 법 제56조에 따른 기준에 적합하지 아니하게 되는 경우: 법 제55조 및 법 제56조

8. 도시지역 및 제2종 지구단위계획구역 외의 지역 중 동이나 읍에 해당하는 지역에 건축하는 건축물로서 건축조례로 정하는 건축물인 경우: 법 제2조제1항제11호 및 제44조

9. 방재지구, 붕괴위험 지역의 대지에 건축하는 건축물로서 재해예방을 위한 조치가 필요한 경우 : 법 제55조, 법 제56조, 법 제60조 및 법 제61조

10. 조화롭고 창의적인 건축을 통하여 아름다운 도시경관을 창출한다고 허가권자가 인정하는 건축물과 도시형생활주택(아파트 제외) 인 경우 : 법 제60조 및 제61조

11. 공공주택인 경우 : 법 제61조제2항

12. 다음 공동주택에 주민공동시설을 설치하는 경우 : 법 제56조
　　가. 사업계획 승인을 받아 건축하는 공동주택
　　나. 상업지역 또는 준주거지역에서 건축허가를 받아 건축하는 200세대 이상 300세대 미만인 공동주택
　　다. 건축허가를 받아 건축하는 도시형 생활주택

13. 건축협정을 체결하여 건축물의 건축·대수선 또는 리모델링을 하려는 경우 : 법 제55조 및 제56조

</td></tr>
</table>

건 축 법	건 축 법 시 행 령

[제5조]

② 제1항에 따른 요청을 받은 허가권자는 건축위원회의 심의를 거쳐 완화 여부와 적용 범위를 결정하고 그 결과를 신청인에게 알려야 한다.　〈개정 14.05.28〉

③ 제1항과 제2항에 따른 요청 및 결정의 절차와 그 밖에 필요한 사항은 해당 지방자치단체의 조례로 정한다.

[제6조]

② 허가권자는 법 제5조제2항에 따라 완화 여부 및 적용 범위를 결정할 때에는 다음 각 호의 기준을 지켜야 한다.　〈개정 14.10.14〉

1. 제1항제1호부터 제5호까지, 제7호·제7호의2 및 제9호의 경우

　가. 공공의 이익을 해치지 아니하고, 주변의 대지 및 건축물에 지나친 불이익을 주지 아니할 것

　나. 도시의 미관이나 환경을 지나치게 해치지 아니할 것

2. 제1항제6호의 경우

　가. 제1호 각 목의 기준에 적합할 것

　나. 증축은 기능향상 등을 고려하여 국토교통부령으로 정하는 규모와 범위에서 할 것

　다. 「주택법」 제15조에 따른 사업계획승인 대상인 공동주택의 리모델링은 세대수를 늘리거나 복리시설을 분양하기 위한 것이 아닐 것　〈개정 16.08.11〉

3. 제1항제8호의 경우

　가. 제1호 각 목의 기준에 적합할 것

　나. 해당 지역에 적용되는 법 제55조, 법 제56조, 법 제60조 및 법 제61조에 따른 기준을 100분의 140 이하의 범위에서 건축조례로 정하는 비율을 적용할 것

4. 제1항제10호의 경우　〈신설 10.12.13〉

　가. 제1호 각 목의 기준에 적합할 것

　나. 기준이 완화되는 범위는 외벽의 중심선에서 발코니 끝부분까지의 길이 중 1.5미터를 초과하는 발코니 부분에 한정될 것. 이 경우 완화되는 범위는 최대 1미터로 제한하며, 완화되는 부분에 창호를 설치해서는 아니 된다.

5. 제1항제11호의 경우　〈신설 12.12.12〉

　가. 제1호 각 목의 기준에 적합할 것

　나. 법 제56조에 따른 용적률의 기준은 해당 지역에 적용되는 용적률에 주민공동시설에 해당하는 용적률을 가산한 범위에서 건축조례로 정하는 용적률을 적용할 것

6. 제1항제12호의 경우　〈신설 14.10.14〉

　가. 제1호 각 목의 기준에 적합할 것

　나. 법 제55조 및 제56조에 따른 건폐율 또는 용적률의 기준은 법 제77조의4제1항에 따라 건축협정이 체결된 지역 또는 구역(이하 "건축협정구역"이라 한다) 안에서 연접한 둘 이상의 대지에서 건축허가를 동시에 신청하는 경우 둘 이상의 대지를 하나의 대지로 보아 적용할 것

[전문개정 08.10.29]

건 축 법 시 행 규 칙	요 약

제2조의5 【적용의 완화】 영 제6조제2항제2호 나목에서
"국토교통부령이 정하는 규모 및 범위"란 다음 각
호의 구분에 따른 증축을 말한다. 〈개정 16.07.20〉
1. 증축의 규모는 다음 각 목의 기준에 따라야 한다.
　가. 연면적의 증가
　　1) 공동주택이 아닌 건축물로서 「주택법시행령」
　　제3조제1항제2호에 따른 원룸형 주택으로의 용도
　　변경을 위하여 증축되는 건축물 및 공동주택:
　　건축위원회의 심의에서 정한 범위 이내일 것.
　　2) 그 외의 건축물: 기존 건축물 연면적 합계의 10
　　분의 1의 범위에서 건축위원회의 심의에서 정한
　　범위 이내일 것. 다만, 영 제6조제1항제6호가목에
　　따른 리모델링 활성화 구역은 기존 건축물의
　　연면적 합계의 10분의 3의 범위에서 건축위원회
　　심의에서 정한 범위 이내일 것.
　나. 건축물의 층수 및 높이의 증가:
　　건축위원회 심의에서 정한 범위 이내일 것.
　다. 「주택법」 제16조에 따른 사업계획승인 대상인
　　공동주택 세대수의 증가: 가목에 따라 증축 가능한
　　연면적의 범위에서 기존 세대수의 100분의 15를
　　상한으로 건축위원회 심의에서 정한 범위 이내일 것
　　　　　　　　　　　　　　　〈개정 14.04.25〉
2. 증축할 수 있는 범위는 다음 각 목의 구분에 따른다.
　가. 공동주택
　　1) 승강기·계단 및 복도
　　2) 각 세대 내의 노대·화장실·창고 및 거실
　　3) 「주택법」에 따른 부대시설
　　4) 「주택법」에 따른 복리시설
　　5) 기존 공동주택의 높이·층수 또는 세대수
　나. 가목 외의 건축물
　　1) 승강기·계단 및 주차시설
　　2) 노인 및 장애인 등을 위한 편의시설
　　3) 외부벽체
　　4) 통신시설·기계설비·화장실·정화조 및 오수
　　　처리시설
　　5) 기존 건축물의 높이 및 층수
　　6) 법 제2조제1항제6호에 따른 거실

(3) 완화기준
　1. 공공의 이익을 저해하지 아니할 것
　2. 주변의 대지 및 건축물에 지나친 불이익을
　　주지 아니할 것
　3. 도시의 미관이나 환경을 지나치게 해치지 아니
　　할 것

(4) 리모델링의 경우 추가완화기준
　1. 증축 규모
　가. 연면적의 증가
　　1) 원룸형으로 변경증축 건축물 및 공동주택
　　　- 건축위원회의 심의에서 정한 범위 이내
　　2) 공동주택이 아닌 건축물 :
　　　- 기존건축물의 연면적의 합계의 1/10 이내
　　　[예외 : 리모델링 활성화구역 - 3/10]
　나. 건축물의 층수 및 높이의 증가 :
　　　- 건축위원회 심의에서 정한 범위 이내
　다. 「주택법」에 따른 사업계획승인 대상인
　　공동주택 세대수의 증가 :
　　가목에 따라 증축 가능한 연면적의 범위에서
　　기존 세대수의 100분의 15를 상한으로
　　건축위원회 심의에서 정한 범위 이내일 것
　2. 증축 범위
　가. 공동주택
　　1) 승강기·계단 및 복도
　　2) 각 세대내의 노대·화장실·창고 및 거실
　　3) 「주택법」에 의한 부대시설
　　4) 「주택법」에 의한 복리시설
　　5) 기존 공동주택의 높이·층수 또는
　　　층별 세대수
　나. 일반 건축물
　　1) 승강기·계단 및 주차시설
　　2) 노인 및 장애인 등을 위한 편의시설
　　3) 외부벽체
　　4) 통신시설·기계설비·화장실·정화조 및
　　　오수처리시설
　　5) 기존 건축물의 높이 및 층수
　3. 사업계획승인 대상 공동주택의 리모델링
　　- 세대수를 증가시키거나 복리시설을 분양하기
　　　위한 것이 아닐 것

<table>
<tr><th>건 축 법</th><th>건 축 법 시 행 령</th></tr>
<tr><td>

제6조 【기존의 건축물 등에 관한 특례】

허가권자는 법령의 제정·개정이나 그 밖에 대통령령으로 정하는 사유로 대지나 건축물이 이 법에 맞지 아니하게 된 경우에는 대통령령으로 정하는 범위에서 해당 지방자치단체의 조례로 정하는 바에 따라 건축을 허가할 수 있다.

</td><td>

제6조의2 【기존의 건축물 등에 대한 특례】

① 법 제6조에서 "그 밖에 대통령령으로 정하는 사유"란 다음 각 호의 어느 하나에 해당하는 경우를 말한다. 〈개정 13.03.23〉

1. 도시관리계획의 결정·변경 또는 행정구역의 변경이 있는 경우
2. 도시계획시설의 설치, 도시개발사업의 시행 또는 「도로법」에 따른 도로의 설치가 있는 경우
3. 그 밖에 제1호 및 제2호와 비슷한 경우로서 국토교통부령으로 정하는 경우

② 허가권자는 기존 건축물 및 대지가 법령의 제정·개정이나 제1항 각 호의 사유로 법령등에 부적합하더라도 다음 각 호의 어느 하나에 해당하는 경우에는 건축을 허가할 수 있다. 〈개정 21.11.02〉

1. 기존 건축물을 재축하는 경우
2. 증축하거나 개축하려는 부분이 법령 등에 적합한 경우
3. 기존 건축물의 대지가 도시계획시설의 설치 또는 「도로법」에 따른 도로의 설치로 법 제57조에 따라 해당 지방자치단체가 정하는 면적에 미달되는 경우로서 그 기존 건축물을 연면적 합계의 범위에서 증축하거나 개축하는 경우
4. 기존 건축물이 도시·군계획시설 또는 「도로법」에 따른 도로의 설치로 법 제55조 또는 법 제56조에 부적합하게 된 경우로서 화장실·계단·승강기의 설치 등 그 건축물의 기능을 유지하기 위하여 그 기존 건축물의 연면적 합계의 범위에서 증축하는 경우
5. 법률 제7696호 건축법 일부개정법률 제50조의 개정규정에 따라 최초로 개정한 해당 지방자치단체의 조례 시행일 이전에 건축된 기존 건축물의 건축선 및 인접 대지경계선으로부터의 거리가 그 조례로 정하는 거리에 미달되는 경우로서 그 기존 건축물을 건축 당시의 법령에 위반하지 않는 범위에서 수직으로 증축하는 경우 〈개정 21.11.02〉
6. 기존 한옥을 개축하는 경우 〈개정 14.10.14〉
7. 건축물 대지의 전부 또는 일부가 「자연재해대책법」 제12조에 따른 자연재해위험개선지구에 포함되고 법 제22조에 따른 사용승인 후 20년이 지난 기존 건축물을 재해로 인한 피해 예방을 위하여 연면적의 합계 범위에서 개축하는 경우 〈신설 16.01.19〉

[전문개정 08.10.29]

</td></tr>
</table>

<table>
<tr><th>건 축 법 시 행 규 칙</th><th>요   약</th></tr>
<tr><td>

제3조 【기존 건축물에 대한 특례】 영 제6조의2제1항제4호에서 "국토교통부령이 정하는 경우"라 함은 다음 각 호의 어느 하나에 해당하는 경우를 말한다. 〈개정 14.10.15〉

1. 법률 제3259호 「준공미필건축물 정리에 관한 특별 조치법」, 법률 제3533호 「특정건축물 정리에 관한 특별조치법」, 법률 제6253호 「특정건축물 정리에 관한 특별조치법」, 법률 제7698호 「특정건축물 정리에 관한 특별조치법」및 법률 제11930호 「특정건축물 정리에 관한 특별조치법」에 따라 준공검사필증 또는 사용승인서를 교부받은 사실이 건축물대장에 기재된 경우

2. 「도시 및 주거환경정비법」에 의한 주거환경개선사업의 준공인가증을 교부받은 경우

3. 「공유토지분할에 관한 특례법」에 의하여 분할된 경우

4. 대지의 일부 토지소유권에 대하여 「민법」 제245조에 따라 소유권이전등기가 완료된 경우

</td><td>

기존의 건축물 등에 관한 특례

(1) 특례사유

다음 사유로 인하여 대지 또는 건축물이 건축법의 규정에 부적합하게 된 경우 조례로 정하는 바에 의하여 건축을 허가할 수 있다.

1. 법령의 제정·개정
2. 도시계획의 결정·변경 또는 행정구역의 변경
3. 도시계획시설의 설치, 도시개발사업의 시행 또는 「도로법」에 따른 도로의 설치
4. 종전의 「특정건축물 정리에 관한 특별조치법」에 따라 준공검사필증 또는 사용승인서를 교부받은 사실이 건축물대장에 기재된 경우
5. 「도시 및 주거환경정비법」에 의한 주거환경개선사업의 준공인가증을 교부받은 경우
6. 「공유토지분할에 관한 특례법」에 의하여 분할된 경우
7. 대지의 일부 토지소유권에 대하여 「민법」 제245조에 따라 소유권이전등기가 완료된 경우

(2) 특례범위

1. 기존 건축물의 재축
2. 증축 또는 개축하고자 하는 부분이 법령 등의 규정에 적합한 때
3. 기존건축물의 대지가 도시계획시설의 설치 또는 「도로법」에 의한 도로의 설치로 인하여 법 제49조의 규정에 의하여 당해 지방자치단체가 정하는 면적에 미달되는 경우로서 당해 기존건축물의 연면적의 합계의 범위 내에서의 증축 또는 개축
4. 기존 건축물이 도시계획시설 또는 「도로법」에 따른 도로의 설치로 건폐율, 용적률에 부적합하게 된 경우로서 화장실·계단·승강기의 설치 등 그 건축물의 기능을 유지하기 위하여 기존건축물의 연면적 합계의 범위에서 증축
5. [대지안의 공지] 규정 적용 이전에 건축된 기존 건축물의 건축선 및 인접 대지경계선으로부터의 거리가 조례로 정하는 거리에 미달되는 경우로서 그 기존 건축물을 건축 당시의 법령에 위반하지 아니하는 범위에서 증축하는 경우
6. 기존 한옥을 개축하는 경우
7. 건축물 대지가 자연재해위험개선지구에 포함되고 사용승인 후 20년이 지난 기존 건축물을 재해로 인한 피해 예방을 위하여 연면적의 합계 범위에서 개축하는 경우

</td></tr>
</table>

건 축 법	건축법시행령
	[제6조의 2] ③ 허가권자는 「국토의 계획 및 이용에 관한 법률 시행령」 제84조의2 또는 제93조의2에 따라 기존 공장을 증축하는 경우에는 다음 각 호의 기준을 적용하여 해당 공장(이하 "기존 공장"이라 한다)의 증축을 허가할 수 있다. 〈신설 16.01.19〉 1. 제3조의3제2호에도 불구하고 도시지역에서의 길이 35미터 이상인 막다른 도로의 너비기준은 4미터 이상으로 한다. 2. 제28조제2항에도 불구하고 연면적 합계가 3천제곱미터 미만인 기존 공장이 증축으로 3천제곱미터 이상이 되는 경우 해당 대지가 접하여야 하는 도로의 너비는 4미터 이상으로 하고, 해당 대지가 도로에 접하여야 하는 길이는 2미터 이상으로 한다.
건 축 법	건축법시행령

건 축 법 시 행 규 칙	요 　 약
	(3) 기존공장 증축특례 　1. 도시지역에서의 길이 35m 이상인 막다른 도로의 너비기준 　　　- 4m 이상 　2. 연면적 합계 3,000㎡ 미만인 기존 공장이 증축으로 　　 3,000㎡ 이상이 되는 경우 　　　- 해당 대지가 접하여야 하는 도로의 너비는 4m 이상 　　　- 해당 대지가 도로에 접하여야 하는 길이는 2m 이상.

<table><tr><th>건 축 법</th><th>건 축 법 시 행 령</th></tr></table>

제6조의2 【특수구조 건축물의 특례】 건축물의 구조, 재료, 형식, 공법 등이 특수한 대통령령으로 정하는 건축물(이하 "특수구조 건축물"이라 한다)은 제4조, 제4조의2부터 제4조의8까지, 제5조부터 제9조까지, 제11조, 제14조, 제19조, 제21조부터 제25조까지, 제40조, 제41조, 제48조, 제48조의2, 제49조, 제50조, 제50조의2, 제51조, 제52조, 제52조의2, 제52조의4, 제53조, 제62조부터 제64조까지, 제65조의2, 제67조, 제68조 및 제84조를 적용할 때 대통령령으로 정하는 바에 따라 강화 또는 변경하여 적용할 수 있다. 〈개정 19.04.30〉

제6조의3 [부유식 건축물의 특례] ① 「공유수면 관리 및 매립에 관한 법률」 제8조에 따른 공유수면 위에 고정된 인공대지(제2조제1항제1호의 "대지"로 본다)를 설치하고 그 위에 설치한 건축물(이하 "부유식 건축물"이라 한다)은 제40조부터 제44조까지, 제46조 및 제47조를 적용할 때 대통령령으로 정하는 바에 따라 달리 적용할 수 있다.
②부유식 건축물의 설계, 시공 및 유지관리 등에 대하여 이 법을 적용하기 어려운 경우에는 대통령령으로 정하는 바에 따라 변경하여 적용할 수 있다.

[본조신설 16.01.19]

제6조의3 [특수구조 건축물 구조 안전의 확인에 관한 특례] ① 법 제6조의2에서 "대통령령으로 정하는 건축물"이란 제2조제18호에 따른 특수구조 건축물을 말한다.
② 특수구조 건축물을 건축하거나 대수선하려는 건축주는 법 제21조에 따른 착공신고를 하기 전에 국토 교통부령으로 정하는 바에 따라 허가권자에게 해당 건축물의 구조 안전에 관하여 지방건축위원회의 심의를 신청하여야 한다. 이 경우 건축주는 설계자로부터 미리 법 제48조제2항에 따른 구조 안전 확인을 받아야 한다.
③ 제2항에 따른 신청을 받은 허가권자는 심의 신청 접수일부터 15일 이내에 제5조의6제1항제2호에 따른 건축구조 분야 전문위원회에 심의 안건을 상정하고, 심의 결과를 심의를 신청한 자에게 통보하여야 한다.
④ 제3항에 따른 심의 결과에 이의가 있는 자는 심의 결과를 통보받은 날부터 1개월 이내에 허가권자에게 재심의를 신청할 수 있다.
⑤ 제3항에 따른 심의 결과 또는 제4항에 따른 재심의 결과를 통보받은 건축주는 법 제21조에 따른 착공신고를 할 때 그 결과를 반영하여야 한다.
⑥ 제3항에 따른 심의 결과의 통보, 제4항에 따른 재심의 방법 및 결과 통보에 관하여는 법 제4조의2제2항 및 제4항을 준용한다.

[본조신설 15.07.06]

제6조의4 [부유식 건축물의 특례] ① 법 제6조의3제1항에 따라 같은 항에 따른 부유식 건축물(이하 "부유식 건축물"이라 한다)에 대해서는 다음 각 호의 구분기준에 따라 법 제40조부터 제44조까지, 제46조 및 제47조를 적용한다.
 1. 법 제40조에 따른 대지의 안전 기준의 경우: 같은 조 제3항에 따른 오수의 배출 및 처리에 관한 부분만 적용
 2. 법 제41조부터 제44조까지, 제46조 및 제47조의 경우: 미적용. 다만, 법 제44조는 부유식 건축물의 출입에 지장이 없다고 인정하는 경우에만 적용하지 아니한다.
② 제1항에도 불구하고 건축조례에서 지역별 특성 등을 고려하여 그 기준을 달리 정한 경우에는 그 기준에 따른다. 이 경우 그 기준은 법 제40조부터 제44조까지, 제46조 및 제47조에 따른 기준의 범위에서 정하여야 한다.

[본조신설 16.07.19]

건 축 법 시 행 규 칙	요 약
	특수구조 건축물의 특례 1. 특수구조 건축물을 건축 또는 대수선하려는 건축주 　- 착공신고 전에 허가권자에게 해당 건축물의 구조 　　안전에 관하여 지방건축위원회의 심의를 신청 　　[건축주 - 설계자로부터 미리 구조 안전 확인] 2. 심의 신청 접수일부터 15일 이내에 건축구조 분야 　전문위원회에 심의 안건 상정, 심의 결과를 신청한 　자에게 통보 3. 심의 결과에 이의가 있는 자는 심의 결과 통보받은 　날부터 1개월 이내에 허가권자에게 재심의 신청 4. 심의 결과 또는 재심의 결과를 통보받은 건축주 　- 착공신고 시 심의결과 반영 **부유식 건축물의 특례** 1. 부유식 건축물 　- 공유수면 위에 고정된 인공대지를 설치하고 그 위에 　　설치한 건축물 　- 제40조부터 제44조까지, 제46조 및 제47조를 적용할 　　때 달리 적용(건축물의 대지와 도로 규정) 2. 부유식 건축물의 설계, 시공 및 유지관리 등 　- 이 법을 적용하기 어려운 경우 변경하여 적용

<table>
<tr><th>건 축 법</th><th>건 축 법 시 행 령</th></tr>
<tr><td>

제7조 【통일성을 유지하기 위한 도의 조례】

　도(道) 단위로 통일성을 유지할 필요가 있으면 제5조제3항, 제6조, 제17조제2항, 제20조제2항제3호, 제27조제3항, 제42조, 제57조제1항, 제58조 및 제61조에 따라 시·군의 조례로 정하여야 할 사항을 도의 조례로 정할 수 있다.　　　　　　　〈개정 15.05.18〉

</td><td></td></tr>
</table>

건 축 법 시 행 규 칙	요 약

<table>
<tr><td></td><td>

통일성을 유지하기 위한 도의 조례

도 단위로 통일성을 유지할 필요가 있는 때에는
시·군별로 조례를 따로 정하지 아니하고
도의 조례로 통일성 있게 정할 수 있다.

법 조 문	내 용
제 5조 ③	적용의 완화
제 6조	기존의 건축물 등에 대한 특례
제17조 ②	건축허가의 수수료
제20조 ①	가설건축물
제27조 ③	현장조사·검사 및 확인업무의 대행
제42조	대지안의 조경
제57조 ①	대지의 분할제한
제58조	대지안의 공지
제61조	일조 등의 확보를 위한 건축물의 높이제한

</td></tr>
</table>

건 축 법	건 축 법 시 행 령
제8조 【리모델링에 대비한 특례 등】 리모델링이 쉬운 구조의 공동주택의 건축을 촉진하기 위하여 공동주택을 대통령령으로 정하는 구조로 하여 건축허가를 신청하면 제56조, 제60조 및 제61조에 따른 기준을 100분의 120의 범위에서 대통령령으로 정하는 비율로 완화하여 적용할 수 있다.	**제6조의5 【리모델링이 쉬운 구조 등】** ① 법 제8조에서 "대통령령으로 정하는 구조"란 다음 각 호의 요건에 적합한 구조를 말한다. 이 경우 다음 각 호의 요건에 적합한지에 관한 세부적인 판단 기준은 국토교통부장관이 정하여 고시한다. 〈개정 13.03.23〉 1. 각 세대는 인접한 세대와 수직 또는 수평 방향으로 통합하거나 분할할 수 있을 것 2. 구조체에서 건축설비, 내부 마감재료 및 외부 마감재료를 분리할 수 있을 것 3. 개별 세대 안에서 구획된 실(室)의 크기, 개수 또는 위치 등을 변경할 수 있을 것 ② 법 제8조에서 "대통령령으로 정하는 비율"이란 100분의 120을 말한다. 다만, 건축조례에서 지역별 특성 등을 고려하여 그 비율을 강화한 경우에는 건축조례로 정하는 기준에 따른다. [전문개정 08.10.29]

건 축 법 시 행 규 칙	요 약
	리모델링에 대비한 특례 등 (1) 리모델링이 쉬운 구조의 공동주택 　1. 각 세대는 인접한 세대와 수직 및 수평으로 　　　전체 또는 부분 통합하거나 분할 할 수 있을 것 　2. 구조체와 건축설비, 내부 마감재료와 외부 마감 　　　재료는 분리할 수 있을 것 　3. 개별 세대 안에서 구획된 실의 크기에 변화를 　　　줄 수 있어야 하고, 마감재료·창호 등의 　　　구성재는 교체할 수 있을 것 (2) 완화범위 　　120 % 범위 내 - 조례로 완화 가능 (3) 완화 규정 　　제56조 : 용적률 　　제60조 : 건축물의 높이제한 　　제61조 : 일조 등의 확보를 위한 건축물의 　　　　　　　높이제한

<table>
<tr><th>건 축 법</th><th>건 축 법 시 행 령</th></tr>
<tr><td>

제9조 【다른 법령의 배제】

① 건축물의 건축등을 위하여 지하를 굴착하는 경우에는 「민법」 제244조제1항을 적용하지 아니한다. 다만, 필요한 안전조치를 하여 위해(危害)를 방지하여야 한다.

② 건축물에 딸린 개인하수처리시설에 관한 설계의 경우에는 「하수도법」 제38조를 적용하지 아니한다.

제9조 【다른 법령의 배제】

</td><td>

</td></tr>
</table>

<table>
<tr><th>건 축 법 시 행 규 칙</th><th>요　　　　약</th></tr>
<tr><td></td><td>

다른 법령의 배제

(1) 지하 굴착시 : 민법244조 제1항 규정 배제-위해방지조치

민법 제244조【지하시설 등에 대한 제한】
① 우물을 파거나 용수, 하수 또는 오물 등을 저치할 지하시설
을 하는 때에는 경계로부터 2미터 이상의 거리를 두어야 하며
저수지, 구거 또는 지하실공사에는 경계로부터 그 깊이의 반
이상의 거리를 두어야 한다.

(2) 건축물에 부수되는 개인하수처리시설에 관한 설계 :
「하수도법」 제38조의 규정 배제

하수도법 제38조【개인하수처리시설의 설계ㆍ시공】
개인하수처리시설을 설치 또는 변경하고자 하는 자는 제51조의
규정에 따른 처리시설설계ㆍ 시공업자(동조 제1항 단서의 규정에
따른 건설사업자를 포함한다)로 하여금 설계ㆍ시공하도록 하여야
한다. 다만, 다음 각 호의 어느 하나에 해당하는 경우에는 그러
하지 아니하다.
1. 하수처리에 관한 연구를 목적으로 개인하수처리시설을 설치
　또는 변경하는 경우
2. 「환경기술개발 및 지원에 관한 법률」 제18조의 규정에 따라
　방지시설업을 등록한 자가 개인하수처리시설을 설치 또는 변경
　하는 경우
3. 국내에서 처리기술상 일반화되어 있지 아니한 하수처리방법을
　이용하는 경우로서 시험용 시설(국ㆍ공립시험기관 또는 대학
　부설연구소 그 밖에 환경부장관이 인정하는 연구ㆍ 시험기관의
　시험을 거친 경우에 한한다)을 설치하는 경우
4. 제52조제1항의 규정에 따라 개인하수처리시설제조업의 등록을
　한 자가 자신이 제조한 개인하수처리시설을 직접 설치 또는
　변경하는 경우

</td></tr>
</table>

건 축 법	건 축 법 시 행 령

제 2 장 건축물의 건축

제10조 【건축관련 입지와 규모의 사전결정】
① 제11조에 따른 건축허가 대상 건축물을 건축하려
는 자는 건축허가를 신청하기 전에 허가권자에게 그
건축물의 건축에 관한 다음 각 호의 사항에 대한
사전결정을 신청할 수 있다. 〈개정 15.05.18〉
 1. 해당 대지에 건축하는 것이 이 법이나 관계
    법령에서 허용되는지 여부
 2. 이 법 또는 관계 법령에 따른 건축기준 및 건축
    제한, 그 완화에 관한 사항 등을 고려하여 해당
    대지에 건축 가능한 건축물의 규모
 3. 건축허가를 받기 위하여 신청자가 고려하여야
    할 사항
② 제1항에 따른 사전결정을 신청하는 자(이하
"사전결정신청자"라 한다)는 건축위원회 심의와
「도시교통정비 촉진법」에 따른 교통영향분석·
개선대책의 검토를 동시에 신청할 수 있다.
〈개정 08.3.28〉
③ 허가권자는 제1항에 따라 사전결정이 신청된
건축물의 대지면적이 「환경영향평가법」 제43조에
따른 소규모 환경영향평가 대상사업인 경우 환경부
장관이나 지방환경관서의 장과 소규모 환경영향평가
에 관한 협의를 하여야 한다. 〈개정 11.7.21〉
④ 허가권자는 제1항과 제2항에 따른 신청을 받으면
입지, 건축물의 규모, 용도 등을 사전결정한 후
사전결정 신청자에게 알려야 한다.
⑤ 제1항과 제2항에 따른 신청 절차, 신청 서류,
통지 등에 필요한 사항은 국토교통부령으로 정한다.
〈개정 13.03.23〉

제 2 장 건축물의 건축

제7조 삭제 〈95.12.30〉

건 축 법 시 행 규 칙	요 약

제4조【건축에 관한 입지 및 규모의 사전결정신청시 제출서류】 법 제10조제1항 및 제2항에 따른 사전결정을 신청하는 자는 별지 제1호의2서식의 사전결정신청서에 다음 각 호의 도서를 첨부하여 법 제11조제1항에 따른 허가권자(이하 "허가권자"라 한다)에게 제출하여야 한다.　　　　〈개정 14.11.28〉

1. 영 제5조의5제6항제2호자목에 따라 제출되어야 하는 간략설계도서(법 제10조제2항에 따라 사전결정신청과 동시에 건축위원회의 심의를 신청하는 경우만 해당한다)　　　　〈개정 12.12.12〉

2. 「도시교통정비 촉진법」에 따른 교통영향분석·개선대책의 검토를 위하여 같은 법에서 제출하도록 한 서류(법 제10조제2항에 따라 사전결정신청과 동시에 교통영향분석·개선대책의 검토를 신청하는 경우만 해당됩니다)

3. 「환경정책기본법」에 따른 사전환경성검토를 위하여 같은 법에서 제출하도록 한 서류(법 제10조제1항에 따라 사전결정이 신청된 건축물의 대지면적 등이 「환경정책기본법」에 따른 사전환경성검토 협의대상인 경우만 해당한다)

4. 법 제10조제6항 각 호의 허가를 받거나 신고 또는 협의를 하기 위하여 해당 법령에서 제출하도록 한 서류(해당 사항이 있는 경우만 해당한다)

5. 별표 2 중 건축계획서(에너지절약계획서, 노인 및 장애인을 위한 편의시설 설치계획서는 제외한다) 및 배치도(조경계획은 제외한다)　　　　〈개정 16.01.13〉

제5조【건축에 관한 입지 및 규모의 사전결정서 등】

①허가권자는 법 제10조제4항에 따라 사전결정을 한 후 별지 제1호의3서식의 사전결정서를 사전결정일부터 7일 이내에 사전결정을 신청한 자에게 송부하여야 한다.　　　　〈개정 14.11.28〉

②제1항에 따른 사전결정서에는 법·영 또는 해당 지방자치단체의 건축에 관한 조례(이하 "건축조례"라 한다) 등(이하 "법령 등"이라 한다)에의 적합여부와 법 제10조제6항에 따른 관계 법률의 허가·신고 또는 협의 여부를 표시하여야 한다.

〈개정 12.12.12〉

[본조신설 06.5.12]

사전결정

(1) 사전결정신청시 동시신청

　1. 건축위원회 심의

　2. 교통영향분석· 개선대책의 검토

(2) 사전환경성검토 협의대상

　허가권자는 환경부장관 또는 지방환경관서의 장과 사전 환경성검토협의

(3) 사전결정 신청서류

　1. 사전결정신청서(별지 제1호서식)

　2. 간략설계도서

　　(동시에 건축위원회의 심의를 신청하는 경우)

　　– 배치도·평면도·입면도·주단면도

　3. 교통영향분석·개선대책의 검토를 위한 서류

　　(동시에 교통영향분석·개선대책의 검토를 신청하는 경우)

　4. 사전환경성검토서

　　(사전환경성검토 협의대상인 경우)

　5. 사전결정 부수효과 해당 서류

　　(해당 사항이 있는 것)

　6. 건축계획서 및 배치도(별표 2의 일부)

도서의 종류	도서의 축척	표시하여야 할 사항
건 축 계획서	임 의	1. 개요(위치·대지면적등) 2. 지역·지구 및 도시계획사항 3. 건축물의 규모 　(건축면적·연면적·높이·층수등) 4. 건축물의 용도별 면적 5. 주차장규모
배치도	임 의	1. 축척 및 방위 2. 대지에 접한 도로의 길이 및 너비 3. 대지의 종·횡단면도 4. 건축선 및 대지경계선으로부터 건축물까지의 거리 5. 주차동선 및 옥외주차계획 6. 공개공지

건 축 법	건 축 법 시 행 령
[제10조] ⑥ 제4항에 따른 사전결정 통지를 받은 경우에는 다음 각 호의 허가를 받거나 신고 또는 협의를 한 것으로 본다. 1. 「국토의 계획 및 이용에 관한 법률」 제56조에 따른 개발행위허가 2. 「산지관리법」 제14조와 제15조에 따른 산지전용허가와 산지전용신고, 같은 법 제15조의2에 따른 산지일시사용허가·신고. 다만, 보전산지인 경우에는 도시지역만 해당된다. 〈개정 10.5.31〉 3. 「농지법」 제34조, 제35조 및 제43조에 따른 농지전용허가·신고 및 협의 4. 「하천법」 제33조에 따른 하천점용허가 ⑦ 허가권자는 제6항 각 호의 어느 하나에 해당되는 내용이 포함된 사전결정을 하려면 미리 관계 행정기관의 장과 협의하여야 하며, 협의를 요청받은 관계 행정기관의 장은 요청받은 날부터 15일 이내에 의견을 제출하여야 한다. ⑧ 관계 행정기관의 장이 제7항에서 정한 기간(「민원 처리에 관한 법률」 제20조제2항에 따라 회신기간을 연장한 경우에는 그 연장된 기간을 말한다) 내에 의견을 제출하지 아니하면 협의가 이루어진 것으로 본다. 〈신설 18.12.18〉 ⑨ 사전결정신청자는 제4항에 따른 사전결정을 통지받은 날부터 2년 이내에 제11조에 따른 건축허가를 신청하여야 하며, 이 기간에 건축허가를 신청하지 아니하면 사전결정의 효력이 상실된다.	

건 축 법 시 행 규 칙	요 약

	(4) 사전결정 부수효과
	
	 1. 개발행위허가
	 2. 산지전용허가 및 산지전용신고
	   산지일시사용허가 · 신고
	   - 보전산지인 경우에는 도시지역에 한함
	 3. 농지전용허가·신고 및 협의
	 4. 하천점용허가
	
	(5) 의견 제출(관계 행정기관의 장)
	 허가권자는 사전결정 부수효과의 어느 하나에
	 해당되는 내용이 포함된 사전결정을 하는 경우
	 미리 관계 행정기관의 장과 협의,
	 협의를 요청 받은 관계 행정기관의 장은 요청받은
	 날부터 15일 이내에 의견 제출
	
	(6) 사전결정의 효력
	 사전결정을 통지받은 날부터 2년 이내에
	 건축허가 신청(미신청시 사전결정 효력 상실)

건 축 법	건 축 법 시 행 령
제11조 【건축허가】 ① 건축물을 건축하거나 대수선 하려는 자는 특별자치시장·특별자치도지사 또는 시장·군수·구청장의 허가를 받아야 한다. 　다만, 21층 이상의 건축물 등 대통령령으로 정하는 용도 및 규모의 건축물을 특별시나 광역시에 건축하려면 특별시장이나 광역시장의 허가를 받아야 한다. 〈개정 14.01.14〉	**제8조 【건축허가】** ① 법 제11조제1항 단서에 따라 특별시장 또는 광역시장의 허가를 받아야 하는 건축물의 건축은 층수가 21층 이상이거나 연면적의 합계가 10만 제곱미터 이상인 건축물의 건축(연면적의 10분의 3이상을 증축하여 층수가 21층 이상으로 되거나 연면적의 합계가 10만 제곱미터 이상으로 되는 경우를 포함 한다)을 말한다. 다만, 다음 각 호의 어느 하나에 해당하는 건축물의 건축은 제외한다. 　1. 공장 　2. 창고 　3. 지방건축위원회의 심의를 거친 건축물 　　(특별시 또는 광역시의 건축조례로 정하는 바에 따라 해당 지방건축위원회의 심의사항으로 할 수 있는 건축물에 한정하며, 초고층 건축물은 제외한다) 〈신설 14.11.28〉 ②삭제〈06.5.8〉

건 축 법 시 행 규 칙	요 약
	건축허가 (1) 건축허가 대상 행위 　1. 건축물의 건축 　　(신축, 증축, 개축, 재축, 이전) 　2. 건축물의 대수선 (2) **특별시장, 광역시장 허가대상** 　층수가 21층 이상이거나 연면적이 10 만㎡ 이상인 　건축물 (공장, 창고, 지방건축위원회의 심의를 거친 　건축물 제외) ※ 연면적 3/10 이상의 증축으로 인하여 　층수가 21층 이상으로 되거나 　연면적의 합계가 10만 ㎡이상으로 되는 경우 포함

건 축 법	건 축 법 시 행 령
[제11조] ② 시장·군수는 제1항에 따라 다음 각 호의 어느 하나에 해당하는 건축물의 건축을 허가하려면 미리 건축계획서와 국토교통부령으로 정하는 건축물의 용도, 규모 및 형태가 표시된 기본설계도서를 첨부하여 도지사의 승인을 받아야 한다. 〈개정 14.05.28〉 1. 제1항 단서에 해당하는 건축물. 　　다만, 도시환경, 광역교통 등을 고려하여 해당 도의 조례로 정하는 건축물은 제외한다. 2. 자연환경이나 수질을 보호하기 위하여 도지사가 지정·공고한 구역에 건축하는 3층 이상 또는 연면적의 합계가 1천제곱미터 이상인 건축물로서 위락시설과 숙박시설 등 대통령령으로 정하는 용도에 해당하는 건축물 3. 주거환경이나 교육환경 등 주변 환경을 보호하기 위하여 필요하다고 인정하여 도지사가 지정·공고한 구역에 건축하는 위락시설 및 숙박시설에 해당하는 건축물	**[제8조]** ③ 법 제11조제2항제2호에서 "위락시설과 숙박시설 등 대통령령으로 정하는 용도에 해당하는 건축물"이란 다음 각 호의 건축물을 말한다. 〈개정 08.10.29〉 1. 공동주택 2. 제2종 근린생활시설(일반음식점만 해당한다) 3. 업무시설(일반업무시설만 해당한다) 4. 숙박시설 5. 위락시설 ④삭제 〈06.5.8〉 ⑤삭제 〈06.5.8〉 ⑥ 법 제11조제2항에 따른 승인신청에 필요한 신청 서류 및 절차 등에 관하여 필요한 사항은 국토교통부령으로 정한다. 〈개정 13.03.23〉

<table>
<tr><th>건 축 법 시 행 규 칙</th><th>요   약</th></tr>
</table>

제7조 【건축허가의 사전승인】 ①법 제11조제2항에 따라 건축허가사전승인 대상건축물의 건축허가에 관한 승인을 받으려는 시장·군수는 허가 신청일부터 15일 이내에 다음 각 호의 구분에 따른 도서를 도지사에게 제출(전자문서로 제출하는 것을 포함한다)하여야 한다. 〈개정 16.07.20〉

1. 법 제11조제2항제1호의 경우 : 별표 3의 도서

2. 법 제11조제2항제2호 및 제3호의 경우 :

　　　　　　　　　별표 3의2의 도서

②제1항의 규정에 의하여 사전승인의 신청을 받은 도지사는 승인요청을 받은 날부터 50일 이내에 승인여부를 시장·군수에게 통보(전자문서에 의한 통보를 포함한다)하여야 한다. 다만, 건축물의 규모가 큰 경우 등 불가피한 경우에는 30일의 범위내에서 그 기간을 연장할 수 있다. 〈개정 07.12.13〉

---

(3) 도지사 사전승인

1. 대상

1) 층수 21층 이상이거나 연면적 10만 ㎡ 이상

2) 자연환경 또는 수질보호를 위하여 도지사 지정·공고하는 구역안에 건축하는 3층 이상 또는 연면적합계 1,000 ㎡ 이상의 건축물

　　- 공동주택, 일반음식점, 일반업무시설, 숙박시설, 위락시설

3) 주거환경이나 교육환경 등 주변환경의 보호상 필요하다고 인정하여 도지사가 지정·공고하는 구역 안에 건축하는 위락시설 및 숙박시설

2. 제출시기

　　허가신청일로부터 15일 이내

3. 제출도서(시장·군수가 도지사에게 제출)

1) 건축계획서

분야	도서 종류	표시하여야할 사항
건축	설계설명서	○ 공사개요 …
	구조계획서	○ 설계근거기준 …
	지질조사서	○ 토질개황 …
	시 방 서	○ 시방내용

2) 기본설계도서

분야	도서종류	표시하여야할 사항
건축	투시도 또는 투시도 사진	색채사용
	평면도 (주요층,기준층)	1.각실의 용도 및 면적 2. …
	2면이상의 입면도	1. 축척 2. 외벽의 마감재료
	2면이상의 단면도	1. 축척 2. 건축물의 높이 …
	내외 마감표	벽 및 반자의 마감재의 종류
	주차장 평면도	1. 축척 및 방위 2. …
설비	건축설비도	1. 비상용승강기 …
	소방설비도	옥내소화전설비 …
	상·하수도계통도	상하수도의 연결관계 …

※ [별표 3] 참조

4. 도지사의 조치

　　승인요청을 받은 날부터 50일 이내에 승인여부를 시장·군수에게 통보

※ 건축물의 규모가 큰 경우 등 불가피한 경우에는 30일 내 기간연장 가능

<table>
<tr><th>건 축 법</th><th>건 축 법 시 행 령</th></tr>
</table>

[제11조]

③ 제1항에 따라 허가를 받으려는 자는 허가신청서에 국토교통부령으로 정하는 설계도서와 제5항 각 호에 따른 허가 등을 받거나 신고를 하기 위하여 관계 법령에서 제출하도록 의무화하고 있는 신청서 및 구비서류를 첨부하여 허가권자에게 제출하여야 한다. 다만, 국토교통부장관이 관계 행정기관의 장과 협의하여 국토교통부령으로 정하는 신청서 및 구비서류는 제21조에 따른 착공신고 전까지 제출할 수 있다. 〈개정 15.05.18〉

④ 허가권자는 제1항에 따른 건축허가를 하고자 하는 때에 「건축기본법」 제25조에 따른 한국건축규정의 준수 여부를 확인하여야 한다. 다만, 다음 각 호의 어느 하나에 해당하는 경우에는 이 법이나 다른 법률에도 불구하고 건축위원회의 심의를 거쳐 건축허가를 하지 아니할 수 있다. 〈개정 17.04.18〉

 1. 위락시설이나 숙박시설에 해당하는 건축물의 건축을 허가하는 경우 해당 대지에 건축하려는 건축물의 용도·규모 또는 형태가 주거환경이나 교육환경 등 주변 환경을 고려할 때 부적합하다고 인정되는 경우

 2. 「국토의 계획 및 이용에 관한 법률」 제37조제1항제5호에 따른 방재지구(이하 "방재지구"라 한다) 및 「자연재해대책법」 제12조제1항에 따른 자연재해위험지구 등 상습적으로 침수되거나 침수가 우려되는 지역에 건축하려는 건축물에 대하여 지하층 등 일부 공간을 주거용으로 사용하거나 거실을 설치하는 것이 부적합하다고 인정되는 경우

제9조 [건축허가 등의 신청] ① 법 제11조제1항에 따라 건축물의 건축 또는 대수선의 허가를 받으려는 자는 국토교통부령으로 정하는 바에 따라 허가신청서에 관계서류를 첨부하여 허가권자에게 제출하여야 한다.

 다만, 「방위사업법」에 따른 방위산업시설의 건축 또는 대수선의 허가를 받으려는 경우에는 건축 관계 법령에 적합한지 여부에 관한 설계자의 확인으로 관계 서류를 갈음할 수 있다. 〈개정 18.09.04〉

② 허가권자는 법 제11조제1항에 따라 허가를 하였으면 국토교통부령으로 정하는 바에 따라 허가서를 신청인에게 발급하여야 한다. 〈개정 18.09.04〉

<table><tr><th>건 축 법 시 행 규 칙</th><th>요 약</th></tr></table>

제6조 【건축허가 등의 신청】 ①법 제11조제1항·제3항, 제20조제1항, 영 제9조제1항 및 제15조제8항에 따라 건축물의 건축·대수선 허가 또는 가설건축물의 건축허가를 받으려는 자는 별지 제1호의4서식의 건축·대수선·용도변경(변경)허가 신청서에 다음 각 호의 서류를 첨부하여 허가권자에게 제출(전자문서로 제출하는 것을 포함한다)해야 한다. 이 경우 허가권자는 「전자정부법」 제36조제1항에 따른 행정정보의 공동이용(이하"행정정보의 공동이용"이라 한다)을 통해 제1호의2의 서류 중 토지등기사항증명서를 확인해야 하며, 신청인이 확인에 동의하지 않은 경우에는 해당 서류를 제출하도록 해야 한다. 이 경우 허가권자는 「전자정부법」 제36조제1항에 따른 행정정보의 공동이용(이하"행정정보의 공동이용"이라 한다)을 통해 제1호의2의 서류 중 토지등기사항증명서를 확인해야 한다.
〈개정 21.06.25〉

1. 건축할 대지의 범위에 관한 서류〈개정 11.01.06〉
1의2. 건축할 대지의 소유에 관한 권리를 증명하는 서류. 다만, 다음 각 목의 경우에는 그에 따른 서류로 갈음할 수 있다. 〈개정 17.01.19〉
  가. 건축할 대지에 포함된 국유지 또는 공유지에 대해서는 허가권자가 해당 토지의 관리청과 협의하여 그 관리청이 해당 토지를 건축주에게 매각하거나 양여할 것을 확인한 서류
  나. 집합건물의 공용부분을 변경하는 경우에는 「집합건물의 소유 및 관리에 관한 법률」 제15조제1항에 따른 결의가 있었음을 증명하는 서류
  다. 분양을 목적으로 하는 공동주택을 건축하는 경우에는 그 대지의 소유에 관한 권리를 증명하는 서류. 다만, 법 제11조에 따라 주택과 주택 외의 시설을 동일 건축물로 건축하는 건축허가를 받아 「주택법 시행령」 제15조제1항에 따른 호수 또는 세대수 이상으로 건설·공급하는 경우 대지의 소유권에 관한 사항은 「주택법」 제21조를 준용한다.
1의3. 법 제11조제11항제1호에 해당하는 경우에는 건축할 대지를 사용할 수 있는 권원을 확보하였음을 증명하는 서류 〈신설 16.07.20〉

<hr>

1. 건축·대수선·용도변경 (변경)허가 신청서
2. 관계서류
   건축할 대지의 범위와 대지의 소유 또는 사용에 관한 권리를 증명하는 서류 (대지사용승낙서로 가능)
   : 허가신청시 행정정보 공동이용 사전동의서 제출
   - 집합건물 공용부분 변경 : 관리단집회에서 구분소유자의 4분의 3 이상 및 의결권의 4분의 3 이상의 결의가 있었음을 증명하는 서류
   - 분양 목적 공동주택 : 건축할 대지의 범위와 대지의 소유에 관한 권리를 증명하는 서류
   - 주상복합 : 300세대 이상 해당
   ※ 방산시설 : 설계자의 확인으로 관계서류에 갈음
3. 도서

[별표2] 건축허가신청에 필요한 설계도서

도서의 종류	도서의 축척	표시하여야 할 사항
건축계획서	임의	1. 개요(위치·대지면적등) 2. 지역·지구 및 도시계획사항 3. 건축물의규모(건축면적·연면적·높이·층수 등) 4. 건축물의 용도별 면적 5. 주차장규모 6. 에너지절약계획서(해당건축물) 7. 노인 장애인 편의시설 설치계획서(의무대상)
배 치 도	임의	1. 축척 및 방위 2. 대지에 접한 도로의 길이 및 너비 3. 대지의 종·횡단면도 4. 건축선 및 대지경계선으로부터 거리 5. 주차동선 및 옥외주차계획 6. 공개공지 및 조경계획
평 면 도	임의	1. 1층 및 기준층 평면도 2. 기둥·벽·창문 등의 위치 3. 방화구획 및 계단의 위치 4. 복도 및 계단의 위치 5. 승강기의 위치
입 면 도	임의	1. 2면 이상의 입면계획 2. 외부마감재료 3. 간판 및 건물번호판의 설치계획(크기·위치)
단 면 도	임의	1. 종·횡 단면도 2. 건축물의 높이, 각층의 높이 및 반자높이
구조도	임의	1. 구조내력상 주요한 부분의 평면 및 단면 2. 주요부분의 상세도면 3. 구조안전확인서
구조계산서	임의	1. 구조내력상 주요한 부분의 응력 및 단면 산정 과정 2. 내진설계의 내용(지진 안전 여부 확인 대상)
실내마감도	임의	벽 및 반자의 마감의 종류
소방설비도	임의	「소방시설설치유지 및 안전관리에 관한 법률」에 따라 소방관서의 장의 동의를 얻어야 하는 건축물의 해당 소방 관련 설비

* 구조도/구조계산서 : 구조안전 확인 또는 내진설계 대상 건축물

건 축 법	건축법시행령

<table>
<tr><th>건 축 법 시 행 규 칙</th><th>요　　　약</th></tr>
<tr><td>

[제6조]

　1의4. 법 제11조제11항제2호 및 영 제9조의2제1항 각 호의

　　　　사유에 해당하는 경우에는 다음 각 목의 서류

　가. 건축물 및 해당 대지의 공유자 수의 100분의 80 이상의

　　　서면동의서: 공유자가 지장(指章)을 날인하고 자필로 서명

　　　하는 서면동의의 방법으로 하며, 주민등록증, 여권 등

　　　신원을 확인할 수 있는 신분증명서의 사본을 첨부해야

　　　한다. 다만, 공유자가 해외에 장기체류하거나 법인인 경우

　　　등 불가피한 사유가 있다고 허가권자가 인정하는 경우에는

　　　공유자가 인감도장을 날인하거나 서명한 서면동의서에

　　　해당 인감증명서나 「본인서명사실 확인 등에 관한 법률」

　　　제2조제3호에 따른 본인서명사실확인서 또는 같은 법 제7

　　　조제7항에 따른 전자본인서명확인서의 발급증을 첨부하는

　　　방법으로 할 수 있다.

　나. 가목에 따라 동의한 공유자의 지분 합계가 전체

　　　지분의 100분의 80 이상임을 증명하는 서류

　다. 영 제9조의2제1항 각 호의 어느 하나에 해당함을

　　　증명하는 서류

　라. 해당 건축물의 개요

1의5. 제5조에 따른 사전결정서(법 제10조에 따라 건축에

　관한 입지 및 규모의 사전결정서를 받은 경우만 해당한다)

2. 별표 2의 설계도서(법 제10조에 따른 사전결정을 받은

경우에는 건축계획서 및 배치도를 제외한다). 다만, 법 제

23조제4항에 따른 표준설계도서에 따라 건축하는 경우에는

건축 계획서 및 배치도만 해당한다.

3. 법 제11조제5항 각 호에 따른 허가 등을 받거나 신고를

하기 위하여 해당법령에서 제출하도록 의무화하고 있는 신

청서 및 구비서류(해당사항이 있는 경우로 한정한다)

4. 별지 제27호의12서식에 따른 결합건축협정서(해당 사항

이 있는 경우로 한정한다)

② 법 제11조제3항 단서에서 "국토교통부령으로 정하는 신청서

및 구비서류"란 별표 2의 설계도서 중 구조도 및 구조계산서를

말한다.　　　　　　　　　　　　　　　　　〈신설 21.06.25〉

③ 법 제16조제1항 및 영 제12조제1항에 따라 변경허가를

받으려는 자는 별지 제1호의4서식의 건축 · 대수선 · 용도변

경 (변경)허가 신청서에 변경하려는 부분에 대한 변경 전

· 후의 설계도서와 제1항 각 호에서 정하는 관계 서류 중

변경이 있는 서류를 첨부하여 허가권자에게 제출(전자문서

로 제출하는 것을 포함한다)해야 한다. 이 경우 허가권자

는 행정정보의 공동이용을 통해 제1항제1호의2의 서류 중

토지등기사항증명서를 확인해야 한다. 　〈개정 19.11.18〉

</td><td></td></tr>
</table>

<table>
<tr><th>건 축 법</th><th>건 축 법 시 행 령</th></tr>
</table>

[제11조]

⑤ 제1항에 따른 건축허가를 받으면 다음 각 호의 허가 등을 받거나 신고를 한 것으로 보며, 공장건축물의 경우에는 「산업집적 활성화 및 공장설립에 관한 법률」 제13조의2와 제14조에 따라 관련 법률의 인·허가 등이나 허가 등을 받은 것으로 본다. 〈개정 17.01.17〉

1. 제20조제3항에 따른 공사용 가설건축물의 축조신고
2. 제83조에 따른 공작물의 축조신고
3. 「국토의 계획 및 이용에 관한 법률」 제56조에 따른 개발행위허가
4. 「국토의 계획 및 이용에 관한 법률」 제86조제5항에 따른 시행자의 지정과 같은 법 제88조제2항에 따른 실시계획의 인가
5. 「산지관리법」 제14조와 제15조에 따른 산지전용허가와 산지전용 신고, 같은 법 제15조의2에 따른 산지일시사용허가·신고. 다만, 보전산지인 경우에는 도시지역만 해당된다. 〈개정 10.05.31〉
6. 「사도법」 제4조에 따른 사도(私道)개설허가
7. 「농지법」 제34조, 제35조 및 제43조에 따른 농지전용허가·신고 및 협의
8. 「도로법」 제38조에 따른 도로의 점용허가
9. 「도로법」 제34조와 제64조제2항에 따른 비관리청 공사시행 허가와 도로의 연결허가
10. 「하천법」 제33조에 따른 하천점용 등의 허가
11. 「하수도법」 제27조에 따른 배수설비(配水設備)의 설치신고
12. 「하수도법」 제34조제2항에 따른 개인하수처리시설의 설치신고
13. 「수도법」 제38조에 따라 수도사업자가 지방자치단체인 경우 그 지방자치단체가 정한 조례에 따른 상수도 공급신청
14. 「전기사업법」 제62조에 따른 자가용전기설비 공사계획의 인가 또는 신고
15. 「수질 및 수생태계 보전에 관한 법률」 제33조에 따른 수질오염물질 배출시설 설치의 허가나 신고
16. 「대기환경보전법」 제23조에 따른 대기오염물질 배출시설 설치의 허가나 신고
17. 「소음·진동관리법」 제8조에 따른 소음·진동 배출시설 설치의 허가나 신고 〈개정 11.5.30〉
18. 「가축분뇨의 관리 및 이용에 관한 법률」 제11조에 따른 배출시설 설치허가나 신고 〈신설 11.05.30〉
19. 「자연공원법」 제23조에 따른 행위허가 〈신설 11.05.30〉
20. 「도시공원 및 녹지 등에 관한 법률」 제24조에 따른 도시공원의 점용허가 〈신설 11.05.30〉
21. 「토양환경보전법」 제12조에 따른 특정토양오염관리대상시설의 신고
22. 「수산자원관리법」 제52조제2항에 따른 행위의 허가
23. 「초지법」 제23조에 따른 초지전용의 허가 및 신고

[제9조]

② 허가권자는 법 제11조제1항에 따라 건축허가를 하였으면 국토교통부령으로 정하는 바에 따라 건축 허가서를 신청인에게 발급하여야 한다. 〈개정 08.10.29〉

<table>
<tr><th>건 축 법 시 행 규 칙</th><th>요　　　　약</th></tr>
<tr><td>

제8조【건축허가서 등】 ① 영 제9조제2항에 따른 건축허가서 및 영 제15조제9항에 따른 가설건축물 건축허가서는 별지 제2호서식과 같다.

② 제6조제3항에 따라 신청을 받은 허가권자가 법 제16조에 따라 변경허가를 한 경우에는 별지 제2호서식의 건축·대수선·용도변경 허가서를 신청인에게 발급해야 한다.

③ 허가권자는 제1항 및 제2항에 따라 별지 제2호서식의 건축·대수선·용도변경 허가서를 교부하는 때에는 별지 제3호서식의 건축·대수선·용도변경 허가(신고)대장을 건축물의 용도별 및 월별로 작성·관리해야 한다.

④ 별지 제3호서식의 건축·대수선·용도변경 허가(신고)대장은 전자적 처리가 불가능한 특별한 사유가 없으면 전자적 처리가 가능한 방법으로 작성·관리해야 한다.

[전문개정 18.11.29]

</td><td>

허가권자는 건축허가를 한 경우에는 허가서를 신청인에게 발급(별지 제2호 서식)

해 당 법		허 가 내 용
건 축 법	제20조 ②	공사용 가설건축물의 축조신고
건 축 법	제83조	공작물의 축조신고
국토의계획및이용법	제56조	개발행위허가
국토의계획및이용법	제86조 ⑤	도시계획사업시행자의 지정
국토의계획및이용법	제88조 ②	도시계획사업의 실시계획의 인가
산지관리법	제14조	산지전용허가
	제15조	산지전용신고
	제15조의2	산지일시사용허가·신고
사도법	제 4조	사도개설허가
농지법 제34조, 제35조, 제43조		농지전용허가·신고 또는 협의
도로법	제38조	도로의 점용허가
도로법 제34조, 제64조 ②		비관리청 공사시행 허가 및 도로의 연결허가
하천법	제33조	하천점용 등의 허가
하수도법	제27조	배수설비의 설치신고
하수도법	제34조②	개인하수처리시설의 설치신고
수도법	제38조	상수도공급 신청
전기사업법	제62조	자가용전기설비 공사계획의 인가 또는 신고
수질 및 수생태계 보전에 관한 법률	제33조	수질오염물질 배출시설 설치의 허가나 신고
대기환경보전법	제23조	대기오염물질 배출시설 설치의 허가나 신고
소음·진동규제법	제 8조	소음·진동 배출시설설치의 허가나 신고
가축분뇨의 관리 및 이용에 관한 법률	제11조	배출시설 설치허가나 신고
자연공원법	제23조	행위허가
도시공원 및 녹지 등에 관한 법률	제24조	도시공원의 점용허가
토양환경보전법	제12조	특정토양오염관리대상시설의 신고
수산자원관리법	제52조	행위허가
초지법	제23조	초지전용의 허가 및 신고

</td></tr>
</table>

<table>
<tr><th>건 축 법</th><th>건 축 법 시 행 령</th></tr>
<tr><td>

[제11조]

⑥ 허가권자는 제5항 각 호의 어느 하나에 해당하는 사항이 다른 행정기관의 권한에 속하면 그 행정기관의 장과 미리 협의하여야 하며, 협의 요청을 받은 관계 행정기관의 장은 요청을 받은 날부터 15일 이내에 의견을 제출하여야 한다. 이 경우 관계 행정기관의 장은 제8항에 따른 처리기준이 아닌 사유를 이유로 협의를 거부할 수 없고, 협의 요청을 받은 날부터 15일 이내에 의견을 제출하지 아니하면 협의가 이루어진 것으로 본다. 〈개정 17.01.17〉

⑦ 허가권자는 제1항에 따른 허가를 받은 자가 다음 각 호의 어느 하나에 해당하면 허가를 취소하여야 한다.

 다만, 제1호에 해당하는 경우로서 정당한 사유가 있다고 인정되면 1년의 범위에서 공사의 착수기간을 연장할 수 있다.

〈개정 17.01.17〉

 1. 허가를 받은 날부터 2년(「산업집적활성화 및 공장설립에 관한 법률」 제13조에 따라 공장의 신설·증설 또는 업종변경의 승인을 받은 공장은 3년) 이내에 공사에 착수하지 아니한 경우

 2. 허가를 받은 날부터 제1호의 기간 이내에 공사에 착수하였으나 공사의 완료가 불가능하다고 인정되는 경우

 3. 제21조에 따른 착공신고 전에 경매 또는 공매 등으로 건축주가 대지의 소유권을 상실한 때부터 6개월이 경과한 이후 공사의 착수가 불가능하다고 판단되는 경우

⑧ 제5항 각 호의 어느 하나에 해당하는 사항과 제12조제1항의 관계 법령을 관장하는 중앙행정기관의 장은 그 처리기준을 국토교통부장관에게 통보하여야 한다. 처리기준을 변경한 경우에도 또한 같다. 〈개정 13.03.23〉

⑨ 국토교통부장관은 제8항에 따라 처리기준을 통보받은 때에는 이를 통합하여 고시하여야 한다. 〈개정 13.03.23〉

⑩ 제4조제1항에 따른 건축위원회의 심의를 받은 자가 심의 결과를 통지 받은 날부터 2년 이내에 건축허가를 신청하지 아니하면 건축위원회 심의의 효력이 상실된다. 〈신설 11.05.30〉

</td><td></td></tr>
</table>

<table><tr><td align="center">건 축 법 시 행 규 칙</td><td align="center">요   약</td></tr></table>

건 축 법 시 행 규 칙	요 약

제11조 [건축 관계자 변경신고] ①법 제11조 및 제14조에 따라 건축 또는 대수선에 관한 허가를 받거나 신고를 한 자가 다음 각 호의 어느 하나에 해당하게 된 경우에는 그 양수인·상속인 또는 합병 후 존속하거나 합병에 의하여 설립되는 법인은 그 사실이 발생한 날부터 7일 이내에 별지 제4호서식의 건축관계자변경신고서에 변경 전 건축주의 명의변경동의서 또는 권리관계의 변경사실을 증명할 수 있는 서류를 첨부하여 허가권자에게 제출(전자문서로 제출하는 것을 포함한다)하여야 한다.   〈개정 08.12.11〉

1. 허가를 받거나 신고를 한 건축주가 허가 또는 신고 대상 건축물을 양도한 경우
                         〈개정 12.12.12〉
2. 허가를 받거나 신고를 한 건축주가 사망한 경우
3. 허가를 받거나 신고를 한 법인이 다른 법인과 합병을 한 경우

②건축주는 설계자, 공사시공자 또는 공사감리자를 변경한 때에는 그 변경한 날부터 7일 이내에 별지 제4호서식의 건축관계자변경신고서를 허가권자에게 제출(전자문서에 의한 제출을 포함한다)하여야 한다.
                         〈개정 17.01.20〉

③허가권자는 제1항 및 제2항의 규정에 의한 건축관계자변경신고서를 받은 때에는 그 기재내용을 확인한 후 별지 제5호서식의 건축관계자변경신고필증을 신고인에게 교부하여야 한다.

                    [전문개정 1999.5.11]

협 의

1. 건축허가 부수효과에 해당하는 사항은 해당기관의 장과 사전협의 요청
2. 해당기관의 장은 요청 받은 날부터 15일 이내 의견제출

건축허가의 취소

조 건	비 고
1. 허가 후 2년(법률에 따른 공장의 신설·증설 또는 업종변경 승인을 받은 공장 : 3년,농지전용 허가 또는 신고가 의제된 공장 : 2년) 이내에 공사에 착수하지 않은 경우	허가취소 (정당한 사유가 있다고 인정되면 1년간 연장 가능)
2. 허가 후 위 기간 이내에 공사에 착수하였으나 공사의 완료가 불가능하다고 인정되는 경우	허가취소
3. 착공신고 전에 경매 또는 공매 등으로 건축주가 대지의 소유권을 상실한 때부터 6개월이 경과한 이후 공사의 착수가 불가능하다고 판단되는 경우	허가취소

건축심의효력상실

건축위원회 심의 결과 통지일부터 2년 이내에 건축허가 미신청시 건축위원회 심의 효력상실

건축관계자변경신고

(1) **대상**
1. 건축 또는 대수선 중인 건축물을 양수한 경우
2. 허가를 받거나 신고를 한 건축주가 사망한 경우
3. 허가를 받거나 신고를 한 법인이 다른 법인과 합병을 한 경우

(2) **첨부서류**(건축주 변경인 경우)
1. 구 건축주의 명의변경 동의서
2. 권리관계의 변동사실 증명서류

(3) **변경신고**(설계자, 공시시공자, 공사감리자 변경)
  건축주는 변경한 날로부터 7일 이내에 허가권자에게 건축관계자변경신고서 제출

건 축 법	건 축 법 시 행 령
[제11조] ⑪ 제1항에 따라 건축허가를 받으려는 자는 해당 대지의 소유권을 확보하여야 한다. 다만, 다음 각 호의 어느 하나에 해당하는 경우에는 그러하지 아니하다. 1. 건축주가 대지의 소유권을 확보하지 못하였으나 그 대지를 사용할 수 있는 권원을 확보한 경우. 다만, 분양을 목적으로 하는 공동주택은 제외한다. 2. 건축주가 건축물의 노후화 또는 구조안전 문제 등 대통령령으로 정하는 사유로 건축물을 신축·개축·재축 및 리모델링을 하기 위하여 건축물 및 해당 대지의 공유자 수의 100분의 80 이상의 동의를 얻고 동의한 공유자의 지분 합계가 전체 지분의 100분의 80 이상인 경우 3. 건축주가 제1항에 따른 건축허가를 받아 주택과 주택 외의 시설을 동일 건축물로 건축하기 위하여 「주택법」 제21조를 준용한 대지 소유 등의 권리관계를 증명한 경우. 다만, 「주택법」 제15조제1항 각 호 외의 부분 본문에 따른 대통령령으로 정하는 호수 이상으로 건설·공급하는 경우에 한정한다. 〈신설 17.01.17〉 4. 건축하려는 대지에 포함된 국유지 또는 공유지에 대하여 허가권자가 해당 토지의 관리청이 해당 토지를 건축주에게 매각하거나 양여할 것을 확인한 경우 〈신설 17.01.17〉 5. 건축주가 집합건물의 공용부분을 변경하기 위하여 「집합건물의 소유 및 관리에 관한 법률」 제15조제1항에 따른 결의가 있었음을 증명한 경우 〈신설 17.01.17〉 6. 건축주가 집합건물을 재건축하기 위하여 「집합건물의 소유 및 관리에 관한 법률」 제47조에 따른 결의가 있었음을 증명한 경우 〈신설 21.08.10〉	**제9조의2[건축허가 신청 시 소유권 확보 예외 사유]** ① 법 제11조제11항제2호에서 "건축물의 노후화 또는 구조안전 문제 등 대통령령으로 정하는 사유"란 건축물이 다음 각 호의 어느 하나에 해당하는 경우를 말한다. 1. 급수·배수·오수 설비 등의 설비 또는 지붕·벽 등의 노후화나 손상으로 그 기능 유지가 곤란할 것으로 우려되는 경우 2. 건축물의 노후화로 내구성에 영향을 주는 기능적 결함이나 구조적 결함이 있는 경우 3. 건축물이 훼손되거나 일부가 멸실되어 붕괴 등 그 밖의 안전사고가 우려되는 경우 4. 천재지변이나 그 밖의 재해로 붕괴되어 다시 신축하거나 재축하려는 경우 ② 허가권자는 건축주가 제1항제1호부터 제3호까지의 어느 하나에 해당하는 사유로 법 제11조제11항제2호의 동의요건을 갖추어 같은 조 제1항에 따른 건축허가를 신청한 경우에는 그 사유 해당 여부를 확인하기 위하여 현지조사를 하여야 한다. 이 경우 필요한 경우에는 건축주에게 다음 각 호의 어느 하나에 해당하는 자로부터 안전진단을 받고 그 결과를 제출하도록 할 수 있다. 〈개정 18.01.16〉 1. 건축사 2. 「기술사법」 제5조의7에 따라 등록한 건축구조기술사(이하 "건축구조기술사"라 한다) 3. 「시설물의 안전 및 유지관리에 관한 특별법」 제28조제1항에 따라 등록한 건축 분야 안전진단 전문기관 [본조신설 16.07.19]

건 축 법 시 행 규 칙	요 약
	허가시 소유권확보 예외 1. 건축주가 대지 사용 권원 확보한 경우 　- 분양을 목적으로 하는 공동주택 제외 2. 건축주가 건축물의 노후화 또는 구조안전 문제 등으로 　신축·개축·재축 및 리모델링하는 경우 　- 해당 대지의 공유자 수의 80/100 이상 동의 후 　　그 동의한 공유자의 지분 합계가 전체 지분의 　　80/100 이상인 경우 3. 건축주가 건축허가를 받아 주택과 주택 외의 시설을 　동일 건축물로 건축하기 위하여 「주택법」을 준용한 　대지 소유 등의 권리 관계를 증명한 경우. 　- 사업승인대상규모 이상으로 건설·공급하는 경우에 　한정 　4. 건축하려는 대지에 포함된 국 공유지에 대하여 　　허가권자가 해당 토지의 관리청이 건축주에게 매각 　　하거나 양여할 것을 확인한 경우 5. 건축주가 집합건물의 공용부분을 변경하기 위하여 「집합건물의 소유 및 관리에 관한 법률」에 따른 　결의가 있었음을 증명한 경우 6. 건축주가 집합건물을 재건축하기 위하여「집합건물 　의 소유 및 관리에 관한 법률」제47조에 따른 결의가 　있었음을 증명한 경우 ※ 노후화에 따른 신축·개축·재축 및 리모델링 　1) 급수·배수·오수 설비 등의 설비 또는 지붕·벽 　　등의 노후화나 손상으로 그 기능 유지가 곤란할 　　것으로 우려되는 경우 　2) 건축물의 노후화로 내구성에 영향을 주는 기능적 　　결함이나 구조적 결함이 있는 경우 　3) 건축물이 훼손되거나 일부가 멸실되어 붕괴 등 　　그 밖의 안전사고가 우려되는 경우 　4) 천재지변이나 그 밖의 재해로 붕괴되어 다시 　　신축하거나 재축하려는 경우 ※ 현지조사자 - 안전진단 결과 제출 　1. 건축사 　2. 건축구조기술사 　3. 건축분야 안전진단전문기관

건 축 법	건 축 법 시 행 령

제12조 【건축복합민원 일괄협의회】

① 허가권자는 제11조에 따라 허가를 하려면 해당 용도·규모 또는 형태의 건축물을 건축하려는 대지에 건축하는 것이 「국토의 계획 및 이용에 관한 법률」 제54조, 제56조부터 제62조까지 및 제76조부터 제82조까지의 규정과 그 밖에 대통령령으로 정하는 관계 법령의 규정에 맞는지를 확인하고, 제10조제6항 각 호와 같은 조 제7항 또는 제11조제5항 각 호와 같은 조 제6항의 사항을 처리하기 위하여 대통령령으로 정하는 바에 따라 건축복합민원 일괄협의회를 개최하여야 한다.

② 제1항에 따라 확인이 요구되는 법령의 관계 행정기관의 장과 제10조제7항 및 제11조제6항에 따른 관계 행정기관의 장은 소속 공무원을 제1항에 따른 건축복합민원 일괄협의회에 참석하게 하여야 한다.

제10조 【건축복합민원 일괄협의회】 ①법 제12조제1항에서 " 대통령령으로 정하는 관계 법령의 규정"이란 다음 각 호의 규정을 말한다.

1. 「군사기지 및 군사시설보호법」 제13조
2. 「자연공원법」 제23조 〈개정 12.12.12〉
3. 「수도권정비계획법」 제7조부터 제9조까지
4. 「택지개발촉진법」 제6조
5. 「도시공원 및 녹지 등에 관한 법률」 제24조 및 제38조
6. 「공항시설법」 제82조
7. 「교육환경 보호에 관한 법률」 제9조
8. 「산지관리법」 제8조, 제10조, 제12조, 제14조 및 제18조
9. 「산림자원의 조성 및 관리에 관한 법률」 제36조 및 「산림보호법」 제9조
10. 「도로법」 제40조 및 제61조
11. 「주차장법」 제19조, 제19조의2 및 제19조의4
12. 「환경정책기본법」 제38조 〈개정 21.05.04〉
13. 「자연환경보전법」 제15조
14. 「수도법」 제7조 및 제15조
15. 「도시교통정비 촉진법」 제34조 및 제36조
16. 「문화재보호법」 제35조
17. 「전통사찰의 보존 및 지원에 관한 법률」 제10조
18. 「개발제한구역의 지정 및 관리에 관한 특별조치법」 제12조제1항, 제13조 및 제15조
19. 「농지법」 제32조 및 제34조
20. 「고도 보존에 관한 특별법」 제11조
21. 「화재예방, 소방시설 설치·유지 및 안전관리에 관한 법률」 제7조

<table>
<tr><th>건 축 법 시 행 령</th><th>요 약</th></tr>
<tr><td valign="top">

[제10조]

② 허가권자는 법 제12조에 따른 건축복합민원 일괄협의회(이하 "협의회"라 한다)의 회의를 법 제10조제1항에 따른 사전결정 신청일 또는 법 제11조제1항에 따른 건축허가 신청일부터 10일 이내에 개최하여야 한다.

③ 허가권자는 협의회의 회의를 개최하기 3일 전까지 회의 개최 사실을 관계 행정기관 및 관계 부서에 통보하여야 한다.

④ 협의회의 회의에 참석하는 관계 공무원은 회의에서 관계 법령에 관한 의견을 발표하여야 한다.

⑤ 사전결정 또는 건축허가를 하는 관계 행정기관 및 관계 부서는 그 협의회의 회의를 개최한 날부터 5일 이내에 동의 또는 부동의 의견을 허가권자에게 제출하여야 한다.

⑥ 이 영에서 규정한 사항 외에 협의회의 운영 등에 필요한 사항은 건축조례로 정한다.

[전문개정 08.10.29]

</td><td valign="top">

건축복합민원 일괄협의회

관계법령 적합여부 확인

해 당 법		허 가 내 용
「국토의 계획 및 이용에 관한 법률」	제54조	지구단위계획구역안에서의 건축등
〃	제56조~제62조	개발행위허가
〃	제76조~제82조	용도지역·용도지구 및 용도구역 안에서의 행위제한
「군사기지 및 군사시설보호법」	제13조	행정기관의 처분에 관한 협의 등
「자연공원법」	제23조	행위허가
「수도권정비계획법」	제 7조 제 8조 제 9조	과밀억제권역안에서의 행위제한 성장관리권역안에서의 행위제한 자연보전권역안에서의 행위제한
「택지개발촉진법」	제6조	행위제한 등
「도시공원 및 녹지 등에 관한 법률」	제24조 제38조	도시공원의 점용허가 녹지의 점용허가 등
「공항시설법」	제34조	장애물의 제한등
「교육환경 보호에 관한 법률」	제9조	교육환경보호구역에서의 금지행위 등
「산지관리법」	제 8조 제10조 제12조 제14조 제18조	보전산지에서의 구역 등의 지정 등 산지전용제한지역안에서의 행위제한 보전산지안에서의 행위제한 산지전용허가 산지전용허가기준 등
「산림자원의 조성 및 관리에 관한 법률」	제36	입목벌채등의 허가 및 신고 등
「산림보호법」	제9조	산림보호구역에서의 행위 제한
「도로법」	제40조 제61조	접도구역의 지정 및 관리 도로의 점용 허가
「주차장법」	제19조 제19조의2 제19조의4	부설주차장의 설치 부설주차장 설치계획서 부설주차장의 용도변경금지등
「환경정책기본법」	제22조	특별종합대책의 수립
「자연환경보전법」	제15조	생태·경관보전지역의 주민지원
「수도법」	제7조 제15조	상수원보호구역지정등 절수설비 등의 설치
「도시교통정비 촉진법」	제34조 제36조	자동차의 운행제한 교통유발부담금의 부과·징수
「문화재보호법」	제35조	허가사항
「전통사찰의 보존 및 지원에 관한 법률」	제10조	전통사찰 역사문화보존구역의 지정
「개발제한구역의 지정 및 관리에 관한 특별조치법」	제12조 ① 제13조 제14조	개발제한구역에서의 행위제한 존속중인 건축물 등에 대한 특례 취락지구에 대한 특례
「농지법」	제32조 제34조	용도구역에서의 행위 제한 농지의 전용허가·협의
「고도(古都)보존에 관한 특별법」	제11조	지정지구내 행위의 제한
「화재예방, 소방시설 설치·유지 및 안전관리에 관한 법률」	제7조	건축허가등의 동의

</td></tr>
</table>

| 건 축 법 | 건 축 법 시 행 령 |

제13조【건축공사현장 안전관리예치금 등】

①제11조에 따라 건축허가를 받은 자는 건축물의 건축공사를 중단하고 장기간 공사현장을 방치할 경우 공사현장의 미관 개선과 안전관리 등 필요한 조치를 하여야 한다.

② 허가권자는 연면적이 1천제곱미터 이상인 건축물(「주택법」 제77조제1항제1호에 따라 대한주택보증주식회사가 분양보증을 한 건축물, 건축물의 분양에 관한 법률」 제4조제1항제1호에 따른 분양보증이나 신탁계약을 체결한 건축물은 제외한다)로서 해당 지방자치단체의 조례로 정하는 건축물에 대하여는 제21조에 따른 착공신고를 하는 건축주(「대한주택공사법」에 따른 대한주택공사, 「한국토지공사법」에 따른 한국토지공사 또는 「지방공기업법」에 따라 건축사업을 수행하기 위하여 설립된 지방공사는 제외한다)에게 장기간 건축물의 공사현장이 방치되는 것에 대비하여 미리 미관 개선과 안전관리에 필요한 비용(대통령령으로 정하는 보증서를 포함하며, 이하 "예치금"이라 한다)을 건축공사비의 1퍼센트의 범위에서 예치하게 할 수 있다. 〈개정 14.05.28〉

③ 허가권자가 예치금을 반환할 때에는 대통령령으로 정하는 이율로 산정한 이자를 포함하여 반환하여야 한다. 다만, 보증서를 예치한 경우에는 그러하지 아니하다.

④ 제2항에 따른 예치금의 산정·예치 방법, 반환 등에 관하여 필요한 사항은 해당 지방자치단체의 조례로 정한다.

⑤ 허가권자는 공사현장이 방치되어 도시미관을 저해하고 안전을 위해한다고 판단되면 건축허가를 받은 자에게 건축물 공사현장의 미관과 안전관리를 위한 다음 각 호의 개선을 명할 수 있다. 〈개정 19.04.30〉

 1. 안전펜스 설치 등 안전조치

 2. 공사재개 또는 해체 등 정비

⑥ 허가권자는 제5항에 따른 개선명령을 받은 자가 개선을 하지 아니하면 「행정대집행법」으로 정하는 바에 따라 대집행을 할 수 있다. 이 경우 제2항에 따라 건축주가 예치한 예치금을 행정대집행에 필요한 비용에 사용할 수 있으며, 행정대집행에 필요한 비용이 이미 납부한 예치금 보다 많을 때에는 「행정대집행법」 제6조에 따라 그 차액을 추가로 징수할 수 있다.

⑦ 허가권자는 방치되는 공사현장의 안전관리를 위하여 긴급한 필요가 있다고 인정하는 경우에는 대통령령으로 정하는 바에 따라 건축주에게 고지한 후 제2항에 따라 건축주가 예치한 예치금을 사용하여 제5항제1호 중 대통령령으로 정하는 조치를 할 수 있다. 〈신설 14.05.28〉

제10조의2【건축공사현장 안전관리예치금】

① 법 제13조제2항에서 "대통령령으로 정하는 보증서"란 다음 각 호의 어느 하나에 해당 하는 보증서를 말한다. 〈개정 13.03.23〉

 1. 「보험업법」에 따른 보험회사가 발행한 보증보험증권

 2. 「은행법」에 따른 금융기관이 발행한 지급보증서

 3. 「건설산업기본법」에 따른 공제조합이 발행한 채무액 등의 지급을 보증하는 보증서

 4. 「자본시장과 금융투자업에 관한 법률 시행령」 제192조제2항에 따른 상장 증권

 5. 그 밖에 국토교통부령으로 정하는 보증서

② 법 제13조제3항 본문에서 "대통령령으로 정하는 이율"이란 법 제13조제2항에 따른 안전관리 예치금을 「국고금관리법 시행령」 제11조에서 정한 금융기관에 예치한 경우의 안전관리 예치금에 대하여 적용하는 이자율을 말한다.

③ 법 제13조제7항에 따라 허가권자는 착공신고 이후 건축 중에 공사가 중단된 건축물로서 공사 중단 기간이 2년을 경과한 경우에는 건축주에게 서면으로 고지한 후 법 제13조제2항에 따른 예치금을 사용하여 공사현장의 미관과 안전관리 개선을 위한 다음 각 호의 조치를 할 수 있다. 〈신설 14.11.28〉

 1. 공사현장 안전펜스의 설치

 2. 대지 및 건축물의 붕괴 방지 조치

 3. 공사현장의 미관 개선을 위한 조경 또는 시설물 등의 설치

 4. 그 밖에 공사현장의 미관 개선 또는 대지 및 건축물에 대한 안전관리 개선 조치가 필요하여 건축조례로 정하는 사항

[전문개정 08.10.29]

건 축 법 시 행 규 칙	요 약
제9조 【건축공사현장 안전관리예치금】 영 제10조의2 제1항제5호에서 "국토교통부령이 정하는 보증서"란 「주택법」 제76조에 따라 설립된 대한주택보증주식회사가 발행하는 보증서를 말한다. 〈개정 13.03.23〉 [본조신설 06.5.12]	**건축공사현장 안전관리예치금 등** 1. 예치의무자 : 건축주 　[예외] 대한주택공사, 한국토지공사, 지방공사 2. 예치대상 : 　연면적이 1,000㎡ 이상으로서 　조례로 정하는 건축물 　[예외] 1)「주택법」에 의한 대한주택보증주식회사가 　　　　　　분양보증을 한 건축물 　　　　 2)「건축물의 분양에 관한 법률」에 의한 　　　　　　분양보증 또는 신탁계약을 체결한 건축물 3. 예치사유 : 건축물의 건축공사를 중단하고 장기간 　공사현장을 방치할 경우에는 공사현장의 미관개선 　및 안전관리 등에 필요한 비용 4. 예치금 : 건축공사비의 1 % 5. 예치시기 : 착공신고시 6. 예치방법 　1) 현금 　2) 보증보험증권 　3) 금융기관이 발행한 지급보증서 　4) 건설공제조합이 발행한 보증서 　5) 상장증권 　6) 대한주택보증주식회사가 발행하는 보증서 7. 허가권자는 착공 신고 이후 건축 중에 공사가 중단된 　건축물로서 공사 중단 기간이 2년을 경과한 경우 건축주 　에게 서면으로 고지한 후 예치금을 사용하여 공사현장의 　미관과 안전관리 개선을 위한 조치 가능 　1) 공사현장 안전펜스의 설치 　2) 대지 및 건축물의 붕괴 방지 조치 　3) 공사현장의 미관 개선을 위한 조경 또는 　　　시설물 등의 설치 　4) 그 밖에 공사현장의 미관 개선 또는 대지 　　　및 건축물에 대한 안전관리 개선 조치가 　　　필요하여 건축조례로 정하는 사항

<table>
<tr><th>건 축 법</th><th>건 축 법 시 행 령</th></tr>
<tr><td>

제13조의2 【건축물 안전영향평가】

① 허가권자는 초고층 건축물 등 대통령령으로 정하는 주요건축물에 대하여 제11조에 따른 건축허가를 하기 전에 건축물의 구조, 지반 및 풍환경(風環境) 등이 건축물의 구조안전과 인접대지의 안전에 미치는 영향 등을 평가하는 건축물 안전영향평가(이하 "안전영향평가"라 한다)를 안전영향평가기관에 의뢰하여 실시하여야 한다.

〈개정 21.03.16〉

② 안전영향평가기관은 국토교통부장관이 「공공기관의 운영에 관한 법률」 제4조에 따른 공공기관으로서 건축 관련 업무를 수행하는 기관 중에서 지정하여 고시한다.

③ 안전영향평가 결과는 건축위원회의 심의를 거쳐 확정한다. 이 경우 제4조의2에 따라 건축위원회의 심의를 받아야 하는 건축물은 건축위원회 심의에 안전영향평가 결과를 포함하여 심의할 수 있다.

④ 안전영향평가 대상 건축물의 건축주는 건축허가 신청 시 제출하여야 하는 도서에 안전영향평가 결과를 반영하여야 하며, 건축물의 계획상 반영이 곤란하다고 판단되는 경우에는 그 근거자료를 첨부하여 허가권자에게 건축위원회의 재심의를 요청할 수 있다.

⑤ 안전영향평가의 검토 항목과 건축주의 안전영향평가 의뢰, 평가 비용 납부 및 처리 절차 등 그 밖에 필요한 사항은 대통령령으로 정한다.

⑥ 허가권자는 제3항 및 제4항의 심의 결과 및 안전영향평가 내용을 국토교통부령으로 정하는 방법에 따라 즉시 공개하여야 한다.

⑦ 안전영향평가를 실시하여야 하는 건축물이 다른 법률에 따라 구조안전과 인접 대지의 안전에 미치는 영향 등을 평가 받은 경우에는 안전영향평가의 해당 항목을 평가 받은 것으로 본다.

[본조신설 16.02.03]

</td><td>

제10조의3 【건축물 안전영향평가】 ① 법 제13조의2제1항에서 "초고층 건축물 등 대통령령으로 정하는 주요 건축물"이란 다음 각 호의 어느 하나에 해당하는 건축물을 말한다.

1. 초고층 건축물
2. 다음 각 목의 요건을 모두 충족하는 건축물

〈개정 17.10.24〉

　가. 연면적(하나의 대지에 둘 이상의 건축물을 건축하는 경우에는 각각의 건축물의 연면적을 말한다)이 10만 제곱미터 이상일 것

　나. 16층 이상일 것

② 제1항 각 호의 건축물을 건축하려는 자는 법 제11조에 따른 건축허가를 신청하기 전에 다음 각 호의 자료를 첨부하여 허가권자에게 법 제13조의2제1항에 따른 건축물 안전영향평가(이하 "안전영향평가"라 한다)를 의뢰하여야 한다.

1. 건축계획서 및 기본설계도서 등 국토교통부령으로 정하는 도서
2. 인접 대지에 설치된 상수도·하수도 등 국토교통부장관이 정하여 고시하는 지하시설물의 현황도
3. 그 밖에 국토교통부장관이 정하여 고시하는 자료

③ 법 제13조의2제1항에 따라 허가권자로부터 안전영향평가를 의뢰받은 기관(같은 조 제2항에 따라 지정·고시된 기관을 말하며, 이하 "안전영향평가기관"이라 한다)은 다음 각 호의 항목을 검토하여야 한다.

1. 해당 건축물에 적용된 설계 기준 및 하중의 적정성
2. 해당 건축물의 하중저항시스템의 해석 및 설계의 적정성
3. 지반조사 방법 및 지내력(地耐力) 산정결과의 적정성
4. 굴착공사에 따른 지하수위 변화 및 지반 안전성에 관한 사항
5. 그 밖에 건축물의 안전영향평가를 위하여 국토교통부장관이 필요하다고 인정하는 사항

④ 안전영향평가기관은 안전영향평가를 의뢰받은 날부터 30일 이내에 안전영향평가 결과를 허가권자에게 제출하여야 한다. 다만, 부득이한 경우에는 20일의 범위에서 그 기간을 한 차례만 연장할 수 있다.

⑤ 제2항에 따라 안전영향평가를 의뢰한 자가 보완하는 기간 및 공휴일·토요일은 제4항에 따른 기간의 산정에서 제외한다.

⑥ 허가권자는 제4항에 따라 안전영향평가 결과를 제출받은 경우에는 지체 없이 제2항에 따라 안전영향평가를 의뢰한 자에게 그 내용을 통보하여야 한다.

⑦ 안전영향평가에 드는 비용은 제2항에 따라 안전영향평가를 의뢰한 자가 부담한다.

⑧ 제1항부터 제7항까지에서 규정한 사항 외에 안전영향평가에 관하여 필요한 사항은 국토교통부장관이 정하여 고시한다.

[본조신설 17.02.03]

</td></tr>
</table>

건 축 법 시 행 규 칙	요 약
제9조의2 [건축물 안전영향평가] ① 영 제10조의3제2항제1호에서 "건축계획서 및 기본 설계도서 등 국토교통부령으로 정하는 도서"란 별표 3 의 도서를 말한다. ② 법 제13조의2제6항에서 "국토교통부령으로 정하는 방법"이란 해당 지방자치단체의 공보에 게시하는 방법 을 말한다. 이 경우 게시 내용에 「개인정보 보호법」 제2조제1호에 따른 개인정보를 포함하여서는 아니된다. [본조신설 17.02.03]	**건축물 안전영향평가** 1. 안전영향평가 　가. 대상 : 　　1) 초고층 건축물 　　2) 다음요건 모두충족 　　　-연면적 : 10만 ㎡ 이상인 건축물 　　　(하나의 대지에 둘 이상의 건축물을 건축하는 경우 　　　　각각의 건축물의 연면적) 　　　-16층 이상일 것 　나. 시기 : 허가권자가 건축허가 전 　다. 방법 : 허가권자가 안전영향평가기관에 　　　　　　의뢰하여 실시 　　※ 안전영향평가 　　　건축물의 구조안전과 인접 대지의 안전에 미치는 　　　영향 등을 평가 2. 안전영향평가기관 　국토교통부장관이 공공기관으로서 건축 관련 업무 　를 수행하는 기관 중에서 지정하여 고시 3. 안전영향평가 결과 　건축위원회의 심의를 거쳐 확정 　- 건축위원회의 심의대상 건축물은 안전영향평가 　　결과를 포함하여 심의가능 4. 건축주 의무 　건축물의 건축주는 건축허가 신청 시 제출하여야 　하는 도서에 안전영향평가 결과를 반영 　- 건축계획상 반영이 곤란하다고 판단되는 경우 　　근거 자료를 첨부하여 허가권자에게 건축위원회의 　　재심의 요청가능 5. 절차 등 　- 안전영향평가의 검토 항목 　- 건축주의 안전영향평가 의뢰 　- 평가 비용 납부 및 처리 절차 등 6. 내용공개 　허가권자는 심의 결과 및 안전영향평가 내용을 　즉시 공개 7. 다른 법률에 따라 구조안전과 인접 대지의 안전에 　미치는 영향 등을 평가 받은 경우 안전영향평가의 　해당 항목을 평가 받은 것으로 본다.

건 축 법	건 축 법 시 행 령

제14조 【건축신고】 ① 제11조에 해당하는 허가 대상 건축물이라 하더라도 다음 각 호의 어느 하나에 해당 하는 경우에는 미리 특별자치시장·특별자치도지사 또는 시장·군수· 구청장에게 국토교통부령으로 정하는 바에 따라 신고를 하면 건축허가를 받은 것으로 본다.

〈개정 14.05.28〉

1. 바닥면적의 합계가 85제곱미터 이내의 증축·개축 또는 재축. 다만, 3층 이상 건축물인 경우에는 증축·개축 또는 재축 하려는 부분의 바닥면적의 합계가 건축물 연면적의 10분의1이내인 경우로 한정한다.

2. 「국토의 계획 및 이용에 관한 법률」에 따른 관리지역, 농림지역 또는 자연환경 보전지역에서 연면적이 200제곱미터 미만 이고 3층 미만인 건축물의 건축.
  다만, 다음 각 목의 어느 하나에 해당하는 구역에서의 건축은 제외한다.
  가. 지구단위계획구역
  나. 방재지구 등 재해취약지역으로서 대통령령으로 정하는 구역

3. 연면적이 200제곱미터 미만이고 3층 미만인 건축물의 대수선

4. 주요구조부의 해체가 없는 등 대통령령으로 정하는 대수선

5. 그 밖에 소규모 건축물로서 대통령령으로 정하는 건축물의 건축

② 제1항에 따른 건축신고에 관하여는 제11조제5항 및 제6항을 준용한다. 〈개정 14.05.28〉

③ 특별자치시장·특별자치도지사 또는 시장·군수·구청장은 제1항에 따른 신고를 받은 날부터 5일 이내에 신고수리 여부 또는 민원 처리 관련 법령에 따른 처리기간의 연장 여부를 신고인에게 통지하여야 한다. 다만, 이 법 또는 다른 법령에 따라 심의, 동의, 협의, 확인 등이 필요한 경우에는 20일 이내에 통지하여야 한다.

〈신설 17.04.18〉

제11조 【건축신고】 ① 법 제14조제1항제2호나목에서 "방재지구 등 재해취약지역으로서 대통령령으로 정하는 구역"이란 다음 각 호의 어느 하나에 해당하는 지구 또는 지역을 말한다. 〈신설 14.10.14〉

1. 「국토의 계획 및 이용에 관한 법률」 제37조에 따라 지정된 방재지구(防災地區)

2. 「급경사지 재해예방에 관한 법률」 제6조에 따라 지정된 붕괴위험지역

② 법제14조제1항제4호에서 "주요구조부의 해체가 없는 등 대통령령으로 정하는 대수선"이란 다음 각 호의 어느 하나에 해당하는 대수선을 말한다. 〈신설 09.8.5〉

1. 내력벽의 면적을 30제곱미터 이상 수선하는 것

2. 기둥을 세 개 이상 수선하는 것

3. 보를 세 개 이상 수선하는 것

4. 지붕틀을 세 개 이상 수선하는 것

5. 방화벽 또는 방화구획을 위한 바닥 또는 벽을 수선하는 것

6. 주계단·피난계단 또는 특별피난계단을 수선하는 것

③ 법 제14조제1항제5호에서 "대통령령으로 정하는 건축물" 이란 다음 각 호의 어느 하나에 해당하는 건축물을 말한다.

1. 연면적의 합계가 100제곱미터 이하인 건축물

2. 건축물의 높이를 3미터 이하의 범위에서 증축하는 건축물

3. 법 제23조제4항에 따른 표준설계도서(이하 "표준설계 도서"라 한다)에 따라 건축하는 건축물로서 그 용도 및 규모가 주위환경이나 미관에 지장이 없다고 인정 하여 건축조례로 정하는 건축물

4. 「국토의 계획 및 이용에 관한 법률」 제36조 제1항제1 호다목에 따른 공업지역, 같은 법 제51조제3항에 따른 제2종 지구단위계획구역 (같은 법 시행령 제48조 제10 호에 따른 산업형만 해당한다) 및 「산업입지 및 개발에 관한 법률」에 따른 산업단지에서 건축하는 2층 이하인 건축물로서 연면적 합계 500제곱미터 이하인 공장(별표 1 제4호너목에 따른 제조업소 등 물품의 제조·가공을 위한 시설을 포함한다) 〈개정 14.11.11〉

5. 농업이나 수산업을 경영하기 위하여 읍·면 지역(특별 자치도지사·시장·군수가 지역계획 또는 도시계획에 지장이 있다고 지정·공고한 구역은 제외한다)에서 건축하는 연면적 200 제곱미터 이하의 창고 및 연면적 400제곱미터 이하의 축사·작물재배사(作物栽培舍)

④ 법 제14조에 따른 건축신고에 관하여는 제9조 제1항을 준용한다.

[전문개정 08.10.29]

<table>
<tr><th>건 축 법 시 행 규 칙</th><th>요　　　　약</th></tr>
</table>

제12조 【건축신고】 ①법 제14조제1항 및 제16조제1항에 따라 건축물의 건축·대수선 또는 설계변경의 신고를 하려는 자는 별지 제6호서식의 건축·대수선·용도변경 (변경)신고서에 다음 각 호의 서류를 첨부하여 특별자치시장·특별자치도지사 또는 시장·군수·구청장에게 제출(전자문서로 제출하는 것을 포함한다)해야 한다. 이 경우 특별자치시장·특별자치도지사 또는 시장·군수·구청장은 행정정보의 공동이용을 통해 제4호의 서류 중 토지등기사항증명서를 확인해야 한다.　　　　〈개정 19.11.18〉

1. 별표 2 중 배치도·평면도(층별로 작성된 것만 해당한다)·입면도 및 단면도. 다만, 다음 각 목의 경우에는 각 목의 구분에 따른 도서를 말한다.
　　　　　　　　　　　　〈개정 16.01.13〉
가. 연면적의 합계가 100제곱미터를 초과하는 영 별표 1 제1호의 단독주택을 건축하는 경우 : 별표 2의 설계도서 중 건축계획서·배치도·평면도·입면도·단면도 및 구조도(구조내력상 주요한 부분의 평면 및 단면을 표시한 것만 해당한다)　〈개정 11.01.06〉
나. 법 제23조제4항에 따른 표준설계도서에 따라 건축하는 경우 : 건축계획서 및 배치도
다. 법 제10조에 따른 사전결정을 받은 경우 : 평면도
2. 법 제11조제5항 각 호에 따른 허가 등을 받거나 신고를 하기 위하여 해당법령에서 제출하도록 의무화하고 있는 신청서 및 구비서류(해당사항이 있는 경우로 한정한다)
3. 건축할 대지의 범위에 관한 서류
4. 건축할 대지의 소유 또는 사용에 관한 권리를 증명하는 서류. 다만, 건축할 대지에 포함된 국유지·공유지에 대해서는 특별자치시장·특별자치도지사 또는 시장·군수·구청장이 해당 토지의 관리청과 협의하여 그 관리청이 해당 토지를 건축주에게 매각하거나 양여할 것을 확인한 서류로 그 토지의 소유에 관한 권리를 증명하는 서류를 갈음할 수 있으며, 집합건물의 공용부분을 변경하는 경우에는 「집합건물의 소유 및 관리에 관한 법률 」제15조제1항에 따른 결의가 있었음을 증명하는 서류로 갈음할 수 있다. 〈개정 18.11.29〉

건축신고

(1) 신고대상 건축물

1. 바닥면적의 합계가 85㎡ 이내의 증축·개축·재축
 - 3층 이상 건축물의 경우 증축·개축·재축하려는 부분의 바닥면적의 합계가 건축물 연면적의 1/10 이내인 경우로 한정
2. 관리지역·농림지역 또는 자연환경보전지역안에서 연면적 200㎡ 미만이고 3층 미만인 건축물의 건축
 [제외] 지구단위계획구역, 방재지구 등 재해취약지역
3. 대수선(연면적 200㎡미만이고 3층 미만인 건축물)
4. 주요구조부 해체가 없는 대수선
 1) 내력벽 면적　30㎡ 이상 수선
 2) 기둥　3개 이상 수선
 3) 보 3개 이상 수선
 4) 지붕틀 3개 이상 수선
 5) 방화벽, 방화구획을 위한 바닥 또는 벽 수선
 6) 주계단·피난계단 또는 특별피난계단 수선
5. 기타 소규모 건축물
 1) 연면적 100㎡ 이하인 건축물
 2) 건축물의 높이를 3m 이하의 범위 안에서 증축하는 건축물
 3) 표준설계도서에 의한 조례로 정하는 건축물
 4) 「국토의 계획 및 이용에 관한 법률」에 의한 공업지역, 제2종지구단위계획구역(산업형만 해당) 「산업입지 및 개발에 관한 법률」에 의한 산업단지안에서 건축하는 2층 이하인 건축물로서 연면적의 합계가 500㎡ 이하인 공장
 5) 읍·면지역에서 건축하는 연면적 200㎡ 이하의 창고 및 연면적 400㎡ 이하의 축사·작물재배사
 [제외] 시장, 군수가 지정·공고한 구역

(2) 건축신고 부수 효과
 건축허가 부수 효과와 동일

(3) 신고의 효력
 신고일부터 1년 이내에 공사에 미착수 시 신고효력 상실
 -1년의 범위에서 착수기한 연장가능

[제14조]

④ 특별자치시장·특별자치도지사 또는 시장·군수·구청장은 제1항에 따른 신고가 제3항 단서에 해당하는 경우에는 신고를 받은 날부터 5일 이내에 신고인에게 그 내용을 통지하여야 한다. 〈신설 17.04.18〉

⑤ 제1항에 따라 신고를 한 자가 신고일부터 1년 이내에 공사에 착수하지 아니하면 그 신고의 효력은 없어진다. 다만, 건축주의 요청에 따라 허가권자가 정당한 사유가 있다고 인정하면 1년의 범위에서 착수기한을 연장할 수 있다. 〈개정 17.04.18〉

제15조 【건축주와의 계약 등】 ①건축관계자는 건축물이 설계도서에 따라 이 법과 이 법에 따른 명령이나 처분, 그 밖의 관계 법령에 맞게 건축되도록 업무를 성실히 수행하여야 하며, 서로 위법하거나 부당한 일을 하도록 강요하거나 이와 관련하여 어떠한 불이익도 주어서는 아니 된다.

② 건축관계자 간의 책임에 관한 내용과 그 범위는 이 법에서 규정한 것 외에는 건축주와 설계자, 건축주와 공사 시공자, 건축주와 공사감리자 간의 계약으로 정한다.

③ 국토교통부장관은 제2항에 따른 계약의 체결에 필요한 표준계약서를 작성하여 보급하고 활용하게 하거나 「건축사법」 제31조에 따른 건축사협회(이하 "건축사협회"라 한다), 「건설산업기본법」 제50조에 따른 건설협회·전문건설협회 또는 업종별공사업협회로 하여금 표준계약서를 작성하여 보급하고 활용하게 할 수 있다. 〈개정 13.03.23〉

<table>
<tr><td> 건 축 법 시 행 규 칙 </td><td> 요   약 </td></tr>
</table>

건 축 법 시 행 규 칙	요 약

[제12조제1항]

5. 법 제48조제2항에 따라 구조안전을 확인해야 하는 건축·대수선의 경우: 별표 2에 따른 구조도 및 구조계산서. 다만, 「건축물의 구조기준 등에 관한 규칙」에 따른 소규모건축물로서 국토교통부장관이 고시하는 소규모건축구조기준에 따라 설계한 경우에는 구조도만 해당한다. 〈신설 18.11.29〉

② 법 제14조제1항에 따른 신고를 받은 특별자치시장·특별자치도지사 또는 시장·군수·구청장은 해당 건축물을 건축하려는 대지에 재해의 위험이 있다고 인정하는 경우에는 지방건축위원회의 심의를 거쳐 별표 2의 서류 중 이미 제출된 서류를 제외한 나머지 서류를 추가로 제출하도록 요구할 수 있다. 〈개정 14.10.15〉

③특별자치시장·특별자치도지사 또는 시장·군수·구청장은 제1항에 따른 건축·대수선·용도변경 신고서를 받은 때에는 그 기재내용을 확인한 후 그 신고의 내용에 따라 별지 제7호 서식의 건축·대수선·용도변경 신고필증을 신고인에게 교부하여야 한다. 〈개정 18.11.29〉

④ 제3항에 따라 건축·대수선·용도변경 신고필증을 발급하는 경우에 관하여는 제8조제3항 및 제4항을 준용한다. 〈개정 18.11.29〉

⑤ 특별자치시장·특별자치도지사·시장·군수 또는 구청장은 제1항에 따른 신고를 하려는 자에게 같은 항 각 호의 서류를 제출하는데 도움을 줄 수 있는 건축사사무소, 건축지도원 및 건축기술자 등에 대한 정보를 충분히 제공하여야 한다. 〈개정 14.10.15〉

건축주와의 계약 등

(1) 건축주와 설계자
(2) 건축주와 공사시공자
(3) 건축주와 공사감리자

건 축 법	건 축 법 시 행 령

제16조 【허가와 신고사항의 변경】 ① 건축주가 제11조나 제14조에 따라 허가를 받았거나 신고한 사항을 변경하려면 변경하기 전에 대통령령으로 정하는 바에 따라 허가권자의 허가를 받거나 특별자치시장·특별자치도지사 또는 시장·군수·구청장에게 신고하여야 한다. 다만, 대통령령으로 정하는 경미한 사항의 변경은 그러하지 아니하다. 〈개정 14.01.14〉

제12조 【허가·신고사항의 변경 등】 ① 법 제16조제1항에 따라 허가를 받았거나 신고한 사항을 변경하려면 다음 각 호의 구분에 따라 허가권자의 허가를 받거나 특별자치시장·특별자치도지사 또는 시장·군수·구청장에게 신고하여야 한다. 〈개정 18.09.04〉

 1. 바닥면적의 합계가 85제곱미터를 초과하는 부분에 대한 신축·증축·개축에 해당하는 변경인 경우에는 허가를 받고, 그 밖의 경우에는 신고할 것
 2. 법 제14조제1항제2호 또는 제5호에 따라 신고로써 허가를 갈음하는 건축물에 대하여는 변경 후 건축물의 연면적을 각각 신고로써 허가를 갈음할 수 있는 규모에서 변경하는 경우에는 제1호에도 불구하고 신고할 것
 3. 건축주·설계자·공사시공자 또는 공사감리자 (이하 "건축관계자"라 한다)를 변경하는 경우에는 신고할 것 〈개정 17.01.20〉

② 법 제16조제1항 단서에서 "대통령령으로 정하는 경미한 사항의 변경"이란 신축·증축·개축·재축·이전·대수선 또는 용도변경에 해당하지 아니하는 변경을 말한다. 〈개정 12.12.12〉

건 축 법 시 행 규 칙	요 약

허가와 신고사항의 변경

(1) 허가·신고사항의 변경 등

허가를 받았거나 신고한 사항을 변경하려는 경우에는
다음 각 호의 구분에 따라 허가권자의 허가를 받거나
시장·군수·구청장에게 신고

변 경 내 용	구 분
1. 바닥면적의 합계가 85 ㎡ 를 초과하는 부분에 대한 신축·증축·개축에 해당하는 변경	허 가
2. 기타의 경우	신 고
3. 건축주, 설계자, 공사시공자, 공사감리자 변경	신 고

[예외] 신축·증축·개축·재축·이전·대수선에 해당하지
　　　 아니하는 경미한 사항의 변경

<table>
<tr><th>건 축 법</th><th>건 축 법 시 행 령</th></tr>
<tr><td>

[제16조]

② 제1항 본문에 따른 허가나 신고사항 중 대통령령으로 정하는 사항의 변경은 제22조에 따른 사용승인을 신청할 때 허가권자에게 일괄하여 신고할 수 있다.

③ 제1항에 따른 허가 사항의 변경허가에 관하여는 제11조제5항 및 제6항을 준용한다.
〈개정 17.04.18〉

④ 제1항에 따른 신고 사항의 변경신고에 관하여는 제11조제5항·제6항 및 제14조제3항·제4항을 준용한다. 〈신설 17.04.18〉

</td><td>

[제12조]

③ 법 제16조제2항에서 "대통령령으로 정하는 사항"이란 다음 각 호의 어느 하나에 해당하는 사항을 말한다.

1. 건축물의 동수나 층수를 변경하지 아니하면서 변경되는 부분의 바닥면적의 합계가 50제곱미터 이하인 경우로서 다음 각 목의 요건을 모두 갖춘 경우 〈개정 16.01.19〉
   가. 변경되는 부분의 높이가 1미터 이하이거나 전체 높이의 10분의 1 이하일 것
   나. 허가를 받거나 신고를 하고 건축 중인 부분의 위치 변경범위가 1미터 이내일 것
   다. 법 제14조제1항에 따라 신고를 하면 법 제11조에 따른 건축허가를 받은 것으로 보는 규모에서 건축허가를 받아야 하는 규모로의 변경이 아닐 것
2. 건축물의 동수나 층수를 변경하지 아니하면서 변경되는 부분이 연면적 합계의 10분의 1 이하인 경우(연면적이 5천 제곱미터 이상인 건축물은 각 층의 바닥면적이 50제곱미터 이하의 범위에서 변경되는 경우만 해당한다). 다만, 제4호 본문 및 제5호 본문에 따른 범위의 변경인 경우만 해당한다.
3. 대수선에 해당하는 경우
4. 건축물의 층수를 변경하지 아니하면서 변경되는 부분의 높이가 1미터 이하이거나 전체 높이의 10분의 1 이하인 경우. 다만, 변경되는 부분이 제1호 본문, 제2호 본문 및 제5호 본문에 따른 범위의 변경인 경우만 해당한다.
5. 허가를 받거나 신고를 하고 건축 중인 부분의 위치가 1미터 이내에서 변경되는 경우. 다만, 변경되는 부분이 제1호 본문, 제2호 본문 및 제4호 본문에 따른 범위의 변경인 경우만 해당한다.

④ 제1항에 따른 허가나 신고사항의 변경에 관하여는 제9조를 준용한다. 〈개정 18.09.04〉

[전문개정 08.10.29]

</td></tr>
</table>

<table>
<tr><th>건 축 법 시 행 규 칙</th><th>요　　　약</th></tr>
<tr><td></td><td>

(2) 일괄변경신고

다음의 변경에 대하여는 사용승인신청시에
일괄하여 신청가능

일괄변경 신고대상	비　　고
1. 변경 부분의 바닥면적의 　　합계가 50㎡ 이하인 경우 　[조건] - 높이 1m 이하 　　　　 - 전체높이의 1/10 이하 　　　　 - 1m 이내의 위치이동 　　　　 - 신고범위 이내	건축물의 동수나 층수를 변경하지 아니하는 경우에 한함.
2. 연면적의 합계의 1/10이하인 　경우(연면적이 5,000㎡ 이상인 　건축물은 각 층의 바닥면적이 　50㎡ 이하의 범위안에서 변경 　되는 경우에 한함)	건축물의 동수나 층수를 변경하지 아니하는 경우에 한함.
3. 대수선에 해당하는 경우	
4. 변경되는 부분의 높이가 　1m이하이거나 전체높이의 　1/10 이하인 경우	건축물의 층수를 변경하지 아니하는 경우에 한함.
5. 변경되는 부분의 위치가 　1m 이하인 경우	

(3) 허가·신고사항의 변경신청

　건축허가신청과 동일

</td></tr>
</table>

<table>
<tr><th>건 축 법</th><th>건 축 법 시 행 령</th></tr>
<tr><td>

제17조 【건축허가 등의 수수료】 ① 제11조, 제14조, 제16조, 제19조, 제20조 및 제83조에 따라 허가를 신청하거나 신고를 하는 자는 허가권자나 신고수리자에게 수수료를 납부하여야 한다.
② 제1항에 따른 수수료는 국토교통부령으로 정하는 범위에서 해당 지방자치단체의 조례로 정한다.　　　　〈개정 13.03.23〉

제17조의2(매도청구 등) ① 제11조제11항제2호에 따라 건축허가를 받은 건축주는 해당 건축물 또는 대지의 공유자 중 동의하지 아니한 공유자에게 그 공유지분을 시가(市價)로 매도할 것을 청구할 수 있다. 이 경우 매도청구를 하기 전에 매도청구 대상이 되는 공유자와 3개월 이상 협의를 하여야 한다.
② 제1항에 따른 매도청구에 관하여는 「집합건물의 소유 및 관리에 관한 법률」 제48조를 준용한다. 이 경우 구분소유권 및 대지사용권은 매도청구의 대상이 되는 대지 또는 건축물의 공유지분으로 본다.
　　　　　　　　　　　　　　[본조신설 16.01.19]

제17조의3(소유자를 확인하기 곤란한 공유지분 등에 대한 처분)
① 제11조제11항제2호에 따라 건축허가를 받은 건축주는 해당 건축물 또는 대지의 공유자가 거주하는 곳을 확인하기가 현저히 곤란한 경우에는 전국적으로 배포되는 둘 이상의 일간신문에 두 차례 이상 공고하고, 공고한 날부터 30일 이상이 지났을 때에는 제17조의2에 따른 매도청구 대상이 되는 건축물 또는 대지로 본다.
② 건축주는 제1항에 따른 매도청구 대상 공유지분의 감정평가액에 해당하는 금액을 법원에 공탁(供託)하고 착공할 수 있다.
③ 제2항에 따른 공유지분의 감정평가액은 허가권자가 추천하는 「부동산 가격공시 및 감정평가에 관한 법률」에 따른 감정평가업자 2명 이상이 평가한 금액을 산술평균하여 산정한다.
　　　　　　　　　　　　　　[본조신설 16.01.19]

</td><td>

</td></tr>
</table>

건 축 법 시 행 규 칙	요 약

제10조【건축허가 등의 수수료】 ①법 제11조·제14조·제16조·제19조·제20조 및 제83조에 따라 건축허가를 신청하거나 건축신고를 하는 자는 법 제17조제2항에 따라 별표 4에 따른 금액의 범위에서 건축조례로 정하는 수수료를 내야 한다.

　다만, 재해복구를 위한 건축물의 건축 또는 대수선에 있어서는 그렇지 않다.　　　　〈개정 22.11.02〉

② 제1항 본문에도 불구하고 건축물을 대수선하거나 바닥면적을 산정할 수 없는 공작물을 축조하기 위하여 허가 신청 또는 신고를 하는 경우의 수수료는 대수선의 범위 또는 공작물의 높이 등을 고려하여 건축조례로 따로 정한다.　　　　〈신설 08.12.11〉

③ 삭제 〈22.11.02〉

건축허가 등의 수수료

1. 건축허가신청자는 허가권자에게 수수료 납부
2. 수수료 : 조례(수입증지로 납부)

[별표 4] 건축허가 수수료의 범위

연 면 적	금　　액	
200 ㎡ 미만	단독주택	2천7백원 이상 4천원 이하
	기　타	6천7백원 이상 9천4백원 이하
200 ㎡ 이상 1천 ㎡ 미만	단독주택	4천원 이상 6천원 이하
	기　타	1만4천원 이상 2만원 이하
1천 ㎡ 이상 5천 ㎡ 미만	3만4천원 이상 5만4천원 이하	
5천 ㎡ 이상 1만 ㎡ 미만	6만8천원 이상 10만원 이하	
1만 ㎡ 이상 3만 ㎡ 미만	13만5천원 이상 20만원 이하	
3만 ㎡ 이상 10만 ㎡ 미만	27만원 이상 41만원 이하	
10만 ㎡ 이상 30만 ㎡ 미만	54만원 이상 81만원 이하	
30만 ㎡ 이상	108만원 이상 162만원 이하	

※ 설계변경의 경우에는 변경하는 부분의 면적에 따라 적용한다.

매도청구 등

1. 건축허가를 받은 건축주는 해당 건축물 또는 대지의 공유자 중 동의하지 아니한 공유자에게 그 공유지분을 시가(市價)로 매도청구 가능
   - 공유자와 3개월 이상 협의
2. 매도청구 :「집합건물의 소유 및 관리에 관한 법률」제48조 준용
   - 구분소유권 및 대지사용권은 매도청구의 대상이 되는 대지 또는 건축물의 공유지분으로 본다

소유자 확인 곤란한 공유지분 등에 대한 처분

1. 건축허가를 받은 건축주는 해당 건축물 또는 대지의 공유자의 거주지를 확인하기가 현저히 곤란한 경우
   - 전국적으로 배포되는 둘 이상의 일간신문에 두 차례 이상 공고하고, 공고한 날부터 30일 이상이 지났을 때 매도청구 대상이 되는 건축물 또는 대지로 본다.
2. 건축주는 매도청구 대상 공유지분의 감정평가액에 해당하는 금액을 법원에 공탁하고 착공 가능
3. 공유지분의 감정평가액은 허가권자가 추천하는 감정평가업자 2명 이상이 평가한 금액을 산술평균하여 산정

건 축 법	건 축 법 시 행 령
제18조 【건축허가 제한 등】　① 국토교통부장관은 국토관리를 위하여 특히 필요하다고 인정하거나 주무부장관이 국방, 문화재보존, 환경보전 또는 국민경제를 위하여 특히 필요하다고 인정하여 요청하면 허가권자의 건축허가나 허가를 받은 건축물의 착공을 제한할 수 있다.　〈개정 13.03.23〉 ②특별시장·광역시장·도지사는 지역계획이나 도시·군계획에 특히 필요하다고 인정하면 시장·군수·구청장의 건축허가나　허가를 받은 건축물의 착공을 제한할 수 있다.　〈개정 14.01.14〉 ③ 국토교통부장관이나 시·도지사는 제1항이나 제2항에 따라 건축허가나 건축허가를 받은 건축물의 착공을 제한하려는 경우에는 「토지이용규제 기본법」 제8조에 따라 주민의견을 청취한 후 건축위원회의 심의를 거쳐야 한다.　〈신설 14.05.28〉 ④ 제1항이나 제2항에 따라 건축허가나 건축물의 착공을 제한하는 경우 제한기간은 2년 이내로 한다. 다만, 1회에 한하여 1년 이내의 범위에서 제한기간을 연장할 수 있다. ⑤ 국토교통부장관이나 특별시장·광역시장·도지사는 제1항이나 제2항에 따라 건축허가나 건축물의 착공을 제한하는　경우 제한 목적·기간, 대상 건축물의 용도와 대상　구역의 위치·면적·경계 등을 상세하게 정하여 허가권자에게 통보하여야 하며, 통보를 받은 허가권자는 지체 없이 이를 공고하여야 한다. 　〈개정 14.01.14〉 ⑥ 특별시장·광역시장·도지사는 제2항에 따라 시장·군수·구청장의 건축허가나 건축물의 착공을 제한한 경우 즉시 국토교통부장관에게 보고하여야 하며, 보고를 받은 국토교통부장관은 제한 내용이 지나치다고 인정하면 해제를 명할 수 있다. 　〈개정 14.01.14〉	**제13조 삭제**　〈05.7.18〉

건 축 법 시 행 규 칙	요 약

	건축허가의 제한 등
	
	(1) 국토교통부장관의 건축허가 제한
	 1. 국토관리상 특히 필요하다고 인정하는 경우
	 2. 주무부장관이 국방·문화재보존·환경보전 또는
	  국민경제상 특히 필요하다고 인정하는 경우
	
	(2) 특별시장·광역시장·도지사의 건축허가 제한
	 지역계획 또는 도시계획상 특히 필요하다고
	 인정하는 경우
	
	(3) 공고
	 1. 제한목적 : 상세하게 할 것
	 2. 제한기간 : 2년 이내
	 ※ 제한기간의 연장 : 1회에 한하여 1년 이내
	 3. 대상구역 : 위치·면적·구역경계 등 상세하게
	 4. 대상건축물 용도 : 상세하게 할 것
	
	(4) 보고 및 해제
	 1. 보고 : 특별시장·광역시장·도지사가 국토교통부
	  장관에게 보고
	 2. 해제 : 국토교통부장관이 과도하다고 인정하는
	  경우

건 축 법	건 축 법 시 행 령

제19조【용도변경】 ① 건축물의 용도변경은 변경하려는 용도의 건축기준에 맞게 하여야 한다.

② 제22조에 따라 사용승인을 받은 건축물의 용도를 변경하려는 자는 다음 각 호의 구분에 따라 국토교통부령으로 정하는 바에 따라 특별자치시장·특별자치도지사 또는 시장·군수·구청장의 허가를 받거나 신고를 하여야 한다. 〈개정 14.01.14〉

1. 허가 대상: 제4항 각 호의 어느 하나에 해당하는 시설군(施設群)에 속하는 건축물의 용도를 상위군(제4항 각 호의 번호가 용도변경하려는 건축물이 속하는 시설군보다 작은 시설군을 말한다)에 해당하는 용도로 변경하는 경우

2. 신고 대상: 제4항 각 호의 어느 하나에 해당하는 시설군에 속하는 건축물의 용도를 하위군(제4항 각 호의 번호가 용도변경하려는 건축물이 속하는 시설군보다 큰 시설군을 말한다)에 해당하는 용도로 변경하는 경우

③ 제4항에 따른 시설군 중 같은 시설군 안에서 용도를 변경하려는 자는 국토교통부령으로 정하는 바에 따라 특별자치시장·특별자치도지사 또는 시장·군수·구청장에게 건축물대장 기재내용의 변경을 신청하여야 한다.

다만, 대통령령으로 정하는 변경의 경우에는 그러하지 아니하다. 〈개정 14.01.14〉

제14조【 용도변경 】 ①삭제 〈06.5.8〉

②삭제 〈06.5.8〉

③ 국토교통부장관은 법 제19조제1항에 따른 용도변경을 할 때 적용되는 건축기준을 고시할 수 있다.

이 경우 다른 행정기관의 권한에 속하는 건축기준에 대하여는 미리 관계 행정기관의 장과 협의하여야 한다. 〈개정 13.03.23〉

④ 법 제19조제3항 단서에서 "대통령령으로 정하는 변경"이란 다음 각 호의 어느 하나에 해당하는 건축물 상호 간의 용도변경을 말한다. 다만, 별표 1 제3호다목(목욕장만 해당한다)·라목, 같은 표 제4호 가목·사목·카목·파목(골프연습장, 놀이형시설만 해당한다)·더목·러목, 같은 표 제7호다목2), 같은 표 제15호가목(생활숙박시설만 해당한다) 및 같은 표 제16호가목·나목에 해당하는 용도로 변경 하는 경우는 제외한다. 〈개정 21.11.02〉

1. 별표 1의 같은 호에 속하는 건축물 상호 간의 용도변경 〈개정 14.03.24〉

2. 「국토의 계획 및 이용에 관한 법률」이나 그 밖의 관계 법령에서 정하는 용도제한에 적합한 범위에서 제1종 근린생활시설과 제2종 근린생활시설 상호 간의 용도변경. 〈개정 14.03.24〉

<table>
<tr><th>건 축 법 시 행 규 칙</th><th>요 약</th></tr>
</table>

제12조의2【용도변경】 ① 법 제19조제2항에 따라 용도변경의 허가를 받으려는 자는 별지 제1호의3서식의 건축·대수선·용도변경 (변경)허가 신청서에, 용도변경의 신고를 하려는 자는 별지 제6호서식의 건축·대수선·용도변경 (변경)신고서에 다음 각 호의 서류를 첨부하여 특별자치시장·특별자치도지사 또는 시장·군수·구청장에게 제출(전자문서로 제출하는 것을 포함한다)하여야 한다.
〈개정 18.11.29〉
1. 용도를 변경하려는 층의 변경 후의 평면도
〈개정 18.11.29〉
2. 용도변경에 따라 변경되는 내화 · 방화 · 피난 또는 건축설비에 관한 사항을 표시한 도서
② 허가권자는 제1항에 따른 신청을 받은 경우 용도를 변경하려는 층의 변경 전의 평면도를 확인하기 위해 행정정보의 공동이용을 통해 건축물대장을 확인하거나 법 제32조제1항에 따른 전산자료를 확인해야 한다. 다만, 행정정보의 공동이용 또는 전산자료를 통해 평면도를 확인할 수 없는 경우에는 해당 서류를 제출하도록 해야 한다.
〈개정 19.11.18〉
③법 제16조 및 제19조제7항에 따라 용도변경의 변경허가를 받으려는 자는 별지 제1호의4서식의 건축·대수선·용도변경 (변경)허가 신청서에, 용도변경의 변경신고를 하려는 자는 별지 제6호서식의 건축·대수선·용도변경 (변경)신고서에 변경하려는 부분에 대한 변경 전·후의 설계도서를 첨부하여 특별자치시장·특별자치도지사 또는 시장·군수·구청장에게 제출(전자문서로 제출하는 것을 포함한다)해야 한다.
〈신설 18.11.29〉
④특별자치시장·특별자치도지사 또는 시장·군수·구청장은 제1항 및 제3항에 따른 건축·대수선·용도변경 (변경)허가 신청서를 받은 경우에는 법 제12조제1항 및 영 제10조제1항에 따른 관계 법령에 적합한지를 확인한 후 별지 제2호서식의 건축·대수선·용도변경 허가서를 용도변경의 허가 또는 변경허가를를 신청한 자에게 발급하여야 한다.
〈개정 18.11.29〉

용도변경

(1) 용도변경
1. 허가대상 :
   건축물의 용도를 상위군으로 변경하는 경우
2. 신고대상 :
   건축물의 용도를 하위군으로 변경하는 경우

(2) 신청서류
1. 허가 : 건축·대수선·용도변경 (변경)허가 신청서
   신고 : 건축·대수선·용도변경 (변경)신고서
2. 첨부서류
   1) 용도변경 후의 평면도(변경하고자 하는 층)
   2) 용도변경에 따라 변경되는 내화·방화·피난 또는 건축설비에 관한 사항을 표시한 도서

(3) 건축물대장 기재사항의 변경이 필요한 경우
같은 시설군 안에서 용도변경

(4) 건축물대장 기재사항의 변경이 필요없는 경우
1. 같은 호에 속하는 건축물 상호간의 용도변경
2. 제1종 근린생활시설과 제2종 근린생활시설 상호 간의 용도변경.
※ 기재내용 변경신청 대상
제1종 근생 : 목욕장·의원 등
제2종 근생 : 공연장 등·게임제공업소 등·학원 등·골프연습장, 놀이형시설·단란주점·안마시술소,
판매 시설 : 상점(게임제공업소 등)
위락 시설 : 단란주점·유흥주점
숙박 시설 : 생활숙박시설

건 축 법	건 축 법 시 행 령
[제19조] ④ 시설군은 다음 각 호와 같고 각 시설군에 속하는 건축물의 세부 용도는 대통령령으로 정한다. 　1. 자동차 관련 시설군 　2. 산업 등의 시설군 　3. 전기통신시설군 　4. 문화 및 집회시설군 　5. 영업시설군 　6. 교육 및 복지시설군 　7. 근린생활시설군 　8. 주거업무시설군 　9. 그 밖의 시설군	[제14조] ⑤ 법 제19조제4항 각 호의 시설군에 속하는 건축물의 용도는 다음 각 호와 같다. 〈개정 17.02.03〉 　1. 자동차관련 시설군 　　자동차관련시설 　2. 산업 등 시설군 　가. 운수시설 　나. 창고시설 　다. 공장 　라. 위험물저장 및 처리시설 　마. 자원순환 관련 시설 　바. 묘지관련시설 　사. 장례시설 〈개정 17.02.03〉 　3. 전기통신시설군 　가. 방송통신시설 　나. 발전시설 　4. 문화집회시설군 　가. 문화 및 집회시설 　나. 종교시설 　다. 위락시설 　라. 관광휴게시설 　5. 영업시설군 　가. 판매시설 　나. 운동시설 　다. 숙박시설 　라. 제2종 근린생활시설 중 다중생활시설 　6. 교육 및 복지시설군 　가. 의료시설 　나. 교육연구시설 　다. 노유자시설(老幼者施設) 　라. 수련시설 　마. 야영장 시설 〈신설 16.02.11〉 　7. 근린생활시설군 　가. 제1종 근린생활시설 　나. 제2종 근린생활시설(다중생활시설은 제외한다) 　8. 주거업무시설군 　가. 단독주택 　나. 공동주택 　다. 업무시설 　라. 교정 및 군사시설 　9. 그 밖의 시설군 　가. 동물 및 식물관련시설 　나. 삭제 〈10.12.13〉

건 축 법 시 행 규 칙	요　　　약

[제12조의2]

⑤ 특별자치시장·특별자치도지사 또는 시장·군수·구청장은 제1항 또는 제3항에 따른 건축·대수선·용도변경 (변경)신고서를 받은 때에는 그 기재내용을 확인한 후 별지 제7호서식의 건축·대수선·용도변경 신고필증을 신고인에게 발급하여야 한다.
〈개정 18.11.29〉

⑥ 제8조제3항 및 제4항은 제4항 및 제5항에 따라 건축·대수선·용도변경 허가서 또는 건축·대수선·용도변경 신고필증을 발급하는 경우에 준용한다.
〈개정 18.11.29〉

---

(5) 시설군

시 설 군	용　도
1. 자동차관련 시설군	자동차관련시설
2. 산업등 시설군	가. 운수시설
	나. 창고시설
	다. 공장
	라. 위험물저장 및 처리시설
	마. 자원순환 관련 시설
	바. 묘지관련시설
	사. 장례식장
3. 전기통신시설군	가. 방송통신시설
	나. 발전시설
4. 문화집회시설군	가. 문화 및 집회시설
	나. 종교시설
	다. 위락시설
	라. 관광휴게시설
5. 영업시설군	가. 판매시설
	나. 운동시설
	다. 숙박시설
	라. 제2종근생시설 중 다중생활시설
6. 교육 및 복지시설군	가. 의료시설
	나. 교육연구시설
	다. 노유자시설
	라. 수련시설
	마. 야영장 시설
7. 근린생활시설군	가. 제1종 근린생활시설
	나. 제2종 근린생활시설 (다중생활시설 제외)
8. 주거업무시설군	가. 단독주택
	나. 공동주택
	다. 업무시설
	라. 교정 및 군사시설
9. 그 밖의 시설군	가. 동물 및 식물관련시설

<table>
<tr><th>건 축 법</th><th>건 축 법 시 행 령</th></tr>
<tr><td>

[제19조]

⑤ 제2항에 따른 허가나 신고 대상인 경우로서 용도변경하려는 부분의 바닥면적의 합계가 100제곱미터 이상인 경우의 사용승인에 관하여는 제22조를 준용한다. 다만, 용도변경하려는 부분의 바닥면적의 합계가 500제곱미터 미만으로서 대수선에 해당되는 공사를 수반하지 아니하는 경우에는 그러하지 아니하다.

〈개정 16.01.19〉

⑥ 제2항에 따른 허가 대상인 경우로서 용도변경하려는 부분의 바닥면적의 합계가 500제곱미터 이상인 용도변경(대통령령으로 정하는 경우는 제외한다)의 설계에 관하여는 제23조를 준용한다.

⑦ 제1항과 제2항에 따른 건축물의 용도변경에 관하여는 제3조, 제5조, 제6조, 제7조, 제11조제2항부터 제9항까지, 제12조, 제14조부터 제16조까지, 제18조, 제20조, 제27조, 제29조, 제38조, 제42조 부터 제44조까지, 제48조부터 제50조까지, 제50조의2, 제51조부터 제56조까지, 제58조, 제60조부터 제64조까지, 제67조, 제68조, 제78조부터 제87조까지의 규정과 「녹색건축물 조성 지원법」 제15조 및 「국토의 계획 및 이용에 관한 법률」 제54조를 준용한다.

〈개정 19.04.30〉

</td><td>

[제14조]

⑥ 기존의 건축물 또는 대지가 법령의 제정·개정이나 제6조의2제1항 각 호의 사유로 법령 등에 부적합하게 된 경우에는 건축조례로 정하는 바에 따라 용도변경을 할 수 있다.

⑦ 법 제19조제6항에서 "대통령령으로 정하는 경우"란 1층인 축사를 공장으로 용도변경하는 경우로서 증축·개축 또는 대수선이 수반되지 아니하고 구조안전이나 피난 등에 지장이 없는 경우를 말한다.

[전문개정 08.10.29]

</td></tr>
</table>

건 축 법 시 행 규 칙	요 약
	(6) 용도변경 시 준용규정 | 법 조 항	내 용 | |---|---| | 법 제3조 | 적용제외 | | 법 제5조 | 적용의 완화 | | 법 제6조 | 기존의 건축물 등에 관한 특례 | | 법 제7조 | 통일성을 유지하기 위한 도의 조례 |

<table>
<tr><th>건 축 법</th><th>건 축 법 시 행 령</th></tr>
<tr><td>

제19조의2 [복수 용도의 인정] ① 건축주는 건축물의 용도를 복수로 하여 제11조에 따른 건축허가, 제14조에 따른 건축신고 및 제19조에 따른 용도변경 허가·신고 또는 건축물대장 기재내용의 변경 신청을 할 수 있다.

② 허가권자는 제1항에 따라 신청한 복수의 용도가 이 법 및 관계 법령에 정한 건축기준과 입지기준 등에 모두 적합한 경우에 한정하여 국토교통부령으로 정하는 바에 따라 복수 용도를 허용할 수 있다.

[본조신설 16.01.19]

</td><td></td></tr>
</table>

<table>
<tr><th>건 축 법 시 행 규 칙</th><th>요 약</th></tr>
<tr><td>

제12조의3 [복수 용도의 인정] ① 법 제19조의2제2항에 따른 복수 용도는 영 제14조제5항 각 호의 같은 시설군 내에서 허용할 수 있다.

② 제1항에도 불구하고 허가권자는 지방건축위원회의 심의를 거쳐 다른 시설군의 용도간의 복수 용도를 허용할 수 있다.

[본조신설 16.07.20]

</td><td>

복수 용도의 인정

1. 건축주는 건축물의 용도를 복수로 하여 건축허가, 건축신고 및 용도변경 허가·신고 또는 건축물대장 기재내용 변경 신청 가능 - 같은 시설군 내에서 허용
2. 허가권자는 신청한 복수의 용도가 건축기준과 입지 기준 등에 모두 적합한 경우에 한정하여 복수 용도 허용 - 지방건축위원회 심의

</td></tr>
<tr><td>

제12조의3 [복수 용도의 인정]

</td><td>

복수 용도의 인정

</td></tr>
</table>

<table>
<tr><th>건 축 법</th><th>건 축 법 시 행 령</th></tr>
<tr><td>

제20조【가설건축물】 ① 도시계획시설 또는 도시·군계획시설예정지에서 가설건축물을 건축하려는 자는 특별자치시장·특별자치도지사 또는 시장·군수·구청장의 허가를 받아야 한다. 〈개정 14.01.14〉

</td><td>

제15조【가설건축물】 ① 법 제20조제2항제3호에서 "대통령령으로 정하는 기준"이란 다음 각 호의 기준을 말한다. 〈개정 14.10.14〉

1. 철근콘크리트조 또는 철골철근콘크리트조가 아닐 것
2. 존치기간은 3년 이내일 것. 다만, 도시계획사업이 시행될 때까지 그 기간을 연장할 수 있다.
3. 전기·수도·가스 등 새로운 간선 공급설비의 설치를 필요로 하지 아니할 것
4. 공동주택·판매시설·운수시설 등으로서 분양을 목적으로 건축하는 건축물이 아닐 것

② 제1항에 따른 가설건축물에 대하여는 법 제38조를 적용하지 아니한다.

③ 제1항에 따른 가설건축물 중 시장의 공지 또는 도로에 설치하는 차양시설에 대하여는 법 제46조 및 법 제55조를 적용하지 아니한다.

④ 제1항에 따른 가설건축물을 도시계획 예정 도로에 건축하는 경우에는 법 제45조부터 제47조를 적용하지 아니한다.

</td></tr>
</table>

건 축 법 시 행 규 칙	요 약
	  가설건축물(허가) ※ 조례 위임 (1) 설치 : 도시계획 사업의 실시에 지장이 없는 　　　　　 범위 안에서 일정기간 동안 도시계획시설 　　　　　 또는 도시계획 시설 예정지에 설치 (2) 허가 : 다음 (3)의 기준에 적합한 것으로서 건축 　　　　　 조례가 정하는 바에 따라 건축허가 가능 (3) 기준 　1. 구　　　조 : 철근콘크리트조 또는 　　　　　　　　　 철골철근콘크리트조가 아닐 것 　2. 존치기간 : 3년 이내일 것 　　　※ 도시계획사업이 시행될 때까지 연장가능 　3. 전기·수도·가스 등 새로운 간선공급설비의 　　 설치를 요하지 아니할 것 　4. 공동주택·판매시설 등의 분양을 목적으로 　　 건축하는 건축물이 아닐 것 (4) 건축법 적용에서의 일부 제외 　1. 가설건축물(허가) 　·법 제38조(건축물 대장) 　2. 시장의 공지 또는 도로에 설치하는 차양시설 　·법 제46조(건축선의 지정) 　·법 제55조(건폐율) 　3. 도시계획 예정도로 안에 건축하는 경우 　·법 제45조(도로의 지정 · 폐지 또는 변경) 　·법 제46조(건축선의 지정) 　·법 제47조(건축선에 따른 건축제한)

<table>
<tr><th>건 축 법</th><th>건 축 법 시 행 령</th></tr>
<tr><td>

[제20조]

②특별자치시장·특별자치도지사 또는 시장·군수·구청장은 해당 가설건축물의 건축이 다음 각 호의 어느 하나에 해당하는 경우가 아니면 제1항에 따른 허가를 하여야 한다.

〈신설 14.01.14〉

1. 「국토의 계획 및 이용에 관한 법률」 제64조에 위배되는 경우
2. 4층 이상인 경우
3. 구조, 존치기간, 설치목적 및 다른 시설 설치 필요성 등에 관하여 대통령령으로 정하는 기준의 범위에서 조례로 정하는 바에 따르지 아니한 경우
4. 그 밖에 이 법 또는 다른 법령에 따른 제한규정을 위반하는 경우

③제1항에도 불구하고 재해복구, 흥행, 전람회, 공사용 가설건축물 등 대통령령으로 정하는 용도의 가설건축물을 축조하려는 자는 대통령령으로 정하는 존치 기간, 설치 기준 및 절차에 따라 특별자치시장·특별자치도지사 또는 시장·군수·구청장에게 신고한 후 착공하여야 한다.

〈개정 14.01.14〉

</td><td>

[제15조]

⑤ 법 제20조제3항에서 "재해복구, 흥행, 전람회, 공사용가설건축물 등 대통령령으로 정하는 용도의 가설건축물"이란 다음 각 호의 어느 하나에 해당하는 것을 말한다.　　　　　　　　　〈개정 14.10.14〉

1. 재해가 발생한 구역 또는 그 인접구역으로서 특별자치시장·특별자치도지사 또는 시장·군수·구청장이 지정하는 구역에서 일시 사용을 위하여 건축하는 것
2. 특별자치시장·특별자치도지사 또는 시장·군수·구청장이 도시미관이나 교통소통에 지장이 없다고 인정하는 가설흥행장, 가설전람회장, 농·수·축산물직거래용 가설점포, 그 밖에 이와 비슷한 것
3. 공사에 필요한 규모의 공사용 가설건축물 및 공작물
4. 전시를 위한 견본주택이나 그 밖에 이와 비슷한 것
5. 특별자치시장·특별자치도지사 또는 시장·군수·구청장이 도로변 등의 미관정비를 위하여 지정·공고하는 구역에서 축조하는 가설점포(물건 등의 판매를 목적으로 하는 것을 말한다)로서 안전·방화 및 위생에 지장이 없는 것
6. 조립식 구조로 된 경비용으로 쓰는 가설건축물로서 연면적이 10제곱미터 이하인 것
7. 조립식 경량구조로 된 외벽이 없는 임시 자동차 차고
8. 컨테이너 또는 이와 비슷한 것으로 된 가설건축물로서 임시사무실·임시창고 또는 임시숙소로 사용되는 것 (건축물의 옥상에 축조하는 것은 제외한다. 다만, 2009년 7월 1일부터 2015년 6월 30일까지 공장의 옥상에 축조하는 것은 포함한다)　　〈개정 13.5.31〉
9. 도시지역 중 주거지역·상업지역 또는 공업지역에 설치하는 농업·어업용 비닐하우스로서 연면적이 100제곱미터 이상인 것
10. 연면적이 100제곱미터 이상인 간이축사용, 가축분뇨처리용, 가축운동용, 가축의 비가림용 비닐하우스 또는 천막(벽 또는 지붕이 합성수지 재질로 된 것과 지붕 면적의 2분의 1 이하가 합성강판으로 된 것을 포함한다) 구조 건축물　　　　　　〈개정 15.04.24〉
11. 농업·어업용 고정식 온실 및 간이작업장, 가축양육실
12. 물품저장용, 간이포장용, 간이수선작업용 등으로 쓰기 위하여 공장 또는 창고시설에 설치하거나 인접 대지에 설치하는 천막(벽 또는 지붕이 합성수지 재질로 된 것을 포함한다), 그 밖에 이와 비슷한 것
13. 유원지, 종합휴양업 사업지역 등에서 한시적인 관광·문화행사 등을 목적으로 천막 또는 경량구조로 설치하는 것
14. 야외전시시설 및 촬영시설　　　　　〈개정 16.01.19〉
15. 야외흡연실 용도로 쓰는 가설건축물로서 연면적이 50제곱미터 이하인 것　　　　　　　　　〈신설 16.01.19〉
16. 그 밖에 제1호부터 제14호까지의 규정에 해당하는 것과 비슷한 것으로서 건축조례로 정하는 건축물

</td></tr>
</table>

건 축 법 시 행 규 칙	요　　　　약
제13조 【가설건축물 등】 ① 법 제20조제3항에 따라 신고하여야 하는 가설건축물을 축조하려는 자는 영 제15조제8항에 따라 별지 제8호서식의 가설건축물 축조신고서(전자문서로 된 신고서를 포함한다)에 배치도·평면도 및 대지사용승낙서(다른 사람이 소유한 대지인 경우만 해당한다)를 첨부하여 특별자치시장·특별자치도지사·시장·군수·구청장에게 제출하여야 한다. 〈개정 14.10.15〉 ② 영 제15조제9항에 따른 가설건축물 축조 신고필증은 별지 제9호서식에 따른다. 〈개정 06.5.12〉	**가설건축물(신고)** (1) 대상 : 재해복구·흥행·전람회·공사용 가설건축물 등 　1. 재해발생구역 또는 인접구역으로서 특별자치도지사　또는 시장·군수·구청장이 지정하는 구역 안에서　일시 사용을 위하여 건축하는 것 　2. 가설 흥행장, 가설 전람회장, 농·수·축산물　직거래용 가설점포　(도시미관이나 교통소통에 지장이 없는 것) 　3. 공사용 가설 건축물 및 공작물　(공사에 필요한 범위 내) 　4. 견본주택 (전시를 위한 것) 　5. 시장·군수·구청장이 도로변 등의 미관정비를　위하여 필요하다고 인정하는 가설점포　(안전·방화 및 위생에 지장이 없는 것) 　6. 조립식 구조로 된 경비용 가설건축물　(연면적 10㎡ 이하인 것) 　7. 조립식 경량구조로 된 외벽이 없는 임시자동차차고 　8. 컨테이너 등으로 된 임시사무실·창고·숙소　 - 옥상에 축조하는 것 제외　 - 공장옥상 (2015.6.30 한시적 허용) 　9. 주거지역·상업지역·공업지역에 건축하는 농·어업용　비닐하우스로서 연면적이 100㎡ 이상인 것 　10. 연면적이 100㎡ 이상인 간이축사용·가축분뇨처리용·　가축운동용· 비가림용 비닐하우스 또는 천막구조의　건축물 　11. 농어업용 고정식 온실, 가축양육실 　12. 공장 또는 창고시설 안에 설치하는 물품저장용, 간이　포장용, 간이수선작업용 천막 기타 이와 유사한 것 　13. 유원지·종합휴양업사업지역 등에서 한시적인　관광·문화행사 등을 목적으로 천막 또는　경량구조로 설치하는 것 　14. 야외전시시설 및 촬영시설 　15. 야외흡연실 용도로 쓰는 가설건축물로서　연면적이 50㎡ 이하인 것 　16. 그 밖에 조례로 정하는 건축물 (2) 신고 : 시장·군수·구청장에게 신고 　1. 가설건축물 축조신고서 　2. 배치도, 평면도,　대지사용승낙서(타인소유 대지인 경우) 　[예외] 건축허가 신청 시 공사용 가설건축물의　건축에 관한 사항을 제출한 경우

<table>
<tr><th>건 축 법</th><th>건 축 법 시 행 령</th></tr>
</table>

[제20조]

④ 제3항에 따른 신고에 관하여는 제14조제3항 및 제4항을 준용한다. 〈신설 17.04.18〉

⑤ 제1항과 제3항에 따른 가설건축물을 건축하거나 축조할 때에는 대통령령으로 정하는 바에 따라 제25조, 제38조부터 제42조까지, 제44조부터 제50조까지, 제50조의2, 제51조부터 제64조까지, 제67조, 제68조와 「녹색건축물 조성 지원법」 제15조 및 「국토의 계획 및 이용에 관한 법률」 제76조 중 일부 규정을 적용하지 아니한다.

〈개정 17.04.18〉

⑥ 특별자치시장·특별자치도지사 또는 시장·군수·구청장은 제1항부터 제3항 까지의 규정에 따라 가설건축물의 건축을 허가하거나 축조신고를 받은 경우 국토교통부령으로 정하는 바에 따라 가설건축물대장에 이를 기재하여 관리하여야 한다.

〈개정 17.04.18〉

⑦ 제2항 또는 제3항에 따라 가설건축물의 건축허가 신청 또는 축조신고를 받은 때에는 다른 법령에 따른 제한 규정에 대하여 확인이 필요한 경우 관계 행정기관의 장과 미리 협의하여야 하고, 협의 요청을 받은 관계 행정기관의 장은 요청을 받은 날부터 15일 이내에 의견을 제출하여야 한다. 이 경우 관계 행정기관의 장이 협의 요청을 받은 날부터 15일 이내에 의견을 제출하지 아니하면 협의가 이루어진 것으로 본다. 〈개정 17.04.18〉

[제15조]

⑥ 법 제20조제5항에 따라 가설건축물을 축조하는 경우에는 다음 각 호의 구분에 따라 관련 규정을 적용하지 않는다.

1. 제5항 각 호(제4호는 제외한다)의 가설건축물을 축조하는 경우에는 법 제25조, 제38조부터 제42조까지, 제44조부터 제47조까지, 제48조, 제48조의2, 제49조, 제50조, 제50조의2, 제51조, 제52조, 제52조의2, 제52조의4, 제53조, 제53조의2, 제54조부터 제58조까지, 제60조부터 제62조까지, 제64조, 제67조 및 제68조와 「국토의 계획 및 이용에 관한 법률」 제76조를 적용하지 않는다. 다만, 법 제48조, 제49조 및 제61조는 다음 각 목에 따른 경우에만 적용하지 않는다.

   가. 법 제48조 및 제49조를 적용하지 않는 경우: 다음의 어느 하나에 해당하는 경우 〈개정 20.10.08〉

      1) 1층 또는 2층인 가설건축물(제5항제2호 및 제14호의 경우에는 1층인 가설건축물만 해당한다)을 건축하는 경우

      2) 3층 이상인 가설건축물(제5항제2호 및 제14호의 경우에는 2층 이상인 가설건축물을 말한다)을 건축하는 경우로서 지방건축위원회의 심의 결과 구조 및 피난에 관한 안전성이 인정된 경우

   나. 법 제61조를 적용하지 아니하는 경우: 정북방향으로 접하고 있는 대지의 소유자와 합의한 경우

2. 제5항제4호의 가설건축물을 축조하는 경우에는 법 제25조, 제38조, 제39조, 제42조, 제45조, 제50조의2, 제53조, 제54조부터 제57조까지, 제60조, 제61조 및 제68조와 「국토의 계획 및 이용에 관한 법률」 제76조만을 적용하지 아니한다.

⑦ 법 제20조제3항에 따라 신고해야 하는 가설건축물의 존치기간은 3년 이내로 하며, 존치기간의 연장이 필요한 경우에는 횟수별 3년의 범위에서 제5항 각 호의 가설건축물별로 건축조례로 정하는 횟수만큼 존치기간을 연장할 수 있다. 다만, 제5항제3호의 공사용 가설건축물 및 공작물의 경우에는 해당 공사의 완료일까지의 기간으로 한다. 〈개정 21.11.02〉

⑧ 법 제20조제1항 또는 제3항에 따라 가설건축물의 건축허가를 받거나 축조신고를 하려는 자는 국토교통부령으로 정하는 가설 건축물 건축허가 신청서 또는 가설건축물 축조신고서에 관계 서류를 첨부하여 특별자치시장·특별자치도지사 또는 시장·군수· 구청장 에게 제출하여야 한다. 다만, 건축물의 건축허가를 신청할 때 건축물의 건축에 관한 사항과 함께 공사용 가설건축물의 건축에 관한 사항을 제출한 경우에는 가설건축물 축조신고서의 제출을 생략한다. 〈개정 18.09.04〉

⑨ 제8항 본문에 따라 가설건축물 건축허가신청서 또는 가설건축물 축조신고서를 제출받은 특별자치시장·특별자치도지사 또는 시장·군수·구청장은 그 내용을 확인한 후 신청인 또는 신고인에게 국토교통부령으로 정하는 바에 따라 가설건축물 건축허가서 또는 가설건축물 축조신고필증을 주어야 한다. 〈개정 18.09.04〉

<table>
<tr><th>건 축 법 시 행 규 칙</th><th>요　　　약</th></tr>
<tr><td>

[제13조]
③특별자치시장·특별자치도지사 또는 시장·군수·구청장은 법 제20조제1항 또는 제3항에 따라 가설건축물의 건축을 허가하거나 축조신고를 수리한 경우에는 별지 제10호서식의 가설건축물 관리대장에 이를 기재하고 관리하여야 한다. 〈개정 18.11.29〉
④가설건축물의 소유자나 가설건축물에 대한 이해관계자는 제3항에 따른 가설건축물 관리대장을 열람할 수 있다. 〈개정 18.11.29〉
⑤영 제15조제7항의 규정에 의하여 가설건축물의 존치기간을 연장하고자 하는 자는 별지 제11호서식의 가설건축물 존치기간 연장신고서(전자문서로 된 신고서를 포함한다)를 특별자치시장·특별자치도지사 또는 시장·군수·구청장에게 제출 하여야 한다. 〈개정 18.11.29〉
⑥특별자치시장·특별자치도지사 또는 시장·군수·구청장은 제5항에 따른 가설건축물 존치기간 연장 신고서를 받은 때에는 그 기재내용을 확인한 후 별지 제12호서식의 가설건축물 존치기간 연장 신고 필증을 신고인에게 교부하여야 한다. 〈개정 18.11.29〉
⑦ 특별자치시장·특별자치도지사 또는 시장·군수·구청장은 가설건축물이 법령에 적합하지 아니하게 된 경우에는 제3항에 따른 가설건축물 관리대장의 그 밖의 사항란에 다음 각 호의 사항을 표시하고, 위반내용이 시정된 경우에는 그 내용을 적어야 한다. 〈개정 18.11.29〉
　1. 위반일자
　2. 내용 및 원인

</td><td>

(3) 건축법 적용에서의 일부 제외
 · 법 제25조(건축물의 공사감리)
 · 법 제38조 ~ 제68조
 · 「녹색건축물 조성 지원법」 제15조
 ·「국토의 계획 및 이용에 관한 법률」 제76조
　(용도지역 및 용도지구안에서의 건축물의
　 건축제한 등)
 · 법 제48조 및 제49조를 적용하지 아니하는 경우 :
 1) 1층 또는 2층인 가설건축물(신고대상-1층)
 2) 3층 이상인 가설건축물(신고대상-2층이상)
　 - 지방건축위원회 심의 결과 구조 및 피난에
　　 관한 안전성이 인정된 경우
 · 법 제61조를 적용하지 아니하는 경우 :
　 정북방향 대지의 소유자와 합의한 경우

(4) 존치기간 : 3년 이내
　 - 공사용 가설건축물 및 공작물 :
　　 해당 공사의 완료일까지

(5) 가설건축물의 관리
　 허가권자가 가설건축물대장에 기재 관리

</td></tr>
</table>

<table>
<tr><td align="center">건 축 법</td><td align="center">건 축 법 시 행 령</td></tr>
<tr><td></td><td>

제15조의2 [가설건축물의 존치기간 연장]

① 특별자치시장·특별자치도지사 또는 시장·군수·구청장은 법 제20조에 따른 가설 건축물의 존치기간 만료일 30일 전까지 해당 가설건축물의 건축주에게 다음 각 호의 사항을 알려야 한다. 〈개정 14.10.14〉

1. 존치기간 만료일

2. 존치기간 연장 가능 여부

3. 제15조의3에 따라 존치기간이 연장될 수 있다는 사실(공장에 설치한 가설건축물에 한정한다)

② 존치기간을 연장하려는 가설건축물의 건축주는 다음 각 호의 구분에 따라 특별자치시장·특별자치도지사 또는 시장·군수·구청장에게 허가를 신청하거나 신고하여야 한다. 〈개정 14.10.14〉

1. 허가 대상 가설건축물:
   존치기간 만료일 14일 전까지 허가 신청

2. 신고 대상 가설건축물:
   존치기간 만료일 7일 전까지 신고

③ 제2항에 따른 존치기간 연장허가신청 또는 존치기간 연장신고에 관하여는 제15조제8항 본문 및 같은 조 제9항을 준용한다. 이 경우 "건축허가"는 "존치기간 연장허가"로, "축조신고"는 "존치기간 연장신고"로 본다.

[본조신설 10.02.18]

제15조의3 [공장에 설치한 가설건축물 등의 존치기간 연장]

제15조의2제2항에도 불구하고 다음 각 호의 요건을 모두 충족하는 가설건축물로서 건축주가 같은 항의 구분에 따른 기간까지 특별자치시장·특별자치도지사 또는 시장·군수·구청장에게 그 존치기간의 연장을 원하지 않는다는 사실을 통지하지 않는 경우에는 기존 가설건축물과 동일한 기간(제1호다목의 경우에는 「국토의 계획 및 이용에 관한 법률」 제2조제10호의 도시·군계획시설사업이 시행되기 전까지의 기간으로 한정한다)으로 존치기간을 연장한 것으로 본다. 〈개정 21.01.08〉

1. 다음 각 목의 어느 하나에 해당하는 가설건축물일 것
   가. 공장에 설치한 가설건축물
   나. 제15조제5항제11호에 따른 가설건축물(「국토의 계획 및 이용에 관한 법률」 제36조제1항제3호에 따른 농림지역에 설치한 것만 해당한다)

2. 존치기간 연장이 가능한 가설건축물일 것

제16조 삭제 〈95.12.30〉

</td></tr>
</table>

가설건축물의 존치기간 연장

(1) 허가권자의 조치
- 가설건축물의 존치기간 만료일 30일 전까지 건축주에게 다음 사항 통보
  1. 존치기간 만료일
  2. 존치기간 연장 가능 여부
  3. 존치기간 연장가능 사실(공장에 한정)

(2) 건축주의 조치
- 허가권자에게 허가 신청, 신고
  1. 허가 대상 가설건축물: 존치기간 만료일 14일 전까지 허가 신청
  2. 신고 대상 가설건축물: 존치기간 만료일 7일 전까지 신고

공장에 설치한 가설건축물의 존치기간 연장

다음 요건을 모두 충족하는 가설건축물로서 건축주가 허가권자에게 그 존치기간의 연장을 원하지 않는다는 사실을 통지하지 않는 경우에는 기존 가설건축물과 동일한 기간으로 존치기간을 연장한 것으로 본다.
  1. 다음의 어느 하나에 해당하는 가설건축물일 것
     가. 공장에 설치한 가설건축물
     나. 재해복구, 흥행, 전람회, 공사용 가설건축물 등 (농림지역에 설치한 것만 해당)
  2. 존치기간 연장이 가능한 가설건축물일 것

제15조 삭제 〈96.1.18〉

<table>
<tr><th style="text-align:center">건 축 법</th><th style="text-align:center">건 축 법 시 행 령</th></tr>
</table>

제21조 【착공신고 등】 ① 제11조·제14조 또는 제20조제1항에 따라 허가를 받거나 신고를 한 건축물의 공사를 착수하려는 건축주는 국토교통부령으로 정하는 바에 따라 허가권자에게 공사계획을 신고하여야 한다. 〈개정 21.07.27〉

② 제1항에 따라 공사계획을 신고하거나 변경신고를 하는 경우 해당 공사감리자(제25조제1항에 따른 공사감리자를 지정한 경우만 해당된다)와 공사시공자가 신고서에 함께 서명하여야 한다.

③ 허가권자는 제1항 본문에 따른 신고를 받은 날부터 3일 이내에 신고수리 여부 또는 민원 처리 관련 법령에 따른 처리기간의 연장 여부를 신고인에게 통지하여야 한다. 〈신설 17.04.18〉

④ 허가권자가 제3항에서 정한 기간 내에 신고수리 여부 또는 민원 처리 관련 법령에 따른 처리기간의 연장 여부를 신고인에게 통지하지 아니하면 그 기간이 끝난 날의 다음 날에 신고를 수리한 것으로 본다. 〈신설 17.04.18〉

⑤ 건축주는 「건설산업기본법」 제41조를 위반하여 건축물의 공사를 하거나 하게 할 수 없다.

⑥ 제11조에 따라 허가를 받은 건축물의 건축주는 제1항에 따른 신고를 할 때에는 제15조제2항에 따른 각 계약서의 사본을 첨부하여야 한다.

안전관리계획수립대상 : 건설기술관리법 62조

1. 「시설물의 안전관리에 관한 특별법」 제2조제2호 및 제3호에 따른 1종시설물 및 2종시설물의 건설공사(같은 법 제2조제12호에 따른 유지관리를 위한 건설공사는 제외한다)
2. 지하 10m 이상을 굴착하는 건설공사.
   이 경우 굴착 깊이 산정 시 집수정(集水井), 엘리베이터 피트 및 정화조 등의 굴착 부분은 제외하며, 토지에 높낮이 차가 있는 경우 굴착 깊이의 산정방법은 「건축법 시행령」 제119조제2항을 따른다.
3. 폭발물을 사용하는 건설공사로서 20미터 안에 시설물이 있거나 100m 안에 사육하는 가축이 있어 해당 건설공사로 인한 영향을 받을 것이 예상되는 건설공사
4. 10층 이상 16층 미만인 건축물의 건설공사 또는 10층 이상인 건축물의 리모델링 또는 해체공사
5. 「건설기계관리법」 제3조에 따라 등록된 건설기계 중 항타 및 항발기가 사용되는 건설공사
6. 제1호부터 제5호까지의 건설공사 외의 건설공사로서 발주자가 특히 안전관리가 필요하다고 인정하는 건설공사

시공제한 : 건설산업기본법 제41조 [시행 2018.6.27]

용도별	연면적
1. 모든 건축물	200㎡ 초과
2. 공동주택 　단독주택(다중주택, 가정어린이집, 　　공동생활가정, 지역아동센터, 노인 　　복지시설(노인복지주택 제외), 공관) 　주거용 외의 건축물 : 학교, 병원 등	200㎡ 이하
3. 체육시설 : 골프장(9홀 이상), 스키장 및 　자동차경주장	모두
4. 도시공원 : 1) 공연장(등록 하는 공연장) 　　2) 봉안시설(10만 ㎡ 이상) 　　3) 묘지(10만 ㎡ 이상)	모두
5. 자연공원 : 1) 산지 또는 해안에 설치되는 　사방시설(1만 ㎡ 이상) 　2) 길이 1 Km 이상인 호안시설	모두
6. 유기시설 : 종합유원시설업에 이용되는 　유기시설 중 미로	모두

[예외]
1. 창고· 저장고· 작업장· 퇴비사· 축사· 양어장 등 (농업· 임업· 축산업 또는 어업용)
2. 등록한 주택건설사업자가 자본금·기술능력 및 주택건설 실적을 갖추고 주택건설사업계획의 승인 또는 건축허가를 받아 건설하는 주거용건축물

유해위험방지계획서 제출대상 : 산업안전보건법 제48조

1. 지상높이가 31m 이상인 건축물 또는 인공구조물, 연면적 30,000㎡ 이상인 건축물 또는 연면적 5,000㎡ 이상의 문화 및 집회시설(전시장 및 동물원· 식물원은 제외한다), 판매시설, 운수시설(고속철도의 역사 및 집배송시설은 제외한다), 종교시설, 의료시설 중 종합병원, 숙박시설 중 관광숙박시설, 지하도상가 또는 냉동· 냉장창고시설의 건설· 개조 또는 해체(이하 "건설등"이라 한다)
2. 연면적 5,000㎡ 이상의 냉동· 냉장창고시설의 설비공사 및 단열공사
3. 최대 지간길이가 50m 이상인 교량 건설등 공사
4. 터널 건설등의 공사
5. 다목적댐, 발전용댐 및 저수용량 2천만톤 이상의 용수전용 댐, 지방상수도 전용 댐 건설 등의 공사
6. 깊이 10m 이상인 굴착공사

<table>
<tr><th>건 축 법 시 행 규 칙</th><th>요   약</th></tr>
</table>

제14조 【착공신고 등】 ①법제21조제1항에 따른 건축공사의 착공신고를 하려는 자는 별지 제13호서식의 착공신고서(전자문서로 된 신고서를 포함한다)에 다음 각 호의 서류 및 도서를 첨부하여 허가권자에게 제출해야 한다.   〈개정 21.12.31〉

1. 법 제15조에 따른 건축관계자 상호간의 계약서 사본
   (해당사항이 있는 경우로 한정한다)

2. 별표 4의2의 설계도서. 다만, 법 제11조 또는 제14조에 따라 건축허가 또는 신고를 할 때 제출한 경우에는 제출하지 않으며, 변경사항이 있는 경우에는 변경사항을 반영한 설계도서를 제출한다.   〈개정 18.11.29〉

3. 법 제25조제11항에 따른 감리 계약서(해당 사항이 있는 경우로 한정한다)   〈신설 16.07.20〉

4. 「건축사법 시행령」 제21조제2항에 따라 제출받은 보험증서 또는 공제증서의 사본   〈신설 21.12.31〉

②건축주는 법 제11조제7항 각 호 외의 부분 단서에 따라 공사 착수시기를 연기하려는 경우에는 별지 제14호서식의 착공연기 신청서(전자문서로 된 신청서를 포함한다)를 허가권자에게 제출하여야 한다.   〈개정 08.12.11〉

③허가권자는 토지굴착공사를 수반하는 건축물로서 가스, 전기 · 통신, 상·하수도등 지하매설물에 영향을 줄 우려가 있는 건축물의 착공신고가 있는 경우에는 당해 지하매설물의 관리기관에 토지굴착공사에 관한 사항을 통보하여야 한다.

④ 허가권자는 제1항 및 제2항의 규정에 의한 착공신고서 또는 착공연기신청서를 받은 때에는 별지 제15호서식의 착공신고필 증 또는 별지 제16호서식의 착공 연기확인서를 신고인 또는 신청인에게 교부하여야 한다.   〈신설 99.5.11〉

⑤ 삭제〈20.10.28〉

⑥ 건축주는 법 제21조제1항에 따른 착공신고를 할 때에 해당 건축공사가 「산업안전보건법」 제73조제1항에 따른 건설재해예방전문지도기관의 지도대상에 해당하는 경우에는 제1항 각 호에 따른 서류 외에 같은 법 시행규칙 별지 제104호서식의 기술지도계약서 사본을 첨부해야 한다.   〈개정 20.10.18〉

착공신고 등

(1) 착공신고절차

   1. 건축주는 건축공사에 착수하기 전까지
      시장·군수·구청장에게 공사계획 신고

   2. 공사감리 의무대상 건축물의 경우
      공사감리자, 공사시공자가 신고서에 함께
      서명

(2) 건축주 의무

   시공제한[건설산업기본법 제41조]

(3) 착공신고에 필요한 설계도서

   1. 건축관계자 상호간의 계약서 사본
      (해당 사항이 있는 경우)

   2. 별표 4의2의 설계도서 - 변경이 있을 경우
      지질조사보고서 첨부

   3. 감리계약서(해당 사항이 있는 경우)

   4. 설계계약, 감리계약 보험증서 또는
      공제증서의 사본

(4) 토지굴착통보

   가스, 전기·통신, 상·하수도 등 지하매설물에 영향을 줄 우려가 있는 건축물의 착공신고가 있는 경우에는 당해 지하매설물의 관리기관에 토지굴착공사에 관한 사항을 통보

(5) 착공연기

   건축주 : 착공연기신청서를
            허가권자에게 제출

(6) 기술지도계약서

   제출대상 : 1. 공사금액 1억원 이상 120억원
              (토목공사업 150억원) 미만인 공사
            2. 건축허가대상공사

   [예외] : 산업안전보건법 시행령 제59조
      - 공사기간 1개월 미만인 공사
      - 육지와 연결되지 않은 섬 지역(제주특별
        자치도 제외)에서 이루어지는 공사
      - 자격있는 안전관리자 전담배치
      - 유해위험방지계획서 제출대상 공사

<table>
<tr><th>건 축 법</th><th>건 축 법 시 행 령</th></tr>
</table>

제22조 【건축물의 사용승인】 ① 건축주가 제11조·제14조 또는 제20조제1항에 따라 허가를 받았거나 신고를 한 건축물의 건축공사를 완료[하나의 대지에 둘 이상의 건축물을 건축하는 경우 동(棟)별 공사를 완료한 경우를 포함한다]한 후 그 건축물을 사용하려면 제25조제6항에 따라 공사감리자가 작성한 감리완료보고서(같은 조 제1항에 따른 공사감리자를 지정한 경우만 해당된다)와 국토교통부령으로 정하는 공사완료도서를 첨부하여 허가권자에게 사용승인을 신청하여야 한다. 〈개정 16.02.03〉

② 허가권자는 제1항에 따른 사용승인신청을 받은 경우 국토교통부령으로 정하는 기간에 다음 각 호의 사항에 대한 검사를 실시하고, 검사에 합격된 건축물에 대하여는 사용승인서를 내주어야 한다.
 다만, 해당 지방자치단체의 조례로 정하는 건축물은 사용승인을 위한 검사를 실시하지 아니하고 사용승인서를 내줄 수 있다. 〈개정 13.03.23〉
 1. 사용승인을 신청한 건축물이 이 법에 따라 허가 또는 신고한 설계도서대로 시공되었는지의 여부
 2. 감리완료보고서, 공사완료도서 등의 서류 및 도서가 적합하게 작성되었는지의 여부

③ 건축주는 제2항에 따라 사용승인을 받은 후가 아니면 건축물을 사용하거나 사용하게 할 수 없다.
 다만, 다음 각 호의 어느 하나에 해당하는 경우에는 그러하지 아니하다. 〈개정 13.03.23〉
 1. 허가권자가 제2항에 따른 기간 내에 사용승인서를 교부하지 아니한 경우
 2. 사용승인서를 교부받기 전에 공사가 완료된 부분이 건폐율, 용적률, 설비, 피난·방화 등 국토교통부령으로 정하는 기준에 적합한 경우로서 기간을 정하여 대통령령으로 정하는 바에 따라 임시로 사용의 승인을 한 경우

제17조 【건축물의 사용승인】 ①삭제 〈06.5.8〉

② 건축주는 법 제22조제3항제2호에 따라 사용승인서를 받기 전에 공사가 완료된 부분에 대한 임시사용의 승인을 받으려는 경우에는 국토교통부령으로 정하는 바에 따라 임시사용승인신청서를 허가권자에게 제출(전자문서에 의한 제출을 포함한다)하여야 한다. 〈개정 13.03.23〉

③ 허가권자는 제2항의 신청서를 접수한 경우에는 공사가 완료된 부분이 법 제22조제3항제2호에 따른 기준에 적합한 경우에만 임시사용을 승인할 수 있으며, 식수 등 조경에 필요한 조치를 하기에 부적합한 시기에 건축공사가 완료된 건축물은 허가권자가 지정하는 시기까지 식수(植樹) 등 조경에 필요한 조치를 할 것을 조건으로 임시사용을 승인할 수 있다. 〈개정 08.10.29〉

④ 임시사용승인의 기간은 2년 이내로 한다.
 다만, 허가권자는 대형 건축물 또는 암반공사 등으로 인하여 공사기간이 긴 건축물에 대하여는 그 기간을 연장할 수 있다. 〈개정 08.10.29〉

건 축 법 시 행 규 칙	요 약

제16조【사용승인신청】 ①법 제22조제1항(법 제19조제5항에 따라 준용되는 경우를 포함한다)에 따라 건축물의 사용승인을 받으려는 자는 별지 제17호서식의 (임시)사용승인 신청서에 다음 각 호의 구분에 따른 도서를 첨부하여 허가권자에게 제출해야 한다.　　　　　　　〈개정 21.12.31〉

1. 법 제25조제1항에 따른 공사감리자를 지정한 경우
　: 공사감리완료보고서

2. 법 제11조, 제14조 또는 제16조에 따라 허가·변경허가를 받았거나 신고·변경신고를 한 도서에 변경이 있는 경우 : 설계변경사항이 반영된 최종 공사완료도서

3. 법 제14조제1항에 따른 신고를 하여 건축한 건축물
　: 배치 및 평면이 표시된 현황도면

4. 삭제

5. 법 제22조제4항 각 호에 따른 사용승인·준공검사 또는 등록신청 등을 받거나 하기 위하여 해당 법령에서 제출 하도록 의무화하고 있는 신청서 및 첨부서류(해당 사항이 있는 경우로 한정한다)

6. 법 제25조제11항에 따라 감리비용을 지불하였음을 증명하는 서류(해당 사항이 있는 경우로 한정한다) 〈신설 16.07.20〉

7. 법 제48조의3제1항에 따라 내진능력을 공개하여야 하는 건축물인 경우 : 건축구조기술사가 날인한 근거자료(「건축물의 구조기준 등에 관한 규칙」 제60조의2제2항 후단에 해당하는 경우로 한정한다)　　　　　　　〈신설 17.01.20〉

8. 사용승인을 신청할 건축물이 영 별표 1 제15호가목에 따른 생활숙박시설(30실 이상이거나 생활숙박시설 영업장의 면적이 해당 건축물 연면적의 3분의 1 이상인 것으로 한정한다)인 경우에는 「건축물의 분양에 관한 법률 시행령」 제9조제1항제9호의3에 따른 내용(분양받은 자가 서명 또는 날인한 「건축물의 분양에 관한 법률 시행규칙」 별지 제2호의2서식의 생활숙박시설 관련 확인서를 포함한다)의 사본　　　　　　　〈신설 21.12.31〉

②제1항에 따른 신청을 받은 허가권자는 해당 건축물이 「액화석유가스의 안전관리 및 사업법」 제44조제2항 본문에 따라 액화석유가스의 사용시설에 대한 완성검사를 받아야 할 건축물인 경우에는 행정정보의 공동이용을 통해 액화석유가스 완성검사 증명서를 확인해야 하며, 신청인이 확인에 동의하지 않은 경우에는 해당 서류를 제출하도록 해야 한다.　　　　　　　〈개정 18.11.29〉

③허가권자는 제1항에 따른 사용승인신청을 받은 경우에는 법 제22조제2항에 따라 그 신청서를 받은 날부터 7일 이내에 사용승인을 위한 현장검사를 실시하여야 하며, 현장 검사에 합격된 건축물에 대하여는 별지 제18호서식의 사용승인서를 신청인에게 발급하여야 한다.　　　　　　　〈개정 08.12.11〉

건축물의 사용승인

건축주	감리자를 지정하지 않은 경우	1. 사용승인신청서 2. 공사완료도서
	감리자를 지정한 경우	1. 사용승인신청서 2. 공사감리 완료보고서 3. 공사완료도서 4. 현황도면(신고 대상) 5. LPG 완성검사필증
허가권자	감리자를 지정하지 않은 경우	사용승인 신청서를 접수한 날부터 7일 이내에 사용승인을 위한 현장검사에 합격된 건축물에 대하여 사용승인서 교부
	감리자를 지정한 경우	사용승인 신청서를 접수후 처리기한내에 건축주에게 사용승인서 교부

사용승인을 얻은 후가 아니면 다음 행위 금지
　1. 건축주가 그 건물을 사용하거나
　2. 타인에게 사용하게 할 수 없다.

건 축 법	건 축 법 시 행 령
건 축 법	건 축 법 시 행 령

<table>
<tr><th>건 축 법 시 행 규 칙</th><th>요　　　　약</th></tr>
<tr><td>

제17조【임시사용승인신청 등】①영　제17조제2항의　규정에 의한 임시사용승인신청서는 별지 제17호서식에 의한다.
②영 제17조제3항에 따라 허가권자는 건축물 및 대지의 일부 가 법 제40조부터 제58조까지, 법 제60조부터 제62조까지, 법 제64조, 법 제66조부터 제68조까지 및 법 제77조를 위반 하여 건축된 경우에는 당해 건축물의 임시사용을 승인하여서 는 아니 된다.　　　　　　　　　　　　〈개정 08.12.11〉
③허가권자는 제1항의 규정에 의한 임시사용승인신청을 받은 경우에는 당해신청서를 받은 날부터 7일이내에 별지 제19호 서식의 임시사용승인서를 신청인에게 교부하여야 한다.

</td><td>

임시사용승인 등

(1) 임시사용승인대상
　　법령 등에 적합한 건축물 및 대지
(2) 임시사용승인기간
　　2년 이내
(3) 임시사용기간 연장
　1. 대형 건축물
　2. 암반공사 등으로 인하여 공사기간이
　　　장기간인 건축물
(4) 임시사용승인
　　임시사용승인신청서 접수 후 7일 이내
(5) 조건부 임시사용승인
　식수 등 조경에 필요한 조치를 하기에 부적합한 시기에 건축공사가 완료된 건축물에 대하여는 허가권자가 지정하는 시기까지 식수 등 조경에 필요한 조치를 할 것을 조건으로 임시사용승인

</td></tr>
</table>

<table>
<tr><th>건 축 법</th><th>건 축 법 시 행 령</th></tr>
<tr><td>

[제22조]

④ 건축주가 제2항에 따른 사용승인을 받은 경우에는 다음 각 호에 따른 사용승인·준공검사 또는 등록신청 등을 받거나 한 것으로 보며, 공장건축물의 경우에는 「산업집적활성화 및 공장설립에 관한 법률」 제14조의2에 따라 관련 법률의 검사 등을 받은 것으로 본다.

1. 「하수도법」 제27조에 따른 배수설비(排水設備)의 준공 검사 및 같은 법 제37조에 따른 개인하수처리시설의 준공검사 〈개정 11.05.30〉

2. 「측량·수로조사 및 지적에 관한 법률」 제64조에 따른 지적 공부(地籍公簿)의 변동사항 등록신청 〈개정 09.06.09〉

3. 「승강기시설 안전관리법」 제13조에 따른 승강기 완성검사 〈개정 09.01.30〉

4. 「에너지이용 합리화법」 제39조에 따른 보일러 설치검사

5. 「전기사업법」 제63조에 따른 전기설비의 사용전검사

6. 「정보통신공사업법」 제36조에 따른 정보통신공사의 사용전검사

7. 「도로법」 제38조제3항에 따른 도로점용공사 완료확인

8. 「국토의 계획 및 이용에 관한 법률」 제62조에 따른 개발 행위의 준공검사

9. 「국토의 계획 및 이용에 관한 법률」 제98조에 따른 도시 계획시설사업의 준공검사

10. 「수질 및 수생태계 보전에 관한 법률」 제37조에 따른 수질오염물질 배출시설의 가동개시의 신고

11. 「대기환경보전법」 제30조에 따른 대기오염물질 배출시설 의 가동개시의 신고

12. 삭제 〈09.06.09〉

⑤ 허가권자는 제2항에 따른 사용승인을 하는 경우 제4항 각 호의 어느 하나에 해당하는 내용이 포함되어 있으면 관계 행정기관의 장과 미리 협의하여야 한다.

⑥ 특별시장 또는 광역시장은 제2항에 따라 사용승인을 한 경우 지체 없이 그 사실을 군수 또는 구청장에게 알려서 건축물대장에 적게 하여야 한다. 이 경우 건축물대장에는 설계자, 대통령령으로 정하는 주요 공사의 시공자, 공사감리자를 적어야 한다.

</td><td>

[제17조]

⑤ 법 제22조제6항 후단에서 "대통령령으로 정하는 주요 공사의 시공자"란 다음 각 호의 어느 하나에 해당하는 자를 말한다. 〈개정 08.10.29〉

1. 「건설산업기본법」 제9조에 따라 종합 공사를 시공하는 업종을 등록한 자로서 발주자로부터 건설공사를 도급받은 건설 사업자

2. 「전기공사업법」·「소방시설공사업법」 또는 「정보통신공사업법」에 따라 공사 를 수행하는 시공자

</td></tr>
</table>

<table>
<tr><th>건 축 법 시 행 규 칙</th><th>요 약</th></tr>
<tr><td>

제17조의2 삭제 〈06.5.12〉

</td><td>

사용승인 부수효과

사용승인을 얻은 경우에는 다음 관계법에 의한 사용승인
· 준공검사 또는 등록신청 등을 한 것으로 본다.

관 계 법	내 용
1. 「하수도법」 제27조	배수설비의 준공검사
2. 「하수도법」 제37조	개인하수처리시설의 준공검사
3. 「지적법」 제3조	지적공부 변동사항의 등록 신청
4. 「승강기제조 및 관리에 관한 법률」 제13조	승강기 완성검사
5. 「에너지이용 합리화법」 제39조	보일러 설치검사
6. 「전기사업법」 제63조	전기설비 사용전검사
7. 「정보통신공사업법」 제36조	정보통신공사 사용전검사
8. 「도로법」 제38조	도로점용공사 완료확인
9. 「국토의 계획 및 이용에 관한 법률」 제62조	개발행위의 준공검사
10. 「국토의 계획 및 이용에 관한 법률」 제98조	도시계획시설사업의 준공
10. 「수질 및 수생태계 보전에 관한 법률」 제37조	수질오염물질 배출시설의 가동개시의 신고
11. 「대기환경보전법」 제30조	대기오염물질 배출시설의 가동개시의 신고
12. 「소음·진동규제법」 제13조	소음 · 진동 배출시설의 가동개시의 신고

</td></tr>
</table>

<table>
<tr><th>건 축 법</th><th>건 축 법 시 행 령</th></tr>
</table>

제23조 【건축물의 설계】 ① 제11조제1항에 따라 건축허가를 받아야 하거나 제14조제1항에 따라 건축신고를 하여야 하는 건축물 또는「주택법」 제42조제2항 또는 제3항에 따른 리모델링을 하는 건축물의 건축 등을 위한 설계는 건축사가 아니면 할 수 없다. 다만, 다음 각 호의 어느 하나에 해당하는 경우에는 그러하지 아니하다. 〈개정 14.05.28〉

 1. 바닥면적의 합계가 85제곱미터 미만인 증축·개축 또는 재축

 2. 연면적이 200제곱미터 미만이고 층수가 3층 미만인 건축물의 대수선

 3. 그 밖에 건축물의 특수성과 용도 등을 고려하여 **대통령령으로 정하는 건축물**의 건축등

② 설계자는 건축물이 이 법과 이 법에 따른 명령이나 처분, 그 밖의 관계 법령에 맞고 안전·기능 및 미관에 지장이 없도록 설계하여야 하며, 국토교통부장관이 정하여 고시하는 설계 도서 작성기준에 따라 설계도서를 작성하여야 한다.

 다만, 해당 건축물의 공법(工法) 등이 특수한 경우로서 국토교통부령으로 정하는 바에 따라 건축위원회의 심의를 거친 때에는 그러하지 아니하다. 〈개정 13.03.23〉

③ 제2항에 따라 설계도서를 작성한 설계자는 설계가 이 법과 이 법에 따른 명령이나 처분, 그 밖의 관계 법령에 맞게 작성되었는지를 확인한 후 설계도서에 서명날인하여야 한다.

④ 국토교통부장관이 국토교통부령으로 정하는 바에 따라 작성하거나 인정하는 표준설계도서나 특수한 공법을 적용한 설계도서에 따라 건축물을 건축하는 경우에는 제1항을 적용하지 아니한다. 〈개정 13.03.23〉

제18조【설계도서의 작성】 법 제23조제1항 제3호에서 "대통령령으로 정하는 건축물" 이란 다음 각 호의 어느 하나에 해당하는 건축물을 말한다.

 1. 읍·면지역(시장 또는 군수가 지역계획 또는 도시계획에 지장이 있다고 인정하여 지정·공고한 구역은 제외한다)에서 건축하는 건축물 중 연면적이 200제곱미터 이하인 창고 및 농막(「농지법」에 따른 농막을 말한다)과 연면적 400제곱미터 이하인 축사 및 작물 재배사 〈개정 10.02.18〉

 2. 제15조제5항 각 호의 어느 하나에 해당하는 가설건축물로서 건축조례로 정하는 가설건축물

[전문개정 09.7.16]

건 축 법 시 행 규 칙	요 약
	건축물의 설계 (1) 건축사가 아니면 설계할 수 없는 건축물 　1. 허가대상건축물 　2. 신고대상건축물 　3. 리모델링을 하는 건축물 　　- 사용승인을 얻은 후 20년 이상의 기간이 경과 　　　된 건축물로서 「주택법」 제42조제2항 또는 　　　제 3항의 규정에 해당하는 건축물 　[예외] 　1. 바닥면적의 합계가 85㎡ 미만인 증축·개축·재축 　2. 연면적이 200㎡ 미만이고 층수가 3층 미만인 　　건축물의 대수선 　3. 읍·면지역에서 건축하는 건축물 　　- 연면적 200 ㎡ 이하 창고 및 농막 　　- 연면적 400㎡ 이하 축사 및 작물 재배사 　4. 건축조례로 정하는 가설건축물 (2) 설계도서의 작성 　1. 관계법령의 규정에 적합하고 안전·기능 및 　　미관에 지장이 없도록 설계 　2. 설계도서작성기준(국토교통부장관의 승인)에 　　따라 설계도서 작성 　3. 설계자는 설계도서에 서명날인 (3)표준설계도서 또는 특수한 공법을 적용한 설계도서 국토교통부장관이 인정하는 표준설계도서 또는 특수한 공법을 적용한 설계도서의 경우 건축사가 아니라도 설계할 수 있다.

<table>
<tr><td align="center">건 축 법</td><td align="center">건 축 법 시 행 령</td></tr>
</table>

<table>
<tr><td>

제24조 【건축시공】 ① 공사시공자는 제15조제2항에 따른 계약대로 성실하게 공사를 수행하여야 하며, 이 법과 이 법에 따른 명령이나 처분, 그 밖의 관계 법령에 맞게 건축물을 건축하여 건축주에게 인도하여야 한다.

② 공사시공자는 건축물(건축허가나 용도변경허가가 대상인 것만 해당된다)의 공사현장에 설계도서를 갖추어 두어야 한다.

③ 공사시공자는 설계도서가 이 법과 이 법에 따른 명령이나 처분, 그 밖의 관계 법령에 맞지 아니하거나 공사의 여건상 불합리하다고 인정되면 건축주와 공사감리자의 동의를 받아 서면으로 설계자에게 설계를 변경하도록 요청할 수 있다. 이 경우 설계자는 정당한 사유가 없으면 요청에 따라야 한다.

④ 공사시공자는 공사를 하는 데에 필요하다고 인정하거나 제25조제5항에 따라 공사감리자로부터 상세시공도면을 작성하도록 요청을 받으면 상세시공도면을 작성하여 공사감리자의 확인을 받아야 하며, 이에 따라 공사를 하여야 한다. 〈개정 16.02.03〉

⑤ 공사시공자는 건축허가나 용도변경허가가 필요한 건축물의 건축공사를 착수한 경우에는 해당 건축공사의 현장에 국토교통부령으로 정하는 바에 따라 건축허가 표지판을 설치하여야 한다. 〈개정 13.03.23〉

⑥ 「건설산업기본법」 제41조제1항 각 호에 해당하지 아니하는 건축물의 건축주는 공사 현장의 공정 및 안전을 관리하기 위하여 같은 법 제2조제15호에 따른 건설기술인 1명을 현장관리인으로 지정하여야 한다. 이 경우 현장관리인은 국토교통부령으로 정하는 바에 따라 공정 및 안전 관리 업무를 수행하여야 하며, 건축주의 승낙을 받지 아니하고는 정당한 사유 없이 그 공사 현장을 이탈하여서는 아니 된다. 〈개정 18.08.14〉

⑦ 공동주택, 종합병원, 관광숙박시설 등 대통령령으로 정하는 용도 및 규모의 건축물의 공사시공자는 건축주, 공사감리자 및 허가권자가 설계도서에 따라 적정하게 공사되었는지를 확인할 수 있도록 공사의 공정이 대통령령으로 정하는 진도에 다다른 때마다 사진 및 동영상을 촬영하고 보관하여야 한다. 이 경우 촬영 및 보관 등 그 밖에 필요한 사항은 국토교통부령으로 정한다. 〈신설 16.02.03〉

</td><td>

제18조의2 【사진 및 동영상 촬영 대상 건축물 등】 ① 법 제24조제7항 전단에서 "공동주택, 종합병원, 관광숙박시설 등 대통령령으로 정하는 용도 및 규모의 건축물"이란 다음 각 호의 어느 하나에 해당하는 건축물을 말한다.

〈개정 18.12.04〉

1. 다중이용 건축물
2. 특수구조 건축물
3. 건축물의 하층부가 필로티나 그 밖에 이와 비슷한 구조(벽면적의 2분의 1 이상이 그 층의 바닥면에서 위층 바닥 아래면까지 공간으로 된 것만 해당한다)로서 상층부와 다른 구조형식으로 설계된 건축물(이하 "필로티형식 건축물"이라 한다) 중 3층 이상인 건축물

② 법 제24조제7항 전단에서 "대통령령으로 정하는 진도에 다다른 때"란 다음 각 호의 구분에 따른 단계에 다다른 경우를 말한다. 〈개정 19.08.06〉

1. 다중이용 건축물 : 제19조제3항제1호부터 제3호까지의 구분에 따른 단계
2. 특수구조 건축물 : 다음 각 목의 어느 하나에 해당하는 단계
　가. 매 층마다 상부 슬래브배근을 완료한 경우
　나. 매 층마다 주요구조부의 조립을 완료한 경우
3. 3층 이상의 필로티형식 건축물 : 다음 각 목의 어느 하나에 해당하는 단계
　가. 기초공사 시 철근배치를 완료한 경우
　나. 건축물 상층부의 하중이 상층부와 다른 구조형식의 하층부로 전달되는 다음의 어느 하나에 해당하는 부재(部材)의 철근배치를 완료한 경우
　　1) 기둥 또는 벽체 중 하나
　　2) 보 또는 슬래브 중 하나

[본조신설 17.02.03]

</td></tr>
</table>

<table>
<tr><th>건 축 법 시 행 규 칙</th><th>요 약</th></tr>
</table>

제18조 【건축허가표지판】 법 제24조제5항에 따라 공사시공자는 건축물의 규모·용도·설계자·시공자 및 감리자 등을 표시한 건축허가표지판을 주민이 보기 쉽도록 해당 건축공사 현장의 주요 출입구에 설치해야 한다. 〈개정 08.12.11〉

제18조의2 【현장관리인의 업무】
현장관리인은 법 제24조제6항 후단에 따라 다음 각 호의 업무를 수행한다.
 1. 건축물 및 대지가 이 법 또는 관계 법령에 적합하도록 건축주를 지원하는 업무
 2. 건축물의 위치와 규격 등이 설계도서에 따라 적정하게 시공되는 지에 대한 확인·관리
 3. 시공계획 및 설계 변경에 관한 사항 검토 등 공정관리에 관한 업무
 4. 안전시설의 적정 설치 및 안전기준 준수 여부의 점검·관리
 5. 그 밖에 건축주와 계약으로 정하는 업무
[본조신설 20.10.28]

제18조의3 【사진·동영상 촬영 및 보관 등】
① 법 제24조제7항 전단에 따라 사진 및 동영상을 촬영·보관하여야 하는 공사시공자는 영 제18조의2제2항에서 정하는 진도에 다다른 때마다 촬영한 사진 및 동영상을 디지털파일 형태로 가공·처리하여 보관하여야 하며, 해당 사진 및 동영상을 디스크 등 전자저장매체 또는 정보통신망을 통하여 공사감리자에게 제출하여야 한다.
② 제1항에 따라 사진 및 동영상을 제출받은 공사감리자는 그 내용의 적정성을 검토한 후 법 제25조제6항에 따라 건축주에게 감리중간 보고서 및 감리완료보고서를 제출할 때 해당 사진 및 동영상을 함께 제출하여야 한다.
③ 제2항에 따라 사진 및 동영상을 제출받은 건축주는 법 제25조제6항에 따라 허가권자에게 감리중간보고서 및 감리완료보고서를 제출할 때 해당 사진 및 동영상을 함께 제출하여야 한다.
④ 제1항부터 제3항까지에서 규정한 사항 외에 사진 및 동영상의 촬영 및 보관 등에 필요한 사항은 국토교통부장관이 정하여 고시한다.
[본조개정 20.10.28]

건축시공

(1) 공사시공자의 성실의무
 공사시공자는 계약에 따라 성실하게 공사 수행 적법하게 건축하여 건축주에게 인도하도록 의무화 함.
(2) 설계도서의 현장비치 : 공사시공자
 건축허가 또는 용도변경허가대상건축물의 설계도서
(3) 공사시공자의 설계변경 요청
 공사시공자는 다음에 해당하는 경우 건축주 및 공사감리자의 동의를 얻어 서면으로 설계자에게 설계변경을 요청할 수 있다.
 1. 건축법 및 관계법령의 규정에 적합하지 아니할 때
 2. 공사의 여건상 불합리하다고 인정되는 경우
 ※ 설계변경을 요청받은 설계자는 정당한 사유가 없는 한 이에 응하여야 함.
(4) 공사시공자의 상세 시공도면 작성
 공사시공자는 당해 공사를 함에 필요하다고 인정하거나 공사감리자로부터 연면적 5,000 ㎡ 이상 건축물의 상세도면 요청시는 이를 작성하여 공사감리자의 확인을 받아야 하며, 이에 따라 공사를 하도록 함.
(5) 건축허가표지판 설치 : 공사시공자
 1. 대상 : 건축허가, 용도변경 허가 대상 건축물
 2. 시기 : 건축공사를 착수한 경우
 3. 내용 ; 건축물 규모·용도·설계자·시공자·감리자 등
 4. 위치 : 주민이 보기 쉽도록 해당 건축공사 현장의 주요 출입구에 설치
(6) 현장관리인 지정
 건축주 직영 건축물 : 공사비 5,000만원 미만공사 제외
 – 건설기술자 1명을 현장관리인으로 지정
 – 현장관리인은 건축주 승낙없이 현장 이탈금지
(7) 동영상 촬영 보관
 가. 대상
  – 다중이용건축물
  – 특수구조 건축물
  – 3층 이상의 필로티형식 건축물
 나. 촬영의무 : 공사시공자
  – 건축주, 공사감리자 및 허가권자가 설계도서에 따라 공사되었는지를 확인할 수 있도록 공사의 공정에 따라 사진 및 동영상을 촬영보관

건 축 법	건 축 법 시 행 령

제52조의3 【건축자재의 제조 및 유통 관리】

① 제조업자 및 유통업자는 건축물의 안전과 기능 등에 지장을 주지 아니하도록 건축자재를 제조·보관 및 유통하여야 한다.

② 국토교통부장관, 시·도지사 및 시장·군수·구청장은 건축물의 구조 및 재료의 기준 등이 공사현장에서 준수되고 있는지를 확인하기 위하여 제조업자 및 유통업자에게 필요한 자료의 제출을 요구하거나 건축공사장, 제조업자의 제조현장 및 유통업자의 유통장소 등을 점검할 수 있으며 필요한 경우에는 시료를 채취하여 성능 확인을 위한 시험을 할 수 있다.

③ 국토교통부장관, 시·도지사 및 시장·군수·구청장은 제2항의 점검을 통하여 위법 사실을 확인한 경우 대통령령으로 정하는 바에 따라 공사 중단, 사용 중단 등의 조치를 하거나 관계 기관에 대하여 관계 법률에 따른 영업정지 등의 요청을 할 수 있다.

제61조의3 【건축자재 제조 및 유통에 관한 위법 사실의 점검 및 조치】 ① 국토교통부장관, 시·도지사 및 시장·군수·구청장은 법 제52조의3제2항에 따른 점검을 통하여 위법 사실을 확인한 경우에는 같은 조 제3항에 따라 해당 건축관계자 및 제조업자·유통업자에게 위법 사실을 통보해야 하며, 해당 건축관계자 및 제조업자·유통업자에 대하여 다음 각 호의 구분에 따른 조치를 할 수 있다. 〈개정 19.10.22〉

1. 건축관계자에 대한 조치

  가. 해당 건축자재를 사용하여 시공한 부분이 있는 경우: 시공부분의 시정, 해당 공정에 대한 공사 중단 및 해당 건축자재의 사용 중단 명령

  나. 해당 건축자재가 공사현장에 반입 및 보관되어 있는 경우: 해당 건축자재의 사용 중단 명령

2. 제조업자 및 유통업자에 대한 조치: 관계 행정기관의 장에게 관계 법률에 따른 해당 제조업자 및 유통업자에 대한 영업정지 등의 요청

② 건축관계자 및 제조업자·유통업자는 제1항에 따라 위법 사실을 통보받거나 같은 항 제1호의 명령을 받은 경우에는 그 날부터 7일 이내에 조치계획을 수립하여 국토교통부장관, 시·도지사 및 시장·군수·구청장에게 제출하여야 한다.

③ 국토교통부장관, 시·도지사 및 시장·군수·구청장은 제2항에 따른 조치계획(제1항제1호가목의 명령에 따른 조치계획만 해당한다)에 따른 개선조치가 이루어졌다고 인정되면 공사 중단 명령을 해제하여야 한다.

[본조신설 16.07.19]

<table>
<tr><th>건 축 법 시 행 규 칙</th><th>요 약</th></tr>
</table>

제27조【건축자재 제조 및 유통에 관한 위법 사실의 점검 절차 등】 ① 국토교통부장관, 시·도지사 및 시장·군수·구청장은 법 제52조의3제2항에 따른 점검을 하려는 경우에는 다음 각 호의 사항이 포함된 점검계획을 수립해야 한다.　　　　　〈개정 19.11.18〉

 1. 점검 대상

 2. 점검 항목

　가. 건축물의 설계도서와의 적합성

　나. 건축자재 제조현장에서의 자재의 품질과 기준의 적합성

　다. 건축자재 유통장소에서의 자재의 품질과 기준의 적합성

　라. 건축공사장에 반입 또는 사용된 건축자재의 품질과 기준의 적합성

　마. 건축자재의 제조현장, 유통장소, 건축공사장에서 시료를 채취하는 경우 채취된 시료의 품질과 기준의 적합성

 3. 그 밖에 점검을 위하여 필요하다고 인정하는 사항

② 국토교통부장관, 시·도지사 및 시장·군수·구청장은 법 제52조의3제2항에 따라 점검 대상자에게 다음 각 호의 자료를 제출하도록 요구할 수 있다. 다만, 제2호의 서류는 해당 건축물의 허가권자가 아닌 자만 요구할 수 있다.　　　　　〈개정 19.11.18〉

 1. 건축자재의 시험성적서 및 납품확인서 등 건축자재의 품질을 확인할 수 있는 서류

 2. 해당 건축물의 설계도서

 3. 그 밖에 해당 건축자재의 점검을 위하여 필요하다고 인정하는 자료

③ 법 제52조의3제4항에 따라 점검업무를 대행하는 전문기관은 점검을 완료한 후 해당 결과를 14일 이내에 점검을 대행하게 한 국토교통부장관, 시·도지사 또는 시장·군수·구청장에게 보고해야 한다.

　　　　　〈개정 19.11.18〉

④ 시·도지사 또는 시장·군수·구청장은 영 제61조의3제1항에 따른 조치를 한 경우에는 그 사실을 국토교통부장관에게 통보해야 한다.　　　〈개정 19.11.18〉

⑤ 국토교통부장관은 제1항제2호 각 목에 따른 점검 항목 및 제2항 각 호에 따른 자료제출에 관한 세부적인 사항을 정하여 고시할 수 있다.

　　　　　[본조신설 16.07.20]

건축자재의 제조 및 유통 관리

1. 제조업자 및 유통업자
 - 건축물의 안전과 기능 등에 지장을 주지 않게 건축자재를 제조·보관 및 유통

2. **국토교통부장관, 시·도지사 및 시장·군수·구청장**
 - 건축물의 구조 및 재료의 기준 등이 공사현장에서 준수되는지를 확인하기 위하여 제조업자 및 유통업자에게 필요한 자료 제출 요구
 - 건축공사장, 제조업자의 제조현장 및 유통업자의 유통장소 등을 점검
 - 필요 시 시료를 채취하여 성능 확인을 위한 시험

3. **위법 사실의 점검 및 조치**
 - 건축관계자 및 제조업자·유통업자에게 위법 사실 통보 후 조치.
 - 건축관계자에 대한 조치
　가. 기시공 부분
　　- 시정, 공사중단, 건축자재 사용중단 명령
　나. 건축자재 공사현장 반입 및 보관
　　- 건축자재 사용중단 명령
 - 제조업자 및 유통업자에 대한 조치
　관계행정기관의 장에게 해당 제조업자 및 유통업자에 대한 영업정지 등의 요청

4. **건축관계자 및 제조업자·유통업자**
 - 위법 사실을 통보받거나 명령을 받은 경우 7일 이내에 조치계획을 수립하여 국토교통부장관, 시·도지사 및 시장·군수·구청장에게 제출

5. **국토교통부장관, 시·도지사 및 시장·군수·구청장**
 - 조치계획(기시공부분)에 따른 개선조치가 이루어졌다고 인정되면 공사 중단 명령을 해제.

<table>
<tr><td align="center">건 축 법</td><td align="center">건 축 법 시 행 령</td></tr>
<tr><td>

[제52조의3]

④ 국토교통부장관, 시·도지사, 시장·군수·구청장은 제2항의 점검업무를 대통령령으로 정하는 전문기관으로 하여금 대행하게 할 수 있다.

⑤ 제2항에 따른 점검에 관한 절차 등에 관하여 필요한 사항은 국토교통부령으로 정한다.

[본조신설 16.02.03]

</td><td>

제61조의4 【위법사실의 점검업무 대행 전문기관】

① 법 제52조의3제4항에서 "대통령령으로 정하는 전문기관"이란 다음 각 호의 기관을 말한다.

〈개정 21.12.21〉

1. 한국건설기술연구원

2. 「시설물의 안전 및 유지관리에 관한 특별법」 제45조에 따른 한국시설안전공단(이하 "한국시설안전공단"이라 한다)

3. 「한국토지주택공사법」에 따른 한국토지주택공사

4. 제63조제2호에 따른 자 및 같은 조 제3호에 따른 시험·검사기관

5. 그 밖에 점검업무를 수행할 수 있다고 인정하여 국토교통부장관이 지정하여 고시하는 기관

② 법 제52조의3제4항에 따라 위법 사실의 점검 업무를 대행하는 기관의 직원은 그 권한을 나타내는 증표를 지니고 관계인에게 내보여야 한다.

〈개정 19.10.22〉

[본조신설 16.07.19]

</td></tr>
</table>

건 축 법 시 행 규 칙	요 약
	위법사실의 점검업무 대행 전문기관 1. 한국건설기술연구원 2. 한국시설안전공단 3. 한국토지주택공사 4. **제63조**제2호에 따른 자 및 같은 조 제3호에 따른 시험·검사기관 5. 국토교통부장관이 지정하여 고시하는 기관 **※제63조** 2. 「건설기술 진흥법」에 따른 건설엔지니어링사업자로서 건축 관련 품질시험의 수행능력이 국토교통부장관이 정하여 고시하는 기준에 해당하는 자 3. 「국가표준기본법」 제23조에 따라 인정받은 시험·검사기관

<table>
<tr><th>건 축 법</th><th>건 축 법 시 행 령</th></tr>
</table>

제25조 【건축물의 공사감리】 ① 건축주는 대통령령으로 정하는 용도·규모 및 구조의 건축물을 건축하는 경우 건축사나 대통령령으로 정하는 자를 공사감리자(공사시공자 본인 및 「독점규제 및 공정거래에 관한 법률」 제2조에 따른 계열회사는 제외한다)로 지정하여 공사감리를 하게 하여야 한다.

〈개정 16.02.03〉

③ 공사감리자는 공사감리를 할 때 이 법과 이 법에 따른 명령이나 처분, 그 밖의 관계 법령에 위반된 사항을 발견하거나 공사시공자가 설계도서대로 공사를 하지 아니하면 이를 건축주에게 알린 후 공사시공자에게 시정하거나 재시공하도록 요청하여야 하며, 공사시공자가 시정이나 재시공 요청에 따르지 아니하면 서면으로 그 건축공사를 중지하도록 요청할 수 있다. 이 경우 공사중지를 요청받은 공사시공자는 정당한 사유가 없으면 즉시 공사를 중지하여야 한다.

④ 공사감리자는 제3항에 따라 공사시공자가 시정이나 재시공 요청을 받은 후 이에 따르지 아니하거나 공사중지 요청을 받고도 공사를 계속하면 국토교통부령으로 정하는 바에 따라 이를 허가권자에게 보고하여야 한다. 〈개정 16.02.03〉

⑤ 대통령령으로 정하는 용도 또는 규모의 공사의 공사감리자는 필요하다고 인정하면 공사시공자에게 상세시공도면을 작성하도록 요청할 수 있다.

제19조 【공사감리】 ①법 제25조제1항에 따라 공사감리자를 지정하여 공사감리를 하게 하는 경우에는 다음 각 호의 구분에 따른 자를 공사감리자로 지정하여야 한다. 〈개정 14.05.22〉

1. 다음 각 목의 어느 하나에 해당하는 경우: 건축사

 가. 법 제11조에 따라 건축허가를 받아야 하는 건축물(법 제14조에 따른 건축신고 대상 건축물은 제외한다)을 건축하는 경우

 나. 제6조제1항제6호에 따른 건축물을 리모델링하는 경우

2. 다중이용 건축물을 건축하는 경우: 「건설기술 진흥법」에 따른 건설기술용역업자(공사시공자 본인이거나 「독점규제 및 공정거래에 관한 법률」 제2조에 따른 계열회사인 건설기술용역업자는 제외한다) 또는 건축사(「건설기술 진흥법 시행령」 제60조에 따라 건설사업관리기술자를 배치하는 경우만 해당한다)

[전문개정 09.7.16]

② 제1항에 따라 다중이용 건축물의 공사감리자를 지정하는 경우 감리원의 배치기준 및 감리대가는 「건설기술 진흥법」에서 정하는 바에 따른다.

〈개정 14.05.22〉

④ 법 제25조제5항에서 "대통령령으로 정하는 용도 또는 규모의 공사"란 연면적의 합계가 5천 제곱미터 이상인 건축공사를 말한다.

<table>
<tr><th>건 축 법 시 행 규 칙</th><th>요　　　약</th></tr>
<tr><td>

제19조 【감리보고서 등】 ①법 제25조제3항에 따라 공사감리자는 건축공사기간 중 발견한 위법사항에 관하여 시정·재시공 또는 공사중지의 요청을 하였음에도 불구하고 공사시공자가 이에 따르지 아니하는 경우에는 시정등을 요청할 때에 명시한 기간이 만료되는 날부터 7일 이내에 별지 제20호서식의 위법건축공사보고서를 허가권자에게 제출(전자문서로 제출 하는 것을 포함한다)하여야 한다.

〈개정 08.12.11〉

② 삭제〈99.5.11〉

</td><td>

| 건축물의 공사감리 |

(1) 허가대상건축물과 리모델링의 공사감리
　～ 건축사를 공사감리자로 지정

(2) 다중이용건축물의 공사감리
　-「건설기술 진흥법」에 따른 건설기술용역업자
　　(공사시공자 본인이거나 계열회사인 건설기술용역업자는 제외)
　- 건축사
　　(「건설기술 진흥법 시행령」에 따라 건설사업관리기술자를 배치하는 경우만 해당)

| 시정 또는 공사중지 요청 |

※ 감리자가 공사중지명령 가능
시공자가 위법·부실시공을 하는 경우 감리자가 공사중지명령을 할 수 있도록 권한을 강화하여 위법·부실시공에 대하여 신속한 조치를 할 수 있도록 함.

| 위법사항의 보고 |

사유 : 공사시공자가 시정·재시공 또는
　　　 공사중지의 요청에 따르지 아니할 때
기간 : 시정 등을 요청할 때에 명시한 기간이
　　　 만료되는 날부터 7일 이내
제출 : 공사감리자가 허가권자에게 제출

| 상세시공도면의 작성 |

연면적 5,000 ㎡ 이상인 공사의 공사감리자는 시공자에 대하여 시공도면(shop drawing)을 작성하여 시공하도록 명령할 수 있도록 함.

</td></tr>
</table>

<table>
<tr><th>건 축 법</th><th>건 축 법 시 행 령</th></tr>
<tr><td>

[제25조]

⑥ 공사감리자는 국토교통부령으로 정하는 바에 따라 감리일지를 기록·유지하여야 하고, 공사의 공정(工程)이 대통령령으로 정하는 진도에 다다른 경우에는 감리중간보고서를, 공사를 완료한 경우에는 감리완료보고서를 국토교통부령으로 정하는 바에 따라 각각 작성하여 건축주에게 제출하여야 한다.

　이 경우 건축주는 감리중간보고서는 제출받은 때, 감리완료보고서는 제22조에 따른 건축물의 사용승인을 신청할 때 허가권자에게 제출하여야 한다.
〈개정 20.04.07〉

⑦ 건축주나 공사시공자는 제3항과 제4항에 따라 위반사항에 대한 시정이나 재시공을 요청하거나 위반사항을 허가권자에게 보고한 공사감리자에게 이를 이유로 공사감리자의 지정을 취소하거나 보수의 지급을 거부하거나 지연시키는 등 불이익을 주어서는 아니 된다.
〈개정 16.02.03〉

</td><td>

[제19조]

③ 법 제25조제6항에서 "공사의 공정이 대통령령으로 정하는 진도에 다다른 경우"란 공사(하나의 대지에 둘 이상의 건축물을 건축하는 경우에는 각각의 건축물에 대한 공사를 말한다)의 공정이 다음 각 호의 구분에 따른 단계에 다다른 경우를 말한다.
〈개정 19.08.06〉

1. 해당 건축물의 구조가 철근콘크리트조·철골철근콘크리트조·조적조 또는 보강콘크리트블럭조인 경우 : 다음 각 목의 어느 하나에 해당하는 단계
　가. 기초공사 시 철근배치를 완료한 경우
　나. 지붕슬래브배근을 완료한 경우
　다. 지상 5개 층마다 상부 슬래브배근을 완료한 경우.　〈개정 16.05.17〉
2. 해당 건축물의 구조가 철골조인 경우 : 다음 각 목의 어느 하나에 해당하는 단계
　가. 기초공사 시 철근배치를 완료한 경우
　나. 지붕철골 조립을 완료한 경우
　다. 지상 3개 층마다 또는 높이 20미터마다 주요구조부의 조립을 완료한 경우
3. 해당 건축물의 구조가 제1호 또는 제2호 외의 구조인 경우 : 기초공사에서 거푸집 또는 주춧돌의 설치를 완료한 단계
4. 제1호부터 제3호까지에 해당하는 건축물이 3층 이상의 필로티형식 건축물인 경우 : 다음 각 목의 어느 하나에 해당하는 단계
　가. 해당 건축물의 구조에 따라 제1호부터 제3호까지의 어느 하나에 해당하는 경우
　나. 제18조의2제2항제3호나목에 해당하는 경우

</td></tr>
</table>

<table>
<tr><th>건 축 법 시 행 규 칙</th><th>요 약</th></tr>
</table>

[제19조]

③ 법 제25조제6항에 따른 공사감리일지는 별지 제21호서식에 따른다.

〈개정 18.11.29〉

④ 건축주는 법 제25조제6항에 따라 감리중간보고서·감리완료보고서를 제출할 때 별지 제22호서식에 다음 각 호의 서류를 첨부하여 허가권자에게 제출해야 한다.

〈신설 18.11.29〉

1. 건축공사감리 점검표
2. 별지 제21호서식의 공사감리일지
3. 공사추진 실적 및 설계변경 종합
4. 품질시험성과 총괄표
5. 「산업표준화법」에 따른 산업표준인증을 받은 자재 및 국토교통부장관이 인정한 자재의 사용 총괄표
6. 공사현장 사진 및 동영상 (법 제24조제7항에 따른 건축물만 해당한다)
7. 공사감리자가 제출한 의견 및 자료 (제출한 의견 및 자료가 있는 경우만 해당한다)

감리보고서 등

(1) 공사감리자가 이행할 사항

1. 감리일지 기록·유지
2. 공정에 따라 감리중간보고서를 건축주에서 제출

◎ 철근콘크리트조·철골철근콘크리트조·조적조·보강콘크리트블록조

기초공사	기초의 철근배치를 완료한 경우
지붕공사	지붕슬래브 배근을 완료한 경우
지상건축물	지상 5개층마다 상부슬래브배근 완료한 경우

◎ 철골조

기초공사	철근배치를 완료한 경우
지붕공사	지붕철골 조립을 완료한 경우
지상건축물	지상 3개 층마다 또는 높이 20 m 마다 주요구조부의 조립을 완료한 경우

◎ 기타의 구조

기초공사	거푸집 또는 주춧돌의 설치를 완료한 때

◎ 상기 건축물이 3층 이상의 필로티형식 건축물인 경우

해당 건축물의 구조에 따라 상기 어느 하나에 해당하는 경우	
구조 변위가 일어나는 부재(部材)의 철근배치를 완료한 경우	기둥 또는 벽체 중 하나
	보 또는 슬래브 중 하나

3. 공사완료시 감리완료보고서를 건축주에게 제출

(2) 공사감리보고서의 제출 - 건축주 의무 : 허가권자에게 제출

감리중간보고서 - 제출받는 즉시

감리완료보고서 - 사용승인 신청시

- 첨부서류

1. 건축공사감리 점검표
2. 별지 제21호서식의 공사감리일지
3. 공사추진 실적 및 설계변경 종합
4. 품질시험성과 총괄표
5. 산업표준인증을 받은 자재 및 국토교통부장관이 인정한 자재의 사용 총괄표
6. 공사현장 사진 및 동영상 - 다중이용건축물
7. 공사감리자가 제출한 의견 및 자료
   - 제출한 의견 및 자료가 있는 경우

(3) 공사감리자에 대한 불이익금지

건축주 또는 공사시공자는 위반사항에 대한 시정 등을 요청하거나 위반사항을 허가권자에게 보고한 공사감리자에 대하여 이를 이유로 아래의 불이익을 주어서는 아니 된다.

1. 공사감리자의 지정 취소
2. 보수의 지급 거부 또는 지연 등

<table>
<tr><th>건 축 법</th><th>건 축 법 시 행 령</th></tr>
</table>

[제25조]

⑧ 제1항에 따른 공사감리의 방법 및 범위 등은 건축물의 용도·규모 등에 따라 대통령령으로 정하되, 이에 따른 세부기준이 필요한 경우에는 국토교통부장관이 정하거나 건축사협회로 하여금 국토교통부장관의 승인을 받아 정하도록 할 수 있다.
〈개정 13.03.23〉

⑨ 국토교통부장관은 제8항에 따라 세부기준을 정하거나 승인을 한 경우 이를 고시하여야 한다.
〈개정 16.02.03〉

⑩「주택법」제16조에 따른 사업계획 승인 대상과 「건설기술관리법」제27조에 따른 책임감리 대상 건축물의 공사감리는 제1항부터 제9항까지 및 제11항부터 제14항까지의 규정에도 불구하고 각각 해당 법령으로 정하는 바에 따른다.
〈개정 18.08.14〉

⑪ 제1항에 따라 건축주가 공사감리자를 지정하거나 제2항에 따라 허가권자가 공사감리자를 지정하는 건축물의 건축주는 제21조에 따른 착공신고를 하는 때에 감리비용이 명시된 감리 계약서를 허가권자에게 제출하여야 하고, 제22조에 따른 사용승인을 신청하는 때에는 감리용역 계약내용에 따라 감리비용을 지급하여야 한다. 이 경우 허가권자는 감리 계약서에 따라 감리비용이 지급되었는지를 확인한 후 사용승인을 하여야 한다.
〈개정 21.07.27〉

⑫ 제2항에 따라 허가권자가 공사감리자를 지정하는 건축물의 건축주는 설계자의 설계의도가 구현되도록 해당 건축물의 설계자를 건축과정에 참여시켜야 한다. 이 경우 「건축서비스산업 진흥법」 제22조를 준용한다.　〈신설 18.08.14〉

⑬ 제12항에 따라 설계자를 건축과정에 참여시켜야 하는 건축주는 제21조에 따른 착공신고를 하는 때에 해당 계약서 등 대통령령으로 정하는 서류를 허가권자에게 제출하여야 한다. 〈신설 18.08.14〉

⑭ 허가권자는 제11항의 감리비용에 관한 기준을 해당 지방자치단체의 조례로 정할 수 있다.
〈개정 18.08.14〉

[제19조]

⑤ 공사감리자는 수시로 또는 필요할 때 공사현장에서 감리업무를 수행해야 하며, 다음 각 호의 건축공사를 감리하는 경우에는「기술사법」제6조에 따른 기술사사무소 또는「건축사법」제2조제2호에 따른 건축사보(「건축사법」제23조제8항 각 호의 건설기술용역업자 등에 소속되어 있는 사람으로서 「국가기술자격법」에 따른 해당 분야 기술계 자격을 취득한 사람과「건설기술진흥법시행령」제4조에 따른 건설사업관리를 수행할 자격이 있는 사람를 포함한다. 이하 같다) 중 건축 분야의 건축 사보 한 명 이상을 전체 공사기간 동안, 토목·전기 또는 기계 분야의 건축사보 한 명 이상을 각 분야별 해당 공사 기간 동안 각각 공사현장에서 감리업무를 수행하게 해야 한다. 이 경우 건축사보는 해당 분야의 건축공사의 설계· 시공·시험·검사·공사감독 또는 감리업무 등에 2년 이상 종사한 경력이 있는 사람이어야 한다.　〈개정 20.04.21〉

1. 바닥면적의 합계가 5천 제곱미터 이상인 건축공사 다만, 축사 또는 작물 재배사의 건축공사는 제외한다.　〈개정 09.7.16〉
2. 연속된 5개 층(지하층을 포함한다) 이상으로서 바닥면적의 합계가 3천 제곱미터 이상인 건축공사
3. 아파트 건축공사
4. 준다중이용 건축물 건축공사

건 축 법 시 행 규 칙	요 약
	(내용은 아래와 같음)

공사감리의 방법 및 범위

(1) 일반건축물의 공사감리
 수시 또는 필요할 때 공사현장에서 감리 업무를 수행

(2) 대규모건축물과 아파트의 공사감리
 다음 건축공사의 공사감리에 있어서는 건축사보가
 해당 공사기간 동안 공사현장에서 감리업무 수행

감리대상건축물	감리인원	감리기간
1. 바닥면적의 합계가 5,000 ㎡ 이상	건축분야의 건축사보 1인 이상	전체공사 기간 동안

2. 연속된 5개 층 이상으로서
   바닥면적의 합계가
   3,000 ㎡ 이상
3. 아파트
4. 준다중이용 건축물 건축
   공사
	토목·전기 또는
	기계분야의
	건축사보 1인 이상
		각 분야별
		해당공사
		기간동안

 ※ 건축사보 경력 : 2년 이상

(3) 적용제외 : 개별법적용
 1. 「주택법」에 의한 사업계획승인대상
 2. 「건설기술관리법」에 의한 책임감리대상건축물

(4) 감리비 지급확인
 1. 확인대상 : 건축주, 허가권자 지정 감리
 2. 확인시점 : 사용승인 시

<table>
<tr><th>건 축 법</th><th>건축법시행령</th></tr>
<tr><td></td><td>

[제19조]

⑥ 공사감리자는 제5항 각 호에 해당하지 않는 건축공사로서 깊이 10미터 이상의 토지 굴착공사 또는 높이 5미터 이상의 옹벽 등의 공사(「산업 집적 활성화 및 공장설립에 관한 법률」 제2조제14호에 따른 산업단지에서 바닥면적 합계가 2천제곱미터 이하인 공장을 건축하는 경우는 제외한다)를 감리하는 경우에는 건축사보 중 건축 또는 토목 분야의 건축사보 한 명 이상을 해당 공사기간 동안 공사현장에서 감리업무를 수행하게 해야 한다. 이 경우 건축사보는 해당 공사의 시공·감독 또는 감리업무 등에 2년 이상 종사한 경력이   있는 사람이어야 한다. (「산업집적활성화 및 공장설립에 관한 법률」 제2조 제14호에 따른 산업단지에서 바닥면적 합계가 2천제곱미터 이하인 공장을 건축하는 경우는 제외한다)를 감리하는 경우에는 건축사보 중 건축 또는 토목 분야의 건축사보 한 명 이상을 해당 공사기간 동안 공사현장에서 감리업무 를 수행하게 해야 한다. 이 경우 건축사보는 해당 공사의 시공·감독 또는 감리업무 등에 2년 이상 종사한 경력이 있는 사람이어야 한다.

⑦ 공사감리자는 제61조제1항제4호에 해당하는 건축물의 마감재료 설치공사를 감리하는 경우로서 국토교통부령으로 정하는 경우에는 건축 또는 안전관리 분야의 건축사보 한 명 이상이 마감재료 설치공사기간 동안 그 공사현장에서 감리업무를 수행하게 해야 한다. 이 경우 건축사보는 건축공사의 설계·시공·시험·검사·공사감독 또는 감리업무 등에 2년 이상 종사한 경력이 있는 사람이어야 한다.　〈신설 21.08.10〉

⑧ 공사감리자는 제5항부터 제7항까지의 규정에 따라 건축사보로 하여금 감리업무를 수행하게 하는 경우 다른 공사현장이나 공정의 감리업무를 수행하고 있지 않는 건축사보가 감리업무를 수행하게 해야 한다.　〈신설 21.08.10〉

</td></tr>
</table>

건축물의 피난·방화구조 등의 기준에 관한 규칙	요 약
제7조의2 【건축사보 배치 대상 마감재료 설치공사】 영 제19조제7항 전단에서 "국토교통부령으로 정하는 경우"란 제24조제3항에 따라 불연재료·준불연재료 또는 난연재료가 아닌 단열재를 사용하는 경우로서 해당 단열재가 외기(外氣)에 노출되는 경우를 말한다.	

건 축 법	건 축 법 시 행 령
	[제19조] ⑨ 공사감리자가 수행하여야 하는 감리업무는 다음과 같다. 〈개정 20.04.21〉 1. 공사시공자가 설계도서에 따라 적합하게 시공하는지 여부의 확인 2. 공사시공자가 사용하는 건축자재가 관계 법령에 따른 기준에 적합한 건축자재인지 여부의 확인 3. 그 밖에 공사감리에 관한 사항으로서 국토교통부령으로 정하는 사항 ⑩ 제5항 및 제6항에 따라 공사현장에 건축사보를 두는 공사감리자는 다음 각 호의 구분에 따른 기간에 국토교통부령으로 정하는 바에 따라 건축사보의 배치현황을 허가권자에게 제출해야 한다. 〈개정 20.04.21〉 1. 최초로 건축사보를 배치하는 경우에는 착공 예정일부터 7일 2. 건축사보의 배치가 변경된 경우에는 변경된 날부터 7일 3. 건축사보가 철수한 경우에는 철수한 날부터 7일 ⑪ 허가권자는 제8항에 따라 공사감리자로부터 건축사보의 배치현황을 받으면 지체 없이 그 배치현황을 「건축사법」에 따른 건축사협회 중에서 국토교통부장관이 지정하는 건축사협회에 보내야 한다. 〈개정 20.04.21〉 ⑫ 제9항에 따라 건축사보의 배치현황을 받은 건축사협회는 이를 관리해야 하며, 건축사보가 이중으로 배치된 사실 등을 발견한 경우에는 지체없이 그 사실 등을 관계 시·도지사에게 알려야 한다. 〈개정 20.04.21〉 [전문개정 08.10.29]

<table>
<tr><td align="center">건 축 법 시 행 규 칙</td><td align="center">요　　　약</td></tr>
</table>

제19조의 2 【공사감리업무 등】　①공사감리자는 영 제19조제9항제3호에 따라 다음 각 호의 업무를 수행한다.　〈개정 21.12.31〉

1. 건축물 및 대지가 이 법 및 관계 법령에 적합하도록 공사시공자 및 건축주를 지도
2. 시공계획 및 공사관리의 적정여부의 확인
2의2. 건축공사의 하도급과 관련된 다음 각 목의 확인
　가. 수급인(하수급인을 포함한다. 이하 이 호에서 같다)이 「건설산업기본법」 제16조에 따른 시공자격을 갖춘 건설사업자에게 건축공사를 하도급했는지에 대한 확인
　나. 수급인이 「건설산업기본법」 제40조제1항에 따라 공사현장에 건설기술인을 배치했는지에 대한 확인
3. 공사현장에서의 안전관리의 지도
4. 공정표의 검토
5. 상세시공도면의 검토·확인
6. 구조물의 위치와 규격의 적정여부의 검토·확인
7. 품질시험의 실시여부 및 시험성과의 검토·확인
8. 설계변경의 적정여부의 검토·확인
9. 기타 공사감리계약으로 정하는 사항

② 영 제19조제8항에 따른 공사감리자의 건축사보 배치현황의 제출은 별지 제22호의2서식에 따른다.
　　　　　　　　　　　　　　　〈개정 20.10.28〉
　　　　　　　　　　　　　　　[본조신설 96.1.18]

건축물의 피난·방화구조 등의 기준에 관한 규칙

제7조의2 【건축사보 배치 대상 마감재료 설치공사】
영 제19조제7항 전단에서 "국토교통부령으로 정하는 경우"란 제24조제3항에 따라 불연재료·준불연재료 또는 난연재료가 아닌 단열재를 사용하는 경우로서 해당 단열재가 외기(外氣)에 노출되는 경우를 말한다.　〈신설 20.09.03〉

요약 (우측)

(5) 감리업무
1. 공사시공자가 설계도서에 따라 적합하게 시공하는지 여부의 확인
2. 공사시공자가 사용하는 건축자재가 관계법령에 의한 기준에 적합한 자재인지 여부의 확인
3. 기타 공사감리에 관한 사항
 1) 건축물 및 대지가 관계법령에 적합하도록 공사시공자 및 건축주를 지도
 2) 시공계획 및 공사관리의 적정여부확인
 2의2) 건축공사의 하도급과 관련된 다음 확인
　가) 수급인(하수급인 포함)이 시공자격을 갖춘 건설사업자에게 하도급 여부 확인
　나) 수급인의 공사현장에 건설기술인 배치 확인
 3) 공사현장에서의 안전관리의 지도
 4) 공정표의 검토
 5) 상세시공도면의 검토·확인
 6) 구조물의 위치와 규격의 적정여부 검토·확인
 7) 품질시험의 실시여부 및 시험성과의 검토·확인
 8) 설계변경의 적합여부 검토·확인
 9) 기타 공사감리계약으로 정하는 사항

(6) 배치현황 제출 : 허가권자
 1. 최초 배치 : 착공예정일부터 7일
 2. 배치 변경 : 변경된 날부터 7일
 3. 건축사보 철수 : 철수한 날부터 7일

(7) 배치현황통보 : 건축사협회
　배치현황이 제출된 경우
　지체없이 건축사협회에 송부

(8) 배치현황 관리
　이중배치 발견 시 관계 시·도지사에게 통보

※ 시·도지사
　특별시장·광역시장·특별자치시장·도지사·특별자치도지사

<table>
<tr><th>건 축 법</th><th>건 축 법 시 행 령</th></tr>
<tr><td>

[제25조]
② 제1항에도 불구하고 「건설산업기본법」 제41조제1항 각 호에 해당하지 아니하는 소규모 건축물로서 건축주가 직접 시공하는 건축물 및 주택으로 사용하는 건축물 중 대통령령으로 정하는 건축물의 경우에는 대통령령으로 정하는 바에 따라 허가권자가 해당 건축물의 설계에 참여하지 아니한 자 중에서 공사감리자를 지정하여야 한다. 다만, 다음 각 호의 어느 하나에 해당하는 건축물의 건축주가 국토교통부령으로 정하는 바에 따라 허가권자에게 신청하는 경우에는 해당 건축물을 설계한 자를 공사감리자로 지정할 수 있다.
           〈개정 20.04.07〉
 1. 「건설기술 진흥법」 제14조에 따른 신기술 중 대통령령으로 정하는 신기술을 보유한 자가 그 신기술을 적용하여 설계한 건축물
 2. 「건축서비스산업 진흥법」 제13조제4항에 따른 역량 있는 건축사로서 대통령령으로 정하는 건축사가 설계한 건축물
 3. 설계공모를 통하여 설계한 건축물

</td><td>

제19조의2 【허가권자가 공사감리자를 지정하는 건축물 등】
① 법 제25조제2항 각 호 외의 부분 본문에서 "대통령령으로 정하는 건축물"이란 다음 각 호의 건축물을 말한다.
 1. 「건설산업기본법」 제41조제1항 각 호에 해당하지 아니하는 건축물 중 다음 각 목의 어느 하나에 해당하지 아니하는 건축물
   가. 별표 1 제1호가목의 단독주택
   나. 농업·임업·축산업 또는 어업용으로 설치하는 창고·저장고·작업장·퇴비사·축사·양어장 및 그 밖에 이와 유사한 용도의 건축물
   다. 해당 건축물의 건설공사가 「건설산업기본법시행령」 제8조 제1항 각 호의 어느 하나에 해당하는 경미한 건설공사인 경우
 2. 주택으로 사용하는 다음 각 목의 어느 하나에 해당하는 건축물 (각 목에 해당하는 건축물과 그 외의 건축물이 하나의 건축물로 복합된 경우를 포함한다)　　　　　〈개정 19.02.12〉
   가. 아파트
   나. 연립주택
   다. 다세대주택
   라. 다중주택
   마. 다가구주택
② 시·도지사는 법 제25조제2항 각 호 외의 부분 본문에 따라 공사감리자를 지정하기 위하여 다음 각 호의 구분에 따른 자를 대상으로 모집공고를 거쳐 공사감리자의 명부를 작성하고 관리해야 한다. 이 경우 시·도지사는 미리 관할 시장·군수·구청장과 협의해야 한다.
           〈개정 20.04.21〉
1. 다중이용 건축물의 경우: 「건축사법」 제23조제1항에 따라 건축사사무소의 개설신고를 한 건축사 및 「건설기술 진흥법」에 따른 건설기술용역사업자
2. 그 밖의 경우: 「건축사법」 제23조제1항에 따라 건축사사무소의 개설신고를 한 건축사
③ 제1항 각 호의 어느 하나에 해당하는 건축물의 건축주는 법 제21조에 따른 착공신고를 하기 전에 국토교통부령으로 정하는 바에 따라 허가권자에게 공사감리자의 지정을 신청하여야 한다.
④ 허가권자는 제2항에 따른 명부에서 공사감리자를 지정하여야 한다.
⑤ 제3항 및 제4항에서 규정한 사항 외에 공사감리자 모집공고, 명부 작성 방법 및 공사감리자 지정방법 등에 관한 세부적인 사항은 시·도의 조례로 정한다.

</td></tr>
</table>

<table>
<tr><th>건 축 법 시 행 규 칙</th><th>요　　　　약</th></tr>
</table>

제19조의3 【공사감리자 지정 신청 등】 ① 법 제25조 제2항 각 호 외의 부분 본문에 따라 허가권자가 공사감리자를 지정하는 건축물의 건축주는 영 제19조의2제3항에 따라 별지 제22호의3서식의 지정신청서를 허가권자에게 제출하여야 한다.

② 허가권자는 제1항에 따른 신청서를 받은 날부터 7일 이내에 공사감리자를 지정한 후 별지 제22호의4서식의 지정통보서를 건축주에게 송부하여야 한다.

③ 건축주는 제2항에 따라 지정통보서를 받으면 해당 공사감리자와 감리 계약을 체결하여야 하며, 공사감리자의 귀책사유로 감리 계약이 체결되지 아니하는 경우를 제외하고는 지정된 공사감리자를 변경할 수 없다.

[본조신설 16.07.20]

제19조의4 【허가권자의 공사감리자 지정 제외 신청 절차 등】 ① 법 제25조제2항 각 호 외의 부분 단서에 따라 해당 건축물을 설계한 자를 공사감리자로 지정하여 줄 것을 신청하려는 건축주는 별지 제22호의5서식의 신청서에 다음 각 호의 어느 하나에 해당하는 서류를 첨부하여 허가권자에게 제출해야 한다.

〈개정 20.10.28〉

1. 영 제19조의2제6항에 따른 신기술을 보유한 자가 그 신기술을 적용하여 설계했음을 증명하는 서류
2. 영 제19조의2제7항에 따른 건축사임을 증명하는 서류
3. 설계공모를 통하여 설계한 건축물임을 증명하는 서류로서 다음 각 목의 내용이 포함된 서류
   가. 설계공모 방법
   나. 설계공모 등의 시행공고일 및 공고 매체
   다. 설계지침서
   라. 심사위원의 구성 및 운영
   마. 공모안 제출 설계자명단 및 공모안별 설계개요

② 허가권자는 제1항에 따라 신청서를 받으면 제출한 서류에 대하여 관계 기관에 사실을 조회할 수 있다.

③ 허가권자는 제2항에 따른 사실 조회 결과 제출서류가 거짓으로 판명된 경우에는 건축주에게 그 사실을 알려야 한다. 이 경우 건축주는 통보받은 날부터 3일 이내에 이의를 제기할 수 있다.

④허가권자는 제1항에 따른 신청서를 받은 날부터 7일 이내에 건축주에게 그 결과를 서면으로 알려야 한다.

[본조신설 16.07.20]

허가권자가 공사감리자를 지정하는 건축물

1. 설계에 참여하지 아니한 자 중에서 공사감리자 지정
 - 소규모 건축물로서 건축주가 직접 시공하는 건축물
 [예외]
   가. 단독주택
   나. 농업·임업·축산업 또는 어업용으로 설치하는 창고·저장고·작업장·퇴비사·축사·양어장 및 그 밖에 이와 유사한 용도의 건축물
   다. 「건설산업기본법시행령」 제8조제1항 각 호의 어느 하나에 해당하는 경미한 건설공사인 경우
   ※「건설산업기본법시행령」 제8조제1항 공사예정금액이 5천만원미만인 건설공사 등
 - 주택으로 사용하는 건축물
   가. 아파트
   나. 연립주택
   다. 다세대주택
   라. 다중주택
   마. 다가구주택
 - 상기 건축물이 복합된 건축물
2. 시·도지사는 모집공고를 거쳐 공사감리자로 지정될 수 있는 건축사의 명부를 작성 관리
 - 미리 관할 시장·군수·구청장과 협의
3. 건축주는 착공신고를 하기 전에 허가권자에게 공사감리자 지정 신청
4. 허가권자는 명부에서 공사감리자 지정
5. 공사감리자 모집공고, 명부작성 방법 및 공사감리자 지정 방법 등에 관한 세부적인 사항은 시·도의 조례로 정한다
6. 착공신고시 제출서류
 1) 설계자의 건축과정 참여에 관한 계획서
 2) 건축주와 설계자와의 계약서

※ 설계자를 공사감리자로 지정가능한 경우
 1. 신기술 적용 설계 증명 서류
 2. 역량 있는 건축사임을 증명하는 서류
 3. 설계공모를 통하여 설계한 건축물

<table>
<tr><th>건 축 법</th><th>건 축 법 시 행 령</th></tr>
<tr><td>

[제25조]

⑬ 제12항에 따라 설계자를 건축과정에 참여시켜야 하는 건축주는 제21조에 따른 착공신고를 하는 때에 해당 계약서 등 대통령령으로 정하는 서류를 허가권자에게 제출하여야 한다.

〈신설 18.08.14〉

⑭ 허가권자는 제2항에 따라 허가권자가 공사감리자를 지정하는 경우의 감리비용에 관한 기준을 해당 지방자치단체의 조례로 정할 수 있다.

〈개정 20.12.22〉

[제25조]

</td><td>

[제19조의2]

⑥ 법 제25조제2항제1호에서 "대통령령으로 정하는 신기술"이란 건축물의 주요구조부 및 주요구조부에 사용하는 마감재료에 적용하는 신기술을 말한다.

〈신설 20.10.08〉

⑦ 법 제25조제2항제2호에서 "대통령령으로 정하는 건축사"란 건축주가 같은 항 각 호 외의 부분 단서에 따라 허가권자에게 공사감리 지정을 신청한 날부터 최근 10년간 「건축서비스산업 진흥법 시행령」 제11조제1항 각 호의 어느 하나에 해당하는 설계공모 또는 대회에서 당선되거나 최우수 건축 작품으로 수상한 실적이 있는 건축사를 말한다. 〈신설 20.10.08〉

⑧ 법 제25조제13항에서 "해당 계약서 등 대통령령으로 정하는 서류"란 다음 각 호의 서류를 말한다.

〈개정 20.10.08〉

 1. 설계자의 건축과정 참여에 관한 계획서
 2. 건축주와 설계자와의 계약서

</td></tr>
</table>

건축법시행규칙	요 약
건축법시행규칙	요 약

<table>
<tr><th>건 축 법</th><th>건 축 법 시 행 령</th></tr>
</table>

제25조의2 【건축관계자등에 대한 업무제한】

①허가권자는 설계자, 공사시공자, 공사감리자 및 관계전문기술자(이하 "건축관계자등"이라 한다)가 대통령령으로 정하는 주요 건축물에 대하여 제21조에 따른 착공신고 시부터 「건설산업기본법」 제28조에 따른 하자담보책임 기간에 제40조, 제41조, 제48조, 제50조 및 제51조를 위반하거나 중대한 과실로 건축물의 기초 및 주요구조부에 중대한 손괴를 일으켜 사람을 사망하게 한 경우에는 1년 이내의 기간을 정하여 이 법에 의한 업무를 수행할 수 없도록 업무정지를 명할 수 있다.

② 허가권자는 건축관계자등이 제40조, 제41조, 제48조, 제49조, 제50조, 제50조의2, 제51조, 제52조 및 제52조의4을 위반하여 건축물의 기초 및 주요구조부에 중대한 손괴를 일으켜 대통령령으로 정하는 규모 이상의 재산상의 피해가 발생한 경우(제1항에 해당하는 위반행위는 제외한다)에는 다음 각 호에서 정하는 기간 이내의 범위에서 다중이용건축물 등 대통령령으로 정하는 주요 건축물에 대하여 이 법에 의한 업무를 수행할 수 없도록 업무정지를 명할 수 있다.
〈개정 19.04.23〉

1. 최초로 위반행위가 발생한 경우: 업무정지일부터 6개월

2. 2년 이내에 동일한 현장에서 위반행위가 다시 발생한 경우: 다시 업무정지를 받는 날부터 1년

③ 허가권자는 건축관계자등이 제40조, 제41조, 제48조, 제49조, 제50조, 제50조의2, 제51조, 제52조 및 제52조의4를 위반한 경우(제1항 및 제2항에 해당하는 위반행위는 제외한다)와 제28조를 위반하여 가설시설물이 붕괴된 경우에는 기간을 정하여 시정을 명하거나 필요한 지시를 할 수 있다.
〈개정 19.04.23〉

④ 허가권자는 제3항에 따른 시정명령 등에도 불구하고 특별한 이유 없이 이를 이행하지 아니한 경우에는 다음 각 호에서 정하는 기간 이내의 범위에서 이 법에 의한 업무를 수행할 수 없도록 업무정지를 명할 수 있다.

1. 최초의 위반행위가 발생하여 허가권자가 지정한 시정 기간 동안 특별한 사유 없이 시정하지 아니하는 경우: 업무정지일부터 3개월

2. 2년 이내에 제3항에 따른 위반행위가 동일한 현장에서 2차례 발생한 경우: 업무정지일부터 3개월

3. 2년 이내에 제3항에 따른 위반행위가 동일한 현장에서 3차례 발생한 경우: 업무정지일부터 1년

제19조의3 【업무제한 대상 건축물 등】 ① 법 제25조의2제1항에서 "대통령령으로 정하는 주요 건축물"이란 다음 각 호의 건축물을 말한다.

1. 다중이용 건축물

2. 준다중이용 건축물

② 법 제25조의2제2항 각 호 외의 부분에서 "대통령령으로 정하는 규모 이상의 재산상의 피해"란 도급 또는 하도급 받은 금액의 100분의 10 이상으로서 그 금액이 1억원 이상인 재산상의 피해를 말한다.

③ 법 제25조의2제2항 각 호 외의 부분에서 "다중이용건축물 등 대통령령으로 정하는 주요 건축물"이란 다음 각 호의 건축물을 말한다.

1. 다중이용 건축물

2. 준다중이용 건축물

[본조신설 17.02.03]

<table>
<tr><th>건 축 법 시 행 규 칙</th><th>요　　약</th></tr>
</table>

제19조의5 【업무제한 대상 건축물 등의 공개】

국토교통부장관은 법 제25조의2제10항에 따라 같은 조 제9항에 따른 통보사항 중 다음 각 호의 사항을 국토교통부 홈페이지 또는 법 제32조제1항에 따른 전자정보처리 시스템에 게시하는 방법으로 공개하여야 한다.

1. 법 제25조의2제1항부터 제5항까지의 조치를 받은 설계자, 공사시공자, 공사감리자 및 관계전문기술자(같은 조 제7항에 따라 소속 법인 또는 단체에 동일한 조치를 한 경우에는 해당 법인 또는 단체를 포함하며, 이하 이 조에서 "조치대상자"라 한다)의 이름, 주소 및 자격번호(법인 또는 단체는 그 명칭, 사무소 또는 사업소의 소재지, 대표자의 이름 및 법인등록번호)
2. 조치대상자에 대한 조치의 사유
3. 조치대상자에 대한 조치 내용 및 일시
4. 그 밖에 국토교통부장관이 필요하다고 인정하는 사항

[본조신설 17.02.03]

건축관계자등에 대한 업무제한

(1) 업무제한
- 제 한 권 자 : 허가권자
- 제한 대상자 : 건축관계자 등
    - 설계자, 공사시공자, 공사감리자 및 관계전문기술자
- 대상건축물
    1. 다중이용 건축물
    2. 준다중이용 건축물
- 업무정지명령 가능 기간
    - 건축물의 기초 및 주요구조부에 중대한 손괴를 일으켜 사람을 사망하게 한 경우 : 1년 이내의 업무정지

(2) 시정명령
- 아래 규정 위반
    - 제40조　대지의 안전 등
    - 제41조　토지굴착부분에 대한 조치 등
    - 제48조　구조내력 등
    - 제49조　건축물의 피난시설 및 용도제한 등
    - 제50조　건축물의 내화구조와 방화벽
    - 제50조의2　고층건축물의 피난 및 안전관리
    - 제51조　방화지구 안의 건축물
    - 제52조　건축물의 마감재료
    - 제52조의3　복합자재의 품질관리 등
    - 제28조　공사현장의 위해방지 등
        - 가설시설물이 붕괴된 경우
- 시정명령을 이행하지 아니한 경우
    - 업무정지 명령 가능
    1. 최초 위반행위 후 시정하지 아니하는 경우 : 업무정지일부터 3개월
    2. 2년 이내에 위반행위가 동일한 현장에서 2차례 발생한 경우: 업무정지일부터 3개월
    3. 2년 이내에 위반행위가 동일한 현장에서 3차례 발생한 경우: 업무정지일부터 1년
- 업무정지처분 갈음하여 과징금 부과가능
    1. 위 1, 2의 경우 : 3억원 이하
    2. 위 3의 경우: 10억원 이하

<table><tr><th>건 축 법</th><th>건 축 법 시 행 령</th></tr></table>

[제25조의2]

⑤허가권자는 제4항에 따른 업무정지처분을 갈음하여 다음 각 호의 구분에 따라 건축관계자등에게 과징금을 부과할 수 있다.

1. 제4항제1호 또는 제2호에 해당하는 경우: 3억원 이하

2. 제4항제3호에 해당하는 경우: 10억원 이하

⑥ 건축관계자등은 제1항, 제2항 또는 제4항에 따른 업무정지처분에도 불구하고 그 처분을 받기 전에 계약을 체결하였거나 관계 법령에 따라 허가, 인가 등을 받아 착수한 업무는 제22조에 따른 사용승인을 받은 때까지 계속 수행할 수 있다.

⑦ 제1항부터 제5항까지에 해당하는 조치는 그 소속 법인 또는 단체에게도 동일하게 적용한다. 다만, 소속 법인 또는 단체가 위반행위를 방지하기 위하여 해당 업무에 관하여 상당한 주의와 감독을 게을리하지 아니한 경우에는 그러하지 아니하다.

⑧ 제1항부터 제5항까지의 조치는 관계 법률에 따라 건축허가를 의제하는 경우의 건축관계자등에게 동일하게 적용한다.

⑨ 허가권자는 제1항부터 제5항까지의 조치를 한 경우 그 내용을 국토교통부장관에게 통보하여야 한다.

⑩ 국토교통부장관은 제9항에 따라 통보된 사항을 종합관리하고, 허가권자가 해당 건축관계자등과 그 소속 법인 또는 단체를 알 수 있도록 국토교통부령으로 정하는 바에 따라 공개하여야 한다.

⑪ 건축관계자등, 소속 법인 또는 단체에 대한 업무정지처분을 하려는 경우에는 청문을 하여야 한다.

[본조신설 16.02.03]

<table>
<tr><td align="center">건축법시행규칙</td><td align="center">요　　　약</td></tr>
<tr><td></td><td></td></tr>
</table>

건　축　법	건 축 법 시 행 령
제26조【 허용오차 】 대지의 측량(「측량 · 수로조사 및 지적에 관한 법률」에 따른 측량은 제외한다) 이나 건축물의 건축 과정에서 부득이하게 발생하는 오차는 이 법을 적용할 때 국토교통부령으로 정하는 범위에서 허용한다.　　　　〈개정 13.03.23〉	

<table>
<tr><td align="center">건 축 법 시 행 규 칙</td><td align="center">요　　　약</td></tr>
<tr><td valign="top">

제20조 【 허용오차 】 법 제26조에 따른 허용 오차의 범위는 별표 5와 같다. 〈개정 08.12.11〉

</td><td valign="top">

허용오차

대지의 측량(측량·수로조사 및 지적에 관한 법률에 의한 측량 제외) 과정과 건축물의 건축에 있어 부득이하게 발생하는 오차 허용
[별표5]

1. 대지관련 건축기준의 허용오차

항　목	허용되는 오차의 범위
건축선의 후퇴거리	3 % 이내
대지 안의 통로	5 % 이내
대지 안의 공지	5 % 이내
건축물의 인동간 거리	3 % 이내
건 폐 율	0.5 % 이내(건축면적 5 ㎡ 이내)
용 적 률	1 % 이내(연면적 30 ㎡ 이내)

2. 건축물 관련 건축기준의 허용오차

항　목	허용되는 오차의 범위
건축물 높이	2 % 이내 (1 m 이내)
평면 길이	2 % 이내 (건축물 전체길이는 1 m 이내, 벽으로 구획된 각실의 경우에는 10 ㎝ 이내)
복도 폭	1 % 이내(10 ㎝ 이내)
출구 폭	2 % 이내
반자 높이	2 % 이내
벽체 두께	3 % 이내
바닥판 두께	3 % 이내

</td></tr>
</table>

<table>
<tr><th>건 축 법</th><th>건 축 법 시 행 령</th></tr>
</table>

제27조【현장조사·검사 및 확인업무의 대행】

① 허가권자는 이 법에 따른 현장조사·검사 및 확인 업무를 대통령령으로 정하는 바에 따라 「건축사법」 제23조에 따라 건축사사무소개설 신고를 한 자에게 대행하게 할 수 있다. 〈개정 14.05.28〉

② 제1항에 따라 업무를 대행하는 자는 현장조사·검사 또는 확인결과를 국토교통부령으로 정하는 바에 따라 허가권자에게 서면으로 보고하여야 한다.
〈개정 13.03.23〉

③ 허가권자는 제1항에 따른 자에게 업무를 대행하게 한 경우 국토교통부령으로 정하는 범위에서 해당 지방자치단체의 조례로 정하는 수수료를 지급하여야 한다. 〈개정 13.03.23〉

제20조【현장조사·검사 및 확인업무의 대행】

①허가권자는 법 제27조제1항에 따라 건축조례로 정하는 건축물의 건축허가, 건축신고, 사용승인 및 임시사용승인과 관련되는 현장조사·검사 및 확인업무를 건축사로 하여금 대행하게 할 수 있다. 이 경우 허가권자는 건축물의 사용승인 및 임시사용승인과 관련된 현장조사·검사 및 확인업무를 대행할 건축사를 다음 각 호의 기준에 따라 선정하여야 한다. 〈개정 14.11.28〉

 1. 해당 건축물의 설계자 또는 공사감리자가 아닐 것

 2. 건축주의 추천을 받지 아니하고 직접 선정할 것

② 시·도지사는 법 제27조제1항에 따라 현장조사·검사 및 확인업무를 대행하게 하는 건축사(이하 이 조에서 "업무대행건축사"라 한다)의 명부를 모집공고를 거쳐 작성·관리해야 한다. 이 경우 시·도지사는 미리 관할 시장·군수·구청장과 협의해야 한다.
〈개정 21.01.08〉

③ 허가권자는 제2항에 따른 명부에서 업무대행건축사를 지정해야 한다. 〈신설 21.01.08〉

④ 제2항 및 제3항에 따른 업무대행건축사 모집공고, 명부 작성·관리 및 지정에 필요한 사항은 시·도의 조례로 정한다. 〈신설 21.01.08〉

<table>
<tr><th>건 축 법 시 행 규 칙</th><th>요 약</th></tr>
<tr><td>

제21조 【현장조사·검사업무의 대행】 ①법 제27조제2항에 따라 현장조사·검사 또는 확인업무를 대행하는 자는 허가권자에게 별지 제23호서식의 건축허가조사 및 검사조서 또는 별지 제24호서식의 사용승인조사 및 검사조서를 제출하여야 한다. 〈개정 08.12.11〉

②허가권자는 제1항에 따라 건축허가 또는 사용승인을 하는 것이 적합한 것으로 표시된 건축허가조사 및 검사조서 또는 사용승인조사 및 검사조서를 받은 때에는 지체 없이 건축허가서 또는 사용승인서를 교부하여야 한다. 다만, 법 제11조제2항에 따라 건축허가를 할 때 도지사의 승인이 필요한 건축물인 경우에는 미리 도지사의 승인을 받아 건축허가서를 발급하여야 한다. 〈개정 08.12.11〉

③허가권자는 법 제27조제3항에 따라 현장 조사·검사 및 확인업무를 대행하는 자에게 「엔지니어링산업진흥법」 제31조에 따라 산업통상자원부장관이 고시하는 엔지니어링사업 대가기준에 따라 산정한 대가 이상의 범위에서 건축조례로 정하는 수수료를 지급하여야 한다. 〈개정 14.10.15〉

</td><td>

현장조사·검사 및 확인업무의 대행

(1) 업무대행자
  건축사법에 의한 건축사사무소를 등록한 자
  1. 건축허가 시
     모든 건축사
  2. 사용승인 시
    1) 당해 설계자 또는 공사감리자가 아닐 것
    2) 건축주 추천없이 직접 선정

(2) 대행업무범위, 절차 등
  조례에 위임

(3) 업무결과보고
  업무를 대행하는 자는 현장조사·검사 또는 확인 결과를 시장·군수·구청장에게 서면으로 보고

(4) 수수료지급
  업무대행자에게 당해 지방자치단체의 조례로 정하는 수수료 지급

</td></tr>
</table>

건 축 법	건 축 법 시 행 령

제28조 【공사현장의 위해방지 등】
① 건축물의 공사시공자는 대통령령으로 정하는 바에 따라 공사현장의 위해를 방지하기 위하여 필요한 조치를 하여야 한다.
② 허가권자는 건축물의 공사와 관련하여 건축관계자 간 분쟁상담 등의 필요한 조치를 하여야 한다.

제29조 【공용건축물에 대한 특례】 ① 국가나 지방자치단체는 제11조, 제14조, 제19조, 제20조 및 제83조에 따른 건축물을 건축·대수선·용도변경하거나 가설건축물을 건축하거나 공작물을 축조하려는 경우에는 대통령령으로 정하는 바에 따라 미리 건축물의 소재지를 관할하는 허가권자와 협의하여야 한다.
② 국가나 지방자치단체가 제1항에 따라 건축물의 소재지를 관할하는 허가권자와 협의한 경우에는 제11조, 제14조, 제19조, 제20조 및 제83조에 따른 허가를 받았거나 신고한 것으로 본다. 〈개정 11.05.30〉
③ 제1항에 따라 협의한 건축물에는 제22조제1항부터 제3항까지의 규정을 적용하지 아니한다. 다만, 건축물의 공사가 끝난 경우에는 지체 없이 허가권자에게 통보하여야 한다.
④ 국가나 지방자치단체가 소유한 대지의 지상 또는 지하 여유공간에 구분지상권을 설정하여 주민편의시설 등 대통령령으로 정하는 시설을 설치하고자 하는 경우 허가권자는 구분지상권자를 건축주로 보고 구분지상권이 설정된 부분을 제2조제1항제1호의 대지로 보아 건축허가를 할 수 있다. 이 경우 구분지상권 설정의 대상 및 범위, 기간 등은 「국유재산법」 및 「공유재산 및 물품 관리법」에 적합하여야 한다. 〈신설 16.01.19〉

제21조 【공사현장의 위해방지】 건축물의 시공 또는 철거에 따른 유해·위험의 방지에 관한 사항은 산업안전보건에 관한 법령에서 정하는 바에 따른다.
〈개정 08.10.29〉

제22조 【공용건축물에 대한 특례】 ① 국가 또는 지방자치단체가 법 제29조에 따라 건축물을 건축하려면 해당 건축공사를 시행하는 행정기관의 장 또는 그 위임을 받은 자는 건축공사에 착수하기 전에 그 공사에 관한 설계도서와 국토교통부령으로 정하는 관계 서류를 허가권자에게 제출(전자문서에 의한 제출을 포함한다)하여야 한다. 다만, 국가안보상 중요하거나 국가기밀에 속하는 건축물을 건축하는 경우에는 설계도서의 제출을 생략할 수 있다. 〈개정 13.03.23〉
② 허가권자는 제1항 본문에 따라 제출된 설계도서와 관계 서류를 심사한 후 그 결과를 해당 행정기관의 장 또는 그 위임을 받은 자에게 통지(해당 행정기관의 장 또는 그 위임을 받은 자가 원하거나 전자문서로 제1항에 따른 설계도서 등을 제출한 경우에는 전자문서로 알리는 것을 포함한다)하여야 한다.
③ 국가 또는 지방자치단체는 법 제29조제3항 단서에 따라 건축물의 공사가 완료되었음을 허가권자에게 통보하는 경우에는 국토교통부령으로 정하는 관계 서류를 첨부하여야 한다. 〈개정 13.03.23〉
④ 법 제29조제4항 전단에서 "주민편의시설 등 대통령령으로 정하는 시설"이란 다음 각 호의 시설을 말한다.
〈신설 16.07.19〉
1. 제1종 근린생활시설
2. 제2종 근린생활시설(총포판매소, 장의사, 다중생활시설, 제조업소, 단란주점, 안마시술소 및 노래연습장은 제외한다)
3. 문화 및 집회시설
   (공연장 및 전시장으로 한정한다)
4. 의료시설
5. 교육연구시설
6. 노유자시설
7. 운동시설
8. 업무시설(오피스텔은 제외한다)
[전문개정 08.10.29]

<table>
<tr><th style="text-align:center">건 축 법 시 행 규 칙</th><th style="text-align:center">요　　　　약</th></tr>
<tr><td>

제22조 【공용건축물의 건축에 있어서의 제출서류】
①영 제22조제1항에서 "국토교통부령으로 정하는 관계 서류"란 제6조·제12조·제12조의2의 규정에 의한 관계도서 및 서류(전자문서를 포함한다)를 말한다.
〈개정 13.03.23〉
②영 제22조제3항에서 "국토교통부령으로 정하는 관계 서류"란 다음 각 호의 서류(전자문서를 포함한다)를 말한다.　　　　　　　　　　〈개정 13.03.23〉
1. 별지 제17호서식의 사용승인신청서. 이 경우 구비 서류는 현황도면에 한한다.
2. 별지 제24호서식의 사용승인조사 및 검사조서
</td><td>

공사현장의 위해방지 등

1. 공사시공자 조치
　- 유해·위험예방조치
【관계법】「 산업안전보건법 」제23조 내지 제41조

구　분	조치 내용
3층 이상인 건축물의 공사현장	주위에 1.8M 이상 가설울타리 설치
공사현장 경계선에서 수평거리 5m, 지표면에서 높이 5m 이상인 곳	찌꺼기, 자재 등 투하 시 D·C 사용 등
공사용 자재	붕괴 시 위해가 없게 안전하게 적재
공사 중 불사용	불연재료로 구획하거나 방화조치
고압전선 설치 시	위험표시, 절연시설 등 안전조치

2. 허가권자 조치
　건축관계자 간 분쟁상담 등의 필요한 조치

공용건축물에 대한 특례

1. 국가나 지방 단체가 건축 등을 할 경우
　～ 미리 건축물의 소재지를 관할하는
　　　허가권자와 협의
　※ 설계도서 및 관계서류～공사착수 전 제출
　(국가보안상 중요, 국가기밀에 속할 때 설계도서 제출 생략가능)
2. 협의한 경우
　～ 건축허가·신고한 것으로 간주
3. 사용검사 생략
　※ 공사완료 후 관계서류 첨부 허가권자에게 통보
　1) 사용승인신청서 - 현황도면
　2) 사용승인조사 및 검사조서
4. 국가나 지방자치단체가 소유한 대지의 지상 또는 지하 여유공간에 구분지상권을 설정하여 주민편의시설 등의 시설을 설치하고자 하는 경우
　- 허가권자는 구분지상권자를 건축주로 보고 구분지상 권이 설정된 부분을 대지로 보아 건축허가 가능
</td></tr>
</table>

<table>
<tr><th>건 축 법</th><th>건 축 법 시 행 령</th></tr>
<tr><td>

제30조【건축통계 등】 ① 허가권자는 다음 각 호의 사항(이하 "건축통계"라 한다)을 국토교통부령으로 정하는 바에 따라 국토교통부장관이나 시·도지사에게 보고하여야 한다.　　　　〈개정 13.03.23〉

　1. 제11조에 따른 건축허가 현황

　2. 제14조에 따른 건축신고 현황

　3. 제19조에 따른 용도변경허가 및 신고 현황

　4. 제21조에 따른 착공신고 현황

　5. 제22조에 따른 사용승인 현황

　6. 그 밖에 대통령령으로 정하는 사항

② 건축통계의 작성 등에 필요한 사항은 국토교통부령으로 정한다.　　　　〈개정 13.03.23〉

제31조【건축행정 전산화】

① 국토교통부장관은 이 법에 따른 건축행정 관련 업무를 전산처리하기 위하여 종합적인 계획을 수립·시행할 수 있다.　　　　〈개정 13.03.23〉

② 허가권자는 제10조, 제11조, 제14조, 제16조, 제19조부터 제22조까지, 제25조, 제29조, 제30조, 제38조, 제83조 및 제92조에 따른 신청서, 신고서, 첨부서류, 통지, 보고 등을 디스켓, 디스크 또는 정보통신망 등으로 제출하게 할 수 있다.

　　　　〈개정 19.04.30〉

</td><td></td></tr>
</table>

건 축 법 시 행 규 칙	요　　약
	  건축통계 등 허가권자가 국토교통부장관 또는 시·도지사에게 보고할 내용 | 법조항	내용
법 제11조	건축허가현황
법 제14조	건축신고현황
법 제19조	용도변경 허가 및 신고 현황
법 제21조	착공신고현황
법 제22조	사용승인현황
그 밖에 대통령령으로 정하는 사항 || **건축행정 전산화** 1. 국토교통부장관 　건축행정 관련업무를 전산처리하기 위하여 　종합적인 계획을 수립·시행할 수 있다. 2. 허가권자 　아래 규정에 의한 신청서·신고서·첨부서류 등을 　디스켓·디스크 또는 컴퓨터통신 등으로 제출하게 　할 수 있다. | 법 조 항	내　용
법 제10조	건축 관련 입지와 규모의 사전결정
법 제11조	건 축 허 가
법 제14조	건 축 신 고
법 제16조	허가와 신고사항의 변경
법 제19조	용 도 변 경
법 제20조	가설 건축물
법 제21조	착공신고 등
법 제22조	건축물의 사용승인
법 제25조	건축물의 공사감리
법 제29조	공용건축물에 대한 특례
법 제30조	건축통계 등
법 제35조	건축물의 유지·관리
법 제36조	건축물의 철거 등의 신고
법 제38조	건축물 대장
법 제83조	옹벽 등의 공작물에의 준용
법 제92조	조정 등의 신청	

건 축 법	건 축 법 시 행 령

제32조 【건축 허가업무 등의 전산처리 등】

① 허가권자는 건축허가 업무 등의 효율적인 처리를 위하여 국토교통부령으로 정하는 바에 따라 전자정보처리 시스템을 이용하여 이 법에 규정된 업무를 처리할 수 있다. 〈개정 13.03.23〉

② 제1항에 따른 전자정보처리 시스템에 따라 처리된 자료(이하 "전산자료"라 한다)를 이용하려는 자는 대통령령으로 정하는 바에 따라 관계 중앙행정기관의 장의 심사를 거쳐 다음 각 호의 구분에 따라 국토교통부장관, 시·도지사 또는 시장·군수·구청장의 승인을 받아야 한다. 다만, 지방자치단체의 장이 승인을 신청하는 경우에는 관계 중앙행정기관의 장의 심사를 받지 아니한다. 〈개정 22.06.10〉

1. 전국 단위의 전산자료 : 국토교통부장관
2. 특별시·광역시·특별자치시·도·특별자치도(이하 "시·도"라 한다) 단위의 전산자료 : 시·도지사
3. 시·군 또는 구(자치구를 말한다. 이하 같다) 단위의 전산자료 : 시장·군수·구청장

제22조의 2 【건축 허가업무 등의 전산처리 등】

① 법 제32조제2항 각 호 외의 부분 본문에 따라 같은 조 제1항에 따른 전자정보처리 시스템으로 처리된 자료(이하 "전산자료"라 한다)를 이용하려는 자는 관계 중앙행정기관의 장의 심사를 받기 위하여 다음 각 호의 사항을 적은 신청서를 관계 중앙행정기관의 장에게 제출하여야 한다.

1. 전산자료의 이용 목적 및 근거
2. 전산자료의 범위 및 내용
3. 전산자료를 제공받는 방식
4. 전산자료의 보관방법 및 안전관리대책 등

② 제1항에 따라 전산자료를 이용하려는 자는 전산자료의 이용목적에 맞는 최소한의 범위에서 신청하여야 한다.

③ 제1항에 따른 신청을 받은 관계 중앙행정기관의 장은 다음 각 호의 사항을 심사한 후 신청받은 날부터 15일 이내에 그 심사결과를 신청인에게 알려야 한다.

1. 제1항 각 호의 사항에 대한 타당성·적합성 및 공익성
2. 법 제32조제3항에 따른 개인정보 보호기준에의 적합 여부
3. 전산자료의 이용목적 외 사용방지 대책의 수립 여부

④ 법 제32조제2항에 따라 전산자료 이용의 승인을 받으려는 자는 국토교통부령으로 정하는 건축행정 전산자료 이용승인 신청서에 제3항에 따른 심사결과를 첨부하여 국토교통부장관, 시·도지사 또는 시장·군수·구청장에게 제출하여야 한다. 다만, 중앙행정기관의 장 또는 지방자치단체의 장이 전산자료를 이용하려는 경우에는 전산자료 이용의 근거·목적 및 안전관리대책 등을 적은 문서로 승인을 신청할 수 있다. 〈개정 13.03.23〉

<table>
<tr><th>건 축 법 시 행 규 칙</th><th>요 약</th></tr>
<tr><td>

제22조의2 【전자정보처리시스템의 이용】
① 법 제32조제1항에 따라 허가권자는 정보통신망 이용환경의 미비, 전산장애 등 불가피한 경우를 제외하고는 전자정보시스템을 이용하여 건축허가 등의 업무를 처리하여야 한다.
② 제1항에 따른 전자정보처리시스템의 구축, 운영 및 관리에 관한 세부적인 사항은 국토교통부장관이 정한다. 〈개정 13.03.23〉
[본조신설 2010.8.5]

제22조의 3 【건축 허가업무 등의 전산처리 등】
영 제22조의2제4항에 따라 전산자료 이용의 승인을 얻으려는 자는 별지 제24호의2서식의 건축행정전산자료 이용승인신청서를 국토교통부장관, 특별시장·광역시장·도지사 또는 특별자치도지사(이하 "시·도지사"라 한다)나 시장·군수·구청장에게 제출하여야 한다. 〈개정 13.03.23〉
[본조신설 06.5.12]

</td><td>

건축 허가업무 등의 전산처리 등

(1) 전자정보처리시스템을 이용 건축허가 등의 업무처리

(2) 전자정보처리시스템의 구축, 운영 및 관리
 - 세부적인 사항은 국토교통부장관이 정한다.

(3) 전산자료 이용 신청
  1. 전산자료의 이용목적 및 근거
  2. 전산자료의 범위 및 내용
  3. 전산자료를 제공받는 방식
  4. 전산자료의 보관방법 및 안전관리대책 등

(4) 전산자료 이용 승인
  1. 전국 단위의 전산자료 : 국토교통부장관
  2. 시·도의 전산자료 : 시·도지사
  3. 시·군·구 단위의 전산자료 : 시장·군수·구청장

(5) 심사결과 통보 : 신청 15일 이내
  1. 타당성·적합성 및 공익성
  2. 개인정보보호기준에의 적합 여부
  3. 전산자료의 이용목적 외 사용방지 대책의 수립 여부

</td></tr>
</table>

<table>
<tr><th>건 축 법</th><th>건 축 법 시 행 령</th></tr>
<tr><td>

[제32조]

③ 국토교통부장관, 시·도지사 또는 시장·군수·구청장이 제2항에 따른 승인신청을 받은 경우에는 건축허가 업무 등의 효율적인 처리에 지장이 없고 대통령령으로 정하는 건축주 등의 개인정보 보호기준을 위반하지 아니한다고 인정되는 경우에만 승인할 수 있다. 이 경우 용도를 한정하여 승인할 수 있다.

〈개정 13.03.23〉

④제2항 및 제3항에도 불구하고 건축물의 소유자가 본인 소유의 건축물에 대한 소유 정보를 신청하거나 건축물의 소유자가 사망하여 그 상속인이 피상속인의 건축물에 대한 소유 정보를 신청하는 경우에는 승인 및 심사를 받지 아니할 수 있다.

〈신설 17.10.24〉

⑤제2항에 따른 승인을 받아 전산자료를 이용하려는 자는 사용료를 내야 한다.

⑥ 제1항부터 제5항까지의 규정에 따른 전자정보처리 시스템의 운영에 관한 사항, 전산자료의 이용 대상 범위와 심사기준, 승인절차, 사용료 등에 관하여 필요한 사항은 대통령령으로 정한다.

</td><td>

[제22조의 2]

⑤ 법 제32조제3항 전단에서 "대통령령으로 정하는 건축주 등의 개인정보 보호기준"이란 다음 각 호의 기준을 말한다.

1. 신청한 전산자료는 그 자료에 포함되어 있는 성명·주민등록번호 등의 사항에 따라 특정 개인임을 알 수 있는 정보(해당 정보만으로는 특정 개인을 식별할 수 없더라도 다른 정보와 쉽게 결합하여 식별할 수 있는 정보를 포함한다), 그 밖에 개인의 사생활을 침해할 우려가 있는 정보가 아닐 것. 다만, 개인의 동의가 있거나 다른 법률에 근거가 있는 경우에는 이용하게 할 수 있다.

2. 제1호 단서에 따라 개인정보가 포함된 전산자료를 이용하는 경우에는 전산자료의 이용목적 외의 사용 또는 외부로의 누출·분실·도난 등을 방지할 수 있는 안전관리대책이 마련되어 있을 것

⑥국토교통부장관, 시·도지사 또는 시장·군수·구청장은 법 제32조제3항에 따라 전산자료의 이용을 승인하였으면 그 승인한 내용을 기록·관리하여야 한다.

〈개정 13.03.23〉

[전문개정 08.10.29]

</td></tr>
</table>

건 축 법 시 행 규 칙	요 약
	(5) 개인정보보호기준 　1. 신청한 전산자료는 성명·주민등록번호 등 　　특정개인임을 알 수 있는 정보 그 밖에 개인의 　　사생활을 침해할 우려가 있는 정보가 아닐 것. 　　[예외] 개인의 동의나 법률에 근거가 있는 경우 　2. 개인정보가 포함된 전산자료를 이용하는 경우 　　전산자료의 이용목적 외의 사용 또는 외부로의 　　누출·분실·도난 등을 방지할 수 있는 안전관리 　　대책이 마련되어 있을 것 **(6) 운용세부 기준** 　1. 전자정보처리시스템의 운영에 관한 사항 　2. 전산자료의 이용대상범위와 심사기준 　3. 승인절차 　4. 사용료 등

<table>
<tr><th>건 축 법</th><th>건 축 법 시 행 령</th></tr>
</table>

제33조 【전산자료의 이용자에 대한 지도·감독】

① 국토교통부장관, 시·도지사 또는 시장·군수·구청장은 개인정보의 보호 및 전산자료의 이용목적 외 사용 방지 등을 위하여 필요하다고 인정되면 전산자료의 보유 또는 관리 등에 관한 사항에 관하여 제32조에 따라 전산자료를 이용하는 자를 지도·감독할 수 있다. 〈개정 19.08.20〉

② 제1항에 따른 지도·감독의 대상 및 절차 등에 관하여 필요한 사항은 대통령령으로 정한다.

제22조의 3 【전산자료의 이용자에 대한 지도·감독의 대상 등】

① 법 제33조제1항에 따라 전산자료를 이용하는 자에 대하여 그 보유 또는 관리 등에 관한 사항을 지도·감독하는 대상은 다음 각 호의 구분에 따른 전산자료(다른 법령에 따라 제공받은 전산자료를 포함한다)를 이용하는 자로 한다. 다만, 국가 및 지방자치단체는 제외한다. 〈개정 13.03.23〉

 1. 국토교통부장관: 연간 50만 건 이상 전국 단위의 전산자료를 이용하는 자

 2. 시·도지사: 연간 10만 건 이상 시·도 단위의 전산자료를 이용하는 자

 3. 시장·군수·구청장: 연간 5만 건 이상 시·군·구 단위의 전산자료를 이용하는 자

② 국토교통부장관, 시·도지사 또는 시장·군수·구청장은 법 제33조제1항에 따른 지도·감독을 위하여 필요한 경우에는 제1항에 따른 지도·감독 대상에 해당하는 자에 대하여 다음 각 호의 자료를 제출하도록 요구할 수 있다. 〈개정 13.03.23〉

 1. 전산자료의 이용실태에 관한 자료

 2. 전산자료의 이용에 따른 안전관리대책에 관한 자료

③ 제2항에 따라 자료제출을 요구받은 자는 정당한 사유가 있는 경우를 제외하고는 15일 이내에 관련 자료를 제출하여야 한다.

④ 국토교통부장관, 시·도지사 또는 시장·군수·구청장은 법 제33조제1항에 따라 전산자료의 이용실태에 관한 현지조사를 하려면 조사대상자에게 조사 목적·내용, 조사자의 인적사항, 조사 일시 등을 7일 전까지 알려야 한다. 〈개정 19.08.06〉

⑤ 국토교통부장관, 시·도지사 또는 시장·군수·구청장은 제4항에 따른 현지조사 결과를 조사대상자에게 알려야 하며, 조사 결과 필요한 경우에는 시정을 요구할 수 있다. 〈개정 13.03.23〉

[전문개정 08.10.29]

건축법시행규칙	요 약

전산자료의 이용자에 대한 지도·감독

(1) 지도 감독 대상

　1. 국토교통부장관 :

　　연간 50만건 이상 전국 단위의 전산자료 이용자

　2. 시·도지사 :

　　연간 10만건 이상 시·도 단위의 전산자료 이용자

　3. 시장·군수·구청장 :

　　연간 5만건 이상 시·군·구 단위의 전산자료 이용자

(2) 자료제출 요구

　1. 전산자료 이용실태에 관한 자료

　2. 전산자료 안전관리대책에 관한 자료

(3) 자료제출 기한

　15일 이내

(4) 이용실태 현지조사 : 7일 전까지 통지

　1. 조사목적 및 내용

　2. 조사자의 인적사항

　3. 조사일시 등

<table>
<tr><th>건 축 법</th><th>건 축 법 시 행 령</th></tr>
<tr><td>

제34조【건축종합민원실의 설치】 특별자치시장 · 특별자치도지사 또는 시장·군수·구청장은 대통령령으로 정하는 바에 따라 건축허가, 건축신고, 사용승인 등 건축과 관련된 민원을 종합적으로 접수하여 처리할 수 있는 민원실을 설치 · 운영하여야 한다.

〈개정 14.01.14〉

</td><td>

제22조의 4【건축에 관한 종합민원실】 ① 법 제34조에 따라 특별자치시 · 특별자치도 또는 시 · 군 · 구에 설치하는 민원실은 다음 각 호의 업무를 처리한다.

〈개정 14.10.14〉

1. 법 제22조에 따른 사용승인에 관한 업무
2. 법 제27조제1항에 따라 건축사가 현장조사 · 검사 및 확인업무를 대행하는 건축물의 건축허가와 사용승인 및 임시사용승인에 관한 업무
3. 건축물대장의 작성 및 관리에 관한 업무
4. 복합민원의 처리에 관한 업무
5. 건축허가 · 건축신고 또는 용도변경에 관한 상담 업무
6. 건축관계자 사이의 분쟁에 대한 상담
7. 그 밖에 특별자치시장 · 특별자치도지사 또는 시장 · 군수 · 구청장이 주민의 편익을 위하여 필요하다고 인정하는 업무

② 제1항에 따른 민원실은 민원인의 이용에 편리한 곳에 설치하고, 그 조직 및 기능에 관하여는 특별자치시 · 특별자치도 또는 시 · 군 · 구의 규칙으로 정한다.　　　　〈개정 14.10.14〉

[전문개정 08.10.29]

</td></tr>
</table>

건 축 법 시 행 규 칙	요 약

	건축종합민원실의 설치
	
	(1) 업무내용
	  1. 사용승인
	  2. 건축사 대행 건축물의 건축허가·사용승인·
	    임시사용승인
	  3. 건축물대장 작성, 관리
	  4. 복합민원 처리
	  5. 건축허가·건축신고 또는 용도변경에 관한
	    상담 업무
	  6. 건축관계자 사이의 분쟁에 대한 상담
	  7. 그 밖에 허가권자가 주민의 편익을 위하여
	    필요하다고 인정하는 업무
	
	(2) 설치장소
	  민원인의 이용에 편리한 곳
	
	(3) 조직·기능
	  특별자치시·특별자치도 또는 시·군·구의 규칙

<table>
<tr><th>건축물관리법</th><th>건축물관리법시행령</th></tr>
</table>

제3장 건축물의 유지와 관리

제12조 [건축물의 유지·관리] ① 관리자는 건축물, 대지 및 건축설비를 「건축법」 제40조부터 제48조까지, 제48조의4, 제49조, 제50조, 제50조의2, 제51조, 제52조, 제52조의2, 제53조, 제53조의2, 제54조부터 제58조까지, 제60조부터 제62조까지, 제64조, 제65조의2, 제67조 및 제68조와 「녹색건축물 조성 지원법」 제15조, 제15조의2, 제16조 및 제17조에 적합하도록 관리하여야 한다. 이 경우 「건축법」 제65조의2 및 「녹색건축물 조성 지원법」 제16조·제17조는 인증을 받은 경우로 한정한다.

② 건축물의 구조, 재료, 형식, 공법 등이 특수한 건축물 중 대통령령으로 정하는 건축물은 제1항 또는 제13조부터 제15조까지의 규정을 적용할 때 대통령령으로 정하는 바에 따라 건축물관리 방법·절차 및 점검기준을 강화 또는 변경하여 적용할 수 있다.

[본조제정 19.04.30]

제3장 건축물의 유지와 관리

제7조 [특수한 건축물의 구조안전 확인]

① 법 제12조제2항에서 "대통령령으로 정하는 건축물"이란 다음 각 호의 건축물을 말한다.

1. 「건축법 시행령」 제2조제18호에 따른 특수구조 건축물

2. 무량판 구조(보가 없이 바닥판·기둥으로 구성된 구조를 말한다)를 가진 건축물

② 제1항에 따른 건축물은 법 제12조제2항에 따라 다음 각 호의 기준을 적용하여 점검한다.

1. 해당 건축물의 구조안전에 대한 경험과 지식을 갖춘 사람이 외관조사를 실시할 것

2. 법 제18조제3항에 따른 점검책임자는 건축물의 특수구조 및 구조 변경에 관한 정보 등을 사전 검토하고, 점검계획을 수립할 것

3. 「건축법 시행령」 제2조제18호가목 또는 나목에 해당하는 건축물은 부재의 균열 및 손상 등을 관찰할 것

③ 제2항에서 규정한 사항 외에 해당 건축물 점검 기준의 강화 또는 변경과 관련된 사항은 국토교통부장관이 법 제17조에 따른 건축물관리점검지침(이하 "건축물관리점검지침"이라 한다)으로 정하여 고시한다.

건 축 물 관 리 법 시 행 규 칙	요 약

	건축물의 유지·관리
	
	유지관리 의무자 : 건축물의 소유자 또는 관리자
	   – 건축물·대지 및 건축설비가 법 규정에 적합하게
	     유지·관리

건 축 물 관 리 법	건 축 물 관 리 법 시 행 령
제13조【정기점검의 실시】 ① 다중이용 건축물 등 대통령령으로 정하는 건축물의 관리자는 건축물의 안전과 기능을 유지하기 위하여 정기점검을 실시하여야 한다. ② 정기점검은 대지, 높이 및 형태, 구조안전, 화재안전, 건축설비, 에너지 및 친환경 관리, 범죄예방, 건축물관리계획의 수립 및 이행 여부 등 대통령령으로 정하는 항목에 대하여 실시한다. 다만, 해당 연도에 「도시 및 주거환경정비법」, 「공동주택관리법」 또는「시설물의 안전 및 유지관리에 관한 특별법」에 따른 안전점검 또는 안전진단이 실시된 경우에는 정기점검 중 구조안전에 관한 사항을 생략할 수 있다. ③ 제1항에 따른 정기점검은 해당 건축물의 사용승인일부터 5년 이내에 최초로 실시하고, 점검을 시작한 날을 기준으로 3년(매 3년이 되는 해의 기준일과 같은 날 전날까지를 말한다)마다 실시 하여야 한다. ④ 정기점검의 실시 절차 및 방법 등 필요한 사항은 대통령령으로 정한다.	**제8조【정기점검 대상 건축물 등】** ① 법 제13조제1항에서 "다중이용 건축물 등 대통령령으로 정하는 건축물"이란 다음 각 호의 건축물을 말한다. 다만,「학교안전사고 예방 및 보상에 관한 법률」제2조제1호에 따른 학교,「공동주택관리법」제2조제1항제2호에 따른 의무관리대상 공동주택, 「유통산업발전법」제2조제3호 · 제4호에 따른 대규모점포 · 준대규모점포 및 정 기점검을 실시해야 하는 날부터 3년 이내에「공동주택관리법」제34조제2호 에 따라 소규모 공동주택 안전관리를 실시한 공동주택은 제외한다. 1.「다중이용업소의 안전관리에 관한 특별법」에 따른 다중이용업소가 있는 건축물로서 특별자치시 · 특별자치도 · 시 · 군 · 구(자치구를 말한 다)의 조례(이하 "시 · 군 · 구 조례"라 한다)로 정하는 건축물 2.「집합건물의 소유 및 관리에 관한 법률」을 적용받는 건축물로서 연면적 3천제곱미터 이상인 건축물 3.「건축법 시행령」 제2조제17호에 따른 다중이용 건축물 4.「건축법 시행령」 제2조제17호의2에 따른 준다중이용 건축물로서 같은 조 제18호에 따른 특수구조 건축물에 해당하는 건축물 ② 법 제13조제1항에 따른 정기점검(이하 "정기점검"이라 한다)을 실시해야 하는 건축물의 관리자는 법 제18조제1항에 따라 지정을 통지받은 건축물 관리점검기관에 점검을 의뢰해야 한다. ③ 법 제13조제2항 본문에서 "대지, 높이 및 형태, 구조안전, 화재안전, 건축설비, 에너지 및 친환경 관리, 범죄예방, 건축물관리계획의 수립 및 이행 여부 등 대통령령으로 정하는 항목"이란 다음 각 호의 구분에 따른 항목을 말한다. 1. 대지 : 「건축법」 제40조, 제42조부터 제44조까지 및 제47조에 적합 한지 여부 2. 높이 및 형태: 「건축법」 제55조, 제56조, 제58조, 제60조 및 제61조 에 적합한지 여부 3. 구조안전 　가. 「건축법」 제48조에 적합한지 여부 　나. 건축물의 외관 및 주요구조부의 상태 등 건축물관리점검지침에서 정하는 사항에 적합한지 여부(「건축법」 제22조에 따른 사용승인을 받은 날부터 20년이 지난 후에 처음 실시하는 정기점검만 해당한다) 4. 화재안전: 「건축법」 제49조, 제50조, 제50조의2, 제51조, 제52조, 제52조의2 및 제53조에 적합한지 여부 5. 건축설비: 「건축법」 제62조 및 제64조에 적합한지 여부 6. 에너지 및 친환경 관리: 「건축법」 제65조의2와 「녹색건축물 조성지원법」 제15조, 제15조의2, 제16조 및 제17조에 적합한지 여부 7. 범죄예방: 「건축법」 제53조의2에 적합한지 여부 8. 건축물관리계획: 수립 및 이행이 적합한지 여부

<table>
<tr><th>건 축 물 관 리 법 시 행 규 칙</th><th>요　　　　약</th></tr>
<tr><td></td><td>

정기점검 및 수시점검 실시

(1) 점검시기
- 사용승인일 기준 5년이 지난날부터 3년마다 한번 정기점검 실시.(수시점검을 완료한 날 포함)
- 대상
1. 다중이용업소가 있는 건축물로서 조례로 정하는 건축물
2. 「집합건물의 소유 및 관리에 관한 법률」 적용받는 연면적 3천제곱미터 이상인 건축물
3. 다중이용 건축물
4. 준다중이용 건축물로서 특수구조 건축물

(2) 점검항목
1. 대지
2. 높이 및 형태
3. 구조안전
4. 화재안전
5. 건축설비
6. 에너지 및 친환경 관리
7. 범죄예방
8. 건축물관리계획
9. 그 밖의 항목
　가. 안전점검 등 이행 여부
　나. 사용승인 설계도서 내용대로 유지·관리되는지 여부
　다. 건축물의 안전 강화, 에너지 절감상 보완사항 유무

</td></tr>
<tr><td>

건 축 물 관 리 법 시 행 령

[제8조 ③]
9. 그 밖의 항목
가. 법 제20조제2항 각 호의 사항을 이행했는 지 여부
나. 「건축법」 제22조에 따른 사용승인을 신청할 때 제출된 설계도서의 내용대로 유지·관리되는지 여부
다. 건축물의 안전을 강화하고 에너지 절감을 위하여 보완해야 할 사항이 있는지 여부

</td><td></td></tr>
</table>

<table>
<tr><th align="center">건 축 물 관 리 법</th><th align="center">건 축 물 관 리 법 시 행 령</th></tr>
<tr><td>

제14조【긴급점검의 실시】①특별자치시장·특별자치도지사 또는 시장·군수·구청장은 다음 각 호의 어느 하나에 해당하는 경우 해당 건축물의 관리자에게 건축물의 구조안전, 화재안전 등을 점검하도록 요구하여야 한다.

 1. 재난 등으로부터 건축물의 안전을 확보하기 위하여 점검이 필요하다고 인정되는 경우

 2. 건축물의 노후화가 심각하여 안전에 취약하다고 인정되는 경우

 3. 그 밖에 대통령령으로 정하는 경우

② 제1항에 따른 점검(이하 "긴급점검"이라 한다)은 관리자가 긴급점검 실시 요구를 받은 날부터 1개월 이내에 실시하여야 한다.

③ 긴급점검의 항목, 절차, 방법 등 필요한 사항은 대통령령으로 정한다.

</td><td>

제9조【긴급점검의 실시】① 법 제14조제1항제3호에서 "대통령령으로 정하는 경우"란 다음 각 호의 경우를 말한다.

1. 부실 설계 또는 시공 등으로 인하여 건축물의 붕괴·전도 등이 발생할 위험이 있다고 판단되는 경우

2. 그 밖에 건축물의 안전한 이용에 중대한 영향을 미칠 우려가 있다고 인정되는 경우 등 시·군·구 조례로 정하는 경우

② 법 제14조제1항에 따른 점검(이하 "긴급점검"이라 한다)의 항목은 다음 각 호의 구분에 따른다.

1. 구조안전: 「건축법」 제48조에 적합한지 여부

2. 화재안전: 「건축법」 제49조, 제50조, 제50조의2, 제51조, 제52조, 제52조의2 및 제53조에 적합한지 여부

3. 그 밖에 건축물의 안전을 확보하기 위하여 점검이 필요하다고 인정되는 항목

③ 법 제14조제2항에 따라 긴급점검의 실시를 요구받은 건축물의 관리자는 법 제18조제1항에 따라 지정을 통지받은 건축물관리점검기관에 점검을 의뢰해야 한다.

</td></tr>
</table>

건축물관리법시행규칙	요 약

	긴급점검의 실시
	(1) 긴급점검
	  - 허가권자가 요구
	  - 관리자가 긴급점검 실시 요구를 받은 날부터
	   1개월 이내에 실시
	(2) 긴급점검 항목
	  1. 구조안전
	  2. 화재안전:
	  3. 건축물 안전 확보상 점검이 필요한 항목

건 축 물 관 리 법	건 축 물 관 리 법 시 행 령
제15조【소규모 노후 건축물등 점검의 실시】 ① 특별자치시장·특별자치도지사 또는 시장·군수·구청장은 다음 각 호의 어느 하나에 해당하는 건축물 중 안전에 취약하거나 재난의 위험이 있다고 판단되는 건축물을 대상으로 구조안전, 화재안전 및 에너지성능 등을 점검할 수 있다. 　1. 사용승인 후 30년 이상 지난 건축물 중 　　조례로 정하는 규모의 건축물 　2. 「건축법」 제2조제2항제11호에 따른 　　노유자시설 　3. 「장애인·고령자 등 주거약자 지원에 관한 　　법률」 제2조제2호에 따른 주거약자용 주택 　4. 그 밖에 대통령령으로 정하는 건축물 ② 특별자치시장·특별자치도지사 또는 시장·군수·구청장은 제1항에 따른 점검(이하 "소규모 노후 건축물등 점검"이라 한다)결과를 해당 관리자에게 제공하고 점검결과에 대한 개선방안 등을 제시하여야 한다. ③ 특별자치시장·특별자치도지사 또는 시장·군수·구청장은 소규모 노후 건축물등 점검결과에 따라 보수·보강 등에 필요한 비용의 전부 또는 일부를 보조하거나 융자할 수 있으며, 보수·보강 등에 필요한 기술적 지원을 할 수 있다. ④ 소규모 노후 건축물등 점검의 실시 절차 및 방법 등 필요한 사항은 대통령령으로 정한다.	**제10조【소규모 노후 건축물등 점검의 실시】** ① 법 제15조제1항제4호에서 "대통령령으로 정하는 건축물"이란 다음 각 호의 어느 하나에 해당하는 건축물을 말한다. 　1. 「건축법」 제5조제1항 및 같은 법 시행령 제6조 　　제1항제6호가목에 따른 리모델링 활성화 구역 내 　　건축물 　2. 「국토의 계획 및 이용에 관한 법률」 제37조제1 　　항 제4호에 따른 방재지구 내 건축물 　3. 「도시 및 주거환경정비법」 제20조 및 제21조에 　　따라 해제된 정비예정구역 또는 정비구역 내 　　건축물 　4. 「도시재생 활성화 및 지원에 관한 특별법」 제2조 　　제1항제5호에 따른 도시재생활성화지역 내 건축물 　5. 「자연재해대책법」 제12조제1항에 따른 자연재해 　　위험개선지구 내 건축물 　6. 「건축법」 제정일(1962년 1월 20일) 이전에 건축 　　된 건축물 　7. 그 밖에 안전에 취약하거나 재난 발생 우려가 큰 　　건축물 등 시·군·구 조례로 정하는 건축물 ② 특별자치시장·특별자치도지사 또는 시장·군수·구청장은 제12조제3항의 명부에서 건축물관리점검기관을 지정하여 법 제15조제1항에 따른 점검(이하 "소규모 노후 건축물등 점검"이라 한다)을 요청할 수 있다. 이 경우 특별자치시장·특별자치도지사 또는 시장·군수·구청장은 다음 각 호의 사항을 건축물관리점검기관에 통보해야 한다. 　1. 대상 건축물의 용도 및 구조 　2. 대상 건축물의 위치 및 규모 　3. 점검이 필요하다고 판단한 사유 ③ 제2항에 따라 점검을 요청받은 건축물관리점검기관은 해당 건축물의 관리실태 등을 검토하고 점검의 시기 및 방법 등을 정하여 해당 건축물의 관리자와 특별자치시장·특별자치도지사 또는 시장·군수·구청장에게 통보해야 한다.

건 축 물 관 리 법 시 행 규 칙	요 약
	### 소규모 노후 건축물등 점검의 실시 1. 사용승인 후 30년 이상 지난 건축물 중 조례로 정하는 규모의 건축물 2. 노유자시설 3. 주거약자용 주택 4. 그 밖에 대통령령으로 정하는 건축물 　가. 리모델링 활성화 구역 내 건축물 　나. 방재지구 내 건축물 　다. 해제된 정비예정구역 또는 정비구역 내 건축물 　라. 도시재생활성화지역 내 건축물 　마. 자연재해 위험개선지구 내 건축물 　바. 1962년 1월 20일 이전에 건축된 건축물 　사. 안전에 취약, 재난 발생 우려가 큰 건축물 등 조례로 정하는 건축물

<table>
<tr><th>건 축 물 관 리 법</th><th>건 축 물 관 리 법 시 행 령</th></tr>
</table>

제16조【안전진단의 실시】 ① 관리자는 제13조에 따른 정기점검, 제14조에 따른 긴급점검 또는 제15조에 따른 소규모 노후 건축물 등 점검을 실시한 결과, 건축물의 안전성 확보를 위하여 필요하다고 인정되는 경우 건축물의 안전성 결함의 원인 등을 조사·측정·평가하여 보수·보강 등의 방안을 제시하는 진단을 실시하여야 한다.

② 특별자치시장·특별자치도지사 또는 시장·군수·구청장은 다음 각 호의 어느 하나에 해당하는 경우 해당 관리자에게 제1항에 따른 진단(이하 "안전진단"이라 한다)을 실시할 것을 요구할 수 있다. 이 경우 요구를 받은 자는 특별한 사유가 없으면 이에 따라야 한다. 〈개정 20.06.09〉

1. 건축물에 중대한 결함이 발생한 경우
2. 건축물의 붕괴·전도 등이 발생할 위험이 있다고 판단하는 경우
3. 재난 예방을 위하여 안전진단이 필요하다고 인정되는 경우
4. 그 밖에 건축물의 성능이 낮아져 공중의 안전을 침해할 우려가 있는 것으로 대통령령으로 정하는 경우

③ 국토교통부장관은 건축물의 구조상 공중의 안전한 이용에 중대한 영향을 미칠 우려가 있어 안전진단이 필요하다고 판단하는 경우에는 특별자치시장·특별자치도지사 또는 시장·군수·구청장에게 안전진단을 실시할 것을 요구하거나, 「시설물의 안전 및 유지관리에 관한 특별법」 제28조제1항에 따라 등록한 안전진단전문기관(이하 "안전진단전문기관"이라 한다) 또는 「국토안전관리원법」에 따른 국토안전관리원(이하 "국토안전관리원"이라 한다)에 의뢰하여 안전진단을 실시할 수 있다. 〈개정 20.06.09〉

④ 제3항에 따라 안전진단을 실시하는 안전진단전문기관이나 국토안전관리원은 관계인에게 필요한 질문을 하거나 관계 서류 등을 열람할 수 있다. 〈개정 20.06.09〉

⑤ 제3항에 따라 안전진단을 실시하는 안전진단전문기관이나 국토안전관리원은 대통령령으로 정하는 바에 따라 결과보고서를 작성하고, 이를 해당 관리자, 국토교통부장관, 특별자치시장·특별자치도지사 또는 시장·군수·구청장에게 제출하여야 한다. 〈개정 20.06.09〉

⑥ 국토교통부장관, 특별자치시장·특별자치도지사 또는 시장·군수·구청장은 제3항에 따른 안전진단 결과에 따라 보수·보강 등의 조치가 필요하다고 인정하는 경우에는 해당 관리자에게 보수·보강 등의 조치를 취할 것을 명할 수 있다.

⑦ 제3항에 따라 특별자치시장·특별자치도지사 또는 시장·군수·구청장이 안전진단을 실시한 경우 결과보고서를 국토교통부장관에게 제출하여야 한다.

제11조【안전진단의 실시】 ① 법 제16조제2항제4호에서 "대통령령으로 정하는 경우"란 다음 각 호의 어느 하나에 해당하는 경우를 말한다.

1. 지진·화재 등 재난 발생으로 인하여 구조안전 또는 화재안전의 성능 저하가 우려되어 법 제16조제1항에 따른 진단(이하 "안전진단"이라 한다)이 필요하다고 특별자치시장·특별자치도지사 또는 시장·군수·구청장이 인정하는 경우
2. 그 밖에 시·군·구 조례로 정하는 경우

② 법 제16조제5항에 따른 결과보고서에는 다음 각 호의 사항이 포함되어야 한다.

1. 건축물의 개요, 안전진단의 범위 및 과업내용 등 안전진단의 개요
2. 설계도면, 구조계산서 및 보수·보강 이력 등 자료수집 및 분석 결과
3. 외관조사 결과 분석, 재료 시험·측정 결과 분석 등 현장조사 및 시험 결과
4. 건축물의 상태평가 결과
5. 건축물의 구조해석 등 안전성평가 결과
6. 건축물의 종합평가 결과
7. 보수·보강방법
8. 종합결론 및 추가 보완이 필요한 사항
9. 그 밖에 안전진단에 관한 것으로서 국토교통부장관이 정하는 사항

③ 법 제16조제3항에 따라 안전진단을 의뢰받은 기관은 안전진단을 완료한 날부터 30일 이내에 같은 조 제5항에 따라 결과보고서를 해당 관리자, 국토교통부장관, 특별자치시장·특별자치도지사 또는 시장·군수·구청장에게 제출해야 한다. 이 경우 건축물생애이력 정보체계에 입력하는 방법으로 제출할 수 있다.

건 축 물 관 리 법 시 행 규 칙	요 약

	안전진단의 실시
	
	(1) 안전진단 - 허가권자가 관리자에게 요구
	  1. 건축물에 중대한 결함이 발생한 경우
	  2. 건축물의 붕괴 · 전도 등이 발생할 위험이 있다고 판단하는 경우
	  3. 재난 예방을 위하여 안전진단이 필요하다고 인정되는 경우
	  4. 건축물의 성능이 저하되어 공중의 안전을 침해할 우려가 있는 것
	    가. 지진 · 화재 등 재난 발생으로 구조안전 또는 화재 안전의 성능 저하가 우려되어 허가권자가 인정하는 경우
	    나. 시 · 군 · 구 조례로 정하는 경우
	
	(2) 안전진단 결과보고
	  안전진단전문기관이나 한국시설안전공단
	  - 해당 관리자, 국토교통부장관, 허가권자에게 제출
	
	(3) 안전진단 결과보고서 포함 내용
	  1. 건축물의 개요, 안전진단의 범위 및 과업 내용 등 안전진단의 개요
	  2. 설계도면, 구조계산서 및 보수 · 보강 이력 등 자료수집 및 분석 결과
	  3. 외관조사 결과 분석, 재료 시험 · 측정 결과 분석 등 현장조사 및 시험 결과
	  4. 건축물의 상태평가 결과
	  5. 건축물의 구조해석 등 안전성평가 결과
	  6. 건축물의 종합평가 결과
	  7. 보수 · 보강방법
	  8. 종합결론 및 추가 보완이 필요한 사항
	  9. 그 밖에 안전진단에 관한 것으로서 국토교통부장관이 정하는 사항

건 축 물 관 리 법	건 축 물 관 리 법 시 행 령

제18조【건축물관리점검기관의 지정 등】

① 특별자치시장·특별자치도지사 또는 시장·군수·구청장은 다음 각 호의 어느 하나에 해당하는 자를 대통령령으로 정하는 바에 따라 건축물관리점검기관으로 지정하여 해당 관리자에게 알려야 한다.　　　　　〈개정 20.06.09〉

　1.「건축사법」제23조제1항에 따른 건축사
　　사무소개설신고를 한 자

　2.「건설기술 진흥법」제26조제1항에 따라
　　등록한 건설기술용역사업자

　3. 안전진단전문기관

　4. 국토안전관리원

　5. 그 밖에 대통령령으로 정하는 자

② 해당 관리자는 제1항에 따라 지정된 건축물관리점검기관으로 하여금 건축물관리점검을 수행하도록 하여야 한다.

③ 건축물관리점검기관은 점검책임자를 지정하여 업무를 수행하여야 한다.

④ 점검자는 건축물관리점검지침에 따라 성실하게 그 업무를 수행하여야 한다.

⑤ 해당 관리자는 다음 각 호의 어느 하나에 해당하는 경우 건축물관리점검기관의 교체를 요청할 수 있다. 이 경우 특별자치시장·특별자치도지사 또는 시장·군수·구청장은 사유가 정당하다고 인정되는 경우 건축물관리점검기관을 변경하여 관리자에게 알려야 한다.

1. 거짓이나 부정한 방법으로 건축물관리점검
　기관으로 지정을 받은 경우

2. 건축물관리점검에 요구되는 점검자 자격기준
　에 적합하지 아니한 경우

3. 점검자가 고의 또는 중대한 과실로 건축물
　관리점검지침에 위반하여 업무를 수행한 경우

4. 건축물관리점검기관이 정당한 사유 없이 건축
　물관리점검을 거부하거나 실시하지 아니한
　경우

⑥ 점검자의 자격, 업무대가 등에 관하여 필요한 사항은 대통령령으로 정한다.

제12조【건축물관리점검기관의 지정 등】 ① 법 제18조제 1항제5호에서 "대통령령으로 정하는 자"란 다음 각 호의 자를 말한다.

　1.「기술사법」제6조에 따라 건축분야를 전문분야로
　　하여 기술사사무소를 개설등록한 자

　2.「한국감정원법」에 따른 한국감정원

　3.「한국토지주택공사법」에 따른 한국토지주택공사

② 건축물관리점검기관이 갖춰야할 요건은 별표 1과 같다.

③ 특별시장·광역시장·특별자치시장·도지사 또는 특별자치도지사(이하 "시·도지사"라 한다)는 법 제18조제1항 각 호의 자를 대상으로 모집공고를 거쳐 명부를 작성하고 관리해야 한다. 이 경우 특별시장·광역시장 또는 도지사는 미리 관할 시장·군수·구청장과 협의해야 한다.

④ 특별자치시장·특별자치도지사 또는 시장·군수·구청장은 법 제18조제1항에 따라 이 조 제3항의 명부에서 건축물관리점검기관을 지정해야 한다.

⑤ 제3항 및 제4항에 따른 건축물관리점검기관 모집공고, 명부 작성·관리 및 지정에 필요한 사항은 특별시·광역시·특별자치시·도 또는 특별자치도의 조례로 정할 수 있다.

제13조【점검자의 자격 등】 ① 건축물관리점검기관은 법 제18조제3항에 따라 별표 2에 따른 자격기준에 적합한 사람을 해당 건축물관리점검의 점검책임자로 지정해야 한다.

② 제1항에 따라 지정된 점검책임자는 해당 건축물관리점검을 총괄하여 관리·감독한다.

③ 법 제18조제4항에 따른 점검자(이하 "점검자"라 한다)의 자격기준은 별표 2와 같다.

④ 점검책임자 및 점검자는 법 제13조부터 제16조까지의 정기점검, 긴급점검, 소규모 노후 건축물등 점검 및 안전진단(이하 "건축물관리점검"이라 한다) 업무를 하려면 별표 3에 따라 신규교육 및 보수교육을 이수해야 한다.

⑤ 법 제18조제6항에 따른 건축물관리점검의 업무대가는 인건비, 기술료, 직접경비, 간접경비 및 추가 업무비용(제8조제3항제3호나목에 따른 구조안전 점검에 따른 추가 비용 등을 말한다)으로 구분하여 계산한다. 이 경우 업무대가 산정에 필요한 세부적인 사항은 국토교통부장관이 정하여 고시한다.

건축물관리법시행규칙	요 약
	건축물관리점검기관의 지정 등 건축물관리점검기관의 지정 - 허가권자 1. 건축사사무소 개설신고 자 2. 등록한 건설기술용역사업자 3. 안전진단전문기관 4. 한국시설안전공단 5. 건축분야 기술사사무소를 개설등록한 자 6. 한국감정원 7. 한국토지주택공사

건축물관리법	건축물관리법 시행령
제19조【건축물관리점검의 통보】 ① 특별자치시장·특별자치도지사 또는 시장·군수·구청장은 다음 각 호의 어느 하나에 해당하는 점검을 실시하여야 하는 건축물의 관리자에게 점검 대상 건축물이라는 사실과 점검 실시절차를 해당 점검일부터 3개월 전까지 미리 알려야 한다. 다만, 제2호의 경우 특별자치시장·특별자치도지사 또는 시장·군수·구청장은 지체없이 해당 건축물의 관리자에게 점검 대상 건축물이라는 사실과 점검 실시절차를 알려야 한다. 1. 제13조에 따른 정기점검 2. 제14조에 따른 긴급점검 3. 제15조에 따른 소규모 노후 건축물등 점검 ② 제1항에 따른 통지의 방법은 국토교통부령으로 정한다. **제20조【건축물관리점검 결과의 보고】** ① 건축물관리점검기관은 건축물관리점검을 마친 날부터 30일 이내에 해당 건축물의 관리자와 특별자치시장·특별자치도지사 또는 시장·군수·구청장에게 건축물관리점검 결과를 보고하여야 한다. ② 건축물관리점검기관은 제1항에 따른 건축물관리 점검 결과를 보고할 때에는 다음 각 호의 사항에 대한 이행 여부를 확인하여야 한다.　〈개정 20.03.31〉 1.「시설물의 안전 및 유지관리에 관한 특별법」 제11조에 따른 안전점검 2.「화재예방, 소방시설 설치·유지 및 안전관리에 관한 법률」제25조에 따른 소방시설등의 자체점검 등 3.「수도법」 제33조에 따른 위생상의 조치 4.「승강기 안전관리법」 제28조 및 제32조에 따른 승강기 설치검사 및 안전검사 5.「에너지이용 합리화법」 제39조에 따른 검사대상 기기의 검사 6.「전기안전관리법」 제12조에 따른 일반용전기설비의 점검 7.「하수도법」 제39조에 따른 개인하수처리시설의 운영·관리 8. 그 밖에 대통령령으로 정하는 사항 ③ 제1항에 따른 건축물관리점검 결과의 보고는 제7조에 따른 건축물 생애이력 정보체계에 입력하는 것으로 대신할 수 있다. 　　　　　[시행일 : 2021. 4. 1.] 제20조	**제14조【건축물관리점검 결과의 보고】** 법 제20조제2항제8호에서 "대통령령으로 정하는 사항"이란 다음 각 호의 사항을 말한다. 1.「공동주택관리법」 제33조 및 제34조에 따른 안전점검 및 소규모 공동주택 안전관리 2.「도시가스사업법」 제17조에 따른 정기검사 및 수시검사 3.「도시 및 주거환경정비법」 제12조에 따른 안전진단

건축물관리법시행규칙	요 약

제7조【정기점검 등의 통지】 ① 특별자치시장·특별자치도지사 또는 시장·군수·구청장은 법 제19조제1항에 따라 관리자에게 점검 대상 건축물이라는 사실과 점검 실시절차를 통지하는 경우 「건축물관리법 시행령」(이하 "영"이라 한다) 제12조제4항에 따라 지정된 건축물관리점검기관을 알려 주어야 한다.
② 법 제19조제1항에 따른 점검의 통지는 문서,팩스, 전자우편 또는 문자메시지 등으로 할 수 있다.

요약 열

건축물관리점검의 통보

허가권자가 건축물의 관리자에게 통보
- 점검 대상 건축물이라는 사실과 점검 실시절차
- 점검일부터 3개월 전까지 미리
  1. 정기점검
  2. 긴급점검
  3. 소규모 노후 건축물등 점검

건축물관리점검 결과보고 ― 건축물관리점검기관

건축물관리점검을 마친 날부터 30일 이내
- 해당 건축물의 관리자와 허가권자에게
  건축물관리점검 결과 보고

<table>
<tr><th>건 축 물 관 리 법</th><th>건 축 물 관 리 법 시 행 령</th></tr>
<tr><td>

제21조【사용제한 등】 ① 관리자는 건축물의 안전한 이용에 주는 영향이 중대하여 긴급한 조치가 필요하다고 인정되는 경우로서 대통령령으로 정하는 경우에는 해당 건축물에 대하여 사용제한·사용금지·해체 등의 조치를 하여야 한다.

② 관리자는 제1항에 따른 조치를 하는 경우에는 미리 그 사실을 특별자치시장·특별자치도지사 또는 시장·군수·구청장에게 알려야 한다. 이 경우 통보를 받은 특별자치시장·특별자치도지사 또는 시장·군수·구청장은 이를 공고하여야 한다.

③ 제20조제1항에 따라 건축물관리점검 결과를 보고받은 특별자치시장·특별자치도지사 또는 시장·군수·구청장은 해당 건축물의 안전한 이용에 주는 영향이 중대하여 긴급한 조치가 필요하다고 인정되면 대통령령으로 정하는 바에 따라 해당 건축물의 사용제한·사용금지·해체 등의 조치를 명할 수 있다.

④ 특별자치시장·특별자치도지사 또는 시장·군수·구청장은 제3항에 따른 명령을 받은 자가 그 명령을 이행하지 아니한 경우에는 「행정대집행법」에 따라 대집행을 할 수 있다.

제22조【점검결과의 이행 등】 ① 관리자는 제20조제1항에 따라 건축물관리점검 결과를 보고받은 경우 내진성능, 화재안전성능 등 대통령령으로 정하는 중대한 결함사항에 대하여 대통령령으로 정하는 바에 따라 보수·보강 등 필요한 조치를 하여야 한다.

② 특별자치시장·특별자치도지사 또는 시장·군수·구청장은 관리자가 제1항에 따른 건축물의 보수·보강 등 필요한 조치를 하지 아니한 경우 해당 관리자에게 해체·개축·수선·사용금지·사용제한, 그 밖에 필요한 조치의 이행 또는 시정을 명할 수 있다.

③ 건축물관리점검 결과를 통보받은 관리자는 건축물의 긴급한 보수·보강 등이 필요한 경우 이를 방송, 인터넷, 표지판 등을 통하여 해당 건축물의 사용자 등에게 알려야 한다.

</td><td>

제15조【건축물의 사용제한】 ① 법 제21조제1항에서 "대통령령으로 정하는 경우"란 다음 각 호의 어느 하나에 해당하는 경우를 말한다.

1. 주요구조부의 강도 또는 강성(剛性: 변형에 대한 저항능력)이 현저하게 저하된 경우
2. 주요구조부에 과다한 변형이 발생하거나 균열이 심화된 경우
3. 건축물관리점검 실시 결과 건축물의 안전성 확보를 위하여 필요하다고 인정되는 경우

② 특별자치시장·특별자치도지사 또는 시장·군수·구청장이 법 제21조제3항에 따라 사용제한·사용금지·해체 등의 조치를 명할 때에는 해당 건축물의 관리자에게 조치 내용 및 그 이유 등을 포함하여 서면으로 알려야 한다.

제16조【점검결과의 이행 등】 ① 법 제22조제1항에서 "내진성능, 화재안전성능 등 대통령령으로 정하는 중대한 결함사항"이란 제15조제1항 각 호의 어느 하나 에 해당하는 경우를 말한다.

② 관리자는 법 제22조제1항에 따라 보수·보강 등 필요한 조치를 해야 하는 경우 법 제20조제1항에 따라 건축물관리점검 결과를 보고받은 날부터 60일 이내에 보수·보강 등 조치계획을 수립하여 특별자치시장·특별자치도지사 또는 시장·군수·구청장에게 보고해야 한다.

③ 관리자는 법 제20조제1항에 따라 건축물관리점검 결과를 보고받은 날부터 2년 이내에 제2항의 보수·보강 등 조치계획에 따른 조치를 시작해야 한다. 이 경우 특별한 사유가 없으면 시작한 날부터 3년 이내 에 보수·보강 등 필요한 조치를 완료해야 한다.

</td></tr>
</table>

건축물관리법시행규칙	요 약

<table>
<tr><th>건 축 물 관 리 법</th><th>건 축 물 관 리 법 시 행 령</th></tr>
</table>

제24조【건축물관리점검 결과에 대한 평가 등】

① 국토교통부장관, 특별시장·광역시장·도지사·특별자치시장 또는 특별자치도지사는 건축물관리 관련 기술수준을 향상시키고 건축물에 대한 부실 점검을 방지하기 위하여 필요한 경우에는 건축물 관리점검 결과를 평가할 수 있다.

② 국토교통부장관, 특별시장·광역시장·도지사·특별자치시장 또는 특별자치도지사는 관리자 및 건축물관리점검기관에 제1항에 따른 평가에 필요한 자료를 제출하도록 요청할 수 있다. 이 경우 자료 제출을 요청받은 자는 그 요청에 따라야 한다.

③ 국토교통부장관, 특별시장·광역시장·도지사·특별자치시장 또는 특별자치도지사는 건축물관리 점검 결과에 대한 평가 결과 건축물관리점검기관이 건축물관리점검을 성실하게 수행하지 아니한 경우에는 기간을 정하여 개선을 명할 수 있다.

④ 제1항에 따른 평가의 대상·방법·절차에 관하여 필요한 사항은 대통령령으로 정한다.

제25조【건축물관리점검기관에 대한 영업정지 등】

① 특별자치시장·특별자치도지사 또는 시장·군수·구청장은 건축물관리점검기관이 다음 각 호의 어느 하나에 해당하게 되면 6개월 이내의 기간을 정하여 영업정지를 명하거나 영업정지를 갈음하여 1억원 이하의 과징금을 부과할 수 있다.

  1. 제18조제5항 각 호의 어느 하나에 해당하는 경우

  2. 제24조에 따른 건축물관리점검 결과에 대한 평가 결과 건축물관리점검이 거짓으로 실시되었거나 부실하다고 인정되는 경우

  3. 건축물관리점검 결과를 제7조에 따른 건축물 생애이력 정보체계에 거짓으로 입력한 경우

② 특별자치시장·특별자치도지사 또는 시장·군수·구청장은 제1항에 따라 과징금 부과처분을 받은 자가 과징금을 기한까지 내지 아니하면「지방행정제재·부과금의 징수 등에 관한 법률」에 따라 징수한다.

③ 제1항에 따른 영업정지 처분에 관한 기준과 과징금을 부과하는 위반행위의 종류 및 위반정도 등에 따른 과징금의 금액 등에 관한 사항은 대통령령으로 정한다.

제17조【건축물관리점검 결과에 대한 평가 등】

① 국토교통부장관, 시·도지사는 법 제24조제1항에 따라 건축물의 용도, 연면적, 층수 등을 고려하여 건축물관리점검 결과를 평가할 대상을 선정할 수 있다. 이 경우 표본조사를 하기 위하여 무작위추출 방식으로 대상을 선정할 수 있다.

② 국토교통부장관, 시·도지사는 법 제24조제1항에 따라 건축물관리점검 결과를 평가한 경우에는 그 결과를 다음 각 호의 구분에 따른 자에게 통보해야 한다.

  1. 국토교통부장관이 평가한 경우: 해당 건축물관리점검 대상이 속한 지역을 관할하는 시·도지사 및 시장·군수·구청장

  2. 시·도지사가 평가한 경우: 다음 각 목의 자

    가. 국토교통부장관

    나. 시장·군수·구청장(특별자치시장 및 특별자치도지사가 평가한 경우는 제외한다)

제18조【건축물관리점검기관에 대한 영업정지 등】

법 제25조제1항에 따른 영업정지 처분에 관한 기준과 과징금을 부과하는 위반행위의 종류 및 과징금의 금액은 별표 4와 같다.

건 축 물 관 리 법 시 행 규 칙	요 약

건 축 물 관 리 법	건 축 물 관 리 법 시 행 령
제26조 【비용의 부담】 ① 건축물관리점검에 드는 비용은 해당 관리자가 부담한다. 다만, 제15조에 따른 소규모 노후 건축물등 점검 비용은 해당 특별자치시장·특별자치도지사 또는 시장·군수·구청장이 부담한다. ② 관리자가 어음·수표의 지급 불능으로 인한 부도 등 부득이한 사유로 건축물관리점검을 실시하지 못하게 될 때에는 관할 특별자치시장·특별자치도지사 또는 시장·군수·구청장이 해당 관리자를 대신하여 건축물관리점검을 실시할 수 있다. 이 경우 건축물관리점검에 드는 비용을 해당 관리자에게 부담하게 할 수 있다. ③ 제2항에 따라 특별자치시장·특별자치도지사 또는 시장·군수·구청장이 건축물관리점검을 대신 실시한 후 해당 관리자에게 비용을 청구하는 경우에 해당 관리자가 그에 따르지 아니하면 특별자치시장·특별자치도지사 또는 시장·군수·구청장은 지방세 체납 처분의 예에 따라 징수할 수 있다. **제23조 【조치결과의 보고】** ① 제22조에 따라 보수·보강 등 필요한 조치를 완료한 관리자는 그 결과를 특별자치시장·특별자치도지사 또는 시장·군수·구청장에게 보고하여야 한다. ② 제1항에 따른 보고의 절차 등에 관한 사항은 국토교통부령으로 정한다.	

건 축 물 관 리 법 시 행 규 칙	요 약
제8조 【조치결과의 보고】 관리자는 법 제23조제1항에 따라 법 제22조제1항 및 제2항에 따른 조치를 완료한 날부터 30일 이내에 해당 조치결과를 건축물 생애이력 정보체계에 입력하는 방법으로 보고해야 한다.	

<table>
<tr><th>건 축 물 관 리 법</th><th>건 축 물 관 리 법 시 행 령</th></tr>
<tr><td>

제27조【기존 건축물의 화재안전성능보강】

① 관리자는 화재로부터 공공의 안전을 확보하기 위하여 건축물의 화재안전성능이 지속적으로 유지될 수 있도록 노력하여야 한다.

② 다음 각 호의 어느 하나에 해당하는 건축물 중 3층 이상으로 연면적, 용도, 마감재료 등 대통령령으로 정하는 요건에 해당하는 건축물로서 이 법 시행 전 「건축법」 제11조에 따른 건축허가[「건축법」 제4조에 따른 건축위원회(이하 "건축위원회"라 한다)에 같은 법 제4조의2에 따라 심의를 신청한 경우 및 같은 법 제14조에 따른 건축신고를 한 경우를 포함한다]를 신청한 건축물(이하 "보강대상 건축물"이라 한다)의 관리자는 제28조에 따라 화재안전성능보강을 하여야 한다.

  1. 「건축법」 제2조제2항제3호에 따른
    제1종 근린생활시설
  2. 「건축법」 제2조제2항제4호에 따른
    제2종 근린생활시설
  3. 「건축법」 제2조제2항제9호에 따른 의료시설
  4. 「건축법」 제2조제2항제10호에 따른 교육연구시설
  5. 「건축법」 제2조제2항제11호에 따른 노유자시설
  6. 「건축법」 제2조제2항제12호에 따른 수련시설
  7. 「건축법」 제2조제2항제15호에 따른 숙박시설

③ 특별자치시장·특별자치도지사 또는 시장·군수·구청장은 이 법 시행 후 6개월 이내에 보강대상 건축물의 관리자에게 화재안전성능보강 대상 건축물임을 통지하여야 한다. 이 경우 해당 통지에 이의가 있는 자는 국토교통부령으로 정하는 바에 따라 이의신청을 할 수 있다.

</td><td>

제19조【건축물의 화재안전성능보강】

법 제27조제2항 각 호 외의 부분에서 "연면적, 용도, 마감재료 등 대통령령으로 정하는 요건에 해당하는 건축물"이란 다음 각 호의 요건을 모두 충족하는 건축물을 말한다. 다만, 제4호의 요건은 제1호가목·다목·마목 및 아목만 해당한다.

1. 건축물의 용도가 다음 각 목의 어느 하나에
   해당하는 건축물일 것
  가. 「건축법 시행령」 별표 1 제3호의 시설 중
     목욕장·산후조리원
  나. 「건축법 시행령」 별표 1 제3호의 시설 중
     지역아동센터
  다. 「건축법 시행령」 별표 1 제4호의 시설 중
     학원·다중생활시설
  라. 「건축법 시행령」 별표 1 제9호의 시설 중
     종합병원·병원·치과병원·한방병원·정신병원·격리병원
  마. 「건축법 시행령」 별표 1 제10호의 시설 중
     학원
  바. 「건축법 시행령」 별표 1 제11호의 시설 중
     아동 관련 시설·노인복지시설·사회복지시설
  사. 「건축법 시행령」 별표 1 제12호의 시설 중
     청소년수련원
  아. 「건축법 시행령」 별표 1 제15호의 시설 중
     다중생활시설
2. 외단열(外斷熱) 공법으로서 건축물의 단열재 및 외벽마감재를 난연재료(불에 잘 타지 않는 성질의 재료) 기준 미만의 재료로 건축한 건축물일 것
3. 스프링클러 또는 간이스프링클러가 설치되지 않은 건축물일 것
4. 1층의 전부 또는 일부를 필로티 구조로 설치하여 주차장으로 쓰는 건축물로서 해당 건축물의 연면적이 1천제곱미터 미만인 건축물일 것

</td></tr>
</table>

건 축 물 관 리 법 시 행 규 칙	요 약
제9조 【기존 건축물의 화재안전성능보강에 대한 이의신청】 ① 법 제27조제3항 후단에 따라 이의신청을 하려는 자는 별지 제2호서식의 화재안전성능보강 이의신청서에 다음 각 호의 서류를 첨부하여 특별자치시장·특별자치도지사 또는 시장·군수·구청장에게 제출해야 한다. 1. 화재안전성능보강 대상 건축물에서 제외되기를 요청하는 사유에 대한 근거자료 2. 해당 건축물의 화재안전성능에 관한 근거자료 ② 특별자치시장·특별자치도지사 및 시장·군수·구청장은 제1항에 따라 이의신청을 받은 경우 「건축법」 제4조에 따른 건축위원회의 심의를 거쳐 해당 건축물을 화재안전성능보강 대상 건축물에서 제외할 수 있다.	**기존 건축물의 화재안전성능보강** 보강대상 건축물 다음 요건을 모두 충족하는 건축물. 1. 건축물의 용도 가. 제1종 근린생활시설 - 목욕장·산후조리원 나. 제1종 근린생활시설 – 지역아동센터 다. 제2종 근린생활시설 - 학원·다중생활시설 라. 의료시설 - 종합병원·병원·치과병원·한방병원·정신병원·격리병원 마. 교육연구시설 – 학원 바. 노유자시설 – 아동 관련 시설·노인복지시설·사회복지시설 사. 수련시설 – 청소년수련원 아. 숙박시설 – 다중생활시설 2. 외단열(外斷熱) 공법 단열재 및 외벽마감재 - 난연재료 기준 미만의 재료로 건축한 건축물 3. 스프링클러 또는 간이스프링클러가 설치되지 않은 건축물 4. 1층의 전부 또는 일부를 필로티 구조로 설치하여 주차장으로 쓰는 건축물 - 연면적 1,000㎡ 미만

건 축 물 관 리 법	건 축 물 관 리 법 시 행 령
제28조【화재안전성능보강의 시행】 ① 보강대상 건축물의 관리자는 국토교통부령으로 정하는 바에 따라 화재안전성능보강 계획을 수립하여 특별자치시장·특별자치도지사 또는 시장·군수·구청장에게 제출하여 승인을 받아야 한다. ② 특별자치시장·특별자치도지사 및 시장·군수·구청장은 제1항에 따른 화재안전성능보강 계획을 승인하고자 하는 경우에는 건축위원회의 심의를 거쳐야 한다. ③ 보강대상 건축물의 관리자는 제1항의 계획에 따라 보강을 실시하고 그 결과를 2022년 12월 31일까지 특별자치시장·특별자치도지사 또는 시장·군수·구청장에게 보고하여야 한다. ④ 특별자치시장·특별자치도지사 또는 시장·군수·구청장은 제3항에 따른 결과를 보고받은 경우 이를 검사하고, 그 결과를 제7조에 따른 건축물 생애이력 정보체계에 등록하여야 한다. ⑤ 특별자치시장·특별자치도지사 또는 시장·군수·구청장은 제4항에 따른 검사 결과 화재안전성능보강에 보완이 필요하다고 인정되는 경우에는 기한을 정하여 보완을 명할 수 있다. ⑥ 제5항에 따른 보완 명령을 받은 보강대상 건축물의 관리자는 정해진 기한 내에 화재안전성능보강에 대한 보완을 실시하고 그 결과를 특별자치시장·특별자치도지사 또는 시장·군수·구청장에게 보고하여야 한다. ⑦ 국토교통부장관은 마감재료 교체, 피난시설 및 소화설비 설치 등 보강대상 건축물에 대한 보강 방법 및 기준에 대한 구체적인 사항을 정하여 고시하여야 한다.	

<table>
<tr><td>건 축 물 관 리 법 시 행 규 칙</td><td>요 약</td></tr>
<tr><td>

제10조 【화재안전성능보강의 시행】 ① 관리자는 법 제28조제1항에 따라 승인을 받으려는 경우 별지 제3호서식의 화재안전성능보강 계획 승인신청서에 다음 각 호의 서류를 첨부하여 특별자치시장·특별자치도지사 또는 시장·군수·구청장에게 제출해야 한다.

1. 건축물 현황 도서
2. 화재안전성능보강 예정 공사 설명서
3. 화재안전성능보강 예정 공사비 명세서

② 관리자는 법 제28조제3항에 따라 화재안전성능보강 결과를 보고하려는 경우 별지 제4호서식의 화재안전성능보강 결과 보고서에 다음 각 호의 서류를 첨부하여 특별자치시장·특별자치도지사 또는 시장·군수·구청장에게 제출해야 한다.

1. 화재안전성능보강 전후 도면
2. 화재안전성능보강 공사 설명서
3. 화재안전성능보강 공사비 명세서

</td><td></td></tr>
</table>

건축물관리법	건축물관리법시행령
제29조 【화재안전성능보강에 대한 지원 및 특례】 ① 국가 또는 지방자치단체는 관리자가 제28조제1항에 따른 화재안전성능보강 계획을 수립하기 위하여 필요한 기술을 지원하거나 정보를 제공할 수 있다. ② 국가 및 지방자치단체는 보강대상 건축물의 화재안전성능보강에 소요되는 공사비용에 대하여 대통령령으로 정하는 바에 따라 보조하여야 한다. ③ 국가 또는 지방자치단체는 대통령령으로 정하는 건축물에 대하여 제28조에 따른 화재안전성능보강을 하는 경우 보강에 소요되는 비용을 융자할 수 있다. ④ 국가 또는 지방자치단체는 제3항에 따른 건축물의 관리자가 화재안전성능보강을 완료한 경우에는 해당 건축물의 소유자에 대하여 「지방세특례제한법」에서 정하는 바에 따라 재산세 및 취득세를 감면할 수 있다. [법률 제16416호(2019.04.30) 부칙 제2조의 규정에 의하여 이 조 제2항부터 제4항까지는 2022년 12월 31일까지 유효함]	**제20조 【화재안전성능보강에 대한 지원 및 특례】** ① 국가 또는 지방자치단체는 법 제29조제2항에 따라 화재안전성능보강에 필요한 다음 각 호의 비용 전부 또는 일부를 보조해야 한다. 1. 화재안전성능보강을 위한 공사비 또는 설치비 2. 「건축법」, 「건축사법」 및 「소방시설공사업법」 등 관계 법령에 따른 설계 또는 감리에 필요한 비용 ② 법 제29조제3항에서 "대통령령으로 정하는 건축물"이란 다음 각 호의 건축물을 말한다. 1. 「건축법 시행령」 별표 1 제1호의 단독주택 2. 「건축법 시행령」 별표 1 제2호의 공동주택

건축물관리법시행규칙	요 약

<table>
<tr><th>건축물관리법</th><th>건축물관리법시행령</th></tr>
<tr><td>

제4장 건축물의 해체 및 멸실

제30조 【건축물 해체의 허가】 ① 관리자가 건축물을 해체하려는 경우에는 특별자치시장·특별자치도지사 또는 시장·군수·구청장(이하 이 장에서 "허가권자" 라 한다)의 허가를 받아야 한다. 다만, 다음 각 호의 어느 하나에 해당하는 경우 대통령령으로 정하는 바에 따라 신고를 하면 허가를 받은 것으로 본다.
〈개정 20.04.07〉

1.「건축법」 제2조제1항제7호에 따른 주요구조부의 해체를 수반하지 아니하고 건축물의 일부를 해체하는 경우

2. 다음 각 목에 모두 해당하는 건축물의 전체를 해체하는 경우

　가. 연면적 500제곱미터 미만의 건축물

　나. 건축물의 높이가 12미터 미만인 건축물

　다. 지상층과 지하층을 포함하여 3개 층 이하인 건축물

3. 그 밖에 대통령령으로 정하는 건축물을 해체하는 경우

② 제1항 각 호 외의 부분 단서에도 불구하고 관리자가 다음 각 호의 어느 하나에 해당하는 경우로서 해당 건축물을 해체하려는 경우에는 허가권자의 허가를 받아야 한다. 〈개정 22.02.03〉

1.해당 건축물 주변의 일정 반경 내에 버스정류장, 도시철도 역사 출입구, 횡단보도 등 해당 지방자치단체의 조례로 정하는 시설이 있는 경우

2.해당 건축물의 외벽으로부터 건축물의 높이에 해당하는 범위 내에 해당 지방자치단체의 조례로 정하는 폭 이상의 도로가 있는 경우

3.그 밖에 건축물의 안전한 해체를 위하여 건축물의 배치, 유동인구 등 해당 건축물의 주변 여건을 고려하여 해당 지방자치단체의 조례로 정하는 경우

③ 제1항 또는 제2항에 따라 허가를 받으려는 자 또는 신고를 하려는 자는 건축물 해체 허가신청서 또는 신고서에 제4항에 따라 작성되거나 제5항에 따라 검토된 해체계획서를 첨부하여 허가권자에게 제출하여야 한다. 〈개정 22.02.03〉

</td><td>

제4장 건축물의 해체 및 멸실

</td></tr>
</table>

<table>
<tr><th>건 축 물 관 리 법 시 행 규 칙</th><th>요 약</th></tr>
</table>

제4장 건축물의 해체 및 멸실

제11조 【건축물 해체의 허가 신청 등】
① 법 제30조 제2항 본문에 따른 건축물 해체 허가 신청서는 별지 제5호서식에 따른다.

② 특별자치시장·특별자치도지사 또는 시장·군수·구청장(이하 "허가권자"라 한다)은 법 제30조제1항에 따라 허가를 한 경우에는 같은 조 제2항에 따라 허가를 신청한 자에게 별지 제6호서식의 건축물 해체 허가서를 내주어야 한다.

③ 영 제21조제2항에서 "국토교통부령으로 정하는 신고서"란 별지 제5호서식의 건축물 해체 신고서를 말한다.

④ 관리자는 법 제30조제2항에 따른 건축물 해체 허가신청서 또는 신고서를 「건축법」 제11조 또는 제14조에 따라 건축허가를 신청하거나 건축신고를 할 때 함께 제출(전자문서로 제출하는 것을 포함한다)할 수 있다.

건축물 해체의 허가 – 관리자가 신청

1. 해체계획서를 첨부 허가권자에게 제출
2. 해체계획서 검토
   가. 건축사사무소 개설신고를 한 자
   나. 기술사사무소를 개설등록한 자
   다. 안전진단전문기관
3. 허가권자 해체계획서 검토의뢰 대상
   - 한국시설안전공단
   가. 특수구조 건축물
   나. 건축물에 10 T 이상의 장비를 올려 해체하는 건축물
   다. 폭파하여 해체하는 건축물

건 축 법 시 행 규 칙

제23조 삭제 〈20.05.01〉
제24조 삭제 〈20.05.01〉
제24조의2 【건축물 석면의 제거처리】
석면이 함유된 건축물을 증축·개축·대수선 하는 경우에는 「산업안전보건법」 등 관계 법령에 적합하게 석면을 먼저 제거·처리한 후 건축물을 증축·개축·대수선해야 한다. 〈개정 21.06.25〉

<table>
<tr><th>건 축 물 관 리 법</th><th>건 축 물 관 리 법 시 행 령</th></tr>
</table>

[제30조]

④ 제1항 각 호 외의 부분 본문 또는 제2항에 따라 허가를 받으려는 자가 허가권자에게 제출하는 해체계획서는 다음 각 호의 어느 하나에 해당하는 자가 이 법과 이 법에 따른 명령이나 처분, 그 밖의 관계 법령을 준수하여 작성하고 서명날인하여야 한다. 〈신설 22.02.03〉

1. 「건축사법」 제23조제1항에 따른 건축사사무소개설신고를 한 자
2. 「기술사법」 제6조에 따라 기술사사무소를 개설등록한 자로서 건축구조 등 대통령령으로 정하는 직무범위를 등록한 자

⑤ 제1항 각 호 외의 부분 단서에 따라 신고를 하려는 자가 허가권자에게 제출하는 해체계획서는 다음 각 호의 어느 하나에 해당하는 자가 이 법과 이 법에 따른 명령이나 처분, 그 밖의 관계 법령을 준수하여 검토하고 서명날인하여야 한다. 〈신설 22.02.03〉

1. 「건축사법」 제23조제1항에 따른 건축사사무소개설신고를 한 자
2. 「기술사법」 제6조에 따라 기술사사무소를 개설등록한 자로서 건축구조 등 대통령령으로 정하는 직무범위를 등록한 자

제21조 【건축물 해체의 신고 대상 건축물 등】 ① 법 제30조제1항제3호에서 "대통령령으로 정하는 건축물"이란 다음 각 호의 어느 하나에 해당하는 건축물을 말한다.

1. 「건축법」 제14조제1항제1호 또는 제3호에 따른 건축물
2. 「국토의 계획 및 이용에 관한 법률」에 따른 관리지역, 농림지역 또는 자연환경보전지역에 있는 높이 12미터 미만인 건축물. 이 경우 해당 건축물의 일부가 「국토의 계획 및 이용에 관한 법률」에 따른 도시지역에 걸치는 경우에는 그 건축물의 과반이 속하는 지역으로 적용한다.
3. 그 밖에 시·군·구 조례로 정하는 건축물

② 법 제30조제1항 각 호 외의 부분 단서에 따라 신고를 하려는 자는 국토교통부령으로 정하는 신고서를 특별자치시장·특별자치도지사 또는 시장·군수·구청장(이하 이 장에서 "허가권자"라 한다)에게 제출해야 한다.

③ 허가권자는 법 제30조제3항 및 이 조 제2항에 따라 건축물 해체 허가신청서 또는 신고서를 제출받은 경우 건축물 또는 건축물에 사용된 자재에 석면이 함유되었는지를 확인하고, 석면이 함유되어 있는 경우 지체 없이 다음 각 호의 자에게 해당 사실을 통보해야 한다. 〈개정 22.08.02〉

1. 「산업안전보건법」 제119조제4항 및 같은 법 시행령 제115조제33호에 따라 조치를 명하 는 지방고용노동관서의 장
2. 「폐기물관리법」 제17조제5항, 같은 법 시행령 제37조제1항제2호가목 및 같은 조 제2항제1호에 따라 서류를 확인하는 시·도지사, 유역환경청장 또는 지방환경청장

④ 법 제30조제4항제2호 및 같은 조 제5항제2호에서 "건축구조 등 대통령령으로 정하는 직무범위"란 각각 「기술사법 시행령」 별표 2의2에 따른 직무 범위 중 건축구조, 건축시공 또는 건설안전을 말한다. 〈개정 22.08.02〉

⑤ 법 제30조제8항에서 "대통령령으로 정하는 건축물"이란 다음 각 호의 건축물을 말한다. 〈개정 22.08.02〉

1. 「건축법 시행령」 제2조제18호나목 또는 다목에 따른 특수구조 건축물
2. 건축물에 10톤 이상의 장비를 올려 해체하는 건축물
3. 폭파하여 해체하는 건축물

건 축 물 관 리 법 시 행 규 칙	요 약

건축물 관리법 시행규칙

제12조 【해체계획서의 작성】 ① 법 제30조제2항 본문에 따른 해체계획서에는 다음 각 호의 내용이 포함되어야 한다.
1. 해체공사를 수행하는 자 및 해체공사의 공정 등 해체공사의 개요
2. 해체공사의 영향을 받게 될 「건축법」 제2조제1항 제4호에 따른 건축설비의 이동, 철거 및 보호 등에 관한 사항
3. 해체공사의 작업순서, 해체공법 및 이에 따른 구조안전계획
4. 해체공사 현장의 화재 방지대책, 공해 방지 방안, 교통안전 방안, 안전통로 확보 및 낙하 방지대책 등 안전관리대책
5. 해체물의 처리계획
6. 해체공사 후 부지정리 및 인근 환경의 보수 및 보상 등에 관한 사항

② 허가권자는 법 제30조제3항에 따라 제출받은 해체계획서에 보완이 필요하다고 인정하는 경우에는 기한을 정하여 보완을 요청할 수 있다.

③ 국토교통부장관은 제1항에 따른 해체계획서의 세부적인 작성 방법 등에 관해 필요한 사항을 정하여 고시해야 한다.

요약

건축물 해체의 신고

1. 주요구조부의 해체를 수반하지 아니하고 건축물 일부 해체
2. 다음 모두 해당하는 건축물 전체 해체
   가. 연면적 500 ㎡ 미만의 건축물
   나. 건축물의 높이가 12 ㎡ 미만인 건축물
   다. 지상층과 지하층을 포함하여 3개 층 이하인 건축물
3. 그 밖에 건축물 해체
   가. 신고대상 건축물
   - 바닥면적의 합계가 85㎡ 이내의 증축·개축·재축
   - 3층 이상 건축물의 경우 증축·개축·재축 하려는 부분의 바닥면적의 합계가 건축물 연면적의 1/10 이내인 경우로 한정
   - 대수선(연면적 200㎡ 미만이고 3층 미만인 건축물)
   나. 관리지역, 농림지역 또는 자연환경보전지역에 높이 12 ㎡ 미만인 건축물.
   - 건축물 일부가 도시지역에 걸치는 경우 건축물의 과반이 속하는 지역 적용.
   다. 그 밖에 시·군·구 조례로 정하는 건축물

해체계획서의 작성

(1) 해체계획서 포함내용
1. 해체공사 수행자 및 해체공사 공정 등 해체공사 개요
2. 해체공사의 영향을 받게 될 건축설비의 이동, 철거 및 보호 등에 관한 사항
3. 해체공사의 작업순서, 해체공법 및 이에 따른 구조안전계획
4. 현장의 화재 방지대책, 공해 방지 방안, 교통안전 방안, 안전통로 확보 및 낙하 방지대책 등 안전관리대책
5. 해체물의 처리계획
6. 해체공사 후 부지정리 및 인근 환경의 보수 및 보상 등에 관한 사항

(2) 보완요청 - 허가권자
   해체계획서 보완이 필요시 보완 요청

(3) 해체계획서의 세부적인 작성 방법 등
   국토교통부장관 고시

건 축 물 관 리 법	건 축 물 관 리 법 시 행 령
[제30조] ⑥ 허가권자는 다음 각 호의 어느 하나에 해당하는 경우 「건축법」 제4조제1항에 따라 자신이 설치하는 건축위원회의 심의를 거쳐 해당 건축물의 해체 허가 또는 신고수리 여부를 결정하여야 한다. 〈신설 22.02.03〉 1. 제1항 각 호 외의 부분 본문 또는 제2항에 따른 건축물의 해체를 허가하려는 경우 2. 제1항 각 호 외의 부분 단서에 따라 건축물의 해체를 신고받은 경우로서 허가권자가 건축물 해체의 안전한 관리를 위하여 전문적인 검토가 필요하다고 판단하는 경우 ⑦ 제6항에 따른 심의 결과 또는 허가권자의 판단으로 해체계획서 등의 보완이 필요하다고 인정되는 경우에는 허가권자가 관리자에게 기한을 정하여 보완을 요구하여야 하며, 관리자는 정당한 사유가 없으면 이에 따라야 한다. 〈신설 22.02.03〉 ⑧ 허가권자는 대통령령으로 정하는 건축물의 해체계획서에 대한 검토를 국토안전관리원에 의뢰하여야 한다. 〈개정 22.02.03〉 ⑨ 제3항부터 제5항까지의 규정에 따른 해체계획서의 작성·검토 방법, 내용 및 그 밖에 건축물 해체의 허가절차 등에 관하 여는 국토교통부령으로 정한다.	

건 축 물 관 리 법 시 행 규 칙	요 약

	건축물 해체 심의
	
	(1)해체허가대상건축물
	 1) 주요구조부의 해체를 수반하는 건축물 일부해체
	 2) 건축물의 전체 해체
	  가. 연면적 500㎡ 이상인 건축물
	  나. 건축물 높이 12 m 이상인 건축물
	  다. 지상, 지하층을 포함 4개 층 이상인 건축물
	 3) 해당 건축물 주변 일정 반경 내에 버스 정류장,
	  도시철도 역사 출입구, 횡단보도 등
	  조례로 정하는 시설이 있는 경우
	 4) 해당 건축물 외벽으로부터 건축물의 높이에 해당
	  하는 범위 내에 조례로 정하는 폭 이상의 도로가
	  있는 경우
	 5) 그 밖에 건축물의 안전한 해체를 위하여 건축물
	  의 배치, 유동인구 등 건축물의 주변 여건을
	  고려하여 조례로 정하는 경우
	
	(2) 해체신고대상건축물
	  - 허가권자가 건축물 해체의 안전관리상
	   전문적인 검토가 필요하다고 판단하는 경우
	
	(3) 보완요구 가능
	
	(4) 해체계획서 검토대상 건축물
	  - 국토안전관리원에 의뢰.

<table>
<tr><th>건축물관리법</th><th>건축물관리법시행령</th></tr>
<tr><td>

제30조의2 [해체공사 착공신고 등]

① 제30조제1항 각 호 외의 부분 본문 또는 같은 조 제2항에 따라 해체 허가를 받은 건축물의 해체공사에 착수하려는 관리자는 국토교통부령으로 정하는 바에 따라 허가권자에게 착공신고를 하여야 한다. 다만, 제30조제1항 각 호 외의 부분 단서에 따라 신고를 한 건축물의 경우는 제외한다.　　　〈개정 22.02.03〉

② 허가권자는 제1항에 따른 신고를 받은 날부터 7일 이내에 신고수리 여부 또는 민원 처리 관련 법령에 따른 처리기간의 연장 여부를 신고인에게 통지하여야 한다.　　　〈개정 22.02.03〉

③ 허가권자가 제2항에서 정한 기간 내에 신고수리 여부 또는 민원 처리 관련 법령에 따른 처리기간의 연장 여부를 신고인에게 통지하지 아니하면 그 기간이 끝난 날의 다음 날에 신고를 수리한 것으로 본다.

[본조신설 21.07.27]

제30조의3 [건축물 해체의 허가 또는 신고 사항의 변경]

① 관리자는 제30조제1항 또는 제2항에 따라 허가를 받았거나 신고한 사항 중 해체계획서와 다른 해체공법을 적용하는 등 대통령령으로 정하는 사항을 변경하려면 국토교통부령 으로 정하는 바에 따라 허가권자의 변경허가를 받거나 허가권자에게 변경신고를 하여야 한다. 이 경우 해체계획서의 변경 등에 관한 사항은 제30조제3항부터 제7항까지 및 제9항을 준용한다.

② 관리자는 제30조의2제1항에 따라 해체공사의 착공신고를 한 사항 중 제32조의2에 따른 해체작업자 변경 등 대통령령으로 정하는 사항을 변경하려면 국토교통부령으로 정하는 바에 따라 허가권자에게 변경신고를 하여야 한다.

③ 관리자는 제1항 또는 제2항에 따른 변경허가 또는 변경신고 사항 외의 사항을 변경한 경우에는 제33조에 따른 건축물 해체공사 완료신고 시 국토교통부령으로 정하는 바에 따라 허가권자에게 일괄하여 변경신고를 하여야 한다.

[본조신설 22.02.03]

</td><td>

제21조의2 [건축물 해체허가 등의 변경허가 또는 변경신고 사항]

① 법 제30조의3제1항 전단에서 "대통령령으로 정하는 사항"이란 다음 각 호의 사항을 말한다.
 1. 해체공법
 2. 해체작업의 순서
 3. 해체하는 부분 및 면적
 4. 해체장비의 종류
 5. 해체 대상 건축물의 석면 함유 여부
 6. 해체공사 현장의 안전관리대책

② 허가권자는 법 제30조의3제1항에 따른 변경허가 신청이나 변경신고를 받은 경우 해체 대상 건축물 또는 그 건축물에 사용된 자재에 석면이 함유되었는지를 확인하고, 석면이 함유되어 있으면 지체 없이 제21조제3항 각 호의 자에게 그 사실을 통보해야 한다.

③ 허가권자는 법 제30조의3제1항에 따른 변경허가 신청이나 변경신고를 받은 경우로서 해체 대상 건축물이 제21조제5항 각 호의 건축물에 해당하는 경우에는 「국토안전관리원법」에 따른 국토안전관리원(이하 "국토안전관리원"이라 한다)에 변경된 해체계획서에 대한 검토를 의뢰해야 한다.

④ 법 제30조의3제2항에서 "해체작업자 변경 등 대통령령으로 정하는 사항"이란 다음 각 호의 사항을 말한다.
 1. 착공 예정일
    (30일 이상 변경하는 경우로 한정한다)
 2. 해체작업자, 하수급인 및 현장관리인과 해체공사 현장에 배치하는 건설기술자

[본조신설 22.08.02]

</td></tr>
</table>

건축물관리법시행규칙	요 약

제12조의2 【건축물 해체공사 착공신고】 ① 관리자는 법 제30조의2제1항 본문에 따라 착공신고를 하려는 경우 별지 제6호의2서식의 건축물 해체공사 착공신고서에 다음 각 호의 서류를 첨부하여 허가권자에게 제출(전자문서로 제출하는 것을 포함한다)해야 한다.

1. 해체공사계약서[해체공사를 수행하는 자(이하 " 해체작업자"라 한다)가 해체공사를 하도급한 경우에는 하도급계약서를 포함한다] 사본
2. 해체공사감리계약서 사본
3. 법 제30조제2항에 따른 해체계획서 또는 안전관리계획의 내용이 변경된 경우에는 그 사본

해체공사 착공신고

1. 허가대상 해체공사 - 신고대상 제외
2. 허가권자 - 7일 이내 신고수리 여부 통지
3. 기간내 통지하지 아니하면 신고 수리한 것 간주.
4. 착공신고 첨부서류
 1) 해체공사계약서(하도급계약서 포함) 사본
 2) 해체공사감리계약서 사본
 3) 해체계획서 또는 안전관리계획의 내용이 변경된 경우 그 사본

<table>
<tr><th>건 축 물 관 리 법</th><th>건 축 물 관 리 법 시 행 령</th></tr>
</table>

제30조의4【현장점검】 ① 허가권자는 안전사고 예방 등을 위하여 제30조의2에 따른 해체공사 착공신고를 받은 경우 등 대통령령으로 정하는 경우에는 건축물 해체 현장에 대한 현장점검을 하여야 한다.
〈개정 22.02.03〉

② 허가권자는 제1항에 따른 현장점검 결과 해체공사가 안전하게 진행되기 어렵다고 판단되는 경우 즉시 관리자, 제31조제1항에 따른 해체공사감리자, 제32조의2에 따른 해체작업자 등에게 작업중지 등 필요한 조치를 명하여야 하며, 조치 명령을 받은 자는 국토교통부령으로 정하는 바에 따라 필요한 조치를 이행하여야 한다.
〈개정 22.02.03〉

③ 허가권자는 국토교통부령으로 정하는 바에 따라 제2항에 따른 필요한 조치가 이행되었는지를 확인한 후 공사재개 등의 조치를 명하여야 하며, 필요한 조치가 이행되지 아니한 경우 공사재개 등의 조치를 명하여서는 아니 된다.
〈신설 22.02.03〉

④ 허가권자는 제1항의 현장점검 업무를 제18조제1항에 따른 건축물관리점검기관으로 하여금 대행하게 할 수 있다. 이 경우 업무를 대행하는 자는 현장점검 결과를 국토교통부령으로 정하는 바에 따라 허가권자에게 서면으로 보고하여야 하며, 현장점검을 수행하는 과정에서 긴급히 조치하여야 하는 사항이 발견되는 경우 즉시 안전조치를 실시한 후 그 사실을 허가권자에게 보고하여야 한다.
〈신설 22.02.03〉

⑤ 허가권자는 제1항에 따라 업무를 대행하게 한 경우 국토교통부령으로 정하는 범위에서 해당 지방자치 단체의 조례로 정하는 수수료를 지급하여야 한다.
〈개정 22.02.03〉
[본조신설 20.04.07]

제21조의3【현장점검】 법 제30조의4제1항에서 "해체공사 착공신고를 받은 경우 등 대통령령으로 정하는 경우"란 다음 각 호의 경우를 말한다.

1. 법 제30조의2제1항에 따른 건축물 해체공사 착공신고를 받은 경우
2. 법 제31조제2항제3호에 따른 정당한 사유의 유무를 확인하려는 경우
3. 다음 각 목의 경우로서 허가권자가 현장점검이 필요하다고 인정하는 경우
   가. 법 제30조의3제1항에 따른 변경허가 신청이나 변경신고를 받은 경우
   나. 법 제30조의3제2항에 따른 변경신고를 받은 경우
   다. 해체공사감리자가 법 제32조제1항부터 제3항까지의 규정에 따라 업무를 성실하게 수행하는지를 확인하려는 경우
   라. 해체작업자가 법 제32조의2 각 호의 업무를 성실하게 수행하는지를 확인하려는 경우
   마. 건축물 해체공사와 관련된 위법행위 등에 대한 신고·제보 등을 받은 경우
4. 건축물 해체공사의 공정(工程)이 법 제32조제5항제1호 전단에 따른 필수확인점(이하"필수확인점"이라 한다)에 다다른 경우로서 건축물 해체공사가 해체계획서와 관계 법령에 맞게 수행되는지를 확인하기 위하여 시·군·구 조례로 정하는 경우
〈개정 22.12.06〉
[본조신설 22.08.02]

<table>
<tr><td>건 축 물 관 리 법 시 행 규 칙</td><td>요　　　　약</td></tr>
</table>

[제12조의2]

② 허가권자는 제1항에 따른 건축물 해체공사 착공 신고서를 제출받은 경우 다음 각 호의 사항에 대한 현장점검을 해야 한다.

　1. 해체할 건축물의 현황

　2. 해체할 건축물 주변의 도로 현황과 보행자 및 　　차량의 통행 현황

　3. 제12조제1항제4호에 따른 안전관리대책(착공신고 　　전에 이행할 수 있는 안전관리대책으로 한정 　　한다)의 이행 여부

③ 허가권자는 제2항에 따른 점검 결과 건축물의 안전한 해체를 위하여 보완이 필요하다고 인정되는 사항에 대하여 관리자에게 보완을 요구해야 한다.

④ 제3항에 따른 보완을 요구받은 관리자는 특별한 사유가 없으면 요구에 따라야 한다.

⑤ 허가권자는 제2항 및 제3항에 따른 점검 및 보완 결과 건축물 해체공사의 안전이 확보되었다고 인정되 면 별지 제6호의3서식의 건축물 해체공사 착공신고 확인증을 관리자에게 내주어야 한다.

[본조신설 21.10.28]

현장점검

1. 필요시 건축물 해체 현장에 대한 현장점검실시

　– 건축물관리점검기관에게 대행가능

2. 업무대행자

　– 현장점검결과 허가권자에게 서면보고.

3. 업무대행 수수료 지급

4. 현장점검 내용

　1) 해체할 건축물의 현황

　2) 해체할 건축물 주변의 도로 현황과 보행자 및 　　　차량의 통행 현황

　3) 안전관리대책(착공신고 전에 이행할 수 있는 　　　안전관리대책으로 한정)의 이행 여부

건 축 물 관 리 법	건 축 물 관 리 법 시 행 령
제31조【건축물 해체공사감리자의 지정 등】 ① 허가권자는 건축물 해체허가를 받은 건축물에 대한 해체작업의 안전한 관리를 위하여 「건축사법」 또는 「건설기술 진흥법」에 따른 감리자격이 있는 자 (공사시공자 본인 및 「독점규제 및 공정거래에 관한 법률」 제2조제3호에 따른 계열회사는 제외한다) 중 제31조의2에 따른 해체공사감리 업무에 관한 교육을 이수한 자를 대통령령으로 정하는 바에 따라 해체공사감리자(이하 "해체공사감리자"라 한다)"로 지정하여 해체공사감리를 하게 하여야 한다. 〈개정 22.02.03〉	**제22조【건축물 해체공사감리자의 지정 등】** ① 시·도지사는 법 제31조제1항에 따른 감리자격이 있는 자를 대상으로 모집공고를 거쳐 명부를 작성하고 관리해야 한다. 이 경우 특별시장·광역시장 또는 도지사는 미리 관할 시장·군수·구청장과 협의 해야 한다. ② 허가권자는 법 제31조제1항에 따라 다음 각 호의 건축물의 경우 제1항의 명부에서 해체공사감리자를 지정해야 한다. 〈개정 22.08.02〉 1. 법 제30조제1항 각 호 외의 부분 본문 및 같은 조 제2항에 따른 해체허가 대상인 건축물 2. 법 제30조제1항 각 호 외의 부분 단서에 따른 해체신고 대상인 건축물로서 다음 각 목의 어느 하나에 해당하 건축물 　가. 제21조제5항 각 호의 건축물 　나. 해체하려는 건축물이 유동인구가 많거나 건물이 밀집되어 있는 곳에 있는 경우 등 허가권자가 해체작업의 안전한 관리를 위하여 필요하다고 인정하는 건축물 ③ 허가권자는 건축물을 해체하고 「건축법」 제25조제2항에 해당하는 건축물을 건축하는 경우로서 관리자가 요청하는 경우에는 이 조 제2항에 따라 지정한 해체공사감리자를 「건축법」 제25조제2항에 따른 공사감리자로 지정할 수 있다. 이 경우 허가권자는 건축하려는 건축물의 규모 및 용도 등을 고려하여 해체공사감리자를 지정해야 한다. ④ 제2항 및 제3항에 따른 해체공사감리자의 명부 작성·관리 및 지정에 필요한 사항은 특별시·광역시·특별자치시·도 또는 특별자치도의 조례로 정할 수 있다.

건축물관리법시행규칙	요 약

제13조 【건축물 해체공사감리자의 지정 등】

① 허가권자는 법 제31조제1항에 따라 해체공사감리자를 지정할 때 해체공사감리 업무에 관한 교육을 받은 자를 우선하여 지정할 수 있다. 이 경우 교육시간 및 내용 등에 관하여 필요한 사항은 국토교통부장관이 정하여 고시한다.

② 법 제30조제2항에 따라 건축물 해체 허가신청서 또는 신고서를 제출받은 허가권자는 영 제22조제2항 각 호의 건축물에 해당하는 경우에는 법 제31조제1항에 따라 별지 제7호서식의 해체공사감리자 지정통지서를 해당 관리자에게 통지해야 한다.

③ 관리자는 제2항에 따라 지정통지서를 받으면 해당 해체공사감리자와 감리계약을 체결해야 한다.

④ 관리자가 중앙행정기관의 장, 지방자치단체의 장 및 「공공기관의 운영에 관한 법률」에 따른 공공기관의 장인 경우에 해당 건축물의 해체공사 감리비용은 해체공사비에 국토교통부장관이 정하여 고시하는 요율을 곱하여 계산한다.

⑤ 제4항에 따른 자가 아닌 관리자의 건축물 해체공사 감리비용은 같은 항의 감리비용을 참고하여 정할 수 있다.

건축물 해체공사감리자의 지정

(1) 허가권자가 지정
- 건축물 해체허가를 받은 건축물
- 감리자격이 있는 자
- 모집공고를 거쳐 명부 작성 관리

(2) 해체공사감리자 교체
1. 서류를 거짓,부정한 방법으로 제출한 경우
2. 업무 수행 중 해당 관리자 또는 해체작업자)의 위반사항이 있음을 알고도 해체작업의 시정 또는 중지를 요청하지 아니한 경우
3. 감리자 자격기준에 적합하지 않은 경우
4. 해체공사감리자가 고의 또는 중대한 과실로 해체공사감리자의 업무를 위반하여 업무를 수행한 경우
5. 해체공사감리자가 정당한 사유 없이 해체공사 감리를 거부하거나 실시하지 않은 경우
6. 그 밖에 해체공사감리자가 업무를 계속하여 수행할 수 없거나 수행하기에 부적합한 경우로서 시·군·구 조례로 정하는 경우

(3) 허가권자 지정 공사감리자 겸 해체공사감리자
- 건축물을 해체하고 건축하는 경우
- 관리자 요청시 허가권자가 지정

<table>
<tr><td align="center">건 축 물 관 리 법</td><td align="center">건 축 물 관 리 법 시 행 령</td></tr>
</table>

[제31조]

② 허가권자는 다음 각 호의 어느 하나에 해당하는 경우에는 해체공사감리자를 교체하여야 한다.
〈개정 22.02.03〉

1. 해체공사감리자의 지정에 관한 서류를 거짓이나 그 밖의 부정한 방법으로 제출한 경우

2. 업무수행 중 해당 관리자 또는 제32조의2에 따른 해체작업자의 위반사항이 있음을 알고도 해체작업의 시정 또는 중지를 요청하지 아니한 경우

3. 제32조제7항에 따른 등록 명령에도 불구하고 정당한 사유없이 지속적으로 이에 따르지 아니한 경우

4. 그 밖에 대통령령으로 정하는 경우

③ 해체공사감리자는 수시 또는 필요한 때 해체공사의 현장에서 감리업무를 수행하여야 한다. 다만, 해체공사 방법 및 범위 등을 고려하여 대통령령으로 정하는 건축물의 해체공사를 감리하는 경우에는 대통령령으로 정하는 자격 또는 경력이 있는 자를 감리원으로 배치하여 전체 해체공사 기간 동안 해체공사 현장에서 감리업무를 수행하게 하여야 한다.
〈신설 22.06.10〉

④ 허가권자는 제2항 각 호의 어느 하나에 해당하는 해체공사감리자에 대해서는 1년 이내의 범위에서 해체공사감리자의 지정을 제한하여야 한다.
〈신설 22.02.03〉

⑤ 관리자와 해체공사감리자 간의 책임 내용 및 범위는 이 법에서 규정한 것 외에는 당사자 간의 계약으로 정한다.
〈개정 22.02.03〉

제23조 【해체공사감리자의 교체】 법 제31조제2항제4호에서 "대통령령으로 정하는 경우"란 다음 각 호의 경우를 말한다.
〈개정 22.08.02〉

1. 해체공사 감리에 요구되는 감리자 자격기준에 적합하지 않은 경우

2. 해체공사감리자가 고의 또는 중대한 과실로 법 제32조를 위반하여 업무를 수행한 경우

3. 해체공사감리자가 정당한 사유 없이 해체공사 감리를 거부하거나 실시하지 않은 경우

4. 그 밖에 해체공사감리자가 업무를 계속하여 수행할 수 없거나 수행하기에 부적합한 경우로서 시·군·구 조례로 정하는 경우

<table>
<tr><td>건축물관리법시행규칙</td><td>요 약</td></tr>
<tr><td></td><td></td></tr>
<tr><td>건축물관리법시행규칙</td><td>요 약</td></tr>
</table>

<table>
<tr><th>건축물관리법</th><th>건축물관리법시행령</th></tr>
<tr><td>

[제31조]

⑥ 국토교통부장관은 대통령령으로 정하는 바에 따라 제3항 단서에 따른 감리원 배치기준을 정하여야 한다. 이 경우 관리자 및 해체공사 감리자는 정당한 사유가 없으면 이에 따라야 한다.

〈개정 22.06.10〉

⑦ 해체공사감리자의 지정기준, 지정방법, 해체공사 감리비용 등 필요한 사항은 국토교통부령으로 정한다.

</td><td>

제23조의2 【건축물 해체공사의 감리원 배치기준 등】

① 법 제31조제3항 단서에서 "대통령령으로 정하는 건축물"이란 다음 각 호의 건축물을 말한다.

　1. 법 제30조제1항 각 호 외의 부분 본문 및 같은 조 제2항에 따른 해체허가 대상인 건축물

　2. 법 제30조제1항 각 호 외의 부분 단서에 따른 해체신고 대상인 건축물 중 제21조제5항 각 호에 해당하는 건축물

② 법 제31조제3항 단서에서 "대통령령으로 정하는 자격 또는 경력이 있는 자"란 다음 각 호의 구분에 따른 사람으로서 공사시공자 및 공사시공자의 계열회사(「독점규제 및 공정거래에 관한 법률」 제2조제12호의 계열회사를 말한다)에 소속되지 않은 사람을 말한다.

　1. 필수확인점에 감리원을 배치하는 경우: 다음 각 목의 어느 하나에 해당하는 사람

　가. 「건축사법」 제2조제1호의 건축사

　나. 「건설기술 진흥법」 제39조에 따른 건설사업관리를 수행할 자격이 있는 사람으로서 특급기술인인 사람

　2. 필수확인점 외의 해체공정에 감리원을 배치하는 경우: 다음 각 목의 어느 하나에 해당하는 사람

　가. 제1호 각 목의 사람

　나. 「건축사법」 제2조제2호의 건축사보

　다. 「기술사법」 제6조에 따른 기술사사무소 또는 「건축사법」 제23조제9항 각 호에 따른 건설엔지니어링사업자 등에 소속된 사람으로서 다음의 어느 하나에 해당하는 사람

　　1) 「국가기술자격법」에 따른 건축 분야의 국가기술자격을 취득한 사람

　　2) 「건설기술 진흥법」 제39조에 따른 건설사업관리를 수행할 자격이 있는 사람으로서 직무분야가 같은 법 시행령 별표 1 제3호라목의 건축인 사람

</td></tr>
</table>

건축물관리법시행령	요 약

[제23조의2]

③ 법 제31조제6항 전단에 따른 감리원 배치기준에는 다음 각 호의 내용이 포함되어야 한다.

1. 제1항제1호에 따른 건축물의 해체공사인 경우에는 다음 각 목의 구분에 따라 감리원을 배치할 것

　가. 건축물의 연면적이 3천제곱미터 미만인 경우: 1명 이상

　나. 건축물의 연면적이 3천제곱미터 이상인 경우: 2명 이상. 다만, 관리자가 요청하는 경우로서 허가권자가 해체공사의 난이도, 해체할 부분 및 면적 등을 고려할 때 감리원을 2명 이상 배치할 필요가 없다고 인정하는 경우에는 1명을 배치할 수 있다.

2. 제1항제2호에 따른 건축물의 해체공사인 경우에는 1명 이상의 감리원을 배치할 것

3. 해체공사 과정 중 필수확인점에 다다른 경우에는 다음 각 목에 따라 감리원을 배치할 것

　가. 배치기간은 다음 단계의 해체공정을 진행하기 전까지일 것

　나. 제1호나목 본문 또는 단서에 따라 배치하는 경우 제2항제1호에 해당하는 사람은 1명 이상일 것

　다. 해체공사감리자에 소속된 사람 중 제2항제1호에 해당하는 사람이 있으면 그 사람(같은 호에 해당하는 사람으로서 필수확인점이 아닌 해체공정에 배치된 감리원을 포함한다)을 배치할 것

[본조 개정 22.12.06]

건축물 해체공사의 감리원 배치기준

(1) 적용 대상

　1. 해체허가 대상인 건축물

　2. 해체신고 대상 중

　　가. 특수구조 건축물

　　나. 건축물에 10톤 이상의 장비를 올려 해체하는 건축물

　　다. 폭파하여 해체하는 건축물

(2) 감리원 자격

　1. 필수확인점에 배치하는 경우

　가. 건축사

　나. 특급기술인

　2. 필수확인점 외에 배치하는 경우

　가. 건축사

　나. 특급기술인

　다. 건축사보

　라. 회사소속 기술자

　　1) 건축 분야의 국가기술자격 취득자

　　2) 건설사업관리를 수행할 자격이 있는 사람으로서 직무분야가 건축인 사람

(3) 배치기준

1. 해체허가 대상인 건축물

　가. 연면적 3,000 ㎡ 미만인 경우 : 1명 이상

　나. 연면적 3,000 ㎡ 이상인 경우 : 2명 이상

　　- 관리자가 요청하는 경우 1명 가능

2. 해체신고 대상

　1명 이상의 감리원 배치

3. 해체공사 과정 중 필수확인점에 다다른 경우

　가. 배치기간은 다음 단계의 해체공정을 진행하기 전까지일 것

　나. 연면적 3,000 ㎡ 이상인 경우 1명 이상

　다. 해체공사감리자에 소속된 사람 중 동일인을 배치할 것

건 축 물 관 리 법	건 축 물 관 리 법 시 행 령
제31조의2 【해체공사감리자 등의 교육】 ① 해체공사감리 업무를 하려는 해체공사감리자 및 감리원은 해체공사감리 업무에 관한 교육을 받아야 한다. ② 국토교통부장관은 제1항에 따른 교육의 원활한 실시를 위하여 대통령령으로 정하는 바에 따라 해체공사 교육기관을 지정할 수 있다. ③ 제2항에 따라 지정된 해체공사 교육기관은 해체공사감리 업무 외에 해체계획서의 작성·검토 등 해체공사에 필요한 교육을 실시할 수 있으며, 국토교통부장관은 해체공사 교육기관의 교육 실시에 필요한 행정적·재정적 지원을 할 수 있다. ④ 제1항 및 제3항에 따른 교육의 방법·기준·절차 및 그 밖에 필요한 사항은 국토교통부령으로 정한다. [본조신설 22.02.03]	**제23조의3 【해체공사 교육기관의 지정 등】** ① 국토교통부장관은 법 제31조의2제2항에 따라 다음 각 호의 기관 또는 단체 중에서 해체공사 교육기관(이하 "해체공사교육기관"이라 한다)을 지정할 수 있다. 1. 국토안전관리원 2. 「건축사법」 제31조에 따른 대한건축사협회 3. 「기술사법」 제14조에 따른 기술사회 4. 「건설기술 진흥법 시행령」 제43조제2항 전단에 따라 국토교통부장관이 지정하여 고시한 교육기관 중 안전관리 또는 건설사업관리 분야의 전문교육기관 5. 그 밖에 건축물 해체공사감리 및 해체계획서 작성·검토에 관한 전문성이 있다고 국토교통부장관이 인정하는 기관 또는 단체 ② 해체공사교육기관의 지정 기준은 다음 각 호와 같다. 1. 교육과정 및 교육내용이 해체공사감리자, 감리원 및 해체계획서 작성자·검토자의 자질 향상을 위하여 적절할 것 2. 교육과목별로 1명 이상의 교수요원을 확보하고 있을 것 3. 교육에 필요한 강의장 및 장비를 확보하고 있을 것 4. 운영경비 조달 능력이 있을 것 ③ 해체공사교육기관으로 지정받으려는 기관 또는 단체는 국토교통부령으로 정하는 신청서에 다음 각 호의 사항을 적은 서류를 첨부하여 국토교통부장관에게 제출해야 한다. 1. 교육과정 및 교육내용이 포함된 운영계획 2. 교수요원 확보 현황 3. 강의장 및 장비 확보 현황 4. 운영경비 조달계획 ④ 국토교통부장관은 해체공사교육기관을 지정하였을 때에는 지정받은 자에게 국토교통부령으로 정하는 지정서를 교부하고, 해체공사교육기관의 명칭·대표자 및 소재지 등을 관보에 고시해야 한다. ⑤ 제1항부터 제4항까지에서 규정한 사항 외에 해체공사교육기관의 지정 등에 필요한 사항은 국토교통부령으로 정한다. [본조신설 22.08.02]

건축물관리법시행규칙	요　　　약

건축물관리법	건축물관리법시행령
제32조【해체공사감리자의 업무 등】 ① 해체공사감리자는 다음 각 호의 업무를 수행하여야 한다.　〈개정 22.02.03〉 　1. 해체작업순서, 해체공법 등을 정한 제30조제3항에 따른 해체계획서(제30조의3제1항에 따른 변경허가 또는 변경신고에 따라 해체계획서의 내용이 변경된 경우에는 그 변경된 해체계획서를 말한다. 이하 "해체계획서"라 한다)에 맞게 공사하는지 여부의 확인 　2. 현장의 화재 및 붕괴 방지 대책, 교통안전 및 안전통로 확보, 추락 및 낙하 방지대책 등 안전관리대책에 맞게 공사하는지 여부의 확인 　3. 해체 후 부지정리, 인근 환경의 보수 및 보상 등 마무리 작업사항에 대한 이행 여부의 확인 　4. 해체공사에 의하여 발생하는 「건설폐기물의 재활용 촉진에 관한 법률」 제2조제1호에 따른 건설폐기물이 적절하게 처리되는지에 대한 확인 　5. 그 밖에 국토교통부장관이 정하여 고시하는 해체공사의 감리에 관한 사항 ② 해체공사감리자는 건축물의 해체작업이 안전하게 수행되기 어려운 경우 해당 관리자 및 제32조의2에 따른 해체작업자에게 해체작업의 시정 또는 중지를 요청하여야 하며, 해당 관리자 및 해체작업자는 정당한 사유가 없으면 이에 따라야 한다.　〈개정 22.02.03〉 ③ 해체공사감리자는 해당 관리자 또는 제32조의2에 따른 해체작업자가 제2항에 따른 시정 또는 중지를 요청받고도 건축물 해체작업을 계속하는 경우에는 국토교통부령으로 정하는 바에 따라 허가권자에게 보고하여야 한다. 이 경우 보고를 받은 허가권자는 지체 없이 작업중지를 명령하여야 한다.　〈개정 22.02.03〉 ④ 관리자 또는 해체작업자가 제2항에 따른 조치를 요청받고 이를 이행한 경우나 제3항 후단에 따른 작업중지 명령을 받은 이후 해체작업을 다시 하려는 경우에는 건축물 안전확보에 필요한 개선계획을 허가권자에게 제출하여 승인을 받아야 한다.	

건 축 물 관 리 법 시 행 규 칙	요 약

제14조 【해체작업의 시정 또는 중지 등】

① 해체공사감리자는 법 제32조제3항 전단에 따라 보고하는 경우 별지 제8호서식의 건축물 해체작업 시정 또는 중지 요청 보고서에 해체공사감리자 지정 통지서 사본을 첨부하여 허가권자에게 제출해야 한다.

② 관리자 또는 해체 작업자는 법 제32조제4항에 따라 개선계획 을 승인받으려는 경우에는 별지 제9호서식의 해체 작업 개선계획서를 허가권자에게 제출해야 한다.　　　　　　　　　〈개정 21.10.28〉

③ 허가권자는 제2항에 따라 제출받은 해체작업 개선 계획서에 보완이 필요하다고 인정되면 해당 관리자 또는 해체작업자에게 보완을 요청할 수 있다.

제15조 【해체감리완료보고서】

해체공사감리자는 법 제32조제5항에 따라 해체감리 완료보고서를 작성하는 경우 감리업무 수행 내용·결과 및 해체공사 결과 등을 포함하여 작성해야 한다.

해체공사감리자의 업무

(1) 해체공사감리자의 업무

　1. 해체작업순서, 해체공법 등 해체계획서에 맞게 공사하는지 여부의 확인

　2. 현장의 화재 및 붕괴 방지대책, 교통안전 및 안전통로 확보, 추락 및 낙하 방지대책 등 안전 관리대책에 맞게 공사하는지 여부의 확인

　3. 해체 후 부지정리, 인근 환경의 보수 및 보상 등 마무리 작업사항에 대한 이행 여부의 확인

　4. 해체공사에 의하여 발생하는 건설폐기물이 적절하게 처리되는지에 대한 확인

　5. 그 밖에 국토교통부장관이 정하여 고시하는 해체 공사의 감리에 관한 사항

(2) 작업의 시정 또는 중지 요청

　- 해체작업이 안전하게 수행되기 어려운 경우

　- 해당 관리자 및 해체작업자에게 요청

(3) 허가권자에게 보고

　- 시정 또는 중지 요청받고도 해체작업을 계속하는 경우

　- 허가권자 : 작업중지 명령.

(4) 해체작업을 다시 하려는 경우

　- 조치 요청 이행시

　- 안전확보에 필요한 개선계획을 허가권자에게 제출하여 승인을 받을 것

(5) 해체감리완료보고서 제출

　- 건축물의 해체작업이 완료된 경우

　- 해체감리완료보고서 관리자에게 제출

<table>
<tr><th>건 축 물 관 리 법</th><th>건 축 물 관 리 법 시 행 령</th></tr>
<tr><td>

[제32조]

⑤ 해체공사감리자는 허가권자 등이 건축물의 해체가 해체계획서에 따라 적정하게 이루어졌는지 확인할 수 있도록 다음 각 호의 어느 하나에 해당하는 해체 작업 시에는 해당 작업이 진행되고 있는 현장에 대한 사진 및 동영상(촬영일자가 표시된 사진 및 동영상을 말한다)을 촬영하고 보관하여야 한다.
  1. 필수확인점(공사의 수행 과정에서 다음 단계의 공정을 진행하기 전에 해체공사감리자의 현장점검에 따른 승인을 받아야 하는 공사 중지점을 말한다)의 해체. 이 경우 필수확인점의 세부 기준 등에 관하여 필요한 사항은 대통령령으로 정한다.
  2. 해체공사감리자가 주요한 해체라고 판단하는 해체
⑥ 해체공사감리자는 그날 수행한 해체작업에 관하여 다음 각 호에 해당하는 사항을 제7조에 따른 건축물 생애이력 정보체계에 매일 등록하여야 한다.
  1. 공종, 감리내용, 지적사항 및 처리결과
  2. 안전점검표 현황
  3. 현장 특기사항(발생상황, 조치사항 등)
  4. 해체공사감리자가 현장관리 기록을 위하여 필요하다고 판단하는 사항
⑦ 허가권자는 제6항 각 호에 해당하는 사항을 등록하지 아니한 해체공사감리자에게 등록을 명하여야 하며, 해체공사감리자는 정당한 사유가 없으면 이에 따라야 한다.
⑧ 해체공사감리자는 건축물의 해체작업이 완료된 경우 해체감리완료보고서를 해당 관리자에게 제출하여야 한다.
⑨ 제4항에 따른 개선계획 승인 등에 필요한 사항과 제5항에 따른 해체감리완료보고서의 작성 등에 필요한 사항은 국토교통부령으로 정한다.

</td><td>

제23조의4 【필수확인점의 세부 기준】

① 법 제32조제5항제1호 전단에 따른 필수확인점의 세부 기준은 다음 각 호와 같다.
  1. 마감재 해체공정 착수 전
  2. 지붕 해체공정 착수 전
  3. 중간층 해체공정 착수 전
  4. 지하층 해체공정 착수 전
② 제1항 각 호에 따른 필수확인점의 구체적인 시점에 관하여 필요한 사항은 국토교통부장관이 정하여 고시한다.

[본조신설 22.08.02]

</td></tr>
</table>

<table>
<tr><th>건축물관리법시행규칙</th><th>요 약</th></tr>
<tr><td>

제14조 【해체작업의 시정 또는 중지 등】

① 해체공사감리자는 법 제32조제3항 전단에 따라 보고하는 경우 별지 제8호서식의 건축물 해체작업 시정 또는 중지 요청 보고서에 해체공사감리자 지정 통지서 사본을 첨부하여 허가권자에게 제출해야 한다.

② 관리자 또는 해체 작업자는 법 제32조제4항에 따라 개선계획 을 승인받으려는 경우에는 별지 제9호 서식의 해체 작업 개선계획서를 허가권자에게 제출 해야 한다. 〈개정 21.10.28〉

③ 허가권자는 제2항에 따라 제출받은 해체작업 개선 계획서에 보완이 필요하다고 인정되면 해당 관리자 또는 해체작업자에게 보완을 요청할 수 있다.

제15조 【해체감리완료보고서】

해체공사감리자는 법 제32조제5항에 따라 해체감리 완료보고서를 작성하는 경우 감리업무 수행 내용·결과 및 해체공사 결과 등을 포함하여 작성해야 한다.

</td><td>

해체공사감리자의 업무

(1) 해체공사감리자의 업무
  1. 해체작업순서, 해체공법 등 해체계획서에 맞게 공사하는지 여부의 확인
  2. 현장의 화재 및 붕괴 방지대책, 교통안전 및 안전통로 확보, 추락 및 낙하 방지대책 등 안전 관리대책에 맞게 공사하는지 여부의 확인
  3. 해체 후 부지정리, 인근 환경의 보수 및 보상 등 마무리 작업사항에 대한 이행 여부의 확인
  4. 해체공사에 의하여 발생하는 건설폐기물이 적절하게 처리되는지에 대한 확인
  5. 그 밖에 국토교통부장관이 정하여 고시하는 해체 공사의 감리에 관한 사항

(2) 작업의 시정 또는 중지 요청
  - 해체작업이 안전하게 수행되기 어려운 경우
  - 해당 관리자 및 해체작업자에게 요청

(3) 허가권자에게 보고
  - 시정 또는 중지 요청받고도 해체작업을 계속하는 경우
  - 허가권자 : 작업중지 명령.

(4) 해체작업을 다시 하려는 경우
  - 조치 요청 이행시
  - 안전확보에 필요한 개선계획을 허가권자에게 제출하여 승인을 받을 것

(5) 해체감리완료보고서 제출
  - 건축물의 해체작업이 완료된 경우
  - 해체감리완료보고서 관리자에게 제출

</td></tr>
</table>

건 축 물 관 리 법	건 축 물 관 리 법 시 행 령
제32조의2 【해체작업자의 업무】 해체작업자는 다음 각 호의 업무를 수행하여야 한다. 　1. 해체계획서대로 해체공사 수행 　2. 해체계획서의 화재 및 붕괴 방지 대책, 교통안전 　　및 안전통로 확보 대책, 추락 및 낙하 방지 대책 　　등 안전관리대책 수행 　3.「산업안전보건법」등 관계 법령에서 정하는 업무 　　　　　　　　　　　　　　[본조신설 22.02.03] **제33조 【건축물 해체공사 완료신고】** ① 관리자는 다음 각 호의 어느 하나에 해당하는 날 부터 30일 이내에 허가권자에게 건축물 해체공사 완료신고를 하여야 한다.　　　　〈개정 22.02.03〉 　1. 제30조제1항 각 호 외의 부분 본문 또는 같은 조 　　제2항에 따른 해체허가 대상의 경우, 제32조제8 　　항에 따른 해체감리완료보고서를 해체공사감리자 　　로부터 제출받은 날 　2. 제30조제1항 각 호 외의 부분 단서에 따른 해체 　　신고 대상의 경우, 건축물을 해체하고 폐기물 　　반출이 완료된 날 ② 제1항에 따른 신고의 방법·절차에 관한 사항은 국토교통부령으로 정한다. **제34조 【건축물의 멸실신고】** ① 관리자는 해당 건축 물이 멸실된 날부터 30일 이내에 건축물 멸실신고서 를 허가권자에게 제출하여야 한다. 다만, 건축물을 전면해체하고 제33조에 따른 건축물 해체공사 완료 신고를 한 경우에는 멸실신고를 한 것으로 본다. 　　　　　　　　　　　　　　〈개정 22.02.03〉 ② 제1항에 따른 신고의 방법·절차에 관한 사항은 국토교통부령으로 정한다.	

건 축 물 관 리 법 시 행 규 칙	요 약

제16조【건축물 해체공사 완료신고】

① 관리자는 법 제33조제1항에 따라 건축물 해체공사 완료신고를 하려는 경우 별지 제10호서식의 건축물 해체공사 완료신고서에 법 제32조제5항에 따라 제출받은 해체감리완료보고서를 첨부하여 허가권자에게 제출(전자문서로 제출하는 것을 포함한다)해야 한다.

② 허가권자는 제1항에 따라 신고서를 제출받은 경우 건축물 또는 건축물 자재에 석면이 함유되었는지를 확인해야 한다. 이 경우 석면 함유에 대한 통보에 관 하여는 영 제21조제3항을 준용한다.

③ 허가권자는 제1항에 따라 건축물 해체공사 완료 신고서를 제출받았을 때에는 석면 함유 여부 및 건축물의 해체공사 완료 여부를 확인한 후 별지 제11호서식의 건축물 해체공사 완료 신고확인증을 신고인에게 내주어야 한다.

제17조【건축물 멸실의 신고】

① 관리자는 법 제34조제1항 본문에 따라 멸실신고를 하려는 경우에는 별지 제10호서식의 건축물 멸실신고서를 허가권자에게 제출(전자문서로 제출하는 것을 포함한다)해야 한다.

② 허가권자는 제1항에 따라 신고서를 제출받은 경우 건축물 또는 건축물 자재에 석면이 함유되었는지를 확인해야 한다. 이 경우 석면 함유에 대한 통보에 관 하여는 영 제21조제3항을 준용한다.

③ 허가권자는 제1항에 따라 건축물 멸실 신고서를 제출받았을 때에는 석면 함유 여부 및 신고 내용을 확인한 후 별지 제11호서식의 건축물 멸실 신고확인증을 신고인에게 내주어야 한다.

요약 (오른쪽 칸)

│ 건축물 해체공사 완료신고 │ - 관리자

건축물의 해체공사를 끝낸 날부터 30일 이내에 허가권자에게 건축물 해체공사 완료신고

│ 건축물의 멸실신고 │ - 관리자

건축물이 멸실된 날부터 30일 이내에 건축물멸실신고서 허가권자에게 제출 해체허가 받은 건축물을 전면해체하여 반출이 완료된 경우 건축물 해체공사 완료신고시 멸실신고를 한 것으로 본다.

<table>
<tr><td>건 축 물 관 리 법</td><td>건 축 물 관 리 법 시 행 령</td></tr>
</table>

제5장 건축물관리 지원 등

제39조【건축물관리지원센터의 지정 등】
① 국토교통부장관은 건축물관리를 위한 정책과 기술의 연구·개발 및 보급 등을 효율적으로 추진하기 위하여 다음 각 호의 기관을 건축물관리지원센터로 지정할 수 있다.
〈개정 20.05.19〉
1. 「정부출연연구기관 등의 설립·운영 및 육성에 관한 법률」에 따라 설립된 건축공간연구원
2. 한국시설안전공단
3. 「과학기술분야 정부출연연구기관 등의 설립·운영 및 육성에 관한 법률」에 따라 설립된 한국건설기술연구원
4. 「한국감정원법」에 따라 설립된 한국감정원
5. 「한국토지주택공사법」에 따라 설립된 한국토지주택공사
6. 그 밖에 대통령령으로 정하는 공공기관
② 국토교통부장관은 제1항에 따른 건축물관리지원센터를 지정하거나 그 지정을 취소한 경우에는 그 사실을 관보에 고시하여야 한다.
③ 제1항에 따른 건축물관리지원센터는 다음 각 호의 업무를 수행한다.
1. 건축물관리 관련 정책 수립·이행 지원
2. 건축물관리 관련 상담 지원
3. 이 법에 따라 국토교통부장관으로부터 대행 또는 위탁받은 업무
4. 그 밖에 체계적인 건축물관리를 위하여 필요한 업무
④ 국토교통부장관은 제1항에 따라 지정된 건축물관리지원센터에 대하여 예산의 범위에서 제3항의 업무를 수행하는 데 필요한 비용의 일부를 출연하거나 지원할 수 있다.
⑤ 제1항에 따른 건축물관리지원센터의 지정 및 지정취소 등에 필요한 사항은 대통령령으로 정한다.

제29조【건축물관리지원센터의 지정 등】 ① 법 제39조제1항제6호에서 "대통령령으로 정하는 공공기관"이란 「공공기관의 운영에 관한 법률」 제4조에 따른 공공기관으로서 다음 각 호의 사항을 모두 갖춘 기관을 말한다.
1. 건축물관리 지원업무를 수행할 전담조직, 예산 및 시설
2. 건축물관리 지원업무를 수행할 수 있는 10명 이상의 전문인력
3. 건축물관리 지원업무 운영규정
② 법 제39조제1항에 따라 건축물관리지원센터로 지정받으려는 자는 국토교통부령으로 정하는 신청서에 다음 각 호의 서류를 첨부하여 국토교통부장관에게 제출해야 한다.
1. 건축물관리지원센터 운영계획
2. 건축물관리지원센터 인력·조직 및 시설 확보 현황
3. 건축물관리지원센터 운영에 따른 예산조달계획
③ 국토교통부장관은 제2항에 따라 신청한 자를 건축물관리지원센터로 지정하는 경우에는 국토교통부령으로 정하는 지정서를 발급해야 한다.
④ 국토교통부장관은 건축물관리지원센터로 하여금 다음 각 호의 업무를 대행하게 할 수 있다.
1. 법 제6조에 따른 실태조사
2. 법 제29조에 따른 화재안전성능보강에 대한 지원의 보조
3. 법 제38조에 따른 건축물관리기술의 국제협력 및 해외 진출을 촉진하기 위한 사업의 추진
⑤ 건축물관리지원센터는 다음 각 호의 서류를 해당 구분에 따른 날까지 국토교통부장관에게 제출해야 한다.
1. 업무계획: 매년 2월 말일
2. 전년도 업무 추진 실적: 다음 해 3월 31일
⑥ 국토교통부장관은 건축물관리지원센터가 다음 각 호의 어느 하나에 해당하는 경우에는 그 지정을 취소할 수 있다. 다만, 제1호에 해당하는 경우에는 그 지정을 취소해야 한다.
1. 거짓이나 부정한 방법으로 건축물관리지원센터로 지정받은 경우
2. 정당한 사유 없이 지정받은 날부터 6개월 이상 건축물관리지원센터의 업무를 수행하지 않은 경우
3. 그 밖에 건축물관리지원센터로서의 업무를 수행할 수 없게 된 경우
⑦ 국토교통부장관은 제6항에 따라 지정을 취소하려는 경우에는 청문을 해야 한다.

건 축 물 관 리 법 시 행 규 칙	요 약
제5장 건축물관리 지원 등	

건 축 물 관 리 법	건 축 물 관 리 법 시 행 령
제40조 [지역건축물관리지원센터의 설치 및 운영] ① 특별자치시장·특별자치도지사 또는 시장·군수·구청장은 관리자가 건축물관리계획에 따라 효율적으로 건축물을 관리할 수 있도록 기술을 지원하거나 정보를 제공할 수 있다. ② 특별자치시장·특별자치도지사 또는 시장·군수·구청장은 제1항에 따른 기술지원, 정보제공, 안전대책의 수립 등을 위하여 필요한 경우에는 지역건축물관리지원센터를 설치·운영할 수 있다. ③ 제2항에 따른 지역건축물관리지원센터는 「건축법」 제87조의2제1항에 따른 지역건축안전센터와 통합하여 운영할 수 있다. ④ 제2항에 따른 지역건축물관리지원센터의 설치·운영 등에 필요한 사항은 국토교통부령으로 정한다.	

<table>
<tr><th>건 축 물 관 리 법 시 행 규 칙</th><th>요　　　　약</th></tr>
<tr><td>

제20조【지역건축물관리지원센터의 설치 및 운영 등】

① 법 제40조제2항에 따른 지역건축물관리지원센터(이하 "지역건축물관리지원센터"라 한다)에는 센터장 1명과 기술지원, 정보제공 및 안전대책의 수립 등에 필요한 전문인력을 둔다.

② 특별자치시장·특별자치도지사 또는 시장·군수·구청장은 해당 지방자치단체 소속 공무원 중에서 건축물관리에 관한 학식과 경험이 풍부한 사람으로 하여금 제1항에 따른 센터장(이하 "센터장"이라 한다)을 겸임하게 할 수 있다.

③ 센터장은 지역건축물관리지원센터의 사무를 총괄하고, 소속 직원을 지휘·감독한다.

④ 제1항에 따른 전문인력은 다음 각 호의 어느 하나에 해당하는 자격을 갖춘 사람으로서 건축물관리에 관한 학식과 경험이 풍부한 사람으로 한다.

1.「건축사법」 제2조제1호에 따른 건축사

2.「국가기술자격법」에 따른 건축구조기술사

3.「국가기술자격법」에 따른 건축시공기술사

4.「국가기술자격법」에 따른 건설안전기술사

5.「건설기술 진흥법 시행령」 별표 1에 따른 건축구조 전문분야의 특급건설기술인 또는 고급건설기술인

⑤ 특별자치시장·특별자치도지사 또는 시장·군수·구청장은 제4항제1호에 해당하는 전문인력 1명 이상과 같은 항 제2호 또는 제5호에 해당하는 전문인력 1명 이상을 두어야 하며, 지역건축물관리지원센터의 전문인력을 확보하기 위하여 노력해야 한다.

⑥ 특별자치시장·특별자치도지사 또는 시장·군수·구청장은 지역의 규모·예산·인력 등을 고려할 때 단독으로 지역건축물관리지원센터를 설치·운영하는 것이 어려운 경우에는 둘 이상의 특별자치시·특별자치도 또는 시·군·자치구가 공동으로 하나의 지역건축물관리지원센터를 설치·운영할 수 있다. 이 경우 공동으로 지역건축물관리지원센터를 설치·운영하려는 특별자치시장·특별자치도지사 또는 시장·군수·구청장은 지역건축물관리지원센터의 공동 설치 및 운영에 관한 협약을 체결해야 한다.

⑦ 제1항부터 제6항까지에서 규정한 사항 외에 지역건축물관리지원센터의 조직 및 운영 등에 필요한 사항은 해당 지방자치단체의 조례로 정한다.

</td><td>

건축물관리지원센터

1. 건축물관리 지원업무를 수행할 전담조직, 예산 및 시설
2. 건축물관리 지원업무를 수행할 수 있는 10명 이상의 전문인력
3. 건축물관리 지원업무 운영규정
4. 전문인력
　가. 건축사
　나. 건축구조기술사
　다. 건축시공기술사
　라. 건설안전기술사
　마. 건축구조 전문분야의 특급건설기술인 또는 고급건설기술인

</td></tr>
</table>

<table>
<tr><td align="center">건 축 법</td><td align="center">건 축 법 시 행 령</td></tr>
<tr><td valign="top">

제37조【건축 지도원】 ① 특별자치시장·특별자치도지사 또는 시장·군수·구청장은 이 법 또는 이 법에 따른 명령이나 처분에 위반되는 건축물의 발생을 예방하고 건축물을 적법하게 유지·관리하도록 지도하기 위하여 대통령령으로 정하는 바에 따라 건축지도원을 지정할 수 있다. 〈개정 14.01.14〉

② 제1항에 따른 건축지도원의 자격과 업무 범위 등은 대통령령으로 정한다.

</td><td valign="top">

제24조【건축 지도원】 ① 법 제37조에 따른 건축지도원(이하 "건축지도원"이라 한다)은 특별자치시장·특별자치도지사 또는 시장·군수·구청장이 특별자치시·특별자치도 또는 시·군·구에 근무하는 건축직렬의 공무원과 건축에 관한 학식이 풍부한 자로서 건축조례로 정하는 자격을 갖춘 자 중에서 지정한다. 〈개정 14.10.14〉

② 건축지도원의 업무는 다음 각 호와 같다.

　1. 건축신고를 하고 건축 중에 있는 건축물의 시공 지도와 위법 시공 여부의 확인·지도 및 단속

　2. 건축물의 대지, 높이 및 형태, 구조 안전 및 화재 안전, 건축설비 등이 법령등에 적합하게 유지·관리되고 있는지의 확인·지도 및 단속

　3. 허가를 받지 아니하거나 신고를 하지 아니하고 건축하거나 용도변경한 건축물의 단속

③ 건축지도원은 제2항의 업무를 수행할 때에는 권한을 나타내는 증표를 지니고 관계인에게 내보여야 한다.

④ 건축지도원의 지정 절차, 보수 기준 등에 관하여 필요한 사항은 건축조례로 정한다.

　　　　　　　　　　　[전문개정 08.10.29]

</td></tr>
</table>

건축법시행규칙	요　　　약
	건축지도원 **(1) 자격** 　1. 건축 직렬 공무원 　2. 건축에 관한 학식이 풍부한 자 　　(자격 : 조례) **(2) 건축지도원의 업무** 　1. 건축신고를 하고 건축 중에 있는 건축물의 시공 지도와 위법시공여부의 확인·지도 및 단속 　2. 건축물의 대지, 높이 및 형태, 구조안전 및 화재 안전, 건축설비 등이 법령 등에 적합하게 유지·관리되고 있는 지의 확인·지도 및 단속 　3. 허가를 받지 아니하거나 신고를 하지 아니 하고 건축하거나 용도변경한 건축물의 단속

<table>
<tr><th>건 축 법</th><th>건 축 법 시 행 령</th></tr>
<tr><td>

제38조 【건축물대장】 ① 특별자치시장·특별자치도지사 또는 시장 · 군수·구청장은 건축물의 소유·이용 및 유지·관리 상태를 확인 하거나 건축정책의 기초 자료로 활용하기 위하여 다음 각 호의 어느 하나에 해당하면 건축물대장에 건축물과 그 대지의 현황 및 국토교통부령으로 정하는 건축물의 구조내력(構造 耐力)에 관한 정보를 적어서 보관하고 이를 지속적으로 정비하여야 한다. 〈개정 17.10.24〉

1. 제22조제2항에 따라 사용승인서를 내준 경우
2. 제11조에 따른 건축허가 대상 건축물(제14조에 따른 신고 대상 건축물을 포함한다) 외의 건축물의 공사를 끝낸 후 기재를 요청한 경우
3. 삭제〈개정 19.04.30〉
4. 그 밖에 대통령령으로 정하는 경우

② 특별자치시장·특별자치도지사 또는 시장·군수·구청장은 건축물대장의 작성·보관 및 정비를 위하여 필요한 자료나 정보의 제공을 중앙행정기관의 장 또는 지방자치단체의 장에게 요청할 수 있다. 이 경우 자료나 정보의 제공을 요청받은 기관의 장은 특별한 사유가 없으면 그 요청에 따라야 한다. 〈신설 17.10.24〉
③ 제1항 및 제2항에 따른 건축물대장의 서식, 기재 내용, 기재 절차, 그 밖에 필요한 사항은 국토교통부령으로 정한다. 〈개정 17.10.24〉

제39조 【등기촉탁】 ① 특별자치시장·특별자치도지사 또는 시장 · 군수·구청장은 다음 각 호의 어느 하나에 해당하는 사유로 건축물대장의 기재 내용이 변경되는 경우 (제2호의 경우 신규 등록은 제외한다) 관할 등기소에 그 등기를 촉탁하여야 한다. 이 경우 제1호와 제4호의 등기촉탁은 지방자치단체가 자기를 위하여 하는 등기로 본다. 〈개정 19.04.30〉

1. 지번이나 행정구역의 명칭이 변경된 경우
2. 제22조에 따른 사용승인을 받은 건축물로서 사용승인 내용 중 건축물의 면적·구조·용도 및 층수가 변경된 경우
3. 「건축물관리법」 제30조에 따라 건축물을 해체한 경우
4. 「건축물관리법」 제34조에 따른 건축물의 멸실 후 멸실신고를 한 경우

② 제1항에 따른 등기촉탁의 절차에 관하여 필요한 사항은 국토교통부령으로 정한다. 〈개정 13.03.23〉

</td><td>

제25조 【건축물대장】 법제38조제1항제4호에서 " 대통령령으로 정하는 경우"란 다음 각 호의 어느 하나에 해당하는 경우를 말한다. 〈개정 13.03.23〉

1. 「집합건물의 소유 및 관리에 관한 법률」 제56조 및 제57조에 따른 건축물대장의 신규등록 및 변경등록의 신청이 있는 경우
2. 법 시행일 전에 법령등에 적합하게 건축되고 유지·관리된 건축물의 소유자가 그 건축물의 건축물관리대장이나 그 밖에 이와 비슷한 공부(公簿)를 법 제38조에 따른 건축물대장에 옮겨 적을 것을 신청한 경우
3. 그 밖에 기재내용의 변경 등이 필요한 경우로서 국토교통부령으로 정하는 경우

[전문개정 08.10.29]

</td></tr>
</table>

건 축 법 시 행 규 칙	요 약

	건축물대장
	
	(1) 기재 및 보관의 목적
	  1. 건축물의 소유·이용상태 확인
	  2. 건축 정책의 기초자료로 활용
	
	(2) 대　상
	  1. 건축법에 의한 사용승인서를 교부한 경우
	  2. 건축허가(신고포함)대상 건축물의 공사 완료후
	    기재요청한 경우
	  3. 건축물의 유지·관리에 관한 사항
	  4. 기타 : 1) 건축물대장의 신규·변경등록의 신청시
	         2) 이기신청 시
	         3) 건축물의 증축·개축·재축·이전·
	           대수선 및 용도변경에 의하여
	           건축물의 표시에 관한 사항이
	           변경된 경우
	         4) 건축물의 소유권에 관한 사항이
	           변경된 경우
	
	등기촉탁
	
	(1) 시기
	  1. 지번이나 행정구역의 명칭이 변경된 경우
	  2. 사용승인 후 면적·구조·용도·층수가 변경된 경우
	  3. 건축물을 해체한 경우
	  4. 건축물의 멸실 후 멸실신고한 경우
	(2) 수탁자
	  관할등기소
	(3) 효력
	  지방자치단체가 자기를 위하여 하는 등기로 본다.

<table>
<tr><td>건 축 법</td><td>건 축 법 시 행 령</td></tr>
</table>

제4장 건축물의 대지와 도로

제40조【대지의 안전 등】① 대지는 인접한 도로면보다 낮아서는 아니 된다. 다만, 대지의 배수에 지장이 없거나 건축물의 용도상 방습(防濕)의 필요가 없는 경우에는 인접한 도로면보다 낮아도 된다.

② 습한 토지, 물이 나올 우려가 많은 토지, 쓰레기, 그 밖에 이와 유사한 것으로 매립된 토지에 건축물을 건축하는 경우에는 성토(盛土), 지반 개량 등 필요한 조치를 하여야 한다.

③ 대지에는 빗물과 오수를 배출하거나 처리하기 위하여 필요한 하수관, 하수구, 저수탱크, 그 밖에 이와 유사한 시설을 하여야 한다.

④ 손궤(損潰: 무너져 내림)의 우려가 있는 토지에 대지를 조성하려면 국토교통부령으로 정하는 바에 따라 옹벽을 설치하거나 그 밖에 필요한 조치를 하여야 한다.　　　　　　　　　　〈개정 13.03.23〉

제4장 건축물의 대지 및 도로

제26조 삭제 〈99.4.30〉

[별표6] 옹벽에 관한 기술적 기준

1. 석축인 옹벽의 경사도는 그 높이에 따라 다음 표에 정하는 기준 이하일 것

구 분	1.5 m 까지	3 m 까지	5 m 까지
메쌓기	1 : 0.30	1 : 0.35	1 : 0.40
찰쌓기	1 : 0.25	1 : 0.30	1 : 0.35

2. 석축인 옹벽의 석축용 돌의 뒷길이 및 뒤채움돌의 두께는 그 높이에 따라 다음 표에 정하는 기준 이상일 것

구 분 높 이		1.5 m 까지	3 m 까지	5 m 까지
석축용돌의 뒷길이(cm)		30	40	50
뒤채움돌의 두께 (cm)	상부	30	30	30
	하부	40	50	50

3. 석축인 옹벽의 윗가장자리로부터 건축물의 외벽면까지 띄어야 하는 거리는 다음 표에 정하는 기준이상 일 것.
다만, 건축물의 기초가 석축기초 이하에 있는 경우에는 그러하지 아니하다.

건축물의 층수	1층	2층	3층 이상
띄우는 거리(m)	1.5	2	3

<table>
<tr><th align="center">건 축 법 시 행 규 칙</th><th align="center">요   약</th></tr>
<tr><td valign="top">

제25조【대지의 조성】 법 제40조제4항에 따라 손궤의 우려가 있는 토지에 대지를 조성하는 경우에는 다음 각 호의 조치를 하여야 한다. 다만, 건축사 또는 「기술사법」에 따라 등록한 건축구조기술사에 의하여 해당 토지의 구조안전이 확인된 경우는 그러하지 아니하다.

〈개정 16.05.30〉

1. 성토 또는 절토하는 부분의 경사도가 1:1.5이상으로서 높이가 1미터이상인 부분에는 옹벽을 설치할 것

2. 옹벽의 높이가 2미터이상인 경우에는 이를 콘크리트 구조로 할 것. 다만, 별표 6의 옹벽에 관한 기술적 기준에 적합한 경우에는 그러하지 아니하다.

3. 옹벽의 외벽면에는 이의 지지 또는 배수를 위한 시설 외의 구조물이 밖으로 튀어 나오지 아니하게 할 것

4. 옹벽의 윗가장자리로부터 안쪽으로 2미터 이내에 묻는 배수관은 주철관, 강관 또는 흡관으로 하고, 이음부분은 물이 새지 아니하도록 할 것

5. 옹벽에는 3제곱미터마다 하나 이상의 배수구멍을 설치하여야 하고, 옹벽의 윗가장자리로부터 안쪽으로 2미터 이내에서의 지표수는 지상으로 또는 배수관으로 배수하여 옹벽의 구조상 지장이 없도록 할 것

6. 성토부분의 높이는 법 제40조에 따른 대지의 안전 등에 지장이 없는 한 인접대지의 지표면보다 0.5미터 이상 높게 하지 아니할 것. 다만, 절토에 의하여 조성된 대지 등 허가권자가 지형조건상 부득이하다고 인정하는 경우에는 그러하지 아니하다.

</td><td valign="top">

대지의 안전 등

(1) 대지와 도로면
대지는 인접하는 도로면 보다 낮아서는 안 된다.
[예외] 1) 배수에 지장이 없을 경우
2) 용도상 방습의 필요가 없는 경우

(2) 성토 및 지반개량(매립된 토지에 대한 조치)
1. 습한 토지
2. 물이 나올 우려가 많은 토지
3. 쓰레기 등으로 매립된 토지

(3) 대지 안의 하수시설
빗물 및 오수를 배출하거나 처리하기 위하여
하수관·하수구·저수탱크 등을 설치

(4) 대지조성 시 안전조치
1. 옹벽 설치 : 성토 등의 경사도가 1:1.5 이상
으로 높이 1 m 이상인 부분
2. 옹벽의 높이가 2 m 이상인 경우 :
콘크리트 구조
(기술적 기준에 적합한 석축 제외)
3. 옹벽의 외벽면 :
옹벽을 지지하거나 배수를 위한 시설 외의
구조물이 밖으로 튀어나오지 아니하게 할 것
4. 옹벽의 경사도·구조·시공방법 및 성토부분의
높이 ～ [별표 6] 참조

</td></tr>
</table>

<table>
<tr><th>건 축 법</th><th>건 축 법 시 행 령</th></tr>
<tr><td>

제41조 [토지 굴착 부분에 대한 조치 등]

① 공사시공자는 대지를 조성하거나 건축공사를 하기 위하여 토지를 굴착·절토(切土)·매립(埋立) 또는 성토 등을 하는 경우 그 변경 부분에는 국토교통부령으로 정하는 바에 따라 공사 중 비탈면 붕괴, 토사 유출 등 위험 발생의 방지, 환경보존, 그 밖에 필요한 조치를 한 후 해당 공사현장에 그 사실을 게시하여야 한다. 〈개정 14.05.28〉

② 허가권자는 제1항을 위반한 자에게 의무이행에 필요한 조치를 명할 수 있다.

</td><td>

지하안전관리에 관한 특별법 시행령

(2018.12.31. 시행)

제13조(지하안전영향평가 대상사업의 규모 등)

① 법 제14조제1항 각 호 외의 부분에서 "대통령령으로 정하는 규모 이상의 지하 굴착공사를 수반하는 사업"이란 다음 각 호의 사업을 말한다.

  1. 굴착깊이[공사 지역 내 굴착깊이가 다른 경우에는 최대 굴착깊이를 말하며, 굴착깊이를 산정할 때 집수정(集水井), 엘리베이터 피트 및 정화조 등의 굴착부분은 제외한다. 이하 같다]가 20미터 이상인 굴착공사를 수반하는 사업

  2. 터널[산악터널 또는 수저(水底)터널은 제외한다] 공사를 수반하는 사업

② 법 제14조제1항제16호에서 "대통령령으로 정하는 시설"이란 「건축법」 제2조제1항제2호의 건축물을 말한다.

제23조(소규모 지하안전영향평가 대상사업)

  법 제23조제1항 본문에서 "대통령령으로 정하는 소규모 사업"(이하 "소규모 지하안전영향평가 대상사업"이라 한다)이란 굴착깊이가 10미터 이상 20 미터 미만인 굴착공사를 수반하는 사업으로서, 그 종류 및 범위는 별표 1과 같다.

[별표 1]

구 분	대상사업의 종류 및 범위	협의 요청시기
16. 기타	「건축법」 제2조 제1항제2호에 따른 건축물 설치사업	「건축법」 제11조 제1항에 따른 건축허가 전

비고

(제외)

라. 굴착 지역의 경계에서 굴착깊이의 4배 이내의 거리에 제2조 각 호의 시설물이 존재하지 않는 사업

</td></tr>
</table>

<table><tr><th>건 축 법 시 행 규 칙</th><th>요 약</th></tr></table>

제26조 【토지의 굴착부분에 대한 조치】 ① 법 제41조 제1항에 따라 대지를 조성하거나 건축공사에 수반하는 토지를 굴착하는 경우에는 다음 각 호에 따른 위험발생의 방지조치를 하여야 한다.

　1. 지하에 묻은 수도관·하수도관·가스관 또는 케이블 등이 토지굴착으로 인하여 파손되지 아니 하도록 할 것

　2. 건축물 및 공작물에 근접하여 토지를 굴착하는 경우에는 그 건축물 및 공작물의 기초 또는 지반의 구조내력의 약화를 방지하고 급격한 배수를 피하는 등 토지의 붕괴에 의한 위해를 방지하도록 할 것

　3. 토지를 깊이 1.5미터 이상 굴착하는 경우에는 그 경사도가 별표 7에 의한 비율이하이거나 주변상황에 비추어 위해방지에 지장이 없다고 인정되는 경우를 제외하고는 토압에 대하여 안전한 구조의 흙막이를 설치할 것

　4. 굴착공사 및 흙막이 공사의 시공 중에는 항상 점검을 하여 흙막이의 보강, 적절한 배수조치 등 안전상태를 유지하도록 하고, 흙막이 판을 제거하는 경우에는 주변지반의 내려앉음을 방지하도록 할 것

② 성토부분·절토부분 또는 되메우기를 하지 아니하는 굴착부분의 비탈면으로서 제25조에 따른 옹벽을 설치하지 아니하는 부분에 대하여는 법제41조 제1항에 따라 다음 각 호에 따른 환경의 보전을 위한 조치를 하여야 한다. 　〈개정 08.12.11〉

　1. 배수를 위한 수로는 돌 또는 콘크리트를 사용하여 토양의 유실을 막을 수 있도록 할 것

　2. 높이가 3미터를 넘는 경우에는 높이 3미터이내마다 그 비탈면적의 5분의 1이상에 해당하는 면적의 단을 만들 것. 다만, 허가권자가 그 비탈면의 토질·경사도 등을 고려하여 붕괴의 우려가 없다고 인정하는 경우에는 그러하지 아니하다. 　〈개정 99.5.11〉

　3. 비탈면에는 토양의 유실방지와 미관의 유지를 위하여 나무 또는 잔디를 심을 것. 다만, 나무 또는 잔디를 심는 것으로는 비탈면의 안전을 유지할 수 없는 경우에는 돌붙이기를 하거나 콘크리트블록격자 등의 구조물을 설치하여야 한다.

토지굴착부분에 대한 조치 등

* 공사시공자　~1) 대지 조성
　　　　　　　　2) 건축공사에 수반된 토지굴착
* 국토교통부령~1) 위험 발생 방지
　　　　　　　　2) 환경의 보존
　　　　　　　　3) 기타 필요한 조치
* 게　　　시 ~ 공사현장

(1) 위험발생 방지 조치

　1. 토지굴착으로 인한 파손방지
　　(수도관·하수도관·가스관·케이블)
　2. 토지붕괴에 의한 위해방지(인접 건축물·공작물)
　3. 1.5 m 이상 굴착시 토압에 안전한 흙막이 설치
　　예외 : 경사도가 별표7의 비율 이하
　4. 흙막이 보강, 적절한 배수조치 등 안전상태유지
　　 – 흙막이판 제거 시 주변지반 붕괴 방지

【별표 7】 토질에 따른 경사도

토　　　질	경 사 도
경암	1 : 0.5
연암	1 : 1.0
모래	1 : 1.8
모래질흙	1 : 1.2
사력질흙, 암괴 또는 호박돌이 섞인 모래질흙	1 : 1.2
점토, 점성토	1 : 1.2
암괴 또는 호박돌이 섞인 점성토	1 : 1.5

(2) 환경보전을 위한 조치

　* 옹벽을 설치하지 아니하는 부분
　 (성토부분, 절토부분, 비탈면(되메우기×))
　1. 배수를 위한 수로~ 토양유실 방지(돌, conc.)
　2. 높이 3 m 를 넘는 경우
　　　　 ~ 3 m 마다 비탈면적 1/5이상 단 설치
　　[예외]　 시장 등이 인정
　3. 비탈면 식재 ~ 토양유실방지, 미관유지
　　[예외]　 식재로 안전유지 불가 시
　　 ~ 돌붙이기 / conc. 블록격자 등 구조물 설치

<table>
<tr><th>건 축 법</th><th>건축법시행령</th></tr>
<tr><td>

제42조【대지의 조경】 ① 면적이 200제곱미터 이상인 대지에 건축을 하는 건축주는 용도지역 및 건축물의 규모에 따라 해당 지방자치단체의 조례로 정하는 기준에 따라 대지에 조경이나 그 밖에 필요한 조치를 하여야 한다.   다만, 조경이 필요하지 아니한 건축물로서 대통령령으로 정하는 건축물에 대하여는 조경 등의 조치를 하지 아니할 수 있으며, 옥상조경 등 대통령령으로 따로 기준을 정하는 경우에는 그 기준에 따른다.

</td><td>

제27조【대지의 조경】 ① 법 제42조제1항 단서에 따라 다음 각 호의 어느 하나에 해당하는 건축물에 대하여는 조경 등의 조치를 하지 아니할 수 있다.

〈개정 13.03.23〉

1. 녹지지역에 건축하는 건축물〈개정 10.12.13〉
2. 면적 5천 제곱미터 미만인 대지에 건축하는 공장
3. 연면적의 합계가 1천500제곱미터 미만인 공장
4. 「산업집적활성화 및 공장설립에 관한 법률」 제2조제14호에 따른 산업단지의 공장

〈개정 12.12.12〉

5. 대지에 염분이 함유되어 있는 경우 또는 건축물 용도의 특성상 조경 등의 조치를 하기가 곤란 하거나 조경 등의 조치를 하는 것이 불합리한 경우로서 건축조례로 정하는 건축물
6. 축사
7. 법 제20조제1항에 따른 가설건축물
8. 연면적의 합계가 1천500제곱미터 미만인 물류 시설(주거지역 또는 상업지역에 건축하는 것은 제외한다)로서 국토교통부령으로 정하는 것
9. 「국토의 계획 및 이용에 관한 법률」에 따라 지정된 자연환경보전지역·농림지역 또는 관리 지역(제2종 지구단위계획구역으로 지정된 지역은 제외한다)의 건축물
10. 다음 각 목의 어느 하나에 해당하는 건축물 중 건축조례로 정하는 건축물 〈신설 09.7.16〉
  가. 「관광진흥법」 제2조제6호에 따른 관광지 또는 같은 조 제7호에 따른 관광단지에 설치하는 관광시설
  나. 「관광진흥법 시행령」 제2조제1항제3호가목에 따른 전문휴양업의 시설 또는 같은 호 나목에 따른 종합휴양업의 시설
  다. 「국토의 계획 및 이용에 관한 법률 시행령」 제48조제10호에 따른 관광·휴양형 지구단위 계획구역에 설치하는 관광시설
  라. 「체육시설의 설치·이용에 관한 법률 시행령」 별표 1에 따른 골프장

</td></tr>
</table>

<table>
<tr><th>건 축 법 시 행 규 칙</th><th>요   약</th></tr>
<tr>
<td>

제26조의 2 【대지안의 조경】

　영　제27조제1항제8호에서 "국토교통부령으로 정하는 것"이란 「화물유통촉진법」 제2조제5호의 규정에 의한 물류시설을 말한다. 〈개정 13.03.23〉

[전문개정 99.5.11]

</td>
<td>

| 대지의 조경 | ※ 조례에 위임 |

200 ㎡ 이상인 대지에 건축 등을 하는 경우 식수 등 조경에 필요한 조치를 하여야 한다.

[예외]

(1) 조경이 필요하지 아니한 건축물

　1. 녹지지역에 건축하는 건축물

　2. 대지면적 5,000 ㎡ 미만인 공장

　3. 연면적 1,500 ㎡ 미만인 공장

　4. 산업단지의 공장

　5. 대지에 염분이 함유되어 있는 경우 또는 건축물 용도의 특성상 조경 등의 조치를 하기가 곤란하거나 조경 등의 조치를 하는 것이 불합리한 경우로서 건축조례가 정하는 건축물

　6. 축사

　7. 허가대상 가설건축물

　8. 연면적의 합계가 1,500 ㎡ 미만인 물류시설 (주거지역 및 상업지역에 건축하는 것 제외)

　※ 물류시설 : 「화물유통촉진법」 제2조 제5호

　9. 자연환경보전지역 · 농림지역 또는 관리지역의 건축물 (제2종지구단위계획구역으로 지정된 지역 제외)

　10. 건축조례

　　- 관광지 또는 관광단지에 설치하는 관광시설

　　- 전문휴양업의 시설 또는 종합휴양업의 시설

　　- 관광 · 휴양형 지구단위계획구역에 설치하는 관광시설

　　- 골프장

</td>
</tr>
</table>

건 축 법	건 축 법 시 행 령
[제42조] ② 국토교통부장관은 식재(植栽) 기준, 조경시설물의 종류 및 설치방법, 옥상 조경의 방법 등 조경에 필요한 사항을 정하여 고시할 수 있다. 〈개정 13.03.23〉	**[제27조]** ② 법 제42조제1항 단서에 따른 조경 등의 조치에 관한 기준은 다음 각 호와 같다. 다만, 건축조례로 다음 각 호의 기준보다 더 완화된 기준을 정한 경우에는 그 기준에 따른다. 1. 공장(제1항제2호부터 제4호까지의 규정에 해당하는 공장은 제외한다) 및 물류시설(제1항제8호에 해당하는 물류시설과 주거지역 또는 상업지역에 건축하는 물류시설은 제외한다) 가. 연면적의 합계가 2천 제곱미터 이상인 경우 : 대지면적의 10퍼센트 이상 나. 연면적의 합계가 1천500 제곱미터 이상 2천 제곱미터 미만인 경우: 대지면적의 5퍼센트 이상 2. 「공항시설법」 제2조제7호에 따른 공항시설 : 대지면적(활주로·유도로·계류장·착륙대 등 항공기의 이륙 및 착륙시설로 쓰는 면적은 제외한다)의 10퍼센트 이상 3. 「철도건설법」 제2조제1호에 따른 철도 중 역시설: 대지면적(선로·승강장 등 철도운행에 이용되는 시설의 면적은 제외한다)의 10퍼센트 이상 4. 그 밖에 면적 200제곱미터 이상 300제곱미터 미만인 대지에 건축하는 건축물: 대지면적의 10퍼센트 이상 ③ 건축물의 옥상에 법 제42조제2항에 따라 국토교통부장관이 고시하는 기준에 따라 조경이나 그 밖에 필요한 조치를 하는 경우에는 옥상부분 조경면적의 3분의 2에 해당하는 면적을 법 제42조제1항에 따른 대지의 조경면적으로 산정할 수 있다. 이 경우 조경면적으로 산정하는 면적은 법 제42조제1항에 따른 조경면적의 100분의 50을 초과할 수 없다. 〈개정 13.03.23〉 [전문개정 08.10.29]

건 축 법 시 행 규 칙	요 약
	(2)공장(상기(1)이외), **물류시설**(주거, 상업지역 제외) 1. 연면적 2,000 ㎡ 이상 : 대지면적의 10 % 2. 연면적 1,500 ㎡ 이상 2,000 ㎡ 미만 : 대지면적의 5 % ※ 조례에서 따로 정할 경우 조례기준 적용 **(3) 공항시설** 대지면적의 10 % 이상 ※ 활주로, 유도로, 계류장, 착륙대 등 항공기의 이·착륙시설에 이용하는 면적 제외 **(4) 그 밖** (대지면적 200 ㎡ 이상 300 ㎡ 미만) 대지면적의 10 % 이상 ⌐옥상조경¬ 1. 건축물의 옥상에 국토교통부장관이 고시하는 조경을 한 경우에는 옥상부분의 조경면적의 2/3 를 대지 안의 조경면적으로 산정 2. 지상조경면적의 50/100을 초과할 수 없다. ※ 예 ~ 법정조경면적(T) : 300 ㎡이상 최대인정옥상조경(B) = T/2 : 150 ㎡ 실제 옥상조경 : 225 ㎡이상 (2/3 인정 : 150 ㎡) 지상조경(A) : 150 ㎡이상

건 축 법	건 축 법 시 행 령

제43조【공개공지 등의 확보】 ① 다음 각 호의 어느 하나에 해당하는 지역의 환경을 쾌적하게 조성하기 위하여 대통령령으로 정하는 용도와 규모의 건축물은 일반이 사용할 수 있도록 대통령령으로 정하는 기준에 따라 소규모 휴식시설 등의 공개 공지(空地: 공터) 또는 공개공간(이하 "공개공지등"이라 한다)을 설치하여야 한다. 〈개정 19.04.23〉

1. 일반주거지역, 준주거지역
2. 상업지역
3. 준공업지역
4. 특별자치시장·특별자치도지사 또는 시장·군수·구청장이 도시화의 가능성이 크거나 노후 산업단지의 정비가 필요하다고 인정하여 지정· 공고하는 지역
〈개정 18.08.14〉

② 제1항에 따라 공개 공지나 공개 공간을 설치하는 경우에는 제55조, 제56조와 제60조를 대통령령으로 정하는 바에 따라 완화하여 적용할 수 있다.

③ 시·도지사 또는 시장·군수· 구청장은 관할 구역 내 공개공지 등에 대한 점검 등 유지·관리에 관한 사항을 해당 지방자치단체의 조례로 정할 수 있다.
〈신설 19.04.23〉

④ 누구든지 공개공지등에 물건을 쌓아놓거나 출입을 차단하는 시설을 설치하는 등 공개공지등의 활용을 저해하는 행위를 하여서는 아니 된다. 〈신설 19.04.23〉

⑤ 제4항에 따라 제한되는 행위의 유형 또는 기준은 대통령령으로 정한다. 〈신설 19.04.23〉

제27조의2【공개공지 등의 확보】 ① 법 제43조제1항에 따라 다음 각 호의 어느 하나에 해당하는 건축물의 대지에는 공개 공지 또는 공개 공간(이하 이 조에서 "공개공지 등"이라 한다)을 설치해야 한다. 이 경우 공개 공지는 필로티의 구조로 설치할 수 있다. 〈개정 19.10.22〉

1. 문화 및 집회시설, 종교시설, 판매시설(「농수산물 유통 및 가격안정에 관한 법률」에 따른 농수산물유통시설은 제외한다), 운수시설(여객용 시설만 해당한다), 업무시설 및 숙박시설로서 해당 용도로 쓰는 바닥면적의 합계가 5천 제곱미터 이상인 건축물
2. 그 밖에 다중이 이용하는 시설로서 건축조례로 정하는 건축물

② 공개공지등의 면적은 대지면적의 100분의 10 이하의 범위에서 건축조례로 정한다. 이 경우 법 제42조에 따른 조경면적과「매장문화재 보호 및 조사에 관한 법률 시행령」 제14조에 따른 매장문화재의 원형 보존 조치 면적을 공개공지등의 면적으로 할 수 있다.

③ 제1항에 따라 공개공지등을 설치할 때에는 모든 사람들이 환경친화적으로 편리하게 이용할 수 있도록 긴 의자 또는 조경시설 등 건축조례로 정하는 시설을 설치해야 한다. 〈개정 19.10.22〉

④ 제1항에 따른 건축물(제1항에 따른 건축물과 제1항에 해당 되지 아니하는 건축물이 하나의 건축물로 복합된 경우를 포함 한다)에 공개공지등을 설치하는 경우에는 법 제43조제2항에 따라 다음 각 호의 범위에서 대지면적에 대한 공개공지등 면적 비율에 따라 법 제56조 및 제60조를 완화하여 적용한다. 다만, 다음 각 호의 범위에서 건축조례로 정한 기준이 완화 비율보다 큰 경우에는 해당 건축조례로 정하는 바에 따른다. 〈개정 14.11.11〉

1. 법 제56조에 따른 용적률은 해당 지역에 적용하는 용적률의 1.2배 이하
2. 법 제60조에 따른 높이 제한은 해당 건축물에 적용하는 높이기준의 1.2배 이하

⑤ 제1항에 따른 공개공지 등의 설치대상이 아닌 건축물(「주택법」제15조제1항에 따른 사업 계획승인 대상인 공동주택 중 주택 외의 시설과 주택을 동일 건축물로 건축하는 것 외의 공동주택은 제외한다)의 대지에 법 제43조제4항, 이 조 제2항 및 제3항에 적합한 공개 공지를 설치하는 경우에는 제4항을 준용한다. 〈개정 19.10.22〉

⑥ 공개공지등에는 연간 60일 이내의 기간 동안 건축조례로 정하는 바에 따라 주민들을 위한 문화행사를 열거나 판촉활동을 할 수 있다.

다만, 울타리를 설치하는 등 공중이 해당 공개공지등을 이용하는데 지장을 주는 행위를 해서는 아니 된다. 〈신설 09.6.30〉

<table>
<tr><th>건 축 법 시 행 령</th><th>요 약</th></tr>
<tr><td>

[제27조의2]

⑦ 법 제43조제4항에 따라 제한되는 행위는 다음 각 호와 같다.　　　　　〈신설 20.04.21〉

1. 공개공지등의 일정 공간을 점유하여 영업을 하는 행위

2. 공개공지등의 이용에 방해가 되는 행위로서 다음 각 목의 행위

　가. 공개공지등에 제3항에 따른 시설 외의 시설물을 설치하는 행위

　나. 공개공지등에 물건을 쌓아 놓는 행위

3. 울타리나 담장 등의 시설을 설치하거나 출입구를 폐쇄하는 등 공개공지등의 출입을 차단하는 행위

4. 공개공지등과 그에 설치된 편의시설을 훼손하는 행위

5. 그 밖에 제1호부터 제4호까지의 행위와 유사한 행위로서 건축조례로 정하는 행위

</td><td>

공개공지 등의 확보　　※ 조례에 위임

(1) 대상

연면적 5,000 ㎡ 이상인 건축물

지 역	용 도
1. 일반주거지역, 준주거지역 2. 상업지역 3. 준공업지역 4. 특별자치도지사 또는 허가권자가 지정·공고하는 지역	문화 및 집회시설, 종교시설, 판매시설 (농수산물 유통시설제외), 운수시설, 업무시설, 숙박시설 건축조례가 정하는 건축물

(2) 공개공지 · 공개공간의 면적

대지면적의 10 % 이하의 범위안에서 조례에 위임

－ 매장문화재의 원형 보존 조치 면적을 공개공지 등의 면적으로 할 수 있다

※ 조경면적으로 대체가능

※ 필로티로 가능

(3) 시설물

모든 사람들이 환경친화적으로 편리하게 이용할 수 있도록 긴 의자 또는 조경시설 등 건축조례로 정하는 시설을 설치

(4) 완화 기준

1. 기준 용적률의 1.2배 이하

2. 기준 높이 제한의 1.2배 이하

(5) 공개공지 확보 대상이 아닌 건축물(공동주택 제외)

5,000 ㎡ 이상 건축물로서 (2)·(3)의 규정에 적합한 공개공지 설치하는 경우 (4)규정 준용

(6) 제한되는 행위

1. 일정 공간 점유 영업하는 행위

2. 공개공지등의 이용에 방해가 되는 행위

　가. 허용시설 외의 시설물 설치 행위

　나. 공개공지등에 물건을 쌓아 놓는 행위

3. 울타리나 담장 등 시설 설치, 출입구 폐쇄 행위

4. 편의시설 훼손 행위

5. 그 밖에 유사한 행위 － 건축조례

</td></tr>
</table>

<table>
<tr><th>건 축 법</th><th>건 축 법 시 행 령</th></tr>
<tr><td>

제44조 【대지와 도로의 관계】 ① 건축물의 대지는 2 미터 이상이 도로(자동차만의 통행에 사용되는 도로는 제외한다)에 접하여야 한다. 다만, 다음 각 호의 어느 하나에 해당하면 그러하지 아니하다.

  1. 해당 건축물의 출입에 지장이 없다고 인정되는 경우

  2. 건축물의 주변에 대통령령으로 정하는 공지가 있는 경우

  3. 「농지법」 제2조제1호나목에 따른 농막을 건축하는 경우 〈신설 16.01.19〉

② 건축물의 대지가 접하는 도로의 너비, 대지가 도로에 접하는 부분의 길이, 그 밖에 대지와 도로의 관계에 관하여 필요한 사항은 대통령령으로 정하는 바에 따른다.

</td><td>

제28조 【대지와 도로의 관계】 ① 법 제44조제1항제2호에서 "대통령령으로 정하는 공지"란 광장, 공원, 유원지, 그 밖에 관계 법령에 따라 건축이 금지되고 공중의 통행에 지장이 없는 공지로서 허가권자가 인정한 것을 말한다.

② 법 제44조제2항에 따라 연면적의 합계가 2천 제곱미터(공장인 경우에는 3천 제곱미터) 이상인 건축물(축사, 작물 재배사, 그 밖에 이와 비슷한 건축물로서 건축조례로 정하는 규모의 건축물은 제외한다)의 대지는 너비 6미터 이상의 도로에 4미터 이상 접하여야 한다. 〈개정 09.7.16〉

[전문개정 08.10.29]

제29조 삭제 〈99.4.30〉

</td></tr>
</table>

건 축 법 시 행 규 칙	요 　 약
	대지와 도로의 관계 (1) 연면적 2,000 ㎡ 미만인 건축물의 대지 　2 m 이상을 도로(자동차전용도로 제외)에 접할 것 [예외] 　1. 해당 건축물의 출입에 지장이 없다고 인정되는 　　경우 　2. 건축물의 주변에 광장·공원·유원지 그 밖에 관계 　　법령에 따라 건축이 금지되고 공중의 통행에 지장이 　　없는 공지로서 허가권자가 인정한 경우 　3. 「농지법」 제2조제1호나목에 따른 농막을 　　건축하는 경우 (2) 연면적 2.000 ㎡ 이상인 건축물의 대지 　　너비 6 m 이상 도로에 4 m 이상 접할 것.

<table>
<tr><td align="center">건 축 법</td><td align="center">건 축 법 시 행 령</td></tr>
<tr><td>

제45조 【도로의 지정·폐지 또는 변경】 ① 허가권자는 제2조제1항제11호나목에 따라 도로의 위치를 지정·공고하려면 국토교통부령으로 정하는 바에 따라 그 도로에 대한 이해관계인의 동의를 받아야 한다. 다만, 다음 각 호의 어느 하나에 해당하면 이해관계인의 동의를 받지 아니하고 건축위원회의 심의를 거쳐 도로를 지정할 수 있다. 〈개정 13.03.23〉

1. 허가권자가 이해관계인이 해외에 거주하는 등의 사유로 이해관계인의 동의를 받기가 곤란하다고 인정하는 경우
2. 주민이 오랫 동안 통행로로 이용하고 있는 사실상의 통로로서 해당 지방자치단체의 조례로 정하는 것인 경우

② 허가권자는 제1항에 따라 지정한 도로를 폐지하거나 변경하려면 그 도로에 대한 이해관계인의 동의를 받아야 한다. 그 도로에 편입된 토지의 소유자, 건축주 등이 허가권자에게 제1항에 따라 지정된 도로의 폐지나 변경을 신청하는 경우에도 또한 같다.

③ 허가권자는 제1항과 제2항에 따라 도로를 지정하거나 변경하면 국토교통부령으로 정하는 바에 따라 도로관리대장에 이를 적어서 관리하여야 한다. 〈개정 13.03.23〉

</td><td>

제30조 삭제 〈99.4.30〉

</td></tr>
</table>

건 축 법 시 행 규 칙	요 약

	<u>도로의 지정·폐지 또는 변경</u>
	
	(1) 허가권자가 도로를 지정·공고하고자 할 때
	  ~ 이해관계인의 동의를 얻어야 한다.
	
	[예외] 아래의 경우 건축위원회 심의를 거쳐 지정가능
	
	1. 이해관계인이 해외에 거주하는 등 이해관계인의 동의
	  를 얻기가 곤란하다고 허가권자가 인정하는 경우
	2. 주민이 장기간 통행로로 이용하고 있는 사실상의
	  도로로서 당해 지방자치단체의 조례로 정하는 것인
	  경우
	
	(2) 허가권자가 지정한 도로를 폐지 또는 변경하고자 할 때
	  ~ 이해관계인의 동의를 얻어야 한다.
	  당해 도로에 편입된 토지의 소유자, 건축주 등이
	  허가권자에게 지정된 도로의 폐지 또는 변경을 신청
	  하는 경우에도 또한 같다.
	
	(3) 기재·관리
	  허가권자는 도로를 지정 또는 변경한 경우에
	  도로관리대장에 이를 기재하고 관리하여야 한다.
	
	※ 국토의계획및이용에관한법률, 도로법, 사도법에 의한
	  도로는 폐지·변경의 신청을 할 수 없다.

제26조의4【도로대장 등】 법 제45조 제2항 및 제3항에 따른 도로의 폐지·변경신청서 및 도로대장은 각각 별지 제26호 서식 및 별지 제27호 서식과 같다. 〈개정 08.12.11〉	

<table>
<tr><th>건 축 법</th><th>건 축 법 시 행 령</th></tr>
<tr><td>

제46조【건축선의 지정】 ① 도로와 접한 부분에 건축물을 건축할 수 있는 선[이하 "건축선(建築線)"이라 한다]은 대지와 도로의 경계선으로 한다.

　다만, 제2조제1항제11호에 따른 소요 너비에 못 미치는 너비의 도로인 경우에는 그 중심선으로부터 그 소요 너비의 2분의 1의 수평거리만큼 물러난 선을 건축선으로 하되, 그 도로의 반대쪽에 경사지, 하천, 철도, 선로부지, 그 밖에 이와 유사한 것이 있는 경우에는 그 경사지 등이 있는 쪽의 도로경계선에서 소요 너비에 해당하는 수평거리의 선을 건축선으로 하며, 도로의 모퉁이에서는 대통령령으로 정하는 선을 건축선으로 한다.

② 특별자치시장·특별자치도지사 또는 시장·군수·구청장은 시가지 안에서 건축물의 위치나 환경을 정비하기 위하여 필요하다고 인정하면 제1항에도 불구하고 대통령령으로 정하는 범위에서 건축선을 따로 지정할 수 있다.　　　　　〈개정 14.01.14〉

③ 특별자치시장·특별자치도지사 또는 시장·군수·구청장은 제2항에 따라 건축선을 지정하면 지체 없이 이를 고시　하여야 한다.　　　〈개정 14.01.14〉

제47조【건축선에 따른 건축제한】 ① 건축물과 담장은 건축선의 수직면(垂直面)을 넘어서는 아니 된다. 다만, 지표(地表) 아래 부분은 그러하지 아니하다.

② 도로면으로부터 높이 4.5미터 이하에 있는 출입구, 창문, 그 밖에 이와 유사한 구조물은 열고 닫을 때 건축선의 수직면을 넘지 아니하는 구조로 하여야 한다.

</td><td>

제31조【건축선】 ① 법 제46조제1항에 따라 너비 8미터 미만인 도로의 모퉁이에 위치한 대지의 도로 모퉁이 부분의 건축선은 그 대지에 접한 도로경계선의 교차점으로부터 도로경계선에 따라 다음의 표에 따른 거리를 각각 후퇴한 두 점을 연결한 선으로 한다.

（단위 : 미터）

도로의교차각	당해 도로의 너비		교 차 되 는 도로의 너비
	6이상 8미만	4이상 6미만	
90° 미만	4	3	6이상 8미만
	3	2	4이상 6미만
90° 이상 120° 미만	3	2	6이상 8미만
	2	2	4이상 6미만

② 특별자치시장·특별자치도지사 또는 시장·군수·구청장은 법 제46조제2항에 따라 「국토의 계획 및 이용에 관한 법률」제36조제1항제1호에 따른 도시지역에는 4미터 이하의 범위에서 건축선을 따로 지정할 수 있다.　　　　　〈개정 14.10.14〉

③ 특별자치시장·특별자치도지사 또는 시장·군수·구청장은 제2항에 따라 건축선을 지정하려면 미리 그 내용을 해당 지방자치단체의 공보(公報), 일간신문 또는 인터넷 홈페이지 등에 30일 이상 공고하여야 하며, 공고한 내용에 대하여 의견이 있는 자는 공고 기간에 특별자치시장·특별치도지사 또는 시장·군수·구청장에게 의견을 제출(전자문서에 의한 제출을 포함한다)할 수 있다.　　〈개정 14.10.14〉

[전문개정 08.10.29]

</td></tr>
</table>

<table>
<tr><td align="center">건 축 법 시 행 규 칙</td><td align="center">요   약</td></tr>
</table>

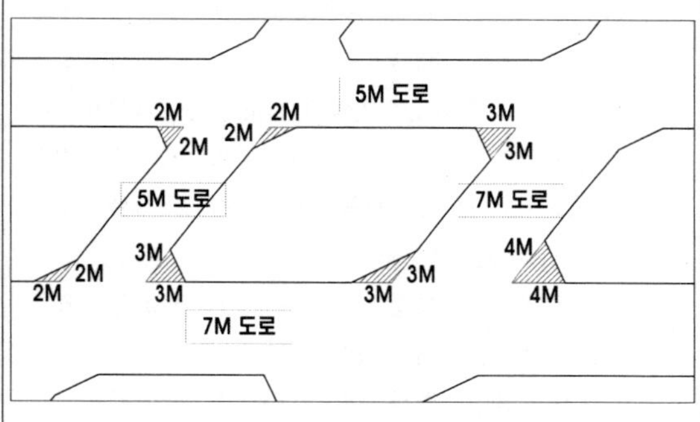

건축선의 지정

건축선 : 도로와 접한 부분에 있어서 건축물을
　　　　　 건축할 수 있는 선

(1) 원칙적인 건축선

　　 대지와 도로의 경계선

(2) 소요너비에 미달되는 도로에서의 건축선

상　　 황	건축선의 지정
도로 양쪽에 대지가 있을 때	도로의 중심선에서 각 소요너비의 1/2의 수평거리를 후퇴한 선
도로의 반대쪽에 경사지, 하천, 철도, 선로부지등이 있을 때	경사지 등이 있는 쪽 도로 경계선에서 소요너비에 상당하는 수평거리를 후퇴한 선

(3) 도로 모퉁이에서의 건축선 (너비 8 m 미만인 도로)

도로의 교차각	당해 도로의 너비		교 차 되 는 도로의 너비
	6 m 이상 8 m 미만	4 m 이상 6 m 미만	
90° 미만	4 m	3 m	6 m이상 8 m미만
	3 m	2 m	4 m이상 6 m미만
90° 이상 120° 미만	3 m	2 m	6 m이상 8 m미만
	2 m	2 m	4 m이상 6 m미만

(4) 특별자치도지사 또는 시장·군수·구청장이 지정하는
　　 건축선

　　 시가지 안에서 건축물의 위치를 정비하거나 환경을
　　 정비하기 위하여 건축선을 따로 지정할 수 있다.
　　 − 4 m 이하

※ 건축선 지정 時 − 30일 이상 공고, 의견수렴

건축선에 따른 건축제한

(1) 건축물 및 담장

　　 건축선의 수직면을 넘을 수 없다.
　　　 [예외] 지표 아래
(2) 도로면에서 4.5 m 이하

　　 출입구, 창문 등도 개폐 시 건축선의 수직면을
　　 넘을 수 없다.

<table>
<tr><th>건 축 법</th><th>건 축 법 시 행 령</th></tr>
</table>

제5장 건축물의 구조 및 재료 등

제48조【구조내력 등】 ① 건축물은 고정하중, 적재하중(積載荷重), 적설하중(積雪荷重), 풍압(風壓), 지진, 그 밖의 진동 및 충격 등에 대하여 안전한 구조를 가져야 한다.

② 제11조제1항에 따른 건축물을 건축하거나 대수선하는 경우에는 대통령령으로 정하는 바에 따라 구조의 안전을 확인하여야 한다.

③ 지방자치단체의 장은 제2항에 따른 구조 안전 확인 대상 건축물에 대하여 허가 등을 하는 경우 내진(耐震) 성능 확보 여부를 확인하여야 한다. 〈신설 11.9.16〉

④ 제1항에 따른 구조내력의 기준과 구조 계산의 방법 등에 관하여 필요한 사항은 국토교통부령으로 정한다.

〈개정 15.01.06〉

제5장 건축물의 구조 및 재료 등

제32조【구조 안전의 확인】 ① 법 제48조제2항에 따라 법 제11조제1항에 따른 건축물을 건축하거나 대수선하는 경우 해당 건축물의 설계자는 국토교통부령으로 정하는 구조기준 등에 따라 그 구조의 안전을 확인하여야 한다. 〈개정 14.11.28〉

② 제1항에 따라 구조 안전을 확인한 건축물 중 다음 각 호의 어느 하나에 해당하는 건축물의 건축주는 해당 건축물의 설계자로부터 구조 안전의 확인 서류를 받아 법 제21조에 따른 착공신고를 하는 때에 그 확인 서류를 허가권자에게 제출하여야 한다. 다만, 표준설계도서에 따라 건축하는 건축물은 제외한다. 〈개정 18.12.04〉

1. 층수가 2층[주요구조부인 기둥과 보를 설치하는 건축물로서 그 기둥과 보가 목재인 목구조 건축물(이하 "목구조 건축물"이라 한다)의 경우에는 3층]이상인 건축물
2. 연면적이 200제곱미터(목구조 건축물의 경우에는 500제곱미터) 이상인 건축물.
   다만, 창고, 축사, 작물 재배사는 제외한다.
3. 높이가 13미터 이상인 건축물
4. 처마높이가 9미터 이상인 건축물
5. 기둥과 기둥 사이의 거리가 10미터 이상인 건축물
6. 건축물의 용도 및 규모를 고려한 중요도가 높은 건축물로서 국토교통부령으로 정하는 건축물
7. 국가적 문화유산으로 보존할 가치가 있는 건축물로서 국토교통부령으로 정하는 것
8. 제2조제18호가목 및 다목의 건축물
9. 별표 1 제1호의 단독주택 및 같은 표 제2호의 공동주택

③ 제6조제1항제6호다목에 따라 기존 건축물을 건축 또는 대수선하려는 건축주는 법 제5조제1항에 따라 적용의 완화를 요청할 때 구조 안전의 확인 서류를 허가권자에게 제출하여야 한다.

[전문개정 08.10.29]

<table>
<tr><th style="text-align:center">건 축 법 시 행 규 칙</th><th style="text-align:center">요   약</th></tr>
</table>

건 축 법 시 행 규 칙	요 약
제27조　　　　삭제〈99.5.11〉 제28조　　　　삭제〈99.5.11〉 제28조의 2　　삭제〈99.5.11〉 제29조　　　　삭제〈99.5.11〉 제30조　　　　삭제〈99.5.11〉 제31조　　　　삭제〈99.5.11〉 제31조의 2　　삭제〈99.5.11〉 제31조의 3　　삭제〈99.5.11〉 제31조의 4　　삭제〈99.5.11〉 제32조　　　　삭제〈99.5.11〉 제33조　　　　삭제〈99.5.11〉 제33조의 2　　삭제〈99.5.11〉 제34조　　　　삭제〈00.7.4〉 제35조　　　　삭제〈00.7.4〉	**구조내력 등** (1) 건축물의 구조 　건축물은 고정하중·적재하중·적설하중·풍압·지진 기타의 진동 및 충격 등에 안전한 구조로 할 것 (2) 구조안전확인 대상 건축물 　※ 표준설계도서에 따라 건축하는 건축물은 제외 　1. 층수가 2층 이상인 건축물 　　- 기둥과 보가 목재인 목구조 건축물 : 3층 　2. 연면적이 200 ㎡ 이상인 건축물 　　- 목구조 건축물의 경우에는 500 ㎡ 　　[예외] 창고·축사·작물재배사 　3. 높이가 13m 이상인 건축물 　4. 처마높이가 9 m 이상인 건축물 　5. 경간이 10 m 이상인 건축물 　　※ 경간 : 기둥과 기둥 사이의 거리 또는 　　　　　　　내력벽과 내력벽사이의 거리 　6. 지진구역 안의 건축물 　7. 국가적 문화유산으로 보존 가치가 있는 건축물 　8. 3 m 이상 캔틸레버, 특수설계·시공·공법 등이 필요한 건축물 　9. 단독주택 및 공동주택 (3) 구조안전확인서 제출시기 　착공시

※ 지진구역

지진구역	해 당 지 역
	서울특별시, 부산광역시, 인천광역시, 대구광역시, 대전광역시, 광주광역시, 울산광역시
Ⅰ	경기도, 강원도 남부(강릉시, 동해시, 삼척시, 원주시, 태백시, 영월군, 정선군), 충청북도, 충청남도, 전라북도, 전라남도 북동부(광양시, 나주시, 순천시, 여수시, 곡성군, 구례군, 담양군, 보성군, 장성군, 장흥군, 화순군), 경상북도, 경상남도
Ⅱ	강원도 북부(속초시, 춘천시, 고성군, 양구군, 양양군, 인제군, 철원군, 평창군, 화천군, 홍천군, 횡성군), 전라남도 남서부(목포시, 강진군, 고흥군, 무안군, 신안군, 영광군, 영암군, 완도군, 진도군, 함평군, 해남군), 제주도

<table>
<tr><th>건 축 법</th><th>건 축 법 시 행 령</th></tr>
<tr><td>

제48조의2 【건축물 내진등급의 설정】
① 국토교통부장관은 지진으로부터 건축물의 구조 안전을 확보하기 위하여 건축물의 용도, 규모 및 설계구조의 중요도에 따라 내진등급(耐震等級)을 설정하여야 한다.
② 제1항에 따른 내진등급을 설정하기 위한 내진 등급 기준 등 필요한 사항은 국토교통부령으로 정 한다.
[본조신설 13.07.16]

제48조의3 【건축물의 내진능력 공개】
① 다음 각 호의 어느 하나에 해당하는 건축물을 건축하고자 하는 자는 제22조에 따른 사용승인을 받는 즉시 건축물이 지진 발생 시에 견딜 수 있는 능력(이하"내진능력"이라 한다)을 공개하여야 한다. 다만, 제48조제2항에 따른 구조안전 확인 대상 건축물이 아니거나 내진능력 산정이 곤란한 건축물로서 대통령령으로 정하는 건축물은 공개하지 아니한다. 〈개정 17.12.26〉
　1. 층수가 2층[주요구조부인 기둥과 보를 설치하는 건축물로서 그 기둥과 보가 목재인 목구조 건축물(이하 "목구조 건축물"이라 한다)의 경우에는 3층] 이상인 건축물
　2. 연면적이 200제곱미터(목구조 건축물의 경우에는 500제곱미터) 이상인 건축물
　3. 그 밖에 건축물의 규모와 중요도를 고려하여 대통령령으로 정하는 건축물
② 제1항의 내진능력의 산정 기준과 공개 방법 등 세부사항은 국토교통부령으로 정한다.
[본조신설 16.01.19]

제48조의4 【부속구조물의 설치 및 관리】 건축관계자, 소유자 및 관리자는 건축물의 부속구조물을 설계·시공 및 유지·관리 등을 고려하여 국토교통부령으로 정하는 기준에 따라 설치·관리하여야 한다.
[본조신설 16.02.03]

</td><td>

제32조의2 【건축물의 내진능력 공개】
① 법 제48조의3제1항 각 호 외의 부분 단서에서 "대통령령으로 정하는 건축물"이란 다음 각 호의 어느 하나에 해당하는 건축물을 말한다.
　1. 창고, 축사, 작물 재배사 및 표준설계도서에 따라 건축하는 건축물로서 제32조제2항제1호 및 제3호부터 제9호까지의 어느 하나에도 해당하지 아니하는 건축물
　2. 제32조제1항에 따른 구조기준 중 국토교통부령으로 정하는 소규모건축구조기준을 적용한 건축물
② 법 제48조의3제1항제3호에서 "대통령령으로 정하는 건축물"이란 제32조제2항제3호부터 제9호까지의 어느 하나에 해당하는 건축물을 말한다.
[본조신설 18.06.26]

제33조 삭제 〈99.4.30〉

</td></tr>
</table>

건 축 법 시 행 규 칙	요 약
	건축물 내진등급의 설정 1. 국토교통부장관은 지진으로부터 건축물의 구조 안전을 확보하기 위하여 건축물의 용도, 규모 및 설계구조의 중요도에 따라 내진등급(耐震等級)을 설정 2. 내진등급을 설정하기 위한 내진 등급기준 등 필요한 사항은 국토교통부령으로 정한다. **건축물의 내진능력 공개** 사용승인을 받는 즉시 내진능력 공개 - 구조안전 확인 대상 건축물이 아닌 경우 제외 1. 층수가 2층[목구조 건축물 3층] 이상인 건축물 2. 연면적이 200㎡ (목구조 건축물 500㎡) 이상인 건축물 3. 그 밖에 건축물의 규모와 중요도를 고려하여 정하는 아래 건축물 　가. 창고, 축사, 작물 재배사 및 표준설계도서에 따라 건축하는 건축물 　나. 소규모건축구조기준을 적용한 건축물

제49조【 건축물의 피난시설 및 용도제한 등 】

① 대통령령으로 정하는 용도 및 규모의 건축물과 그 대지에는 국토교통부령으로 정하는 바에 따라 복도, 계단, 출입구, 그 밖의 피난시설과 저수조(貯水槽), 대지 안의 피난과 소화에 필요한 통로를 설치하여야 한다. 〈개정 18.04.17〉

② 대통령령으로 정하는 용도 및 규모의 건축물의 안전·위생 및 방화(防火) 등을 위하여 필요한 용도 및 구조의 제한, 방화구획(防火區劃), 화장실의 구조, 계단·출입구, 거실의 반자 높이, 거실의 채광·환기, 배연설비와 바닥의 방습 등에 관하여 필요한 사항은 국토교통부령으로 정한다. 다만, 대규모 창고시설 등 대통령령으로 정하는 용도 및 규모의 건축물에 대해서는 방화구획 등 화재 안전에 필요한 사항을 국토교통부령으로 별도로 정할 수 있다. 〈개정 21.10.19〉

③ 대통령령으로 정하는 건축물은 국토교통부령으로 정하는 기준에 따라 소방관이 진입할 수 있는 창을 설치하고, 외부에서 주야간에 식별할 수 있는 표시를 하여야 한다. 〈신설 19.04.23〉

④ 대통령령으로 정하는 용도 및 규모의 건축물에 대하여 가구·세대 등 간 소음 방지를 위하여 국토교통부령으로 정하는 바에 따라 경계벽 및 바닥을 설치하여야 한다. 〈신설 14.05.28〉

⑤「자연재해대책법」 제12조제1항에 따른 자연재해위험개선지구 중 침수위험지구에 국가·지방자치단체 또는 「공공기관의 운영에 관한 법률」 제4조제1항에 따른 공공기관이 건축하는 건축물은 침수 방지 및 방수를 위하여 다음 각 호의 기준에 따라야 한다. 〈신설 15.01.06〉

1. 건축물의 1층 전체를 필로티(건축물을 사용하기 위한 경비실, 계단실, 승강기실, 그 밖에 이와 비슷한 것을 포함한다) 구조로 할 것
2. 국토교통부령으로 정하는 침수 방지시설을 설치할 것

제34조【직통계단의 설치】 ① 건축물의 피난층(직접 지상으로 통하는 출입구가 있는 층 및 제3항과 제4항에 따른 피난안전구역을 말한다. 이하 같다) 외의 층에서는 피난층 또는 지상으로 통하는 직통계단(경사로를 포함한다. 이하 같다)을 거실의 각 부분으로부터 계단(거실로부터 가장 가까운 거리에 있는 1개소의 계단을 말한다)에 이르는 보행거리가 30미터 이하가 되도록 설치해야 한다. 다만, 건축물(지하층에 설치하는 것으로서 바닥면적의 합계가 300제곱미터 이상인 공연장·집회장·관람장 및 전시장은 제외한다)의 주요구조부가 내화구조 또는 불연재료로 된 건축물은 그 보행거리가 50미터(층수가 16층 이상인 공동주택의 경우 16층 이상인 층에 대해서는 40미터) 이하가 되도록 설치할 수 있으며, 자동화 생산시설에 스프링클러 등 자동식 소화설비를 설치한 공장으로서 국토교통부령으로 정하는 공장인 경우에는 그 보행거리가 75미터(무인화 공장인 경우에는 100미터) 이하가 되도록 설치할 수 있다. 〈개정 20.10.08〉

<table>
<tr><th>건축물의 피난·방화구조 등의 기준에 관한 규칙</th><th>요 약</th></tr>
</table>

제8조 【직통계단의 설치기준】 ① 영 제34조제1항 단서에서 "국토교통부령으로 정하는 공장"이란 반도체 및 디스플레이 패널을 제조하는 공장을 말한다. 〈개정 19.08.06〉

② 영 제34조제2항에 따라 2개소 이상의 직통계단을 설치하는 경우 다음 각 호의 기준에 적합해야 한다. 〈개정 19.08.06〉

1. 가장 멀리 위치한 직통계단 2개소의 출입구 간의 가장 가까운 직선거리(직통계단 간을 연결하는 복도가 건축물의 다른 부분과 방화구획으로 구획된 경우 출입구 간의 가장 가까운 보행거리를 말한다)는 건축물 평면의 최대 대각선 거리의 2분의 1 이상으로 할 것.
   다만, 스프링클러 또는 그 밖에 이와 비슷한 자동식 소화설비를 설치한 경우에는 3분의 1 이상으로 한다.
2. 각 직통계단 간에는 각각 거실과 연결된 복도 등 통로를 설치할 것

제19조의2 【침수 방지시설】

　법　제49조제4항제2호에서　"국토교통부령으로 정하는 침수 방지시설"이란 다음 각 호의 시설을 말한다.

1. 차수판(遮水板)
2. 역류방지 밸브

직통계단의 설치

(1) 직통계단까지의 보행거리

건축물의 피난층 외의 층에서 피난층 또는 지상으로 통하는 직통계단(경사로를 포함한다)은 거실의 각 부분으로부터 계단(거실로부터 가장 가까운 거리에 있는 1개소의 계단)에 이르는 보행거리를 다음 값 이하가 되도록 설치

- 일반원칙 : 30 m 이하
- 완화규정 :
  [지하층 : 300 ㎡ 이상인 공연장·집회장·관람장 및 전시장 제외]
  - 내화구조 또는 불연재료인 건축물… 50 m 이하
  - 16층 이상인 공동주택 ……………… 40 m 이하

  - 도체 및 디스플레이 패널을 제조하는 공장
    [자동화 생산시설에 스프링클러 등 자동식 소화설비를 설치한 공장] ……………… 75 m 이하
    (무인화 공장인 경우 : 100 m)

침수 방지시설

침수위험지구에 공공기관이 건축하는 건축물
1. 차수판(遮水板)
2. 역류방지 밸브

<table>
<tr><th>건 축 법</th><th>건 축 법 시 행 령</th></tr>
<tr><td></td><td>

[제34조]

　② 법 제49조제1항에 따라 피난층 외의 층이 다음 각 호의 어느 하나에 해당하는 용도 및 규모의 건축물에는 국토교통부령으로 정하는 기준에 따라 피난층 또는 지상으로 통하는 직통계단을 2개소 이상 설치하여야 한다.
〈개정 17.02.03〉

1.제2종 근린생활시설 중 공연장·종교집회장, 문화 및 집회시설(전시장 및 동·식물원은 제외한다), 종교시설, 위락시설 중 주점영업 또는 장례시설의 용도로 쓰는 층으로서 그 층에서 해당 용도로 쓰는 바닥면적의 합계가 200제곱미터(제2종 근린생활시설 중 공연장·종교집회장은 각각 300제곱미터) 이상인 것

2.단독주택 중 다중주택·다가구주택, 제1종 근린생활시설 중 정신과의원(입원실이 있는 경우로 한정한다), 제2종 근린생활시설 중 인터넷컴퓨터게임시설제공업소(해당 용도로 쓰는 바닥면적의 합계가 300제곱미터 이상인 경우만 해당한다)·학원·독서실, 판매시설, 운수시설(여객용 시설만 해당한다), 의료시설(입원실이 없는 치과병원은 제외한다), 교육연구시설 중 학원, 노유자시설 중 아동 관련 시설·노인복지시설·장애인 거주시설(「장애인복지법」 제58조제1항제1호에 따른 장애인 거주시설 중 국토교통부령으로 정하는 시설을 말한다. 이하 같다) 및 「장애인복지법」 제58조제1항제4호에 따른 장애인 의료재활시설(이하 "장애인 의료재활시설"이라 한다), 수련시설 중 유스호스텔 또는 숙박시설의 용도로 쓰는 3층 이상의 층으로서 그 층의 해당 용도로 쓰는 거실의 바닥면적의 합계가 200제곱미터 이상인 것　　　〈개정 15.09.22〉

3.공동주택(층당 4세대 이하인 것은 제외한다) 또는 업무시설 중 오피스텔의 용도로 쓰는 층으로서 그 층의 해당 용도로 쓰는 거실의 바닥면적의 합계가 300제곱미터 이상인 것

4.제1호부터 제3호까지의 용도로 쓰지 아니하는 3층 이상의 층으로서 그 층 거실의 바닥면적의 합계가 400제곱미터 이상인 것

5.지하층으로서 그 층 거실의 바닥면적의 합계가 200제곱미터 이상인 것

</td></tr>
</table>

<table>
<tr><th>건축물의 피난·방화구조 등의 기준에 관한 규칙</th><th>요　　　약</th></tr>
<tr><td></td><td>

(2) 2개소 이상의 직통계단 설치 의무

건축물의 피난층 외의 층이 다음에 해당하는 경우
그 층으로부터 피난층 또는 지상으로 통하는 직통계단을
2개소 이상 설치.

해당 용도와 층	그 층의 당해 용도에 사용되는 거실 바닥면적의 합계
① 제2종 근린생활시설 중 공연장·종교집회장, 문화 및 집회시설(전시장 및 동·식물원 제외), 종교시설, 위락시설 중 주점 영업, 장례시설의 용도로 쓰는 층	200 ㎡ (제2종 근린생활시설 중 공연장·종교집회장은 각각 300㎡)이상인 것
② 단독주택 중 다중주택·다가구주택, 제1종 근린생활시설 중 정신과의원(입원실이 있는 경우로 한정), 제2종 근린생활시설 중 인터넷컴퓨터게임시설제공업소(해당 용도로 쓰는 바닥면적의 합계가 300 ㎡ 이상인 경우만 해당한다)·학원·독서실, 판매시설, 운수시설, 의료시설(입원실이 없는 치과병원 제외), 교육연구시설 중 학원, 노유자시설 중 아동관련시설·노인복지시설·장애인거주시설(장애인 거주시설 중 국토교통부령으로 정하는 시설) 및 장애인 의료재활시설, 수련시설 중 유스호스텔 또는 숙박시설의 용도로 쓰는 3층 이상의 층	200 ㎡ 이상인 것
③ 공동주택(층당 4세대 이하 제외)·업무시설 중 오피스텔의 용도로 쓰는 층	300 ㎡ 이상인 것
④ 앞의 ①,②,③에 해당하지 아니 하는 3층 이상의 층	400 ㎡ 이상인 것
⑤ 지하층	200 ㎡ 이상인 것

※ 직통계단의 출입구는 피난에 지장이 없도록 일정한
　간격을 두어 설치
※ 각 직통계단 상호간에는 각각 거실과 연결된 복도
　등 통로를 설치

</td></tr>
</table>

건 축 법	건 축 법 시 행 령
	[제34조] ③ 초고층 건축물에는 피난층 또는 지상으로 통하는 직통계단과 직접 연결되는 피난안전구역(건축물의 피난·안전을 위하여 건축물 중간층에 설치하는 대피공간을 말한다. 이하 같다)을 지상층으로부터 최대 30개 층마다 1개소 이상 설치하여야 한다. 〈개정 11.12.30〉 ④ 준초고층 건축물에는 피난층 또는 지상으로 통하는 직통계단과 직접 연결되는 피난안전구역을 해당 건축물 전체 층수의 2분의 1에 해당하는 층으로부터 상하 5개층 이내에 1개소 이상 설치하여야 한다. 다만, 국토교통부령으로 정하는 기준에 따라 피난층 또는 지상으로 통하는 직통계단을 설치하는 경우에는 그러하지 아니하다. 〈개정 13.03.23〉 ⑤ 제3항및 제4항에 따른 피난안전구역의 규모와 설치 기준은 국토교통부령으로 정한다. 〈개정 13.03.23〉

건축물의 피난·방화구조 등의 기준에 관한 규칙	요　　　약
제8조의 2 [피난안전구역의 설치기준] ① 영 제34조제3항 및 제4항에 따라 설치하는 피난안전구역(이하 "피난안전구역"이라 한다)은 해당 건축물의 1개 층을 대피공간으로 하며, 대피에 장애가 되지 아니하는 범위에서 기계실, 보일러실, 전기실 등 건축설비를 설치하기 위한 공간과 같은 층에 설치할 수 있다. 이 경우 피난안전구역은 건축설비가 설치되는 공간과 내화구조로 구획하여야 한다. 〈개정 12. 1. 6〉 ② 피난안전구역에 연결되는 특별피난계단은 피난안전구역을 거쳐서 상·하층으로 갈 수 있는 구조로 설치하여야 한다. ③ 피난안전구역의 구조 및 설비는 다음 각 호의 기준에 적합하여야 한다. 〈개정 19.08.06〉 　1. 피난안전구역의 바로 아래층 및 위층은 「녹색건축물 조성 지원법」 제15조제1항에 따라 국토교통부장관이 정하여 고시한 기준에 적합한 단열재를 설치할 것. 　　이 경우 아래층은 최상층에 있는 거실의 반자 또는 지붕 기준을 준용하고, 위층은 최하층에 있는 거실의 바닥 기준을 준용할 것 　2. 피난안전구역의 내부마감재료는 불연재료로 설치할 것 　3. 건축물의 내부에서 피난안전구역으로 통하는 계단은 특별피난계단의 구조로 설치할 것 　4. 비상용 승강기는 피난안전구역에서 승하차 할 수 있는 구조로 설치할 것 　5. 피난안전구역에는 식수공급을 위한 급수전을 1개소 이상 설치하고 예비전원에 의한 조명설비를 설치할 것 　6. 관리사무소 또는 방재센터 등과 긴급연락이 가능한 경보 및 통신시설을 설치할 것 　7. 별표 1의2에서 정하는 기준에 따라 산정한 면적 이상일 것 　8. 피난안전구역의 높이는 2.1미터 이상일 것 　9. 「건축물의 설비기준 등에 관한 규칙」 제14조에 따른 배연설비를 설치할 것 　10. 그 밖에 소방방재청장이 정하는 소방 등 재난관리를 위한 설비를 갖출 것 　　　　　　　　　　　[본조신설 10.4.7]	**(3) 피난안전구역의 설치기준** 　피난층 또는 지상으로 통하는 직통계단과 직접 연결되는 피난안전구역 설치 　1) 초고층 건축물 　　– 지상층으로부터 최대 30개 층마다 1개소 이상 설치 　　– 건축설비 설치 공간과 같은 층에 설치 가능 　　– 건축설비 설치 공간과 내화구조로 구획 　2) 준초고층건축물 　　해당 건축물 전체 층수의 1/2에 해당하는 층으로부터 상하 5개층 이내에 1개소 이상 설치 　　[예외] 피난층 또는 지상으로 통하는 직통계단을 설치하는 경우 **(4) 피난안전구역의 연결동선** 피난안전구역에 연결되는 특별피난계단은 피난안전구역을 거쳐서 상·하층으로 갈 수 있는 구조로 설치 **(5) 피난안전구역의 구조 및 설비 기준** 　1. 피난안전구역의 단열 : 　　– 아래층은 최상층에 있는 거실의 반자 또는 지붕 　　– 위층은 최하층에 있는 거실의 바닥 기준 준용 　2. 내부마감재료 : 불연재료 　3. 건축물의 내부에서 피난안전구역으로 통하는 계단 : 특별피난계단의 구조로 설치 　4. 비상용 승강기 : 　　피난안전구역에서 승하차 할 수 있는 구조로 설치 　5. 식수공급을 위한 급수전 : 　　1개소 이상 설치, 예비전원에 의한 조명 설비 설치 　6. 비상연락 : 　　관리사무소 또는 방재센터 등과 긴급연락이 가능한 경보 및 통신시설 설치 　7. 피난안전구역의 면적 : 　　(피난안전구역 윗층의 재실자 수 x 0.5) x 0.28㎡ 　8. 피난안전구역의 높이 : 2.1 m 이상일 것 　9. 배연설비 설치 　10. 소방 등 재난관리 설비 완비

건 축 법	건 축 법 시 행 령
	제35조 【피난계단의 설치】 ① 법 제49조제1항에 따라 5층 이상 또는 지하 2층 이하인 층에 설치하는 직통계단은 국토교통부령으로 정하는 기준에 따라 피난계단 또는 특별피난계단으로 설치하여야 한다. 다만, 건축물의 주요구조부가 내화구조 또는 불연재료로 되어 있는 경우로서 다음 각 호의 어느 하나에 해당하는 경우에는 그러하지 아니하다. 〈개정 13.03.23〉 1. 5층 이상인 층의 바닥면적의 합계가 200제곱미터 이하인 경우 2. 5층 이상인 층의 바닥면적 200제곱미터 이내마다 방화구획이 되어 있는 경우 ② 건축물(갓복도식 공동주택은 제외한다)의 11층(공동주택의 경우에는 16층) 이상인 층(바닥면적이 400제곱미터 미만인 층은 제외한다) 또는 지하 3층 이하인 층(바닥면적이 400제곱미터미만인 층은 제외한다)으로부터 피난층 또는 지상으로 통하는 직통계단은 제1항에도 불구하고 특별피난계단으로 설치하여야 한다. ③ 제1항에서 판매시설의 용도로 쓰는 층으로부터의 직통계단은 그 중 1개소 이상을 특별피난계단으로 설치하여야 한다. ④삭제 〈95.12.30〉 ⑤ 건축물의 5층 이상인 층으로서 문화 및 집회시설 중 전시장 또는 동·식물원, 판매시설, 운수시설(여객용 시설만 해당한다), 운동시설, 위락시설, 관광휴게시설(다중이 이용하는 시설만 해당 한다) 또는 수련시설 중 생활권 수련시설의 용도로 쓰는 층에는 제34조에 따른 직통계단 외에 그 층의 해당 용도로 쓰는 바닥면적의 합계가 2천 제곱미터를 넘는 경우에는 그 넘는 2천제곱미터 이내마다 1개소의 피난계단 또는 특별피난계단(4층 이하의 층에는 쓰지 아니하는 피난계단 또는 특별피난계단만 해당한다)을 설치하여야 한다. 〈개정 09.7.16〉 ⑥삭제 〈99.4.30〉 [전문개정 08.10.29]

<table>
<tr><td>건축물의 피난·방화구조 등의 기준에 관한 규칙</td><td>요　　　약</td></tr>
</table>

제9조 【피난계단 및 특별피난계단의 구조】

① 영 제35조제1항 각 호 외의 부분 본문에 따라 건축물의 5층 이상 또는 지하 2층 이하의 층으로부터 피난층 또는 지상으로 통하는 직통계단(지하 1층인 건축물의 경우에는 5층 이상의 층으로부터 피난층 또는 지상으로 통하는 직통계단과 직접 연결된 지하 1층의 계단을 포함한다)은 피난계단 또는 특별피난계단으로 설치해야 한다.　〈개정 19.08.06〉

②제1항에 따른 피난계단 및 특별피난계단의 구조는 다음 각 호의 기준에 적합해야 한다.

〈개정 19.08.06〉

1. 건축물의 내부에 설치하는 피난계단의 구조

가. 계단실은 창문·출입구 기타 개구부(이하 "창문등"이라 한다)를 제외한 당해 건축물의 다른 부분과 내화구조의 벽으로 구획할 것

나. 계단실의 실내에 접하는 부분(바닥 및 반자 등 실내에 면한 모든 부분을 말한다)의 마감(마감을 위한 바탕을 포함한다)은 불연재료로 할 것

다. 계단실에는 예비전원에 의한 조명설비를 할 것

라. 계단실의 바깥쪽과 접하는 창문 등(망이 들어 있는 유리의 붙박이창으로서 그 면적이 각각 1제곱미터 이하인 것을 제외한다)은 당해 건축물의 다른 부분에 설치하는 창문등으로부터 2미터 이상의 거리를 두고 설치할 것

마. 건축물의 내부와 접하는 계단실의 창문등(출입구를 제외한다)은 망이 들어 있는 유리의 붙박이창으로서 그 면적을 각각 1제곱미터 이하로 할 것

바. 건축물의 내부에서 계단실로 통하는 출입구의 유효너비는 0.9미터 이상으로 하고, 그 출입구에는 피난의 방향으로 열 수 있는 것으로서 언제나 닫힌 상태를 유지하거나 화재로 인한 연기 또는 불꽃을 감지하여 자동적으로 닫히는 구조로 된 영 제64조제1항제1호의 60+ 방화문(이하 "60+방화문"이라 한다) 또는 같은항 제2호의 방화문(이하 "60분방화문"이라 한다)을 설치할 것. 다만, 연기 또는 불꽃을 감지하여 자동적으로 닫히는 구조로 할 수 없는 경우에는 온도를 감지하여 자동적으로 닫히는 구조로 할 수 있다.　〈개정 21.03.26〉

사. 계단은 내화구조로 하고 피난층 또는 지상까지 직접 연결되도록 할 것

피난계단의 설치

다음에 해당하는 건축물은 그 층의 위치에 따라 그 층으로부터 피난층 또는 지상으로 통하는 직통계단을 피난계단 또는 특별피난계단으로 하여야 한다.

층의 위치 및 용도	계단의 종류	비　　고
· 5층 이상 10층 이하의 층 · 지하 2층 이하의 층 · 지하 1층인 건축물의 경우에는 5층이상의 층으로부터 피난층 또는 지상으로 통하는 직통계단과 직접 연결된 지하1층	· 피난계단 또는 특별피난계단 · 판매시설(도매시장·소매시장·상점)의 경우 반드시 1개소 이상은 특별피난계단	주요구조부가 내화구조, 불연재료로 된 5층 이상의 층의 바닥면적의 합계가 200㎡ 이하이거나 200㎡이내마다 방화구획을 하는 경우 제외
· 11층 이상 (공동주택은16층이상) · 지하 3층 이하의 층	특별피난계단	· 갓복도식 공동주택제외 · 바닥면적 400㎡ 미만인 층 제외
5층 이상의 층으로서 문화 및 집회시설(전시장, 동·식물원), 판매시설, 운수시설. 운동시설. 위락시설, 관광휴게시설(다중용), 수련시설(생활권수련시설)의 바닥면적의 합계가 2,000 ㎡를 넘는 층	피난계단 또는 특별피난계단 ※ 직통계단 추가 설치	직통계단 외에 그 층의 당해 용도의 바닥면적 2,000 ㎡를 넘는 2,000 ㎡ 이내마다 1개소의 비율로 4층 이하의 층에 쓰이지 아니하도록 따로 설치

$$※ \ 직통계단 + \frac{각층\ 바닥면적의\ 합계 - 2,000\ ㎡}{2,000\ ㎡}$$

옥내피난계단의 구조

※ 특별피난계단과 비교

<table>
<tr><td style="text-align:center">건 축 법</td><td style="text-align:center">건 축 법 시 행 령</td></tr>
<tr><td></td><td>

제36조 【옥외피난계단의 설치】 건축물의 3층 이상인 층(피난층은 제외한다)으로서 다음 각 호의 어느 하나에 해당하는 용도로 쓰는 층에는 제34조에 따른 직통계단 외에 그 층으로부터 지상으로 통하는 옥외피난계단을 따로 설치하여야 한다. 〈개정 14.03.24〉

1. 제2종 근린생활시설 중 공연장(해당 용도로 쓰는 바닥면적의 합계가 300제곱미터 이상인 경우만 해당한다), 문화 및 집회시설 중 공연장이나 위락시설 중 주점영업의 용도로 쓰는 층으로서 그 층 거실의 바닥면적의 합계가 300제곱미터 이상인 것
2. 문화 및 집회시설 중 집회장의 용도로 쓰는 층으로서 그 층 거실의 바닥면적의 합계가 1천 제곱미터 이상인 것

[전문개정 08.10.29]

제37조 【지하층과 피난층 사이의 개방공간 설치】
바닥면적의 합계가 3천 제곱미터 이상인 공연장·집회장·관람장 또는 전시장을 지하층에 설치하는 경우에는 각 실에 있는 자가 지하층 각 층에서 건축물 밖으로 피난하여 옥외 계단 또는 경사로 등을 이용하여 피난층으로 대피할 수 있도록 천장이 개방된 외부 공간을 설치하여야 한다.

[전문개정 08.10.29]

</td></tr>
<tr><td style="text-align:center">건 축 법</td><td></td></tr>
</table>

<table>
<tr><th>건축물의 피난·방화구조 등의 기준에 관한 규칙</th><th>요　　　약</th></tr>
</table>

[제9조 제2항]

2. 건축물의 바깥쪽에 설치하는 피난계단의 구조

가. 계단은 그 계단으로 통하는 출입구외의 창문등(망이 들어 있는 유리의 붙박이창으로서 그 면적이 각각 1제곱미터 이하인 것을 제외한다)으로부터 2 미터 이상의 거리를 두고 설치할 것

나. 건축물의 내부에서 계단으로 통하는 출입구에는 60+방화문 또는 60분방화문을 설치할 것

〈개정 21.03.26〉

다. 계단의 유효너비는 0.9미터 이상으로 할 것

라. 계단은 내화구조로 하고 지상까지 직접 연결되도록 할 것

옥외피난계단의 설치기준

(1) 설치대상

3층 이상의 층(피난층 제외)으로서 다음의 경우 직통계단 외에 옥외 피난계단 별도 설치

용　도	바닥면적의 합계	당해 층의 거실의 용도
공 연 장 주점영업	300 ㎡ 이상	공연·무도 등
문화 및 집회시설	1,000 ㎡ 이상	집회장

(2) 설치방법

그 층으로부터 지상으로 통하게 따로 설치

옥외피난계단의 구조

구　분	설 치 기 준
창문 등의 거리	계단은 그 계단으로 통하는 출입구 외의 창문 등으로부터 2 ㎡ 이상의 거리를 두고 설치할 것.
출　입　구	옥내로부터 계단으로 통하는 출입구에는 갑종방화문을 설치할 것
계　　단	· 계단의 유효너비는 0.9 ㎡ 이상으로 할 것 · 내화 구조로 하고 지상까지 직접 연결되도록 할 것 · 돌음계단으로 하여서는 아니 된다.

※ 창문 등(창문 · 출입구 기타 개구부)

　망이 들어 있는 유리의 붙박이창으로서

　그 면적이 각각 1 ㎡ 이하인 것을 제외

지하층과 피난층 사이 개방공간의 설치

SUNKEN 설치

1. 대상규모 : 바닥면적의 합계가 3,000 ㎡ 이상
2. 대상용도 : 지하에 설치하는

　　　　　　공연장·집회장·관람장·전시장

[제9조 제2항]
3. 특별피난계단의 구조

가. 건축물의 내부와 계단실은 노대를 통하여 연결하거나 외부를 향하여 열 수 있는 면적 1제곱미터 이상인 창문(바닥으로부터 1미터 이상의 높이에 설치한 것에 한한다) 또는「건축물의 설비기준 등에 관한 규칙」제14조의 규정에 적합한 구조의 배연설비가 있는 면적 3제곱미터 이상인 부속실을 통하여 연결할 것   〈개정 12. 1. 6〉

나. 계단실·노대 및 부속실(「건축물의 설비기준 등에 관한 규칙」 제10조제2호 가목의 규정에 의하여 비상용승강기의 승강장을 겸용하는 부속실을 포함한다)은 창문등을 제외하고는 내화구조의 벽으로 각각 구획할 것

다. 계단실 및 부속실의 실내에 접하는 부분(바닥 및 반자 등 실내에 면한 모든 부분을 말한다)의 마감(마감을 위한 바탕을 포함한다)은 불연재료로 할 것

라. 계단실에는 예비전원에 의한 조명설비를 할 것

마. 계단실·노대 또는 부속실에 설치하는 건축물의 바깥쪽에 접하는 창문 등(망이 들어 있는 유리의 붙박이창으로서 그 면적이 각각 1제곱미터이하인 것을 제외한다)은 계단실·노대 또는 부속실외의 당해 건축물의 다른 부분에 설치하는 창문등으로부터 2미터 이상의 거리를 두고 설치할 것

바. 계단실에는 노대 또는 부속실에 접하는 부분외에는 건축물의 내부와 접하는 창문등을 설치하지 아니할 것

사. 계단실의 노대 또는 부속실에 접하는 창문 등(출입구를 제외한다)은 망이 들어 있는 유리의 붙박이창으로서 그 면적을 각각 1제곱미터 이하로 할 것

아. 노대 및 부속실에는 계단실외의 건축물의 내부와 접하는 창문등(출입구를 제외한다)을 설치하지 아니할 것

자. 건축물의 내부에서 노대 또는 부속실로 통하는 출입구에는 60+방화문 또는 60분방화문을 설치하고, 노대 또는 부속실로부터 계단실로 통하는 출입구에는 60+방화문, 60분방화문 또는 영 제64조제1항제3호의 30분 방화문을 설치할 것. 이 경우 방화문은 언제나 닫힌 상태를 유지하거나 화재로 인한 연기 또는 불꽃을 감지하여 자동적으로 닫히는 구조로 해야 하고, 연기 또는 불꽃으로 감지하여 자동적으로 닫히는 구조로 할 수 없는 경우에는 온도를 감지하여 자동적으로 닫히는 구조로 할 수 있다.   〈개정 21.03.26〉

차. 계단은 내화구조로 하되, 피난층 또는 지상까지 직접 연결되도록 할 것

카. 출입구의 유효너비는 0.9미터 이상으로 하고 피난의 방향으로 열 수 있을 것

③영 제35조제1항 각 호 외의 부분 본문에 따른 피난계단 또는 특별피난계단은 돌음계단으로 해서는 안 되며, 영 제40조에 따라 옥상광장을 설치하여야 하는 건축물의 피난계단 또는 특별피난계단은 해당 건축물의 옥상으로 통하도록 설치해야 한다. 이 경우 옥상으로 통하는 출입문은 피난방향으로 열리는 구조로서 피난 시 이용에 장애가 없어야 한다.
                 〈개정 19.08.06〉
④ 영 제35조제2항에서 "갓복도식 공동주택"이라 함은 각 층의 계단실 및 승강기에서 각 세대로 통하는 복도의 한쪽 면이 외기에 개방된 구조의 공동주택을 말한다.   〈개정 21.09.03〉

요   약

옥내피난계단 및 특별피난계단의 구조

구 분	옥내 피난계단	특별 피난계단
옥내와 계단실의 연 결	직 접	노대를 통하여 연결하거나, 외부를 향하여 열수 있는 면적 1 ㎡ 이상인 창문(바닥으로부터 1 m 이상의 높이에 설치한 것에 한함) 또는 배연설비가 있는 3㎡ 이상의 부속실을 통하여 연결
벽의 구획	계단실(노대 및 부속실)은 창문 등을 제외하고는 내화구조의 벽으로 구획할 것	
실내 마감	계단실(부속실)의 벽 및 반자로서 실내에 접하는 부분의 마감은 불연재료로 할 것	
채 광	계단실(부속실)에는 채광이 될 수 있는 창문 등이 있거나 예비전원에 의한 조명 설비를 할 것	
창문 등의 거 리	계단실(노대 및 부속실)의 옥외에 접하는 창문 등은 일반 창문 등으로부터 2 m 이상의 거리를 두고 설치할 것	
창 문 등	옥내(노대 및 부속실)에 접하는 부분 외에는 옥내에 접하는 창문 등의 설치금지	
	✕	· 계단실에는 노대 또는 부속실에 접하는 부분 외에는 옥내에 접하는 창문 등의 설치금지 · 노대 및 부속실에는 계단실 외의 건축물의 내부와 접하는 창문 등 (출입구는 제외)을 설치하지 아니 할 것
출 입 구	출입구의 유효너비는 0.9 m 이상으로 하고 피난 방향으로 열 수 있을 것	
	옥내로부터 계단실로 통하는 출입구에는 60+방화문 또는 60분방화문 설치	· 옥내로부터 노대 또는 부속실로 통하는 출입구에는 60+방화문 또는 60분방화문 설치 · 노대 또는 부속실로부터 계단실로 통하는 출입구에는 60+방화문, 60분방화문 또는 30분 방화문 설치
계 단	· 내화구조로 하고 피난층 또는 지상까지 직접 연결되도록 할 것 · 돌음계단으로 하여서는 아니 된다.	

※ 창 문 등 : 창문, 출입구 기타 개구부

※ 방화문

　언제나 닫힌 상태를 유지하거나 화재로 인한 연기 또는 불꽃으로 감지하여 자동적으로 닫히는 구조[온도 감지 가능]

갓복도식 공동주택

각 층의 계단실 및 승강기에서 각 세대로 통하는 복도의 한쪽 면이 외기(外氣)에 개방된 구조의 공동주택

	제38조【관람실 등으로부터의 출구 설치】 법 제49조제
	1항에 따라 다음 각 호의 어느 하나에 해당하는 건축
	물에는 국토교통부령으로 정하는 기준에 따라 관람실
	또는 집회실로부터의 출구를 설치해야 한다.
	〈개정 19.08.06〉
	1. 제2종 근린생활시설 중 공연장·종교집회장
	    (해당 용도로 쓰는 바닥면적의 합계가 각각
	    300제곱미터 이상인 경우만 해당한다)
	2. 문화 및 집회시설
	    (전시장 및 동·식물원은 제외한다)
	3. 종교시설
	4. 위락시설
	5. 장례시설
	[전문개정 08.10.29]

| 건 축 법 | 건축법시행령 |

<table>
<tr><th>건축물의 피난·방화구조 등의 기준에 관한 규칙</th><th>요　　　약</th></tr>
<tr><td>

제10조 【관람실 등으로부터의 출구의 설치기준】

① 영 제38조 각 호의 어느 하나에 해당하는 건축물의 관람실 또는 집회실로부터 바깥쪽으로의 출구로 쓰이는 문은 안여닫이로 해서는 안 된다.

〈개정 19.08.06〉

② 영 제38조에 따라 문화 및 집회시설 중 공연장의 개별 관람실(바닥면적이 300제곱미터 이상인 것만 해당한다)의 출구는 다음 각 호의 기준에 적합하게 설치해야 한다.　　　〈개정 19.08.06〉

1. 관람실별로 2개소 이상 설치할 것

2. 각 출구의 유효너비는 1.5 미터 이상일 것

3. 개별 관람실 출구의 유효너비의 합계는 개별 관람실의 바닥면적 100제곱미터마다 0.6 미터의 비율로 산정한 너비 이상으로 할 것

</td><td>

관람실 등으로부터의 출구 설치기준

(1) 적용대상 건축물

  1. 제2종 근린생활시설 중 공연장·종교집회장
    (해당 용도로 쓰는 바닥면적의 합계가 각각
    300㎡ 이상인 경우만 해당한다)

  2. 문화 및 집회시설
    (전시장 및 동·식물원은 제외한다)

  3. 종교시설

  4. 위락시설

  5. 장례시설

(2)공연장의 개별 관람실의 출구

  (바닥면적이 300 ㎡ 이상인 것)

구　분	설 치 기 준
관람실별로	2 개소 이상 설치할 것
각 출구의 유효너비	1.5 m 이상일 것
개별 관람실 출구의 유효너비의 합계	$\dfrac{\text{개별 관람실의 바닥면적(㎡)}}{100\ ㎡} \times 0.6\ \text{m 이상}$
출구 문	안여닫이로 하여서는 안 된다

</td></tr>
</table>

제39조 【건축물 바깥쪽으로의 출구 설치】

① 법 제49조제1항에 따라 다음 각 호의 어느 하나에 해당하는 건축물에는 국토교통부령으로 정하는 기준에 따라 그 건축물로부터 바깥쪽으로 나가는 출구를 설치하여야 한다. 〈개정 17.02.03〉

1. 제2종 근린생활시설 중 공연장·종교집회장·인터넷컴퓨터게임시설제공업소(해당 용도로 쓰는 바닥면적의 합계가 각각 300제곱미터 이상인 경우만 해당한다)
2. 문화 및 집회시설 (전시장 및 동·식물원은 제외한다)
3. 종교시설
4. 판매시설
5. 업무시설 중 국가 또는 지방자치단체의 청사
6. 위락시설
7. 연면적이 5천 제곱미터 이상인 창고시설
8. 교육연구시설 중 학교
9. 장례시설
10. 승강기를 설치하여야 하는 건축물

<table>
<tr><th>건축물의 피난·방화구조 등의 기준에 관한 규칙</th><th>요　　　약</th></tr>
<tr><td>

제11조 〔건축물의 바깥쪽으로의 출구의 설치기준〕

① 영 제39조 제1항의 규정에 의하여 건축물의 바깥쪽으로 나가는 출구를 설치하는 경우 피난층의 계단으로부터 건축물의 바깥쪽으로의 출구에 이르는 보행거리(가장 가까운 출구와의 보행거리를 말한다. 이하 같다)는 영 제34조 제1항의 규정에 의한 거리 이하로 하여야 하며, 거실(피난에 지장이 없는 출입구가 있는 것을 제외한다)의 각 부분으로부터 건축물의 바깥쪽으로의 출구에 이르는 보행거리는 영 제34조 제1항의 규정에 의한 거리의 2배 이하로 하여야 한다.

② 영 제39조제1항에 따라 건축물의 바깥쪽으로 나가는 출구를 설치하는 건축물 중 문화 및 집회시설(전시장 및 동·식물원을 제외한다)·종교시설, 장례식장 또는 위락시설의 용도에 쓰이는 건축물의 바깥쪽으로의 출구로 쓰이는 문은 안여닫이로 하여서는 아니 된다.　　　　　　　〈개정 10.4.7〉

③ 영 제39조제1항에 따라 건축물의 바깥쪽으로 나가는 출구를 설치하는 경우 관람실의 바닥면적의 합계가 300제곱미터 이상인 집회장 또는 공연장은 주된 출구 외에 보조출구 또는 비상구를 2개소 이상 설치해야 한다.　　　〈개정 19.08.06〉

④ 판매시설의 용도에 쓰이는 피난층에 설치하는 건축물의 바깥쪽으로의 출구의 유효너비의 합계는 해당 용도에 쓰이는 바닥면적이 최대인 층에 있어서의 해당 용도의 바닥면적 100 제곱미터마다 0.6미터의 비율로 산정한 너비 이상으로 하여야 한다.

　　　　　　　　　　　　　　〈개정 10.4.7〉

</td><td>

건축물 바깥쪽으로의 출구

(1) 적용대상건축물

1. 제2종 근린생활시설 중 공연장·종교집회장·인터넷컴퓨터게임시설제공업소(해당 용도로 쓰는 바닥면적의 합계가 각각 300제곱미터 이상인 경우만 해당한다)
2. 문화 및 집회시설 (전시장 및 동·식물원은 제외한다)
3. 종교시설
4. 판매시설
5. 업무시설 중 국가 또는 지방자치단체의 청사
6. 위락시설
7. 연면적이 5,000 ㎡ 이상인 창고시설
8. 교육연구시설 중 학교
9. 장례시설
10. 승강기를 설치하여야 하는 건축물

(2)보행거리

구　　분	원 칙	주요구조부가 내화구조·불연재료
계단에서 옥외 출구까지	30 m 이하	50 m 이하 (16층 이상 공동주택 : 40 m)
거실에서 옥외 출구까지	60 m 이하	100 m 이하 (16층 이상 공동주택 : 80 m)

(3) 옥외로의 출구

구　　분	설 치 기 준
문화 및 집회시설 (전시장, 동·식물원제외) · 종교시설 · 장례식장 · 위락시설	건축물의 바깥쪽으로의 출구로 쓰이는 문은 안여닫이로 하여서는 안 된다.
관람실의 바닥면적의 합계가 300 ㎡ 이상인 집회장, 공연장	주된 출구 외에 보조출구 또는 비상구를 2 개소 이상 설치
판매시설의 피난층에 설치하는 옥외로의 출구의 유효 너비의 합계	$\dfrac{\text{최대인 층의 바닥면적(㎡)}}{100\ ㎡} \times 0.6\ m$ 이상

</td></tr>
</table>

<table>
<tr><td align="center">건 축 법</td><td align="center">건축법시행령</td></tr>
<tr><td></td><td></td></tr>
<tr><td align="center">건 축 법</td><td align="center">건축법시행령</td></tr>
</table>

<table>
<tr><th>건축물의 피난·방화구조 등의 기준에 관한 규칙</th><th>요　　　약</th></tr>
</table>

[제11조]

⑤ 다음 각 호의 어느 하나에 해당하는 건축물의 피난층 또는 피난층의 승강장으로부터 건축물의 바깥쪽에 이르는 통로에는 제15조제5항에 따른 경사로를 설치하여야 한다.　　　　　〈개정 10.4.7〉

1. 제1종근린생활시설 중 지역자치센터·파출소·지구대·소방서·우체국·방송국·보건소·공공도서관·지역건강보험조합 기타 이와 유사한 것으로서 동일한 건축물 안에서 당해 용도에 쓰이는 바닥면적의 합계가 1천제곱미터 미만인 것
2. 제1종 근린생활시설 중 마을회관·마을공동작업소·마을공동구판장·변전소·양수장·정수장·대피소·공중화장실 기타 이와 유사한 것
3. 연면적이 5천 제곱미터 이상인 판매시설, 운수시설
4. 교육연구 중 학교
5. 업무시설 중 국가 또는 지방자치단체의 청사와 외국공관의 건축물로서 제1종 근린생활시설에 해당하지 아니하는 것
6. 승강기를 설치하여야 하는 건축물

⑥「건축법」(이하 "법"이라 한다) 제49조제1항에 따라 영 제39조제1항 각 호의 어느 하나에 해당하는 건축물의 바깥쪽으로 나가는 출입문에 유리를 사용하는 경우에는 안전유리를 사용하여야 한다.
　　　　　〈개정 15.07.09〉

---

(4) 경사로의 설치

1. 제1종근린생활시설(지역자치센터·파출소·지구대·소방서·우체국·방송국·보건소·공공도서관·지역건강보험조합 기타 이와 유사한 것)로서 동일한 건축물 안에서 당해 용도에 쓰이는 바닥면적의 합계가 1,000 ㎡ 미만인 것
2. 제1종 근린생활시설(마을회관·마을공동작업소·마을공동구판장·변전소·양수장·정수장·대피소·공중화장실 기타 이와 유사한 것)
3. 판매시설, 운수시설
   – 연면적　5,000 ㎡ 이상
4. 교육연구(학교)
5. 업무시설(국가·지방자치단체의 청사, 외국공관)로서 제1종 근린생활시설에 해당하지 아니하는 것
6. 승강기를 설치하여야 하는 건축물

(5) 유리로 된 출입문
　안전유리 사용

	[제39조]
	② 법 제49조제1항에 따라 건축물의 출입구에 설치하는 회전문은 국토교통부령으로 정하는 기준에 적합하여야 한다. 〈개정 13.03.23〉
	[전문개정 08.10.29]

건축물의 피난·방화구조 등의 기준에 관한 규칙	요 약

제12조 【회전문의 설치기준】 영 제39조제2항의 규정에 의하여 건축물의 출입구에 설치하는 회전문은 다음 각 호의 기준에 적합하여야 한다.

〈개정 05.7.22〉

1. 계단이나 에스컬레이터로부터 2미터 이상의 거리를 둘 것
2. 회전문과 문틀사이 및 바닥사이는 다음 각 목에서 정하는 간격을 확보하고 틈 사이를 고무와 고무펠트의 조합체 등을 사용하여 신체나 물건 등에 손상이 없도록 할 것
   가. 회전문과 문틀 사이는 5센티미터 이상
   나. 회전문과 바닥 사이는 3센티미터 이하
3. 출입에 지장이 없도록 일정한 방향으로 회전하는 구조로 할 것
4. 회전문의 중심축에서 회전문과 문틀 사이의 간격을 포함한 회전문날개 끝부분까지의 길이는 140센티미터 이상이 되도록 할 것
5. 회전문의 회전속도는 분당회전수가 8회를 넘지 아니하도록 할 것
6. 자동회전문은 충격이 가하여지거나 사용자가 위험한 위치에 있는 경우에는 전자감지장치 등을 사용하여 정지하는 구조로 할 것

회전문의 설치기준

1. 계단이나 에스컬레이터로부터 2 m 이상 이격
2. 회전문과 문틀사이 및 바닥사이 간격
   - 틈 사이를 고무와 고무펠트의 조합체 등을 사용하여 신체나 물건 등에 손상이 없도록 할 것
   가. 회전문과 문틀 사이는 5 ㎝ 이상
   나. 회전문과 바닥 사이는 3 ㎝ 이하
3. 출입에 지장이 없도록 일정한 방향으로 회전하는 구조로 할 것
4. 회전문의 중심축에서 회전문과 문틀 사이의 간격을 포함한 회전문날개 끝부분까지의 길이는 140 ㎝ 이상이 되도록 할 것
5. 회전문의 회전속도는 분당회전수가 8 회를 넘지 아니하도록 할 것
6. 자동회전문은 충격이 가하여지거나 사용자가 위험한 위치에 있는 경우에는 전자감지장치 등을 사용하여 정지하는 구조로 할 것

건 축 법	건축법시행령

	제40조 【옥상광장 등의 설치】 ① 옥상광장 또는 2층 이상인 층에 있는 노대등[노대(露臺)나 그 밖에 이와 비슷한 것을 말한다. 이하 같다]의 주위에는 높이 1.2미터 이상의 난간을 설치하여야 한다. 다만, 그 노대등에 출입할 수 없는 구조인 경우에는 그러하지 아니하다. 〈개정 18.09.04〉
	② 5층 이상인 층이 제2종 근린생활시설 중 공연장·종교집회장·인터넷컴퓨터게임시설제공업소(해당 용도로 쓰는 바닥면적의 합계가 각각 300제곱미터 이상인 경우만 해당한다), 문화 및 집회시설(전시장 및 동·식물원은 제외한다), 종교시설, 판매시설, 위락시설 중 주점영업 또는 장례시설의 용도로 쓰는 경우에는 피난 용도로 쓸 수 있는 광장을 옥상에 설치하여야 한다. 〈개정 17.02.03〉
	③ 다음 각 호의 어느 하나에 해당하는 건축물은 옥상으로 통하는 출입문에 「화재예방, 소방시설 설치·유지 및 안전관리에 관한 법률」 제39조제1항에 따른 성능인증 및 같은 조 제2항에 따른 제품검사를 받은 비상문자동개폐장치(화재 등 비상시에 소방시스템과 연동되어 잠김 상태가 자동으로 풀리는 장치를 말한다)를 설치해야 한다. 〈신설 21.01.08〉
	  1. 제2항에 따라 피난 용도로 쓸 수 있는 광장을 옥상에 설치해야 하는 건축물
	  2. 피난 용도로 쓸 수 있는 광장을 옥상에 설치하는 다음 각 목의 건축물
	   가. 다중이용 건축물
	   나. 연면적 1천제곱미터 이상인 공동주택

<table>
<tr><td>건축물의 피난·방화구조 등의 기준에 관한 규칙</td><td>요　　　약</td></tr>
</table>

옥상광장 등

구 분	대 상 부 분	설 치 의 무
난간설치	· 옥상광장 · 2층 이상의 층에 있는 노대 · 그 밖에 이와 비슷한 것	그 주위에 높이 1.2 m 이상의 난간설치 [예외] 노대 등에 출입할 수 없는 구조
옥상광장 설 치	5층 이상의 층이 아래 용도로 사용되는 경우 · 제2종 근린생활시설 중 공연장·종교집회장·인터넷컴퓨터게임시설제공업소(해당 용도로 쓰는 바닥면적의 합계가 각각 300㎡ 이상인 경우만 해당한다), · 문화 및 집회시설 (전시장, 동식물원 제외) · 종교시설 · 판매시설 · 위락시설(주점영업) · 장례시설	· 피난의 용도로 쓸 수 있는 광장을 옥상에 설치
헬리포트 설 치	11층 이상의 층의 바닥 면적의 합계가 10,000 ㎡ 이상인 건축물(평지붕)의 옥상	※ 아래 참조 헬리포트 설치기준

옥상출입문

비상문자동개폐장치 설치

(비상시에 소방시스템과 연동, 잠김 상태가 자동해제)

　1. 옥상광장 설치 대상 건축물

　2. 피난 용도 옥상광장 설치 대상 건축물

　　가. 다중이용 건축물

　　나. 연면적 1,000 ㎡ 이상인 공동주택

건 축 법	건 축 법 시 행 령
	[제40조] ④ 층수가 11층 이상인 건축물로서 11층 이상인 층의 바닥면적의 합계가 1만 제곱미터 이상인 건축물의 옥상에는 다음 각 호의 구분에 따른 공간을 확보하여야 한다. 〈개정 21.01.08〉 1. 건축물의 지붕을 평지붕으로 하는 경우: 헬리포트를 설치하거나 헬리콥터를 통하여 인명 등을 구조할 수 있는 공간 2. 건축물의 지붕을 경사지붕으로 하는 경우: 경사지붕 아래에 설치하는 대피공간 ⑤ 제4항에 따른 헬리포트를 설치하거나 헬리콥터를 통하여 인명 등을 구조할 수 있는 공간 및 경사지붕 아래에 설치하는 대피공간의 설치기준은 국토교통부령으로 정한다. 〈개정 21.01.08〉

제13조【헬리포트 및 구조공간 설치기준】

①영　제40조제4항제1호에　따라　건축물에　설치하는　헬리
포트는 다음 각 호의 기준에 적합해야 한다.

〈개정 21.03.26〉

1. 헬리포트의 길이와 너비는 각각 22미터이상으로 할 것.
다만, 건축물의 옥상바닥의 길이와 너비가 각각 22미터이
하인 경우에는 헬리포트의 길이와 너비를 각각 15미터까지
감축할 수 있다.

2. 헬리포트의 중심으로부터 반경 12미터 이내에는 헬리콥
터의 이·착륙에 장애가 되는 건축물, 공작물, 조경시설
또는 난간 등을 설치하지 아니할 것

3. 헬리포트의　주위한계선은　백색으로　하되,　그　선의
너비는 38센티미터로 할 것

4. 헬리포트의 중앙부분에는 지름 8미터의 "Ⓗ"표지를
백색으로 하되, "H"표지의 선의 너비는 38센티미터로,
"○"표지의 선의 너비는 60센티　미터로 할 것

5. 헬리포트로 통하는 출입문에 영 제40조제3항 각 호외의
부분에 따른 비상문자동개폐장치(이하 "비상문자동개폐
장치"라 한다)를 설치할 것

② 영　제40조제4항제1호에 따라 옥상에 헬리콥터를 통하
여 인명 등을 구조할 수 있는 공간을 설치하는 경우에는
직경 10미터 이상의 구조공간을 확보해야 하며, 구조공간
에는 구조활동에 장애가 되는 건축물, 공작물 또는 난간
등을 설치해서는 안 된다. 이 경우 구조공간의 표시기준
및 설치기준 등에 관하여는 제1항제3호부터 제5호까지의
규정을 준용한다.　　　　　　　　　　〈개정 21.03.26〉

③ 영　제40조제4항제2호에　따라　설치하는　대피공간은
다음 각 호의 기준에 적합해야 한다.

1. 대피공간의 면적은 지붕 수평투영면적의 10분의 1
이상일 것

2. 특별피난계단 또는 피난계단과 연결되도록 할 것

3. 출입구·창문을 제외한 부분은 해당 건축물의 다른 부분
과 내화구조의 바닥 및 벽으로 구획할 것

4. 출입구는 유효너비 0.9미터 이상으로 하고, 그 출입
구에는 60+방화문 또는 60분방화문을 설치할 것

4의2. 제4호에 따른 방화문에 비상문자동개폐장치를
설치할 것

5. 내부마감재료는 불연재료로 할 것

6. 예비전원으로 작동하는 조명설비를 설치할 것

7. 관리사무소 등과 긴급 연락이 가능한 통신시설을
설치할 것

헬리포트 설치기준

(1) 헬리포트 설치기준

(R＝12m내 건축물, 공작물 설치금지)

(2) 인명 구조공간 확보

1. 평지붕:헬리포트 설치,
헬리콥터로 인명을 구조할 수 있는 공간

2. 경사지붕:경사지붕 아래에 설치하는 대피공간

(3) 헬리콥터를 통한 인명구조공간

- 직경 10미터 이상의 구조공간을 확보

- 구조활동에 장애가 되는 건축물, 공작물,
조경시설 또는 난간 등 설치금지

- 표시기준 : 헬리포트 기준 준용

(4) 대피공간 기준

1. 대피공간의 면적 :
지붕수평투영면적의 1/10이상

2. 특별피난계단 또는 피난계단과 연결

3. 해당 건축물의 다른 부분(출입구·창문제외)
과 내화구조의 바닥 및 벽으로 구획

4. 출입구는 유효너비 : 0.9 m 이상
 - 60+방화문 또는 60분방화문 설치
 - 비상문자동개폐장치 설치

5. 내부마감재료 : 불연재료

6. 예비전원으로 작동하는 조명설비 설치

7. 관리사무소 등과 긴급 연락이 가능한
통신시설 설치

<table>
<tr><th>건 축 법</th><th>건 축 법 시 행 령</th></tr>
<tr><td></td><td>

제41조 【대지 안의 피난 및 소화에 필요한 통로 설치】
① 건축물의 대지 안에는 그 건축물 바깥쪽으로 통하는 주된 출구와 지상으로 통하는 피난계단 및 특별피난계단으로부터 도로 또는 공지(공원, 광장, 그 밖에 이와 비슷한 것으로서 피난 및 소화를 위하여 해당 대지의 출입에 지장이 없는 것을 말한다. 이하 이 조에서 같다)로 통하는 통로를 다음 각 호의 기준에 따라 설치하여야 한다. 〈개정 17.02.03〉
 1. 통로의 너비는 다음 각 목의 구분에 따른 기준에 따라 확보할 것
  가. 단독주택: 유효 너비 0.9미터 이상
  나. 바닥면적의 합계가 500제곱미터 이상인 문화 및 집회시설, 종교시설, 의료시설, 위락시설 또는 장례시설 : 유효 너비 3미터 이상
  다. 그 밖의 용도로 쓰는 건축물: 유효 너비 1.5미터 이상
 2. 필로티 내 통로의 길이가 2미터 이상인 경우에는 피난 및 소화활동에 장애가 발생하지 아니하도록 자동차 진입억제용 말뚝 등 통로 보호시설을 설치하거나 통로에 단차(段差)를 둘 것 〈개정 16.05.17〉
② 제1항에도 불구하고 다중이용 건축물, 준다중이용 건축물 또는 층수가 11층 이상인 건축물이 건축되는 대지에는 그 안의 모든 다중이용 건축물, 준다중이용 건축물 또는 층수가 11층 이상인 건축물에 「소방기본법」 제21조에 따른 소방자동차(이하 "소방자동차"라 한다)의 접근이 가능한 통로를 설치하여야 한다.
 다만, 모든 다중이용 건축물, 준다중이용 건축물 또는 층수가 11층 이상인 건축물이 소방자동차의 접근이 가능한 도로 또는 공지에 직접 접하여 건축되는 경우로서 소방자동차가 도로 또는 공지에서 직접 소방활동이 가능한 경우에는 그러하지 아니하다. 〈개정 2015.09.22〉
[전문개정 08.10.29]

제42조 삭제 〈99.4.30〉

제43조 삭제 〈99.4.30〉

제44조 【피난규정의 적용례】 건축물이 창문, 출입구, 그 밖의 개구부(開口部)(이하 "창문등"이라 한다)가 없는 내화구조의 바닥 또는 벽으로 구획되어 있는 경우에는 그 구획된 각 부분을 각각 별개의 건축물로 보아 제34조부터 제41조까지 및 제48조를 적용한다. 〈개정 18.09.04〉

제45조 삭제 〈99.4.30〉

</td></tr>
</table>

<table>
<tr><th>건축물의 피난·방화구조 등의 기준에 관한 규칙</th><th>요　　　약</th></tr>
<tr><td></td><td>

대지안의 피난 및 소화에 필요한 통로의 설치

(1) 통로 설치기준
건축물의 주된 출구와 지상으로 통하는 피난계단 및 특별
피난계단으로부터 도로 또는 공지로 통하는 통로 설치
1. 통로의 너비
　가. 단독주택 : 유효너비 0.9 ㎡ 이상
　나. 바닥면적의 합계가 500 ㎡ 이상인 문화 및 집회
　　　시설, 종교시설, 의료시설, 위락시설, 장례시설 :
　　　유효너비 3 ㎡ 이상
　다. 그 밖의 용도로 쓰는 건축물 :
　　　유효너비 1.5 ㎡ 이상
2. 필로티 내 통로의 길이가 2m 이상인 경우
　　피난 및 소화활동에 장애가 발생하지 아니하도록
　　자동차 진입억제용 말뚝 등 통로 보호시설 설치하거나
　　통로에 단차(段差)를 둘 것

[공지]
　공원·광장 등 피난 및 소화를 위하여
　해당 대지의 출입에 지장이 없는 것

(2) 다중이용건축물, 준다중이용 건축물 또는
　　11층 이상 건축물이 건축되는 대지
소방자동차의 접근이 가능한 통로 설치
[예외] 도로 또는 공지에서 소방활동이 가능한 경우

피난규정의 적용례

다음의 규정을 적용함에 있어서 건축물이 내화구조의
바닥 또는 벽으로 구획되어 있는 경우에는 그 구획된
각 부분을 각각 별개의 건축물로 본다.

법조항	내 용
영　제34조	직통계단의 설치
영　제35조	피난계단의 설치
영　제36조	옥외피난계단의 설치
영　제37조	지하층과 피난층 사이의 개방공간 설치
영　제38조	관람실 등으로부터의 출구 설치
영　제39조	건축물 바깥쪽으로의 출구 설치
영　제40조	옥상광장 등의 설치
영　제41조	대지 안의 피난 및 소화에 필요한 통로 설치

</td></tr>
</table>

제46조【방화구획 등의 설치】 ① 법 제49조제2항 본문에 따라 주요구조부가 내화구조 또는 불연재료로 된 건축물로서 연면적이 1천 제곱미터를 넘는 것은 국토교통부령으로 정하는 기준에 따라 다음 각 호의 구조물로 구획(이하 "방화구획"이라 한다)을 해야 한다. 다만,「원자력안전법」 제2조제8호 및 제10호에 따른 원자로 및 관계시설은 같은 법에서 정하는 바에 따른다. 〈개정 22.04.29〉

 1. 내화구조로 된 바닥 및 벽
 2. 제64조제1호·제2호에 따른 방화문 또는 자동 방화셔터(국토교통부령으로 정하는 기준에 적합한 것을 말한다. 이하 같다)

② 다음 각 호에 해당하는 건축물의 부분에는 제1항을 적용하지 않거나 그 사용에 지장이 없는 범위에서 제1항을 완화하여 적용할 수 있다. 다만, 해당 부분에 위치하는 설비배관 등이 바닥을 관통하는 부분은 제외한다. 〈개정 22.04.29〉

 1. 문화 및 집회시설(동·식물원은 제외한다), 종교시설, 운동시설 또는 장례시설의 용도로 쓰는 거실로서 시선 및 활동공간의 확보를 위하여 불가피한 부분
 2. 물품의 제조·가공 및 운반 등(보관은 제외한다)에 필요한 고정식 대형 기기(器機) 또는 설비의 설치 및 이동식 물류설비의 작업활동을 위하여 불가피한 부분 다만, 지하층인 경우에는 지하층의 외벽 한쪽 면(지하층의 바닥면에서 지상층 바닥 아래면까지의 외벽 면적 중 4분의 1 이상이 되는 면을 말한다) 전체가 건물 밖으로 개방되어 보행과 자동차의 진입·출입이 가능한 경우로 한정한다. 〈개정 22.04.29〉
 3. 계단실·복도 또는 승강기의 승강장 및 승강로로서 그 건축물의 다른 부분과 방화구획으로 구획된 부분
 4. 건축물의 최상층 또는 피난층으로서 대규모 회의장·강당·스카이라운지·로비 또는 피난안전구역 등의 용도로 쓰는 부분으로서 그 용도로 사용하기 위하여 불가피한 부분
 5. 복층형 공동주택의 세대별 층간 바닥 부분
 6. 주요구조부가 내화구조 또는 불연재료로 된 주차장
 7. 단독주택, 동물 및 식물 관련 시설 또는 교정 및 군사시설 중 군사시설(집회, 체육, 창고 등의 용도로 사용되는 시설만 해당한다)로 쓰는 건축물
 8. 건축물의 1층과 2층의 일부를 동일한 용도로 사용하며 그 건축물의 다른 부분과 방화구획으로 구획된 부분(바닥면적의 합계가 500제곱미터 이하인 경우로 한정한다)〈신설 19.08.06〉

<table>
<tr><th>건축물의 피난·방화구조 등의 기준에 관한 규칙</th><th>요　　　약</th></tr>
<tr><td>

제14조 【방화구획의 설치기준】 ①영 제46조제1항 각 호 외의 부분 본문애 따라 건축물에 설치하는 방화구획은 다음 각 호의 기준에 적합해야 한다. 〈개정 21.03.26〉

1. 10층 이하의 층은 바닥면적 1천제곱미터(스프링클러 기타 이와 유사한 자동식 소화설비를 설치한 경우에는 바닥면적 3천제곱미터)이내마다 구획할 것

2. 매층마다 구획할 것. 다만, 지하 1층에서 지상으로 직접 연결하는 경사로 부위는 제외한다.

3. 11층 이상의 층은 바닥면적 200제곱미터(스프링클러 기타 이와 유사한 자동식 소화설비를 설치한 경우에는 600제곱미터)이내마다 구획할 것. 다만, 벽 및 반자의 실내에 접하는 부분의 마감을 불연재료로 한 경우에는 바닥면적 500제곱미터(스프링클러 기타 이와 유사한 자동식 소화설비를 설치한 경우 에는 1천500제곱미터)이내마다 구획하여야 한다.

4. 필로티나 그 밖에 이와 비슷한 구조(벽면적의 2분의 1 이상이 그 층의 바닥면에서 위층 바닥 아래면까지 공간으로 된 것만 해당한다)의 부분을 주차장으로 사용하는 경우 그 부분은 건축물의 다른 부분과 구획할 것

</td><td>

방화구획

(1) 방화구획의 기준

주요구조부가 내화구조 또는 불연재료로 된 건축물로서 연면적이 1,000 ㎡ 를 넘는 것은 방화구획

※ 원자로 및 관계시설은 「원자력법」 적용

<table>
<tr><th colspan="2">단위구획의 종류</th><th>구획의 기준</th><th>구획의 구조</th></tr>
<tr><td rowspan="2">층단위</td><td>매층마다 구획
[예외]
지하1층에서
직접지상연결
경사로</td><td>바닥면적의 규모가 비록 작다 하더라도 각층마다 구획</td><td rowspan="4">· 내화구조
　벽·바닥·
　자동방화셔터
· 갑종방화문</td></tr>
<tr><td>10층이하의 층</td><td>바닥면적1,000 ㎡
(*3,000㎡)이내마다 구획</td></tr>
<tr><td rowspan="2">면적단위</td><td>11층이상의 층
실내마감이 불연재료가 아닌 경우</td><td>200 ㎡
(*600㎡)
이내마다 구획</td></tr>
<tr><td>실내마감이 불연재료인 경우</td><td>500 ㎡
(*1,500㎡)
이내마다 구획</td></tr>
</table>

＊ ( )내의 숫자는 스프링클러 기타 이와 유사한 자동식 소화설비를 설치한 경우의 기준면적임.

(2) 방화구획의 완화를 받는 경우

용도상 불가피한 경우에는 (1)의 규정을 적용하지 아니하거나 완화하여 적용할 수 있다.

구　분	완　화
1. 문화 및 집회시설(동·식물원 제외)·종교시설·운동시설·장례시설의 거실	시선 및 활동공간의 확보를 위하여 불가피한 부분
2. 물품의 제조·가공 및 운반 등에 필요한 부분	고정식대형기기설비의 설치 및 이동식 물류설비의 작업활동을 위하여 불가피한 부분 - 단서 참조
3. 계단실·복도 또는 승강기의 승강장 및 승강로	당해 건축물의 다른 부분과 방화구획으로 구획된 부분
4. 건축물의 최상층 또는 피난층	대규모회의장, 강당, 스카이 라운지, 로비 또는 피난안전구역 등의 용도상 불가피한 부분
5. 복층형인 공동주택	세대안의 층간 바닥부분
6. 주요구조부가 내화구조·불연재료로 된 부분	주차장
7. 단독주택·동물 및 식물 관련시설·교정 및 군사시설(집회, 체육, 창고등의 용도)	해당용도에 쓰이는 건축물
8. 1층과 2층의 일부를 동일 용도로 사용	다른 부분과 방화구획으로 구획된 부분(바닥면적의 합계가 500㎡ 이하인 경우로 한정)

</td></tr>
</table>

<table>
<tr><td align="center">건 축 법</td><td align="center">건 축 법 시 행 령</td></tr>
<tr><td></td><td>

[제46조]

③ 건축물 일부의 주요구조부를 내화구조로 하거나 제2항에 따라 건축물의 일부에 제1항을 완화하여 적용한 경우에는 내화구조로 한 부분 또는 제1항을 완화하여 적용한 부분과 그 밖의 부분을 방화구획으로 구획하여야 한다.　　　　〈개정 18.09.04〉

④ 공동주택 중 아파트로서 4층 이상인 층의 각 세대가 2개 이상의 직통계단을 사용할 수 없는 경우에는 발코니에 인접 세대와 공동으로 또는 각 세대별로 다음 각 호의 요건을 모두 갖춘 대피공간을 하나 이상 설치해야 한다. 이 경우 인접 세대와 공동으로 설치하는 대피공간은 인접 세대를 통하여 2개 이상의 직통계단을 쓸 수 있는 위치에 우선 설치되어야 한다.　　　　〈개정 20.10.08〉

1. 대피공간은 바깥의 공기와 접할 것
2. 대피공간은 실내의 다른 부분과 방화구획으로 구획될 것
3. 대피공간의 바닥면적은 인접 세대와 공동으로 설치하는 경우에는 3제곱미터 이상, 각 세대별로 설치하는 경우에는 2제곱미터 이상일 것
4. 국토교통부장관이 정하는 기준에 적합할 것
5. 대피공간으로 통하는 출입문에는 제64조제1항제1호에 따른 60분 + 방화문을 설치할 것

</td></tr>
</table>

[제14조]

② 제1항에 따른 방화구획은 다음 각 호의 기준에 적합하게 설치해야 한다. 〈개정 21.03.26〉

1. 영 제46조에 따른 방화구획으로 사용하는 60+방화문 또는 60분방화문은 언제나 닫힌 상태를 유지하거나 화재로 인한 연기 또는 불꽃을 감지하여 자동적으로 닫히는 구조로 할 것. 다만, 연기 또는 불꽃을 감지하여 자동적으로 닫히는 구조로 할 수 없는 경우에는 온도를 감지하여 자동적으로 닫히는 구조로 할 수 있다.

2. 외벽과 바닥 사이에 틈이 생긴 때나 급수관·배전관 그 밖의 관이 방화구획으로 되어 있는 부분을 관통하는 경우 그로 인하여 방화구획에 틈이 생긴 때에는 그 틈을 별표 1 제1호에 따른 내화시간(내화채움성능이 인정된 구조로 메워지는 구성 부재에 적용되는 내화시간을 말한다) 이상 견딜 수 있는 내화채움성능이 인정된 구조로 메울 것 〈개정 21.12.23〉

3. 환기·난방 또는 냉방시설의 풍도가 방화구획을 관통하는 경우에는 그 관통부분 또는 이에 근접한 부분에 다음 각 목의 기준에 적합한 댐퍼를 설치할 것. 다만, 반도체공장건축물로서 방화구획을 관통하는 풍도의 주위에 스프링클러헤드를 설치하는 경우에는 그렇지 않다

가. 화재로 인한 연기 또는 불꽃을 감지하여 자동적으로 닫히는 구조로 할 것. 다만, 주방 등 연기가 항상 발생하는 부분에는 온도를 감지하여 자동적으로 닫히는 구조로 할 수 있다.

나. 국토교통부장관이 정하여 고시하는 비차열(非遮熱) 성능 및 방연성능 등의 기준에 적합할 것

4. 영 제46조제1항제2호 및 제81조제5항제5호에 따라 설치되는 자동방화셔터는 다음 각 목의 요건을 모두 갖출 것. 이 경우 자동방화셔터의 구조 및 성능기준 등에 관한 세부사항은 국토교통부장관이 정하여 고시한다.

　　가. 피난이 가능한 60분+ 방화문 또는 60분 방화문으로부터 3미터 이내에 별도로 설치할 것

　　나. 전동방식이나 수동방식으로 개폐할 수 있을 것

　　다. 불꽃감지기 또는 연기감지기 중 하나와 열감지기를 설치할 것

　　라. 불꽃이나 연기를 감지한 경우 일부 폐쇄되는 구조일 것

　　마. 열을 감지한 경우 완전폐쇄되는 구조일 것 〈개정 21.12.23〉

---

(3) 건축물의 일부가 내화구조규정에 해당하는 경우

내화구조규정에 해당하는 부분과 다른 부분
- 방화구획으로 구획

방화구획의 구조

구　분	구　조
① 60+방화문 또는 60분방화문	언제나 닫힌 상태를 유지하거나 화재시 연기 또는 불꽃을 감지하여 자동적으로 닫히는 구조 - 불가능 시 온도 감지로 대체
② 급수관·배전관 등이 방화구획을 관통하는 경우	그 관과 방화구획과의 틈을 KS등 내화충전성능이 인정된 구조로 메울 것
③ 환기·난방·냉방시설의 풍도가 방화구획을 관통하는 경우	아래 기준에 적합한 댐퍼를 그 관통부분 또는 근접부분에 설치할 것

* Damper : 순환하는 공기의 방향·속도·양을 조절하기 위하여 Duct 내에 설치된 장치

* Damper 의 구조
 1) 화재로 인한 연기 또는 불꽃을 감지하여 자동적으로 닫히는 구조
 　- 주방 등 연기가 항상 발생하는 부분에는 온도를 감지하여 자동적으로 닫히는 구조 가능
 2) 비차열 성능 및 방연성능 등의 기준에 적합할 것

(4) 아파트 대피공간
 1. 바깥공기와 접할 것
 2. 실내의 다른 부분과 방화구획으로 구획될 것
 3. 대피공간면적은
 　공동설치시 3 ㎡ 이상, 개별설치시 2 ㎡ 이상일 것
 4. 국토교통부장관이 정하는 기준에 적합할 것
 5. 대피공간으로 통하는 출입문 : 60분+ 방화문 설치

(5) 자동방화셔터 구조 -국토교통부장관 고시.
 가.60분+ 방화문 또는 60분 방화문에서 3 ㎡ 이내 설치
 나. 전동, 수동방식 개폐가능
 다. 불꽃감지기 또는 연기감지기 + 열감지기 설치
 라. 불꽃, 연기 감지한 경우 일부 폐쇄되는 구조
 마. 열감지 경우 완전폐쇄되는 구조

<table>
<tr><th>건 축 법</th><th>건 축 법 시 행 령</th></tr>
<tr><td></td><td>

[제46조]

⑤ 제4항에도 불구하고 아파트의 4층 이상인 층에서 발코니에 다음 각 호의 어느 하나에 해당하는 구조 또는 시설을 갖춘 경우에는 대피공간을 설치하지 않을 수 있다.　　　　　〈개정 21.08.10〉

1. 발코니와 인접 세대와의 경계벽이 파괴하기 쉬운 경량구조 등인 경우
2. 발코니의 경계벽에 피난구를 설치한 경우
3. 발코니 바닥에 국토교통부령으로 정하는 하향식 피난구를 설치한 경우
4. 국토교통부장관이 제4항에 따른 대피공간과 동일하거나 그 이상의 성능이 있다고 인정하여 고시하는 구조 또는 시설(이하 이 호에서 "대체시설"이라 한다)을 갖춘 경우. 이 경우 국토교통부장관은 대체시설의 성능에 대해 미리 「과학기술분야 정부출연연구기관 등의 설립·운영 및 육성에 관한 법률」 제8조제1항에 따라 설립된 한국건설기술연구원(이하 "한국건설기술연구원"이라 한다)의 기술검토를 받은 후 고시해야 한다.

⑥ 요양병원, 정신병원, 「노인복지법」 제34조제1항제1호에 따른 노인요양시설(이하 "노인요양시설"이라 한다), 장애인 거주시설 및 장애인 의료재활시설의 피난층 외의 층에는 다음 각 호의 어느 하나에 해당하는 시설을 설치하여야 한다.　　〈개정 18.09.04〉
 1. 각 층마다 별도로 방화구획된 대피공간
 2. 거실에 접하여 설치된 노대등
 3. 계단을 이용하지 아니하고 건물 외부의 지상으로 통하는 경사로 또는 인접 건축물로 피난할 수 있도록 설치하는 연결복도 또는 연결통로

</td></tr>
</table>

<table>
<tr><th>건축물의 피난·방화구조 등의 기준에 관한 규칙</th><th>요　　　약</th></tr>
<tr><td>

[제14조]

③ 영 제46조제1항제2호에서 "국토교통부령으로 정하는 기준에 적합한 것"이란 한국건설기술연구원장이 국토교통부장관이 정하여 고시하는 바에 따라 다음 각 호의 사항을 모두 인정한 것을 말한다.

1. 생산공장의 품질 관리 상태를 확인한 결과 국토교통부장관이 정하여 고시하는 기준에 적합할 것

2. 해당 제품의 품질시험을 실시한 결과 비차열 1시간 이상의 내화성능을 확보하였을 것

④ 영 제46조제5항제3호에 따른 하향식 피난구(덮개, 사다리, 승강식피난기 및 경보시스템을 포함한다)의 구조는 다음 각 호의 기준에 적합하게 설치해야 한다. 〈개정 22.04.29〉

1. 피난구의 덮개(덮개와 사다리, 승강식피난기 또는 경보시스템이 일체형으로 구성된 경우에는 그 사다리, 승강식피난기 또는 경보시스템을 포함한다)는 품질시험을 실시한 결과 비차열 1시간 이상의 내화성능을 가져야 하며, 피난구의 유효 개구부 규격은 직경 60센티미터 이상일 것

2. 상층·하층간 피난구의 수평거리는 15센티미터 이상 떨어져 있을 것

3. 아래층에서는 바로 위층의 피난구를 열 수 없는 구조일 것

4. 사다리는 바로 아래층의 바닥면으로부터 50센티미터 이하까지 내려오는 길이로 할 것

5. 덮개가 개방될 경우에는 건축물관리시스템 등을 통하여 경보음이 울리는 구조일 것

6. 피난구가 있는 곳에는 예비전원에 의한 조명설비를 설치할 것

⑤ 제2항제2호에 따른 건축물의 외벽과 바닥 사이의 내화채움방법에 필요한 사항은 국토교통부장관이 정하여 고시한다. 〈개정 21.03.26〉

</td><td>

(5) 대피공간 설치제외

1. 발코니와 인접세대 경계벽이 파괴하기 쉬운 경량구조인 경우

2. 발코니의 경계벽에 피난구를 설치한 경우

3. 발코니 바닥에 하향식 피난구를 설치한 경우

4. 국토교통부장관이 중앙건축위원회의 심의를 거쳐 제4항에 따른 대피공간과 동일하거나 그 이상의 성능이 있다고 인정하여 고시하는 구조 또는 대체시설을 설치한 경우

(6) 요양병원, 정신병원, 노인요양시설, 장애인 거주시설 및 장애인 의료재활시설의 피난층 외의 층
　- 아래 시설 중 어느 하나에 해당하는 시설 설치

1. 각 층마다 별도로 방화구획된 대피공간

2. 거실에 접하여 설치된 노대등

3. 계단을 이용하지 아니하고 건물 외부의 지상으로 통하는 경사로 또는 인접 건축물로 피난할 수 있도록 설치하는 연결복도 또는 연결통로

(7) 자동방화셔터 구조
　　한국건설기술연구원장이 국토교통부장관이 정하여 고시하는 바에 따라 다음 각 호의 사항을 모두 인정한 것

1. 생산공장의 품질 관리 상태를 확인한 결과 국토교통부장관이 정하여 고시하는 기준에 적합할 것

2. 해당 제품의 품질시험을 실시한 결과 비차열 1시간 이상의 내화성능을 확보하였을 것

(8) 하향식 피난구의 구조
　　- 덮개, 사다리, 경보시스템 포함

1. 피난구의 덮개 : 비차열 1시간 이상 내화성능
　피난구의 유효 개구부 규격 : 직경 60cm 이상

2. 상층·하층간 피난구 :
　수평거리 15cm 이상 떨어져 있을 것

3. 아래층에서는 바로 위층의 피난구를 열 수 없는 구조

4. 사다리 : 바로 아래층의 바닥면으로부터 50cm 이하까지 내려오는 길이

5. 덮개가 개방될 경우 :
　건축물관리시스템 등 경보음이 울리는 구조

6. 피난구가 있는 곳 : 예비전원에 의한 조명설비 설치

</td></tr>
</table>

건 축 법	건 축 법 시 행 령
	[제46조] ⑦ 법 제49조제2항 단서에서 "대규모 창고시설 등 대통령령으로 정하는 용도 및 규모의 건축물"이란 제2항제2호에 해당하여 제1항을 적용하지 않거나 완화하여 적용하는 부분이 포함된 창고시설을 말한다. 〈신설 22.04.29〉

<table>
<tr><td>건축물의 피난·방화구조 등의 기준에 관한 규칙</td><td>요　　　　약</td></tr>
</table>

[제14조]

⑥ 법 제49조제2항 단서에 따라 영 제46조제7항에 따른 창고시설 중 같은 조 제2항제2호에 해당하여 같은 조 제1항을 적용하지 않거나 완화하여 적용하는 부분에는 다음 각 호의 구분에 따른 설비를 추가로 설치해야 한다.　　　　〈신설 22.04.29〉

1. 개구부의 경우:「화재예방, 소방시설 설치·유지 및 안전관리에 관한 법률」 제9조제1항 전단에 따라 소방청장이 정하여 고시하는 화재안전기준 (이하 이 조에서 "화재안전기준"이라 한다)을 충족하는 설비로서 수막(水幕)을 형성하여 화재 확산을 방지 하는 설비

2. 개구부 외의 부분의 경우: 화재안전기준을 충족하는 설비로서 화재를 조기에 진화할 수 있도록 설계된 스프링클러

---

(9) 창고시설 추가규제 - 쿠팡 물류창고 화재후 신설

1. 개구부의 경우:
   화재안전기준을 충족하는 설비로서 수막(水幕)을 형성하여 화재 확산을 방지 하는 설비(드렌쳐)

2. 개구부 외의 부분의 경우:
   화재안전기준을 충족하는 설비로서 화재를 조기에 진화할 수 있도록 설계된 스프링클러

<table>
<tr><th>건 축 법</th><th>건 축 법 시 행 령</th></tr>
<tr><td></td><td>

제47조【방화에 장애가 되는 용도의 제한】

① 법 제49조제2항 본문에 따라 의료시설, 노유자시설(아동 관련 시설 및 노인복지시설만 해당한다), 공동주택, 장례시설 또는 제1종 근린생활시설(산후조리원만 해당한다)과 위락시설, 위험물저장 및 처리시설, 공장 또는 자동차 관련 시설(정비공장만 해당한다)은 같은 건축물에 함께 설치할 수 없다. 다만, 다음 각 호에 해당하는 경우로서 국토 교통부령으로 정하는 경우에는 같은 건축물에 함께 설치할 수 있다 〈개정 22.04.29〉

1. 공동주택(기숙사만 해당한다)과 공장이 같은 건축물에 있는 경우

2. 중심상업지역·일반상업지역 또는 근린상업지역에서 「도시 및 주거환경정비법」에 따른 재개발사업을 시행하는 경우

3. 공동주택과 위락시설이 같은 초고층 건축물에 있는 경우. 다만, 사생활을 보호하고 방범·방화 등 주거 안전을 보장하며 소음·악취 등으로부터 주거환경을 보호할 수 있도록 주택의 출입구·계단 및 승강기 등을 주택 외의 시설과 분리된 구조로 하여야 한다. 〈개정 09.07.16〉

4. 「산업집적활성화 및 공장설립에 관한 법률」 제2조제13호에 따른 지식산업센터와 「영유아보육법」 제10조제4호에 따른 직장어린이집이 같은 건축물에 있는 경우 〈신설 16.01.19〉

② 법 제49조제2항 본문에 따라 다음 각 호에 해당하는 용도의 시설은 같은 건축물에 함께 설치할 수 없다. 〈개정 22.04.29〉

1. 노유자시설 중 아동 관련 시설 또는 노인복지시설과 판매시설 중 도매시장 또는 소매시장

2. 단독주택(다중주택, 다가구주택에 한정한다), 공동주택, 제1종 근린생활시설 중 조산원 또는 산후조리원과 제2종 근린생활시설 중 다중생활시설

[전문개정 08.10.29]

</td></tr>
<tr><td>건 축 법</td><td></td></tr>
</table>

<table>
<tr><td>건축물의 피난·방화구조 등의 기준에 관한 규칙</td><td>요　　　약</td></tr>
</table>

제14조의2 〔복합건축물의 피난시설 등〕 영 제47조 제1항 단서의 규정에 의하여 같은 건축물안에 공동주택·의료시설·아동관련시설 또는 노인복지시설(이하 이 조에서 "공동주택등"이라 한다)중 하나 이상과 위락시설·위험물저장 및 처리시설·공장 또는 자동차정비공장(이하 이 조에서 "위락시설등"이라 한다)중 하나 이상을 함께 설치하고자 하는 경우에는 다음 각 호의 기준에 적합하여야 한다.

〈개정 05.7.22〉

1. 공동주택 등의 출입구와 위락시설 등의 출입구는 서로 그 보행거리가 30미터 이상이 되도록 설치할 것
2. 공동주택등(당해 공동주택등에 출입하는 통로를 포함한다)과 위락시설등(당해 위락시설등에 출입하는 통로를 포함한다)은 내화구조로 된 바닥 및 벽으로 구획하여 서로 차단할 것
3. 공동주택등과 위락시설등은 서로 이웃하지 아니하도록 배치할 것
4. 건축물의 주요 구조부를 내화구조로 할 것
5. 거실의 벽 및 반자가 실내에 면하는 부분(반자돌림대·창대 그 밖에 이와 유사한 것을 제외한다. 이하 이 조에서 같다)의 마감은 불연재료·준불연재료 또는 난연재료로 하고, 그 거실로부터 지상으로 통하는 된 복도·계단 그밖에 통로의 벽 및 반자가 실내에 면하는 부분의 마감은 불연재료 또는 준불연재료로 할 것

[본조신설 03.1.6]

방화에 장애가 되는 용도의 제한

(1) 원칙

같은 건축물안에 "공동주택등"중 하나 이상과 "위락시설등"중 하나 이상을 함께 설치할 수 없다.

공동주택등	위락시설등
· 의료시설	· 위락시설
· 아동 관련 시설	· 위험물저장 및 처리시설
· 노인복지시설	· 공장
· 공동주택	· 자동차관련시설(정비공장)
· 장례시설	
· 산후조리원	

(2) 완화

가. 완화대상
1. 기숙사와 공장이 같은 건축물 안에 있는 경우
2. 상업지역(중심·일반·근린)안에서 「도시 및 주거환경정비법」에 의한 재개발사업을 시행하는 경우
3. 공동주택과 위락시설이 같은 초고층 건축물에 있는 경우
   - 사생활을 보호하고 방범·방화 등 주거 안전을 보장하며 소음·악취 등으로부터 주거환경을 보호할 수 있도록 주택의 출입구·계단 및 승강기 등을 주택 외의 시설과 분리
4. 지식산업센터와 직장어린이집이 같은 건축물에 있는 경우

나. 완화기준
1. 출입구간 보행거리 : 30 ㎡ 이상
2. 내화구조(바닥, 벽)로 구획하여 서로 차단
3. 서로 이웃하지 아니 하도록 배치
4. 건축물의 주요 구조부 : 내화구조
5. 실내에 면하는 부분의 마감
   - 거실 : 불연·준불연·난연재료
   - 주된 복도·계단·통로 : 불연·준불연재료

(3) 절대제한

노유자시설 등	판매시설 들
노유자시설 중 · 아동 관련 시설 · 노인복지시설	판매시설 중 · 도매시장 · 소매시장
· 단독주택 　(다중주택, 다가구주택), · 공동주택, · 조산원 또는 산후조리원	· 제2종 근린생활시설 중 　다중생활시설

<table>
<tr><td align="center">건 축 법</td><td align="center">건 축 법 시 행 령</td></tr>
<tr><td></td><td>

제48조 【계단·복도 및 출입구의 설치】 ① 법 제49조 제2항 본문에 따라 연면적 200제곱미터를 초과하는 건축 물에 설치하는 계단 및 복도는 국토교통부령으로 정하는 기준에 적합해야 한다.　　　　　　　〈개정 22.04.29〉

② 법 제49조제2항 본문에 따라 제39조제1항 각 호에 해당하는 건축물의 출입구는 국토교통부령으로 정하는 기준에 적합하여야 한다.　　　　　　〈개정 22.04.29〉

　　　　　　　　　　　　　　[전문개정 08.10.29]

제49조 삭제 〈95.12.30〉

</td></tr>
</table>

<table>
<tr><td>건축물의 피난·방화구조 등의 기준에 관한 규칙</td><td>요   약</td></tr>
</table>

제15조 【계단의 설치기준】 ①영 제48조의 규정에 의하여 건축물에 설치하는 계단은 다음 각호의 기준에 적합하여야 한다.

1. 높이가 3미터를 넘는 계단에는 높이 3미터이내 마다 유효너비 120센티미터 이상의 계단참을 설치할 것
〈개정 15.04.06〉

2. 높이가 1미터를 넘는 계단 및 계단참의 양옆에는 난간(벽 또는 이에 대치되는 것을 포함한다)을 설치할 것

3. 너비가 3미터를 넘는 계단에는 계단의 중간에 너비 3미터 이내마다 난간을 설치할 것.
   다만, 계단의 단높이가 15센티미터 이하이고, 계단의 단너비가 30센티미터 이상인 경우에는 그러하지 아니하다.

4. 계단의 유효 높이(계단의 바닥 마감면부터 상부 구조체의 하부 마감면까지의 연직방향의 높이를 말한다)는 2.1미터 이상으로 할 것 〈신설 10.4.7〉

계단의 설치기준

(1) 계단의 설치 기준(연면적 200 ㎡ 초과 건축물)

종 류	대 상	내 용
계단참	높이 3 ㎡를 넘는 계단	높이 3 m 이내마다 유효너비 120 cm 이상의 계단참 설치
난 간	높이 1 ㎡를 넘는 계단 및 계단참	양옆에 난간(벽 또는 이에 대치되는 것)을 설치
중 간 난 간	너비 3 ㎡를 넘는 계단 (단높이 15 cm 이하 이고 단너비 30 cm 이상인 것 예외)	계단의 중간에 너비 3 m 이내마다 중간난간설치
유 효 높 이	계단의 바닥 마감면부터 상부 구조체의 하부마감 면까지의 연직방향의 높이	2.1m 이상

건 축 법	건축법시행령
건 축 법	건축법시행령

[제15조]

②제1항에 따라 계단을 설치하는 경우 계단 및 계단참의 너비(옥내계단에 한정한다), 계단의 단높이 및 단너비의 칫수는 다음 각 호의 기준에 적합해야 한다. 이 경우 돌음계단의 단너비는 그 좁은 너비의 끝부분으로부터 30센티미터의 위치에서 측정한다.

〈개정 19.08.06〉

1. 초등학교의 계단인 경우에는 계단 및 계단참의 유효너비는 150센티미터 이상, 단높이는 16센티미터 이하, 단너비는 26센티미터 이상으로 할 것

2. 중·고등학교의 계단인 경우에는 계단 및 계단참의 유효너비는 150센티미터 이상, 단높이는 18센티미터 이하, 단너비는 26센티미터 이상으로 할 것

3. 문화 및 집회시설(공연장·집회장 및 관람장에 한한다)·판매시설 기타 이와 유사한 용도에 쓰이는 건축물의 계단인 경우에는 계단 및 계단참의 유효너비를 120센티미터 이상으로 할 것

4. 제1호부터 제3호까지의 건축물 외의 건축물의 계단으로서 다음 각 목의 어느 하나에 해당하는 층의 계단인 경우에는 계단 및 계단참은 유효너비를 120센티미터 이상으로 할 것

   가. 계단을 설치하려는 층이 지상층인 경우: 해당 층의 바로 위층부터 최상층(상부층 중 피난층이 있는 경우에는 그 아래층을 말한다)까지의 거실 바닥면적의 합계가 200제곱미터 이상인 경우

   나. 계단을 설치하려는 층이 지하층인 경우: 지하층 거실 바닥면적의 합계가 100제곱미터 이상인 경우

5. 기타의 계단인 경우에는 계단 및 계단참의 유효너비를 60센티미터 이상으로 할 것

6. 「산업안전보건법」에 의한 작업장에 설치하는 계단인 경우에는 「산업안전 기준에 관한 규칙」에서 정한 구조로 할 것

---

(2) 계단의 구조　　　　　　　(단위 : cm)

계단의 종류	계단 및 계단참의 유효너비	단높이	단너비
초등학교의 계단	150 이상	16 이하	26 이상
중·고등학교의 계단	150 이상	18 이하	26 이상
문화 및 집회시설 (공연장·집회장·관람장), 판매시설, 기타 이와 유사한 용도에 쓰이는 건축물	120 이상		
위층부터 최상층까지 거실의 바닥면적의 합계가 200 ㎡ 이상이거나 거실의 바닥면적의 합계가 100 ㎡ 이상인 지하층의 계단	120 이상		
기타 계단	60 이상		
「산업안전보건법」에 의한 작업장에 설치하는 계단	「산업안전 기준에 관한 규칙」에서 정한 구조		

※ 돌음계단의 단너비

　좁은 너비의 끝부분으로부터 30 ㎝ 위치에서 측정

[제15조]

③공동주택(기숙사를 제외한다)·제1종근린생활시설·제2종근린생활시설·문화 및 집회시설·종교시설·판매시설·운수시설·의료시설·노유자시설·업무시설·숙박시설·위락시설 또는 관광휴게시설의 용도에 쓰이는 건축물의 주계단·피난계단 또는 특별피난계단에 설치하는 난간 및 바닥은 아동의 이용에 안전하고 노약자 및 신체장애인의 이용에 편리한 구조로 하여야 하며, 양쪽에 벽등이 있어 난간이 없는 경우에는 손잡이를 설치 하여야 한다.

④제3항의 규정에 의한 난간· 벽 등의 손잡이와 바닥 마감은 다음 각 호의 기준에 적합하게 설치하여야 한다.

1. 손잡이는 최대지름이 3.2센티미터 이상 3.8센티미터 이하인 원형 또는 타원형의 단면으로 할 것
2. 손잡이는 벽등으로부터 5센티미터 이상 떨어지도록 하고, 계단으로부터의 높이는 85센티미터가 되도록 할 것
3. 계단이 끝나는 수평부분에서의 손잡이는 바깥쪽으로 30센티미터 이상 나오도록 설치할 것

[제15조]

⑤계단을 대체하여 설치하는 경사로는 다음 각호의 기준에 적합하게 설치하여야 한다.

1. 경사도는 1 : 8을 넘지 아니할 것
2. 표면을 거친 면으로 하거나 미끄러지지 아니하는 재료로 마감할 것
3. 경사로의 직선 및 굴절부분의 유효너비는 「장애인 · 노인 · 임산부등의 편의증진보장에 관한 법률」이 정하는 기준에 적합할 것 〈신설 10.4.7〉

⑥제1항 각호의 규정은 제5항의 규정에 의한 경사로의 설치기준에 관하여 이를 준용한다.

⑦ 제1항 및 제2항에도 불구하고 영 제34조제4항 단서에 따라 피난층 또는 지상으로 통하는 직통계단을 설치하는 경우 계단 및 계단참의 유효너비는 다음 각 호의 구분에 따른 기준에 적합하여야 한다.
〈개정 15. 04. 06〉

1. 공동주택: 120센티미터 이상
2. 공동주택이 아닌 건축물: 150센티미터 이상

⑧ 승강기기계실용 계단, 망루용 계단 등 특수한 용도에만 쓰이는 계단에 대해서는 제1항부터 제7항까지의 규정을 적용하지 아니한다.
〈개정 12. 1. 6〉

(3)건축물의 주계단 · 피난계단 또는 특별피난계단에
　　설치하는 난간 및 바닥
　1. 대상 용도
　　공동주택(기숙사 제외)·제1종 근린생활시설 ·
　　제2종 근린생활시설·문화 및 집회시설·종교시설 ·
　　판매시설 · 운수시설 · 의료시설 · 노유자시설·업무
　　시설·숙박시설·위락시설·관광휴게시설
　2. 구조
　　아동의 이용에 안전하고 노약자 및 신체장애인의
　　이용에 편리한 구조
　3. 손잡이 설치
　　양측에 벽 등이 있어 난간이 없는 경우
(4) 난간·벽 등의 손잡이와 바닥마감
　1. 손잡이는 최대지름이 3.2 ㎝ 이상 3.8 ㎝ 이하인
　　원형 또는 타원형의 단면으로 할 것
　2. 손잡이는 벽 등으로부터 5 ㎝ 이상 떨어지도록
　　하고, 계단으로부터 높이는 85 ㎝가 되도록 할 것
　3. 계단이 끝나는 수평부분에서의 손잡이는 30 ㎝
　　이상 나오도록 설치할 것

(5) 계단에 대체되는 경사로
　1. 경사도는 1 : 8을 넘지 아니할 것.
　2. 표면을 거친 면으로 하거나 미끄러지지 않는
　　재료로 마감할 것.
　3. 경사로의 직선 및 굴절부분의 유효너비는
　「장애인 · 노인 · 임산부등의 편의증진보장에 관한
　법률」이 정하는 기준에 적합할 것
　4. 높이 3 m 를 넘는 경사로 :
　　높이 3 m 이내 마다 너비 1.2 m 이상의 참 설치
　5. 높이 1 m 를 넘는 경사로 및 참 :
　　양옆에 난간설치(벽 또는 이에 대체되는 것)
　6. 너비 3 m 를 넘는 경사로 :
　　3 m 이내마다 중간난간 설치

(6) 준초고층 건축물
　　피난층 또는 지상으로 통하는 직통계단의
　　계단 및 계단참의 유효너비
　　1. 공동주택: 120 ㎝ 이상
　　2. 공동주택이 아닌 건축물: 150 ㎝ 이상

(7) 예외
　　위의 규정은 승강기 기계실용 계단 · 망루용계단
　　등 특수한 용도에만 쓰이는 계단은 제외

[참고]
장애인 · 노인 · 임산부등의편의증진보장에관한법률
　1. 접근로 기울기
　　(1) 접근로의 기울기 : 1/18
　　　　[예외] 지형상 곤란한 경우 : 1/12까지 완화
　　(2) 대지내 주접근로의 단차 : 2 ㎝ 이하로
　2. 경사로 기울기
　　(1) 경사로 기울기 : 1/12
　　(2) 다음 요건 모두 충족시 : 1/8까지 완화
　　　가) 신축이 아닌 기존시설에 설치되는 경사로
　　　나) 높이가 1 m 이하인 경사로로서 시설의 구조
　　　　　등의 이유로 기울기를 1/120이하로 설치하기
　　　　　어려울 것
　　　다) 시설관리자 등으로부터 상시보조서비스가
　　　　　제공될 것

<table>
<tr><th>건　축　법</th><th>건 축 법 시 행 령</th></tr>
<tr><td></td><td>

건축물의 피난·방화구조 등의 기준에 관한 규칙

[제15조의2]

④ 법 제19조에 따라 「공공주택 특별법 시행령」 제37조제1항제3호에 해당하는 건축물을 「주택법 시행령」 제4조의 준주택으로 용도변경하려는 경우로서 다음 각 호의 요건을 모두 갖춘 경우에는 용도변경한 건축물의 복도 중 양 옆에 거실이 있는 복도의 유효너비는 제1항에도 불구하고 1.5미터 이상으로 할 수 있다.

1. 용도변경의 목적이 해당 건축물을 「공공주택 특별법」 제43조제1항에 따라 공공매입임대주택으로 공급하려는 공공주택사업자에게 매도하려는 것일 것

2. 둘 이상의 직통계단이 지상까지 직접 연결되어 있을 것

3. 건축물의 내부에서 계단실로 통하는 출입구의 유효너비가 0.9미터 이상일 것

4. 제3호의 출입구에는 영 제64조제1호에 따른 방화문을 피난하려는 방향으로 열리도록 설치하되, 해당 방화문은 항상 닫힌 상태를 유지하거나 화재로 인한 연기나 불꽃을 감지하여 자동으로 닫히는 구조일 것. 다만, 연기나 불꽃을 감지하여 자동으로 닫히는 구조로 할 수 없는 경우에는 온도를 감지하여 자동으로 닫히는 구조로 할 수 있다.

[본항신설 21.10.15]

</td></tr>
</table>

<table>
<tr><td align="center">건축물의 피난·방화구조 등의 기준에 관한 규칙</td><td align="center">요   약</td></tr>
</table>

제15조의2 【복도의 너비 및 설치기준】 ①영 제48조의 규정에 의하여 건축물에 설치하는 복도의 유효너비는 다음 표와 같이 하여야 한다.

구 분	양옆에 거실이 있는 복도	기타의 복도
유치원·초등학교· 중학교·고등학교	2.4미터 이상	1.8미터 이상
공동주택·오피스텔	1.8미터 이상	1.2미터 이상
당해 층 거실의 바닥면적합계가 200제곱미터 이상인 경우	1.5미터 이상 (의료시설의 복도는 1.8미터 이상)	1.2미터 이상

② 문화 및 집회시설(공연장·집회장·관람장·전시장에 한정한다), 종교시설 중 종교집회장, 노유자시설 중 아동 관련 시설·노인복지시설, 수련시설 중 생활권 수련시설, 위락시설 중 유흥주점 및 장례식장의 관람실 또는 집회실과 접하는 복도의 유효너비는 제1항에도 불구하고 다음 각 호에서 정하는 너비로 해야 한다. 〈개정 19.08.06〉

1. 해당 층에서 해당 용도로 쓰는 바닥면적의 합계가 500제곱미터 미만인 경우 1.5미터 이상
2. 해당 층에서 해당 용도로 쓰는 바닥면적의 합계가 500제곱미터 이상 1천제곱미터 미만인 경우 1.8미터 이상
3. 해당 층에서 해당 용도로 쓰는 바닥면적의 합계가 1천제곱미터 이상인 경우 2.4미터 이상

③ 문화 및 집회시설 중 공연장에 설치하는 복도는 다음 각 호의 기준에 적합해야 한다.
〈개정 19.08.06〉

1. 공연장의 개별 관람실(바닥면적이 300제곱미터 이상인 경우에 한정한다)의 바깥쪽에는 그 양쪽 및 뒤쪽에 각각 복도를 설치할 것
2. 하나의 층에 개별 관람실(바닥면적이 300제곱미터 미만인 경우에 한정한다)을 2개소 이상 연속하여 설치하는 경우에는 그 관람실의 바깥쪽의 앞쪽과 뒤쪽에 각각 복도를 설치할 것

[본조신설 05.7.22]

요 약

복도의 너비 및 설치기준

(1)건축물에 설치하는 복도의 유효너비

구 분	양옆에 거실이 있는 복도	기타의 복도
유치원·초등학교· 중학교·고등학교	2.4 m 이상	1.8 m 이상
공동주택· 오피스텔	1.8 m 이상	1.2 m 이상
당해 층 거실의 바닥면적합계가 200㎡ 이상인 경우	1.5 m 이상 (의료시설의 복도는 1.8 m 이상)	1.2 m 이상

(2) 복도의 유효너비 강화

1. 해당용도 : 관람실 또는 집회실
   - 문화 및 집회시설 :
   　　　공연장·집회장·관람장·전시장
   - 종교시설 : 종교집회장
   - 노유자시설 : 아동관련시설·노인복지시설
   - 수련시설 : 생활권수련시설
   - 위락시설 : 유흥주점
   - 장례식장
2. 기준
   (해당 층에서 해당 용도로 쓰는 바닥면적의 합계)
   가. 500㎡ 미만인 경우 ; 1.5m 이상
   나. 500㎡ 이상 1,000㎡ 미만인 경우 : 1.8 m 이상
   다. 1,000 ㎡ 이상인 경우 : 2.4 m 이상

(3) 문화 및 집회시설 중 공연장에 설치하는 복도

1. 바닥면적 300㎡ 이상인 공연장의 개별관람실의 바깥쪽에는 그 양쪽 및 뒤쪽에 각각 복도설치
2. 하나의 층에 바닥면적 300㎡ 미만인 개별관람실을 2개소 이상 연속하여 설치하는 경우 그 관람실의 바깥쪽의 앞쪽과 뒤쪽에 각각 복도 설치

※「공공주택 특별법 시행령」제37조제1항제3호
제1종 근린생활시설, 제2종 근린생활시설, 노유자시설, 수련시설, 업무시설 또는 숙박시설의 용도로 사용하는 건축물
- 복도 폭 1.5 m 이상으로 가능

건 축 법	건 축 법 시 행 령
	제50조【거실 반자의 설치】 법 제49조제2항 본문에 따라 공장, 창고시설, 위험물저장 및 처리시설, 동물 및 식물 관련 시설, 자원순환 관련 시설 또는 묘지 관련시설 외의 용도로 쓰는 건축물 거실의 반자(반자가 없는 경우에는 보 또는 바로 위층의 바닥판의 밑면, 그 밖에 이와 비슷한 것을 말한다)는 국토교통부령 으로 정하는 기준에 적합해야 한다. 〈개정 22.04.29〉
건 축 법	건 축 법 시 행 령

제16조 【거실의 반자높이】 ① 영 제50조의 규정에 의하여 설치하는 거실의 반자(반자가 없는 경우에는 보 또는 바로 윗 층의 바닥판의 밑면 기타 이와 유사한 것을 말한다. 이하 같다)는 그 높이를 2.1미터 이상으로 하여야 한다.

② 문화 및 집회시설(전시장 및 동·식물원은 제외한다)과 종교시설, 장례식장 또는 위락시설 중 유흥주점의 용도에 쓰이는 건축물의 관람실 또는 집회실로서 그 바닥면적이 200제곱미터 이상인 것의 반자높이는 제1항에도 불구하고 4미터(노대의 아랫부분의 높이는 2.7미터) 이상이어야 한다.

다만, 기계환기 장치를 설치하는 경우에는 그렇지 않다. 〈개정 19.08.06〉

거실의 반자 등

거실의 종류	반자높이	비고
일반적인 거실	2.1 m 이상	
문화 및 집회시설(전시장, 동·식물원 제외),종교시설, 장례식장,위락시설(유흥주점)의 관람실 또는 집회실로서 바닥면적이 200 ㎡ 이상인 것	4.0 m 이상	[예외] 기계환기장치를 할 경우
▲ 노대의 아랫부분	2.7 m 이상	

※ 반자가 없는 경우에는 보 또는 바로 위층의 바닥판의 밑면 기타 이와 유사한 것

[예외]
공장, 창고시설, 위험물 저장 및 처리시설,
동물 및 식물관련시설, 자원순환 관련 시설,
묘지관련시설

<table>
<tr><th>건 축 법</th><th>건 축 법 시 행 령</th></tr>
<tr><td></td><td>

제51조【거실의 채광 등】 ① 법 제49조제2항 본문에 따라 단독주택 및 공동주택의 거실, 교육연구시설 중 학교의 교실, 의료시설의 병실 및 숙박시설의 객실에는 국토교통부령으로 정하는 기준에 따라 채광 및 환기를 위한 창문등이나 설비를 설치해야 한다.　　〈개정 22.04.29〉

② 법 제49조제2항 본문에 따라 다음 각 호에 해당하는 건축물의 거실(피난층의 거실은 제외한다)에는 배연설비를 해야 한다.　　　　　〈개정 22.04.29〉

1. 6층 이상인 건축물로서 다음 각 목에 해당하는 용도로 쓰는 건축물
   가. 제2종 근린생활시설 중 공연장, 종교집회장, 인터넷컴퓨터게임시설제공업소 및 다중생활시설(공연장,종교집회장 및 인터넷컴퓨터게임시설제공업소는 해당 용도로 쓰는 바닥면적의 합계가 각각 300제곱미터 이상인 경우만 해당한다)
   나. 문화 및 집회시설
   다. 종교시설
   라. 판매시설
   마. 운수시설
   바. 의료시설(요양병원 및 정신병원은 제외한다)
   사. 교육연구시설 중 연구소
   아. 노유자시설 중 아동 관련 시설, 노인복지시설(노인요양시설은 제외한다)
   자. 수련시설 중 유스호스텔
   차. 운동시설
   카. 업무시설
   타. 숙박시설
   파. 위락시설
   하. 관광휴게시설
   거. 장례시설
2. 다음 각 목에 해당하는 용도로 쓰는 건축물
   가. 의료시설 중 요양병원 및 정신병원
   나. 노유자시설 중 노인요양시설·장애인 거주시설 및 장애인 의료재활시설

</td></tr>
</table>

건축물의 피난·방화구조 등의 기준에 관한 규칙	요　　　약
	거실의 채광 및 환기 (1) 거실의 채광기준 적용 대상 　1. 단독주택 및 공동주택의 거실 　2. 교육연구시설 중　학교의 교실 　3. 의료시설의 병실 　4. 숙박시설의 객실 (2) 배연설비 (피난층 거실 제외) 　1. 6층 이상 건축물 　　가. 제2종 근린생활시설 중 공연장, 종교집회장, 인터넷 　　　　컴퓨터게임시설제공업소 및 다중생활시설(공연장, 　　　　종교집회장 및 인터넷컴퓨터게임시설제공업소 : 　　　　바닥면적의 합계가 각각 300㎡ 이상인 경우만 해당 　　나. 문화 및 집회시설 　　다. 종교시설 　　라. 판매시설 　　마. 운수시설 　　바. 의료시설(요양병원 및 정신병원은 제외) 　　사. 교육연구시설 중 연구소 　　아. 노유자시설 중 아동 관련 시설, 　　　　노인복지시설(노인요양시설 제외) 　　자. 수련시설 중 유스호스텔 　　차. 운동시설 　　카. 업무시설 　　타. 숙박시설 　　파. 위락시설 　　하. 관광휴게시설 　　거. 장례시설 　2. 다음 각 목에 해당하는 용도로 쓰는 건축물 　　가. 의료시설 중 요양병원 및 정신병원 　　나. 노유자시설 중 노인요양시설 · 장애인 거주시설 및 　　　　장애인 의료재활시설

<table>
<tr><th>건 축 법</th><th>건축법시행령</th></tr>
<tr><td></td><td>

[제51조]

③ 법 제49조제2항 본문에 따라 오피스텔에 거실 바닥으로부터 높이 1.2미터 이하 부분에 여닫을 수 있는 창문을 설치하는 경우에는 국토교통부령으로 정하는 기준에 따라 추락방지를 위한 안전시설을 설치해야 한다. 〈개정 22.04.29〉

④ 법 제49조제3항에 따라 건축물의 11층 이하의 층에는 소방관이 진입할 수 있는 창을 설치하고, 외부에서 주야간에 식별할 수 있는 표시를 해야 한다.

　다만, 다음 각 호의 어느 하나에 해당하는 아파트는 제외한다.

1. 제46조제4항 및 제5항에 따라 대피공간 등을 설치한 아파트
2. 「주택건설기준 등에 관한 규정」 제15조제2항에 따라 비상용승강기를 설치한 아파트 〈개정 19.10.22〉

[전문개정 08.10.29]

</td></tr>
<tr><td>건 축 법</td><td>건축법시행령</td></tr>
</table>

<table>
<tr><td>건축물의 피난·방화구조 등의 기준에 관한 규칙</td><td>요　　　　약</td></tr>
</table>

제17조【채광 및 환기를 위한 창문등】 ①영 제51조에 따라 채광을 위하여 거실에 설치하는 창문 등의 면적은 그 거실의 바닥면적의 10분의 1 이상 이어야 한다. 다만, 거실의 용도에 따라 별표 1의3에 따른 조도 이상의 조명장치를 설치하는 경우에는 그러하지 아니하다. 〈개정 12. 1. 6〉

②영 제51조의 규정에 의하여 환기를 위하여 거실에 설치하는 창문 등의 면적은 그 거실의 바닥면적의 20분의 1 이상이어야 한다. 다만, 기계환기장치 및 중앙관리방식의 공기조화설비를 설치하는 경우에는 그러하지 아니하다.

③제1항 및 제2항의 규정을 적용함에 있어서 수시로 개방할 수 있는 미닫이로 구획된 2개의 거실은 이를 1개의 거실로 본다.

④ 영 제51조제3항에서 "국토교통부령으로정하는 기준"이란 높이 1.2미터 이상의 난간이나 그 밖에 이와 유사한 추락방지를 위한 안전시설을 말한다. 〈개정 13.03.23〉

---

(3) 거실의 채광·환기 기준

구 분	창문 등의 면적	예　외
채광용	그 거실 바닥면적의 1/10 이상	별표의 규정에 의한 조도 이상의 조명장치를 설치한 경우
환기용	그 거실 바닥면적의 1/20 이상	기계환기장치 및 중앙관리방식의 공기조화설비를 설치한 경우

※ 수시로 개방할 수 있는 미닫이로 구획된 2개의 거실은 이를 1개의 거실로 본다.

(4) 거실의 조명장치 기준

[별표1]

거실의 용도구분	조도구분	바닥위 85cm의 높이에 있는 수평면의 조도(룩스)
1.거주	독서·식사·조리	150
	기타	70
2.집무	설계·제도·계산	700
	일반사무	300
	기타	150
3.작업	검사·시험·정밀검사·수술	700
	일반작업 · 제조 · 판매	300
	포장 · 세척	150
	기타	70
4.집회	회의	300
	집회	150
	공연 관람	70
5.오락	오락일반	150
	기타	30
기타 명시되지 아니한 것		1란 내지 5란 중 가장 유사한 기준을 적용

(5) 오피스텔 추락방지 시설
- 거실 바닥으로부터 높이 1.2 m 이하 부분에 여닫을 수 있는 창문을 설치하는 경우
- 높이 1.2 m 이상의 난간 등 추락방지를 위한 안전시설 설치

(6) 11층 이하의 건축물 – 소방관 진입구 지정
외부에서 주·야간 식별할 수 있는 표시
[예외]
　1. 대피공간 등을 설치한 아파트
　2. 비상용승강기를 설치한 아파트

건　축　법	건 축 법 시 행 령
	제52조【거실 등의 방습】 법 제49조제2항 본문에 따라 다음 각 호에 해당하는 거실·욕실 또는 조리장의 바닥 부분에는 국토교통부령으로 정하는 기준에 따라 방습을 위한 조치를 하여야 한다. 〈개정 22.04.29〉 　1. 건축물의 최하층에 있는 거실 　　(바닥이 목조인 경우만 해당한다) 　2. 제1종 근린생활시설 중 목욕장의 욕실과 　　휴게음식점 및 제과점의 조리장 　3. 제2종 근린생활시설 중 일반음식점, 휴게음식점 　　및 제과점의 조리장과 숙박시설의 욕실 [전문개정 08.10.29]
건　축　법	건 축 법 시 행 령

<table>
<tr><th>건축물의 피난·방화구조 등의 기준에 관한 규칙</th><th>요 약</th></tr>
</table>

제18조 【거실 등의 방습】 ①영 제52조의 규정에 의하여 건축물의 최하층에 있는 거실바닥의 높이는 지표면으로부터 45센티미터 이상으로 하여야 한다. 다만, 지표면을 콘크리트바닥으로 설치하는 등 방습을 위한 조치를 하는 경우에는 그러하지 아니하다.

②영 제52조에 따라 다음 각 호의 어느 하나에 해당하는 욕실 또는 조리장의 바닥과 그 바닥으로부터 높이 1미터까지의 안벽의 마감은 이를 내수재료로 하여야 한다.　　　〈개정 10.4.7〉

1. 제1종 근린생활시설중 목욕장의 욕실과 휴게음식점의 조리장
2. 제2종 근린생활시설중 일반음식점 및 휴게음식점의 조리장과 숙박시설의 욕실

제18조의2 【소방관 진입창의 기준】 법 제49조제3항에서 "국토교통부령으로 정하는 기준"이란 다음 각 호의 요건을 모두 충족하는 것을 말한다.

1. 2층 이상 11층 이하인 층에 각각 1개소 이상 설치할 것. 이 경우 소방관이 진입할 수 있는 창의 가운데에서 벽면 끝까지의 수평거리가 40미터 이상인 경우에는 40미터 이내마다 소방관이 진입할 수 있는 창을 추가로 설치해야 한다.
2. 소방차 진입로 또는 소방차 진입이 가능한 공터에 면할 것
3. 창문의 가운데에 지름 20센티미터 이상의 역삼각형을 야간에도 알아볼 수 있도록 빛 반사 등으로 붉은색으로 표시할 것
4. 창문의 한쪽 모서리에 타격지점을 지름 3센티미터 이상의 원형으로 표시할 것
5. 창문의 크기는 폭 90센티미터 이상, 높이 1.2미터 이상으로 하고, 실내 바닥면으로부터 창의 아랫부분까지의 높이는 80센티미터 이내로 할 것
6. 다음 각 목의 어느 하나에 해당하는 유리를 사용할 것
   가. 플로트판유리로서 그 두께가 6밀리미터 이하인 것
   나. 강화유리 또는 배강도유리로서 그 두께가 5밀리미터 이하인 것
   다. 가목 또는 나목에 해당하는 유리로 구성된 이중유리로서 그 두께가 24밀리미터 이하인 것
　　　　　　　　　　　[본조 신설 19.08.06]

거실 등의 방습

부 위	조 치
건축물의 최하층에 있는 거실 (바닥이 목조인 경우)	바닥높이를 지표면으로부터 45 cm 이상으로 할 것 (예외 : 방습조치한 경우)
- 목욕장의 욕실 - 일반음식점·휴게음식점·제과점의 조리장 - 숙박시설의 욕실	바닥 및 그 바닥으로부터 높이 1m 까지의 안벽은 내수재료로 마감

소방관 진입창의 기준　아래요건 모두 충족

1. 2층 ~ 11층에 각각 1개소 이상 설치
   - 소방관 진입창의 가운데에서 벽면 끝까지의 수평거리가 40 m 이상인 경우에는 40 m 이내마다 소방관 진입창 추가 설치.
2. 소방차 진입로 또는 소방차 진입이 가능한 공터에 면할 것
3. 창문의 가운데에 지름 20 cm 이상의 역삼각형을 야간에 식별 가능한 빛 반사 등 붉은색 표시
4. 창문 한쪽 모서리에 타격지점을 지름 3 cm 이상의 원형으로 표시
5. 창문의 크기 : 폭 90 cm 이상, 높이 1.2 m 이상 실내 바닥면에서 창아래까지의 높이 : 80 cm 이내
6. 다음 어느 하나에 해당하는 유리를 사용
   가. 플로트판유리 : 두께 6 mm 이하
   나. 강화유리 또는 배강도유리 : 두께 5 mm 이하
   다. 이중 유리 : 두께가 24 mm 이하

건 축 법	건 축 법 시 행 령
	제53조 【경계벽 등의 설치】 ① 법 제49조제4항에 따라 다음 각 호의 어느 하나에 해당하는 건축물의 경계벽은 국토교통부령으로 정하는 기준에 따라 설치해야 한다.　〈개정 20.10.08〉 　1. 단독주택 중 다가구주택의 각 가구 간 또는 공동주택(기숙사는 제외한다)의 각 세대 간 경계벽 (제2조제14호 후단에 따라 거실·침실 등의 용도로 쓰지 아니하는 발코니 부분은 제외한다) 　2. 공동주택 중 기숙사의 침실, 의료시설의 병실, 교육연구시설 중 학교의 교실 또는 숙박시설의 객실 간 경계벽 　3. 제1종 근린생활시설 중 산후조리원의 다음 각 호의 어느 하나에 해당하는 경계벽 　　가. 임산부실 간 경계벽 　　나. 신생아실 간 경계벽 　　다. 임산부실과 신생아실 간 경계벽 　4. 제2종 근린생활시설 중 다중생활시설의 호실 간 경계벽 　5. 노유자시설 중 「노인복지법」 제32조제1항제3호에 따른 노인복지주택(이하 "노인복지주택"이라 한다)의 각 세대 간 경계벽 　6. 노유자시설 중 노인요양시설의 호실 간 경계벽 ② 법 제49조제4항에 따라 다음 각 호의 어느 하나에 해당하는 건축물의 층간바닥(화장실의 바닥은 제외한다)은 국토교통부령으로 정하는 기준에 따라 설치해야 한다.　〈개정 19.10.22〉 　1. 단독주택 중 다가구주택 　2. 공동주택(「주택법」 제15조에 따른 주택건설사업계획승인 대상은 제외한다) 　3. 업무시설 중 오피스텔 　4. 제2종 근린생활시설 중 다중생활시설 　5. 숙박시설 중 다중생활시설 　　　　　　　　　　　　　　　　[전문개정 08.10.29]

<table><tr><td>건축물의 피난·방화구조 등의 기준에 관한 규칙</td><td>요　　　약</td></tr></table>

제19조 【경계벽 등의 구조】 ① 법 제49조제4항에 따라 건축물에 설치하는 경계벽은 내화구조로 하고, 지붕밑 또는 바로 위층의 바닥판까지 닿게 해야 한다. 〈개정 19.08.06〉

②제1항에 따른 경계벽은 소리를 차단하는데 장애가 되는 부분이 없도록 다음 각 호의 어느 하나에 해당하는 구조로 하여야 한다.

　다만, 다가구주택 및 공동주택의 세대간의 경계벽인 경우에는 「주택건설기준 등에 관한 규정」 제14조에 따른다. 〈개정 14.11.28〉

1. 철근콘크리트조·철골철근콘크리트조로서 두께가 10센티미터이상인 것

2. 무근콘크리트조 또는 석조로서 두께가 10센티미터 (시멘트모르타르·회반죽 또는 석고플라스터의 바름 두께를 포함한다)이상인 것

3. 콘크리트블록조 또는 벽돌조로서 두께가 19센티미터 이상인 것

4. 제1호 내지 제3호의 것외에 국토교통부장관이 정하여 고시하는 기준에 따라 국토교통부장관이 지정하는 자 또는 한국건설기술연구원장이 실시하는 품질시험에서 그 성능이 확인된 것

5. 한국건설기술연구원장이 제27조제1항에 따라 정한 인정기준에 따라 인정하는 것 〈신설 10.4.7〉

③ 법 제49조제3항에 따른 가구·세대 등 간 소음방지를 위한 바닥은 경량충격음(비교적 가볍고 딱딱한 충격에 의한 바닥충격음을 말한다)과 중량충격음(무겁고 부드러운 충격에 의한 바닥충격음을 말한다)을 차단할 수 있는 구조로 하여야 한다. 〈신설 14.11.28〉

④ 제3항에 따른 가구·세대 등 간 소음방지를 위한 바닥의 세부 기준은 국토교통부장관이 정하여 고시한다. 〈신설 14.11.28〉

경계벽 등의 설치

(1) 차음구조의 대상
아래 건축물의 경계벽은 내화구조로 하고,
지붕 밑 또는 바로 위층의 바닥판까지 닿게 설치

1. 다가구주택(가구간), 공동주택(세대간),
　　※ 발코니부분 제외
2. 기숙사(침실)·의료시설(병실)·학교(교실)
　　숙박시설(객실)
3. 산후조리원
　　가. 임산부실 간 경계벽
　　나. 신생아실 간 경계벽
　　다. 임산부실과 신생아실 간 경계벽
4. 다중생활시설(호실)
5. 노인복지주택(세대)
6. 노인요양시설(호실)

※ 다가구주택 및 공동주택의 세대간의 경계벽
　 – 주택건설기준 등에 관한 규정 적용

(2) 차음구조의 기준

구　조	두께 기준
① 철근콘크리트조 철골철근콘크리트조	10 cm 이상
② 무근콘크리트조·석조	10 cm 이상 (마감 바름 두께 포함)
③ 콘크리트블록조 벽돌조	19 cm 이상
④ 위에 정한 것 외에 국토교통부장관이 정하여 고시하는 기준에 따라 국토교통부장관이 지정하는 자 또는 한국건설기술연구원장이 실시하는 품질시험에서 그 성능이 확인된 것	
⑤ 한국건설기술연구원장이 인정기준에 따라 인정하는 것	

(3) 층간바닥설치 대상
1. 단독주택 중 다가구주택
2. 공동주택(주택건설사업계획승인 대상 제외)
3. 업무시설 중 오피스텔
4. 제2종 근린생활시설 중 다중생활시설
5. 숙박시설 중 다중생활시설

건 축 법	건 축 법 시 행 령
제49조의2 【 피난시설 등의 유지·관리에 대한 기술지원 】 국가 또는 지방자치단체는 건축물의 소유자나 관리자에게 제49조제1항 및 제2항에 따른 피난시설 등의 설치, 개량·보수 등 유지·관리에 대한 기술지원을 할 수 있다. 〈신설 18.08.14〉	**제54조 【건축물에 설치하는 굴뚝】** 건축물에 설치하는 굴뚝은 국토교통부령이 정하는 기준에 따라 설치하여야 한다. 〈개정 13.03.23〉
	제55조 【창문 등의 차면시설】 인접 대지경계선으로부터 직선거리 2미터 이내에 이웃 주택의 내부가 보이는 창문 등을 설치하는 경우에는 차면시설(遮面施設)을 설치하여야 한다. 〈개정 08.10.29〉 [본조신설 03.2.24]

<table><tr><td>건축물의 피난·방화구조 등의 기준에 관한 규칙</td><td>요　　　　약</td></tr></table>

제20조 【건축물에 설치하는 굴뚝】 영 제54조의 규정에 따라 건축물에 설치하는 굴뚝은 다음 각 호의 기준에 적합하여야 한다. 〈개정 10.4.7〉

1. 굴뚝의 옥상돌출부는 지붕면으로부터의 수직거리를 1미터 이상으로 할 것. 다만, 용마루·계단탑·옥탑 등이 있는 건축물에 있어서 굴뚝의 주위에 연기의 배출을 방해하는 장애물이 있는 경우에는 그 굴뚝의 상단을 용마루·계단탑·옥탑 등보다 높게 하여야 한다.

2. 굴뚝의 상단으로부터 수평거리 1미터 이내에 다른 건축물이 있는 경우에는 그 건축물의 처마보다 1미터 이상 높게 할 것

3. 금속제 굴뚝으로서 건축물의 지붕속·반자위 및 가장 아랫바닥 밑에 있는 굴뚝의 부분은 금속 외의 불연재료로 덮을 것

4. 금속제 굴뚝은 목재 기타 가연재료로부터 15센티미터 이상 떨어져서 설치할 것.
   다만, 두께 10센티미터 이상인 금속 외의 불연재료로 덮은 경우에는 그러하지 아니하다.

건축물에 설치하는 굴뚝

굴뚝의 종별	굴뚝의 부분	방화제한
일반 굴뚝	굴뚝의 옥상 돌출부	지붕으로부터의 수직거리를 1ｍ 이상으로 할 것. 다만, 굴뚝의 주위에 연기의 원활한 배출을 방해하는 장애물이 있는 경우에는 그 굴뚝의 상단을 용마루·계단탑·옥탑 등보다 높게 할 것
	굴뚝 상단으로부터의 수평거리 1ｍ 이내에 다른 건축물이 있는 경우	그 건축물의 처마보다 1ｍ 이상 높게 할 것
금속제 굴뚝	지붕 속·반자 위 및 가장 아랫바닥 밑에 있는 부분	금속외의 불연재료로 덮을 것
	목재 기타 가연재료로부터	15cm 이상 떨어져서 설치할 것. 다만, 두께 10cm이상인 금속외의 불연재료로 덮은 부분은 예외

창문 등의 차면시설

인접대지경계선으로부터 직선거리 2ｍ 이내에 이웃주택의 내부가 보이는 창문 등을 설치하는 경우
- 차면시설 설치

<table>
<tr><th>건 축 법</th><th>건 축 법 시 행 령</th></tr>
</table>

제50조 【건축물의 내화구조와 방화벽】
① 문화 및 집회시설, 의료시설, 공동주택 등 대통령령으로 정하는 건축물은 국토교통부령으로 정하는 기준에 따라 주요구조부와 지붕을 내화(耐火)구조로 하여야 한다. 다만, 막구조 등 대통령령으로 정하는 구조는 주요구조부에만 내화구조로 할 수 있다.

〈개정 18.08.14〉

제56조 【건축물의 내화구조】 ① 법 제50조제1항 본문에 따라 다음 각 호의 어느 하나에 해당하는 건축물(제5호에 해당하는 건축물로서 2층 이하인 건축물은 지하층 부분만 해당한다)의 주요구조부와 지붕은 내화구조로 해야 한다. 다만, 연면적이 50제곱미터 이하인 단층의 부속건축물로서 외벽 및 처마 밑면을 방화구조로 한 것과 무대의 바닥은 그렇지 않다. 〈개정 19.10.22〉

1. 제2종 근린생활시설 중 공연장·종교집회장(해당 용도로 쓰는 바닥면적의 합계가 각각 300제곱미터 이상인 경우만 해당한다), 문화 및 집회시설(전시장 및 동·식물원은 제외한다), 종교시설, 위락시설 중 주점영업 및 장례시설의 용도로 쓰는 건축물로서 관람실 또는 집회실의 바닥면적의 합계가 200제곱미터(옥외관람석의 경우에는 1천 제곱미터) 이상인 건축물

2. 문화 및 집회시설 중 전시장 또는 동·식물원, 판매시설, 운수시설, 교육연구시설에 설치하는 체육관·강당, 수련시설, 운동시설 중 체육관·운동장, 위락시설(주점영업의 용도로 쓰는 것은 제외한다), 창고시설, 위험물저장 및 처리시설, 자동차관련시설, 방송통신시설 중 방송국·전신전화국·촬영소, 묘지관련시설 중 화장장·동물화장시설 또는 관광휴게시설의 용도로 쓰는 건축물로서 그 용도로 쓰는 바닥면적의 합계가 500제곱미터 이상인 건축물 〈개정 17.02.03〉

3. 공장의 용도로 쓰는 건축물로서 그 용도로 쓰는 바닥면적의 합계가 2천 제곱미터 이상인 건축물. 다만, 화재의 위험이 적은 공장으로서 국토교통부령으로 정하는 공장은 제외한다.

4. 건축물의 2층이 단독주택 중 다중주택 및 다가구주택, 공동주택, 제1종 근린생활시설(의료의 용도로 쓰는 시설만 해당한다), 제2종 근린생활시설 중 다중생활시설, 의료시설, 노유자시설 중 아동 관련 시설 및 노인복지시설, 수련시설 중 유스호스텔, 업무시설 중 오피스텔, 숙박시설 또는 장례시설의 용도로 쓰는 건축물로서 그 용도로 쓰는 바닥면적의 합계가 400제곱미터 이상인 건축물 〈개정 14.03.24〉

5. 3층 이상인 건축물 및 지하층이 있는 건축물. 다만, 단독주택(다중주택 및 다가구주택은 제외한다), 동물 및 식물관련시설, 발전시설(발전소의 부속용도로 쓰는 시설은 제외한다), 교도소·감화원 또는 묘지 관련 시설(화장장 및 동물화장시설은 제외한다)의 용도로 쓰는 건축물과 철강 관련 업종의 공장 중 제어실로 사용하기 위하여 연면적 50제곱미터 이하로 증축하는 부분은 제외한다. 〈개정 17.02.03〉

② 법 제50조제1항 단서에 따라 막구조의 건축물은 주요구조부에만 내화구조로 할 수 있다. 〈개정 19.10.22〉

[전문개정 08.10.29]

<table>
<tr><td>건축물의 피난·방화구조 등의 기준에 관한 규칙</td><td colspan="2">요　　　약</td></tr>
<tr><td colspan="3">

제20조의2 【내화구조의 적용이 제외되는 공장건축물】

영 제56조제1항제3호 단서에서 "국토교통부령으로 정하는 공장"이란 별표 2의 업종에 해당하는 공장으로서 주요구조부가 불연재료로 되어 있는 2층 이하의 공장을 말한다. 〈개정 13.03.23〉

[본조신설 00.6.3]

</td></tr>
</table>

건축물의 내화구조

(1) 주요구조부와 지붕을 내화구조로 하여야 하는 건축물

건축물의 용도 및 층수	해당용도에 사용하는 바닥면적의 합계
1. 제2종 근린생활시설 중 공연장·종교집회장(해당 용도로 쓰는 바닥면적의 합계가 각각 300 ㎡ 이상인 경우만 해당한다), 문화 및 집회시설(전시장 및 동·식물원 제외), 종교시설, 위락시설(주점영업), 장례시설의 관람실 또는 집회실	200 ㎡ 이상 * 옥외 관람석의 경우 : 1,000 ㎡ 이상
2. 문화 및 집회시설 (전시장 및 동·식물원), 판매시설, 운수시설, 교육연구시설에 설치하는 체육관·강당, 수련시설, 운동시설(체육관, 운동장), 위락시설(주점영업제외), 창고시설, 위험물저장 및 처리시설, 자동차관련시설, 방송통신시설 (방송국·전신전화국 및 촬영소), 묘지관련시설(화장장·동물화장시설), 관광휴게시설	500 ㎡ 이상
3. 공장 (화재위험 적은 공장 제외)	2,000 ㎡ 이상
4. 건축물의 2층이 단독주택(다중주택·다가구주택), 공동주택, 제1종 근린생활시설(*), 제2종 근린생활시설 중 다중생활시설, 의료시설, 노유자시설 (아동관련시설·노인복지시설), 수련시설(유스호스텔), 업무시설(오피스텔), 숙박시설, 장례시설	400 ㎡ 이상
5. 3층 이상의 건축물, 지하층이 있는 건축물	단독주택(다중주택 및 다가구주택 제외), 동물 및 식물관련시설, 발전시설, 교도소, 감화원, 묘지관련시설(화장장·동물화장시설 제외)을 제외한 모든 건축물

* 의료의 용도에 쓰이는 시설에 한함

(2) 완화규정

1. 연면적이 50 ㎡ 이하인 단층부속건축물로서 외벽 및 처마밑면을 방화구조로 한 것
2. 무대의 바닥
3. 막구조 : 주요구조부만 내화구조

<table>
<tr><th>건 축 법</th><th>건 축 법 시 행 령</th></tr>
<tr><td>

[제50조]

② 대통령령으로 정하는 용도 및 규모의 건축물은 국토교통부령으로 정하는 기준에 따라 방화벽으로 구획하여야 한다. 〈개정 13.03.23〉

</td><td>

제57조【대규모 건축물의 방화벽 등】 ① 법 제50조제2항에 따라 연면적 1천 제곱미터 이상인 건축물은 방화벽으로 구획하되, 각 구획된 바닥면적의 합계는 1천 제곱미터 미만이어야 한다. 다만, 주요구조부가 내화구조이거나 불연재료인 건축물과 제56조제1항제5호 단서에 따른 건축물 또는 내부설비의 구조상 방화벽으로 구획할 수 없는 창고시설의 경우에는 그러하지 아니하다.

② 제1항에 따른 방화벽의 구조에 관하여 필요한 사항은 국토교통부령으로 정한다. 〈개정 13.03.23〉

③ 연면적 1천 제곱미터 이상인 목조 건축물의 구조는 국토교통부령으로 정하는 바에 따라 방화구조로 하거나 불연재료로 하여야 한다. 〈개정 13.03.23〉

[전문개정 08.10.29]

</td></tr>
</table>

제21조 【방화벽의 구조】 ① 영 제57조 제2항에 따라 건축물에 설치하는 방화벽은 다음 각 호의 기준에 적합해야 한다. 〈개정 21.03.26〉

1. 내화구조로서 홀로 설 수 있는 구조일 것
2. 방화벽의 양쪽 끝과 윗쪽 끝을 건축물의 외벽면 및 지붕면으로부터 0.5미터 이상 튀어나오게 할 것
3. 방화벽에 설치하는 출입문의 너비 및 높이는 각각 2.5미터 이하로 하고, 해당 출입문에는 60+방화문 또는 60분방화문을 설치할 것

② 제14조 제2항의 규정은 제1항의 규정에 의한 방화벽의 구조에 관하여 이를 준용한다.

제22조 【대규모 목조건축물의 외벽 등】 ① 영 제57조 제3항의 규정에 의하여 연면적이 1천 제곱미터 이상인 목조의 건축물은 그 외벽 및 처마 밑의 연소할 우려가 있는 부분을 방화구조로 하되, 그 지붕은 불연재료로 하여야 한다.

② 제1항에서 "연소할 우려가 있는 부분"이라 함은 인접대지경계선·도로중심선 또는 동일한 대지 안에 있는 2동 이상의 건축물(연면적의 합계가 500제곱미터 이하인 건축물은 이를 하나의 건축물로 본다) 상호의 외벽간의 중심선으로부터 1층에 있어서는 3미터이내, 2층 이상에 있어서는 5미터 이내의 거리에 있는 건축물의 각 부분을 말한다.
　다만, 공원·광장·하천의 공지나 수면 또는 내화구조의 벽 기타 이와 유사한 것에 접하는 부분을 제외한다.

대규모건축물의 방화벽 등

(1) 설치대상

연면적이 1,000 ㎡ 이상인 건축물

[예외]

1. 주요구조부가 내화구조이거나 불연재료인 건축물
2. 단독주택(다중주택 및 다가구주택을 제외),
   동물 및 식물관련시설,
   발전시설(발전소의 부속용도 제외)
   교도소 · 감화원 · 묘지관련시설(화장장 제외)
3. 내부설비의 구조상 방화벽으로 구획할 수 없는 창고시설

(2) 구획단위

바닥면적의 합계 1,000 ㎡ 미만마다 구획

(3) 방화벽의 구조

1. 내화구조로서 홀로 설 수 있는 구조
2. 방화벽의 양쪽 끝과 위쪽 끝을 외벽면 · 지붕면으로부터 0.5 m 이상 돌출
3. 방화벽에 설치하는 출입문의 너비 및 높이는 각각 2.5 m 이하, 60+방화문 또는 60분방화문 설치
4. 피난·방화규칙 제14조(방화구획) 제2항의 규정은 방화벽의 구조에 준용

(4) 연면적 1,000 ㎡ 이상인 목조의 건축물

1. 대상 : 연소할 우려가 있는 부분
2. 조치 : 1) 외벽 및 처마밑 – 방화구조
　　　　　 2) 지붕　　　　　 – 불연재료

연소할 우려가 있는 부분

1층에 있어서는 3 m 이내, 2층 이상에 있어서는 5 m 이내의 거리에 있는 건축물의 각 부분

[거리적용기준]

1. 인접대지 경계선
2. 도로 중심선
3. 동일대지 내에 2동 이상 건축물 상호의 외벽간의 중심선 (연면적 500 ㎡ 이하인 건축물은 하나의 건축물로 본다)

[예외] 공원, 광장, 하천의 공지나 수면 또는 내화구조의 벽 등에 접하는 부분

제50조의2 【고층건축물의 피난 및 안전관리】

① 고층건축물에는 대통령령으로 정하는 바에 따라 피난안전구역을 설치하거나 대피공간을 확보한 계단을 설치하여야 한다. 이 경우 피난안전구역의 설치 기준, 계단의 설치 기준과 구조 등에 관하여 필요한 사항은 국토교통부령으로 정한다. 〈개정 13.03.23〉

② 고층건축물에 설치된 피난안전구역·피난시설 또는 대피공간에는 국토교통부령으로 정하는 바에 따라 화재 등의 경우에 피난 용도로 사용되는 것임을 표시하여야 한다. 〈신설 15.01.06〉

③ 고층건축물의 화재예방 및 피해경감을 위하여 국토교통부령으로 정하는 바에 따라 제48조부터 제50조까지의 기준을 강화하여 적용할 수 있다. 〈개정 18.04.17〉

[본조신설 2011.9.16]

<table>
<tr><td>

건축물의 피난·방화구조 등의 기준에 관한 규칙

</td><td>

요 약

</td></tr>
<tr><td>

제22조의2 【고층건축물 피난안전구역 등의 피난 용도 표시】 법 제50조의2제2항에 따라 고층건축물에 설치된 피난안전구역, 피난시설 또는 대피공간에는 다음 각 호에서 정하는 바에 따라 화재 등의 경우에 피난 용도로 사용되는 것임을 표시하여야 한다.

　1. 피난안전구역

　　가. 출입구 상부 벽 또는 측벽의 눈에 잘 띄는 곳에 "피난안전구역" 문자를 적은 표시판을 설치할 것

　　나. 출입구 측벽의 눈에 잘 띄는 곳에 해당 공간의 목적과 용도, 다른 용도로 사용하지 아니할 것을 안내하는 내용을 적은 표시판을 설치할 것

　2. 특별피난계단의 계단실 및 그 부속실, 피난계단의 계단실 및 피난용 승강기 승강장

　　가. 출입구 측벽의 눈에 잘 띄는 곳에 해당 공간의 목적과 용도, 다른 용도로 사용하지 아니할 것을 안내하는 내용을 적은 표시판을 설치할 것

　　나. 해당 건축물에 피난안전구역이 있는 경우 가목에 따른 표시판에 피난안전구역이 있는 층을 적을 것

　3. 대피공간: 출입문에 해당 공간이 화재 등의 경우 대피장소이므로 물건적치 등 다른 용도로 사용하지 아니할 것을 안내하는 내용을 적은 표시판을 설치할 것

</td><td>

피난안전구역 피난 용도 표시

고층건축물에 설치된 피난안전구역, 피난시설 또는 대피공간 - 화재 등의 경우 피난 용도임을 표시

　1. 피난안전구역

　　가. 출입구 상부 벽 또는 측벽의 눈에 잘 띄는 곳
　　　　-"피난안전구역" 표시판 설치

　　나. 출입구 측벽의 눈에 잘 띄는 곳
　　　　- 해당 공간의 목적과 용도, 다른 용도로 사용 금지 안내표시판 설치

　2. 특별피난계단의 계단실 및 그 부속실, 피난계단의 계단실 및 피난용 승강기 승강장

　　가. 출입구 측벽의 눈에 잘 띄는 곳
　　　　- 해당 공간의 목적과 용도, 다른 용도로 사용금지 안내표시판 설치

　　나. 해당 건축물에 피난안전구역이 있는 경우
　　　　- 표시판에 피난안전구역이 있는 층 기록

　3. 대피공간 : 출입문에 해당 공간이 화재 등의 경우 대피장소이므로 물건적치 등 다른 용도로 사용금지 안내표시판 설치

</td></tr>
</table>

<table>
<tr><th>건 축 법</th><th>건 축 법 시 행 령</th></tr>
<tr><td>

제51조 【방화지구 안의 건축물】 ① 「국토의 계획 및 이용에 관한 법률」 제37조제1항제4호에 따른 방화지구(이하 "방화지구"라 한다) 안에서는 건축물의 주요구조부와 지붕·외벽을 내화구조로 하여야 한다.

　　다만, 대통령령으로 정하는 경우에는 그러하지 아니하다. 〈개정 18.08.14〉

② 방화지구 안의 공작물로서 간판, 광고탑, 그 밖에 대통령령으로 정하는 공작물 중 건축물의 지붕 위에 설치하는 공작물이나 높이 3미터 이상의 공작물은 주요부를 불연(不燃)재료로 하여야 한다.

③ 방화지구 안의 지붕·방화문 및 인접 대지 경계선에 접하는 외벽은 국토교통부령으로 정하는 구조 및 재료로 하여야 한다. 〈개정 13.03.23〉

</td><td>

제58조 【방화지구의 건축물】 법 제51조제1항에 따라 그 주요구조부 및 외벽을 내화구조로 하지 아니할 수 있는 건축물은 다음 각 호와 같다.

　1. 연면적 30제곱미터 미만인 단층 부속건축물로서 외벽 및 처마면이 내화구조 또는 불연재료로 된 것

　2. 도매시장의 용도로 쓰는 건축물로서 그 주요구조부가 불연재료로 된 것

　　　　　　　　　　　　[전문개정 08.10.29]

제59조 삭제 〈99.4.30〉

제60조 삭제 〈99.4.30〉

</td></tr>
</table>

<table>
<tr><th>건축물의 피난·방화구조 등의 기준에 관한 규칙</th><th>요　　　　약</th></tr>
<tr><td>

제23조 【방화지구안의 지붕·방화문 및 외벽등】

① 법 제51조제3항에 따라 방화지구 내 건축물의 지붕으로서 내화구조가 아닌 것은 불연재료로 하여야 한다. 〈개정 15.07.09〉

② 법 제51조제3항에 따라 방화지구 내의 건축물의 인접대지경계선에 접하는 외벽에 설치하는 창문등으로서 제22조제2항에 따른 연소할 우려가 있는 부분에는 다음 각 호의 방화문 기타 방화설비를 해야 한다. 〈개정 21.03.26〉

1. 60+방화문 또는 60분방화문

2. 소방법령이 정하는 기준에 적합하게 창문등에 설치하는 드렌처

3. 당해 창문등과 연소할 우려가 있는 다른 건축물의 부분을 차단하는 내화구조나 불연재료로 된 벽·담장 기타 이와 유사한 방화설비

4. 환기구멍에 설치하는 불연재료로 된 방화커버 또는 그물눈이 2밀리미터 이하인 금속망

</td><td>

방화지구 안의 건축물

건축물 및 공작물	대상부분	구조 및 설비
건축물 (예외 : 참조)	주요구조부 지붕·외벽	내화구조
공작물로서 간판·광고탑 등으로 · 지붕 위에 설치하는 공작물 · 높이 3m 이상의 공작물	주 요 부	불연재료
건축물의 지붕	내화구조가 아닌 것	불연재료
건축물의 인접대지경계선에 접하는 외벽에 설치하는 창문 등	연소할 우려가 있는 부분	· 60+방화문 또는 60분방화문 · 소방법령에 적합한 드렌처 · 내화구조나 불연재료로 된 벽·담장 · 방화커버·금속망

[예외] 다음에 해당하는 경우에는 내화구조로 하지 않아도 됨

　1. 단층부속건축물(연면적이 30 ㎡ 미만)로서 외벽 및 처마면이 내화구조 또는 불연재료로 된 것.

　2. 도매시장 용도로 쓰는 건축물로서 그 주요구조부가 불연재료로 된 것

</td></tr>
</table>

<table>
<tr><th>건 축 법</th><th>건 축 법 시 행 령</th></tr>
</table>

제52조【건축물의 마감재료 등】①대통령령으로 정하는 용도 및 규모의 건축물의 벽, 반자, 지붕(반자가 없는 경우에 한정한다) 등 내부의 마감재료[제52조의4제1항의 복합자재의 경우 심재(心材)를 포함한다]는 방화에 지장이 없는 재료로 하되, 「다중이용시설 등의 실내공기질관리법」 제5조 및 제6조에 따른 실내공기질 유지기준 및 권고기준을 고려하고 관계 중앙행정기관의 장과 협의하여 국토교통부령으로 정하는 기준에 따른 것이어야 한다. 〈개정 21.03.16〉

제61조【건축물의 마감재료 등】

① 법 제52조제1항에서 "대통령령으로 정하는 용도 및 규모의 건축물"이란 다음 각 호의 어느 하나에 해당하는 건축물을 말한다. 다만, 그 제1호, 제1호의2, 제2호부터 제7호까지의 어느 하나에 해당하는 건축물(제8호에 해당하는 건축물은 제외한다)의주요구조부가 내화구조 또는 불연재료로 되어 있고 그 거실의 바닥면적(스프링클러나 그 밖에 이와 비슷한 자동식 소화설비를 설치한 바닥면적을 뺀 면적으로 한다. 이하 이 조에서 같다) 200제곱미터 이내마다 방화구획이 되어 있는 건축물은 제외한다.
〈개정 21.08.10〉

1. 단독주택 중 다중주택 · 다가구주택

1의2. 공동주택

2. 제2종 근린생활시설 중 공연장 · 종교집회장 · 인터넷컴퓨터게임시설제공업소 · 학원 · 독서실 · 당구장 · 다중생활시설의 용도로 쓰는 건축물

3. 발전시설, 방송통신시설(방송국·촬영소의 용도로 쓰는 건축물로 한정한다)

4. 공장, 창고시설, 위험물 저장 및 처리 시설(자가난방과 자가발전 등의 용도로 쓰는 시설을 포함한다), 자동차 관련 시설의 용도로 쓰는 건축물

5. 5층 이상인 층 거실의 바닥면적의 합계가 500제곱미터 이상인 건축물

6. 문화 및 집회시설, 종교시설, 판매시설, 운수시설, 의료시설, 교육연구시설 중 학교 · 학원, 노유자시설, 수련시설, 업무시설 중 오피스텔, 숙박시설, 위락시설, 장례시설　　　　　　　〈개정 20.10.08〉

7. 삭제〈21.08.10〉

8. 「다중이용업소의 안전관리에 관한 특별법 시행령」 제2조에 따른 다중이용업의 용도로 쓰는 건축물

<table>
<tr><th>건축물의 피난·방화구조 등의 기준에 관한 규칙</th><th>요　　　약</th></tr>
<tr><td>

제24조【건축물의 마감재료 등】 ①법 제52조제1항에 따라 영 제61조제1항 각 호의 건축물에 대하여는 그 거실의 벽 및 반자의 실내에 접하는 부분(반자돌림대·창대 기타 이와 유사한 것을 제외한다. 이하 이 조에서 같다)의 마감재료(영 제61조제1항제4호에 해당하는 건축물의 경우에는 단열재를 포함한다)는 불연재료·준불연재료 또는 난연재료를 사용해야 한다. 다만, 다음 각 호에 해당하는 부분의 마감재료는 불연재료 또는 준불연재료를 사용해야 한다.　　　　　　　〈개정 21.09.03〉

1. 거실에서 지상으로 통하는 주된 복도·계단, 그 밖의 벽 및 반자의 실내에 접하는 부분

2. 강판과 심재(心材)로 이루어진 복합자재를 마감재료로 사용하는 부분

②영 제61조제1항 각 호의 건축물 중 다음 각 호의 어느 하나에 해당하는 거실의 벽 및 반자의 실내에 접하는 부분의 마감은 제1항에도 불구하고 불연재료 또는 준불연재료로 하여야 한다.　　　　　〈개정 10.12.30〉

1. 영 제61조제1항 각 호에 따른 용도에 쓰이는 거실 등을 지하층 또는 지하의 공작물에 설치한 경우의 그 거실(출입문 및 문틀을 포함한다)

2. 영 제61조제1항제6호에 따른 용도에 쓰이는 건축물의 거실

③ 제1항 및 제2항에도 불구하고 영 제61조제1항제4호에 해당하는 건축물에서 단열재를 사용하는 경우로서 해당 건축물의 구조, 설계 또는 시공방법 등을 고려할 때 단열재로 불연재료·준불연재료 또는 난연재료를 사용하는 것이 곤란하여 법 제4조에 따른 건축위원회(시·도 및 시·군·구에 두는 건축위원회를 말한다)의 심의를 거친 경우에는 단열재를 불연재료·준불연재료 또는 난연재료가 아닌 것으로 사용할 수 있다.　　〈신설 21.09.03〉

④법 제52조제1항에서 **"내부마감재료"** 란 건축물 내부의 천장·반자·벽(경계벽 포함)·기둥 등에 부착되는 마감재료를 말한다. 다만,「다중이용업소의 안전관리에 관한 특별법 시행령」 제3조에 따른 실내장식물을 제외한다.　　　　　　　　　　〈개정 14.11.28〉

⑤영 제61조제1항제1호의2에 따른 공동주택에는「다중이용시설 등의 실내공기질관리법」 제11조제1항 및 같은 법 시행 규칙 제10조에 따라 환경부장관이 고시한 오염물질 방출 건축자재를 사용해서는 안 된다.　　　　　　　　　　〈개정 21.03.26〉

</td><td>

건축물의 마감재료

용도 또는 규모	적용대상	마감재료	
		거실	복도 계단 통로
단독주택(다중주택, 다가구주택), 공동주택	모든 경우	·불연 ·준불연 ·난연	·불연 ·준불연
제2종 근린생활시설 중 공연장·종교집회장·인터넷 컴퓨터게임시설제공업소·학원·독서실·당구장·다중생활시설의 용도로 쓰는 건축물	모든 경우		
발전시설 방송통신시설 (방송국·촬영소),	모든 경우		
공장, 창고시설, 위험물 저장 및 처리시설 (자가난방, 자가발전시설 포함), 자동차 관련시설	모든 경우 ※예외		
5층 이상인 건축물	5층 이상의 층의 거실의 바닥면적의 합계가 500 ㎡ 이상인 건축물		
창고	바닥면적 600㎡ (스프링클러 1,200㎡)이상인 건축물		
문화 및 집회시설, 종교시설, 판매시설, 운수시설, 의료시설, 교육연구시설 중 학교(초등학교)·학원, 노유자시설, 수련시설, 업무시설(오피스텔), 숙박시설, 위락시설(단란주점 유흥주점 제외), 장례시설, 다중이용업(단란주점영업 유흥주점영업 제외)	모든 경우	·불연 ·준불연	
앞의 용도에 쓰이는 거실을 지하층 또는 지하의 공작물에 설치한 경우	모든 경우		

※ 복합자재의 경우 심재(心材) 포함

</td></tr>
</table>

<table>
<tr><th>건 축 법</th><th>건 축 법 시 행 령</th></tr>
<tr><td>

[제52조]

② 대통령령으로 정하는 건축물의 외벽에 사용하는 마감재료(두 가지 이상의 재료로 제작된 자재의 경우 각 재료를 포함한다)는 방화에 지장이 없는 재료로 하여야 한다. 이 경우 마감재료의 기준은 국토교통부령으로 정한다. 〈개정 21.03.16〉

③욕실, 화장실, 목욕장 등의 바닥 마감재료는 미끄럼을 방지할 수 있도록 국토교통부령으로 정하는 기준에 적합하여야 한다. 〈신설 13.07.16〉

④ 대통령령으로 정하는 용도 및 규모에 해당하는 건축물 외벽에 설치되는 창호(窓戶)는 방화에 지장이 없도록 인접 대지와의 이격거리를 고려하여 방화성능 등이 국토교통부령으로 정하는 기준에 적합하여야 한다. 〈신설 20.12.22〉

</td><td>

[제61조]

② 법 제52조제2항에서 "대통령령으로 정하는 건축물" 이란 다음 각 호의 어느 하나에 해당하는 것을 말한다. 〈개정 21.08.10〉

1. 상업지역(근린상업지역은 제외한다)의 건축물로서 다음 각 목의 어느 하나에 해당하는 것
   가. 제1종 근린생활시설, 제2종 근린생활시설, 문화 및 집회시설, 종교시설, 판매시설, 운동 시설 및 위락시설의 용도로 쓰는 건축물로서 그 용도로 쓰는 바닥면적의 합계가 2천제곱 미터 이상인 건축물
   나. 공장(국토교통부령으로 정하는 화재 위험이 적은 공장은 제외한다)의 용도로 쓰는 건축물 로부터 6미터 이내에 위치한 건축물

2. 의료시설, 교육연구시설, 노유자시설 및 수련시설 의 용도로 쓰는 건축물

3. 3층 이상 또는 높이 9미터 이상인 건축물

4. 1층의 전부 또는 일부를 필로티 구조로 설치하여 주차장으로 쓰는 건축물

5. 제1항제4호에 해당하는 건축물

③ 법 제52조제4항에서 "대통령령으로 정하는 용도 및 규모에 해당하는 건축물"이란 제2항 각 호의 건축물 을 말한다. 〈신설 21.05.04〉

</td></tr>
</table>

건축물의 피난·방화구조 등의 기준에 관한 규칙	요 약

제24조의2 [화재 위험이 적은 공장과 인접한 건축물의 마감재료]

① 영 제61조제2항제1호나목 및 제2항제1호나목에서 "국토교통부령으로 정하는 화재위험이 적은 공장"이란 별표 3의 업종에 해당하는 공장을 말한다. 다만, 공장의 일부 또는 전체를 기숙사 및 구내식당의 용도로 사용하는 건축물을 제외한다. 〈개정 21.09.03〉

② 삭제〈21.09.03〉

③ 삭제〈21.09.03〉

[별표 3]화재위험이 적은 공장의 업종

분류번호	업종
10121	가금류 가공 및 저장처리업
10129	기타 육류 가공 및 저장처리업
10211	수산동물 훈제, 조리 및 유사 조제식품 제조업
10212	수산동물 건조 및 염장품 제조업
10213	수산동물 냉동품 제조업
10219	기타 수산동물 가공 및 저장처리업
10220	수산식물 가공 및 저장처리업
10301	과실 및 채소 절임식품 제조업
10309	기타 과일·채소 가공 및 저장처리업
10743	장류 제조업
11201	얼음 제조업
11202	생수 생산업
11209	기타 비알콜음료 제조업
23110	판유리 제조업
23122	판유리 가공품 제조업
23192	포장용 유리용기 제조업
23221	구조용 정형내화제품 제조업
23229	기타 내화요업제품 제조업
23231	점토 벽돌, 블록 및 유사 비내화 요업제품 제조업
23232	타일 및 유사 비내화 요업제품 제조업
23239	기타 구조용 비내화 요업제품 제조업
23311	시멘트 제조업
23312	석회 및 플라스터 제조업
23323	플라스터 제품 제조업
23325	콘크리트 타일, 기와, 벽돌 및 블록 제조업
23326	콘크리트관 및 기타 구조용 콘크리트제품 제조업
23329	그외 기타 콘크리트 제품 및 유사제품 제조업
23911	건설용 석제품 제조업
23919	기타 석제품 제조업
24111	제철업
24112	제강업
24113	합금철 제조업
24119	기타 제철 및 제강업
24211	동 제련, 정련 및 합금 제조업
24212	알루미늄 제련, 정련 및 합금 제조업
24213	연 및 아연 제련, 정련 및 합금 제조업
24219	기타 비철금속 제련, 정련 및 합금 제조업
24311	선철주물 주조업
24312	강주물 주조업
24321	알루미늄주물 주조업
24322	동주물 주조업
24329	기타 비철금속 주조업
25112	구조용 금속판제품 및 금속공작물 제조업
25113	금속 조립구조재 제조업
25119	기타 구조용 금속제품 제조업
28421	운송장비용 조명장치 제조업
29172	공기조화장치 제조업
30310	자동차 엔진용 부품 제조업
30320	자동차 차체용 부품 제조업
30391	자동차용 동력전달 장치 제조업
30392	자동차용 전기장치 제조업

비고: 분류번호는 「통계법」 제17조에 따라 통계청장이 고시하는 한국표준산업분류에 따른 분류번호를 말한다.

건축물의 외벽마감재료

방화지구가 아니라도 방화에 지장이 없는 재료 사용

1. 상업지역(근린상업지역 제외)의 건축물

    가. 제1종 근린생활시설, 제2종 근린생활시설, 문화 및 집회시설, 종교시설, 판매시설, 운동시설 및 위락시설

    - 바닥면적의 합계가 2,000㎡ 이상인 건축물

    나. 공장(화재 위험이 적은 공장 제외)

    - 건축물로부터 6m 이내에 위치한 건축물

2. 의료시설, 교육연구시설, 노유자시설 및 수련시설의 용도로 쓰는 건축물

3. 3층 이상 또는 높이 9 m 이상인 건축물

4. 1층의 전부 또는 일부를 필로티 구조로 설치하여 주차장으로 쓰는 건축물

5. 공장, 창고시설, 위험물 저장 및 처리 시설, 자동차 관련 시설의 용도로 쓰는 건축물

[예외]

화재위험이 적은 공장용도 - 별표3 참조

복합자재 사용이 가능한 공장용도

<table>
<tr><th>건 축 법</th><th>건축물의 피난·방화구조 등의 기준에 관한 규칙</th></tr>
</table>

[제24조]

⑥ 영 제61조제2항제1호부터 제3호까지의 규정 및 제5호에 해당하는 건축물의 외벽에는 법 제52조제2항 후단에 따라 불연재료 또는 준불연재료를 마감재료(단열재, 도장 등 코팅재료 및 그 밖에 마감재료를 구성하는 모든 재료를 포함한다. 이하 이 조에서 같다)로 사용해야 한다. 다만, 국토교통부장관이 정하여 고시하는 화재 확산 방지구조 기준에 적합하게 마감재료를 설치하는 경우에는 난연재료(강판과 심재로 이루어진 복합자재가 아닌 것으로 한정한다)를 사용할 수 있다. 〈개정 22.02.10〉

⑦ 제6항에도 불구하고 영 제61조제2항제1호·제3호 및 제5호에에 해당하는 건축물로서 5층 이하이면서 높이 22 미터 미만인 건축물의 경우 난연재료(강판과 심재로 이루어진 복합자재가 아닌 것으로 한정한다)를 마감재료로 할 수 있다. 다만, 건축물의 외벽을 국토교통부장관이 정하여 고시하는 화재 확산 방지구조 기준에 적합하게 설치하는 경우에는 난연성능이 없는 재료(강판과 심재로 이루어진 복합자재가 아닌 것으로 한정한다)를 마감재료로 사용할 수 있다. 〈개정 22.02.10〉

⑧ 제6항 및 제7항에 따른 마감재료가 둘 이상의 재료로 제작된 것인 경우 해당 마감재료는 다음 각 호의 요건을 모두 갖춘 것이어야 한다.

1. 마감재료를 구성하는 재료 전체를 하나로 보아 국토교통부장관이 정하여 고시하는 기준에 따라 실물모형시험(실제시공될 건축물의 구조와 유사한 모형으로 시험하는 것을 말한다. 이하 같다)을 한 결과가 국토교통부장관이 정하여 고시하는 기준을 충족할 것
2. 마감재료를 구성하는 각각의 재료에 대하여 난연성능을 시험한 결과가 국토교통부장관이 정하여 고시하는 기준을 충족할 것

⑨영 제14조제4항 각 호의 어느 하나에 해당하는 건축물 상호 간의 용도변경 중 영 별표 1 제3호다목(목욕장만 해당한다)·라목, 같은 표 제4호가목·사목·카목·파목(골프연습장, 놀이형시설만 해당한다)·더목·러목, 같은 표 제7호다목2) 및 같은 표 제16호가목·나목에 해당하는 용도로 변경하는 경우로서 스프링클러 또는 간이스크링클러의 헤드가 창문등으로부터 60센티미터 이내에 설치되어 건축물 내부가 화재로부터 방호되는 경우에는 제6항부터 제8항까지의 규정을 적용하지 않을 수 있다. 〈개정 21.09.03〉

⑩ 영제61조제2항제4호에 해당하는 건축물의 외벽[필로티 구조의 외기에 면하는 천장 및 벽체를 포함한다] 중 1층과 2층 부분에는 불연재료 또는 준불연재료를 마감재료로 해야 한다. 〈개정 21.09.03〉

건축물의 피난·방화구조 등의 기준에 관한 규칙	요　　　　약

[제24조]

⑪ 강판과 심재로 이루어진 복합자재를 마감재료로 사용하는 경우 해당 복합자재는 다음 각 호의 요건을 모두 갖춘 것이어야 한다.

1. 강판과 심재 전체를 하나로 보아 국토교통부장관이 정하여 고시하는 기준에 따라 실물모형시험을 실시한 결과가 국토교통부장관이 정하여 고시하는 기준을 충족할 것

2. 강판: 다음 각 목의 구분에 따른 기준을 모두 충족할 것

　가. 두께[도금 이후 도장(塗裝) 전 두께를 말한다]: 0.5밀리미터 이상

　나. 앞면 도장 횟수: 2회 이상

　다. 도금의 부착량: 도금의 종류에 따라 다음의 어느 하나에 해당할 것. 이 경우 도금의 종류는 한국산업표준에 따른다.

　　1) 용융 아연 도금 강판: 180g/㎡ 이상

　　2) 용융 아연 알루미늄 마그네슘 합금 도금 강판: 90g/㎡ 이상

　　3) 용융 55% 알루미늄 아연 마그네슘 합금 도금 강판: 90g/㎡ 이상

　　4) 용융 55% 알루미늄 아연 합금 도금 강판: 90g/㎡ 이상

　　5) 그 밖의 도금: 국토교통부장관이 정하여 고시하는 기준 이상

3. 심재: 강판을 제거한 심재가 다음 각 목의 어느 하나에 해당할 것

　가. 한국산업표준에 따른 그라스울 보온판 또는 미네랄울 보온판으로서 국토교통부장관이 정하여 고시하는 기준에 적합한 것

　나. 불연재료 또는 준불연재료인 것

⑫ 법 제52조제4항에 따라 영 제61조제2항 각 호에 해당하는 건축물의 인접대지경계선에 접하는 외벽에 설치하는 창호(窓戶)와 인접대지경계선 간의 거리가 1.5미터 이내인 경우 해당 창호는 방화유리창[한국산업표준 KS F 2845(유리구획 부분의 내화 시험방법)에 규정된 방법에 따라 시험한 결과 비차열 20분 이상의 성능이 있는 것으로 한정한다]으로 설치해야 한다. 다만, 스프링클러 또는 간이 스프링클러의 헤드가 창호로부터 60센티미터 이내에 설치되어 건축물 내부가 화재로부터 방호되는 경우에는 방화유리창으로 설치하지 않을 수 있다.

〈개정 22.02.10〉

마감재료 예외

(1) 아래 건축물 5층 이하이면서 높이 22 m 미만인 건축물 – 난연재료 사용 가능

　1. 상업지역(근린상업지역 제외)의 건축물

　가. 제1종 근린생활시설, 제2종 근린생활시설, 문화 및 집회시설, 종교시설, 판매시설, 운동시설 및 위락시설 건축물

　　– 바닥면적의 합계가 2,000 ㎡ 이상 건축물

　나. 공장(화재 위험이 적은 공장 제외)으로부터 6 m 이내에 위치한 건축물

　2. 3층 이상 또는 높이 9 m 이상인 건축물

※ 건축물의 외벽을 화재 확산 방지구조 기준에 적합하게 설치하는 경우

　– 난연성능이 없는 재료 사용 가능

(2) 아래의 용도변경 중 별표 1 제3호다목(목욕장만 해당)·라목, 같은 표 제4호가목·사목·카목·파목(골프연습장, 놀이형시설만 해당)·더목·러목, 같은 표 제7호다목2), 제16호가목·나목에 해당하는 용도로 변경하는 경우로서 스프링클러 또는 간이 스크링클러의 헤드가 창문등으로부터 60 cm 이내에 설치되어 건축물 내부가 화재로부터 방호되는 경우 : 마감규정 제외 가능

1. 별표 1의 같은 호 상호 간의 용도변경

2. 제1종 근린생활시설과 제2종 근린생활시설 상호 간의 용도변경

(3) 1층의 전부 또는 일부를 필로티 구조로 설치하여 주차장으로 쓰는 건축물의 외벽[필로티 구조의 외기(外氣)에 면하는 천장 및 벽체를 포함한다] 중 1층과 2층 부분 : 불연재료 또는 준불연재료

※ 마감재료를 구성하는 재료 전체를 하나로 보아 난연성능을 시험한 결과 불연재료 또는 준불연재료에 해당하는 경우

　: 난연재료를 단열재로 사용 가능

(4) 영 제61조제2항 각 호에 해당하는 건축물의 인접대지경계선에 접하는 외벽에 설치하는 창호와 인접대지경계선 간의 거리가 1.5 m 이내인 경우 : 해당 창호는 방화유리창(비차열 20분 이상 성능이 있는 것)으로 설치

※ 스프링클러 또는 간이 스프링클러의 헤드가 창호로부터 60 cm 이내에 설치되어 건축물 내부가 화재로부터 방호되는 경우 : 방화유리창 배제 가능

건 축 법	건축법시행령

제52조의2 [실내건축] ① 대통령령으로 정하는 용도 및 규모에 해당하는 건축물의 실내건축은 방화에 지장이 없고 사용자의 안전에 문제가 없는 구조 및 재료로 시공하여야 한다.

② 실내건축의 구조·시공방법 등에 관한 기준은 국토교통부령으로 정한다.

③ 특별자치시장·특별자치도지사 또는 시장·군수·구청장은 제1항 및 제2항에 따라 실내건축이 적정하게 설치 및 시공되었는지를 검사하여야 한다. 이 경우 검사하는 대상 건축물과 주기(週期)는 건축조례로 정한다.

[본조신설 14.05 28]

제61조의2 [실내건축] 법 제52조의2제1항에서 "대통령령으로 정하는 용도 및 규모에 해당하는 건축물"이란 다음 각 호의 어느 하나에 해당하는 건축물을 말한다.
〈개정 20.04.21〉

1. 다중이용 건축물
2. 「건축물의 분양에 관한 법률」 제3조에 따른 건축물
3. 별표 1 제3호나목 및 같은 표 제4호아목에 따른 건축물(칸막이로 거실의 일부를 가로로 구획하거나 가로 및 세로로 구획하는 경우만 해당한다)

[본조신설 14.11 28]

<table>
<tr><th>건 축 법 시 행 규 칙</th><th>요   약</th></tr>
</table>

제26조의5 [실내건축의 구조 · 시공방법 등의 기준]

① 법 제52조의2제2항에 따른 실내건축의 구조 · 시공방법 등에 관한 기준은 다음 각 호의 구분에 따른 기준에 따른다. 〈개정 20.10.28〉

1. 영 제61조의2제1호 및 제2호에 따른 건축물 : 다음 각 목의 기준을 모두 충족할 것

   가. 실내에 설치하는 칸막이는 피난에 지장이 없고, 구조적으로 안전할 것

   나. 실내에 설치하는 벽, 천장, 바닥 및 반자틀 (노출된 경우에 한정한다)은 방화에 지장이 없는 재료를 사용할 것

   다. 바닥 마감재료는 미끄럼을 방지할 수 있는 재료를 사용할 것

   라. 실내에 설치하는 난간, 창호 및 출입문은 방화에 지장이 없고, 구조적으로 안전할 것

   마. 실내에 설치하는 전기 · 가스 · 급수 · 배수 · 환기시설은 누수 · 누전 등 안전사고가 없는 재료를 사용하고, 구조적으로 안전할 것

   바. 실내의 돌출부 등에는 충돌, 끼임 등 안전사고를 방지할 수 있는 완충재료를 사용할 것

2. 영 제61조의2제3호에 따른 건축물 : 다음 각 목의 기준을 모두 충족할 것

   가. 거실을 구획하는 칸막이는 주요구조부와 분리 · 해체 등이 쉬운 구조로 할 것

   나. 거실을 구획하는 칸막이는 피난에 지장이 없고, 구조적으로 안전할 것. 이 경우 「건축사법」에 따라 등록한 건축사 또는 「기술사법」에 따라 등록한 건축구조기술사의 구조안전에 관한 확인을 받아야 한다.

   다. 거실을 구획하는 칸막이의 마감재료는 방화에 지장이 없는 재료를 사용할 것

   라. 구획하는 부분에 추락, 누수, 누전, 끼임 등의 안전사고를 방지할 수 있는 안전조치를 할 것

② 제1항에 따른 실내건축의 구조 · 시공방법 등에 관한 세부 사항은 국토교통부장관이 정하여 고시한다.

[본조신설 2014.11.28.]

실내건축

(1) 적용대상

1. 다중이용 건축물
2. 분양건물
   - 바닥면적 합계 : 3,000 ㎡ 이상인 건축물
   - 오피스텔 : 30실 이상
   - 주상복합 : 주택외 3,000 ㎡ 이상
   - 분양전환조건 임대 : 3,000 ㎡ 이상
3. 휴게음식점, 제과점 등 음료 · 차(茶) · 음식 · 빵 · 떡 · 과자 등을 조리하거나 제조하여 판매하는 시설(칸막이로 거실의 일부를 가로로 구획하거나 가로 및 세로로 구획하는 경우만 해당)

(2) 구조 · 시공 방법

1. 다중이용 건축물, 분양건축물

   가. 칸막이 :
   피난에 지장이 없고, 구조적으로 안전

   나. 벽, 천장, 바닥 및 반자틀(노출된 경우에 한정) :
   방화에 지장이 없는 재료 사용

   다. 바닥 마감재료 :
   미끄럼을 방지할 수 있는 재료 사용

   라. 난간, 창호 및 출입문 :
   방화에 지장이 없고, 구조적으로 안전

   마. 전기 · 가스 · 급수 · 배수 · 환기시설 :
   누수 · 누전 등 안전사고가 없는 재료 사용, 구조적으로 안전할 것

   바. 돌출부 등 :
   충돌, 끼임 등 안전사고를 방지할 수 있는 완충재료 사용

2. 휴게음식점, 제과점 등 음료 · 차(茶) · 음식 · 빵 · 떡 · 과자 등을 조리하거나 제조하여 판매하는 시설 (칸막이로 거실의 일부를 가로로 구획하거나 가로, 세로로 구획하는 경우만 해당) : 모두 충족

   가. 칸막이: 주요구조부와 분리 해체 등이 쉬운 구조

   나. 피난에 지장이 없고, 구조적으로 안전할 것
   - 등록 건축사 또는 등록 건축구조기술사의 구조안전에 관한 확인 받을 것

   다. 마감재료는 방화에 지장이 없는 재료 사용

   라. 구획하는 부분에 추락, 누수, 누전, 끼임 등의 안전사고를 방지할 수 있는 안전조치

<table>
<tr><th>건 축 법</th><th>건 축 법 시 행 령</th></tr>
</table>

제52조의4 [건축자재의 품질관리 등]
① 복합자재(불연재료인 양면 철판, 석재, 콘크리트 또는 이와 유사한 재료와 불연재료가 아닌 심재로 구성된 것을 말한다)를 포함한 제52조에 따른 마감재료, 방화문 등 대통령령으로 정하는 건축자재의 제조업자, 유통업자, 공사시공자 및 공사감리자는 국토교통부령으로 정하는 사항을 기재한 품질관리서(이하"품질관리서"라 한다)를 대통령령으로 정하는 바에 따라 허가권자에게 제출하여야 한다. 〈개정 21.03.16〉

제62조 [건축자재의 품질관리 등] ① 법 제52조의4제1항에서 "복합자재[불연재료인 양면 철판, 석재, 콘크리트 또는 이와 유사한 재료와 불연재료가 아닌 심재($心材$)로 구성된 것을 말한다]를 포함한 제52조에 따른 마감재료, 방화문 등 대통령령으로 정하는 건축자재"란 다음 각 호의 어느 하나에 해당하는 것을 말한다. 〈개정 20.10.08〉
 1. 법 제52조의4제1항에 따른 복합자재
 2. 건축물의 외벽에 사용하는 마감재료로서 단열재
 3. 제64조제1항제1호부터 제3호까지의 규정에 따른 방화문
 4. 그 밖에 방화와 관련된 건축자재로서 국토교통부령으로 정하는 건축자재
② 법 제52조의4제1항에 따른 건축자재의 제조업자는 같은 항에 따른 품질관리서(이하 "품질관리서"라 한다)를 건축자재 유통업자에게 제출해야 하며, 건축자재 유통업자는 품질관리서와 건축자재의 일치 여부 등을 확인하여 품질관리서를 공사시공자에게 전달해야 한다. 〈신설 19.10.22〉
③ 제2항에 따라 품질관리서를 제출받은 공사시공자는 품질관리서와 건축자재의 일치 여부를 확인한 후 해당 건축물에서 사용된 건축자재 품질관리서 전체를 공사감리자에게 제출해야 한다. 〈개정 19.10.22〉
④ 공사감리자는 제3항에 따라 제출받은 품질관리서를 공사감리 완료보고서에 첨부하여 법 제25조제6항에 따라 건축주에게 제출하여야 하며, 건축주는 법 제22조에 따른 건축물의 사용승인을 신청할 때에 이를 허가권자에게 제출해야 한다. 〈개정 19.10.22〉
[본조신설 15.09 22]

제24조의3[건축자재의 품질관리서] ① 영 제62조제1항제4호에서 "국토교통부령으로 정하는 건축자재"란 영 제46조 및 이 규칙 제14조에 따라 방화구획을 구성하는 내화구조, 자동방화셔터, 내화채움 성능이 인정된 구조 및 방화댐퍼를 말한다. 〈개정 21.12.23〉

② 법 제52조의4제1항에서 "국토교통부령으로 정하는 사항을 기재한 품질관리서"란 다음 각 호의 구분에 따른 서식을 말한다. 이 경우 다음 각 호에서 정한 서류를 첨부한다. 〈개정 22.02.10〉

1. 영 제62조제1항제1호의 경우 : 별지 제1호서식. 이 경우 다음 각 목의 서류를 첨부할 것.

가. 난연성능이 표시된 복합자재(심재로 한정한다) 시험성적서 [법 제52조의5제1항에 따라 품질인정을 받은 경우에는 법 제52조의6제7항에 따라 국토교통부장관이 정하여 고시하는 품질인정서(이하 "품질인정서"라 한다)] 사본

나. 강판의 두께, 도금 종류 및 도금 부착량이 표시된 강판생산업체의 품질검사증명서 사본

다. 실물모형시험결과가 표시된 복합자재 시험성적서(법 제52조의5제1항에 따라 품질인정을 받은 경우에는 품질인정서) 사본

2. 영 제62조제1항제2호의 경우 : 별지 제2호서식. 이 경우 다음 각 목의 서류를 첨부할 것

가. 난연성능이 표시된 단열재 시험성적서 사본. 이 경우 단열재가 둘 이상의 재료로 제작된 경우에는 각 재료별로 첨부해야 한다.

나. 실물모형시험 결과가 표시된 단열재 시험성적서(외벽의 마감재료가 둘 이상의 재료로 제작된 경우만 첨부한다) 사본

3. 영 제62조제1항제3호의 경우 : 별지 제3호서식. 이 경우 연기, 불꽃 및 열을 차단할 수 있는 성능이 표시된 방화문시험성적서(법 제52조의5제1항에 따라 품질인정을 받은 경우에는 품질인정서) 사본을 첨부할 것

3의2. 내화구조의 경우: 별지 제3호의2서식. 이 경우 내화성능 시간이 표시된 시험성적서(법 제52조의5제1항에 따라 품질인정을 받은 경우에는 품질인정서) 사본을 첨부할 것

4. 자동방화셔터의 경우 : 별지 제4호서식. 이 경우 연기, 불꽃 및 열을 차단할 수 있는 성능이 표시된 자동방화셔터 시험성적서(법 제52조의5제1항에 따라 품질인정을 받은 경우에는 품질인정서) 사본을 첨부할 것

5. 내화채움성능이 인정된 구조의 경우 : 별지 제5호서식. 이 경우 연기, 불꽃 및 열을 차단할 수 있는 성능이 표시된 내화채움구조 시험성적서(법 제52조의5제1항에 따라 품질인정을 받은 경우에는 품질인정서) 사본을 첨부할 것

건축자재의 품질관리

1. 관계자 의무사항

   건축자재를 공급하는 자
   - 건축자재품질관리서를 공사시공자에게 제출

   공사시공자
   - 일치여부 확인한 후 공사감리자에게 제출

   공사감리자
   - 건축자재품질관리서를 공사감리완료보고서에 첨부하여 건축주에게 제출

   건축주
   - 사용승인 신청할 때 허가권자에게 제출.

2. 허가권자가 난연성분 분석시험을 의뢰하여 난연성능을 확인할 수 있도록 하는 건축물
   - 제61조[건축물의 마감재료] 제1항에 해당하는 건축물

건축물의 피난·방화구조 등의 기준에 관한 규칙

[제24조의3 ②]

6. 방화댐퍼의 경우 : 별지 제6호서식. 이 경우 「산업표준화법」에 따른 한국산업규격에서 정하는 방화댐퍼의 방연시험방법에 적합한 것을 증명하는 시험성적서 사본을 첨부할 것

③ 공사시공자는 법 제52조의4제1항에 따라 작성한 품질관리서의 내용과 같게 별지 제7호서식의 건축자재 품질관리서 대장을 작성하여 공사감리자에게 제출해야 한다.

④ 공사감리자는 제3항에 따라 제출받은 건축자재 품질관리서 대장의 내용과 영 제62조제3항에 따라 제출받은 품질관리서의 내용이 같은지를 확인하고 이를 영 제62조제4항에 따라 건축주에게 제출해야 한다.

⑤ 건축주는 제4항에 따라 제출받은 건축자재 품질관리서 대장을 영 제62조제4항에 따라 허가권자에게 제출해야 한다.

<table>
<tr><th>건 축 법</th><th>건 축 법 시 행 령</th></tr>
</table>

건 축 법

[제52조의4]

② 제1항에 따른 건축자재의 제조업자, 유통업자는 「과학기술분야 정부출연연구기관 등의 설립·운영 및 육성에 관한 법률」에 따른 한국건설기술연구원 등 대통령령으로 정하는 시험기관에 건축자재의 성능시험을 의뢰하여야 한다. 〈개정 19.04.23〉

③제2항에 따른 성능시험을 수행하는 시험기관의 장은 성능시험 결과 등 건축자재의 품질관리에 필요한 정보를 국토교통부령으로 정하는 바에 따라 기관 또는 단체에 제공하거나 공개하여야 한다. 〈신설 19.04.23〉

④ 제3항에 따라 정보를 제공받은 기관 또는 단체는 해당 건축자재의 정보를 홈페이지 등에 게시하여 일반인이 알 수 있도록 하여야 한다. 〈신설 19.04.23〉

⑤ 제1항에 따른 건축자재 중 국토교통부령으로 정하는 단열재는 국토교통부장관이 고시하는 기준에 따라 해당 건축자재에 대한 정보를 표면에 표시하여야 한다.
　　　　　　　　　　〈신설 19.04.23〉

⑥ 복합자재에 대한 난연성분 분석시험, 난연성능기준, 시험수수료 등 필요한 사항은 국토교통부령으로 정한다.
　　　　　　　　[본조신설 15.01 06]

건 축 법 시 행 령

제63조 [건축자재 성능 시험기관]　　법 제52조의4제2항에서 "「과학기술분야 정부출연연구기관 등의 설립·운영 및 육성에 관한 법률」에 따른 한국건설기술연구원 등 대통령령으로 정하는 시험기관"이란 다음 각 호의 기관을 말한다.

 1. 한국건설기술연구원

 2. 「건설기술 진흥법」에 따른 건설기술용역업자로서 건축 관련 품질시험의 수행능력이 국토교통부장관이 정하여 고시하는 기준에 해당하는 자

 3. 「국가표준기본법」 제23조에 따라 인정받은 시험·검사기관
　　　　　　　　　　[본조신설 19.10 22]

제24조의4 【건축자재 품질관리 정보 공개】 ① 법 제52조의4제2항에 따라 건축자재의 성능시험을 의뢰받은 시험기관의 장(이하 "건축자재 성능시험기관의 장"이라 한다)은 건축자재의 종류에 따라 국토교통부장관이 정하여 고시하는 사항을 포함한 시험성적서(이하 "시험성적서"라 한다)를 성능시험을 의뢰한 제조업자 및 유통업자에게 발급해야 한다.

② 제1항에 따라 시험성적서를 발급한 건축자재 성능시험기관의 장은 그 발급일부터 7일 이내에 국토교통부장관이 정하여 고시하는 기관 또는 단체(이하 "기관 또는 단체"라 한다)에 시험성적서의 사본을 제출해야 한다. 다만, 다음 각 호의 어느 하나에 해당하는 경우에는 제외한다.

1. 건축자재의 성능시험을 의뢰한 제조업자 및 유통업자가 건축물에 사용하지 않을 목적으로 의뢰한 경우
2. 법에서 정하는 성능에 미달하여 건축물에 사용할 수 없는 경우

③ 제1항에 따라 시험성적서를 발급받은 건축자재의 제조업자 및 유통업자는 시험성적서를 발급받은 날부터 1개월 이내에 성능시험을 의뢰한 건축자재의 종류, 용도, 색상, 재질 및 규격을 기관 또는 단체에 통보해야 한다. 다만, 제2항 각 호의 어느 하나에 해당하는 경우는 제외한다.

④ 기관 또는 단체는 법 제52조의4제4항에 따라 다음 각 호의 사항을 해당 기관 또는 단체의 홈페이지 등에 게시하여 일반인이 알 수 있도록 해야 한다.

1. 제2항에 따라 제출받은 시험성적서의 사본
2. 제3항에 따라 통보받은 건축자재의 종류, 용도, 색상, 재질 및 규격

⑤ 기관 또는 단체는 국토교통부장관이 정하여 고시하는 시험성적서의 유효기간이 만료되기 1개월 전에 해당 시험성적서를 발급한 건축자재 성능시험기관의 장에게 그 사실을 알려야 한다.

⑥ 기관 또는 단체는 제5항에 따른 유효기간이 지난 시험성적서는 그 사실을 표시하여 해당 기관 또는 단체의 홈페이지 등에 게시해야 한다.

⑦ 기관 또는 단체는 제4항 및 제6항에 따른 정보 공개의 실적을 국토교통부장관에게 분기별로 보고해야 한다.

[본조신설 19.10.24]

제24조의5 【건축자재 표면에 정보를 표시해야 하는 단열재】
법 제52조의4제5항에서 "국토교통부령으로 정하는 단열재"란 영 제62조제1항제2호에 따른 단열재를 말한다.

[본조신설 19.10.24]

건축자재 품질관리 정보 공개

1. 건축자재 성능시험기관
   시험성적서를 성능시험을 의뢰한 제조업자 및 유통업자에게 발급
2. 건축자재 성능시험기관
   기관 또는 단체에 시험성적서 사본 제출
[예외]
   1} 제조업자 및 유통업자가 건축물에 사용하지 않을 목적으로 의뢰한 경우
   2) 건축물에 사용할 수 없는 경우
3. 건축자재의 제조업자 및 유통업자
   건축자재의 종류, 용도, 색상, 재질 및 규격을 기관 또는 단체에 통보
4. 기관 또는 단체
   기관 또는 단체의 홈페이지 등에 게시 일반인에 공람

건축자재 성능 시험기관

1. 한국건설기술연구원
2. 건설기술용역업자
 - 건축 관련 품질시험 수행능력이 고시기준에 해당하는 자
3. 「국가표준기본법」에 따라 인정받은 시험·검사기관

<table>
<tr><td align="center">건 축 법</td><td align="center">건 축 법 시 행 령</td></tr>
</table>

제52조의5 [건축자재등의 품질인정] ① 방화문, 복합자재 등 대통령령으로 정하는 건축자재와 내화구조(이하 "건축자재등"이라 한다)는 방화성능, 품질관리 등 국토교통부령으로 정하는 기준에 따라 품질이 적합하다고 인정받아야 한다.

② 건축관계자등은 제1항에 따라 품질인정을 받은 건축자재등만 사용하고, 인정받은 내용대로 제조·유통·시공하여야 한다.

[본조신설 20.12.22]

제63조의2 [품질인정 대상 건축자재 등] 법 제52조의5 제1항에서 "방화문, 복합자재 등 대통령령으로 정하는 건축자재와 내화구조"란 다음 각 호의 건축자재와 내화구조(이하 제63조의4 및 제63조의5에서 "건축자재등"이라 한다)를 말한다.

 1. 법 제52조의4제1항에 따른 복합자재 중 국토교통부령으로 정하는 강판과 심재로 이루어진 복합자재
 2. 주요구조부가 내화구조 또는 불연재료로 된 건축물의 방화구획에 사용되는 다음 각 목의 건축자재와 내화구조
   가. 자동방화셔터
   나. 제62조제1항제4호에 따라 국토교통부령으로 정하는 건축자재 중 내화채움성능이 인정된 구조
 3. 제64조제1항 각 호의 방화문
 4. 그 밖에 건축물의 안전·화재예방 등을 위하여 품질인정이 필요한 건축자재와 내화구조로서 국토교통부령으로 정하는 건축자재와 내화구조

[본조신설 21.12.21]

<table>
<tr><th>건축물의 피난·방화구조 등의 기준에 관한 규칙</th><th>요　　　약</th></tr>
</table>

제24조의6 [품질인정 대상 복합자재 등]
① 영 제63조의2제1호에서 "국토교통부령으로 정하는 강판과 심재로 이루어진 복합자재"란 강판과 단열재로 이루어진 복합자재를 말한다.
② 영 제63조의2제4호에서 "국토교통부령으로 정하는 건축자재와 내화구조"란 제3조제8호부터 제10호까지의 규정에 따른 내화구조를 말한다.

제24조의7 [건축자재등의 품질인정 기준] 법 제52조의 5제1항에서 "국토교통부령으로 정하는 기준"이란 다음 각 호의 기준을 말한다.
　1. 신청자의 제조현장을 확인한 결과 품질인정 또는 품질인정 유효기간의 연장을 신청한 자가 다음 각 목의 사항을 준수하고 있을 것
　가. 품질인정 또는 품질인정 유효기간의 연장 신청시 신청자가 제출한 다음 각 목에 관한 기준(유효기간 연장 신청의 경우에는 인정받은 기준을 말한다)
　　1) 원재료·완제품에 대한 품질관리기준
　　2) 제조공정 관리 기준
　　3) 제조·검사 장비의 교정기준
　나. 법 제52조의5제1항에 따른 건축자재등(이하 "건축자재등"이라 한다)에 대한 로트번호 부여
　2. 건축자재등에 대한 시험 결과 건축자재등이 다음 각 목의 구분에 따른 품질기준을 충족할 것
　가. 영 제63조의2제1호의 복합자재: 제24조에 따른 난연성능
　나. 영 제63조의2제2호가목의 자동방화셔터: 제14조 제2항제4호에 따른 자동방화셔터 설치기준
　다. 영 제63조의2제2호나목의 내화채움성능이 인정된 구조: 별표 1 제1호에 따른 내화시간(내화채움성능이 인정된 구조로 메워지는 구성 부재에 적용되는 내화시간을 말한다) 기준
　라. 영 제63조의2제3호의 방화문: 영 제64조제1항 각 호의 구분에 따른 연기, 불꽃 및 열 차단 시간
　마. 제24조의6제2항에 따른 내화구조: 별표 1에 따른 내화시간 성능기준
　3. 그 밖에 국토교통부장관이 정하여 고시하는 품질 인정과 관련된 기준을 충족할 것

<table>
<tr><th>건 축 법</th><th>건 축 법 시 행 령</th></tr>
</table>

제52조의6 [건축자재등 품질인정기관의 지정·운영 등] ① 국토교통부장관은 건축 관련 업무를 수행하는 「공공기관의 운영에 관한 법률」 제4조에 따른 공공기관으로서 대통령령으로 정하는 기관을 품질인정 업무를 수행하는 기관(이하 "건축자재등 품질인정기관"이라 한다)으로 지정할 수 있다.

② 건축자재등 품질인정기관은 제52조의5제1항에 따른 건축자재등에 대한 품질인정 업무를 수행하며, 품질인정을 신청한 자에 대하여 국토교통부령으로 정하는 바에 따라 수수료를 받을 수 있다.

③ 건축자재등 품질인정기관은 제2항에 따라 품질이 적합하다고 인정받은 건축자재등(이하 "품질인정자재등"이라 한다)이 다음 각 호의 어느 하나에 해당하면 그 인정을 취소할 수 있다. 다만, 제1호에 해당하는 경우에는 그 인정을 취소하여야 한다.

  1. 거짓이나 그 밖의 부정한 방법으로 인정받은 경우
  2. 인정받은 내용과 다르게 제조·유통·시공하는 경우
  3. 품질인정자재등이 국토교통부장관이 정하여 고시하는 품질관리기준에 적합하지 아니한 경우
  4. 인정의 유효기간을 연장하기 위한 시험결과를 제출하지 아니한 경우

④ 건축자재등 품질인정기관은 제52조의5제2항에 따른 건축자재등의 품질 유지·관리 의무가 준수되고 있는지 확인하기 위하여 국토교통부령으로 정하는 바에 따라 제52조의4에 따른 건축자재 시험기관의 시험장소, 제조업자의 제조현장, 유통업자의 유통장소, 건축공사장 등을 점검하여야 한다.

⑤ 건축자재등 품질인정기관은 제4항에 따른 점검 결과 위법 사실을 발견한 경우 국토교통부장관에게 그 사실을 통보하여야 한다. 이 경우 국토교통부장관은 대통령령으로 정하는 바에 따라 공사 중단, 사용 중단 등의 조치를 하거나 관계 기관에 대하여 관계 법률에 따른 영업정지 등의 요청을 할 수 있다.

⑥ 건축자재등 품질인정기관은 건축자재등의 품질관리 상태 확인 등을 위하여 대통령령으로 정하는 바에 따라 제조업자, 유통업자, 건축관계자등에 대하여 건축자재등의 생산 및 판매실적, 시공현장별 시공실적 등의 자료를 요청할 수 있다.

⑦ 그 밖에 건축자재등 품질인정기관이 건축자재등의 품질인정을 운영하기 위한 인정절차, 품질관리 등 필요한 사항은 국토교통부장관이 정하여 고시한다.

[본조신설 20.12.22]

제63조의3 [건축자재등 품질인정기관] 법 제52조의6제1항에서 "대통령령으로 정하는 기관"이란 한국건설기술연구원을 말한다.

제63조의4 [건축자재등 품질 유지·관리 의무 위반에 따른 조치] ① 국토교통부장관은 법 제52조의6제5항 전단에 따른 통보를 받은 경우 같은 항 후단에 따라 같은 조 제3항에 따른 품질인정자재등(이하 이 조 및 제63조의5에서 "품질인정자재등"이라 한다)의 제조업자, 유통업자 및 법 제25조의2제1항에 따른 건축관계자등(이하 이 조 및 제63조의5에서 "제조업자등"이라 한다)에게 위법 사실을 통보해야 하며, 제조업자등에게 다음 각 호의 구분에 따른 조치를 할 수 있다.

  1. 법 제25조의2제1항에 따른 건축관계자등: 다음 각 목의 구분에 따른 조치
   가. 품질인정자재등을 사용하지 않거나 인정받은 내용대로 시공하지 않은 부분이 있는 경우: 시공 부분의 시정, 해당 공정에 대한 공사 중단과 품질인정을 받지 않은 건축자재등의 사용 중단 명령
   나. 품질인정을 받지 않은 건축자재등이 공사현장에 반입되어 있거나 보관되어 있는 경우: 해당 건축자재등의 사용 중단 명령
  2. 제조업자 및 유통업자: 관계 기관에 대한 관계 법률에 따른 영업정지 등의 요청

② 제1항에 따른 국토교통부장관의 조치에 관하여는 제61조의3제2항 및 제3항을 준용한다. 이 경우 "건축관계자 및 제조업자·유통업자"는 "제조업자등"으로, "국토교통부장관, 시·도지사 및 시장·군수·구청장"은 "국토교통부장관"으로 본다.

제63조의5 [제조업자등에 대한 자료요청] 법 제52조의6제1항 및 이 영 제63조의3에 따라 건축자재등 품질인정기관으로 지정된 한국건설기술연구원은 법 제52조의6제6항에 따라 제조업자등에게 다음 각 호의 자료를 요청할 수 있다.

  1. 건축자재등 및 품질인정자재등의 생산 및 판매 실적
  2. 시공현장별 건축자재등 및 품질인정자재등의 시공 실적
  3. 품질관리서
  4. 그 밖에 제조공정에 관한 기록 등 품질인정자재등에 대한 품질관리의 적정성을 확인할 수 있는 자료로서 국토교통부장관이 정하여 고시하는 자료

[본조신설 21.12.21]

<table>
<tr><td align="center">건축물의 피난·방화구조 등의 기준에 관한 규칙</td><td align="center">요　　　약</td></tr>
</table>

제24조의8 [건축자재등의 품질인정 수수료]
① 법 제52조의6제2항에 따른 수수료의 종류는 다음 각 호와
같다.
　1. 품질인정 신청 수수료
　2. 품질인정 유효기간 연장 신청 수수료
② 제1항에 따른 수수료는 별표 4와 같다.
③ 품질인정 또는 품질인정 유효기간의 연장을 신청하려는 자는
다음 각 호의 구분에 따른 시기에 수수료를 내야 한다.
　1. 수수료 중 기본비용 및 추가비용: 품질인정 또는 품질인정
　　 유효기간의 연장 신청을 하는 때
　2. 수수료 중 출장비용 및 자문비용: 한국건설기술연구원장이
　　 고지하는 납부시기
④ 한국건설기술연구원장은 다음 각 호의 어느 하나에 해당하는
경우에는 납부된 수수료의 전부 또는 일부를 반환해야 한다.
　1. 품질인정 또는 품질인정 유효기간의 연장을 위한 시험·
　　 검사 등을 실시하기 전에 신청자가 신청을 철회한 경우
　2. 신청을 반려한 경우
　3. 수수료를 과오납(過誤納)한 경우
⑤ 수수료의 납부·반환 방법 및 반환 금액 등 수수료의 납부
및 반환에 필요한 세부사항은 국토교통부장관이 정하여 고시
한다.

제24조의9 [품질인정자재등의 제조업자 등에 대한 점검]
① 한국건설기술연구원장은 법 제52조의6제4항에 따라 매년 1회
이상 법 제52조의4제2항에 따른 시험기관의 시험장소, 법 제52
조의6제4항에 따른 제조업자의 제조현장, 유통업자의 유통장소
및 건축공사장을 점검해야 한다.
② 한국건설기술연구원장은 제1항에 따라 제조현장 등을 점검하
는 경우 다음 각 호의 사항을 확인해야 한다.
　1. 법 제52조의4제2항에 따른 시험기관이 품질인정자재등과
　　 관련하여 작성한 원시 데이터, 시험체 제작 및 확인 기록
　2. 법 제52조의6제3항에 따른 품질인정자재등(이하 "품질인정
　　 자재등"이라 한다)의 품질인정 유효기간 및 품질인정표시
　3. 제조업자가 작성한 납품확인서 및 품질관리서
　4. 건축공사장에서의 시공 현황을 확인할 수 있는 다음 각 목
　　 의 서류
　　 가. 품질인정자재등의 세부 인정내용
　　 나. 설계도서 및 작업설명서
　　 다. 건축공사 감리에 관한 서류
　　 라. 그 밖에 시공 현황을 확인할 수 있는 서류로서 국토교통
　　　　 부장관이 정하여 고시하는 서류
③ 제1항에 따른 점검의 세부 절차 및 방법은 국토교통부장관이
정하여 고시한다.

<table>
<tr><th>건 축 법</th><th>건 축 법 시 행 령</th></tr>
<tr><td>

제53조 【지하층】 건축물에 설치하는 지하층의 구조 및 설비는 국토교통부령으로 정하는 기준에 맞게 하여야 한다. 〈개정 13.03.23〉

</td><td></td></tr>
</table>

<table>
<tr><th>건축물의 피난·방화구조 등의 기준에 관한 규칙</th><th>요　　　약</th></tr>
</table>

제25조 【지하층의 구조】 ① 법 제53조에 따라 건축물에 설치하는 지하층의 구조 및 설비는 다음 각 호의 기준에 적합하여야 한다.

〈개정 10.12.30〉

1. 거실의 바닥면적이 50제곱미터 이상인 층에는 직통계단외에 피난층 또는 지상으로 통하는 비상탈출구 및 환기통을 설치할 것. 다만, 직통계단이 2개소 이상 설치되어 있는 경우에는 그러하지 아니하다. 〈개정 06.6.29〉

1의2. 제2종근린생활시설 중 공연장·단란주점·당구장·노래연습장, 문화 및 집회시설 중 예식장·공연장, 수련시설 중 생활권수련시설·자연권수련시설, 숙박시설 중 여관·여인숙, 위락시설 중 단란주점·유흥주점 또는 「다중이용업소의 안전관리에 관한 특별법 시행령」 제2조에 따른 다중이용업의 용도에 쓰이는 층으로서 그 층의 거실의 바닥면적의 합계가 50제곱미터 이상인 건축물에는 직통계단을 2개소 이상 설치할 것

2. 바닥면적이 1천제곱미터이상인 층에는 피난층 또는 지상으로 통하는 직통계단을 영 제46조의 규정에 의한 방화구획으로 구획되는 각 부분마다 1개소 이상 설치하되, 이를 피난계단 또는 특별피난계단의 구조로 할 것

3. 거실의 바닥면적의 합계가 1천제곱미터 이상인 층에는 환기설비를 설치할 것

4. 지하층의 바닥면적이 300제곱미터 이상인 층에는 식수공급을 위한 급수전을 1개소이상 설치할 것

지하층의 구조

바닥면적의 규모	설치 기준
① 바닥면적이 50㎡ 이상인 층	직통계단 외에 비상탈출구 및 환기통 설치 (예외 : 직통계단이 2 이상)
②2종근생(공연장·단란주점·당구장·노래연습장), 문화 및 집회시설(예식장·공연장), 수련시설(생활권·자연권수련시설), 숙박시설(여관·여인숙), 위락시설(단란주점·주점영업·다중이용업)의 용도에 쓰이는 층으로서 그 층의 거실의 바닥면적의 합계가 50㎡ 이상인 건축물	직통계단을 2개소 이상 설치
③ 바닥면적이 1,000㎡ 이상인 층	방화구획으로 구획하는 각 부분마다 1 이상의 피난계단 또는 특별 피난계단 설치
④ 거실의 바닥면적의 합계가 1,000㎡ 이상인 층	환기설비 설치
⑤ 지하층의 바닥면적이 300㎡ 이상인 층	식수공급을 위한 급수전 1개소 이상 설치

「다중이용업소의 안전관리에 관한 특별법시행령」
[다중이용업]
1. 식품접객업
   - 휴게음식점·제과점 또는 일반음식점으로서 바닥면적 100㎡ 이상인 것(지하층 : 66㎡)
     [예외] 피난층
   - 단란주점, 유흥주점
2. 영화상영관·비디오물감상실·비디오물소극장
3. 학 원 - 수용인원이 300인 이상인 것
         - 수용인원100인~300인 미만 별도규정
4. 목욕장업 : 수용인원이 100인 이상인 것
5. 게임제공업·인터넷컴퓨터게임시설제공업 및 복합유통게임제공업
   [예외] 피난층
6. 노래연습장업
7. 산후조리업
8. 고시원업
9. 기타 불특정다수인이 출입하는 영업

건 축 법	건 축 법 시 행 령
제53조의2 【건축물의 범죄예방】 ① 국토교통부장관은 범죄를 예방하고 안전한 생활 환경을 조성하기 위하여 건축물, 건축설비 및 대지 에 관한 범죄예방 기준을 정하여 고시할 수 있다. ② 대통령령으로 정하는 건축물은 제1항의 범죄예방 기준에 따라 건축하여야 한다. [본조신설 14.05.28]	**제63조의6 【건축물의 범죄예방】**　　법 제53조의2제2항 에서 "대통령령으로 정하는 건축물"이란 다음 각 호의 어느 하나에 해당하는 건축물을 말한다. 　1. 다가구주택, 아파트, 연립주택 및 다세대주택 　　　　　　　　　　　　　　〈개정 18.12.31〉 　2. 제1종 근린생활시설 중 일용품을 판매하는 소매점 　3. 제2종 근린생활시설 중 다중생활시설 　4. 문화 및 집회시설(동·식물원은 제외한다) 　5. 교육연구시설(연구소 및 도서관은 제외한다) 　6. 노유자시설 　7. 수련시설 　8. 업무시설 중 오피스텔 　9. 숙박시설 중 다중생활시설 　　　　　　　　　　　　　[본조신설 14.11.28]

건축물의 피난·방화구조 등의 기준에 관한 규칙	요 약

[제25조]

건축물의 범죄예방

범죄예방기준 적용대상 건축물

1. 다가구주택, 아파트, 연립주택 및 다세대주택
2. 제1종 근린생활시설 : 소매점
3. 제2종 근린생활시설 : 다중생활시설
4. 문화 및 집회시설(동·식물원 제외)
5. 교육연구시설(연구소 및 도서관 제외)
6. 노유자시설
7. 수련시설
8. 업무시설 : 오피스텔
9. 숙박시설 : 다중생활시설

---

②제1항제1호에 따른 지하층의 비상탈출구는 다음 각호의 기준에 적합하여야 한다.   다만, 주택의 경우에는 그러하지 아니하다.   〈개정 10.4.7〉

1. 비상탈출구의 유효너비는 0.75미터 이상으로 하고, 유효높이는 1.5미터 이상으로 할 것
2. 비상탈출구의 문은 피난방향으로 열리도록 하고, 실내에서 항상 열 수 있는 구조로 하여야 하며, 내부 및 외부에는 비상탈출구의 표시를 할 것
3. 비상탈출구는 출입구로부터 3미터 이상 떨어진 곳에 설치할 것
4. 지하층의 바닥으로부터 비상탈출구의 아랫부분까지의 높이가 1.2미터 이상이 되는 경우에는 벽체에 발판의 너비가 20센티미터 이상인 사다리를 설치할 것
5. 비상탈출구는 피난층 또는 지상으로 통하는 복도나 직통계단에 직접 접하거나 통로 등으로 연결될 수 있도록 설치하여야 하며, 피난층 또는 지상으로 통하는 복도나 직통계단까지 이르는 피난통로의 유효너비는 0.75미터 이상으로 하고, 피난통로의 실내에 접하는 부분의 마감과 그 바탕은 불연재료로 할 것
6. 비상탈출구의 진입부분 및 피난통로에는 통행에 지장이 있는 물건을 방치하거나 시설물을 설치하지 아니할 것
7. 비상탈출구의 유도등과 피난통로의 비상조명등의 설치는 소방법령이 정하는 바에 의할 것

비상탈출구의 구조기준

구 분	기 준
1. 유효너비 유효높이	0.75 m 이상 1.5 m 이상
2. 문	1) 피난방향으로 개폐 2) 실내에서 항상 열수 있는 구조 3) 내·외부에 비상탈출구 표시
3. 출입구로부터	3 m 이상 떨어진 곳에 설치
4. 지하층의 바닥으로부터 비상탈출구의 하단까지의 높이가 1.2 m 이상인 경우	벽체에 발판의 너비가 20 cm 이상인 사다리 설치
5. 복도·피난통로의 유효너비	0.75 m 이상 (실내에 면하는 부분의 마감·바탕 : 불연재료)
6. 진입부분, 피난 통로	통행에 지장이 있는 물건방치, 시설물 설치 금지
7. 유도등, 비상조명등 설치	소방법령 준용

<table>
<tr><th>건 축 법</th><th>건 축 법 시 행 령</th></tr>
<tr><td></td><td>

제64조 【방화문의 구분】

① 방화문은 다음 각 호와 같이 구분한다.

 1. 60분+ 방화문: 연기 및 불꽃을 차단할 수 있는 시간이 60분 이상이고, 열을 차단할 수 있는 시간이 30분 이상인 방화문

 2. 60분 방화문: 연기 및 불꽃을 차단할 수 있는 시간이 60분 이상인 방화문

 3. 30분 방화문: 연기 및 불꽃을 차단할 수 있는 시간이 30분 이상 60분 미만인 방화문

② 제1항 각 호의 구분에 따른 방화문 인정 기준은 국토교통부령으로 정한다.

[본조 전문개정 20.10.08]

</td></tr>
</table>

<table>
<tr><td>건축물의 피난·방화구조 등의 기준에 관한 규칙</td><td>요　　　　　약</td></tr>
</table>

제26조【방화문의 구조】 영 제64조제1항에 따른 방화문은 한국건설기술연구원장이 국토교통부장관이 정하여 고시하는 바에 따라 품질을 시험한 결과 영 제64조제1항 각 호의 기준에 따른 성능을 확보한 것이어야 한다　　　　　　　　　　　　　　〈개정 21.12.23〉

1. **60분+ 방화문** : 연기 및 불꽃을 차단할 수 있는 시간이 60분 이상이고, 열을 차단할 수 있는 시간이 30분 이상인 방화문
2. **60분 방화문** : 연기 및 불꽃을 차단할 수 있는 시간이 60분 이상인 방화문
3. **30분 방화문** : 연기 및 불꽃을 차단할 수 있는 시간이 30분 이상 60분 미만인 방화문

건　축　법	건축법시행령

건　축　법	건축법시행령

<table>
<tr><td>건축물의 피난·방화구조 등의 기준에 관한 규칙</td><td>요　　　약</td></tr>
</table>

제27조[신제품에 대한 인정기준에 따른 인정]
① 한국건설기술연구원장은 제3조 및 제19조에 따라 성능기준을 판단하기 어려운 신개발품 또는 규격 이외 제품(이하 "신제품"이라 한다)에 대하여 성능인정을 하려는 경우에는 자문위원회(이하 "위원회"라 한다)의 심의를 거친 기준을 성능을 확인하기 위한 기준으로 정할 수 있다.
② 제1항에 따른 자문에 응하기 위하여 한국건설기술연구원에 관계 전문가로 구성된 위원회를 둔다.
③ 한국건설기술연구원장은 제1항에 따라 결정된 인정기준을 해당 신청인에게 지체 없이 통보하여야 하고, 한국건설기술연구원의 인터넷 홈페이지에 게시하여야 한다.
④ 제1항부터 제3항까지의 규정에 따른 성능인정 기준 및 절차, 위원회 운영 및 구성, 그 밖에 필요한 구체적인 사항은 한국건설기술연구원장이 정하는 바에 따른다.

　　　　　　　　　　　　　　　　[본조신설 10.4.7]

제28조[인정기준의 제정·개정 신청]
① 제27조에 따른 기준에 따라 성능인정을 받고자 하는 자는 한국건설기술연구원장에게 신제품에 대한 인정기준의 제정 또는 개정을 신청할 수 있다.
② 제1항에 따라 인정기준에 대한 제정 또는 개정 신청이 있는 경우에는 한국건설기술연구원장은 신청 내용을 검토하여 신청일부터 30일 내에 제정·개정 추진여부를 신청인에게 통보하여야 한다. 이 경우 인정기준을 제정·개정하지 않기로 한 경우에는 신청인에게 그 사유를 알려야 하며, 신청인이 이의가 있는 경우에는 다시 검토해 줄 것을 요청할 수 있다.

　　　　　　　　　　　　　　　　[본조신설 10.4.7]

신제품에 대한 인정기준에 따른 인정

1. 한국건설기술연구원장은 신제품에 대하여 성능인정을 하려는 경우
   - 자문위원회의 심의를 거친 기준을 성능을 확인하기 위한 기준으로 정할 수 있다.
2. 자문에 응하기 위하여 한국건설기술연구원에 관계 전문가로 구성된 위원회를 둔다.
3. 한국건설기술연구원장은 결정된 인정기준을 해당 신청인에게 지체 없이 통보
   - 한국건설기술연구원 인터넷 홈페이지 게시
4. 성능인정 기준 및 절차, 위원회 운영 및 구성, 그 밖에 필요한 구체적인 사항
   - 한국건설기술연구원장이 정하는 바에 따른다.

인정기준의 제정·개정 신청

1. 성능인정을 받고자 하는 자는 한국건설기술연구원장에게 신제품에 대한 인정기준의 제정 또는 개정을 신청할 수 있다.
2. 인정기준에 대한 제정 또는 개정 신청이 있는 경우
   - 한국건설기술연구원장은 신청내용을 검토하여 신청일부터 30일 내에 제정·개정 추진여부통보
   - 인정기준을 제정·개정하지 않기로 한 경우 신청인에게 그 사유 통보, 신청인이 이의가 있는 경우 다시 검토해 줄 것을 요청할 수 있다.

건 축 법	건 축 법 시 행 령
제6장 지역 및 지구의 건축물	제6장 지역 및 지구의 건축물
	제65조 삭제 〈00.6.27〉
	제66조 삭제 〈99.4.30〉
	제67조 삭제 〈99.4.30〉
	제68조 삭제 〈00.6.27〉
	제69조 삭제 〈99.4.30〉
	제70조 삭제 〈99.4.30〉
	제71조 삭제 〈99.4.30〉
	제72조 삭제 〈99.4.30〉
	제73조 삭제 〈00.6.27〉
	제74조 삭제 〈99.4.30〉
	제75조 삭제 〈99.4.30〉
	제76조 삭제 〈00.6.27〉

<h1>요　　　약 「국토의 계획 및 이용에 관한 법률」</h1>

용도지역 및 용도지구의 지정

(1) 지역의 지정 및 세분

＊ 지 정

지　역	지역의 지정 목적
주거지역	거주의 안녕과 건전한 생활환경의 보호
상업지역	상업과 기타 업무의 편익증진
공업지역	공업의 편익증진
녹지지역	자연환경·농지 및 산림의 보호, 보건위생, 보안과 도시의 무질서한 확산을 방지하기 위하여 녹지의 보전

＊ 세 분

지　역		지역의 지정 목적
주거	전용주거지역	양호한 주거환경을 보호 (제1종, 제2종으로 구분)
	일반주거지역	편리한 주거환경을 조성 (제1종, 제2종, 제3종으로 구분)
	준주거지역	주거기능을 위주로 이를 지원하는 일부 상업기능 및 업무기능을 보완
상업	중심상업지역	도심·부도심의 업무 및 상업기능의 확충
	일반상업지역	일반적인 상업 및 업무기능을 담당
	근린상업지역	근린지역에서의 일용품 및 서비스의 공급
	유통상업지역	도시내 및 지역간 유통기능의 증진
공업	전용공업지역	주로 중화학공업, 공해성 공업 등을 수용
	일반공업지역	환경을 저해하지 아니하는 공업의 배치
	준공업지역	경공업 그 밖의 공업을 수용하되, 주거기능·상업기능 및 업무기능의 보완
녹지	보전녹지지역	도시의 자연환경·경관·산림 및 녹지공간을 보전
	생산녹지지역	주로 농업적 생산을 위하여 개발을 유보
	자연녹지지역	도시의 녹지공간의 확보, 도시확산의 방지, 장래 도시용지의 공급 등을 위하여 보전 불가피한 경우에 한하여 제한적인 개발이 허용되는 지역

※ 지역은 도시 계획상 필요로 하는 전국적으로 통일된 최소한의 기본적인 생활권으로의 구분이며, 다른 지역과 중복 지정할 수 없다.　　주로 용도 규제가 주목적이나 부수적으로 형태 규제를 하는 경우도 있다.

(2) 지구의 지정 및 세분

지　구		지구의 지정목적
경관지구	자연	산지·구릉지 등 자연경관의 보호 유지
	시가지	지역 내 주거지, 중심지 등 시가지의 경관을 보호 또는 유지하거나 형성
	특화	지역 내 주요 수계의 수변 또는 문화적 보존가치가 큰 건축물 주변의 경관 등 특별한 경관을 보호 또는 유지하거나 형성
방재지구	시가지	건축물·인구가 밀집되어 있는 지역으로서 시설 개선 등을 통하여 재해 예방
	자연	풍수해, 산사태, 지반의 붕괴 그 밖의 재해 예방
보호지구	역사문화환경	문화재·전통사찰 등 역사·문화적으로 보존가치가 큰 시설 및 지역의 보호와 보존
	중요시설물	중요시설물의 보호와 기능의 유지 및 증진 등
	생태계	야생동식물서식처 등 생태적으로 보존가치가 큰 지역의 보호와 보존
취락지구	자연	녹지지역·관리지역·농림지역 또는 자연환경보전지역안의 취락 정비
	집단	개발제한구역안의 취락 정비
개발진흥지구	주거	주거기능을 중심으로 개발·정비
	산업유통	공업기능 및 유통·물류기능을 중심으로 개발·정비
	관광휴양	관광·휴양기능을 중심으로 개발·정비
	복합	주거기능, 공업기능, 유통·물류기능 및 관광·휴양기능중 2 이상의 기능을 중심으로 개발, 정비
	특정	주거기능, 공업기능, 유통·물류기능 및 관광·휴양기능 외의 기능을 중심으로 특정한 목적을 위하여 개발·정비

※ 지구는 중복지정 가능

<table>
<tr><th>건 축 법</th><th>건 축 법 시 행 령</th></tr>
</table>

제54조【 건축물의 대지가 지역·지구 또는 구역에 걸치는 경우의 조치 】 ① 대지가 이 법이나 다른 법률에 따른 지역·지구(녹지지역과 방화지구는 제외한다. 이하 이 조에서 같다) 또는 구역에 걸치는 경우에는 대통령령으로 정하는 바에 따라 그 건축물과 대지의 전부에 대하여 대지의 과반(過半)이 속하는 지역·지구 또는 구역 안의 건축물 및 대지 등에 관한 이 법의 규정을 적용한다.　　　　〈개정 17.04.18〉

② 하나의 건축물이 방화지구와 그 밖의 구역에 걸치는 경우에는 그 전부에 대하여 방화지구 안의 건축물에 관한 이 법의 규정을 적용한다. 다만, 건축물의 방화지구에 속한 부분과 그 밖의 구역에 속한 부분의 경계가 방화벽으로 구획되는 경우 그 밖의 구역에 있는 부분에 대하여는 그러하지 아니하다.

③ 대지가 녹지지역과 그 밖의 지역·지구 또는 구역에 걸치는 경우에는 각 지역·지구 또는 구역 안의 건축물과 대지에 관한 이 법의 규정을 적용한다.

　다만, 녹지지역 안의 건축물이 방화지구에 걸치는 경우에는 제2항에 따른다.　　　　〈개정 17.04.18〉

④ 제1항에도 불구하고 해당 대지의 규모와 그 대지가 속한 용도지역·지구 또는 구역의 성격 등 그 대지에 관한 주변여건상 필요하다고 인정하여 해당 지방자치단체의 조례로 적용방법을 따로 정하는 경우에는 그에 따른다.

제77조【 건축물의 대지가 지역·지구 또는 구역에 걸치는 경우 】 법 제54조제1항에 따라 대지가 지역·지구 또는 구역에 걸치는 경우 그 대지의 과반이 속하는 지역·지구 또는 구역의 건축물 및 대지 등에 관한 규정을 그 대지의 전부에 대하여 적용 받으려는 자는 해당 대지의 지역·지구 또는 구역별 면적과 적용 받으려는 지역·지구 또는 구역에 관한 사항을 허가권자에게 제출(전자문서에 의한 제출을 포함한다)하여야 한다.　　　　〈개정 08.10.29〉

건 축 법 시 행 규 칙	요 약
	 대지가 지역·지구 또는 구역에 걸치는 경우 (1) 대지가 지역·지구(녹지지역, 방화지구 제외) 　　또는 구역에 걸치는 경우 　 - 건축물 및 대지의 전부에 대하여 그 대지의 　　과반이 속하는 지역·지구 또는 구역 안의 　　건축물 및 대지 등에 관한 규정을 적용 (2) 하나의 건축물이 방화지구와 그 밖의 구역에 　　걸치는 경우 　 - 그 전부에 대하여 방화지구 안의 건축물에 관한 　　규정 적용 　　[예외] 　　　건축물이 방화지구와 그 밖의 구역의 경계가 　　　방화벽으로 구획되는 경우에는 그 밖의 구역에 　　　있는 부분 제외 (3) 대지가 녹지지역과 그 밖의 지역·지구 　　또는 구역에 걸치는 경우 　 - 각 지역·지구 또는 구역안의 건축물 및 대지에 　　관한 이 법의 규정 적용 　　[예외] 녹지지역안의 건축물이 방화지구에 　　　　　걸치는 경우 : (2)적용 (4) 지방자치단체의 조례에서 따로 정하는 경우 　 - 앞의 원칙에 불구하고 당해 대지에 관한 주변 　　여건상 필요하다고 인정하여 지방자치단체의 　　조례로 정한 경우 조례적용

건 축 법	건 축 법 시 행 령
제55조【건축물의 건폐율】 대지면적에 대한 건축면적(대지에 건축물이 둘 이상 있는 경우에는 이들 건축면적의 합계로 한다)의 비율(이하 "건폐율"이라 한다)의 최대한도는 「국토의 계획 및 이용에 관한 법률」 제77조에 따른 건폐율의 기준에 따른다. 　다만, 이 법에서 기준을 완화하거나 강화하여 적용하도록 규정한 경우에는 그에 따른다.	**제78조 삭제** 〈02.12.26〉

건축물의 건폐율   ※ 조례에 위임

건폐율 : 대지면적에 대한 건축면적의 비율

$$건폐율 = \frac{건축면적}{대지면적} \times 100 \ (\%)$$

(1) 지역별 건폐율의 최대한도

지 역		원칙(%)	비 고
전용	제1종	50	
주거	제2종	50	
일반	제1종	60	
주거	제2종	60	
	제3종	50	
준주거		70	방화지구 안의 건축물로서
	근린	70	"건폐율의 완화규정"에 해당하는
상업	일반	80	경우 80 % - 90 % 범위 안에서
	중심	90	조례로 정함
	유통	80	
	전용		
공업	일반	70	
	준		
	보전		
녹지	생산	20	
	자연		
	보전	20	
관리	생산	20	
	계획	40	
농림		20	
자연환경보전		20	

(2) 지구, 구역별 건폐율의 최대한도

지 구	원칙(%)	비 고
취락지구	60	집단취락지구에 대하여는 개발제한구역의지정및관리에관한 특별조치법령 적용
개발진흥지구	40	도시지역외의 지역
수산자원보호구역	40	
자연공원 공원보호구역	60	
농공단지	60	
국가산업단지 지방산업단지	80	

(3) 건폐율의 강화(도시지역)

적용 : 특별시장· 광역시장·시장·군수는
　　　 토지이용의 과밀화 방지를 위하여 건폐율을
　　　 낮추어야 할 필요가 있다고 인정하는 경우

조치 : 지방도시계획위원회의 심의를 거쳐
　　　 구역을 정함

건폐율의 최대한도 : 40 % 이상의 범위 안에서
　　　　　　　　　　 조례로 따로 정할 수 있음.

(4) 건폐율의 완화

준주거지역 · 일반상업지역 · 근린상업지역의
방화지구 안의 건축물로서 (1)의 규정에
불구하고 80 % - 90 % 범위 안에서 조례로 정함
1. 주요구조부가 내화구조인 것
2. 대지가 가로의 모퉁이에 있는 대지
 1) 서로 교차하는 2개의 도로에 접한 대지

구 분	조 건
도로너비의 합계	15 m 이상
도로에 접한 대지의 내각	120° 이하
도로에 접한 대지길이	대지둘레길이의 1/3 이상

 2) 서로 교차하지 아니하는 2개의 도로에 접한 대지

구 분	조 건
도로너비	각각 8 m 이상
도로경계선 상호간의 간격	35 m 이하
도로에 접한 대지길이	대지둘레길이의 1/3 이상

(5) 도시지역외의 경우

대　 상 : 보전관리지역
　　　　　 생산관리지역
　　　　　 농림지역
　　　　　 자연환경보전지역

건폐율 : 60 % 범위안서
　　　　　 도시계획조례로 정함

<table>
<tr><th>건 축 법</th><th>건 축 법 시 행 령</th></tr>
<tr><td>

제56조【건축물의 용적률】 대지면적에 대한 연면적(대지에 건축물이 둘 이상 있는 경우에는 이들 연면적의 합계로 한다)의 비율(이하 "용적률"이라 한다)의 최대한도는 「국토의 계획 및 이용에 관한 법률」 제78조에 따른 용적률의 기준에 따른다.

다만, 이 법에서 기준을 완화하거나 강화하여 적용하도록 규정한 경우에는 그에 따른다.

</td><td>

제79조 삭제 〈02.12.26〉

</td></tr>
</table>

건축물의 용적률   ※ 조례에 위임

용적률 : 대지면적에 대한 건축물의 연면적의 비율

$$용적률 = \frac{건축물의\ 연면적의\ 합계}{대지면적} \times 100\ (\%)$$

(1) 지역별 용적률의 최대한도

지 역		원칙(%)	용적률의 완화
전용 주거	제1종	50 ~ 100	
	제2종	100 ~ 150	
일반 주거	제1종	100 ~ 200	
	제2종	150 ~ 250	
	제3종	200 ~ 300	
유통		200 ~ 1,100	
준주거		200 ~ 500	경관·교통·방화 및 위생상
상업	중심	400 ~ 1,500	지장이 없다고 인정되는 경우
	일반	300 ~ 1,300	기준의 120 % 이하의
	근린	200 ~ 900	범위 안에서 조례로 정함
공업	전용	150 ~ 300	- 적용대상 : 용적률의 완화-1
	일반	200 ~ 350	
	준	200 ~ 400	
녹지	보전	50 ~ 80	
	생산	50 ~ 100	
	자연	50 ~ 100	
관리	보전	50 ~ 80	
	생산	50 ~ 80	
	계획	50 ~ 100	
농림		50 ~ 80	
자연환경보전지역		50 ~ 80	

※ 조례로 용적률의 20 % 이하의 범위안에서
  임대주택의 추가건설 허용 가능

(2) 지구, 구역별 용적률의 최대한도

지 역	원 칙(%)	비 고
개발진흥지구	100	도시지역외의 지역
수산자원보호구역	80	
자연공원 공원보호구역	100	공원밀집마을지구 : 150 % 이하 공원집단시설지구 : 200 % 이하
농공단지	150	도시지역외의 지역

(3) 용적률의 완화 - 1

1. 공원·광장(교통광장 제외)· 하천 그 밖에 건축이
   금지된 공지에 접한 도로를 전면도로로 하는 대지안
   의 건축물이나 공원·광장·하천 그 밖에 건축이
   금지된 공지에 20 m 이상 접한 대지안의 건축물

2. 너비 25 m 이상인 도로에 20 m 이상 접한 대지안의
   건축면적이 1,000 ㎡ 이상인 건축물

(4) 용적률의 완화 - 2

지역 또는 구역	완 화 조 건	완 화 범 위
1. 상업지역 2. 정비구역	대지의 일부를 공공시설부지로 제공하는 경우	기준 용적률의 200 % 범위 안에서 대지면적의 제공비율에 따라 조례로 정함

(5) 도시계획시설의 용적률에 대한 특례

도시계획시설 중 유원지 및 공원의 경우
국토교통부령으로 따로 정할 수 있다.

<table>
<tr><th>건 축 법</th><th>건축법시행령</th></tr>
<tr><td>

제57조 【대지의 분할제한】 ① 건축물이 있는 대지는 대통령령으로 정하는 범위에서 해당 지방자치단체의 조례로 정하는 면적에 못 미치게 분할할 수 없다.

② 건축물이 있는 대지는 제44조, 제55조, 제56조, 제58조, 제60조 및 제61조에 따른 기준에 못 미치게 분할할 수 없다.

③ 제1항과 제2항에도 불구하고 제77조의6에 따라 건축협정이 인가된 경우 그 건축협정의 대상이 되는 대지는 분할할 수 있다.　　　　〈신설 14.01.14〉

제58조 【대지안의 공지】 건축물을 건축하는 경우에는 「국토의 계획 및 이용에 관한 법률」에 따른 용도지역·용도지구, 건축물의 용도 및 규모 등에 따라 건축선 및 인접 대지경계선으로부터 6미터 이내의 범위에서 대통령령으로 정하는 바에 따라 해당 지방자치단체의 조례로 정하는 거리 이상을 띄워야 한다.　　　　〈개정 11.05.30〉

</td><td>

제80조 【건축물이 있는 대지의 분할 제한】 법 제57조제1항에서 "대통령령으로 정하는 범위"란 다음 각 호의 어느 하나에 해당하는 규모 이상을 말한다.

1. 주거지역 ：　60제곱미터
2. 상업지역 ：150제곱미터
3. 공업지역 ：150제곱미터
4. 녹지지역 ：200제곱미터
5. 제1호부터 제4호까지의 규정에 해당하지 아니하는 지역 : 60제곱미터

　　　　　　　　　　　[전문개정 08.10.29]

제80조의2 【대지 안의 공지】

법 제58조에 따라 건축선(법 제46조제1항에 따른 건축선을 말한다. 이하 같다) 및 인접 대지경계선 (대지와 대지 사이에 공원, 철도, 하천, 광장, 공공공지, 녹지, 그 밖에 건축이 허용되지 아니하는 공지가 있는 경우에는 그 반대편의 경계선을 말한다)으로부터 건축물의 각 부분까지 띄어야 하는 거리의 기준은 별표 2와 같다.　　〈개정 14.10.14〉

별표2

비고

1)제1호가목 및 제2호나목에 해당하는 건축물 중 법 제11조에 따른 허가를 받거나 법 제14조에 따른 신고를 하고 2009년 7월 1일부터 2011년 6월 30일까지 법 제21조에 따른 착공신고를 하는 건축물에 대하여는 건축조례로 정하는 건축기준을 2분의 1로 완화하여 적용한다.

2) 제1호에 해당하는 건축물(별표 1 제1호, 제2호 및 제17호부터 제19호까지의 건축물은 제외한다)이 너비가 20m 이상인 도로를 포함하여 2개 이상의 도로에 접한 경우로서 너비가 20m 이상인 도로(도로와 접한 공공공지 및 녹지를 포함한다)면에 접한 건축물에 대해서는 건축선으로부터 건축물까지 띄어야 하는 거리를 적용하지 않는다.

3) 제1호에 따른 건축물의 부속용도에 해당하는 건축물에 대해서는 주된 용도에 적용되는 대지의 공지 기준 범위에서 건축조례로 정하는 바에 따라 완화하여 적용할 수 있다. 다만, 최소 0.5 m 이상은 띄어야 한다.

</td></tr>
</table>

요　　약

대지의 분할제한　※ 조례에 위임

(1) 대지분할 하한선 (건축물이 있는 대지)

구　분	면　적　(㎡)
주거 지역	60
상업 지역	150
공업 지역	150
녹지 지역	200
기타 지역	60

※ 상기 면적은 건축조례로 지역별 규모를
　세분하여 정할 수 있다.

(2) 분할제한 적용기준

법조항	내용
법 제44조	대지와 도로의 관계 ※ 2 m 이상 도로에 접할 것
법 제55조	건축물의 건폐율
법 제56조	건축물의 용적률
법 제58조	대지안의 공지
법 제60조	건축물의 높이제한
법 제61조	일조 등의 확보를 위한 건축물의 높이제한

대지 안의 공지　※ 조례에 위임　※ 용도변경은 적용배제

[별표 2] 〈개정 14.10.14〉

대지 안의 공지 기준
(제80조의2 관련)

1. 건축선으로부터 건축물까지 띄어야 하는 거리

대상 건축물	건축조례에서 정하는 건축기준
가. 해당 용도로 쓰는 바닥 면적의 합계가 500㎡ 이상인 공장(전용공업지역, 일반공업지역 또는 「산업입지 및 개발에 관한 법률」에 따른 산업단지에 건축하는 공장은 제외한다)으로서 건축조례로 정하는 건축물	· 준공업지역 : 1.5m이상 6m 이하 · 준공업지역외의 지역 : 3m 이상 6m 이하
나. 해당 용도로 쓰는 바닥 면적의 합계가 500㎡ 이상인 창고(전용공업지역, 일반공업지역 또는 「산업입지 및 개발에 관한 법률」에 따른 산업단지에 건축하는 창고는 제외한다)로서 건축조례로 정하는 건축물	· 준공업지역 : 1.5m이상 6m이하 · 준공업지역외의 지역 : 3m 이상 6m 이하
다. 해당 용도로 쓰는 바닥 면적의 합계가 1,000㎡ 이상인 판매시설,숙박시설(일반숙박시설은 제외한다), 문화 및 집회시설(전시장 및 동·식물원은 제외한다) 및 종교시설	·3m 이상 6m 이하
라. 다중이 이용하는 건축물로서 건축조례로 정하는 건축물	·3m 이상 6m 이하
마. 공동주택	· 아파트 : 2m이상 6m이하 · 연립주택 : 2m이상 5m이하 · 다세대주택 : 1m이상 4m이하
바. 그 밖에 건축조례로 정하는 건축물	· 1m이상 6m이하 (한옥의 경우에는 처마선 0.5m 이상 2m 이하, 외벽선 1m 이상 2m 이하)

2. 인지경계선으로부터 건축물까지 띄어야 하는 거리

대상 건축물	건축조례에서 정하는 건축기준
가. 전용주거지역에 건축하는 건축물(공동주택은 제외한다)	· 1m 이상 6m 이하 (한옥의 경우에는 처마선 0.5m 이상 2m 이하, 외벽선 1m 이상 2m 이하)
나. 해당 용도로 쓰는 바닥면적의 합계가 500㎡ 이상인 공장(전용공업지역, 일반공업지역 또는 「산업입지 및 개발에 관한 법률」에 따른 산업단지에 건축하는 공장은 제외한다)으로서 건축조례로 정하는 건축물	· 준공업지역 : 1m 이상 6m 이하 · 준공업지역외의 지역 : 1.5m이상 6m이하
다. 상업지역이 아닌 지역에 건축하는 건축물로서 해당 용도로 쓰는 바닥면적의 합계가 1,000㎡ 이상인 판매시설, 숙박시설(일반숙박시설은 제외한다), 문화 및 집회시설(전시장 및 동·식물원은 제외한다) 및 종교시설	· 1.5m이상 6m이하
라. 다중이 이용하는 건축물 (상업지역에 건축하는 건축물은 제외한다)로서 건축조례로 정하는 건축물	· 1.5m이상 6m이하
마. 공동주택(상업지역에 건축하는 공동주택은 제외한다)	· 아파트 : 2m 이상 6m 이하 · 연립주택 : 1.5m이상 5m이하 · 다세대주택 : 0.5m 이상 4m 이하
바. 그 밖에 건축조례로 정하는 건축물	· 0.5m이상 6m이하 (한옥의 경우에는 처마선 0.5m 이상 2m 이하, 외벽선 1m 이상 2m 이하)

건 축 법	건 축 법 시 행 령

제59조 【맞벽건축과 연결복도】 ① 다음 각 호의 어느 하나에 해당하는 경우에는 제58조, 제61조 및 「민법」 제242조를 적용하지 아니한다.

  1. 대통령령으로 정하는 지역에서 도시미관 등을 위하여 둘 이상의 건축물 벽을 맞벽(대지경계선으로부터 50센티미터 이내인 경우를 말한다. 이하 같다)으로 하여 건축하는 경우

  2. 대통령령으로 정하는 기준에 따라 인근 건축물과 이어지는 연결복도나 연결통로를 설치하는 경우

② 제1항 각 호에 따른 맞벽, 연결복도, 연결통로의 구조·크기 등에 관하여 필요한 사항은 대통령령으로 정한다.

제81조 【맞벽건축 및 연결복도】 ① 법 제59조제1항제1호에서 "대통령령으로 정하는 지역"이란 다음 각 호의 어느 하나에 해당하는 지역을 말한다.

  1. 상업지역(다중이용 건축물 및 공동주택은 스프링클러나 그 밖에 이와 비슷한 자동식 소화설비를 설치한 경우로 한정한다)　　　　　〈개정 15.09.22〉

  2. 주거지역(건축물 및 토지의 소유자 간 맞벽건축을 합의한 경우에 한정한다)　　　　　〈신설 12.12.12〉

  3. 허가권자가 도시미관 또는 한옥 보전·진흥을 위하여 건축조례로 정하는 구역　　　　　〈개정 12.12.12〉

  4. 건축협정구역　　　　　〈신설 14.10.14〉

② 삭제 〈06.5.8〉

③ 법 제59조제1항제1호에 따른 맞벽은 다음 각 호의 기준에 적합하여야 한다.　　　　　〈개정 14.10.14〉

  1. 주요구조부가 내화구조일 것

  2. 마감재료가 불연재료일 것

④제1항에 따른 지역(건축협정구역은 제외한다)에서 맞벽건축을 할 때 맞벽 대상 건축물의 용도, 맞벽 건축물의 수 및 층수 등 맞벽에 필요한 사항은 건축조례로 정한다.

⑤법 제59조제1항제2호에서 "대통령령으로 정하는 기준"이란 다음 각 호의 기준을 말한다.

  1. 주요구조부가 내화구조일 것

  2. 마감재료가 불연재료일 것

  3. 밀폐된 구조인 경우 벽면적의 10분의 1 이상에 해당하는 면적의 창문을 설치할 것. 다만, 지하층으로서 환기설비를 설치하는 경우에는 그러하지 아니하다.

  4. 너비 및 높이가 각각 5미터 이하일 것. 다만, 허가권자가 건축물의 용도나 규모 등을 고려할 때 원활한 통행을 위하여 필요하다고 인정하면 지방건축위원회의 심의를 거쳐 그 기준을 완화하여 적용할 수 있다.

  5. 건축물과 복도 또는 통로의 연결부분에 자동방화셔터 또는 방화문을 설치할 것　　　　　〈개정 19.08.06〉

  6. 연결복도가 설치된 대지 면적의 합계가 「국토의 계획 및 이용에 관한 법률 시행령」 제55조에 따른 개발행위의 최대 규모 이하일 것. 다만, 지구단위계획구역에서는 그러하지 아니 하다.

⑥ 법 제59조제1항제2호에 따른 연결복도나 연결통로는 건축사 또는 건축구조기술사로부터 안전에 관한 확인을 받아야 한다.　　　　　〈개정 16.07.19〉

<table>
<tr><th>건 축 법 시 행 규 칙</th><th>요 약</th></tr>
<tr><td>

</td><td>

맞벽건축과 연결복도

맞벽 : 건축법 제58조 · 제61조와 민법 제242조 배제
1. 도시 미관 등을 위하여 2 이상의 건축물의 벽을
   맞벽(대지경계선으로부터 50 ㎝ 이내인 경우)으로
   하여 건축하는 경우
   1) 상업지역
      - 다중이용 건축물 및 공동주택은 스프링클러 등
        비슷한 자동식 소화설비를 설치한 경우로 한정
   2) 주거지역
      - 건축물 및 토지의 소유자 간 맞벽건축을
        합의한 경우
   3) 허가권자가 도시미관 또는 한옥 보전 · 진흥을
      위하여 건축조례로 정하는 구역
   4) 건축협정구역
2. 인근 건축물과 연결복도나 연결통로를 설치하는 경우
3. 맞벽은 방화벽
4. 맞벽 대상 건축물의 용도, 맞벽건축물의 수 및
   층수 등 맞벽에 필요한 사항은 건축조례로 정함

※ 맞벽 : 대지경계선으로부터 50 ㎝ 이하인 경우

【관련법】맞벽건축시 적용제외
  1. 건축법 제 58조 : 대지 안의 공지
  2. 건축법 제 61조 : 일조 등의 확보를 위한
                      건축물의 높이제한
  3. 민 법 제242조 : 대지경계에서 50㎝ 이격

연결복도 및 연결통로의 구조

1. 주요구조부가 내화구조일 것
2. 마감재료가 불연재료일 것
3. 밀폐된 구조인 경우 벽면적의 1/10 이상의
   창문을 설치할 것 (예외: 지하층 환기설비 설치시)
4. 너비 5 ㎡ 이하, 높이 5 ㎡ 이하 일 것
5. 건축물과 복도 또는 통로의 연결부분에
   방화셔터 또는 방화문을 설치할 것
6. 연결복도가 설치된 대지의 면적의 합계가
   개발행위의 최대규모 이하일 것.
   (예외 : 지구단위계획구역 안)
※ 건축사 또는 건축구조기술사의 안전에 관한 확인을
   받아야 함.

</td></tr>
</table>

※ 참고
「국토의 계획 및 이용에 관한 법률 시행령」 제55조
[개발행위허가의 규모]

1. 도시지역
   가. 주거·상업·자연녹지·생산녹지 : 10.000 ㎡ 미만
   나. 공업지역 : 30,000 ㎡ 미만
   다. 보전녹지지역 : 5,000 ㎡ 미만
2. 관리지역 : 30,000 ㎡ 미만
3. 농림지역 : 30,000 ㎡ 미만
4. 자연환경보전지역 : 5,000 ㎡ 미만

<table>
<tr><th>건 축 법</th><th>건 축 법 시 행 령</th></tr>
<tr><td>

제60조 【건축물의 높이제한】 ① 허가권자는 가로구역[(街路區域) : 도로로 둘러싸인 일단(一團)의 지역을 말한다. 이하 같다]을 단위로 하여 대통령령으로 정하는 기준과 절차에 따라 건축물의 높이를 지정·공고할 수 있다. 다만, 특별자치시장·특별자치도지사 또는 시장·군수·구청장은 가로구역의 높이를 완화하여 적용할 필요가 있다고 판단되는 대지에 대하여는 대통령령으로 정하는 바에 따라 건축위원회의 심의를 거쳐 높이를 완화하여 적용할 수 있다. 〈개정 14.01.14〉
② 특별시장이나 광역시장은 도시의 관리를 위하여 필요하면 제1항에 따른 가로구역별 건축물의 높이를 특별시나 광역시의 조례로 정할 수 있다. 〈개정 14.01.14〉
③ 삭제 〈15.05.18〉
④ 허가권자는 제1항 및 제2항에도 불구하고 일조(日照)·통풍 등 주변 환경 및 도시미관에 미치는 영향이 크지 않다고 인정하는 경우에는 건축위원회의 심의를 거쳐 이 법 및 다른 법률에 따른 가로구역의 높이 완화에 관한 규정을 중첩하여 적용할 수 있다. 〈신설 22.02.03〉

</td><td>

제82조 【건축물의 높이제한】 ① 허가권자는 법 제60조제1항에 따라 가로구역별로 건축물의 높이를 지정·공고할 때에는 다음 각 호의 사항을 고려하여야 한다. 〈개정 14.10.14〉
 1. 도시관리계획 등의 토지이용계획
 2. 해당 가로구역이 접하는 도로의 너비
 3. 해당 가로구역의 상·하수도 등 간선시설의 수용능력
 4. 도시미관 및 경관계획
 5. 해당 도시의 장래 발전계획
② 허가권자는 제1항에 따라 가로구역별 건축물의 높이를 지정하려면 지방건축위원회의 심의를 거쳐야 한다. 이 경우 주민의 의견청취 절차 등은 「토지이용규제 기본법」 제8조에 따른다. 〈개정 14.10.14〉
③ 허가권자는 같은 가로구역에서 건축물의 용도 및 형태에 따라 건축물의 높이를 다르게 정할 수 있다.
④ 법 제60조제1항 단서에 따라 가로구역의 높이를 완화하여 적용하는 경우에 대한 구체적인 완화기준은 제1항 각 호의 사항을 고려하여 건축조례로 정한다. 〈개정 14.10.14〉
[전문개정 08.10.29]

제83조 삭제 〈99.4.30〉

제84조 삭제 〈99.4.30〉

제85조 삭제 〈99.4.30〉

</td></tr>
</table>

건 축 법 시 행 규 칙	요 약
	건축물의 높이제한 허가권자가 가로구역별 높이 지정·공고 1. 지정기준 　1) 도시관리계획 등의 토지이용계획 　2) 해당 가로구역이 접하는 도로의 너비 　3) 해당 가로구역의 상·하수도 등 간선시설의 　　 수용능력 　4) 도시미관 및 경관계획 　5) 해당 도시의 장래 발전계획 2. 절차 　1) 지방건축위원회 심의 　2) 「토지이용규제 기본법」 제8조 준용 3. 건축물 높이 차등적용 　같은 가로구역에서 건축물의 용도 및 형태에 　따라 건축물의 높이를 다르게 정할 수 있다. 4. 완화규정 중첩적용 　일조(日照)·통풍 등 주변 환경 및 도시미관에 　미치는 영향이 크지 않다고 인정하는 경우 　- 건축위원회의 심의를 거쳐 가로 구역의 높이 　　완화에 관한 규정을 중첩하여 적용할 수 있다.

건 축 법	건 축 법 시 행 령
제61조 【일조 등의 확보를 위한 건축물의 높이제한】 ① 전용주거지역과 일반주거지역 안에서 건축하는 건축물의 높이는 일조 등의 확보를 위하여 정북방향(正北方向)의 인접 대지경계선으로부터의 거리에 따라 대통령령으로 정하는 높이 이하로 하여야 한다.	**제86조 【일조 등의 확보를 위한 건축물의 높이제한】** ①전용주거지역이나 일반주거지역에서 건축물을 건축하는 경우에는 법 제61조제1항에 따라 건축물의 각 부분을 정북(正北) 방향으로의 인접 대지경계선으로부터 다음 각 호의 범위에서 건축조례로 정하는 거리 이상을 띄어 건축하여야 한다. 〈개정 15.07.06〉 1. 높이 9미터 이하인 부분: 　 인접 대지경계선으로부터 1.5미터 이상 2. 높이 9미터를 초과하는 부분: 　 인접 대지경계선으로부터 해당 건축물 각 부분 높이의 2분의 1 이상 ② 다음 각 호의 어느 하나에 해당하는 경우에는 제1항을 적용하지 아니한다. 〈개정 17.12.29〉 1.다음 각 목의 어느 하나에 해당하는 구역 안의 대지 상호간에 건축하는 건축물로서 해당 대지가 너비 20미터 이상의 도로(자동차·보행자·자전거 전용도로를 포함하며, 도로에 공공공지, 녹지, 광장, 그 밖에 건축미관에 지장이 없는 도시·군계획시설이 접한 경우 해당시설을 포함한다)에 접한 경우 　가. 「국토의 계획 및 이용에 관한 법률」 제51조에 따른 지구단위계획구역, 같은 법 제37조제1항 제1호에 따른 경관지구 　나. 「경관법」 제9조제1항제4호에 따른 중점경관 관리구역 　다. 법 제77조의2제1항에 따른 특별가로구역 　라. 도시미관 향상을 위하여 허가권자가 지정·공고하는 구역 2. 건축협정구역 안에서 대지 상호간에 건축하는 건축물(법 제77조의4제1항에 따른 건축협정에 일정 거리 이상을 띄어 건축하는 내용이 포함된 경우만 해당한다)의 경우 3. 건축물의 정북 방향의 인접 대지가 전용주거지역이나 일반주거지역이 아닌 용도지역에 해당하는 경우

<table>
<tr><td align="center">건 축 법 시 행 규 칙</td><td align="center">요   약</td></tr>
</table>

제36조【일조 등의 확보를 위한 건축물의 높이제한】

특별자치시장·특별자치도지사 또는 시장·군수·구청장은 영 제86조제5항에 따라 건축물의 높이를 고시하기 위하여 주민의 의견을 듣고자 할 때에는 그 내용을 30일간 주민에게 공람 시켜야 한다.

〈개정 16.05.30〉

[본조전문개정 99.5.11]

일조 등의 확보를 위한 건축물의 높이제한

※ 조례에 위임

(1) 전용주거지역, 일반주거지역 안에서의 일조 등의 확보를 위한 높이제한

건축물의 각 부분을 정북방향으로의 인접대지 경계선으로부터 다음의 범위 안에서 건축조례가 정하는 거리 이상을 띄어 건축하여야 한다.

건축물의 높이	인접대지경계선으로부터 띄어야 할 거리
높이 9 m 이하인 부분	1.5 m 이상
높이 9 m를 초과하는 부분	해당 건축물 각 부분 높이의 1 / 2 이상

※ 인접대지경계선

〔반대편의 경계선(공동주택의 경우에는 그 중심선)〕

- 대지와 대지 사이에 공원·도로·철도·하천·광장·공공공지·녹지·유수지·자동차전용도로·유원지
- 너비 2 m 이하인 대지, 분할제한 기준이하인 대지
- 건축이 허용되지 아니하는 공지

(2) 적용 완화

1. 20 m 이상 도로에 접한 아래 대지 상호간
   - 자동차·보행자·자전거전용도로 포함, 도로와 대지 사이에 공공공지, 녹지, 광장, 그 밖에 건축미관에 지장이 없는 도시·군계획시설이 있는 경우 해당 시설 포함
     가. 지구단위계획구역, 경관지구
     나. 중점경관관리구역
     다. 특별가로구역
     라. 도시미관 향상을 위하여 허가권자가 지정·공고하는 구역
2. 건축협정구역 안 대지 상호간
3. 정북방향의 인접 대지가 전용주거지역이나 일반주거지역이 아닌 경우

건 축 법	건 축 법 시 행 령

[제61조]

② 다음 각 호의 어느 하나에 해당 하는 공동주택(일반상업지역과 중심상업지역에 건축하는 것은 제외한다)은 채광(採光) 등의 확보를 위하여 대통령령으로 정하는 높이 이하로 하여야 한다.　　　　　〈개정 13.05.10〉

1. 인접 대지경계선 등의 방향으로 채광을 위한 창문 등을 두는 경우
2. 하나의 대지에 두 동(棟) 이상을 건축하는 경우

[제86조]

③ 법 제61조제2항에 따라 공동주택은 다음 각 호의 기준을 충족해야 한다. 다만, 채광을 위한 창문 등이 있는 벽면에서 직각 방향으로 인접대지경계선까지의 수평거리가 1미터 이상으로서 건축조례로 정하는 거리 이상인 다세대 주택은 제1호를 적용하지 않는다.　　　　　〈개정 21.11.02〉

1. 건축물(기숙사는 제외한다)의 각 부분의 높이는 그 부분으로부터 채광을 위한 창문 등이 있는 벽면에서 직각 방향으로 인접대지경계선까지의 수평거리의 2배(근린상업지역 또는 준주거지역의 건축물은 4배) 이하로 할 것

2. 같은 대지에서 두 동(棟) 이상의 건축물이 서로 마주 보고 있는 경우(한 동의 건축물 각 부분이 서로 마주 보고 있는 경우를 포함한다)에 건축물 각 부분 사이의 거리는 다음 각 목의 거리 이상을 띄어 건축할 것. 다만, 그 대지의 모든 세대가 동지(冬至)를 기준으로 9시에서 15시 사이에 2시간 이상을 계속하여 일조(日照)를 확보할 수 있는 거리 이상으로 할 수 있다.　　〈개정 09.7.16〉

　가. 채광을 위한 창문 등이 있는 벽면으로부터 직각방향으로 건축물 각 부분 높이의 0.5배(도시형생활주택의 경우에는 0.25배) 이상의 범위에서 건축조례로 정하는 거리 이상

　나. 가목에도 불구하고 서로 마주보는 건축물 중 높은 건축물(높은 건축물을 중심으로 마주보는 두 동의 축이 시계방향으로 정동에서 정서 방향인 경우만 해당한다)의 주된 개구부(거실과 주된 침실이 있는 부분의 개구부를 말한다)의 방향이 낮은 건축물을 향하는 경우에는 10미터 이상으로서 낮은 건축물 각 부분의 높이의 0.5배(도시형 생활주택의 경우에는 0.25배) 이상의 범위에서 건축조례로 정하는 거리 이상

　다. 가목에도 불구하고 건축물과 부대시설 또는 복리시설이 서로 마주보고 있는 경우에는 부대시설 또는 복리시설 각 부분 높이의 1배 이상

　라. 채광창(창넓이가 0.5제곱미터 이상인 창을 말한다)이 없는 벽면과 측벽이 마주보는 경우에는 8미터 이상

　마. 측벽과 측벽이 마주보는 경우[마주보는 측벽 중 하나의 측벽에 채광을 위한 창문 등이 설치되어 있지 아니한 바닥면적 3제곱미터 이하의 발코니(출입을 위한 개구부를 포함한다)를 설치하는 경우를 포함한다]에는 4미터 이상

3. 제3조제1항제4호에 따른 주택단지에 두 동 이상의 건축물이 법 제2조제1항제11호에 따른 도로를 사이에 두고 서로 마주보고 있는 경우에는 제2호가목부터 다목까지의 규정을 적용하지 아니하되, 해당 도로의 중심선을 인접대지경계선으로 보아 제1호를 적용한다.　　　　　〈개정 09.7.16〉

<table>
<tr><th>건 축 법 시 행 규 칙</th><th>요   약</th></tr>
<tr><td></td><td>

(3) 공동주택 (각 부분 높이) : (1) 이외 추가 규제

1. 채광을 위한 창문등이 있는 벽면에서 직각방향
   인접대지경계선까지의 수평거리의 2배 이하
   [예외] 근린상업지역·준주거지역안의 건축물은 4배
   　　　　　 다세대주택-조례
2. 동일 대지 안에 두 동 이상의 건축물이 서로 마주 보고 있는
   경우 (조례에 위임)
 1) 대지 안의 모든 세대가 동지 일을 기준으로 9시에서
   　　 15시 사이에 2 시간 이상을 연속하여 일조를 확보할 수
   　　 있는 거리 이상
 2) 건축물 각 부분사이의 거리[조례 위임]

구 분	띄우는 거리
채광창등이 있는 벽면의 직각방향	0.5(도시형 0.25)배 이상
높은 건축물 중심 (두 동의 축이 정동에서 정서)	높은 건축물의 주된 개구부 방향 : 10m 이상 낮은 건축물 0.5(도시형 0.25)배 이상
부대, 복리시설과 마주보는 경우	부대, 복리시설 높이 이상
채광창이 없는 벽면과 측벽이 마주보는 경우	8 m 이상
측벽과 측벽이 마주보는 경우 (한 쪽은 3㎡이하 발코니 설치 가 능)	4 m 이상

 ※ **채광창 :** 창넓이 0.5 ㎡ 이상의 창
   　　 - 측벽에 위치한 화장실 등에 환기창 설치가능
3. 주택단지 사이에 도로가 있는 경우
   　2호 적용 배제하되,
   　해당 도로중심선을 인접대지경계선으로 보아 규정 적용

</td></tr>
</table>

<table>
<tr><th>건 축 법</th><th>건 축 법 시 행 령</th></tr>
<tr><td>

[제61조]

③ 다음 각 호의 어느 하나에 해당하면 제1항에도 불구하고 건축물의 높이를 정남(正南)방향의 인접 대지경계선으로부터의 거리에 따라 대통령령으로 정하는 높이 이하로 할 수 있다.

〈개정 14.01.14〉

1. 「택지개발촉진법」 제3조에 따른 택지개발 예정지구인 경우

2. 「주택법」 제16조에 따른 대지조성사업지구 인 경우

3. 「지역균형개발 및 지방중소기업 육성에 관한 법률」 제4조와 제9조에 따른 광역개발권역 및 개발촉진지구인 경우

4. 「산업입지 및 개발에 관한 법률」 제6조, 제7 조, 제7조의2 및 제8조에 따른 국가산업단지, 일반산업단지, 도시첨단산업단지 및 농공단지 인 경우

5. 「도시개발법」 제2조제1항제1호에 따른 도시개발구역인 경우

6. 「도시 및 주거환경정비법」 제4조에 따른 정비구역인 경우

7. 정북방향으로 도로, 공원, 하천 등 건축이 금지된 공지에 접하는 대지인 경우

8. 정북방향으로 접하고 있는 대지의 소유자와 합의한 경우나 그 밖에 대통령령으로 정하는 경우

④ 2층 이하로서 높이가 8미터 이하인 건축물에는 해당 지방자치단체의 조례로 정하는 바에 따라 제1항부터 제3항까지의 규정을 적용하지 아니할 수 있다.

</td><td>

[제86조]

④법 제61조제3항 각 호 외의 부분에서 "대통령령으로 정하는 높이"란 제1항에 따른 높이의 범위에서 특별자치시장·특별자치도지사 또는 시장·군수·구청장이 정하여 고시하는 높이를 말한다. 〈개정 15.07.06〉

⑤특별자치시장·특별자치도지사 또는 시장·군수·구청장은 제4항에 따라 건축물의 높이를 고시하려면 국토교통부령으로 정하는 바에 따라 미리 해당 지역주민의 의견을 들어야 한다. 다만, 법 제61조제3항제1호부터 제6호까지의 어느 하나에 해당하는 지역인 경우로서 건축위원회의 심의를 거친 경우에는 그러 하지 아니하다.

〈개정 16.05.17〉

⑥ 제1항부터 제5항까지를 적용할 때 건축물을 건축 하려는 대지와 다른 대지 사이에 다음 각 호의 시설 또는 부지가 있는 경우에는 그 반대편의 대지경계선(공동주택은 인접 대지경계선과 그 반대편 대지경계선의 중심선)을 인접 대지경계선으로 한다. 〈개정 16.05.17〉

1. 공원(「도시공원 및 녹지 등에 관한 법률」 제2조제3호에 따른 도시공원 중 지방건축위원회의 심의를 거쳐 허가권자가 공원의 일조 등을 확보할 필요가 있다고 인정하는 공원은 제외한다), 도로, 철도, 하천, 광장, 공공공지, 녹지, 유수지, 자동차 전용 도로, 유원지

2. 다음 각 목에 해당하는 대지

   가. 너비(대지경계선에서 가장 가까운 거리를 말한다)가 2미터 이하인 대지

   나. 면적이 제80조 각 호에 따른 분할제한 기준 이하인 대지

3. 제1호 및 제2호 외에 건축이 허용되지 아니하는 공지

[전문개정 08.10.29]

⑦ 제1항부터 제5항까지의 규정을 적용할 때 건축물(공동주택으로 한정한다)을 건축하려는 하나의 대지 사이에 제6항 각 호의 시설 또는 부지가 있는 경우에는 지방건축위원회의 심의를 거쳐 제6항 각 호의 시설 또는 부지를 기준으로 마주하고 있는 해당 대지의 경계선의 중심선을 인접 대지경계선으로 할 수 있다.

〈신설 18.09.04〉

제86조의2 삭제 〈06.5.8〉

</td></tr>
</table>

<table>
<tr><th>건 축 법 시 행 규 칙</th><th>요　　　약</th></tr>
<tr><td></td><td>

(4) 높이제한의 완화

　다음에 해당하는 경우에는 　(1)의 규정에 불구하고
건축물의 높이를 정남방향의 인접대지경계선으로
부터의 거리에 따라　완화적용

법 조 항	해당 지구　등
1. 「택지개발촉진법」　제3조	택지개발예정지구
2. 「주택법」　제16조	대지조성사업 시행지구
3. 「지역균형개발 및 지방중소기업 육성에 관한 법률」제4조·제9조	광역개발권역 개발촉진지구
4. 「산업입지 및 개발에 관한 법률」 제6조·제7조·제7조의2·제8조	국가산업단지 일반산업단지 도시첨단산업단지 농공단지
5. 「도시개발법」　제2조	도시개발구역
6. 「도시 및 주거환경정비법」 제4조	정비구역
7. 정북방향으로　도로·공원·하천 등　건축이 금지된 공지에 접하는 대지	
8. 정북방향으로 접하고 있는 대지의 소유자와 합의한 경우 그 밖에 대통령령이 정하는 경우	

(5) 조례로 정할 수 있는 규모

　2층 이하로서 높이가 8 m 이하인 건축물

</td></tr>
</table>

건 축 법	건 축 법 시 행 령
제7장 건축설비	**제7장 건축물의 설비등**

제62조【건축설비기준 등】 건축설비의 설치 및 구조에 관한 기준과 설계 및 공사감리에 관하여 필요한 사항은 대통령령으로 정한다.

제87조【건축설비 설치의 원칙】 ① 건축설비는 건축물의 안전·방화, 위생, 에너지 및 정보통신의 합리적 이용에 지장이 없도록 설치하여야 하고, 배관피트 및 닥트의 단면적과 수선구의 크기를 해당 설비의 수선에 지장이 없도록 하는 등 설비의 유지·관리가 쉽게 설치하여야 한다.

② 건축물에 설치하는 급수·배수·냉방·난방·환기·피뢰 등 건축설비의 설치에 관한 기술적 기준은 국토교통부령으로 정하되, 에너지 이용 합리화와 관련한 건축설비의 기술적 기준에 관하여는 산업통상자원부장관과 협의하여 정한다. 〈개정 13.03.23〉

③ 건축물에 설치하여야 하는 장애인 관련시설 및 설비는 「장애인·노인·임산부 등의 편의증진보장에 관한 법률」 제14조에 따라 작성하여 보급하는 편의시설 상세표준도에 따른다. 〈개정 12.12.12〉

④ 건축물에는 방송수신에 지장이 없도록 공동시청 안테나, 유선방송 수신시설, 위성방송 수신설비, 에프엠(FM)라디오방송 수신설비 또는 방송 공동수신설비를 설치할 수 있다. 다만, 다음 각 호의 건축물에는 방송 공동수신설비를 설치하여야 한다.

1. 공동주택 〈개정 12.12.12〉
2. 바닥면적의 합계가 5천제곱미터 이상으로서 업무시설이나 숙박시설의 용도로 쓰는 건축물

⑤ 제4항에 따른 방송수신설비의 설치기준은 미래창조과학부장관이 정하여 고시하는 바에 따른다. 〈개정 13.03.23〉

⑥ 연면적이 500제곱미터 이상인 건축물의 대지에는 국토교통부령으로 정하는 바에 따라 「전기사업법」 제2조제2호에 따른 전기사업자가 전기를 배전(配電)하는 데 필요한 전기 설비를 설치할 수 있는 공간을 확보하여야 한다. 〈개정 13.03.23〉

⑦ 해풍이나 염분 등으로 인하여 건축물의 재료 및 기계설비 등에 조기 부식과 같은 피해 발생이 우려되는 지역에서는 해당 지방자치단체는 이를 방지하기 위하여 다음 각 호의 사항을 조례로 정할 수 있다. 〈신설 10.02.18〉

1. 해풍이나 염분 등에 대한 내구성 설계기준
2. 해풍이나 염분 등에 대한 내구성 허용기준
3. 그 밖에 해풍이나 염분 등에 따른 피해를 막기 위하여 필요한 사항

⑧ 건축물에 설치하여야 하는 우편수취함은 「우편법」 제37조의2의 기준에 따른다.

제63조 삭제 〈15.05.18〉	**제88조 삭제** 〈95.12.30〉

건축물의 설비기준 등에 관한 규칙	요 약

건축물의 설비기준 등에 관한 규칙

제   정 1992.06.01 건설부령   제 505 호
일부개정 2008.03.14 국토해양부령 제   4 호
일부개정 2017.05.02 국토교통부령 제 420 호
일부개정 2017.12.04 국토교통부령 제 467 호
일부개정 2020.04.09 국토교통부령 제 715 호

제1조 【목적】 이 규칙은「건축법」 제49조, 제62조, 제64조, 제64조의2, 제67조 및 제68조와 같은 법 시행령 제87조, 제89조, 제90조 및 제91조의3에 따른 건축설비의 설치에 관한 기술적 기준과 건축물의 열손실방지 등에 필요한 사항을 규정함을 목적으로 한다.　　　　　〈개정 20.04.09〉

요 약

건축설비 설치의 원칙

(1) 안전·방화면
건축설비는 건축물의 안전·방화·위생, 에너지 및 정보 통신의 합리적 이용에 지장이 없도록 설치

(2) 유지·관리면
배관피트 및 덕트의 단면적과 수선구의 크기를 해당 설비의 수선에 지장이 없도록 하는 등 설비의 유지·관리가 쉽게 설치

(3) 기술적 기준
1. 급수·배수·냉방·난방·환기·피뢰 등 건축설비 : 국토교통부령
2. 에너지이용합리화와 관련한 건축설비 : 지식경제부장관

(4) 장애인 관련시설 및 설비
장애인·노인·임산부 등의 편의 증진 보장에 관한 법률 적용

(5) 방송수신설비
- 공동시청안테나, 유선방송수신시설, 위성방송 수신설비, 에프엠(FM)라디오방송 수신설비 또는 방송 공동수신설비 설치
- 방송 공동수신설비 설치
  1. 공동주택
  2. 연면적 5000㎡ 이상 : 업무시설, 숙박시설
- 설치기준 : 방송통신위원회 고시

(6) 배전설비공간확보
연면적이 500㎡ 이상인 건축물의 대지

(7) 해풍이나 염분 등의 피해 예방[조례]
- 건축물의 재료 및 기계설비 등에 조기 부식과 같은 피해 발생이 우려되는 지역
  1. 해풍이나 염분 등에 대한 내구성 설계기준
  2. 해풍이나 염분 등에 대한 내구성 허용기준
  3. 그 밖에 해풍이나 염분 등에 따른 피해를 막기 위하여 필요한 사항

(8) 우편물수취함
「우편법」: 3층 이상의 고층건물로서 그 전부 또는 일부를 주택·사무소 또는 사업소로 사용하는 건축물에 우편수취함 설치

<table>
<tr><th>건 축 법</th><th>건 축 법 시 행 령</th></tr>
<tr><td>

제64조 【승강기】 ① 건축주는 6층 이상으로서 연면적이 2천제곱미터 이상인 건축물(대통령령으로 정하는 건축물은 제외한다)을 건축하려면 승강기를 설치하여야 한다. 이 경우 승강기의 규모 및 구조는 국토교통부령으로 정한다. 〈개정 13.03.23〉

</td><td>

제89조 【승용승강기의 설치】 법 제64조제1항 전단에서 "대통령령으로 정하는 건축물"이란 층수가 6층인 건축물로서 각 층 거실의 바닥면적 300제곱미터 이내마다 1개소 이상의 직통계단을 설치한 건축물을 말한다. 〈개정 08.10.29〉

</td></tr>
</table>

<table>
<tr><th>건축물의 설비기준 등에 관한 규칙</th><th>요　　　　약</th></tr>
</table>

제5조 【승용승강기의 설치기준】 「건축법」(이하 "법"
이라 한다) 제64조제1항에 따라 건축물에 설치하는
승용승강기의 설치기준은 별표 1의 2와 같다.

　다만, 승용승강기가 설치되어 있는 건축물에 1개
층을 증축하는 경우에는 승용승강기의 승강로를 연장
하여 설치하지 아니할 수 있다.　　〈개정 15.07.09〉

[전문개정 99.5.11]

제6조 【승강기의 구조】　법 제64조에 따라 건축물에
설치하는 승강기·에스컬레이터 및 비상용승강기의
구조는 「승강기시설　안전관리법」이　정하는　바에
따른다.　　　　〈개정 10.11.05〉

제7조 삭제 〈96.2.9〉

제8조 삭제 〈96.2.9〉

승용승강기의 설치

(1) 승용승강기의 설치 대상

　층수가 6층 이상으로서 연면적이 2,000㎡ 이상인
건축물

[예외] 층수가 6층인 건축물로서 각층 거실 바닥
　　　면적 300 ㎡ 이내마다 1개소 이상의 직통
　　　계단을 설치한 경우

(2) 승용승강기의 설치기준

건축물의 용도	6층 이상의 거실바닥면적의 합계 (A : ㎡)	
	3,000㎡ 이하	3,000㎡ 초과
의 료 시 설 관람집회시설 판 매 시 설	2 대	2대 + $\dfrac{A-3,000㎡}{2,000㎡}$ 대
전 시 시 설 위 락 시 설 숙 박 시 설 업 무 시 설	1 대	1대 + $\dfrac{A-3,000㎡}{2,000㎡}$ 대
교육연구시설 공 동 주 택 노유자 시설 기 타 시 설	1 대	1대 + $\dfrac{A-3,000㎡}{3,000㎡}$ 대

* 승강기 대수 : 1대로 보는 기준 : 8~15인승
　　　　　　　 2대로 보는 기준 : 16인승 이상

[예외] 승용승강기가 설치되어 있는 건축물에
　　　　1개 층을 증축하는 경우에는 승용승강기의
　　　　승강로를 연장하여 설치하지 아니할 수 있다.

(3) 승강기의 구조
승강기·에스컬레이터 및 비상용승강기의 구조는
「승강기 제조 및 관리에 관한 법률」이 정하는 바에
의한다.

※ **장애인용 승강기 카 내부 규격**
　폭1,600×깊이 1,350 이상

※ **병원용 엘리베이터의 카 내부 규격**
　1) 24인용 : 1,500×2,300 생산
　2) 26인용 : 1,600×2,300 생산

※ **병원용과 장애인용 동시 만족**
　26인용(1,600×2,300)으로 설계

건 축 법	건 축 법 시 행 령
[제64조] ② 높이 31미터를 초과하는 건축물에는 대통령령으로 정하는 바에 따라 제1항에 따른 승강기뿐만 아니라 비상용승강기를 추가로 설치하여야 한다. 다만, 국토교통부령으로 정하는 건축물의 경우에는 그러하지 아니하다. 〈개정 13.03.23〉	**제90조 〔비상용 승강기의 설치〕** ① 법 제64조제2항에 따라 높이 31미터를 넘는 건축물에는 다음 각 호의 기준에 따른 대수 이상의 비상용 승강기(비상용 승강기의 승강장 및 승강로를 포함한다. 이하 이 조에서 같다)를 설치하여야 한다. 다만, 법제64조제1항에 따라 설치되는 승강기를 비상용 승강기의 구조로 하는 경우에는 그러하지 아니하다. 1. 높이 31미터를 넘는 각 층의 바닥면적 중 최대 바닥면적이 1천500제곱미터 이하인 건축물: 1대 이상 2. 높이 31미터를 넘는 각 층의 바닥면적 중 최대 바닥면적이 1천500제곱미터를 넘는 건축물: 1대에 1천500제곱미터를 넘는 3천제곱미터 이내마다 1대씩 더한 대수 이상 ② 제1항에 따라 2대 이상의 비상용 승강기를 설치하는 경우에는 화재가 났을 때 소화에 지장이 없도록 일정한 간격을 두고 설치하여야 한다.

건축물의 설비기준 등에 관한 규칙	요 약

제9조 【비상용승강기를 설치하지 아니할 수 있는 건축물】

법 제64조제2항 단서에서 "국토교통부령이 정하는 건축물"이라 함은 다음 각 호의 건축물을 말한다.

〈개정 17.12.04〉

1. 높이 31미터를 넘는 각층을 거실외의 용도로 쓰는 건축물
2. 높이 31미터를 넘는 각층의 바닥면적의 합계가 500 제곱미터 이하인 건축물
3. 높이 31미터를 넘는 층수가 4개층이하로서 당해 각층의 바닥면적의 합계 200제곱미터(벽 및 반자가 실내에 접하는 부분의 마감을 불연재료로 한 경우에는 500제곱미터)이내마다 방화구획(영 제46조제1항 본문에 따른 방화구획을 말한다. 이하 같다)으로 구획된 건축물

비상용승강기의 설치

(1) 비상용 승강기 설치 대상

높이 31 m 를 넘는 건축물

[예외] 승용 승강기를 비상용 승강기의 구조로 하는 경우

(2) 설치대수 산정

높이 31m를 넘는 각층의 바닥면적 중 최대바닥면적 (A : ㎡)	설 치 대 수(대)
1,500 이하	1
1,500 초과	$1 + \dfrac{A - 1,500㎡}{3,000㎡}$

(3) 설치대상에서 제외되는 건축물

높이 31m를 넘는 각층이 다음에 해당하는 경우

1. 그 부분을 거실 외의 용도로 쓰는 건축물
2. 그 부분의 바닥면적의 합계가 500 ㎡ 이하인 건축물
3. 그 부분의 층수가 4개 층 이하로서 당해 각층의 바닥면적의 합계 200 ㎡(불연내장인 경우 500 ㎡)이내마다 방화구획된 건축물

건　축　법	건 축 법 시 행 령
	[제90조] ③ 건축물에 설치하는 비상용 승강기의 구조 등에 관하여 필요한 사항은 국토교통부령으로 정한다. 〈개정 13.03.23〉 [전문개정 08.10.29]
건　축　법	**[제90조]** ③ 건축물에 설치하는 비상용 승강기의 구조 등에 관

건축물의 설비기준 등에 관한 규칙	요 약

제10조【비상용승강기의 승강장 및 승강로의 구조】

법 제64조제2항에 따른 비상용승강기의 승강장 및 승강로의 구조는 다음 각 호의 기준에 적합하여야 한다. 〈개정 08.7.10〉

1. 삭제 〈96.2.9〉

2. 비상용승강기 승강장의 구조

가. 승강장의 창문·출입구 기타 개구부를 제외한 부분은 당해 건축물의 다른 부분과 내화구조의 바닥 및 벽으로 구획할 것. 다만, 공동주택의 경우에는 승강장과 특별피난계단(「건축물의 피난·방화구조 등의 기준에 관한 규칙」 제9조의 규정에 의한 특별피난계단을 말한다. 이하 같다)의 부속실과의 겸용 부분을 특별피난계단의 계단실과 별도로 구획하는 때에는 승강장을 특별피난계단의 부속실과 겸용할 수 있다.

나. 승강장은 각층의 내부와 연결될 수 있도록 하되, 그 출입구(승강로의 출입구를 제외한다)에는 갑종 방화문을 설치할 것. 다만, 피난층에는 갑종방화문을 설치하지 아니할 수 있다.

다. 노대 또는 외부를 향하여 열 수 있는 창문이나 제14조제2항의 규정에 의한 배연설비를 설치할 것

라. 벽 및 반자가 실내에 접하는 부분의 마감재료 (마감을 위한 바탕을 포함한다)는 불연재료로 할 것

마. 채광이 되는 창문이 있거나 예비전원에 의한 조명설비를 할 것

바. 승강장의 바닥면적은 비상용승강기 1대에 대하여 6제곱미터 이상으로 할 것. 다만, 옥외에 승강장을 설치하는 경우에는 그러하지 아니하다.

사. 피난층이 있는 승강장의 출입구(승강장이 없는 경우에는 승강로의 출입구)로부터 도로 또는 공지 (공원·광장 기타 이와 유사한 것으로서 피난 및 소화를 위한 당해 대지에의 출입에 지장이 없는 것 을 말한다)에 이르는 거리가 30미터 이하일 것

아. 승강장 출입구 부근의 잘 보이는 곳에 당해 승강 기가 비상용승강기임을 알 수 있는 표지를 할 것

3. 비상용승강기의 승강로의 구조

가. 승강로는 당해 건축물의 다른 부분과 내화구조로 구획할 것

나. 각층으로부터 피난층까지 이르는 승강로를 단일 구조로 연결하여 설치할 것

요 약

비상용승강기의 승강장 및 승강로의 구조

(1) 비상용 승강기의 구조

  ※ 승강기 제조 및 관리에 관한 법률

(2) 승강장의 구조

  1. 내화구조의 바닥 및 벽으로 구획 (창문 등 제외)
  2. 공동주택 : 승강장과 특별피난계단의 부속실을
                겸용 가능
  3. 출입구 : 갑종방화문 설치(피난층 : 설치배제)
  4. 외부를 향하여 열 수 있는 창이나 배연설비 설치
  5. 실내마감재료 : 불연재료
  6. 채광창이 있거나 예비전원에 의한 조명설비
  7. 승강장의 바닥면적 : 6 ㎡/대 이상
                (예외 : 옥외승강장)
  8. 피난층이 있는 승강장의 출입구로부터 도로
     등에 이르는 거리가 30 m 이하일 것
  9. 잘 보이는 곳에 비상용 승강기임을 알 수 있는
     표지 설치

(3) 승강로의 구조

  1. 당해 건축물의 다른 부분과 내화구조로 구획
  2. 승강로는 전층을 단일구조로서 연결하여 설치

<table>
<tr><th>건 축 법</th><th>건 축 법 시 행 령</th></tr>
</table>

[제64조]

③ 고층건축물에는 제1항에 따라 건축물에 설치하는 승용승강기 중 1대 이상을 대통령령으로 정하는 바에 따라 피난용승강기로 설치하여야 한다.

〈신설 18.04.17〉

제64조의2 삭제 〈14.05.28〉

제91조 【피난용승강기의 설치】 법 제64조제3항에 따른 피난용승강기(피난용승강기의 승강장 및 승강로를 포함한다. 이하 이 조에서 같다)는 다음 각 호의 기준에 맞게 설치하여야 한다.

1. 승강장의 바닥면적은 승강기 1대당 6제곱미터 이상으로 할 것
2. 각 층으로부터 피난층까지 이르는 승강로를 단일구조로 연결하여 설치할 것
3. 예비전원으로 작동하는 조명설비를 설치할 것
4. 승강장의 출입구 부근의 잘 보이는 곳에 해당 승강기가 피난용승강기임을 알리는 표지를 설치할 것
5. 그 밖에 화재예방 및 피해경감을 위하여 국토교통부령으로 정하는 구조 및 설비 등의 기준에 맞을 것

건축물의 설비기준 등에 관한 규칙	요 약

피난용승강기의 설치

1. 승강장의 바닥면적은 승강기 1대당 6 ㎡ 이상으로 할 것
2. 각 층으로부터 피난층까지 이르는 승강로를 단일 구조로 연결하여 설치할 것
3. 예비전원으로 작동하는 조명설비를 설치할 것
4. 승강장의 출입구 부근의 잘 보이는 곳에 해당 승강기가 피난용승강기임을 알리는 표지를 설치할 것
5. 그 밖에 화재예방 및 피해경감을 위하여 국토교통부령으로 정하는 구조 및 설비 등의 기준에 맞을 것

제29조 삭제 〈18.10.18〉

제30조(피난용승강기의 설치기준) 영 제91조제5호에서 "국토교통부령으로 정하는 구조 및 설비 등의 기준"이란 다음 각 호를 말한다. 〈개정 21.03.26〉

1. 피난용승강기 승강장의 구조

  가. 승강장의 출입구를 제외한 부분은 해당 건축물의 다른 부분과 내화구조의 바닥 및 벽으로 구획할 것

  나. 승강장은 각 층의 내부와 연결될 수 있도록 하되, 그 출입구에는 60+방화문 또는 60분방화문을 설치할 것. 이 경우 방화문은 언제나 닫힌 상태를 유지할 수 있는 구조이어야 한다.

  다. 실내에 접하는 부분(바닥 및 반자 등 실내에 면한 모든 부분을 말한다)의 마감(마감을 위한 바탕을 포함한다)은 불연재료로 할 것

  라. 삭제 〈18.10.18〉

  마. 삭제 〈18.10.18〉

  바. 삭제 〈18.10.18〉

  사. 삭제 〈14.03.05〉

  아. 「건축물의 설비기준 등에 관한 규칙」 제14조에 따른 배연설비를 설치할 것

    다만, 「소방시설 설치·유지 및 안전관리에 법률 시행령」 별표 5 제5호가목에 따른 제연설비를 설치한 경우에는 배연설비를 설치하지 아니할 수 있다. 〈단서신설 14.03.05〉

  자. 삭제 〈14.03.05〉

2. 피난용승강기 승강로의 구조

  가. 승강로는 해당 건축물의 다른 부분과 내화구조로 구획할 것

  나. 삭제 〈18.10.18〉

  다. 승강로 상부에 「건축물의 설비기준 등에 관한 규칙」 제14조에 따른 배연설비를 설치할 것

3. 피난용승강기 기계실의 구조

  가. 출입구를 제외한 부분은 해당 건축물의 다른 부분과 내화구조의 바닥 및 벽으로 구획할 것

  나. 출입구에는 갑종방화문을 설치할 것

4. 피난용승강기 전용 예비전원

  가. 정전시 피난용승강기, 기계실, 승강장 및 폐쇄회로 텔레비전 등의 설비를 작동할 수 있는 별도의 예비전원 설비를 설치할 것

  나. 가목에 따른 예비전원은 초고층 건축물의 경우에는 2시간 이상, 준초고층 건축물의 경우에는 1시간 이상 작동이 가능한 용량일 것

  다. 상용전원과 예비전원의 공급을 자동 또는 수동으로 전환이 가능한 설비를 갖출 것

  라. 전선관 및 배선은 고온에 견딜 수 있는 내열성 자재를 사용하고, 방수조치를 할 것

[본조신설 12. 1. 6]

피난용승강기의 설치기준

1. 피난용승강기 승강장의 구조

　가. 승강장의 출입구를 제외한 부분 : 내화구조의 바닥 및 벽으로 구획

　나. 승강장 : 각 층의 내부와 연결될 수 있도록 하되, 출입구에 갑종방화문 설치

　　　- 방화문은 언제나 닫힌 상태를 유지할 수 있는 구조

　다. 실내에 접하는 부분의 마감 : 불연재료

　라. 삭제

　마. 삭제

　바. 삭제

　사. 삭제

　아. 배연설비 설치-제연설비 설치시 배연설비 배제

　자. 삭제

2. 피난용승강기 승강로의 구조

　가. 승강로 : 내화구조로 구획

　나. 삭제

　다. 승강로 상부 : 배연설비 설치

3. 피난용승강기 기계실의 구조

　가. 출입구를 제외한 부분 : 내화구조의 바닥 및 벽으로 구획

　나. 출입구 : 갑종방화문 설치

4. 피난용승강기 전용 예비전원

　가. 정전시 피난용승강기, 기계실, 승강장 및 폐쇄회로 텔레비전 등의 설비를 작동할 수 있는
　　　별도의 예비전원 설비 설치

　나. 예비전원은 초고층 건축물의 경우에는 2시간 이상, 준초고층 건축물의 경우에는 1시간 이상
　　　작동이 가능한 용량일 것

　다. 상용전원과 예비전원의 공급을 자동 또는 수동으로 전환이 가능한 설비를 갖출 것

　라. 전선관 및 배선은 고온에 견딜 수 있는 내열성 자재를 사용하고, 방수조치를 할 것

<table>
<tr><th>건 축 법</th><th>건 축 법 시 행 령</th></tr>
<tr><td>

제65조【친환경건축물의 인증】 ① 국토교통부장관과 환경부장관은 지속가능한 개발의 실현과 자원절약형이고 자연친화적인 건축물의 건축을 유도하기 위하여 공동으로 친환경건축물 인증제도를 실시한다.

② 국토교통부장관은 환경부장관과 협의하여 인증기관을 지정하고 제1항에 따른 친환경건축물의 인증을 하게 할 수 있다.

③ 친환경건축물의 인증을 받으려는 자는 제2항에 따른 인증기관에 인증을 신청하여야 한다.

④ 국토교통부장관과 환경부장관은 다음 각 호의 사항을 포함하여 친환경건축물의 인증 기준을 공동으로 고시한다.

 1. 인증 기준 및 절차

 2. 표시 활용 방법

 3. 유효기간

 4. 수수료

 5. 인증 등급 등

⑤ 제2항과 제3항에 따른 인증기관의 지정 기준, 지정 절차 및 인증 신청 절차 등에 관하여 필요한 사항은 국토교통부와 환경부의 공동부령으로 정한다.

</td><td></td></tr>
</table>

건축물의 설비기준 등에 관한 규칙	요 약
	친환경건축물의 인증 (1) 친환경건축물 인증제도 실시 　국토교통부장관과 환경부장관은 지속가능한 개발의 　실현과 자원절약형이고 자연친화적인 건축물의 　건축을 유도하기 위하여 공동으로 친환경건축물 인증 　제도를 실시 (2) 인증기관 지정 　국토교통부장관은 환경부장관과 협의하여 　인증기관을 지정하고 친환경건축물의 인증 (3) 인증신청 　친환경건축물 인증을 받고자 하는 자는 　인증기관에게 인증 신청 (4) 인증기준고시 　국토교통부장관과 환경부장관은 　친환경건축물 인증기준을 공동으로 고시 　1. 인증 기준 및 절차 　2. 표시활용방법 　3. 유효기간 　4. 수수료 　5. 인증의 등급 등

<table>
<tr><th>건 축 법</th><th>건 축 법 시 행 령</th></tr>
<tr><td>

제65조의2 [지능형건축물의 인증] ① 국토교통부장관은 지능형건축물[Intelligent Building]의 건축을 활성화하기 위하여 지능형건축물 인증제도를 실시한다. 〈개정 13.03.23〉

② 국토교통부장관은 제1항에 따른 지능형건축물의 인증을 위하여 인증기관을 지정할 수 있다. 〈개정 13.03.23〉

③ 지능형건축물의 인증을 받으려는 자는 제2항에 따른 인증기관에 인증을 신청하여야 한다.

④ 국토교통부장관은 건축물을 구성하는 설비 및 각종 기술을 최적으로 통합하여 건축물의 생산성과 설비 운영의 효율성을 극대화할 수 있도록 다음 각 호의 사항을 포함하여 지능형건축물 인증기준을 고시한다. 〈개정 13.03.23〉

 1. 인증기준 및 절차
 2. 인증표시 홍보기준
 3. 유효기간
 4. 수수료
 5. 인증 등급 및 심사기준 등

⑤ 제2항과 제3항에 따른 인증기관의 지정 기준, 지정 절차 및 인증 신청 절차 등에 필요한 사항은 국토교통부령으로 정한다. 〈개정 13.03.23〉

⑥ 허가권자는 지능형건축물로 인증을 받은 건축물에 대하여 제42조에 따른 조경설치면적을 100분의 85까지 완화하여 적용할 수 있으며, 제56조 및 제60조에 따른 용적률 및 건축물의 높이를 100분의 115의 범위에서 완화하여 적용할 수 있다.

[본조신설 11.05.30]

</td><td></td></tr>
</table>

	지능형건축물의 인증
	(1) 지능형건축물 인증제도 실시 　국토교통부장관은 지능형건축물[Intelligent Building]의 건축을 활성화하기 위하여 지능형건축물 인증제도를 실시
	(2) 인증기관 지정 　국토교통부장관이 지정
	(3) 인증신청 　인증기관에게 인증 신청
	(4) 인증기준고시 　국토교통부장관이 지능형건축물 인증기준고시 　1. 인증기준 및 절차 　2. 인증표시 홍보기준 　3. 유효기간 　4. 수수료 　5. 인증 등급 및 심사기준 등
	(5) 인증기관의 지정기준, 지정절차 및 인증 신청절차 　국토교통부령으로 정한다
	(6) 건축기준 완화 적용 　1. 조경설치면적 : 100분의 85 　2. 용적률 : 100분의 115 　3. 건축물의 높이 : 100분의 115

제11조 [공동주택 및 다중이용시설의 환기설비기준 등]

①영제87조제2항의 규정에 따라 신축 또는 리모델링하는 다음 각 호의 어느 하나에 해당하는 주택 또는 건축물(이하 신축공동주택 등이라 한다)은 시간당 0.5회 이상의 환기가 이루어질 수 있도록 자연환기설비 또는 기계환기설비를 설치해야 한다. 〈개정 20.04.09〉

1. 30세대 이상의 공동주택

2. 주택을 주택 외의 시설과 동일건축물로 건축하는 경우로서 주택이 30세대 이상인 건축물

② 신축공동주택등에 자연환기설비를 설치하는 경우에는 자연환기설비가 제1항에 따른 환기횟수를 충족하는지에 대하여 법 제4조에 따른 지방건축위원회의 심의를 받아야 한다. 다만, 신축공동주택 등에 「산업표준화법」에 따른 한국산업표준(이하 "한국산업표준"이라 한다)의 자연환기설비 환기성능시험 방법(KSF 2921)에 따라 성능시험을 거친 자연환기설비를 별표 1의3에 따른 자연환기설비 설치 길이 이상으로 설치하는 경우는 제외한다. 〈개정 15.07.09〉

③ 신축공동주택 등에 자연환기설비 또는 기계환기설비를 설치하는 경우에는 별표 1의4 또는 별표 1의5의 기준에 적합하여야 한다. 〈개정 09.12.31〉

④ 특별시장·광역시장·특별자치시장·특별자치도지사 또는 시장·군수·구청장(자치구의 구청장을 말하며, 이하 "허가권자"라 한다)은 30세대 미만인 공동주택과 주택을 주택 외의 시설과 동일 건축물로 건축하는 경우로서 주택이 30세대 미만인 건축물 및 단독주택에 대해 시간당 0.5회 이상의 환기가 이루어질 수 있도록 자연환기설비 또는 기계환기설비의 설치를 권장할 수 있다. 〈신설 20.04.09〉

⑤ 다중이용시설을 신축하는 경우에 기계환기설비를 설치해야 하는 다중이용시설 및 각 시설의 필요 환기량은 별표 1의6과 같으며, 설치해야 하는 기계환기설비의 구조 및 설치는 다음 각 호의 기준에 적합해야 한다. 〈개정 20.04.09〉

1. 다중이용시설의 기계환기설비 용량기준은 시설 이용 인원 당 환기량을 원칙으로 산정할 것

2. 기계환기설비는 다중이용시설로 공급되는 공기의 분포를 최대한 균등하게 하여 실내 기류의 편차가 최소화될 수 있도록 할 것

3. 공기공급체계·공기배출체계 또는 공기흡입구·배기구 등에 설치되는 송풍기는 외부의 기류로 인하여 송풍능력이 떨어지는 구조가 아닐 것

4. 바깥공기를 공급하는 공기공급체계 또는 바깥공기가 도입되는 공기흡입구는 다음 각 목의 요건을 모두 갖춘 공기여과기 또는 집진기(集塵機) 등을 갖출 것
   가. 입자형·가스형 오염물질을 제거 또는 여과하는 성능이 일정 수준 이상일 것
   나. 여과장치 등의 청소 및 교환 등 유지관리가 쉬운 구조일 것
   다. 공기여과기의 경우 한국산업표준(KS B 6141)에 따른 입자 포집률이 계수법으로 측정하여 60퍼센트 이상일 것

5. 공기배출체계 및 배기구는 배출되는 공기가 공기공급체계 및 공기흡입구로 직접 들어가지 아니하는 위치에 설치할 것

6. 기계환기설비를 구성하는 설비·기기·장치 및 제품 등의 효율과 성능 등을 판정하는데 있어 이 규칙에서 정하지 아니한 사항에 대하여는 해당 항목에 대한 한국산업규격에 적합할 것. 다만, 신축공동주택 등에 「산업표준화법」에 따른 한국산업표준(이하 "한국산업표준"이라 한다)의 자연환기설비 환기성능 시험방법(KSF 2921)에 따라 성능시험을 거친 자연환기설비를 별표 1의3에 따른 자연환기설비 설치 길이 이상으로 설치하는 경우는 제외한다.
   [본조신설 06.02.13]

<table>
<tr><td align="center">건축물의 설비기준 등에 관한 규칙</td><td align="center">요　　　약</td></tr>
</table>

제11조의 2 [환기구의 안전 기준]

① 영 제87조제2항에 따라 환기구[건축물의 환기설비에 부속된 급기(給氣) 및 배기(排氣)를 위한 건축구조물의 개구부(開口部)를 말한다. 이하 같다]는 보행자 및 건축물 이용자의 안전이 확보되도록 바닥으로부터 2미터 이상의 높이에 설치하여야 한다.

다만, 다음 각 호의 어느 하나에 해당하는 경우에는 예외로 한다.

1. 환기구를 벽면에 설치하는 등 사람이 올라설 수 없는 구조로 설치하는 경우. 이 경우 배기를 위한 환기구는 배출되는 공기가 보행자 및 건축물 이용자에게 직접 닿지 아니하도록 설치되어야 한다.

2. 안전펜스 또는 조경 등을 이용하여 접근을 차단하는 구조로 하는 경우

② 모든 환기구에는 국토교통부장관이 정하여 고시하는 강도(强度) 이상의 덮개와 덮개 걸침턱 등 추락방지시설을 설치하여야 한다.

[본조신설 15.07.09]

공동주택 및 다중이용시설의 환기설비기준 등

※ 신축공동주택등(신축 또는 리모델링)

1. 100세대 이상의 공동주택
2. 주상복합으로서 주택이 100세대 이상인 건축물

(1) 신축공동주택등의 환기

시간당 0.5회 이상의 자연환기설비 또는 기계환기설비를 설치

(2) 환기횟수 확인

지방건축위원회의 심의

(3) 기계환기설비 설치기준

별표 1의3

(4) 다중이용시설 기계환기설비의 구조 및 설치기준

1. 용량기준은 시설이용 인원 당 환기량을 원칙으로 산정할 것
2. 실내 기류의 편차가 최소화될 수 있도록 할 것
3. 송풍기는 외부의 기류로 인하여 송풍능력이 떨어지는 구조가 아닐 것
4. 공기흡입구는 외부로부터 오염물질이 유입되는 것을 최대한 차단할 수 있는 설비를 갖출 것
5. 배기구는 배출되는 공기가 공기흡입구로 직접 들어가지 아니하는 위치에 설치할 것
6. 효율과 성능 등 K.S 에 적합할 것

환기구의 안정기준

(1) 환기구 설치 위치

보행자 및 건축물 이용자의 안전이 확보되도록 바닥으로부터 2 m 이상의 높이에 설치

[예외]

1. 환기구를 벽면에 설치하는 등 사람이 올라설 수 없는 구조로 설치하는 경우

   - 환기구는 배출되는 공기가 보행자 및 건축물 이용자에게 직접 닿지 않도록 설치

2. 안전펜스 또는 조경 등을 이용하여 접근을 차단하는 구조로 하는 경우

(2) 환기구 강도

국토교통부장관이 정하여 고시 하는 강도(强度) 이상의 덮개와 덮개 걸침턱 등 추락방지시설을 설치하여야 한다.

건 축 법	건축법시행령

건 축 법	건축법시행령

<table>
<tr><th>건축물의 설비기준 등에 관한 규칙</th><th>요　　　약</th></tr>
<tr><td>

제12조 【온돌의 설치기준】

① 영 제87조제2항에 따라 건축물에 온돌을 설치하는 경우에는 그 구조상 열에너지가 효율적으로 관리되고 화재의 위험을 방지하기 위하여 별표 1의7의 기준에 적합하여야 한다. 〈개정 15.07.09〉

② 제1항에 따라 건축물에 온돌을 시공하는 자는 시공을 끝낸 후 별지 제2호서식의 온돌 설치확인서를 공사감리자에게 제출하여야 한다. 다만, 제3조제2항에 따른 건축설비설치확인서를 제출한 경우와 공사감리자가 직접 온돌의 설치를 확인한 경우에는 그러하지 아니하다. 〈개정 15.07.09〉

</td><td>

온돌의 설치기준

(1) 온돌설치기준
　구조상 열에너지가 효율적으로 관리되고
　화재의 위험을 방지하기 위하여
　별표 1의7의 기준에 적합하게 설치

(2) 온돌시공자의 의무
　시공을 끝낸 후 온돌 설치확인서를
　공사감리자에게 제출
　[예외]
　1) 건축설비설치확인서를 제출한 경우
　2) 공사감리자가 직접 온돌의 설치를 확인한 경우

</td></tr>
</table>

[별표 1의 7]　　　　　　　　온돌 설치기준(제12조제1항 관련)

1. 온수온돌

　가. 온수온돌이란 보일러 또는 그 밖의 열원으로부터 생성된 온수를 바닥에 설치된 배관을 통하여 흐르게 하여
　　　난방을 하는 방식을 말한다.

　나. 온수온돌은 바탕층, 단열층, 채움층, 배관층(방열관을 포함한다) 및 마감층 등으로 구성된다.

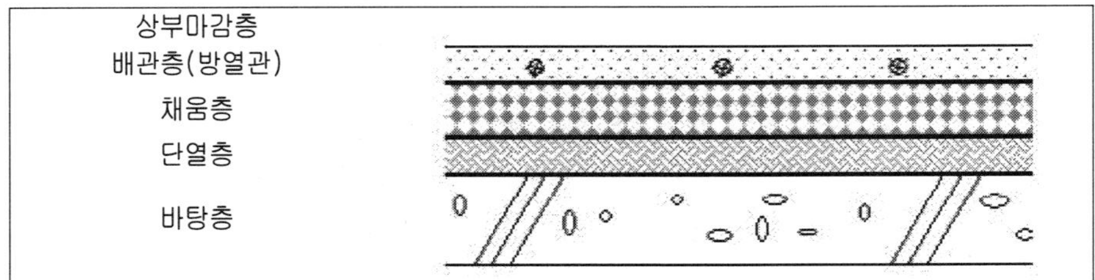

　1) 바탕층이란 온돌이 설치되는 건축물의 최하층 또는 중간층의 바닥을 말한다.

　2) 단열층이란 온수온돌의 배관층에서 방출되는 열이 바탕층 아래로 손실되는 것을 방지하기 위하여 배관층과
　　　바탕층 사이에 단열재를 설치하는 층을 말한다.

　3) 채움층이란 온돌구조의 높이 조정, 차음성능 향상, 보조적인 단열기능 등을 위하여 배관층과 단열층
　　　사이에 완충재 등을 설치하는 층을 말한다.

　4) 배관층이란 단열층 또는 채움층 위에 방열관을 설치하는 층을 말한다.

　5) 방열관이란 열을 발산하는 온수를 순환시키기 위하여 배관층에 설치하는 온수배관을 말한다.

　6) 마감층이란 배관층 위에 시멘트, 모르타르, 미장 등을 설치하거나 마루재, 장판 등 최종 마감재를
　　　설치하는 층을 말한다.

　다. 온수온돌의 설치 기준

　1) 단열층은 제21조제1항제1호에 따른 기준에 적합하여야 하며, 바닥난방을 위한 열이 바탕층 아래 및 측벽으로
　　　손실되는 것을 막을 수 있도록 단열재를 방열관과 바탕층 사이에 설치하여야 한다. 다만, 바탕층의 축열을 직접
　　　이용하는 심야전기이용 온돌(「한국전력공사법」에 따른 한국전력공사의 심야전력이용기기 승인을 받은 것만
　　　해당하며, 이하 "심야전기이용 온돌"이라 한다)의 경우에는 단열재를 바탕층 아래에 설치할 수 있다.

　2) 배관층과 바탕층 사이의 열저항은 층간 바닥인 경우에는 해당 바닥에 요구되는 열관류저항의 60% 이상이어야
　　　하고, 최하층 바닥인 경우에는 해당 바닥에 요구되는 열관류저항이 70% 이상이어야 한다.
　　　다만, 심야전기이용 온돌의 경우에는 그러하지 아니하다.

　3) 단열재는 내열성 및 내구성이 있어야 하며 단열층 위의 적재하중 및 고정하중에 버틸 수 있는 강도를 가지거나
　　　그러한 구조로 설치되어야 한다.

　4) 바탕층이 지면에 접하는 경우에는 바탕층 아래와 주변 벽면에 높이 10센티미터 이상의 방수처리를 하여야 하며,
　　　단열재의 윗부분에 방습처리를 하여야 한다.

　5) 방열관은 잘 부식되지 아니하고 열에 견딜 수 있어야 하며, 바닥의 표면온도가 균일하도록 설치하여야 한다.

　6) 배관층은 방열관에서 방출된 열이 마감층 부위로 최대한 균일하게 전달될 수 있는 높이와 구조를 갖추어야 한다.

　7) 마감층은 수평이 되도록 설치하여야 하며, 바닥의 균열을 방지하기 위하여 충분하게 양생하거나 건조시켜
　　　마감재의 뒤틀림이나 변형이 없도록 하여야 한다.

　8) 한국산업규격에 따른 조립식 온수온돌판을 사용하여 온수온돌을 시공하는 경우에는 1)부터 7)까지의 규정을 적용
　　　하지 아니한다.

　9) 국토교통부장관은 1)부터 7)까지에서 규정한 것 외에 온수온돌의 설치에 관하여 필요한 사항을 정하여 고시할 수
　　　있다.

2. 구들온돌

 가. 구들온돌이란 연탄 또는 그 밖의 가연물질이 연소할 때 발생하는 연기와 연소열에 의하여 가열된 공기를 바닥
    하부로 통과시켜 난방을 하는 방식을 말한다.
 나. 구들온돌은 아궁이, 온돌환기구, 공기흡입구, 고래, 굴뚝 및 굴뚝목 등으로 구성된다.

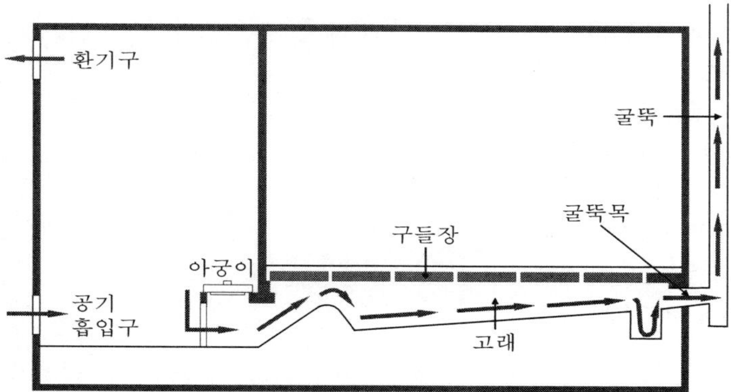

 1) 아궁이란 연탄이나 목재 등 가연물질의 연소를 통하여 열을 발생시키는 부위를 말한다.
 2) 온돌환기구란 아궁이가 설치되는 공간에서 연탄 등 가연물질의 연소를 통하여 발생하는 가스를 원활하게 배출
    하기 위한 통로를 말한다.
 3) 공기흡입구란 아궁이가 설치되는 공간에서 연탄 등 가연물질의 연소에 필요한 공기를 외부에서 공급받기 위한
    통로를 말한다.
 4) 고래란 아궁이에서 발생한 연소가스 및 가열된 공기가 굴뚝으로 배출되기 전에 구들 아래에서 최대한 균일하게
    흐르도록 하기 위하여 설치된 통로를 말한다.
 5) 굴뚝이란 고래를 통하여 구들 아래를 통과한 연소가스 및 가열된 공기를 외부로 원활하게 배출하기 위한 장치를
    말한다.
 6) 굴뚝목이란 고래에서 굴뚝으로 연결되는 입구 및 그 주변부를 말한다.
 다. 구들온돌의 설치 기준
 1) 연탄아궁이가 있는 곳은 연탄가스를 원활하게 배출할 수 있도록 그 바닥면적의 10분의 1이상에 해당하는 면적의
    환기용 구멍 또는 환기설비를 설치하여야 하며, 외기에 접하는 벽체의 아랫부분에는 연탄의 연소를 촉진하기
    위하여 지름 10센티미터 이상 20센티미터 이하의 공기흡입구를 설치하여야 한다.
 2) 고래바닥은 연탄가스를 원활하게 배출할 수 있도록 높이/수평거리가 1/5 이상이 되도록 하여야 한다.
 3) 부뚜막식 연탄아궁이에 고래로 연기를 유도하기 위하여 유도관을 설치하는 경우에는 20도 이상 45도 이하의
    경사를 두어야 한다.
 4) 굴뚝의 단면적은 150제곱센티미터 이상으로 하여야 하며, 굴뚝목의 단면적은 굴뚝의 단면적보다 크게 하여야 한다.
 5) 연탄식 구들온돌이 아닌 전통 방법에 의한 구들을 설치할 경우에는 1)부터 4)까지의 규정을 적용하지 아니한다.
 6) 국토교통부장관은 1)부터 5)까지에서 규정한 것 외에 구들온돌의 설치에 관하여 필요한 사항을 정하여 고시할 수
    있다.

<table>
<tr><th>건 축 법</th><th>건 축 법 시 행 령</th></tr>
<tr><td>

제66조 [건축물에 관한 효율적인 에너지 이용과 친환경 건축물 건축의 활성화]

①국토교통부장관은 지식경제부장관이나 환경부장관과 협의하여 건축물에 관한 효율적인 에너지 이용과 친환경 건축물 건축의 활성화를 위한 종합대책을 수립·시행 하여야 한다. 〈개정 11.05.30〉

② 국토교통부장관은 건축물에 대한 효율적인 에너지 관리와 친환경 건축물 건축의 활성화를 위하여 필요한 설계 · 시공 · 감리 및 유지·관리에 관한 기준을 정하여 고시할 수 있다. 〈개정 11.05.30〉

③ 허가권자는 자원 절약적이고 환경 친화적인 건축물의 건축을 활성화하기 위하여 대통령령으로 정하는 기준에 적합한 건축물에 대하여 제42조에 따른 조경설치면적을 100분의 85까지 완화하여 적용할 수 있으며, 제56조 및 제60조에 따른 용적률 및 건축물의 높이를 100분의 115의 범위에서 완화하여 적용할 수 있다. 〈개정 11.05.30〉

④ 허가권자는 자원 절약적이고 환경 친화적인 건축물의 건축 및 유지·관리를 위한 정책을 수립하여 시행하여야 한다. 〈신설 11.05.30〉

⑤ 지방자치단체는 제2항에 따른 고시의 범위에서 건축기준 완화 기준 및 재정지원에 관한 사항을 조례로 정할 수 있다. 〈신설 11.05.30〉

제66조 [건축물에 관한 효율적인 에너지 이용과 친환경 건축물 건축의 활성화]

</td><td>

</td></tr>
</table>

<table>
<tr><th>건 축 법 시 행 규 칙</th><th>요 약</th></tr>
</table>

제38조 【건축물의 에너지이용과 폐자재의 활용】

　영 제91조제4항에 따라 건축기준을 완화하여 적용받으려는 자는 법 제11조 또는 법 제14조에 따라 허가를 신청하거나 신고를 할 때 법 제66조제2항에 따른 에너지절약설계기준 또는 건축폐자재설계기준에 따라 건축기준을 완화하여 적용할 것을 요청(전자문서로 요청하는 것을 포함한다)하여야 한다.

〈개정 10.08.05〉

[전문개정 2008.12.11]

건축물의 효율적 에너지 이용과 친환경건축물 건축의 활성화

(1) 종합대책

국토교통부장관은 지식경제부장관이나 환경부장관과 협의하여 건축물에 관한 효율적인 에너지 이용과 친환경 건축물 건축의 활성화를 위한 종합대책을 수립·시행

(2) 고시

설계 · 시공 · 감리 및 유지·관리에 관한 기준을 정하여 고시

(3) 기준 완화적용

1) 대상

1. 친환경건축물 인증을 받은 건축물
2. 효율적인 에너지 관리를 위한 설계기준에 맞게 설계된 건축물이나 건축폐자재를 건축물의 신축공사를 위한 골조공사에 100분의 15 이상 사용한 건축물
3. 건축물 에너지효율등급 인증을 받은 건축물

2) 완화 기준

1. 조경설치면적 : 100분의 85까지 완화
2. 용적률 및 건축물의 높이 : 100분의 115의 범위에서 완화하여 적용

<table>
<tr><th>건 축 법</th><th>건 축 법 시 행 령</th></tr>
<tr><td>

제66조의2 【건축물의 에너지효율등급 인증】 ① 국토교통부장관과 지식경제부장관은 에너지성능이 높은 건축물의 건축을 확대하고, 건축물의 효과적인 에너지관리를 위하여 공동으로 건축물 에너지효율등급 인증제를 시행한다.

② 국토교통부장관은 지식경제부장관과 협의하여 대통령령으로 정하는 에너지 관련 전문기관을 인증기관으로 지정하고, 건축물 에너지효율등급 인증업무를 위임할 수 있다.

③ 건축물 에너지효율등급 인증을 받으려는 자는 제2항에 따른 인증기관에 인증을 신청하여야 한다.

④ 국토교통부장관과 지식경제부장관은 다음 각 호의 사항을 포함하여 건축물 에너지효율등급 인증기준을 공동으로 고시한다.

 1. 인증 기준 및 절차

 2. 효율등급 평가기준

 3. 인증서 및 인증마크의 활용

 4. 수수료

 5. 인증 등급 등

⑤ 건축물 에너지효율등급 인증을 받는 건축물의 경우에는 제66조제2항에 따른 설계기준을 준수하지 아니할 수 있다.

[본조신설 09.2.6]

</td><td>

제91조의 2 삭제 〈13.02.20〉

</td></tr>
</table>

건축물의 설비기준 등에 관한 규칙	요　　　약
	건축물의 에너지효율등급 인증 (1) 건축물 에너지효율등급 인증제도 실시 　　국토교통부장관과 지식경제부장관은 에너지성능이 　　높은 건축물의 건축을 확대하고, 건축물의 효과적인 　　에너지관리를 위하여 공동으로 건축물 에너지효율 　　등급 인증제 시행 (2) 인증기관 지정 　　국토교통부장관은 지식경제부장관과 협의하여 　　에너지 관련 전문기관을 인증기관으로 지정 　　건축물 에너지효율등급 인증업무를 위임 (3) 인증신청 　　인증기관에 인증 신청 (4) 인증기준고시 　　국토교통부장관과 지식경제부장관은 　　건축물 에너지효율등급 인증기준을 공동 고시 　　1. 인증 기준 및 절차 　　2. 효율등급 평가기준 　　3. 인증서 및 인증마크의 활용 　　4. 수수료 　　5. 인증 등급 등

녹색건축물 조성 지원법	녹색건축물 조성 지원법시행령

녹색건축물 조성 지원법
제14조【에너지 절약계획서 제출】 ① 대통령령으로 정하는 건축물의 건축주가 다음 각 호의 어느 하나에 해당하는 신청을 하는 경우에는 대통령령으로 정하는 바에 따라 에너지 절약계획서를 제출하여야 한다. 〈개정 16.01.19〉
1. 「건축법」 제11조에 따른 건축허가
   (대수선은 제외한다)
2. 「건축법」 제19조제2항에 따른 용도변경 허가
   또는 신고
3. 「건축법」 제19조제3항에 따른 건축물대장
   기재내용 변경
② 제1항에 따라 허가신청 등을 받은 행정기관의 장은 에너지 절약계획서의 적절성 등을 검토하여야 한다. 이 경우 건축주에게 국토교통부령으로 정하는 에너지 관련 전문기관에 에너지 절약계획서의 검토 및 보완을 거치도록 할 수 있다. 〈개정 14.05.28〉
③ 제2항에도 불구하고 국토교통부장관이 고시하는 바에 따라 사전확인이 이루어진 에너지 절약계획서를 제출하는 경우에는 에너지 절약계획서의 적절성 등을 검토하지 아니할 수 있다. 〈신설 16.01.19.〉
④ 국토교통부장관은 제2항에 따른 에너지 절약계획서 검토업무의 원활한 운영을 위하여 국토교통부령으로 정하는 에너지 관련 전문기관 중에서 운영기관을 지정하고 운영 관련 업무를 위임할 수 있다. 〈신설 16.01.19.〉
⑤ 제2항에 따른 에너지 절약계획서의 검토절차, 제4항에 따른 운영기관의 지정 기준·절차와 업무범위 및 그 밖에 검토업무의 운영에 필요한 사항은 국토교통부령으로 정한다. 〈신설 16.01.19.〉
⑥ 에너지 관련 전문기관은 제2항에 따라 에너지 절약계획서의 검토 및 보완을 하는 경우 건축주로부터 국토교통부령으로 정하는 금액과 절차에 따라 수수료를 받을 수 있다. 〈개정 16.01.19〉

제10조 【에너지 절약계획서 제출 대상 등】
① 법 제14조제1항에서 "대통령령으로 정하는 건축물"이란 연면적의 합계가 500제곱미터 이상인 건축물을 말한다. 다만, 다음 각 호의 어느 하나에 해당하는 건축물을 건축하려는 건축주는 에너지 절약 계획서를 제출하지 아니한다.
1. 「건축법 시행령」 별표 1 제1호에 따른 단독주택
2. 「건축법 시행령」 별표 1 제5호에 따른 문화 및 집회시설 중 동·식물원
3. 「건축법 시행령」 별표 1 제17호부터 제26호까지의 건축물 중 냉방 또는 난방 설비를 설치하지 아니하는 건축물
4. 그 밖에 국토교통부장관이 에너지 절약계획서를 첨부할 필요가 없다고 정하여 고시하는 건축물
② 제1항 각 호 외의 부분 본문에 해당하는 건축물을 건축하려는 건축주는 건축허가를 신청하거나 용도변경의 허가신청 또는 신고, 건축물대장 기재내용의 변경 시 국토교통부령으로 정하는 에너지 절약계획서(전자문서로 된 서류를 포함한다)를 「건축법」 제5조제1항에 따른 허가권자(이하 "허가권자"라 한다)에게 제출하여야 한다.

건축물의 열손실방지 등

- 건축물의 에너지절약설계기준 제2조

열손실방지 등의 조치 예외대상
1. 열손실의 변동이 없는 증축, 대수선, 용도변경, 건축물대장의 기재내용 변경
2. 창고·차고·기계실 등으로서 거실의 용도로 사용하지 아니하고, 냉방 또는 난방 설비를 설치하지 아니하는 건축물 또는 공간
3. 냉난방 설비를 설치하지 아니하고 건축물 내부를 외기에 개방시켜 에너지절약의 효과가 없는 건축물 또는 공간
4. 발전시설 중 원자력 안전법에 따라 허가를 받는 건축물

<table>
<tr><th>건축물의 설비기준 등에 관한 규칙</th><th>요 약</th></tr>
</table>

제21조 삭제 〈13.09.02〉

제22조 삭제 〈13.02.22〉

제23조 【건축물의 냉방설비 등】

①삭제 〈99.5.11〉

②제2조제3호부터 제6호까지의 규정에 해당하는 건축물 중 산업통상자원부장관이 국토교통부장관과 협의하여 고시하는 건축물에 중앙집중냉방설비를 설치하는 경우에는 산업통상자원부장관이 국토교통부장관과 협의하여 정하는 바에 따라 축냉식 또는 가스를 이용한 중앙집중냉방방식으로 하여야 한다.

〈개정 13.09.02〉

③ 상업지역 및 주거지역에서 건축물에 설치하는 냉방시설 및 환기시설의 배기구와 배기장치의 설치는 다음 각 호의 기준에 모두 적합하여야 한다.

　1. 배기구는 도로면으로부터 2미터 이상의 높이에 설치할 것

　2. 배기장치에서 나오는 열기가 인근 건축물의 거주자나 보행자에게 직접 닿지 아니하도록 할 것

　3. 건축물의 외벽에 배기구 또는 배기장치를 설치할 때에는 외벽 또는 다음 각 목의 기준에 적합한 지지대 등 보호장치와 분리되지 아니하도록 견고하게 연결하여 배기구 또는 배기장치가 떨어지는 것을 방지할 수 있도록 할 것

　　가. 배기구 또는 배기장치를 지탱할 수 있는 구조일 것

　　나. 부식을 방지할 수 있는 자재를 사용하거나 도장(塗裝)할 것

〈개장 13.12.27〉

건축물의 냉방설비

(1) 축냉식 또는 가스를 이용한 중앙집중냉방방식

에너지절약계획서 제출대상 건축물(공동주택제외) 중 산업통상자원부장관이 국토교통부장관과 협의하여 정하는 건축물에 중앙집중냉방 설비를 설치하는 경우

(2) 배기구 위치

상업지역 및 주거지역에서 건축물에 설치하는 냉방시설 및 환기시설의 배기구와 배기장치의 설치 기준(모두 적합).

1. 배기구 : 도로면으로부터 2 m 이상 높이에 설치

2. 배기장치에서 나오는 열기가 인근 건축물의 거주자나 보행자에게 직접 닿지 아니하도록 할 것

3. 건축물의 외벽에 배기구 또는 배기장치를 설치할 때에는 외벽 또는 다음 각 목의 기준에 적합한 지지대 등 보호장치와 분리되지 아니하도록 견고하게 연결하여 배기구 또는 배기장치가 떨어지는 것을 방지할 수 있도록 할 것

　가. 배기구 또는 배기장치를 지탱할 수 있는 구조일 것

　나. 부식을 방지할 수 있는 자재를 사용하거나 도장(塗裝)할 것

에너지절약계획서의 제출

(1) 제출시기

　- 건축허가신청 시 (대수선 제외)

　- 용도변경의 허가신청 또는 신고 시

　- 건축물대장 기재내용 변경신청 시

(2) 제출대상

연면적의 합계가 500㎡ 이상인 건축물

(3) 예외

1. 단독주택

2. 문화 및 집회시설 중 동·식물원

3. 냉방 또는 난방 설비를 설치하지 아니하는 건축물

　- 별표 1 제17호부터 제26호까지의 건축물

4. 그 밖에 국토교통부장관이 에너지 절약계획서를 첨부할 필요가 없다고 정하여 고시하는 건축물

<table>
<tr><th>건 축 법</th><th>건 축 법 시 행 령</th></tr>
</table>

제67조【관계전문기술자】 ① 설계자와 공사감리자는 제40조, 제41조, 제48조부터 제50조까지, 제50조의2, 제51조, 제52조, 제62조 및 제64조와 「녹색건축물 조성 지원법」 제15조에 따른 대지의 안전, 건축물의 구조상 안전, 부속구조물 및 건축설비의 설치 등을 위한 설계 및 공사감리를 할 때 대통령령으로 정하는 바에 따라 다음 각 호의 어느 하나의 자격을 갖춘 관계전문기술자(「기술사법」 제21조제2호에 따라 벌칙을 받은 후 대통령령으로 정하는 기간이 경과되지 아니한 자는 제외한다)의 협력을 받아야 한다.

 1. 「기술사법」 제6조에 따라 기술사사무소를 개설등록한 자

 2. 「건설기술 진흥법」 제26조에 따라 건설기술 용역업자로 등록한 자

 3. 「엔지니어링산업 진흥법」 제21조에 따라 엔지니어링사업자의 신고를 한 자

 4. 「전력기술관리법」 제14조에 따라 설계업 및 감리업으로 등록한 자

〈개정 16.02.03〉

② 관계전문기술자는 건축물이 이 법 및 이 법에 따른 명령이나 처분, 그 밖의 관계 법령에 맞고 안전·기능 및 미관에 지장이 없도록 업무를 수행하여야 한다.

제91조의3【관계전문기술자와의 협력】

① 다음 각 호의 어느 하나에 해당하는 건축물의 설계자는 제32조제1항에 따라 해당 건축물에 대한 구조의 안전을 확인하는 경우에는 건축구조기술사의 협력을 받아야 한다.　　　　〈개정 18.12.04〉

 1. 6층 이상인 건축물

 2. 특수구조 건축물

 3. 다중이용 건축물

 4. 준다중이용 건축물〈신설 15.09.22〉

 5. 3층 이상의 필로티형식 건축물

 6. 제32조제2항제6호에 해당하는 건축물 중 국토교통부령으로 정하는 건축물

③ 깊이 10미터 이상의 토지 굴착공사 또는 높이 5미터 이상의 옹벽 등의 공사를 수반하는 건축물의 설계자 및 공사감리자는 토지 굴착 등에 관하여 국토교통부령으로 정하는 바에 따라 「기술사법」에 따라 등록한 토목 분야 기술사 또는 국토개발 분야의 지질 및 기반 기술사의 협력을 받아야 한다.

〈개정 16.05.17〉

<table>
<tr><td align="center">건 축 법 시 행 규 칙</td><td align="center">요　　　　약</td></tr>
</table>

제36조의 2【관계전문기술자】

①삭제 〈10.08.05〉

②영　제91조의3제3항에　따라　건축물의　설계자　및 공사감리자는　다음　각　호의　어느　하나에　해당하는 사항에　대하여　「기술사법」에　따라　등록한　토목 분야　기술사　또는　국토개발　분야의　지질　및　기반 기술사의　협력을　받아야　한다.　〈개정 16.05.30〉

1. 지질조사
2. 토공사의 설계 및 감리
3. 흙막이벽·옹벽설치등에 관한 위해방지 및 기타 필요한 사항

[본조신설 96.1.18]

제37조 삭제 〈00.7.4〉

관계전문기술자

(1) 건축구조기술사 등이 하여야 하는 구조안전확인

　1. 다음의 건축물의 구조계산은 구조기술사 등이 하여야 한다.

　　1) 6층 이상인 건축물.

　　2) 경간이 30 m 이상인 건축물

　　3) 다중 이용 건축물

　　4) 준다중이용 건축물

　　5) 3층 이상의 필로티형식 건축물

　　6) 캔틸레버 구조로 된 차양 등이 외벽의 중심선 으로부터 3 m 이상 돌출된 건축물

　2. 국토교통부령이 정하는 인정구조기술사 등

　　1) 건축구조분야의 공학박사로서 3년 이상의 구조실무경력자

　　2) 건축구조분야의 공학석사로서 9년 이상의 구조실무경력자

　　3) 건축기사로서 10년 이상의 구조실무경력자

(2) 토목분야 기술사의 협력을 요하는 공사

　1. 대상

　　1) 깊이 10 m 이상의 토지굴착 공사

　　2) 높이 5 m 이상의 옹벽 등의 공사

　2. 내용

　　1) 지질조사

　　2) 토공사의 설계 및 감리

　　3) 흙막이 벽·옹벽설치 등에 관한 위해방지 및 기타 필요한 사항

<table>
<tr><th>건 축 법</th><th>건 축 법 시 행 령</th></tr>
</table>

제68조 【기술적 기준】 ① 제40조, 제41조, 제48조부터 제50조까지, 제50조의 2, 제51조, 제52조, 제52조의 2, 제62조 및 제64조에 따른 대지의 안전, 건축물의 구조상의 안전, 건축설비 등에 관한 기술적 기준은 이 법에서 특별히 규정한 경우 외에는 국토 교통부령으로 정하되, 이에 따른 세부기준이 필요하면 국토교통부 장관이 세부기준을 정하거나 국토교통부장관이 지정하는 연구기관 (시험기관·검사기관을 포함한다), 학술단체, 그 밖의 관련 전문기관 또는 단체가 국토교통부장관의 승인을 받아 정할 수 있다. 〈개정 14.05.28〉

② 국토교통부장관은 제1항에 따라 세부기준을 정하거나 승인을 하려면 미리 건축위원회의 심의를 거쳐야 한다. 〈개정 13.03.23〉

③ 국토교통부장관은 제1항에 따라 세부기준을 정하거나 승인을 한 경우 이를 고시하여야 한다.
〈개정 13.03.23〉

④ 국토교통부장관은 제1항에 따른 기술적 기준 및 세부기준을 적용하기 어려운 건축설비에 관한 기술·제품이 개발된 경우, 개발한 자의 신청을 받아 그 기술·제품을 평가하여 신규성·진보성 및 현장 적용성이 있다고 판단하는 경우에는 대통령령으로 정하는 바에 따라 설치 등을 위한 기준을 건축위원회의 심의를 거쳐 인정할 수 있다. 〈신설 20.04.07〉

[제91조의3]
② 연면적 1만제곱미터 이상인 건축물(창고시설은 제외한다) 또는 에너지를 대량으로 소비하는 건축물로서 국토교통부령으로 정하는 건축물에 건축설비를 설치하는 경우에는 국토교통부령으로 정하는 바에 따라 다음 각 호의 구분에 따른 관계전문기술자의 협력을 받아야 한다. 〈개정 17.05.02〉

 1. 전기, 승강기(전기 분야만 해당한다) 및 피뢰침:「기술사법」에 따라 등록한 건축전기설비기술사 또는 발송배전기술사
 2. 급수·배수(配水)·배수(排水)·환기·난방·소화·배연·오물처리 설비 및 승강기(기계 분야만 해당한다):「기술사법」에 따라 등록한 건축기계설비 기술사 또는 공조냉동기계기술사
 3. 가스설비:「기술사법」에 따라 등록한 건축기계설비기술사, 공조냉동기계기술사 또는 가스기술사

④ 설계자 및 공사감리자는 안전상 필요하다고 인정 하는 경우, 관계 법령에서 정하는 경우 및 설계계약 또는 감리 계약에 따라 건축주가 요청하는 경우에는 관계전문기술자의 협력을 받아야 한다.

⑤ 특수구조 건축물 및 고층건축물의 공사감리자는 제19조제3항제1호 각 목 및 제2호 각 목에 해당하는 공정에 다다를 때 건축구조기술사의 협력을 받아야 한다. 〈개정 16.05.17〉

⑥ 3층 이상인 필로티형식 건축물의 공사감리자는 법 제48조에 따른 건축물의 구조상 안전을 위한 공사 감리를 할 때 공사가 제18조의2제2항제3호나목에 따른 단계에 다다른 경우마다 법 제67조제1항제1호 부터 제3호까지의 규정에 따른 관계전문기술자의 협력을 받아야 한다. 이 경우 관계전문기술자는「건설기술 진흥법 시행령」별표 1 제3호라목1)에 따른 건축구조 분야의 특급 또는 고급기술자의 자격요건을 갖춘 소속 기술자로 하여금 업무를 수행하게 할 수 있다. 〈신설 18.12.04〉

건축물의 설비기준 등에 관한 규칙	요 약

제2조 【관계전문기술자의 협력을 받아야 하는 건축물】

「건축법 시행령」(이하 영 이라 한다) 제91조의3제2항 각 호 외의 부분에서 "국토교통부령으로 정하는 건축물 이란 다음 각 호의 건축물을 말한다. 〈개정 20.04.09〉

1. 냉동냉장시설·항온항습시설(온도와 습도를 일정 하게 유지시키는 특수설비가 설치되어 있는 시설을 말한다) 또는 특수청정시설(세균 또는 먼지등을 제거하는 특수 설비가 설치되어 있는 시설을 말한다)로서 당해 용도에 사용되는 바닥면적의 합계가 5백제곱미터 이상인 건축물

2. 영 별표 1 제2호가목 및 나목에 따른 아파트 및 연립 주택

3. 다음 각 목의 어느 하나에 해당하는 건축물로서 해당 용도에 사용되는 바닥면적의 합계가 5백제곱 미터 이상 인 건축물

　가. 영 별표 1 제3호다목에 따른 목욕장

　나. 영 별표 1 제13호가목에 따른 물놀이형 시설

　　(실내에 설치된 경우로 한정한다) 및 같은 호 다목에

　　따른 수영장(실내에 설치된 경우로 한정한다)

4. 다음 각 목의 어느 하나에 해당하는 건축물로서 해당 용도에 사용되는 바닥면적의 합계가 2천제곱미터 이상인 건축물

　가. 영 별표 1 제2호라목에 따른 기숙사

　나. 영 별표 1 제9호에 따른 의료시설

　다. 영 별표 1 제12호다목에 따른 유스호스텔

　라. 영 별표 1 제15호에 따른 숙박시설

5. 다음 각 목의 어느 하나에 해당하는 건축물로서 해당 용도에 사용되는 바닥면적의 합계가 3천제곱미터 이상인 건축물

　가. 영 별표 1 제7호에 따른 판매시설

　나. 영 별표 1 제10호마목에 따른 연구소

　다. 영 별표 1 제14호에 따른 업무시설

6. 다음 각 목의 어느 하나에 해당하는 건축물로서 해당 용도에 사용되는 바닥면적의 합계가 1만제곱미터 이상인 건축물

　가. 영 별표 1 제5호가목부터 라목까지에 해당

　　하는 문화 및 집회시설

　나. 영 별표 1 제6호에 따른 종교시설

　다. 영 별표 1 제10호에 따른 교육연구시설

　　(연구소는 제외한다)

　라. 영 별표 1 제28호에 따른 장례식장

---

(3) 설비분야 기술사의 협력을 요하는 공사

1. 대상

　1) 연면적이 10,000 ㎡ 이상인 건축물(창고 제외)

　2) 냉동냉장시설 · 항온항습시설 또는 특수청정 시설로서 당해 용도에 사용되는 바닥면적의 합계가 500 ㎡ 이상인 건축물

　3) 아파트 및 연립주택

　4) 목욕장, 실내 물놀이형 시설, 실내수영장

　5) 2,000㎡ 이상

　　- 기숙사, 의료시설, 유스호스텔, 숙박시설

　6) 3,000㎡ 이상

　　- 판매시설, 연구소, 업무시설

　7) 10,000 ㎡ 이상

　　- 문화 및 집회시설, 종교시설,

　　　교육연구시설(연구소 제외), 장례식장

2. 내용

　급수·배수·난방 및 환기의 건축설비

※ 항온항습시설 : 온도와 습도를 일정하게 유지 시키는 특수설비가 설치되어 있는 시설

※ 특수청정시설 : 세균 또는 먼지 등을 제거하는 특수설비가 설치되어 있는 시설

(4) 관계전문기술자의 협력의무

　설계자 및 공사감리자는 다음의 경우에는 관계전문기술자의 협력을 받아야 한다.

　1) 안전상 필요하다고 인정하는 경우

　2) 관계법령이 정하는 경우

　3) 감리계약에 의하여 건축주가 요청하는 경우

<table>
<tr><td>건 축 법</td><td>건축법시행령</td></tr>
<tr><td></td><td>

[제91조의3]

⑦ 제1항부터 제5항까지의 규정에 따라 설계자 또는 공사 감리자에게 협력한 관계전문기술자는 공사 현장을 확인하고, 그가 작성한 설계도서 또는 감리중간 보고서 및 감리완료보고서에 설계자 또는 공사감리자와 함께 서명 날인하여야 한다.
〈개정 14.11.28〉

⑧ 제32조제1항에 따른 구조 안전의 확인에 관하여 설계자에게 협력한 건축구조기술사는 구조의 안전을 확인한 건축물의 구조도 등 구조 관련 서류에 설계자와 함께 서명 날인하여야 한다.
〈개정 18.12.04〉

⑨ 법 제67조제1항 각 호 외의 부분에서 "대통령령으로 정하는 기간"이란 2년을 말한다. 〈개정 18.12.04〉

</td></tr>
<tr><td>건 축 법</td><td></td></tr>
</table>

건축물의 설비기준 등에 관한 규칙	요　　　약
제3조 【관계전문기술자의 협력사항】 ①영 제91조의3 제2항에 따른 건축물에 전기, 승강기, 피뢰침, 가스, 급수, 배수(配水), 배수(排水), 환기, 난방, 소화, 배연(排煙) 및 오물처리설비를 설치하는 경우에는 건축사가 해당 건축물의 설계를 총괄하고,「기술사법」에 따라 등록한 건축전기설비기술사, 발송배전(發送配電)기술사, 건축기계설비기술사, 공조냉동기계기술사 또는 가스기술사(이하 "기술사"라 한다)가 건축사와 협력하여 해당 건축설비를 설계하여야 한다. 〈개정 17.05.02〉 ② 영 제91조의3제2항에 따라 건축물에 건축설비를 설치한 경우에는 해당 분야의 기술사가 그 설치상태를 확인한 후 건축주 및 공사감리자에게 별지 제1호 서식의 건축설비설치확인서를 제출하여야 한다. 〈개정 10.11.05〉 [전문개정 96.2.9]	**(5) 협력한 관계전문기술자의 서명·날인** 　1. 설계자 또는 공사감리자에게 협력한 관계전문 기술자는 그가 작성한 설계도서 또는 감리보고서에 설계자 또는 공사감리자와 함께 서명·날인하여야한다. 　2. 구조기술사 등이 구조안전을 확인한 건축물의 구조설계도서는 설계자와 함께 당해 구조기술사 등이 서명·날인하여야 한다. **(6) 기술자의 설계 및 설치상태확인** 　1. 설계 : 건축설비를 설치하는 경우 기술사가 건축사의 조정 하에 설계를 하여야 한다. 　2. 확인 : 기술사가 그 설치상태를 확인한 후 건축주 및 공사감리자에게 설치확인서제출 ※ 건축기계설비 : 급수, 배수, 냉방, 난방, 환기

건 축 법	건 축 법 시 행 령
	제91조의4 [신기술·신제품인 건축설비의 기술적 기준] ① 법 제68조제4항에 따라 기술적 기준을 인정받으려는 자는 국토교통부령으로 정하는 서류를 국토교통부장관에게 제출해야 한다. ② 국토교통부장관은 제1항에 따른 서류를 제출받으면 한국건설 기술연구원에 그 기술·제품이 신규성·진보성 및 현장 적용성이 있는지 여부에 대해 검토를 요청할 수 있다. ③ 국토교통부장관은 제1항에 따라 기술적 기준의 인정 요청을 받은 기술·제품이 신규성·진보성 및 현장 적용성이 있다고 판단되면 그 기술적 기준을 중앙건축위원회의 심의를 거쳐 인정할 수 있다. ④ 국토교통부장관은 제3항에 따라 기술적 기준을 인정할 때 5년의 범위에서 유효기간을 정할 수 있다. 이 경우 유효기간은 국토교통부령으로 정하는 바에 따라 연장할 수 있다. ⑤ 국토교통부장관은 제3항 및 제4항에 따라 기술적 기준을 인정하면 그 기준과 유효기간을 관보에 고시하고, 인터넷 홈페이지에 게재해야 한다. ⑥ 제1항부터 제5항까지에서 정한 사항 외에 법 제68조제4항에 따른 건축설비 기술·제품의 평가 및 그 기술적 기준 인정에 관하여 필요한 세부 사항은 국토교통부장관이 정하여 고시할 수 있다. [본조신설 21.01.08]
건 축 법	

<table>
<tr><th>건 축 법 시 행 규 칙</th><th>요　　약</th></tr>
</table>

제37조【신기술·신제품인 건축설비에 대한 기술적 기준 인정신청 등】 ① 영 제91조의4제1항에서 "국토교통부령으로 정하는 서류"란 다음 각 호의 서류를 말한다.

1. 신기술·신제품인 건축설비의 구체적인 내용·기능과 해당 건축설비의 신규성·진보성 및 현장 적용성에 관한 내용을 적은 서류
2. 신기술·신제품인 건축설비와 관련된 다음 각 목의 증서·서류 등의 사본
　가. 「건설기술 진흥법 시행령」 제33조제1항에 따라 발급받은 신기술 지정증서
　나. 「특허법」 제86조에 따라 발급받은 특허증
　다. 「산업기술혁신 촉진법 시행령」 제18조제6항에 따라 발급받은 신기술 인증서, 같은 영 제18조의4제2항에 따라 발급받은 신기술적용제품 확인서 및 같은 영 제18조의5제1항에서 준용하는 같은 영 제18조제6항에 따라 발급받은 신제품 인증서
　라. 그 밖에 다른 법령에 따라 발급받은 증서·서류 등
3. 「산업표준화법」 제12조에 따른 한국산업표준 중 인정을 신청하는 신기술·신제품인 건축설비와 관련된 부분
4. 국제표준화기구(ISO)에서 정한 내용 중 인정을 신청하는 신기술·신제품인 건축설비와 관련된 부분
5. 그 밖에 신기술·신제품인 건축설비의 기술적 기준 인정에 필요한 서류로서 국토교통부장관이 정하여 고시하는 서류

② 영 제91조의4제1항에 따라 신기술·신제품인 건축설비의 기술적 기준에 대한 인정을 받으려는 자는 별지 제27호의2서식의 신기술·신제품인 건축설비의 기술적 기준 인정 신청서에 제1항 각 호의 증서·서류 등을 첨부하여 국토교통부장관에게 제출해야 한다. 이 경우, 제1항제2호부터 제5호까지의 증서·서류 등은 해당 증서·서류 등이 있는 경우에만 첨부한다.

③ 법 제68조제4항에 따라 신기술·신제품인 건축설비의 기술적 기준에 대한 인정을 받은 자가 영 제91조의4제4항 후단에 따라 유효기간을 연장받으려는 경우에는 유효기간 만료일의 6개월 전까지 별지 제27호의2서식의 신기술·신제품인 건축설비의 기술적 기준 유효기간 연장 신청서를 국토교통부장관에게 제출해야 한다.

④ 국토교통부장관은 영 제91조의4제4항 후단에 따라 유효기간을 연장하는 경우에는 5년의 범위에서 연장할 수 있다.

[본조신설 21.12.31]

건 축 법	건 축 법 시 행 령
제68조의2 [건축물 관련 규정의 통합 공고] ① 국토교통부장관은 건축물의 설계, 시공, 공사감리 및 유지·관리 등과 관련된 관계 법령의 규정을 안내하고, 건축물 관련 규정의 합리적인 운용을 위하여 관계 법령을 소관하는 중앙행정기관의 장과 협의하여 이 법과 관계 법령의 건축물 관련 규정을 통합한 한국건축규정을 공고할 수 있다. ② 관계 법령을 소관하는 중앙행정기관의 장은 한국건축규정의 원활한 운영을 위하여 건축물 관련 규정이 제정 또는 개정된 경우에는 그 내용을 국토교통부장관에게 즉시 통보하는 등 협력하여야 한다. [본조신설 14.05.28]	
제68조의3 [건축물의 구조 및 재료 등에 관한 기준의 관리] ① 국토교통부장관은 기후 변화나 건축기술의 변화 등에 따라 제48조, 제48조의2, 제49조, 제50조, 제50조의2, 제51조, 제52조, 제52조의2, 제52조의4, 제53조의 건축물의 구조 및 재료 등에 관한 기준이 적정한지를 검토하는 모니터링(이하 이 조에서 "건축모니터링"이라 한다)을 대통령령으로 정하는 기간마다 실시하여야 한다. ② 국토교통부장관은 대통령령으로 정하는 전문기관을 지정하여 건축모니터링을 하게 할 수 있다. [본조신설 15.01.06]	**제92조 [건축모니터링의 운영]** ① 법 제68조의3제1항에서 "대통령령으로 정하는 기간"이란 3년을 말한다. ② 국토교통부장관은 법 제68조의3제2항에 따라 다음 각 호의 인력 및 조직을 갖춘 자를 건축모니터링 전문기관으로 지정할 수 있다. 1. 인력: 「국가기술자격법」에 따른 건축분야 기사 이상의 자격을 갖춘 인력 5명 이상 2. 조직: 건축모니터링을 수행할 수 있는 전담조직 [본조신설 15.07.06] 제 93조　삭제 〈99. 4.30〉 제 94조　삭제 〈99. 4.30〉 제 95조　삭제 〈99. 4.30〉 제 96조　삭제 〈99. 4.30〉 제 97조　삭제 〈97. 9. 9〉 제 98조　삭제 〈99. 4.30〉 제 99조　삭제 〈99. 4.30〉 제100조　삭제 〈99. 4.30〉 제101조　삭제 〈99. 4.30〉 제102조　삭제 〈99. 4.30〉 제103조　삭제 〈99. 4.30〉 제104조　삭제 〈95.12.30〉

<table>
<tr><th>건축물의 설비기준 등에 관한 규칙</th><th>요　　　약</th></tr>
</table>

제13조 【개별난방설비 등】 ①영 제87조제2항의 규정에 의하여 공동주택과 오피스텔의 난방설비를 개별난방방식으로 하는 경우에는 다음 각 호의 기준에 적합하여야 한다.　　　　　〈개정 17.12.04〉

1. 보일러는 거실외의 곳에 설치하되, 보일러를 설치하는 곳과 거실사이의 경계벽은 출입구를 제외하고는 내화구조의 벽으로 구획할 것

2. 보일러실의 윗부분에는 그 면적이 0.5제곱미터 이상인 환기창을 설치하고, 보일러실의 윗부분과 아랫부분에는 각각 지름 10센티미터 이상의 공기 흡입구 및 배기구를 항상 열려있는 상태로 바깥 공기에 접하도록 설치할 것. 다만, 전기보일러의 경우에는 그러하지 아니하다.

3. 삭제 〈99.5.11〉

4. 보일러실과 거실사이의 출입구는 그 출입구가 닫힌 경우에는 보일러가스가 거실에 들어갈 수 없는 구조로 할 것

5. 기름보일러를 설치하는 경우에는 기름저장소를 보일러실외의 다른 곳에 설치할 것

6. 오피스텔의 경우에는 난방구획을 방화구획으로 구획할 것

7. 보일러의 연도는 내화구조로서 공동연도로 설치할 것

② 가스보일러에 의한 난방설비를 설치하고 가스를 중앙집중공급방식으로 공급하는 경우에는 제1항의 규정에 불구하고 가스관계법령이 정하는 기준에 의하되, 오피스텔의 경우에는 난방구획마다 내화구조로 된 벽·바닥과 갑종방화문으로 된 출입문으로 구획하여야 한다.　　　　〈신설 99.5.11〉

③ 허가권자는 개별 보일러를 설치하는 건축물의 경우 소방청장이 정하여 고시하는 기준에 따라 일산화탄소 경보기를 설치하도록 권장할 수 있다.
　　　　　　　　　　　　　〈신설 20.04.09〉

개별난방방식

(1) 공동주택과 오피스텔의 개별난방설비 기준
　1. 보 일 러 : 거실외의 곳 (경계벽 : 내화구조)
　2. 보일러실 : 1) 윗부분 - 0.5 ㎡ 이상의 환기창
　　　　　　　　2) 위·아래 - ø 10 ㎝ 이상의 환기구
　　　　　　* 전기보일러 예외
　3. 출 입 구 : 가스 차단 구조
　4. 기름보일러 : 별도 기름저장소 설치
　5. 오피스텔 : 내화구조로 구획하고 갑종방화문 설치
　6. 연　　도 : 내화구조의 공동연도 설치

(2) 가스보일러
　(중앙집중공급방식으로 가스를 공급하는 경우)
　1. 가스관계법령 적용
　2. 오피스텔의 경우
　　- 난방구획을 방화구획으로 구획

건축모니터링

(1) 건축모니터링 : 3년마다 실시
　건축물의 구조 및 재료 등에 관한 기준이 적정한지 검토
(2) 건축모니터링 전문기관 지정
　1. 인력: 건축분야 기사 이상의 자격을 갖춘 인력 5명 이상
　2. 조직: 건축모니터링 수행 가능한 전담조직

제14조 【배연설비】 ① 법 제49조제2항에 따라 배연설비를 설치해야 하는 건축물에는 다음 각 호의 기준에 적합하게 배연설비를 설치해야 한다. 다만, 피난층인 경우에는 그렇지 않다.

〈개정 20.04.09〉

1. 영 제46조제1항의 규정에 의하여 건축물에 방화구획이 설치된 경우에는 그 구획마다 1개소 이상의 배연창을 설치하되, 배연창의 상변과 천장 또는 반자로부터 수직거리가 0.9미터 이내일 것. 다만, 반자높이가 바닥으로부터 3미터 이상인 경우에는 배연창의 하변이 바닥으로부터 2.1미터 이상의 위치에 놓이도록 설치하여야 한다.

2. 배연창의 유효면적은 별표2의 산정기준에 의하여 산정된 면적이 1제곱미터 이상으로서 그 면적의 합계가 당해 건축물의 바닥면적(영 제46조제1항 또는 제3항의 규정에 의하여 방화구획이 설치된 경우에는 그 구획된 부분의 바닥면적을 말한다)의 100분의 1이상일 것. 이 경우 바닥면적의 산정에 있어서 거실바닥면적의 20분의 1 이상으로 환기창을 설치한 거실의 면적은 이에 산입하지 아니한다.

3. 배연구는 연기감지기 또는 열감지기에 의하여 자동으로 열 수 있는 구조로 하되, 손으로도 열고 닫을 수 있도록 할 것

4. 배연구는 예비전원에 의하여 열 수 있도록 할 것

5. 기계식 배연설비를 하는 경우에는 제1호 내지 제4호의 규정에 불구하고 소방관계법령의 규정에 적합하도록 할 것

② 특별피난계단 및 영 제90조제3항의 규정에 의한 비상용승강기의 승강장에 설치하는 배연설비의 구조는 다음 각 호의 기준에 적합하여야 한다.

〈개정 99.5.11〉

1. 배연구 및 배연풍도는 불연재료로 하고, 화재가 발생한 경우 원활하게 배연시킬 수 있는 규모로서 외기 또는 평상시에 사용하지 아니하는 굴뚝에 연결할 것

2. 배연구에 설치하는 수동개방장치 또는 자동개방장치(열감지기 또는 연기감지기에 의한 것을 말한다)는 손으로도 열고 닫을 수 있도록 할 것

3. 배연구는 평상시에는 닫힌 상태를 유지하고, 연 경우에는 배연에 의한 기류로 인하여 닫히지 아니하도록 할 것

4. 배연구가 외기에 접하지 아니하는 경우에는 배연기를 설치할 것

5. 배연기는 배연구의 열림에 따라 자동적으로 작동하고, 충분한 공기배출 또는 가압능력이 있을 것

6. 배연기에는 예비전원을 설치할 것

7. 공기유입방식을 급기가압방식 또는 급·배기방식으로 하는 경우에는 제1호 내지 제6호의 규정에 불구하고 소방관계법령의 규정에 적합하게 할 것

제15조 삭제 〈96.2.9〉

제16조 삭제 〈99.5.11〉

배연설비

(1) 배연설비의 설치대상

1. 층수 : 6층 이상인 건축물의 거실

     ※ 피난층의 경우 예외

2. 용도

- 제2종 근린생활시설 중 공연장, 종교집회장, 인터넷컴퓨터게임시설제공업소 및 다중생활시설(공연장, 종교집회장 및 인터넷컴퓨터게임시설제공업소 : 바닥면적의 합계가 각각 300㎡ 이상인 경우만 해당
- 문화 및 집회시설
- 종교시설
- 판매시설
- 운수시설
- 의료시설
- 교육연구시설(연구소)
- 노유자시설(아동관련시설 · 노인복지시설)
- 수련시설(유스호스텔)
- 운동시설
- 업무시설
- 숙박시설
- 위락시설
- 관광휴게시설
- 장례식장

(2) 배연설비의 구조

1. 방화구획마다 1 개소 이상, 배연창의 상변과 천장 또는 반자로부터 수직거리가 0.9 m 이내일 것.

   [예외] 반자높이가 3 m 이상인 경우 배연창의 하변이 바닥으로부터 2.1 m 이상 위치

2. 배연창의 유효면적 : 1 ㎡ 이상, 바닥면적의 1/100 이상

   ※ 1/20 이상 환기창 설치된 거실면적 제외

3. 배 연 구 : 연기감지기, 열감지기에 의해 자동작동, 수동가능

4. 배연구는 예비전원에 의해 개폐가능

5. 기계식 배연설비 ~ 소방법에 적합

(3) 특별피난계단 및 비상용승강기의 승강장의 배연설비의 구조

1. 배연구 및 배연풍도

   불연재료로 하고, 화재가 발생한 경우 원활하게 배연시킬 수 있는 규모로서 외기 또는 평상시에 사용하지 아니하는 굴뚝에 연결

2. 배연구에 설치하는 수동·자동개방장치

   손으로도 개폐 가능하도록 할 것

3. 배연구의 상태

   평상시에는 닫힌 상태를 유지하고, 연 경우에는 배연에 의한 기류로 인하여 닫히지 않도록 할 것

4. 배연구가 외기에 접하지 아니하는 경우

   배연기를 설치할 것

5. 배연기

   배연구의 열림에 따라 자동적으로 작동하고, 충분한 공기배출 또는 가압능력이 있을 것

6. 배연기에는 예비전원을 설치할 것

7. 공기유입방식을 급기가압방식 또는 급·배기 방식으로 하는 경우

   제1호 내지 제6호의 규정에 불구하고 소방관계 법령에 적합하게 할 것

제17조 【배관설비】 ① 건축물에 설치하는 급수·배수 등의 용도로 쓰는 배관설비의 설치 및 구조는 다음 각 호의 기준에 적합하여야 한다.

1. 배관설비를 콘크리트에 묻는 경우 부식의 우려가 있는 재료는 부식방지조치를 할 것

2. 건축물의 주요부분을 관통하여 배관하는 경우에는 건축물의 구조내력에 지장이 없도록 할 것

3. 승강기의 승강로 안에는 승강기의 운행에 필요한 배관설비 외의 배관설비를 설치하지 아니할 것

4. 압력탱크 및 급탕설비에는 폭발 등의 위험을 막을 수 있는 시설을 설치할 것

② 제1항의 규정에 의한 배관설비로서 배수용으로 쓰이는 배관설비는 제1항 각 호의 기준 외에 다음 각 호의 기준에 적합하여야 한다.

1. 배출시키는 빗물 또는 오수의 양 및 수질에 따라 그에 적당한 용량 및 경사를 지게 하거나 그에 적합한 재질을 사용할 것

2. 배관설비에는 배수트랩·통기관을 설치하는 등 위생에 지장이 없도록 할 것

3. 배관설비의 오수에 접하는 부분은 내수재료를 사용할 것

4. 지하실등 공공하수도로 자연배수를 할 수 없는 곳에는 배수용량에 맞는 강제 배수시설을 설치할 것

5. 우수관과 오수관은 분리하여 배관할 것
〈신설 96.2.9〉

6. 콘크리트 구조체에 배관을 매설하거나 배관이 콘크리트 구조체를 관통할 경우에는 구조체에 덧판을 미리 매설하는 등 배관의 부식을 방지하고 그 수선 및 교체가 용이하도록 할 것
〈신설 96.2.9〉

③ 삭제 〈96.2.9〉

제17조의2 【차수설비】 ① 다음 각 호의 어느 하나에 해당하는 지역에서 연면적 1만제곱미터 이상의 건축물을 건축하려는 자는 빗물 등의 유입으로 건축물이 침수되지 않도록 해당 건축물의 지하층 및 1층의 출입구(주차장의 출입구를 포함한다)에 차수판(遮水板) 등 해당 건축물의 침수를 방지할 수 있는 설비(이하 "차수설비"라 한다)를 설치해야 한다.

다만, 허가권자가 침수의 우려가 없다고 인정하는 경우에는 그렇지 않다. 〈개정 20.04.09〉

1. 「국토의 계획 및 이용에 관한 법률」 제37조제1항제5호에 따른 방재지구

2. 「자연재해대책법」 제12조제1항에 따른 자연재해위험지구

② 제1항에 따라 설치되는 차수설비는 다음 각 호의 기준에 적합하여야 한다. 〈개정 13.03.23〉

1. 건축물의 이용 및 피난에 지장이 없는 구조일 것

2. 그 밖에 국토교통부장관이 정하여 고시하는 기준에 적합하게 설치할 것

[본조신설 12.04.30]

요 약

배관설비

(1) 급·배수용 배관설비의 설치 및 구조
  ① Con'c에 묻는 경우 ~ 부식방지조치
  ② 주요부분관통배관 ~ 구조내력에 지장없게
  ③ 승강기의 승강로 안
      ~ 승강기 운행용 배관설비외 설치금지
  ④ 압력 탱크, 급탕설비
      ~ 폭발 등 위험 방지 시설 설치

(2) 배수용 배관설비 구조((1)이외 추가 기준)
  ① 적당한 용량 및 경사
  ② 배수트랩·통기관 설치
  ③ 오수에 접하는 부분 ~ 내수재료
  ④ 자연 배수 불가시 강제 배수시설 설치
  ⑤ 우수관, 오수관 분리 배관
  ⑥ 콘크리트 구조체에 매설 및 관통시
      ~ 배관의 부식방지 및 수선 및 교체용이

차수설비

(1) 대상
 방재지구, 자연재해위험지구 안의 연면적 10,000 ㎡
 이상의 건축물

(2) 설비
 빗물 등의 유입으로 건축물이 침수되지 아니하도록
 차수판(遮水板) 등 해당 건축물의 침수를 방지할 수
 있는 설비 설치

(3) 위치
 건축물의 지하층 및 1층의 출입구(주차장 포함)

(4) 예외
 허가권자가 침수의 우려가 없다고 인정하는 경우

(5) 기준.
 1. 건축물의 이용 및 피난에 지장이 없는 구조
 2. 국토교통부장관 고시기준에 적합하게 설치

건 축 법	건축법시행령

건축물의 설비기준 등에 관한 규칙	요　　　　약

제18조【음용수용 배관설비】 영　제87조제2항에 따라 건축물에 설치하는 음용수용 배관설비의 설치 및 구조는 다음 각 호의 기준에 적합하여야 한다.

〈개정 09.12.31〉

1. 제17조제1항 각호의 기준에 적합할 것
2. 음용수용 배관설비는 다른 용도의 배관설비와 직접 연결하지 아니할 것
3. 급수관 및 수도계량기는 얼어서 깨지지 아니하도록 별표 3의2의 규정에 의한 기준에 적합하게 설치할 것
4. 제3호에서 정한 기준외에 급수관 및 수도계량기가 얼어서 깨지지 아니하도록 하기 위하여 지역실정에 따라 당해 지방자치단체의 조례로 기준을 정한 경우에는 동기준에 적합하게 설치할 것
5. 급수 및 저수탱크는 「수도시설의 청소 및 위생관리 등에 관한 규칙」 별표 1의 규정에 의한 저수조설치기준에 적합한 구조로 할 것
6. 음용수의 급수관의 지름은 건축물의 용도 및 규모에 적정한 규격이상으로 할 것. 다만, 주거용 건축물은 당해 배관에 의하여 급수되는 가구수 또는 바닥면적의 합계에 따라 별표 3의 기준에 적합한 지름의 관으로 배관하여야 한다.
7. 음용수용 급수관은 「수도법 시행규칙」 제10조 및 별표 4에 따른 위생안전기준에 적합한 수도용 자재 및 제품을 사용할 것

제19조　삭제 〈99.5.11〉

음용수용 배관설비

① 급·배수용·배관설비 기준에 적합
② 다른 용도 배관설비와 직접 연결 불가
③ 급수관 동파 방지 조치
④ 급수관 및 수도계량기의 동파방지를 위하여 지역실정에 따라 조례기준에 적합하게 설치할 것
⑤ 급수·저수 탱크
　～ 비상 급수 설비 기준에 적합
⑥ 급수관의 지름
　～ 용도 및 규모에 적정한 규격 이상

[별표3] 주거용 건축물 급수관의 지름

가구 또는 세대수	1	2 · 3	4 · 5	6~8	9~16	17이상
급수관 지름의 최소 기준 (mm)	15	20	25	32	40	50

비고 : 1. 가구 또는 세대의 구분이 불분명한 건축물에 있어서는 주거에 쓰이는 바닥면적의 합계에 따라 다음과 같이 가구수를 산정한다.
　　　가. 바닥면적　85㎡ 이하 : 1가구
　　　나. 바닥면적　85㎡ 초과 150㎡ 이하 : 3가구
　　　다. 바닥면적 150㎡ 초과 300㎡ 이하 : 5가구
　　　라. 바닥면적 300㎡ 초과 500㎡ 이하 : 16가구
　　　마. 바닥면적 500㎡ 초과 : 17가구
　　2. 가압설비 등을 설치하여 급수되는 각 기구에서의 압력이 1㎠당 0.7㎏ 이상인 경우에는 위 표의 기준을 적용하지 아니할 수 있다.

건 축 법	건축물의 설비기준 등에 관한 규칙
	제20조【피뢰설비】 영 제87조제2항에 따라 낙뢰의 우려가 있는 건축물, 높이 20미터 이상의 건축물 또는 영 제118조제1항에 따른 공작물로서 높이 20미터 이상의 공작물(건축물에 영 제118조제1항에 따른 공작물을 설치하여 그 전체 높이가 20미터 이상인 것을 포함한다)에는 다음 각 호의 기준에 적합하게 피뢰설비를 설치하여야 한다. 〈개정 12.04.30〉 1.피뢰설비는 한국산업표준이 정하는 피뢰레벨 등급에 적합한 피뢰설비일 것. 다만, 위험물저장 및 처리시설에 설치하는 피뢰설비는 한국산업표준이 정하는 피뢰시스템레벨 II 이상이어야 한다. 2. 돌침은 건축물의 맨 윗부분으로부터 25센티미터 이상 돌출시켜 설치하되, 「건축물의 구조기준 등에 관한 규칙」 제9조에 따른 설계하중에 견딜 수 있는 구조일 것 3. 피뢰설비의 재료는 최소 단면적이 피복이 없는 동선을 기준으로 수뢰부, 인하도선 및 접지극은 50 제곱밀리미터 이상이거나 이와 동등 이상의 성능을 갖출 것 4. 피뢰설비의 인하도선을 대신하여 철골조의 철골구조물과 철근콘크리트조의 철근구조체 등을 사용하는 경우에는 전기적 연속성이 보장될 것. 이 경우 전기적 연속성이 있다고 판단되기 위하여는 건축물금속구조체의 최상단부와 지표레벨 사이의 전기저항이 0.2옴 이하이어야 한다. 5. 측면 낙뢰를 방지하기 위하여 높이가 60미터를 초과하는 건축물 등에는 지면에서 건축물 높이의 5분의 4가 되는 지점부터 최상단부분까지의 측면에 수뢰부를 설치하여야 하며, 지표레벨에서 최상단부의 높이가 150미터를 초과하는 건축물은 120미터지점부터 최상단부분까지의의 측면에 수뢰부를 설치할 것. 다만, 건축물의 외벽이 금속부재(部材)로 마감되고, 금속부재 상호간에 제4호 후단에 적합한 전기적 연속성이 보장되며 피뢰시스템레벨 등급에 적합하게 설치하여 인하 도선에 연결한 경우에는 측면 수뢰부가 설치된 것으로 본다. 6. 접지(接地)는 환경오염을 일으킬 수 있는 시공방법이나 화학 첨가물 등을 사용하지 아니할 것 7. 급수·급탕·난방·가스 등을 공급하기 위하여 건축물에 설치하는 금속배관 및 금속재 설비는 전위(電位)가 균등하게 이루어지도록 전기적으로 접속 할 것

건축물의 설비기준 등에 관한 규칙	요　　　　약

[제20조]

8. 전기설비의 접지계통과 건축물의 피뢰설비 및 통신설비 등의 접지극을 공용하는 통합접지공사를 하는 경우에는 낙뢰 등으로 인한 과전압으로부터 전기설비 등을 보호하기 위하여 한국산업표준에 적합한 서지보호장치(SPD)를 설치할 것

9. 그 밖에 피뢰설비와 관련된 사항은 한국산업표준에 적합하게 설치할 것

[전문개정 06.2.13]

제20조의2 [전기설비 설치공간 기준] 영 제87조제6항에 따른 건축물에 전기를 배전(配電)하려는 경우에는 별표 3의3에 따른 공간을 확보하여야 한다.

〈신설 10.11.05〉

피뢰설비

(1) 설치대상

1. 낙뢰의 우려가 있는 건축물
2. 높이 20 m 이상의 건축물
3. 높이 20 m 이상의 공작물

(2) 구　조

1. 피뢰설비는 K.S가 정하는 보호등급의 피뢰설비
   돌침 또는 피뢰도체에의 보호각 : 60 °
   ★ 위험물저장·처리시설(보호등급Ⅱ) : 45 °
2. 돌침 : 25cm 이상 돌출, 耐風하중
3. 피뢰설비의 재료 (최소단면적 : 피복없는 동선)
   · 수 뢰 부 : 35 ㎟ 이상
   · 인하도선 : 16 ㎟ 이상
   · 접 지 극 : 50 ㎟ 이상
4. 대체 인하도선(철골/철근)
   · 전기적 연속성이 보장
   (건축물 금속 구조체의 상단부와 하단부 사이의 전기저항이 0.2 Ω 이하)
5. 측면 수뢰부
   · 높이 60 m 초과하는 건축물 등
   ~ 지면에서 건축물 높이 4/5 지점부터 상단부분까지의 측면에 수뢰부 설치
   [예외] 60 m 초과부분 외부의 각 금속 부재를 2개소 이상 전기적 연속성이 보장된 경우
6. 접지(接地)는 환경오염을 일으킬 수 있는 시공 방법이나 화학 첨가물 등을 사용하지 아니할 것
7. 건축물에 설치하는 금속배관 및 금속재 설비는 전위(電位)가 균등하게 이루어지도록 접속
8. 기타 K.S에 적합하게 설치

전기설비 설치공간 기준

수전전압	전력수전 용량	확보면적
특고압 또는 고압	100 kW 이상	가로 2.8 m, 세로 2.8 m
저압	75 kW 이상 150 kW 미만	가로 2.5 m, 세로 2.8 m
	150 kW 이상 200 kW 미만	가로 2.8 m, 세로 2.8 m
	200 kW 이상 300 kW 미만	가로 2.8 m, 세로 4.6 m
	300 kW 이상	가로 2.8 m 이상, 세로 4.6 m 이상

<table>
<tr><th>건 축 법</th><th>건 축 법 시 행 령</th></tr>
</table>

제8장　특별건축구역 등

제69조【특별건축구역의 지정】①국토교통부장관 또는 시·도지사는 다음 각 호의 구분에 따라 도시나 지역의 일부가 특별건축구역으로 특례 적용이 필요하다고 인정하는 경우에는 특별건축구역을 지정할 수 있다.　〈개정 14.01.14〉

　1. 국토교통부장관이 지정하는 경우

　　가. 국가가 국제행사 등을 개최하는 도시 또는 지역의 사업구역

　　나. 관계법령에 따른 국가정책사업으로서 대통령령으로 정하는 사업구역

　2. 시·도지사가 지정하는 경우

　　가. 지방자치단체가 국제행사 등을 개최하는 도시 또는 지역의 사업구역

　　나. 관계법령에 따른 도시개발·도시재정비 및 건축문화 진흥사업으로서 건축물 또는 공간환경을 조성하기 위하여 대통령령으로 정하는 사업구역

　　다. 그 밖에 대통령령으로 정하는 도시 또는 지역의 사업구역

② 다음 각 호의 어느 하나에 해당하는 지역·구역 등에 대하여는 제1항에도 불구하고 특별건축구역으로 지정할 수 없다.

　1. 「개발제한구역의 지정 및 관리에 관한 특별조치법」에 따른 개발제한구역

　2. 「자연공원법」에 따른 자연공원

　3. 「도로법」에 따른 접도구역

　4. 「산지관리법」에 따른 보전산지

　5. 삭제〈16.02.03〉

③ 국토교통부장관 또는 시·도지사는 특별건축구역으로 지정하고자 하는 지역이 「군사기지 및 군사시설 보호법」에 따른 군사기지 및 군사시설 보호구역에 해당하는 경우에는 국방부장관과 사전에 협의하여야 한다. 〈신설 16.02.03〉

제8장　특별건축구역 등

제105조【특별건축구역의 지정】① 법 제69조제1항제1호 나목에서 "대통령령으로 정하는 사업구역"이란 다음 각 호의 어느 하나에 해당하는 구역을 말한다.
　　　　　　　　〈개정 14.10.14〉

　1. 「신행정수도 후속대책을 위한 연기·공주지역 행정중심복합도시 건설을 위한 특별법」에 따른 행정중심복합도시의 사업구역

　2. 「공공기관 지방이전에 따른 혁신도시 건설 및 지원에 관한 특별법」에 따른 혁신도시의 사업구역

　3. 「경제자유구역의 지정 및 운영에 관한 특별법」 제4조에 따라 지정된 경제자유구역 〈개정 09.7.30〉

　4. 「택지개발촉진법」에 따른 택지개발사업구역

　5. 「보금자리주택건설 등에 관한 특별법」 제2조 제2호에 따른 보금자리주택지구

　6. 삭제〈14.10.14〉

　7. 「도시개발법」에 따른 도시개발구역

　8. 삭제〈14.10.14〉

　9. 삭제〈14.10.14〉

　10. 「아시아문화중심도시 조성에 관한 특별법」에 따른 국립아시아문화전당 건설사업구역

　11. 「국토의 계획 및 이용에 관한 법률」 제51조에 따른 지구단위계획구역 중 현상설계(懸賞設計) 등에 따른 창의적 개발을 위한 특별계획구역
　　　　　　　　〈신설 12.12.12〉

　12. 삭제〈14.10.14〉

　13. 삭제〈14.10.14〉

건 축 법 시 행 규 칙	요 약
	특별건축구역의 지정 (1) 지정권자 　국토교통부장관 　시·도지사 (2) 지정대상 　1. 행정중심복합도시의 사업구역 　2. 혁신도시의 사업　구역 　3. 경제자유구역 　4. 택지개발사업구역 　5. 보금자리주택지구 　6. 도시개발구역 　7. 국립아시아문화전당 건설사업구역 　8. 지구단위계획구역 중 현상설계(懸賞設計) 　　등에 따른 창의적 개발을 위한 특별계획구역 (3) 지정불가대상 　1. 개발제한구역 　2. 자연공원 　3. 접도구역 　4. 보전산지 　5. 군사기지 및 군사시설 보호구역

<table>
<tr><th>건　축　법</th><th>건 축 법 시 행 령</th></tr>
<tr><td></td><td>

[제105조]

② 법　제69조제1항제2호나목에서　"대통령령으로　정하는 사업구역"이란 다음 각 호의 어느 하나에 해당하는 구역을 말한다.　　　　　　　　　　　　　　　〈신설 14.10.14〉

　1.「경제자유구역의 지정 및 운영에 관한 특별법」
　　　제4조에 따라 지정된 경제자유구역

　2.「택지개발촉진법」에 따른 택지개발사업구역

　3.「도시 및 주거환경정비법」에 따른 정비구역

　4.「도시개발법」에 따른 도시개발구역

　5.「도시재정비 촉진을 위한 특별법」에 따른 재정비
　　　촉진구역

　6.「제주특별자치도 설치 및 국제자유도시 조성을 위한
　　　특별법」에 따른 국제자유도시의 사업구역

　7.「국토의 계획 및 이용에 관한 법률」 제51조에 따른
　　　지구단위계획구역 중 현상설계(懸賞設計) 등에 따른
　　　창의적 개발을 위한 특별계획구역

　8.「관광진흥법」 제52조 및 제70조에 따른 관광지,
　　　관광단지 또는 관광특구

　9.「지역문화진흥법」 제18조에 따른 문화지구

③ 법　제69조제1항제2호다목에서　"대통령령으로　정하는 도시 또는 지역"이란 다음 각 호의 어느 하나에 해당하는 도시 또는 지역을 말한다.　　　　　　　　〈개정 14.10.14〉

　1. 삭제〈14.10.14〉

　2. 건축문화 진흥을 위하여 국토교통부령으로 정하는
　　　건축물 또는 공간환경을 조성하는 지역

2의2. 주거, 상업, 업무 등 다양한 기능을 결합하는 복합
　　　적인 토지 이용을 증진시킬 필요가 있는 지역으로서
　　　다음 각 목의 요건을 모두 갖춘 지역〈신설 10.12.13〉
　　　가. 도시지역일 것
　　　나.「국토의 계획 및 이용에 관한 법률 시행령」
　　　　　제71조에 따른 용도지역 안에서의 건축제한
　　　　　적용을 배제할 필요가 있을 것

　3. 그 밖에 도시경관의 창출, 건설기술 수준향상 및
　　　건축 관련 제도개선을 도모하기 위하여 특별건축
　　　구역으로 지정할 필요가 있다고 시·도지사가 인정
　　　하는 도시 또는 지역　　　　　　　〈개정 14.10.14〉

</td></tr>
<tr><td>건　축　법</td><td>건 축 법 시 행 령</td></tr>
</table>

<table>
<tr><td align="center">건 축 법 시 행 규 칙</td><td align="center">요   약</td></tr>
<tr><td>

제38조의2 【특별건축구역의 지정】 영 제105조제3항 제2호에서 "국토교통부령으로 정하는 건축물 또는 공간환경"이란 도시계획 또는 건축 관련 박물관, 박람회장, 문화예술회관, 그 밖에 이와 비슷한 문화예술공간을 말한다. 〈개정 20.10.28〉

[본조신설 2008.12.11]

</td><td></td></tr>
</table>

<table>
<tr><th>건 축 법</th><th>건 축 법 시 행 령</th></tr>
<tr><td>

제70조 【특별건축구역의 건축물】 특별건축구역에서 제73조에 따라 건축기준 등의 특례사항을 적용하여 건축할 수 있는 건축물은 다음 각 호의 어느 하나에 해당되어야 한다.

　1. 국가 또는 지방자치단체가 건축하는 건축물

　2. 「공공기관의 운영에 관한 법률」 제4조에 따른 공공기관 중 대통령령으로 정하는 공공기관이 건축하는 건축물

　3. 그 밖에 대통령령으로 정하는 용도·규모의 건축물로서 도시경관의 창출, 건설기술 수준향상 및 건축 관련 제도개선을 위하여 특례 적용이 필요하다고 허가권자가 인정하는 건축물

</td><td>

제106조 【특별건축구역의 건축물】 ① 법 제70조제2호에서 "대통령령으로 정하는 공공기관"이란 다음 각 호의 공공기관을 말한다.

　1. 「대한주택공사법」에 따른 대한주택공사

　2. 「한국수자원공사법」에 따른 한국수자원공사

　3. 「한국도로공사법」에 따른 한국도로공사

　4. 「한국토지공사법」에 따른 한국토지공사

　5. 「한국철도공사법」에 따른 한국철도공사

　6. 「한국철도시설공단법」에 따른 한국철도시설공단

　7. 「한국관광공사법」에 따른 한국관광공사

　8. 「한국농어촌공사 및 농지관리기금법」에 따른 한국농어촌공사　　　　〈개정 09.6.26〉

② 법 제70조제3호에서 "대통령령으로 정하는 용도·규모의 건축물"이란 별표 3과 같다.

[전문개정 08.10.29]

</td></tr>
</table>

<table>
<tr><th>건 축 법 시 행 규 칙</th><th>요 약</th></tr>
<tr><td></td><td>

특별건축구역의 건축물

특례사항 적용대상 건축물

1. 국가 또는 지방자치단체가 건축하는 건축물

2. 공공기관이 건축하는 건축물

　- 대한주택공사, 한국수자원공사, 한국도로공사,
　　한국토지공사, 한국철도공사,
　　한국철도시설공단, 한국관광공사,
　　한국농촌공사

3. 그 밖에 대통령령으로 정하는 용도·규모의
　건축물로서 도시경관의 창출, 건설기술 수준향상
　및 건축 관련 제도개선을 위하여 특례 적용이
　필요하다고 허가권자가 인정하는 건축물

[별표 3]

특별건축구역의 특례사항 적용 대상 건축물
(제106조제2항 관련)

용도	규모 (연면적 또는 세대)
문화 및 집회시설, 판매시설, 운수시설, 의료시설, 교육연구 시설, 수련시설	2,000 ㎡ 이상
운동시설, 업무시설, 숙박시설, 관광휴게시설, 방송통신시설	3,000 ㎡ 이상
종교시설	-
노유자시설	500 ㎡ 이상
공동주택 (아파트 및 연립주택만 　해당한다)	300세대 이상 (주거용 외의 용도와 복합된　경우에는 200세대 이상)
그 밖의 용도	1,000 ㎡ 이상

비고

1. 위의 용도에 해당하는 건축물은 허가권자가 인정하는
　비슷한 용도의 건축물을 포함한다.

2. 위의 용도가 복합된 건축물의 경우에는 해당 용도의
　연면적 합계가 기준 연면적을 합한 값 이상이어야 한다.
　다만, 공동주택과 주거용 외의 용도가 복합된 경우에는
　각각 해당 용도의 연면적 또는 세대 기준에 적합하여야
　한다.

</td></tr>
</table>

<table>
<tr><th>건 축 법</th><th>건 축 법 시 행 령</th></tr>
<tr><td>

제71조 【특별건축구역의 지정절차 등】 ① 중앙행정기관의 장, 제69조제1항 각 호의 사업구역을 관할하는 시·도지사 또는 시장·군수·구청장(이하 이 장에서 "지정신청기관"이라 한다)은 특별건축구역의 지정이 필요한 경우에는 다음 각 호의 자료를 갖추어 중앙행정기관의 장 또는 시·도지사는 국토교통부장관에게, 시장·군수·구청장은 특별시장·광역시장·도지사에게 각각 특별건축구역의 지정을 신청할 수 있다.　〈개정 14.01.14〉

　1. 특별건축구역의 위치·범위 및 면적 등에 관한 사항

　2. 특별건축구역의 지정 목적 및 필요성

　3. 특별건축구역 내 건축물의 규모 및 용도 등에 관한 사항

　4. 특별건축구역의 도시·군관리계획에 관한 사항. 이 경우 도시·군관리계획의 세부 내용은 대통령령으로 정한다. 〈개정 11.04.14〉

　5. 건축물의 설계, 공사감리 및 건축시공 등의 발주방법 등에 관한 사항

　6. 제74조에 따라 특별건축구역 전부 또는 일부를 대상으로 통합하여 적용하는 미술작품, 부설주차장, 공원 등의 시설에 대한 운영관리 계획서. 이 경우 운영관리 계획서의 작성방법, 서식, 내용 등에 관한 사항은 국토교통부령으로 정한다.

　7. 그 밖에 특별건축구역의 지정에 필요한 대통령령으로 정하는 사항

② 제1항에 따른 지정신청기관 외의 자는 제1항 각 호의 자료를 갖추어 제69조제1항제2호의 사업구역을 관할하는 시·도지사에게 특별건축구역의 지정을 제안할 수 있다.　〈신설 20.04.07〉

③ 제2항에 따른 특별건축구역 지정 제안의 방법 및 절차 등에 관하여 필요한 사항은 대통령령으로 정한다.　〈신설 20.04.07〉

</td><td>

제107조 【특별건축구역의 지정절차 등】 ① 법 제71조제1항제4호에 따른 도시관리계획의 세부 내용은 다음 각 호와 같다.

　1. 「국토의 계획 및 이용에 관한 법률」 제36조부터 제38조까지, 제38조의2, 제39조, 제40조 및 같은 법 시행령 제30조부터 제32조까지의 규정에 따른 용도지역, 용도지구 및 용도구역에 관한 사항

　2. 「국토의 계획 및 이용에 관한 법률」 제43조에 따라 도시관리계획으로 결정되었거나 설치된 도시계획시설의 현황 및 도시계획시설의 신설·변경 등에 관한 사항

　3. 「국토의 계획 및 이용에 관한 법률」 제50조부터 제52조까지 및 같은 법 시행령 제43조부터 제47조까지의 규정에 따른 지구단위계획구역의 지정, 지구단위계획의 내용 및 지구단위계획의 수립·변경 등에 관한 사항

② 법 제71조제1항제7호에서 "대통령령으로 정하는 사항"이란 다음 각 호의 사항을 말한다.

　1. 특별건축구역의 주변지역에 「국토의 계획 및 이용에 관한 법률」 제43조에 따라 도시관리계획으로 결정되었거나 설치된 도시계획시설에 관한 사항

　2. 특별건축구역의 주변지역에 대한 지구단위계획구역의 지정 및 지구단위계획의 내용 등에 관한 사항

2의2. 「건축기본법」 제21조에 따른 건축디자인 기준의 반영에 관한 사항　〈신설 10.12.13〉

　3. 「건축기본법」 제23조에 따라 민간전문가를 위촉한 경우 그에 관한 사항

　4. 제105조제3항제2호의2에 따른 복합적인 토지 이용에 관한 사항(제105조제2항제2호의2에 해당하는 지역을 지정하기 위한 신청의 경우로 한정한다)　〈개정 14.10.14〉

</td></tr>
</table>

건 축 법 시 행 규 칙	요　　　약
	  (1) 지정절차 　1. 국토교통부장관에게 지정신청 　　– 중앙행정기관의 장 　　– 시·도지사 　2. 특별시장·광역시장·도지사에게 지정신청 　　– 시장·군수·구청장 (2) 지정신청자료 　1. 위치·범위 및 면적 등에 관한 사항 　2. 지정 목적 및 필요성 　3. 건축물의 규모 및 용도 등에 관한 사항 　4. 도시관리계획에 관한 사항. 　　1) 용도 지역, 지구 및 구역에 관한 사항 　　2) 도시관리계획으로 결정되었거나 설치된 　　　도시계획시설의 현황 및 도시계획시설의 　　　신설·변경 등에 관한 사항 　　3) 지구단위계획구역의 지정, 　　　지구단위계획의 내용에 관한 사항 및 　　　지구단위계획의 수립·변경 등에 관한 사항 　5. 건축물의 설계, 공사감리 및 건축시공 등의 　　발주방법 등에 관한 사항 　6. 특별건축구역 전부 또는 일부를 대상으로 　　통합하여 적용하는 미술장식, 부설주차장, 공원 　　등의 시설에 대한 운영관리 계획서. 　　1) 통합적용 대상시설의 배치도 　　2) 통합적용 대상시설의 유지·관리 및 　　　비용분담계획서 　7. 그 밖에 특별건축구역의 지정에 필요한 사항 　　1) 주변지역에 도시관리계획으로 결정되었거나 　　　설치된 도시계획시설에 관한 사항 　　2) 주변지역에 대한 지구단위계획구역의 지정 및 　　　지구단위계획의 내용 등에 관한 사항 　　3) 민간전문가를 위촉한 경우 그에 관한 사항
제38조의3 【특별건축구역의 지정절차 등】 ① 법 제71조제1항제6호에 따른 운영관리 계획서는 별지 제27호의3서식과 같다. ② 제1항에 따른 운영관리 계획서에는 다음 각 호의 서류를 첨부하여야 한다. 1. 삭제 〈11.01.06〉 2. 법 제74조에 따른 통합적용 대상시설(이하 "통합적용 대상시설"이라 한다)의 배치도 3. 통합적용 대상시설의 유지·관리 및 비용분담계획서	

<table>
<tr><th>건 축 법</th><th>건 축 법 시 행 령</th></tr>
</table>

[제71조]

④ 국토교통부장관 또는 특별시장·광역시장·도지사는 제1항에 따라 지정신청이 접수된 경우에는 특별건축구역 지정의 필요성, 타당성 및 공공성 등과 피난·방재 등의 사항을 검토하고, 지정 여부를 결정하기 위하여 지정신청을 받은 날 부터 30일 이내에 국토교통부장관이 지정신청을 받은 경우에는 국토교통부장관이 두는 건축위원회(이하 "중앙건축위원회"라 한다), 특별시장·광역시장·도지사가 지정신청을 받은 경우에는 각각 특별시장·광역시장·도지사가 두는 건축위원회의 심의를 거쳐야 한다. 〈개정 20.04.07〉

⑤ 국토교통부장관 또는 특별시장·광역시장·도지사는 각각 중앙건축위원회 또는 특별시장·광역시장·도지사가 두는 건축위원회의 심의 결과를 고려하여 필요한 경우 특별건축구역의 범위, 도시·군관리계획 등에 관한 사항을 조정할 수 있다. 〈개정 20.04.07〉

⑥ 국토교통부장관 또는 시·도지사는 필요한 경우 직권으로 특별건축구역을 지정할 수 있다. 이 경우 제1항 각 호의 자료에 따라 특별건축구역 지정의 필요성, 타당성 및 공공성 등과 피난·방재 등의 사항을 검토하고 각각 중앙건축위원회 또는 시·도지사가 두는 건축위원회의 심의를 거쳐야 한다. 〈개정 20.04.07〉

⑦ 국토교통부장관 또는 시·도지사는 특별건축구역을 지정하거나 변경·해제하는 경우에는 대통령령으로 정하는 바에 따라 주요 내용을 관보(시·도지사는 공보)에 고시하고, 국토교통부장관 또는 특별시장·광 역시장·도지사는 지정신청기관에 관계서류의 사본을 송부하여야 한다. 〈개정 20.04.07〉

[제107조]

③ 국토교통부장관 또는 시·도지사는 법 제71조제7항에 따라 특별건축구역을 지정하거나 변경·해제하는 경우에는 다음 각 호의 사항을 즉시 관보(시·도지사의 경우에는 공보)에 고시해야 한다. 〈개정 21.01.08〉

1. 지정·변경 또는 해제의 목적
2. 특별건축구역의 위치, 범위 및 면적
3. 특별건축구역 내 건축물의 규모 및 용도 등에 관한 주요 사항
4. 건축물의 설계, 공사감리 및 건축시공 등 발주방법에 관한 사항
5. 도시계획시설의 신설·변경 및 지구단위계획의 수립·변경 등에 관한 사항
6. 그 밖에 국토교통부장관 또는 특별시장·광역시장·도지사이 필요하다고 인정하는 사항

④ 특별건축구역의 지정신청기관이 다음 각 호의 어느 하나에 해당하여 법 제71조제9항에 따라 특별건축구역의 변경지정을 받으려는 경우에는 국토교통부령으로 정하는 자료를 갖추어 국토교통부장관에게 변경지정 신청을 해야 한다.

이 경우 특별건축구역의 변경지정에 관하여는 법 제71조제4항 및 제5항을 준용한다. 〈개정 21.01.08〉

1. 특별건축구역의 범위가 10분의 1(특별건축구역의 면적이 10만 제곱미터 미만인 경우에는 20분의 1) 이상 증가하거나 감소하는 경우
2. 특별건축구역의 도시관리계획에 관한 사항이 변경되는 경우
3. 건축물의 설계, 공사감리 및 건축시공 등 발주방법이 변경되는 경우
4. 그 밖에 특별건축구역의 지정 목적이 변경되는 등 국토교통부령으로 정하는 경우

⑤ 제1항부터 제4항까지에서 규정한 사항 외에 특별 건축구역의 지정에 필요한 세부 사항은 국토교통부 장관이 정하여 고시한다. 〈개정 13.03.23〉

[전문개정 08.10.29]

<table>
<tr><th>건 축 법 시 행 규 칙</th><th>요　　　　약</th></tr>
</table>

[제38조의3]

③ 영 제107조제4항 각 호 외의 부분에서 "국토교통
부령으로 정하는 자료"란 법 제72조제1항에 따라
특별건축구역의 지정을 신청할 때 제출한 자료 중
변경된 내용에 따라 수정한 자료를 말한다.
〈개정 13.03.23〉

④ 영 제107조제4항제4호에서 "지정 목적이 변경되는
등 국토교통부령으로 정하는 경우"란 다음 각 호의
어느 하나에 해당하는 경우를 말한다.
〈개정 13.03.23〉
1. 특별건축구역의 지정 목적 및 필요성이 변경되는
　 경우
2. 특별건축구역 내 건축물의 규모 및 용도 등이
　 변경되는 경우(건축물의 규모변경이 연면적 및
　 높이의 10분의 1 범위 이내에 해당하는 경우 또는
　 영 제12조제3항 각호에 해당하는 경우는 제외한다)
3. 통합적용 대상시설의 규모가 10분의 1이상 변경
　 되거나 또는 위치가 변경되는 경우
〈개정 11.01.06〉
[본조신설 2008.12.11]

---

(3) 직권지정
　 지정신청이 없더라도 필요한 경우 직권으로
　 특별건축구역을 지정할 수 있다.
　 - 국토교통부장관 또는 시·도지사

(4) 관보(공보)고시내용 - 지정·변경·해제
　 1. 지정·변경 또는 해제의 목적
　 2. 특별건축구역의 위치, 범위 및 면적
　 3. 특별건축구역 내 건축물의 규모 및 용도 등에
　 　 관한 주요사항
　 4. 건축물의 설계, 공사감리 및 건축시공 등
　 　 발주방법에 관한 사항
　 5. 도시·군관리계획시설의 신설·변경 및 지구
　 　 단위계획의 수립·변경 등에 관한 사항
　 6. 특별건축구역의 지정을 신청할 때 제출한 자료
　 　 중 변경된 내용에 따라 수정한 자료

(5) 변경지정대상
　 1. 특별건축구역의 범위가 10분의 1(특별건축구역
　 　 의 면적이 10,000㎡ 미만인 경우에는 20분의 1)
　 　 이상 증가 또는 감소하는 경우
　 2. 특별건축구역의 도시관리계획에 관한 사항이
　 　 변경되는 경우
　 3. 건축물의 설계, 공사감리 및 건축시공 등 발주
　 　 방법이 변경되는 경우
　 4. 그 밖
　 　 1) 지정 목적 및 필요성이 변경되는 경우
　 　 2) 건축물의 규모 및 용도 등이 변경되는 경우
　 　 　 [예외]
　 　 　 　 - 연면적 및 높이의 10분의 1 이내 변경
　 　 　 　 - 건축허가·신고사항의 변경
　 　 3) 규모가 10분의 1이상 변경되거나 또는
　 　 　 위치가 변경되는 경우

(6) 지정효과
「국토의 계획 및 이용에 관한 법률」 제30조에
따른 도시·군관리계획의 결정이 있는 것으로 본다.
　 - 용도지역·지구·구역의 지정 및 변경 제외

건 축 법	건 축 법 시 행 령

[제71조]

⑧ 제7항에 따라 관계 서류의 사본을 받은 지정신청기관은 관계서류에 도시·군관리계획의 결정사항이 포함되어있는 경우에는 「국토의 계획 및 이용에 관한 법률」 제32조에 따라 지형도면의 승인신청 등 필요한 조치를 취하여야 한다. 〈개정 20.04.07〉

⑨ 지정신청기관은 특별건축구역 지정 이후 변경이 있는 경우 변경지정을 받아야 한다. 이 경우 변경 지정을 받아야 하는 변경의 범위, 변경지정의 절차 등 필요한 사항은 대통령령으로 정한다. 〈개정 20.04.07〉

⑩ 국토교통부장관 또는 시·도지사는 다음 각 호의 어느 하나에 해당하는 경우에는 특별건축구역의 전부 또는 일부에 대하여 지정을 해제할 수 있다. 이 경우 국토교통부장관 또는 특별시장·광역시장·도지사는 지정신청기관의 의견을 청취하여야 한다. 〈개정 20.04.07〉

1. 지정신청기관의 요청이 있는 경우
2. 거짓이나 그 밖의 부정한 방법으로 지정을 받은 경우
3. 특별건축구역 지정일부터 5년 이내에 특별건축구역 지정목적에 부합하는 건축물의 착공이 이루어지지 아니하는 경우
4. 특별건축구역 지정요건 등을 위반하였으나 시정이 불가능한 경우

⑪ 특별건축구역을 지정하거나 변경한 경우에는 「국토의 계획 및 이용에 관한 법률」 제30조에 따른 도시·군 관리계획의 관리계획의 결정(용도 지역·지구·구역의 지정 및 변경을 제외한다)이 있는 것으로 본다. 〈개정 20.04.07〉

제107조의2 [특별건축구역의 지정 제안 절차 등]

① 법 제71조제2항에 따라 특별건축구역 지정을 제안하려는 자는 같은 조 제1항의 자료를 갖추어 시장·군수·구청장에게 의견을 요청할 수 있다.

② 시장·군수·구청장은 제1항에 따라 의견 요청을 받으면 특별건축구역 지정의 필요성, 타당성, 공공성 등과 피난·방재 등의 사항을 검토하여 의견을 통보해야 한다. 이 경우 「건축기본법」 제23조에 따라 시장·군수·구청장이 위촉한 민간전문가의 자문을 받을 수 있다.

③ 법 제71조제2항에 따라 특별건축구역 지정을 제안하려는 자는 시·도지사에게 제안하기 전에 다음 각 호에 해당하는 자의 서면 동의를 받아야 한다. 이 경우 토지소유자의 서면 동의 방법은 국토교통부령으로 정한다.

1. 대상 토지 면적(국유지·공유지의 면적은 제외한다)의 3분의 2 이상에 해당하는 토지소유자
2. 국유지 또는 공유지의 재산관리청 (국유지 또는 공유지가 포함되어 있는 경우로 한정한다)

④ 법 제71조제2항에 따라 특별건축구역 지정을 제안하려는 자는 다음 각 호의 서류를 시·도지사에게 제출해야 한다.

1. 법 제71조제1항 각 호의 자료
2. 제2항에 따른 시장·군수·구청장의 의견 (의견을 요청한 경우로 한정한다)
3. 제3항에 따른 토지소유자 및 재산관리청의 서면 동의서

⑤ 시·도지사는 제4항에 따른 서류를 받은 날부터 45일 이내에 특별건축구역 지정의 필요성, 타당성, 공공성 등과 피난·방재 등의 사항을 검토하여 특별건축구역 지정여부를 결정해야 한다. 이 경우 관할 시장·군수·구청장의 의견을 청취(제4항제2호의 의견서를 제출받은 경우는 제외한다)한 후 시·도지사가 두는 건축위원회의 심의를 거쳐야 한다.

⑥ 시·도지사는 제5항에 따라 지정여부를 결정한 날부터 14일 이내에 특별건축구역 지정을 제안한 자에게 그 결과를 통보해야 한다.

⑦ 제5항에 따라 지정된 특별건축구역에 대한 변경지정의 제안에 관하여는 제1항부터 제6항까지의 규정을 준용한다.

⑧ 제1항부터 제7항까지에서 규정한 사항 외에 특별건축구역의 지정에 필요한 세부 사항은 국토교통부장관이 정하여 고시한다.

[본조 신설 21.01.08]

<table>
<tr><th>건 축 법 시 행 규 칙</th><th>요　　　약</th></tr>
<tr><td>

제38조의4 [특별건축구역의 지정 제안 동의 방법 등])

① 영 제107조의2제3항 각 호 외의 부분 후단에 따른 토지소유자의 동의 방법은 별지 제27호의4서식의 특별건축구역 지정 제안 동의서에 지장을 날인하고 자필로 서명하는 방법으로 한다. 이 경우 토지소유자는 별지 제27호의4서식의 특별건축구역 지정 제안 동의서에 주민등록증·여권 등 신원을 확인할 수 있는 신분증명서의 사본을 첨부해야 한다.

② 제1항에도 불구하고 토지소유자가 해외에 장기 체류하거나 법인인 경우 등 불가피한 사유가 있다고 시·도지사가 인정하는 경우에는 토지소유자의 인감도장을 날인하는 방법으로 한다. 이 경우 토지소유자는 별지 제27호의4서식의 특별건축구역 지정 제안 동의서에 해당 인감증명서를 첨부해야 한다.

③ 시·도지사는 영 제107조의2제4항에 따라 토지소유자의 특별건축구역 지정 제안 동의서를 받으면 행정정보의 공동이용을 통해 토지등기사항증명서를 확인해야 한다. 다만, 토지소유자가 확인에 동의하지 않는 경우에는 토지등기사항증명서를 첨부하도록 해야 한다.

[본조 신설 21.01.08]

</td><td></td></tr>
</table>

<table>
<tr><th>건 축 법</th><th>건 축 법 시 행 령</th></tr>
<tr><td>

제72조 【특별건축구역 내 건축물의 심의 등】

① 특별건축구역에서 제73조에 따라 건축기준 등의 특례사항을 적용하여 건축허가를 신청하고자 하는 자(이하 이 조에서 "허가신청자"라 한다)는 다음 각 호의 사항이 포함된 특례적용계획서를 첨부하여 제11조에 따라 해당 허가권자에게 건축허가를 신청하여야 한다. 이 경우 특례적용계획서의 작성방법 및 제출서류 등은 국토교통부령으로 정한다.

〈개정 13.03.23〉

1. 제5조에 따라 기준을 완화하여 적용할 것을 요청하는 사항
2. 제71조에 따른 특별건축구역의 지정요건에 관한 사항
3. 제73조제1항의 적용배제 특례를 적용한 사유 및 예상효과 등
4. 제73조제2항의 완화적용 특례의 동등 이상의 성능에 대한 증빙내용
5. 건축물의 공사 및 유지·관리 등에 관한 계획

② 제1항에 따른 건축허가는 해당 건축물이 특별건축구역의 지정 목적에 적합한지의 여부와 특례적용계획서 등 해당 사항에 대하여 제4조제1항에 따라 시·도지사 및 시장·군수·구청장이 설치하는 건축위원회(이하 "지방건축위원회"라 한다)의 심의를 거쳐야 한다.

③ 허가신청자는 제1항에 따른 건축허가 시 「도시교통정비 촉진법」 제16조에 따른 교통영향분석·개선대책의 검토를 동시에 진행하고자 하는 경우에는 같은 법 제16조에 따른 교통영향분석·개선대책에 관한 서류를 첨부하여 허가권자에게 심의를 신청할 수 있다. 〈개정 08.3.28〉

④ 제3항에 따라 교통영향분석·개선대책에 대하여 지방건축위원회에서 통합심의한 경우에는 「도시교통정비 촉진법」 제17조에 따른 교통영향분석·개선대책의 심의를 한 것으로 본다.

〈개정 08.3.28〉

⑤ 제1항 및 제2항에 따라 심의된 내용에 대하여 대통령령으로 정하는 변경사항이 발생한 경우에는 지방건축위원회의 변경심의를 받아야 한다. 이 경우 변경심의는 제1항에서 제3항까지의 규정을 준용한다.

</td><td>

제108조 【특별건축구역 내 건축물의 심의 등】

① 법 제72조제5항에 따라 지방건축위원회의 변경심의를 받아야 하는 경우는 다음 각 호와 같다.

〈개정 13.03.23〉

1. 법 제16조에 따라 변경허가를 받아야 하는 경우
2. 법 제19조제2항에 따라 변경허가를 받거나 변경신고를 하여야 하는 경우
3. 건축물 외부의 디자인, 형태 또는 색채를 변경하는 경우
4. 그 밖에 법 제72조제1항 각 호의 사항 중 국토교통부령으로 정하는 사항을 변경하는 경우

</td></tr>
</table>

<table>
<tr><th>건 축 법 시 행 규 칙</th><th>요　　　약</th></tr>
</table>

제38조의5 【특별건축구역 내 건축물의 심의 등】

① 법 제72조제1항 전단에 따른 특례적용계획서는
별지 제27호의5서식과 같다.

② 제1항에 따른 특례적용계획서에는 다음 각 호의
서류를 첨부하여야 한다.

1. 특례적용 대상건축물의 개략설계도서
2. 특례적용 대상건축물의 배치도
3. 특례적용 대상건축물의 내화 · 방화 · 피난 또는
건축설비도
4. 특례적용 신기술의 세부 설명자료

③ 영 제108조제1항제4호에서 "법 제72조제1항 각 호
의 사항 중 국토교통부령으로 정하는 사항을 변경
하는 경우"란 법 제73조제1항의 적용배제 특례사항
또는 같은 조 제2항의 완화적용 특례사항을 변경
하는 경우를 말한다.　　　　　〈개정 13.03.23〉

특별건축구역 내 건축물의 심의 등

(1) 건축허가신청
- 특례계획서 첨부
(개략설계도서, 배치도, 내화 · 방화 · 피난
또는 건축설비도, 신기술의 세부 설명자료)
1. 기준완화적용 요청 사항
2. 특별건축구역의 지정요건에 관한 사항
3. 적용배제 특례를 적용한 사유 및 예상효과 등
4. 완화적용 특례의 동등 이상의 성능에 대한
증빙내용
5. 건축물의 공사 및 유지·관리 등에 관한 계획

(2) 건축위원회 심의

(3) 교통영향분석 · 개선대책의 검토

(4) 변경심의 대상
1. 변경허가 대상
2. 용도변경허가를 받거나 변경 신고 대상
3. 건축물 외부 디자인, 형태 또는 색채 변경
4. 적용배제 특례사항 또는 완화적용 특례사항을
변경하는 경우

<table>
<tr><th>건　축　법</th><th>건 축 법 시 행 령</th></tr>
<tr><td>

[제72조]

⑥국토교통부장관 또는 특별시장·광역시장·도지사는 건축제도의 개선 및 건설기술의 향상을 위하여 허가권자의 의견을 들어 특별건축구역 내에서 제1항 및 제2항에 따라 건축허가를 받은 건축물에 대하여 모니터링(특례를 적용한 건축물에 대하여 해당 건축물의 건축시공, 공사감리, 유지·관리 등의 과정을 검토하고 실제로 건축물에 구현된 기능·미관·환경 등을 분석하여 평가하는 것을 말한다. 이하 이 장에서 같다)을 실시할 수 있다. 〈개정 16.02.03〉

⑦ 허가권자는 제1항 및 제2항에 따라 건축허가를 받은 건축물의 특례적용계획서를 심의하는 데에 필요한 국토교통부령으로 정하는 자료를 특별시장·광역시장·특별자치시장·도지사·특별자치도지사는 국토교통부장관에게, 시장·군수·구청장은 특별시장·광역시장·도지사에게 각각 제출하여야 한다. 〈개정 16.02.03〉

⑧ 제1항 및 제2항에 따라 건축허가를 받은 「건설기술관리법」 제2조제5호에 따른 발주청은 설계의도의 구현, 건축시공 및 공사감리의 모니터링, 그 밖에 발주청이 위탁하는 업무의 수행 등을 위하여 필요한 경우 설계자를 건축허가 이후에도 해당 건축물의 건축에 참여하게 할 수 있다. 이 경우 설계자의 업무내용 및 보수 등에 관하여는 대통령령으로 정한다.

</td><td>

[제108조]

② 법 제72조제8항 전단에 따라 설계자가 해당 건축물의 건축에 참여하는 경우 공사시공자 및 공사감리자는 특별한 사유가 있는 경우를 제외하고는 설계자의 자문 의견을 반영하도록 하여야 한다.

③ 법 제72조제8항 후단에 따른 설계자의 업무내용은 다음 각 호와 같다.

　1. 법 제72조제6항에 따른 모니터링

　2. 설계변경에 대한 자문

　3. 건축디자인 및 도시경관 등에 관한 설계의도의 구현을 위한 자문

　4. 그 밖에 발주청이 위탁하는 업무

④ 제3항에 따른 설계자의 업무내용에 대한 보수는 「엔지니어링기술 진흥법」 제10조에 따른 엔지니어링사업대가의 기준의 범위에서 국토교통부장관이 정하여 고시한다. 〈개정 13.03.23〉

⑤ 제1항부터 제4항까지에서 규정한 사항 외에 특별건축구역 내 건축물의 심의 및 건축허가 이후 해당 건축물의 건축에 대한 설계자의 참여에 관한 세부사항은 국토교통부장관이 정하여 고시한다. 〈개정 13.03.23〉

[전문개정 08.10.29]

</td></tr>
</table>

건 축 법 시 행 규 칙	요 약
[제38조의4] ④ 법 제72조제7항에서 "국토교통부령으로 정하는 자료"란 제2항 각 호의 서류를 말한다. 〈개정 13.03.23〉 [본조신설 2008.12.11]	**(5) 모니터링 대상건축물 지정** 　1. 지정권자 - 국토교통부장관 　　　　　　　　특별시장·광역시장·도지사 　2. 지정목적 　　허가권자의 의견을 청취하여 건축허가를 받은 　　건축물 중에서 건축제도의 개선 및 건설기술의 　　향상을 위하여 **※ 모니터링** 특례를 적용한 건축물에 대하여 해당 건축물의 건축시공, 공사감리, 유지·관리 등의 과정을 검토하고 실제로 건축물에 구현된 기능·미관·환경 등을 분석하여 평가하는 것 **(6) 설계자의 참여** 　1. 모니터링 　2. 설계변경에 대한 자문 　3. 설계의도의 구현을 위한 자문 　4. 그 밖에 발주청이 위탁하는 업무

<table>
<thead>
<tr><th>건 축 법</th><th>건 축 법 시 행 령</th></tr>
</thead>
<tbody>
<tr><td>

제73조 【관계 법령의 적용특례】 ① 특별건축구역에 건축하는 건축물에 대하여는 다음 각 호를 적용하지 아니할 수 있다. 〈개정 16.02.03〉

 1. 제42조, 제55조, 제56조, 제58조, 제60조 및 제61조

 2.「주택법」 제21조 중 대통령령으로 정하는 규정

② 특별건축구역에 건축하는 건축물이 제49조, 제50조, 제50조의2, 제51조부터 제53조까지, 제62조 및 제64조와 「녹색건축물 조성 지원법」 제15조에 해당할 때에는 해당 규정에서 요구하는 기준 또는 성능 등을 다른 방법으로 대신할 수 있는 것으로 지방건축위원회가 인정하는 경우만 해당 규정의 전부 또는 일부를 완화하여 적용할 수 있다. 〈개정 14.01.14〉

③ 「소방시설설치유지 및 안전관리에 관한 법률」 제9조와 제11조에서 요구하는 기준 또는 성능 등을 대통령령으로 정하는 절차·심의방법 등에 따라 다른 방법으로 대신할 수 있는 경우 전부 또는 일부를 완화하여 적용할 수 있다. 〈개정 11.8.4〉

</td><td>

제109조 【관계 법령의 적용특례】 ① 법 제73조제1항제2호에서 "대통령령으로 정하는 규정"이란 「주택건설기준 등에 관한 규정」 제10조, 제13조, 제29조, 제35조, 제37조, 제50조, 제52조 및 제53조를 말한다.

② 허가권자가 법 제73조제3항에 따라 「소방시설설치유지 및 안전관리에 관한 법률」 제9조 및 제11조에 따른 기준 또는 성능 등을 완화하여 적용하려면 「소방시설공사업법」 제30조제2항에 따른 지방소방기술심의위원회의 심의를 거치거나 소방본부장 또는 소방서장과 협의를 하여야 한다.

[전문개정 08.10.29]

</td></tr>
</tbody>
</table>

건축법시행규칙	요　　　약
	관계법령의 적용 특례 (1) 적용 배제 가능 법령 　1. 건축법 　　· 제42조 : 대지의 조경 　　· 제55조 : 건축물의 건폐율 　　· 제56조 : 건축물의 용적률 　　· 제58조 : 대지안의 공지 　　· 제60조 : 건축물의 높이제한 　　· 제61조 : 일조 등의 확보를 위한 건축물의 　　　　　　높이제한 　2. 주택건설기준등에 관한규정 　　· 제10조 : 공동주택의 배치 　　· 제13조 : 기준척도 　　· 제29조 : 조경시설등 　　· 제35조 : 비상급수시설 　　· 제37조 : 난방설비 등 　　· 제50조 : 근린생활시설 등 　　· 제52조 : 유치원 　　· 제53조 : 주민운동시설 (2) 완화적용 가능 법령 　- 지방건축위원회가 인정하는 경우 　　· 제5장 건축물의 구조 및 재료 　　· 제62조 : 건축설비 기준 등 　　· 제64조 : 승 강 기 　　· 제66조 : 건축물의 에너지 이용과 폐자재 활용 (3) 소방법 완화 적용 　　지방소방기술심의위원회의 심의를 거치거나 　　소방본부장 또는 소방서장과 협의

<table>
<tr><th>건 축 법</th><th>건 축 법 시 행 령</th></tr>
<tr><td>

제74조【통합적용계획의 수립 및 시행】 ① 특별건축구역에서는 다음 각 호의 관계 법령의 규정에 대하여는 개별 건축물마다 적용하지 아니하고 특별건축구역 전부 또는 일부를 대상으로 통합하여 적용할 수 있다. 〈개정 14.01.14〉

　1. 「문화예술진흥법」 제9조에 따른 건축물에 대한 미술작품의 설치

　2. 「주차장법」 제19조에 따른 부설주차장의 설치

　3. 「도시공원 및 녹지 등에 관한 법률」에 따른 공원의 설치

② 지정신청기관은 제1항에 따라 관계 법령의 규정을 통합하여 적용하려는 경우에는 특별건축구역 전부 또는 일부에 대하여 미술작품, 부설주차장, 공원 등에 대한 수요를 개별법으로 정한 기준 이상으로 산정하여 파악하고 이용자의 편의성, 쾌적성 및 안전 등을 고려한 통합적용계획을 수립하여야 한다. 〈개정 14.01.14〉

③ 지정신청기관이 제2항에 따라 통합적용계획을 수립하는 때에는 해당 구역을 관할하는 허가권자와 협의하여야 하며, 협의요청을 받은 허가권자는 요청받은 날부터 20일 이내에 지정신청기관에게 의견을 제출하여야 한다.

④ 지정신청기관은 도시·군관리계획의 변경을 수반하는 통합적용계획이 수립된 때에는 관련 서류를 「국토의 계획 및 이용에 관한 법률」 제30조에 따른 도시·군관리계획 결정권자에게 송부하여야 하며, 이 경우 해당 도시·군관리계획 결정권자는 특별한 사유가 없는 한 도시·군관리계획의 변경에 필요한 조치를 취하여야 한다. 〈개정 11.4.14〉

</td><td></td></tr>
</table>

건축법시행규칙	요 약
	통합적용계획의 수립 및 시행 통합적용 대상 　1. 건축물에 대한 미술작품 　2. 부설주차장의 설치 　3. 공원의 설치

<table>
<thead>
<tr><th>건 축 법</th><th>건 축 법 시 행 령</th></tr>
</thead>
<tbody>
<tr><td>

제75조【건축주 등의 의무】 ① 특별건축구역에서 제73조에 따라 건축기준 등의 적용 특례사항을 적용하여 건축허가를 받은 건축물의 공사감리자, 시공자, 건축주, 소유자 및 관리자는 시공 중이거나 건축물의 사용승인 이후에도 당초 허가를 받은 건축물의 형태, 재료, 색채 등이 원형을 유지하도록 필요한 조치를 하여야 한다.　　　　〈개정 12.01.17〉

② 삭제〈16.02.03〉

제76조【허가권자 등의 의무】 ① 허가권자는 특별건축구역의 건축물에 대하여 설계자의 창의성·심미성 등의 발휘와 제도개선·기술발전 등이 유도될 수 있도록 노력하여야 한다.

② 허가권자는 제77조제2항에 따른 모니터링 결과를 국토교통부장관 또는 특별시장·광역시장·도지사에게 제출하여야 하며, 국토 교통부장관 또는 특별시장·광역시장·도지사는 제77조에 따른 검사 및 모니터링 결과 등을 분석하여 필요한 경우 이 법 또는 관계 법령의 제도개선을 위하여 노력하여야 한다.　　　　〈개정 16.02.03〉

</td><td>

제110조 삭제 〈16.07.19〉

</td></tr>
</tbody>
</table>

건 축 법 시 행 규 칙	요 약

제38조의5 삭제 〈16.07.20〉	**건축주 등의 의무**
	
	(1) 원형 유지
	  (공사감리자, 시공자, 건축주, 소유자 및 관리자)
	  시공 중이거나 건축물의 사용승인 이후에도
	  당초 허가를 받은 건축물의 형태, 재료, 색채
	  등이 원형을 유지하도록 필요한 조치
	(2) 모니터링보고서 제출
	  1. 사용승인시
	    모니터링 대상으로 지정된 건축물의 건축주
	    또는 소유자는 건축물의 설계, 건축시공,
	    공사감리 등의 과정 및 평가에 대한
	    모니터링보고서를 허가권자에게 제출
	  2. 사용승인일부터 10년까지
	    정기적(5년 미만)으로 건축물의 유지·관리에
	    관한 모니터링보고서를 허가권자에게 제출
	
	허가권자 등의 의무
	
	(1) 허가권자
	  - 특별건축구역의 건축물에 대하여
	    설계자의 창의성·심미성 등의 발휘와
	    제도개선·기술발전 등이 유도될 수 있도록 노력
	  - 건축물의 모니터링보고서를 국토교통부장관 또는
	    특별시장·광역시장·도지사에게 제출
	(2) 국토교통부장관 또는 특별시장·광역시장·도지사
	  - 해당 모니터링보고서와 검사 및 모니터링 결과
	    등을 분석하여 필요한 경우 이 법 또는 관계
	    법령의 제도개선을 위하여 노력

<table>
<tr><th>건 축 법</th><th>건 축 법 시 행 령</th></tr>
<tr><td>

제77조 【특별건축구역 건축물의 검사 등】 ① 국토교통부장관 및 허가권자는 특별건축구역의 건축물에 대하여 제87조에 따라 검사를 할 수 있으며, 필요한 경우 제79조에 따라 시정명령 등 필요한 조치를 할 수 있다. 〈개정 14.01.14〉

② 국토교통부장관 및 허가권자는 제72조제6항에 따라 모니터링을 실시하는 건축물에 대하여 직접 모니터링을 하거나 분야별 전문가 또는 전문기관에 용역을 의뢰할 수 있다. 이 경우 해당 건축물의 건축주, 소유자 또는 관리자는 특별한 사유가 없으면 모니터링에 필요한 사항에 대하여 협조하여야 한다. 〈개정 16.02.03〉

</td><td></td></tr>
</table>

건 축 법 시 행 규 칙	요 약
	특별건축구역 건축물의 검사 등 1. 검사 및 시정명령 　　국토교통부장관 및 허가권자 2. 모니터링 　　– 국토교통부장관 및 허가권자가 직접시행 　　– 분야별 전문가 또는 전문기관에 용역의뢰

건 축 법	건 축 법 시 행 령

제77조의2 【특별가로구역의 지정】 ① 국토교통부장관 및 허가권자는 도로에 인접한 건축물의 건축을 통한 조화로운 도시경관의 창출을 위하여 이 법 및 관계 법령에 따라 일부 규정을 적용하지 아니하거나 완화하여 적용할 수 있도록 다음 각 호의 어느 하나에 해당하는 지구 또는 구역에서 대통령령으로 정하는 도로에 접한 대지의 일정 구역을 특별가로구역으로 지정할 수 있다. 〈개정 17.01.17〉

1. 삭제 〈2017. 4. 18.〉
2. 경관지구
3. 지구단위계획구역 중 미관유지를 위하여 필요하다고 인정하는 구역

② 국토교통부장관 및 허가권자는 제1항에 따라 특별가로구역을 지정하려는 경우에는 다음 각 호의 자료를 갖추어 국토교통부장관 또는 허가권자가 두는 건축위원회의 심의를 거쳐야 한다.

1. 특별가로구역의 위치·범위 및 면적 등에 관한 사항
2. 특별가로구역의 지정 목적 및 필요성
3. 특별가로구역 내 건축물의 규모 및 용도 등에 관한 사항
4. 그 밖에 특별가로구역의 지정에 필요한 사항으로서 대통령령으로 정하는 사항

③ 국토교통부장관 및 허가권자는 특별가로구역을 지정하거나 변경·해제하는 경우에는 국토교통부령으로 정하는 바에 따라 이를 지역 주민에게 알려야 한다.

[본조신설 14.01.14]

제110조의2 【특별가로구역의 지정】 ① 법 제77조의2제1항에서 "대통령령으로 정하는 도로"란 다음 각 호의 어느 하나에 해당하는 도로를 말한다.

1. 건축선을 후퇴한 대지에 접한 도로로서 허가권자(허가권자가 구청장인 경우에는 특별시장이나 광역시장을 말한다. 이하 이 조에서 같다)가 건축조례로 정하는 도로
2. 허가권자가 리모델링 활성화가 필요하다고 인정하여 지정·공고한 지역 안의 도로
3. 보행자전용도로로서 도시미관 개선을 위하여 허가권자가 건축조례로 정하는 도로
4. 「지역문화진흥법」 제18조에 따른 문화지구 안의 도로
5. 그 밖에 조화로운 도시경관 창출을 위하여 필요하다고 인정하여 국토교통부장관이 고시하거나 허가권자가 건축조례로 정하는 도로

② 법 제77조의2제2항제4호에서 "대통령령으로 정하는 사항"이란 다음 각 호의 사항을 말한다.

1. 특별가로구역에서 이 법 또는 관계 법령의 규정을 적용하지 아니하거나 완화하여 적용하는 경우에 해당 규정과 완화 등의 범위에 관한 사항
2. 건축물의 지붕 및 외벽의 형태나 색채 등에 관한 사항
3. 건축물의 배치, 대지의 출입구 및 조경의 위치에 관한 사항
4. 건축선 후퇴 공간 및 공개공지등의 관리에 관한 사항
5. 그 밖에 특별가로구역의 지정에 필요하다고 인정하여 국토교통부장관이 고시하거나 허가권자가 건축조례로 정하는 사항

[본조신설 14.10.14]

제111조 삭제 〈00.6.27〉

제112조 삭제 〈99.4.30〉

제113조 삭제 〈08.2.22〉

<table><tr><td>

건 축 법 시 행 규 칙

</td><td>

요   약

</td></tr></table>

제38조의6 【특별가로구역의 지정 등의 공고】

① 국토교통부장관 및 허가권자는 법 제77조의2제1항 및 제3항에 따라 특별가로구역을 지정하거나 변경 또는 해제하는 경우에는 이를 관보(허가권자의 경우에는 공보)에 공고하여야 한다.

② 국토교통부장관 및 허가권자는 제1항에 따라 특별가로구역을 지정, 변경 또는 해제한 경우에는 해당 내용을 관보 또는 공보에 공고한 날부터 30일 이상 일반이 열람할 수 있도록 하여야 한다. 이 경우 국토교통부장관, 특별시장 또는 광역시장은 관계 서류를 특별자치시장·특별자치도 또는 시장·군수·구청장에게 송부하여 일반이 열람할 수 있도록 하여야 한다.

[본조신설 14.10.15]

특별가로구역의 지정

• 지정권자 – 국토교통부장관 및 허가권자

• 지정목적 – 도로에 인접한 건축물의 건축을 통한 조화로운 도시경관의 창출을 위하여

• 건축위원회의 심의

  1. 위치·범위 및 면적 등에 관한 사항

  2. 지정목적 및 필요성

  3. 구역내 건축물의 규모 및 용도 등에 관한 사항

  4. 구역의 지정에 필요한 사항

<table>
<tr><td align="center">건 축 법</td><td align="center">건 축 법 시 행 령</td></tr>
</table>

제77조의3【특별가로구역의 관리 및 건축물의 건축기준 적용 특례 등】 ① 국토교통부장관 및 허가권자는 특별가로구역을 효율적으로 관리하기 위하여 국토교통부령으로 정하는 바에 따라 제77조의2제2항 각 호의 지정 내용을 작성하여 관리하여야 한다.

② 특별가로구역의 변경절차 및 해제, 특별가로구역 내 건축물에 관한 건축기준의 적용 등에 관하여는 제71조제9항·제10항(각 호 외의 부분 후단은 제외한다), 제72조제1항부터 제5항까지, 제73조제1항(제77조의2제1항제3호 에 해당하는 경우에는 제55조 및 제56조는 제외한다) ·제2항, 제75조제1항 및 제77조제1항을 준용한다. 이 경우 "특별건축구역"은 각각 "특별가로구역"으로, "지정 신청 기관", "국토교통부장관 또는 시·도지사" 및 "국토 교통부장관, 시·도지사 및 허가권자"는 각각 "국토교통부장관 및 허가권자"로 본다. 〈개정 20.04.07〉

③ 특별가로구역 안의 건축물에 대하여 국토교통부장관 또는 허가권자가 배치기준을 따로 정하는 경우에는 제46조 및 「민법」 제242조를 적용하지 아니한다.

〈신설 16.01.19〉

[본조신설 14.01.14]

<table>
<tr><th>건 축 법 시 행 규 칙</th><th>요　　　　　약</th></tr>
<tr><td>

제38조의7 【특별가로구역의 관리】 ① 국토교통부장관 및 허가권자는 법 제77의3제1항에 따라 특별가로구역의 지정 내용을 별지 제27호의6서식의 특별가로구역 관리대장에 작성하여 관리하여야 한다.

② 제1항에 따른 특별가로구역 관리대장은 전자적 처리가 불가능한 특별한 사유가 없으면 전자적 처리가 가능한 방법으로 작성하여 관리하여야 한다.

[본조신설 14.10.15]

</td><td></td></tr>
</table>

<table>
<tr><th>건 축 법</th><th>건 축 법 시 행 령</th></tr>
</table>

제8장의2　건축협정

제77조의4【건축협정의 체결】 ① 토지 또는 건축물의 소유자, 지상권자 등 대통령령으로 정하는 자(이하 "소유자등"이라 한다)는 전원의 합의로 다음 각 호의 어느 하나에 해당하는 지역 또는 구역에서 건축물의 건축·대수선 또는 리모델링에 관한 협정(이하 "건축협정"이라 한다)을 체결할 수 있다. 〈개정 17.04.18〉

1. 「국토의 계획 및 이용에 관한 법률」 제51조에 따라 지정된 지구단위계획구역
2. 「도시 및 주거환경정비법」 제2조제2호가목 및 마목에 따른 주거환경개선사업 또는 주거환경관리 사업을 시행하기 위하여 같은 법 제4조에 따라 지정·고시된 정비구역
3. 「도시재정비 촉진을 위한 특별법」 제2조제6호에 따른 존치지역
4. 「도시재생 활성화 및 지원에 관한 특별법」 제2조 제1항제5호에 따른 도시재생활성화지역
5. 그 밖에 시·도지사 및 시장·군수·구청장(이하 "건축협정인가권자"라 한다)이 도시 및 주거환경 개선이 필요하다고 인정하여 해당 지방자치단체의 조례로 정하는 구역

②제1항 각 호의 지역 또는 구역에서 둘 이상의 토지를 소유한 자가 1인인 경우에도 그 토지 소유자는 해당 토지의 구역을 건축협정 대상 지역으로 하는 건축협정을 정할 수 있다. 이 경우 그 토지 소유자 1인을 건축협정 체결자로 본다.

③ 소유자등은 제1항에 따라 건축협정을 체결(제2항에 따라 토지 소유자 1인이 건축협정을 정하는 경우를 포함한다. 이하 같다)하는 경우에는 다음 각 호의 사항을 준수하여야 한다.

1. 이 법 및 관계 법령을 위반하지 아니할 것
2. 「국토의 계획 및 이용에 관한 법률」 제30조에 따른 도시·군관리계획 및 이 법 제77조의11제1항에 따른 건축물의 건축·대수선 또는 리모델링에 관한 계획을 위반하지 아니할 것

④ 건축협정은 다음 각 호의 사항을 포함하여야 한다.

1. 건축물의 건축·대수선 또는 리모델링에 관한 사항
2. 건축물의 위치·용도·형태 및 부대시설에 관하여 대통령령으로 정하는 사항

제8장의2　건축협정

제110조의3【건축협정의 체결】 ① 법 제77조의4제1항 각 호 외의 부분에서 "토지 또는 건축물의 소유자, 지상권자 등 대통령령으로 정하는 자"란 다음 각 호의 자를 말한다.

1. 토지 또는 건축물의 소유자 (공유자를 포함한다. 이하 이 항에서 같다)
2. 토지 또는 건축물의 지상권자
3. 그 밖에 해당 토지 또는 건축물에 이해관계가 있는 자로서 건축조례로 정하는 자 중 그 토지 또는 건축물 소유자의 동의를 받은 자

② 법 제77조의4제4항제2호에서 "대통령령으로 정하는 사항"이란 다음 각 호의 사항을 말한다.

1. 건축선
2. 건축물 및 건축설비의 위치
3. 건축물의 용도, 높이 및 층수
4. 건축물의 지붕 및 외벽의 형태
5. 건폐율 및 용적률
6. 담장, 대문, 조경, 주차장 등 부대시설의 위치 및 형태
7. 차양시설, 차면시설 등 건축물에 부착하는 시설물의 형태
8. 법 제59조제1항제1호에 따른 맞벽 건축의 구조 및 형태
9. 그 밖에 건축물의 위치, 용도, 형태 또는 부대시설에 관하여 건축조례로 정하는 사항

[본조신설 14.10.14]

건 축 법 시 행 규 칙	요 약
	건축협정의 체결 소유자등 전원의 합의로 건축 협정 체결가능 1. 지구단위계획구역 2. 주거환경개선사업 또는 주거환경관리사업을 시행하기 위하여 지정·고시된 정비구역 3. 존치지역 4. 도시재생활성화지역 5. 건축협정인가권자가 도시 및 주거환경개선이 필요하다고 인정하여 조례로 정하는 구역

<table>
<tr><th>건 축 법</th><th>건 축 법 시 행 령</th></tr>
<tr><td>

[제77조의4]

⑤소유자등이 건축협정을 체결하는 경우에는 건축협정서를 작성하여야 하며, 건축협정서에는 다음 각 호의 사항이 명시되어야 한다.

1. 건축협정의 명칭

2. 건축협정 대상 지역의 위치 및 범위

3. 건축협정의 목적

4. 건축협정의 내용

5. 제1항 및 제2항에 따라 건축협정을 체결하는 자(이하 "협정체결자"라 한다)의 성명, 주소 및 생년월일(법인, 법인 아닌 사단이나 재단 및 외국인의 경우에는 「부동산등기법」 제49조에 따라 부여된 등록번호를 말한다. 이하 제6호에서 같다)

6. 제77조의5제1항에 따른 건축협정운영회가 구성되어 있는 경우에는 그 명칭, 대표자 성명, 주소 및 생년월일

7. 건축협정의 유효기간

8. 건축협정 위반 시 제재에 관한 사항

9. 그 밖에 건축협정에 필요한 사항으로서 해당 지방자치단체의 조례로 정하는 사항

⑥제1항제4호에 따라 시·도지사가 필요하다고 인정하여 조례로 구역을 정하려는 때에는 해당 시장·군수·구청장의 의견을 들어야 한다.

〈신설 16.02.03〉

[본조신설 14.01.14]

제77조의5【건축협정운영회의 설립】 ① 협정체결자는 건축협정서 작성 및 건축협정 관리 등을 위하여 필요한 경우 협정체결자 간의 자율적 기구로서 운영회(이하 "건축협정운영회"라 한다)를 설립할 수 있다.

②제1항에 따라 건축협정운영회를 설립하려면 협정체결자 과반수의 동의를 받아 건축협정운영회의 대표자를 선임하고, 국토교통부령으로 정하는 바에 따라 건축협정인가권자에게 신고하여야 한다. 다만, 제77조의6에 따른 건축협정 인가 신청 시 건축협정운영회에 관한 사항을 포함한 경우에는 그러하지 아니하다.

[본조신설 14.01.14]

</td><td></td></tr>
</table>

<table>
<tr><th>건 축 법 시 행 규 칙</th><th>요　　　약</th></tr>
<tr><td>

제38조의8 【건축협정운영회의 설립 신고】 법 제77조의5제1항에 따른 건축협정운영회(이하 "건축협정운영회"라 한다)의 대표자는 같은 조 제2항에 따라 건축협정운영회를 설립한 날부터 15일 이내에 법 제77조의4제1항제5호에 따른 건축협정인가권자(이하 "건축협정인가권자"라 한다)에게 별지 제27호의7 서식에 따라 신고해야 한다.

[본조신설 14.10.15]

</td><td></td></tr>
</table>

<table>
<tr><td align="center">건 축 법</td><td align="center">건 축 법 시 행 령</td></tr>
<tr><td>

제77조의6 【건축협정의 인가】 ① 협정체결자 또는 건축협정운영회의 대표자는 건축협정서를 작성하여 국토교통부령으로 정하는 바에 따라 해당 건축협정인가권자의 인가를 받아야 한다. 이 경우 인가신청을 받은 건축협정인가권자는 인가를 하기 전에 건축협정인가권자가 두는 건축위원회의 심의를 거쳐야 한다.

② 제1항에 따른 건축협정 체결 대상 토지가 둘 이상의 특별자치시 또는 시·군·구에 걸치는 경우 건축협정 체결 대상 토지면적의 과반(過半)이 속하는 건축협정인가권자에게 인가를 신청할 수 있다. 이 경우 인가 신청을 받은 건축협정인가권자는 건축협정을 인가하기 전에 다른 특별자치시장 또는 시장·군수·구청장과 협의하여야 한다.

③ 건축협정인가권자는 제1항에 따라 건축협정을 인가하였을 때에는 국토교통부령으로 정하는 바에 따라 그 내용을 공고하여야 한다.

[본조신설 14.01.14]

제77조의7 【건축협정의 변경】 ① 협정체결자 또는 건축협정운영회의 대표자는 제77조의6제1항에 따라 인가받은 사항을 변경하려면 국토교통부령으로 정하는 바에 따라 변경인가를 받아야 한다. 다만, 대통령령으로 정하는 경미한 사항을 변경하는 경우에는 그러하지 아니하다.

②제1항에 따른 변경인가에 관하여는 제77조의6을 준용한다.

[본조신설 14.01.14]

제77조의8 【건축협정의 관리】 건축협정인가권자는 제77조의6 및 제77조의7에 따라 건축협정을 인가하거나 변경인가하였을 때에는 국토교통부령으로 정하는 바에 따라 건축협정 관리대장을 작성하여 관리하여야 한다.

[본조신설 14.01.14]

</td><td></td></tr>
</table>

<table>
<tr><td align="center">건 축 법 시 행 규 칙</td><td align="center">요　　　　　약</td></tr>
<tr><td>

제38조의9 【건축협정의 인가 등】 ① 법 제77조의4제1항 및 제2항에 따라 건축협정을 체결하는 자(이하 "협정체결자"라 한다) 또는 건축협정운영회의 대표자가 법 제77조의6제1항에 따라 건축협정의 인가를 받으려는 경우에는 별지 제27호의8서식의 건축협정 인가신청서를 건축협정인가권자에게 제출하여야 한다.

② 협정체결자 또는 건축협정운영회의 대표자가 법 제77조의7제1항 본문에 따라 건축협정을 변경하려는 경우에는 별지 제27호의8서식의 건축협정 변경인가 신청서를 건축협정인가권자에게 제출하여야 한다.

③ 건축협정인가권자는 법 제77조의6 및 제77조의7에 따라 건축협정을 인가하거나 변경인가한 때에는 해당 지방자치단체의 공보에 공고하여야 하며, 건축협정서 등 관계 서류를 건축협정 유효기간 만료일까지 해당 특별자치시·특별자치도 또는 시·군·구에 비치하여 열람할 수 있도록 하여야 한다.

[본조신설 14.10.15]

제38조의10 【건축협정의 관리】 ① 건축협정인가권자는 법 제77조의6 및 제77조의7에 따라 건축협정을 인가하거나 변경인가한 경우에는 별지 제27호의9서식의 건축협정관리대장에 작성하여 관리하여야 한다.

② 제1항에 따른 건축협정관리대장은 전자적 처리가 불가능한 특별한 사유가 없으면 전자적 처리가 가능한 방법으로 작성하여 관리하여야 한다.

[본조신설 14.10.15]

</td><td valign="top">

　건축협정의 인가　

건축협정인가권자의 인가
- 협정체결자 또는 건축협정운영회의 대표자
- 건축협정서를 작성
- 건축협정인가권자는 인가 전 건축위원회 심의

</td></tr>
</table>

건 축 법	건 축 법 시 행 령

제77조의9 【건축협정의 폐지】 ① 협정체결자 또는 건축협정운영회의 대표자는 건축협정을 폐지하려는 경우에는 협정체결자 과반수의 동의를 받아 국토교통부령으로 정하는 바에 따라 건축협정인가권자의 인가를 받아야 한다. 다만, 제77조의13에 따른 특례를 적용하여 제21조에 따른 착공신고를 한 경우에는 대통령령으로 정하는 기간이 경과한 후에 건축협정의 폐지 인가를 신청할 수 있다. 〈개정 15.05.18〉

② 제1항에 따른 건축협정의 폐지에 관하여는 제77조의6제3항을 준용한다.

[본조신설 14.01.14]

제77조의10 【건축협정의 효력 및 승계】 ① 건축협정이 체결된 지역 또는 구역(이하 "건축협정구역"이라 한다)에서 건축물의 건축·대수선 또는 리모델링을 하거나 그 밖에 대통령령으로 정하는 행위를 하려는 소유자 등은 제77조의6 및 제77조의7에 따라 인가·변경인가된 건축협정에 따라야 한다.

② 제77조의6제3항에 따라 건축협정이 공고된 후 건축협정구역에 있는 토지나 건축물 등에 관한 권리를 협정체결자인 소유자등으로부터 이전받거나 설정받은 자는 협정체결자로서의 지위를 승계한다. 다만, 건축협정에서 달리 정한 경우에는 그에 따른다.

[본조신설 14.01.14]

제77조의11 【건축협정에 관한 계획 수립 및 지원】
① 건축협정인가권자는 소유자등이 건축협정을 효율적으로 체결할 수 있도록 건축협정구역에서 건축물의 건축·대수선 또는 리모델링에 관한 계획을 수립할 수 있다.

② 건축협정인가권자는 대통령령으로 정하는 바에 따라 도로 개설 및 정비 등 건축협정구역 안의 주거환경개선을 위한 사업비용의 일부를 지원할 수 있다.

[본조신설 14.01.14]

제110조의4 【건축협정의 폐지 제한 기간】 ① 법 제77조의9제1항 단서에서 "대통령령으로 정하는 기간"이란 착공신고를 한 날부터 20년을 말한다.

② 제1항에도 불구하고 다음 각 호의 요건을 모두 갖춘 경우에는 제1항에 따른 기간이 지난 것으로 본다.

1. 법 제57조제3항에 따라 분할된 대지를 같은 조 제1항 및 제2항의 기준에 적합하게 할 것
2. 법 제77조의13에 따른 특례를 적용받지 아니하는 내용으로 건축협정 변경인가를 받고 그에 따라 건축허가를 받을 것. 다만, 법 제77조의13에 따른 특례적용을 받은 내용대로 사용승인을 받은 경우에는 특례를 적용받지 아니하는 내용으로 건축협정 변경인가를 받고 그에 따라 건축허가를 받은 후 해당 건축물의 사용승인을 받아야 한다.
3. 법 제77조의11제2항에 따라 지원받은 사업비용을 반환할 것

[본조신설 16.05.17]

제110조의5 【건축협정에 따라야 하는 행위】 법 제77조의10제1항에서 "대통령령으로 정하는 행위"란 제110조의3제2항 각 호의 사항에 관한 행위를 말한다.

[본조신설 14.10.14]

제110조의6 【건축협정에 관한 지원】 법 제77조의4제1항제4호에 따른 건축협정인가권자가 법 제77조의11제2항에 따라 건축협정구역 안의 주거환경개선을 위한 사업비용을 지원하려는 경우에는 법 제77조의4제1항 및 제2항에 따라 건축협정을 체결한 자(이하 "협정체결자"라 한다) 또는 법 제77조의5제1항에 따른 건축협정운영회(이하 "건축협정운영회"라 한다)의 대표자에게 다음 각 호의 사항이 포함된 사업계획서를 요구할 수 있다.

1. 주거환경개선사업의 목표
2. 협정체결자 또는 건축협정운영회 대표자의 성명
3. 주거환경개선사업의 내용 및 추진방법
4. 주거환경개선사업의 비용
5. 그 밖에 건축조례로 정하는 사항

[본조신설 14.10.14]

<table>
<tr><th>건 축 법 시 행 규 칙</th><th>요　　　　약</th></tr>
</table>

제38조의11【건축협정의 폐지】 ① 협정체결자 또는 건축협정운영회의 대표자가 법 제77조의9에 따라 건축협정을 폐지하려는 경우에는 별지 제27호의10 서식의 건축협정 폐지인가신청서를 건축협정인가권자에게 제출하여야 한다.

② 건축협정인가권자는 법 제77조의9에 따라 건축협정의 폐지를 인가한 때에는 해당 지방자치단체의 공보에 공고하여야 한다.

[본조신설 14. 10. 15]

───

건축협정의 폐지

협정체결자 과반수 동의 후 건축협정인가권자 인가

<table>
<tr><th>건 축 법</th><th>건 축 법 시 행 령</th></tr>
<tr><td>

제77조의12 【경관협정과의 관계】 ① 소유자등은 제77조의4에 따라 건축협정을 체결할 때「경관법」제19조에 따른 경관협정을 함께 체결하려는 경우에는「경관법」 제19조제3항·제4항 및 제20조에 관한 사항을 반영하여 건축협정인가권자에게 인가를 신청할 수 있다.

② 제1항에 따른 인가 신청을 받은 건축협정인가권자는 건축협정에 대한 인가를 하기 전에 건축위원회의 심의를 하는 때에 「경관법」 제29조제3항에 따라 경관위원회와 공동으로 하는 심의를 거쳐야 한다.

③제2항에 따른 절차를 거쳐 건축협정을 인가받은 경우에는「경관법」 제21조에 따른 경관협정의 인가를 받은 것으로 본다.

[본조신설 14.01.14]

</td><td>

</td></tr>
</table>

건축법시행규칙	요 약

건 축 법	건 축 법 시 행 령

제77조의13【건축협정에 따른 특례】 ① 제77조의4제1항에 따라 건축협정을 체결하여 제59조제1항제1호에 따라 둘 이상의 건축물 벽을 맞벽으로 하여 건축하려는 경우 맞벽으로 건축하려는 자는 공동으로 제11조에 따른 건축허가를 신청할 수 있다.

② 제1항의 경우에 제17조, 제21조, 제22조 및 제25조에 관하여는 개별 건축물마다 적용하지 아니하고 허가를 신청한 건축물 전부 또는 일부를 대상으로 통합하여 적용할 수 있다.

③ 건축협정의 인가를 받은 건축협정구역에서 연접한 대지에 대하여는 다음 각 호의 관계 법령의 규정을 개별 건축물마다 적용하지 아니 하고 건축 협정구역의 전부 또는 일부를 대상으로 통합하여 적용할 수 있다.

〈개정 16.01.19〉

1. 제42조에 따른 대지의 조경
2. 제44조에 따른 대지와 도로와의 관계
3. 삭제 〈16.01.19〉
4. 제53조에 따른 지하층의 설치
5. 제55조에 따른 건폐율
6. 「주차장법」 제19조에 따른 부설주차장의 설치
7. 삭제 〈16.01.19〉
8. 「하수도법」 제34조에 따른 개인하수처리시설의 설치

④ 제3항에 따라 관계 법령의 규정을 적용하려는 경우에는 건축협정구역 전부 또는 일부에 대하여 조경 및 부설주차장에 대한 기준을 이 법 및 「주차장법」에서 정한 기준 이상으로 산정하여 적용하여야 한다.

⑤ 건축협정을 체결하여 둘 이상 건축물의 경계벽을 전체 또는 일부를 공유하여 건축하는 경우에는 제1항부터 제4항까지의 특례를 적용하며, 해당 대지를 하나의 대지로 보아 이 법의 기준을 개별 건축물마다 적용 하지 아니하고 허가를 신청한 건축물의 전부 또는 일부를 대상으로 통합하여 적용할 수 있다.

〈신설 16.01.19〉

제110조의7【건축협정에 따른 특례】 ① 건축협정구역에서 건축하는 건축물에 대해서는 법 제77조의13제6항에 따라 법 제42조, 제55조, 제56조, 제60조 및 제61조를 다음 각 호의 구분에 따라 완화하여 적용할 수 있다.

1. 법 제42조에 따른 대지의 조경 면적:
   대지의 조경을 도로에 면하여 통합적으로 조성하는 건축협정구역에 한정하여 해당 지역에 적용하는 조경 면적기준의 100분의 20의 범위에서 완화
2. 법 제55조에 따른 건폐율: 해당 지역에 적용하는 건폐율의 100분의 20의 범위에서 완화. 이 경우 「국토의 계획 및 이용에 관한 법률」 제77조에 따른 건폐율의 최대한도를 초과할 수 없다.
3. 법 제56조에 따른 용적률: 해당 지역에 적용하는 용적률의 100분의 20의 범위에서 완화. 이 경우 「국토의 계획 및 이용에 관한 법률」 제78조에 따른 용적률의 최대한도를 초과할 수 없다.
4. 법 제60조에 따른 높이 제한: 너비 6미터 이상의 도로에 접한 건축협정구역에 한정하여 해당 건축물에 적용하는 높이 기준의 100분의 20의 범위에서 완화
5. 법 제61조에 따른 일조 등의 확보를 위한 건축물의 높이 제한: 건축협정구역 안에서 대지 상호간에 건축하는 공동주택에 한정하여 제86조제3항제1호에 따른 기준의 100분의 20의 범위에서 완화

건 축 법 시 행 규 칙	요 약

<table>
<tr><th>건 축 법</th><th>건 축 법 시 행 령</th></tr>
<tr><td>

[제77조의13]

⑥ 건축협정구역에 건축하는 건축물에 대하여는 제42조, 제55조, 제56조, 제58조, 제60조 및 제61조와 「주택법」 제35조를 대통령령으로 정하는 바에 따라 완화하여 적용할 수 있다. 다만, 제56조를 완화하여 적용하는 경우에는 제4조에 따른 건축위원회의 심의와 「국토의 계획 및 이용에 관한 법률」 제113조에 따른 지방 도시 계획위원회의 심의를 통합하여 거쳐야 한다. 〈신설 16.02.03〉

⑦ 제6항 단서에 따라 통합 심의를 하는 경우 통합 심의의 방법 및 절차 등에 관한 구체적인 사항은 대통령령으로 정한다. 〈신설 16.02.03〉

⑧ 제6항 본문에 따른 건축협정구역 내의 건축물에 대한 건축기준의 적용에 관하여는 제72조제1항(제2호 및 제4호는 제외한다)부터 제5항까지를 준용한다. 이 경우 "특별건축구역"은 "건축협정구역"으로 본다. 〈신설 16.02.03〉

</td><td>

[제110조의7]

② 허가권자는 법 제77조의13제6항 단서에 따라 법 제4조에 따른 건축위원회의 심의와 「국토의 계획 및 이용에 관한 법률」 제113조에 따른 지방도시계획위원회의 심의를 통합하여 하려는 경우에는 다음 각 호의 기준에 따라 통합심의위원회(이하 "통합심의위원회"라 한다)를 구성하여야 한다.

1. 통합심의위원회 위원은 법 제4조에 따른 건축위원회 및 「국토의 계획 및 이용에 관한 법률」 제113조에 따른 지방도시계획위원회의 위원 중에서 시·도지사 또는 시장·군수·구청장이 임명 또는 위촉할 것
2. 통합심의위원회의 위원 수는 15명 이내로 할 것
3. 통합심의위원회의 위원 중 법 제4조에 따른 건축위원회의 위원이 2분의 1 이상이 되도록 할 것
4. 통합심의위원회의 위원장은 위원 중에서 시·도지사 또는 시장·군수·구청장이 임명 또는 위촉할 것

③ 제2항에 따른 통합심의위원회는 다음 각 호의 사항을 검토한다.

1. 해당 대지의 토지이용 현황 및 용적률 완화 범위의 적정성
2. 건축협정으로 완화되는 용적률이 주변 경관 및 환경에 미치는 영향

</td></tr>
</table>

건축법시행규칙	요　　　약

<table>
<tr><th>건 축 법</th><th>건 축 법 시 행 령</th></tr>
<tr><td>

제77조의14 【건축협정 집중구역 지정 등】

① 건축협정인가권자는 건축협정의 효율적인 체결을 통한 도시의 기능 및 미관의 증진을 위하여 제77조의4제1항 각 호의 어느 하나에 해당하는 지역 및 구역의 전체 또는 일부를 건축협정 집중구역으로 지정할 수 있다.

② 건축협정인가권자는 제1항에 따라 건축협정 집중구역을 지정하는 경우에는 미리 다음 각 호의 사항에 대하여 건축협정인가권자가 두는 건축위원회의 심의를 거쳐야 한다.

 1. 건축협정 집중구역의 위치, 범위 및 면적 등에 관한 사항
 2. 건축협정 집중구역의 지정 목적 및 필요성
 3. 건축협정 집중구역에서 제77조의4제4항 각 호의 사항 중 건축협정인가권자가 도시의 기능 및 미관 증진을 위하여 세부적으로 규정하는 사항
 4. 건축협정 집중구역에서 제77조의13에 따른 건축협정의 특례 적용에 관하여 세부적으로 규정하는 사항

③ 제1항에 따른 건축협정 집중구역의 지정 또는 변경·해제에 관하여는 제77조의6제3항을 준용한다.

④ 건축협정 집중구역 내의 건축협정이 제2항 각 호에 관한 심의내용에 부합하는 경우에는 제77조의6제1항에 따른 건축위원회의 심의를 생략할 수 있다.

[본조신설 17.04.18]

</td><td></td></tr>
</table>

건축법시행규칙	요 약
건축법시행규칙	요 약

<table>
<tr><td align="center">건 축 법</td><td align="center">건 축 법 시 행 령</td></tr>
</table>

제8장의3 결합건축   제8장의3 결합건축

제77조의15 【결합건축 대상지】

① 다음 각 호의 어느 하나에 해당하는 지역에서 대지 간의 최단거리가 100미터 이내의 범위에서 대통령령으로 정하는 범위에 있는 2개의 대지의 건축주가 서로 합의한 경우 2개의 대지를 대상으로 결합건축할 수 있다. 〈개정 20.04.07〉

1. 「국토의 계획 및 이용에 관한 법률」 제36조에 따라 지정된 상업지역

2. 「역세권의 개발 및 이용에 관한 법률」 제4조에 따라 지정된 역세권개발구역

3. 「도시 및 주거환경정비법」 제2조에 따른 정비구역 중 주거환경관리사업의 시행을 위한 구역

4. 그 밖에 도시 및 주거환경 개선과 효율적인 토지 이용이 필요하다고 대통령령으로 정하는 지역

제111조 【결합건축 대상지】

① 법 제77조의15제1항 각 호 외의 부분에서 "대통령령으로 정하는 범위에 있는 2개의 대지"란 다음 각 호의 요건을 모두 충족하는 2개의 대지를 말한다. 〈개정 21.01.08〉

1. 2개의 대지 모두가 법 제77조의15제1항 각 호의 지역 중 동일한 지역에 속할 것

2. 2개의 대지 모두가 너비 12미터 이상인 도로로 둘러싸인 하나의 구역 안에 있을 것. 이 경우 그 구역 안에 너비 12미터 이상인 도로로 둘러싸인 더 작은 구역이 있어서는 아니 된다.

② 법 제77조의15제1항제4호에서 "대통령령으로 정하는 지역"이란 다음 각 호의 지역을 말한다. 〈개정 19.10.22〉

1. 건축협정구역

2. 특별건축구역

3. 리모델링 활성화 구역

4. 「도시재생 활성화 및 지원에 관한 특별법」 제2조제1항제5호에 따른 도시재생활성화지역

5. 「한옥 등 건축자산의 진흥에 관한 법률」 제17조 제1항에 따른 건축자산 진흥구역

<table>
<tr><td align="center">건 축 법 시 행 규 칙</td><td align="center">요   약</td></tr>
</table>

제38조의13 [결합건축의 관리]

① 허가권자는 결합건축을 포함하여 건축허가를 한 경우에는 법 제77조의17제1항에 따라 그 내용을 30일 이내에 해당 지방자치단체의 공보에 공고하고, 별지 제27호의12서식의 결합건축 관리대장을 작성하여 관리해야 한다.

② 제1항에 따른 결합건축 관리대장은 전자적 처리가 불가능한 특별한 사유가 없으면 전자적 처리가 가능한 방법으로 작성하여 관리하여야 한다.

[본조신설 16.07.20]

결합건축 대상지

(1) 다음 지역에서 대지간의 최단거리가 100m 이내의 범위에서 2개 대지의 건축주가 서로 합의한 경우 용적률을 2개의 대지를 대상으로 통합적용하여 건축물을 건축 가능
- 도시경관의 형성, 기반시설 부족 등의 사유로 해당 지방자치단체의 조례로 정하는 지역에서는 결합건축 불가

 1. 상업지역
 2. 역세권개발구역
 3. 정비구역 중 주거환경관리사업의 시행을 위한 구역
 4. 그 밖에 도시 및 주거환경 개선과 효율적인 토지이용이 필요하다고 대통령령으로 정하는 지역

(2) 3개 이상 대지의 건축주 등이 서로 합의한 경우 3개 이상의 대지를 대상으로 결합건축 가능

 1. 국가·지방자치단체 또는 공공기관이 소유 또는 관리하는 건축물과 결합건축하는 경우
 2. 빈집 또는 빈 건축물을 철거하여 그 대지에 공원, 광장 등 시설을 설치하는 경우
 3. 그 밖에 대통령령으로 정하는 건축물과 결합건축하는 경우

(3) 제1항 및 제2항에도 불구하고 도시경관의 형성, 기반시설 부족 등의 사유로 해당 지방자치단체의 조례로 정하는 지역 안에서는 결합건축 가능.

(4) 위 지역에서 2개의 대지를 소유한 자가 1명인 경우
- 제77조의4제2항 준용

<table>
<tr><th>건 축 법</th><th>건 축 법 시 행 령</th></tr>
<tr><td>

[제77조의15]
② 다음 각 호의 어느 하나에 해당하는 경우에는 제1항 각 호의 어느 하나에 해당하는 지역에서 대통령령으로 정하는 범위에 있는 3개 이상 대지의 건축주 등이 서로 합의한 경우 3개 이상의 대지를 대상으로 결합건축을 할 수 있다.　〈신설 20.04.07〉
　1. 국가·지방자치단체 또는 「공공기관의 운영에 관한 법률」 제4조제1항에 따른 공공기관이 소유 또는 관리하는 건축물과 결합건축하는 경우
　2. 「빈집 및 소규모주택 정비에 관한 특례법」 제2조 제1항제1호에 따른 빈집 또는 「건축물관리법」 제42조 에 따른 빈 건축물을 철거하여 그 대지에 공원, 광장 등 대통령령으로 정하는 시설을 설치하는 경우
　3. 그 밖에 대통령령으로 정하는 건축물과 결합건축하는 경우
③ 제1항 및 제2항에도 불구하고 도시경관의 형성, 기반시설 부족 등의 사유로 해당 지방자치단체의 조례로 정하는 지역 안에서는 결합건축을 할 수 없다.　〈신설 20.04.07〉
④ 제1항 또는 제2항에 따라 결합건축을 하려는 2개 이상의 대지를 소유한 자가 1명인 경우는 제77조의4제2항을 준용한다.
　　　　　　　　　　〈개정 20.04.07〉

</td><td>

[제111조]
③ 법 제77조의15제2항 각 호 외의 부분 본문에서 "대통령령으로 정하는 범위에 있는 3개 이상의 대지"란 다음 각 호의 요건을 모두 충족하는 3개 이상의 대지를 말한다.
　　　　　　　　　　〈신설 21.01.08〉
　1. 대지 모두가 법 제77조의15제1항 각 호의 지역 중 같은 지역에 속할 것
　2. 모든 대지 간 최단거리가 500미터 이내일 것
④ 법 제77조의15제2항제2호에서 "공원, 광장 등 대통령령으로 정하는 시설"이란 다음 각 호의 어느 하나에 해당하는 시설을 말한다.　〈신설 21.01.08〉
　1. 공원, 녹지, 광장, 정원, 공지, 주차장, 놀이터 등 공동이용시설
　2. 그 밖에 제1호의 시설과 비슷한 것으로서 건축조례로 정하는 시설
⑤ 법 제77조의15제2항제3호에서 "대통령령으로 정하는 건축물"이란 다음 각 호의 건축물을 말한다.　〈신설 21.01.08〉
　1. 마을회관, 마을공동작업소, 마을도서관, 어린이집 등 공동이용건축물
　2. 공동주택 중 「민간임대주택에 관한 특별법」 제2조제1호의 민간임대주택
　3. 그 밖에 제1호 및 제2호의 건축물과 비슷한 것으로서 건축조례로 정하는 건축물

</td></tr>
</table>

건축법시행규칙	요 약

<table>
<tr><th>건 축 법</th><th>건 축 법 시 행 령</th></tr>
<tr><td>

제77조의16 [결합건축의 절차] ① 결합건축을 하고자 하는 건축주는 제11조에 따라 건축허가를 신청하는 때에는 다음 각 호의 사항을 명시한 결합건축협정서를 첨부하여야 하며 국토교통부령으로 정하는 도서를 제출하여야 한다.

 1. 결합건축 대상 대지의 위치 및 용도지역
 2. 결합건축협정서를 체결하는 자(이하 "결합건축협정체결자"라 한다)의 성명, 주소 및 생년월일(법인, 법인 아닌 사단이나 재단 및 외국인의 경우에는 「부동산등기법」 제49조에 따라 부여된 등록번호를 말한다)
 3. 「국토의 계획 및 이용에 관한 법률」 제78조에 따라 조례로 정한 용적률과 결합건축으로 조정되어 적용되는 대지별 용적률
 4. 결합건축 대상 대지별 건축계획서

② 허가권자는 「국토의 계획 및 이용에 관한 법률」 제2조제11호에 따른 도시·군계획사업에 편입된 대지가 있는 경우에는 결합건축을 포함한 건축허가를 아니할 수 있다.

③ 허가권자는 제1항에 따른 건축허가를 하기 전에 건축위원회의 심의를 거쳐야 한다. 다만, 결합건축으로 조정되어 적용되는 대지별 용적률이 「국토의 계획 및 이용에 관한 법률」 제78조에 따라 해당 대지에 적용되는 도시계획조례의 용적률의 100분의 20을 초과하는 경우에는 대통령령으로 정하는 바에 따라 건축위원회 심의와 도시계획위원회 심의를 공동으로 하여 거쳐야 한다.

④ 제1항에 따른 결합건축 대상 대지가 둘 이상의 특별자치시, 특별자치도 및 시·군·구에 걸치는 경우 제77조의6제2항을 준용한다.

[본조신설 16.01.19]

</td><td>

제111조의2 [건축위원회 및 도시계획위원회의 공동심의] 허가권자는 법 제77조의16제3항 단서에 따라 건축위원회의 심의와 도시계획위원회의 심의를 공동으로 하려는 경우에는 제110조의7제2항 각 호의 기준에 따라 공동위원회를 구성하여야 한다.

[본조신설 16.07.19]

</td></tr>
</table>

<table>
<tr><th>건 축 법 시 행 규 칙</th><th>요 약</th></tr>
<tr><td>

제38조의12 【결합건축협정서】 법 제77조의16제1항에 따른 결합건축협정서는 별지 제27호의11서식에 따른다.

[본조신설 16.07.20]

</td><td>

결합건축의 절차

(1) 건축주는 건축허가를 신청하는 때에 결합건축협정서 첨부하여야 하며 첨부도서 제출

1. 결합건축 대상 대지의 위치 및 용도지역
2. 결합건축협정체결자의 성명, 주소 및 생년월일 (법인, 법인 아닌 사단이나 재단 및 외국인의 경우 「부동산등기법」에 따라 부여된 등록번호)
3. 조례로 정한 용적률과 결합건축으로 조정되어 적용되는 대지별 용적률
4. 결합건축 대상 대지별 건축계획서

(2) 허가권자는 도시·군계획사업에 편입된 대지가 있는 경우에는 결합건축을 포함한 건축허가 제한 가능

(3) 허가권자는 건축허가 전 건축위원회의 심의

 - 결합건축으로 조정되어 적용되는 대지별 용적률이 해당 대지에 적용 되는 도시계획조례의 용적률의 100분의 20을 초과하는 경우에는 건축위원회 심의와 도시계획위원회 심의 공동 개최

(4) 결합건축 대상 대지가 둘 이상의 특별자치시, 특별자치도 및 시·군·구에 걸치는 경우

 - 대상 토지면적의 과반(過半)이 속하는 허가권자에게 신청

</td></tr>
<tr><td></td><td>

결합건축의 절차

</td></tr>
</table>

<table>
<tr><th>건 축 법</th><th>건 축 법 시 행 령</th></tr>
</table>

제77조의17 【결합건축의 관리】 ① 허가권자는 결합건축을 포함하여 건축허가를 한 경우 국토교통부령으로 정하는 바에 따라 그 내용을 공고하고, 결합건축 관리대장을 작성하여 관리하여야 한다.

② 허가권자는 제77조의15제1항에 따른 결합건축과 관련 된 건축물의 사용승인 신청이 있는 경우 해당 결합건축 협정서상의 다른 대지에서 착공신고 또는 대통령령으로 정하는 조치가 이행되었는지를 확인한 후 사용승인을 하여야 한다. 〈개정 20.04.07〉

③ 허가권자는 결합건축을 허용한 경우 건축물대장에 국토교통부령으로 정하는 바에 따라 결합건축에 관한 내용을 명시하여야 한다.

④ 결합건축협정서에 따른 협정체결 유지기간은 최소 30년으로 한다. 다만, 결합건축협정서의 용적률 기준을 종전대로 환원하여 신축·개축·재축하는 경우에는 그러하지 아니한다.

⑤ 결합건축협정서를 폐지하려는 경우에는 결합건축 협정체결자 전원이 동의하여 허가권자에게 신고하여야 하며, 허가권자는 용적률을 이전받은 건축물이 멸실된 것을 확인한 후 결합건축의 폐지를 수리하여야 한다. 이 경우 결합건축 폐지에 관하여는 제1항 및 제3항을 준용한다.

⑥ 결합건축협정의 준수 여부, 효력 및 승계에 대하여는 제77조의4제3항 및 제77조의10을 준용한다. 이 경우 "건축협정"은 각각 "결합건축협정"으로 본다.

[본조신설 16.01.19]

제111조의3 【결합건축 건축물의 사용승인】 법 제77조의17제2항에서 "대통령령으로 정하는 조치"란 다음 각 호의 어느 하나에 해당하는 조치를 말한다.

1. 법 제11조제7항 각 호 외의 부분 단서에 따른 공사의 착수기간 연장 신청. 다만, 착공이 지연된 것에 건축주의 귀책사유가 없고 착공 지연에 따른 건축허가 취소의 가능성이 없다고 인정하는 경우로 한정한다.

2. 「국토의 계획 및 이용에 관한 법률」에 따른 도시·군계획시설의 결정

[본조신설 16.07.19]

건 축 법 시 행 규 칙	요 약
	결합건축의 관리 (1) 공고(허가권자) 　- 결합건축을 포함하여 건축허가를 한 경우 공고 　- 결합건축 관리대장 작성 관리 (2) 사용승인 　- 해당 결합건축협정서상의 다른 대지에서 　　착공신고 또는 조치가 이행되었는지 확인 후 　　사용승인 (3) 결합건축을 허용한 경우 건축물대장에 명시 (4) 협정체결 유지기간 : 최소 30년 　- 결합건축협정서의 용적률 기준을 종전대로 환원 　　하여 신축·개축·재축하는 경우 제외 (5) 결합건축협정서 폐지 　- 결합건축협정체결자 전원이 동의하여 허가권자 　　에게 신고 (6) 결합건축협정의 준수 여부, 효력 및 승계 　- 제77조의4제3항 및 제77조의10을 준용

<table>
<tr><td align="center">건 축 법</td><td align="center">건 축 법 시 행 령</td></tr>
</table>

<table>
<tr><td>

제9장 보 칙

제78조【감독】 ① 국토교통부장관은 시·도지사 또는 시장·군수·구청장이 한 명령이나 처분이 이 법이나 이 법에 따른 명령이나 처분 또는 조례에 위반되거나 부당하다고 인정하면 그 명령 또는 처분의 취소·변경, 그 밖에 필요한 조치를 명할 수 있다.
〈개정 13.03.23〉

② 특별시장·광역시장·도지사는 시장·군수·구청장이 한 명령이나 처분이 이 법 또는 이 법에 따른 명령이나 처분 또는 조례에 위반되거나 부당하다고 인정하면 그 명령이나 처분의 취소·변경, 그 밖에 필요한 조치를 명할 수 있다. 〈개정 14.01.14〉

③시·도지사 또는 시장·군수·구청장이 제1항에 따라 필요한 조치명령을 받으면 그 시정 결과를 국토교통부장관에게 지체 없이 보고하여야 하며, 시장·군수·구청장이 제2항에 따라 필요한 조치명령을 받으면 그 시정 결과를 특별시장·광역시장·도지사에게 지체 없이 보고하여야 한다. 〈개정 14.01.14〉

④ 국토교통부장관 및 시·도지사는 건축허가의 적법한 운영, 위법 건축물의 관리 실태 등 건축행정의 건실한 운영을 지도·점검하기 위하여 국토교통부령으로 정하는 바에 따라 매년 지도·점검 계획을 수립·시행하여야 한다. 〈개정 13.03.23〉

⑤ 국토교통부장관 및 시·도지사는 제4조의2에 따른 건축위원회의 심의 방법 또는 결과가 이 법 또는 이 법에 따른 명령이나 처분 또는 조례에 위반되거나 부당하다고 인정하면 그 심의 방법 또는 결과의 취소·변경, 그 밖에 필요한 조치를 할 수 있다. 이 경우 심의에 관한 조사·시정명령 및 변경절차 등에 관하여는 대통령령으로 정한다. 〈신설 16.01.19〉

</td><td>

제9장 보 칙

제112조【건축위원회 심의 방법 및 결과 조사 등】
① 국토교통부장관은 법 제78조제5항에 따라 지방건축위원회 심의 방법 또는 결과에 대한 조사가 필요하다고 인정하면 시·도지사 또는 시장·군수·구청장에게 관련 서류를 요구하거나 직접 방문하여 조사를 할 수 있다.

②시·도지사는 법 제78조제5항에 따라 시장·군수·구청장이 설치하는 지방건축위원회의 심의 방법 또는 결과에 대한 조사가 필요하다고 인정하면 시장·군수·구청장에게 관련 서류를 요구하거나 직접 방문하여 조사를 할 수 있다.

③ 국토교통부장관 및 시·도지사는 제1항 또는 제2항에 따른 조사 과정에서 필요하면 법 제4조의2에 따른 심의의 신청인 및 건축관계자 등의 의견을 들을 수 있다.

[본조신설 16.07.19]

</td></tr>
</table>

<table>
<tr><th>건 축 법 시 행 규 칙</th><th>요   약</th></tr>
<tr><td>

제39조 【건축행정의 지도·감독】   법 제78조제4항에 따라 국토교통부장관 또는 시·도지사는 연 1회 이상 건축행정의 건실한 운영을 지도·감독하기 위하여 다음 각 호의 내용이 포함된 지도·점검계획을 수립하여야 한다.   〈개정 13.03.23〉

1. 건축허가 등 건축민원 처리실태
2. 건축통계의 작성에 관한 사항
3. 건축부조리 근절대책
4. 위반건축물의 정비계획 및 실적
5. 기타 건축행정과 관련하여 필요한 사항

[전문개정 99.5.11]

</td><td>

감독

(1) 하급기관에 대한 감독

상 급 기 관 장	하 급 기 관 장
국토교통부장관	시·도지사 또는 시장·군수·구청장
시·도지사	시장·군수·구청장

1. 상급기관장은 하급기관장이 행한 명령이나 처분이 건축법 또는 건축법에 의한 명령이나 처분 또는 조례에 위반하거나 부당하다고 인정하는 경우에는 당해 명령 또는 처분의 취소·변경 그 밖에 필요한 조치를 명할 수 있다.
2. 하급기관장이 위의 필요한 조치명령을 받은 경우에는 그 시정결과를 상급기관장에게 지체없이 보고하여야 한다.

(2)건축행정의 지도·감독

국토교통부장관 또는 시·도지사는 매년 건축행정의 건실한 운영을 지도·점검하기 위한 지도·점검계획수립

1. 건축허가 등 건축민원 처리실태
2. 건축통계의 작성에 관한 사항
3. 건축부조리 근절대책
4. 위반건축물의 정비계획 및 실적
5. 기타 건축행정과 관련하여 필요한 사항

</td></tr>
</table>

<table>
<tr><td align="center">건 축 법</td><td align="center">건 축 법 시 행 령</td></tr>
<tr><td></td><td>

제113조 [위법·부당한 건축위원회의 심의에 대한 조치]

① 국토교통부장관 및 시·도지사는 제112조에 따른 조사 및 의견청취 후 건축위원회의 심의 방법 또는 결과가 법 또는 법에 따른 명령이나 처분 또는 조례(이하 이 조에서 "건축법규등"이라 한다)에 위반되거나 부당하다고 인정하면 다음 각 호의 구분에 따라 시·도지사 또는 시장·군수·구청장에게 시정명령을 할 수 있다.

1. 심의대상이 아닌 건축물을 심의하거나 심의내용이 건축법규 등에 위반된 경우: 심의결과 취소

2. 건축법규등의 위반은 아니나 심의현황 및 건축여건을 고려하여 특별히 과도한 기준을 적용하거나 이행이 어려운 조건을 제시한 것으로 인정되는 경우: 심의결과 조정 또는 재심의

3. 심의 절차에 문제가 있다고 인정되는 경우: 재심의

4. 건축관계자에게 심의개최 통지를 하지 아니하고 심의를 하거나 건축법규등에서 정한 범위를 넘어 과도한 도서의 제출을 요구한 것으로 인정되는 경우 : 심의절차 및 기준의 개선 권고

② 제1항에 따른 시정명령을 받은 시·도지사 또는 시장·군수·구청장은 특별한 사유가 없으면 이에 따라야 한다. 이 경우 제1항제2호 또는 제3호에 따라 재심의 명령을 받은 경우에는 해당 명령을 받은 날부터 15일 이내에 건축위원회의 심의를 하여야 한다.

③ 시·도지사 또는 시장·군수·구청장은 제1항에 따른 시정명령에 이의가 있는 경우에는 해당 심의에 참여한 위원으로 구성된 지방건축위원회의 심의를 거쳐 국토교통부장관 또는 시·도지사에게 이의신청을 할 수 있다.

④ 제3항에 따라 이의신청을 받은 국토교통부장관 및 시·도지사는 제112조에 따른 조사를 다시 실시한 후 그 결과를 시·도지사 또는 시장·군수·구청장에게 통지하여야 한다.

[본조신설 16.07.19]

</td></tr>
</table>

건 축 법 시 행 규 칙	요 약

<table>
<tr><th>건 축 법</th><th>건 축 법 시 행 령</th></tr>
</table>

건 축 법	건 축 법 시 행 령
제79조【위반건축물 등에 대한 조치 등】 ① 허가권자는 이 법 또는 이 법에 따른 명령이나 처분에 위반되는 대지나 건축물에 대하여 이 법에 따른 허가 또는 승인을 취소하거나 그 건축물의 건축주·공사시공자·현장관리인·소유자·관리자 또는 점유자(이하 "건축주등"이라 한다)에게 공사의 중지를 명하거나 상당한 기간을 정하여 그 건축물의 해체·개축·증축·수선·용도변경·사용금지·사용제한, 그 밖에 필요한 조치를 명할 수 있다.　〈개정 19.04.30〉 ② 허가권자는 제1항에 따라 허가나 승인이 취소된 건축물 또는 제1항에 따른 시정명령을 받고 이행하지 아니한 건축물에 대하여는 다른 법령에 따른 영업이나 그 밖의 행위를 허가·면허·인가·등록·지정 등을 하지 아니하도록 요청할 수 있다. 다만, 허가권자가 기간을 정하여 그 사용 또는 영업, 그 밖의 행위를 허용한 주택과 대통령령으로 정하는 경우에는 그러하지 아니하다.　〈개정 14.05.28〉 ③ 제2항에 따른 요청을 받은 자는 특별한 이유가 없으면 요청에 따라야 한다. ④ 허가권자는 제1항에 따른 시정명령을 하는 경우 국토교통부령으로 정하는 바에 따라 건축물대장에 위반내용을 적어야 한다.　〈개정 16.01.19〉 ⑤ 허가권자는 이 법 또는 이 법에 따른 명령이나 처분에 위반되는 대지나 건축물에 대한 실태를 파악하기 위하여 조사를 할 수 있다. 〈신설 19.04.23〉 ⑥ 제5항에 따른 실태조사의 방법 및 절차에 관한 사항은 대통령령으로 정한다.　〈신설 19.04.23〉	**제114조【위반건축물에 대한 사용 및 영업행위의 허용 등】** 법 제79조제2항 단서에서 "대통령령으로 정하는 경우"란 바닥면적의 합계가 400제곱미터 미만인 축사와 바닥면적의 합계가 400제곱미터 미만인 농업용·임업용·축산업용 및 수산업용 창고를 말한다.　〈개정 16.01.19〉 **제115조【위반건축물 등에 대한 실태조사 및 정비】** ① 허가권자는 법 제79조제5항에 따른 실태조사를 매년 정기적으로 하며, 위반행위의 예방 또는 확인을 위하여 수시로 실태조사를 할 수 있다. ② 허가권자는 제1항에 따른 조사를 하려는 경우에는 조사 목적·기간·대상 및 방법 등이 포함된 실태조사 계획을 수립해야 한다. ③ 제1항에 따른 조사는 서면 또는 현장조사의 방법으로 실시할 수 있다. ④ 허가권자는 제1항에 따른 조사를 한 경우 법 제79조에 따른 시정조치를 하기 위하여 정비계획을 수립·시행해야 하며, 그 결과를 시·도지사(특별자치시장 및 특별자치도지사는 제외한다)에게 보고해야 한다. ⑤ 허가권자는 위반 건축물의 체계적인 사후 관리와 정비를 위하여 국토교통부령으로 정하는 바에 따라 위반 건축물 관리대장을 작성·관리해야 한다. 이 경우 전자적 처리가 불가능한 특별한 사유가 없으면 법 제32조제1항에 따른 전자정보처리 시스템을 이용하여 작성·관리 해야 한다. 〈개정 21.11.02〉 ⑥ 제1항부터 제4항까지에서 규정한 사항 외에 실태조사의 방법·절차에 필요한 세부적인 사항은 건축조례로 정할 수 있다. [본조 전문개정 20.04.21]

건 축 법 시 행 규 칙	요　　약

제40조 【위반건축물에 대한 실태조사】

　① 허가권자는 영　제115조제1항에 따른 실태조사 결과를 기록·관리해야 한다.　〈개정 20.10.28〉

　② 영　제115조제5항 전단에 따른 위반 건축물 관리대장은 별지 제29호서식에 따른다.

　　　　　　　　　　　〈개정 20.10.28〉

위반건축물 등에 대한 조치 등

(1) 위반건축물에 대한 조치

　1. 건축허가 또는 승인의 취소

　2. 건축주등에게 공사의 중지명령

　3. 건축물의 철거·개축·증축·수선·용도변경·사용금지
　　·사용제한 그 밖에 필요한 조치 명령

(2) 위반건축물 조치명령의 불이행에 대한 추가조치

　당해 건축물을 사용하여 행할 다른 법령에 의한
　영업 기타 행위의 허가를 하지 아니하도록 요청

　[예외] 1. 허가권자가 기간을 정하여 그 사용 또는
　　　　　　영업 그 밖의 행위를 허용한 주택

　　　　2. 바닥면적의 합계가 400 ㎡ 미만인 축사

　　　　3. 바닥면적의 합계가 400 ㎡ 미만인 농업·
　　　　　임업·축산업 또는 수산업용 창고

　이행의무 : 추가조치요청을 받은 자는 특별한 이유가
　　　　　　없으면 요청에 따라야 한다.

(3) 위반건축물에 대한 실태조사 및 정비

　실태조사 : 특별자치도지사 또는 시장·군수·구청장
　　　　　　매년 정기적으로 법령 등에 위반하게 된
　　　　　　건축물의 실태 조사 실시

　정비계획 : 특별자치도지사 또는 시장·군수·구청장
　　　　　　위반건축물의 시정조치를 위한 정비계획을
　　　　　　수립·시행하여야 하며, 결과를 시·도지사
　　　　　　에게 보고

　관리대장 : 특별자치도지사 또는 시장·군수·구청장
　　　　　　위반건축물의 체계적인 사후정비를 위하여
　　　　　　위반건축물　관리대장을 작성·비치

건 축 법	건 축 법 시 행 령

제80조 【이행강제금】 ① 허가권자는 제79조제1항에 따라 시정명령을 받은 후 시정기간 내에 시정명령을 이행하지 아니한 건축주등에 대하여는 그 시정명령의 이행에 필요한 상당한 이행기한을 정하여 그 기한까지 시정명령을 이행하지 아니하면 다음 각 호의 이행강제금을 부과한다. 다만, 연면적(공동주택의 경우에는 세대면적을 기준으로 한다)이 60제곱미터 이하인 주거용 건축물과 제2호 중 주거용 건축물로서 대통령령으로 정하는 경우에는 다음 각 호의 어느 하나에 해당하는 금액의 2분의 1의 범위에서 해당 지방자치단체의 조례로 정하는 금액을 부과한다. 〈개정 19.04.23〉

 1. 건축물이 제55조와 제56조에 따른 건폐율이나 용적률을 초과하여 건축된 경우 또는 허가를 받지 아니하거나 신고를 하지 아니하고 건축된 경우에는 「지방세법」에 따라 해당 건축물에 적용되는 1제곱미터의 시가표준액의 100분의 50에 해당하는 금액에 위반면적을 곱한 금액 이하의 범위에서 위반 내용에 따라 대통령령으로 정하는 비율을 곱한 금액

 2. 건축물이 제1호 외의 위반 건축물에 해당하는 경우에는 「지방세법」에 따라 그 건축물에 적용되는 시가표준액에 해당하는 금액의 100분의 10의 범위에서 위반내용에 따라 대통령령으로 정하는 금액

②허가권자는 영리목적을 위한 위반이나 상습적 위반 등 대통령령으로 정하는 경우에 제1항에 따른 금액을 100분의 100의 범위에서 해당 지방자치단체의 조례로 정하는 바에 따라 가중하여야 한다. 〈개정 20.12.08〉

③허가권자는 제1항에 따른 이행강제금을 부과하기 전에 제1항 및 제2항에 따른 이행강제금을 부과·징수한다는 뜻을 미리 문서로써 계고(戒告)하여야 한다. 〈개정 15.08.11〉

④ 허가권자는 제1항 및 제2항에 따른 이행강제금을 부과하는 경우 금액, 부과 사유, 납부기한, 수납기관, 이의제기 방법 및 이의제기 기관 등을 구체적으로 밝힌 문서로 하여야 한다. 〈개정 15.08.11〉

⑤ 허가권자는 최초의 시정명령이 있었던 날을 기준으로 하여 1년에 2회 이내의 범위에서 해당 지방자치단체의 조례로 정하는 횟수만큼 그 시정명령이 이행될 때까지 반복하여 제1항 및 제2항에 따른 이행 강제금을 부과·징수할 수 있다. 〈개정 19.04.23〉

제115조의2 【이행강제금의 부과 및 징수】 ① 법 제80조제1항 각 호 외의 부분 단서에서 "대통령령으로 정하는 경우"란 다음 각 호의 경우를 말한다.

 1. 법 제22조에 따른 사용승인을 받지 아니하고 건축물을 사용한 경우

 2. 법 제42조에 따른 대지의 조경에 관한 사항을 위반한 경우

 3. 법 제60조에 따른 건축물의 높이 제한을 위반한 경우

 4. 법 제61조에 따른 일조 등의 확보를 위한 건축물의 높이 제한을 위반한 경우

 5. 그 밖에 법 또는 법에 따른 명령이나 처분을 위반한 경우(별표 15 위반 건축물란의 제1호의2, 제4호부터 제9호까지의 규정에 해당하는 경우는 제외한다)로서 건축조례로 정하는 경우 〈개정 20.10.08〉

② 법 제80조제1항제2호에 따른 이행강제금의 산정기준은 별표 15와 같다.

③ 이행강제금의 부과 및 징수 절차는 국토교통부령으로 정한다.

〈개정 13.03.23〉

[전문개정 08.10.29]

건 축 법 시 행 규 칙	요 약

제40조의2 【이행강제금의 부과 및 징수절차】

영 제115조의2제3항에 따른 이행강제금의 부과 및 징수절차는 「국고금관리법 시행규칙」을 준용한다. 이 경우 납입고지서에는 이의신청방법 및 이의신청기간을 함께 기재하여야 한다.

[본조신설 06.5.12]

이행강제금

(1) 이행강제금의 부과

허가권자는 시정명령을 받은 후 시정기간 내에 시정명령의 이행을 하지 아니한 건축주 등에 대하여는 당해 시정명령의 이행에 필요한 상당한 이행기한을 정하여 그 기한까지 이행하지 아니하는 경우에는 이행강제금 부과

[완화] 주거용건축물(1/2의 범위내 감면)

1. 연면적 60 ㎡ 이하
2. 사용승인 미필
3. 조경의무 위반
4. 건축물 높이제한 위반
5. 일조 등의 확보를 위한 건축물의 높이제한 위반
6. 그 밖에 법 또는 법에 따른 명령이나 처분에 위반

위반된 건축물	이행 강제금의 금액
건폐율 또는 용적률을 초과하여 건축된 건축물	과세시가표준액의 50/100에 상당하는 금액에 위반면적을 곱한 금액
허가를 받지 아니하거나 신고를 하지 아니하고 건축된 건축물	
기타	과세시가표준액의 10/100에 상당하는 금액에 위반면적을 곱한 금액

(2) 이행강제금 부과철차

1. 이행강제금 부과 전에 미리 문서로써 계고
2. 이행 강제금 부과시 문서로 행한다.
   ~ 금액, 부과사유, 납부기한, 수납기관
     이의제기 방법, 이의제기기관 등을 명시
3. 최초 시정명령이 있은 날을 기준으로 하여
   1년에 2회 이내의 범위 안에서 시정명령이
   이행 될 때까지 반복 부과 가능
4. 시정명령 이행 시 즉시 중지
   ~ 이미 부과된 이행강제금은 징수

(3) 이행강제금 부과 및 징수철차

「국고금관리법 시행규칙」을 준용

(4) 이행강제금을 기한 이내에 납부하지 아니하는 때

지방세 체납처분의 예에 따라 징수

<table>
<tr><th>건 축 법</th><th>건 축 법 시 행 령</th></tr>
<tr><td valign="top">

[제80조]

⑥ 허가권자는 제79조제1항에 따라 시정명령을 받은 자가 이를 이행하면 새로운 이행강제금의 부과를 즉시 중지하되, 이미 부과된 이행강제금은 징수하여야 한다. 〈개정 15.08.11〉

⑦ 허가권자는 제4항에 따라 이행강제금 부과처분을 받은 자가 이행강제금을 납부기한까지 내지 아니하면 지방세 체납처분의 예에 따라 징수한다.

〈개정 15.08.11〉

</td><td valign="top">

제115조의3 【이행강제금의 탄력적 운영】

①법 제80조제1항제1호에서 "대통령령으로 정하는 비율"이란 다음 각 호의 구분에 따른 비율을 말한다. 다만, 건축조례로 다음 각 호의 비율을 낮추어 정할 수 있되, 낮추는 경우에도 그 비율은 100분의 60 이상이어야 한다.

 1. 건폐율을 초과하여 건축한 경우: 100분의 80
 2. 용적률을 초과하여 건축한 경우: 100분의 90
 3. 허가를 받지 아니하고 건축한 경우: 100분의 100
 4. 신고를 하지 아니하고 건축한 경우: 100분의 70

② 법 제80조제2항에서 "영리목적을 위한 위반이나 상습적 위반 등 대통령령으로 정하는 경우"란 다음 각 호의 어느 하나에 해당하는 경우를 말한다. 다만, 위반행위 후 소유권이 변경된 경우는 제외한다.

 1. 임대 등 영리를 목적으로 법 제19조를 위반하여 용도변경을 한 경우(위반면적이 50제곱미터를 초과하는 경우로 한정한다)
 2. 임대 등 영리를 목적으로 허가나 신고 없이 신축 또는 증축한 경우(위반면적이 50제곱미터를 초과하는 경우로 한정한다)
 3. 임대 등 영리를 목적으로 허가나 신고 없이 다세대주택의 세대수 또는 다가구주택의 가구수를 증가시킨 경우(5세대 또는 5가구 이상 증가시킨 경우로 한정한다)
 4. 동일인이 최근 3년 내에 2회 이상 법 또는 법에 따른 명령이나 처분을 위반한 경우
 5. 제1호부터 제4호까지의 규정과 비슷한 경우로서 건축조례로 정하는 경우

[본조신설 16.02.11]

</td></tr>
</table>

건 축 법 시 행 규 칙	요 약
	477
건 축 법 시 행 규 칙	요 약

<table>
<tr><th>건 축 법</th><th>건 축 법 시 행 령</th></tr>
</table>

제80조의2 【이행강제금 부과에 관한 특례】

① 허가권자는 제80조에 따른 이행강제금을 다음 각 호에서 정하는 바에 따라 감경할 수 있다. 다만, 지방자치단체의 조례로 정하는 기간까지 위반내용을 시정하지 아니한 경우는 제외한다.

1. 축사 등 농업용·어업용 시설로서 500제곱미터(「수도권정비계획법」 제2조제1호에 따른 수도권 외의 지역에서는 1천제곱미터)이하인 경우는 5분의 1을 감경

2. 그 밖에 위반 동기, 위반 범위 및 위반 시기 등을 고려하여 대통령령으로 정하는 경우(제80조제2항에 해당하는 경우는 제외한다)에는 2분의 1의 범위에서 대통령령으로 정하는 비율을 감경

② 허가권자는 법률 제4381호 건축법개정법률의 시행일(1992년 6월 1일을 말한다) 이전에 이 법 또는 이 법에 따른 명령이나 처분을 위반한 주거용 건축물에 관하여는 대통령령으로 정하는 바에 따라 제80조에 따른 이행강제금을 감경할 수 있다.

[본조신설 15.08.11]

제81조 삭제 〈19.04.30〉

제115조의4 【이행강제금의 감경】

① 법 제80조의2제1항제2호에서 "대통령령으로 정하는 경우"란 다음 각 호의 어느 하나에 해당하는 경우를 말한다. 다만, 법 제80조제1항 각 호 외의 부분 단서에 해당하는 경우는 제외한다.

〈개정 18.09.04〉

1. 위반행위 후 소유권이 변경된 경우
2. 임차인이 있어 현실적으로 임대기간 중에 위반내용을 시정하기 어려운 경우(법 제79조제1항에 따른 최초의 시정명령 전에 이미 임대차계약을 체결한 경우로서 해당 계약이 종료되거나 갱신되는 경우는 제외한다) 등 상황의 특수성이 인정되는 경우
3. 위반면적이 30제곱미터 이하인 경우(별표 1 제1호부터 제4호까지의 규정에 따른 건축물로 한정하며, 「집합건물의 소유 및 관리에 관한 법률」의 적용을 받는 집합건축물은 제외한다)
4. 「집합건물의 소유 및 관리에 관한 법률」의 적용을 받는 집합건축물의 구분소유자가 위반한 면적이 5제곱미터 이하인 경우(별표 1 제2호부터 제4호까지의 규정에 따른 건축물로 한정한다)
5. 법 제22조에 따른 사용승인 당시 존재하던 위반사항으로서 사용승인 이후 확인된 경우
6. 법률 제12516호 가축분뇨의 관리 및 이용에 관한 법률 일부개정법률 부칙 제9조에 따라 같은 조 제1항 각 호에 따른 기간(같은 조 제3항에 따른 환경부령으로 정하는 규모 미만의 시설의 경우 같은 항에 따른 환경부령으로 정하는 기한을 말한다) 내에 「가축분뇨의 관리 및 이용에 관한 법률」 제11조에 따른 허가 또는 변경 허가를 받거나 신고 또는 변경신고를 하려는 배출시설(처리시설을 포함한다)의 경우
6의2. 법률 제12516호 가축분뇨의 관리 및 이용에 관한 법률 일부개정법률 부칙 제10조의2에 따라 같은 조 제1항에 따른 기한까지 환경부장관이 정하는 바에 따라 허가신청을 하였거나 신고한 배출시설(개 사육시설은 제외하되, 처리시설은 포함한다)의 경우 〈신설 18.09.04〉
7. 그 밖에 위반행위의 정도와 위반 동기 및 공중에 미치는 영향 등을 고려하여 감경이 필요한 경우로서 건축조례로 정하는 경우

② 법 제80조의2제1항제2호에서 "대통령령으로 정하는 비율"이란 다음 각 호의 구분에 따른 비율을 말한다.

1. 제1항제1호부터 제6호까지 및 제6호의2의 경우 : 100분의 50
2. 제1항제7호의 경우 : 건축조례로 정하는 비율

③ 법 제80조의2제2항에 따른 이행강제금의 감경 비율은 다음 각 호와 같다.

1. 연면적 85제곱미터 이하 주거용 건축물의 경우 : 100분의 80
2. 연면적 85제곱미터 초과 주거용 건축물의 경우 : 100분의 60

[본조신설 16.02.11]

<table>
<tr><td>건축법시행규칙</td><td>요　　　약</td></tr>
</table>

- 479 -

건 축 물 관 리 법	건 축 법 시 행 령

제41조 【건축물에 대한 시정명령 등】 ① 특별자치시장·특별자치도지사 또는 시장·군수·구청장은 건축물이 다음 각 호의 어느 하나에 해당하는 경우 해당 건축물의 해체·개축·증축·수선·사용금지·사용제한, 그 밖에 필요한 조치를 명할 수 있다.

1. 「군사기지 및 군사시설 보호법」 제2조제6호에 따른 군사기지 및 군사시설 보호구역에 있는 건축물로서 국가안보상 필요에 의하여 국방부장관이 요청하는 경우

2. 「건축법」 제72조제2항에 따른 지방건축위원회의 심의 결과 「건축법」 제40조부터 제48조까지, 제50조 또는 제52조를 위반하여 붕괴 또는 화재로 다중에게 위해를 줄 우려가 크다고 인정된 건축물인 경우

3. 그 밖에 대통령령으로 정하는 경우

② 특별자치시장·특별자치도지사 또는 시장·군수·구청장은 「국토의 계획 및 이용에 관한 법률」 제37조제1항제1호에 따른 경관지구 안의 건축물로서 도시미관이나 주거환경에 현저히 장애가 된다고 인정하면 건축위원회의 의견을 들어 개축, 수선 또는 그 밖에 필요한 조치를 하게 할 수 있다.

③ 특별자치시장·특별자치도지사 또는 시장·군수·구청장은 제1항에 따라 필요한 조치를 명하는 경우 대통령령으로 정하는 바에 따라 정당한 보상을 하여야 한다.

제115조의5 【기존 건축물에 대한 시정명령】 법 제81조제1항에서 "대통령령으로 정하는 기준"이란 다음 각 호의 어느 하나에 해당하는 경우를 말한다.

1. 지방건축위원회의 심의 결과 도로 등 공공시설의 설치에 장애가 된다고 판정된 건축물인 경우

2. 허가권자가 지방건축위원회의 심의를 거쳐 붕괴되거나 쓰러질 우려가 있어 다중에게 위해를 줄 우려가 크다고 인정하는 건축물인 경우

3. 군사작전구역에 있는 건축물로서 국가안보상 필요하여 국방부장관이 요청하는 건축물인 경우

[전문개정 08.10.29]

제116조 【손실보상】 ① 법 제81조제3항에 따라 특별자치시장·특별자치도지사 또는 시장·군수·구청장이 보상하는 경우에는 법 제81조제1항에 따른 처분으로 생길 수 있는 손실을 시가(時價)로 보상하여야 한다. 〈개정 14.10.14〉

② 제1항에 따른 보상금액에 관하여 협의가 성립되지 아니한 경우 특별자치시장·특별자치도지사 또는 시장·군수·구청장은 그 보상금액을 지급하거나 공탁하고 그 사실을 해당 건축물의 건축주에게 알려야 한다. 이 경우 그 건축주가 원하면 전자문서로 알릴 수 있다. 〈개정 14.10.14〉

③ 제2항에 따른 보상금의 지급 또는 공탁에 불복하는 자는 지급 또는 공탁의 통지를 받은 날부터 20일 이내에 관할 토지수용위원회에 재결(裁決)을 신청(전자문서로 신청하는 것을 포함한다)할 수 있다.

④ 법 제81조제4항에 따라 특별자치시장·특별자치도지사 또는 시장·군수·구청장이 위해의 우려가 있다고 인정하여 지정하는 건축물의 구조 안전 여부에 관한 검사의 실시 방법, 결과 통보, 비용 부담 등에 관하여는 「시설물의 안전 및 유지관리에 관한 특별법」 제11조, 제12조, 제16조부터 제18조까지, 제20조, 제26조 및 제56조를 준용한다. 〈개정 18.01.16〉

[전문개정 08.10.29]

건 축 법 시 행 규 칙	요 약

<table>
<tr><td></td><td>

기존의 건축물에 대한 안전점검 및 시정명령 등

(1) 기존건축물에 대한 시정명령

1. **시정명령**(시장·군수·구청장)

   기존 건축물이 국가안보상 또는 법 제4장을 위반함으로써
   다음의 기준에 해당하는 경우에는
   해당 건축물의 철거·개축·증축·수선·용도변경·사용금지·
   사용제한 그 밖에 필요한 조치를 명할 수 있다.
   1) 지방건축위원회의 심의결과 도로 등 공공시설의 설치에
      장애가 된다고 판정된 건축물
   2) 허가권자가 지방건축위원회의 심의를 거쳐 붕괴되거나
      쓰러질 우려가 있어 다중에 위해를 줄 우려가 크다고
      인정하는 건축물
   3) 군사작전구역에 있는 건축물로서 국가안보상 필요하여
      국방부장관이 요청하는 건축물

2. **손실보상**(시장·군수·구청장)
   1) 시정명령에 의한 처분으로 생길 수 있는 손실을
      시가로 보상
   2) 보상금액에 관하여 협의가 성립되지 아니한 경우에는
      그 보상금액을 지급하거나 공탁으로 이를 통지
   3) 보상금의 지급 또는 공탁의 불복이 있는 자는 지급 또는
      공탁의 통지를 받은 날로부터 20일 이내에 관할 토지
      수용위원회에 재결을 신청할 수 있다.

(2) **미관지구·경관지구 안의 시정명령**(허가권자)

   기존건축물로서 도시미관이나 주거환경상 현저히 장애가
   된다고 인정하면 건축위원회의 의견을 들어
   개축 또는 수선을 하게 할 수 있다.

(3) 안전점검 및 시정명령

   1. 기존의 건축물에 대한 안전점검

      건축주는 구조안전여부를 조사하게 하여 그 결과를
      허가권자에게 보고

조사대상	허가권자가 위해의 우려가 있다고 인정하여 지정하는 건축물
조 사 자	1. 건축사 협회 2. 국토교통부장관이 인정하는 전문인력을 갖춘 법인 또는 단체
조사방법	시설물의 안전 및 유지관리에 관한 특별법 제11조, 제12조, 제16조부터 제18조까지, 제20조, 제26조 및 제56조 규정 준용

   2. **시정명령**(허가권자)

      조사결과에 따라 필요한 경우 건축물의 철거·개축·수선·
      용도변경·사용금지·사용제한 그 밖에 필요한 조치를 명할
      수 있다.

</td></tr>
</table>

<table>
<tr><th>건 축 물 관 리 법</th><th>건 축 법 시 행 령</th></tr>
</table>

제42조【빈 건축물 정비】 특별자치시장·특별자치도지사 또는 시장·군수·구청장은 사용 여부를 확인한 날부터 1년 이상 아무도 사용하지 아니하는 건축물(「농어촌정비법」 제2조제12호에 따른 빈집 및 「빈집 및 소규모주택 정비에 관한 특례법」 제2조제1항제1호에 따른 빈집은 제외하며, 이하 "빈 건축물"이라 한다)이 다음 각 호의 어느 하나에 해당하면 건축위원회의 심의를 거쳐 해당 건축물의 소유자에게 해체 등 필요한 조치를 명할 수 있다. 이 경우 해당 건축물의 소유자는 특별한 사유가 없으면 60일 이내에 조치를 이행하여야 한다.

  1. 공익상 유해하거나 도시미관 또는 주거환경에 현저한 장애가 된다고 인정하는 경우
  2. 주거환경이나 도시환경 개선을 위하여 「도시 및 주거환경정비법」 제2조제4호 및 제5호에 따른 정비기반시설 및 공동이용시설의 확충에 필요한 경우

제43조【빈 건축물 정비 절차 등】 ① 특별자치시장·특별자치도지사 또는 시장·군수·구청장이 제42조에 따라 빈 건축물의 해체를 명한 경우 그 빈 건축물의 소유자가 특별한 사유 없이 이에 따르지 아니하면 대통령령으로 정하는 바에 따라 직권으로 해당 건축물을 해체할 수 있다.
② 제1항에 따라 해체할 빈 건축물의 소유자의 소재를 알 수 없는 경우에는 해당 건축물에 대한 해체명령과 이를 이행하지 아니하면 직권으로 해체한다는 내용을 일간신문에 1회 이상 공고하고, 공고한 날부터 60일이 지난 날까지 빈 건축물의 소유자가 해당 건축물을 해체하지 아니하면 직권으로 해체할 수 있다.
③ 제1항 및 제2항의 경우 특별자치시장·특별자치도지사 또는 시장·군수·구청장은 대통령령으로 정하는 바에 따라 정당한 보상비를 빈 건축물의 소유자에게 지급하여야 한다. 이 경우 빈 건축물의 소유자가 보상비의 수령을 거부하거나 빈 건축물 소유자의 소재불명(所在不明)으로 보상비를 지급할 수 없을 때에는 이를 공탁하여야 한다.
④ 특별자치시장·특별자치도지사 또는 시장·군수·구청장이 제1항 또는 제2항에 따라 빈 건축물을 해체하였을 때에는 지체 없이 건축물대장을 정리하고 관할 등기소에 해당 빈 건축물이 이 법에 따라 해체되었다는 취지의 통지를 하고 말소등기를 촉탁하여야 한다.

제116조의2【빈집 철거 통지】 특별자치시장·특별자치도지사 또는 시장·군수·구청장은 법 제81조의3제1항에 따라 직권으로 빈집을 철거하는 경우에는 철거사유 및 철거예정일을 명시한 철거통지서를 철거예정일 7일전까지 그 빈집의 소유자에게 알려야 한다.
[본조신설 16.07.19]

제116조의3【철거보상비 지급】 법 제81조의3제3항에 따른 보상비는 「부동산 가격공시 및 감정평가에 관한 법률」에 따른 감정평가업자의 감정평가액으로 한다.
[본조신설 16.07.19]

건축법시행규칙	요 약

	빈집정비
	
	허가권자 - 빈집 철거 명령 : 건축위원회 심의
	소유자 - 특별한 사유가 없으면 60일 이내 조치이행
	 1. 공익상 유해하거나 도시미관 또는 주거환경에
	  현저한 장해가 된다고 인정하는 경우
	 2. 주거환경이나 도시환경 개선을 위하여
	  정비기반시설과 공동이용시설의 확충에 필요한
	  경우
	
	※ 빈집
	 - 거주 또는 사용 여부를 확인한 날부터 1년 이상
	  아무도 거주하지 아니하거나 사용하지 아니하는
	  주택이나 건축물(「농어촌정비법」따른 빈집 제외)
	
	빈집정비 절차
	 1. 빈집의 소유자가 특별한 사유 없이 조치에 따르지
	  아니하면 직권으로 빈집 철거 가능
	 2. 빈집 소유자의 소재를 알 수 없는 경우
	 - 직권으로 철거한다는 내용을 일간신문에 1회 이상
	  공고, 공고한 날부터 60일이 지난날까지 빈집의
	  소유자가 빈집을 철거하지 아니하면 직권철거가능.
	 3. 정당한 보상비를 빈집의 소유자에게 지급
	  - 보상비 수령을 거부 하거나 빈집 소유자의
	   소재불명(所在不明)으로 보상비 지급불가시 공탁
	 4. 빈집 철거 시 건축물대장 정리
	  건축물대장 정리 시 관할 등기소에 말소등기 촉탁

<table>
<tr><th>건 축 법</th><th>건축법시행령</th></tr>
<tr><td>

제82조【권한의 위임과 위탁】 ① 국토교통부장관은 이 법에 따른 권한의 일부를 대통령령으로 정하는 바에 따라 시·도지사에게 위임할 수 있다.
〈개정 13.03.23〉

② 시·도지사는 이 법에 따른 권한의 일부를 대통령령으로 정하는 바에 따라 시장(행정시의 시장을 포함하며, 이하 이 조에서 같다)·군수·구청장에게 위임할 수 있다.

③ 시장·군수·구청장은 이 법에 따른 권한의 일부를 대통령령으로 정하는 바에 따라 구청장(자치구가 아닌 구의 구청장을 말한다)·동장·읍장 또는 면장에게 위임할 수 있다.

④ 국토교통부장관은 제31조제1항과 제32조제1항에 따라 건축허가 업무 등을 효율적으로 처리하기 위하여 구축하는 전자정보처리 시스템의 운영을 대통령령으로 정하는 기관 또는 단체에 위탁할 수 있다.
〈개정 13.03.23〉

</td><td>

제117조【권한의 위임】 ① 국토교통부장관은 법 제82조제1항에 따라 법 제69조 및 제71조(제6항은 제외한다)에 따른 특별건축구역의 지정, 변경 및 해제에 관한 권한을 시·도지사에게 위임한다.
〈개정 21.01.08〉

② 삭제 〈99.4.30〉

③ 법 제82조제3항에 따라 구청장(자치구가 아닌 구의 구청장을 말한다) 또는 동장·읍장·면장(「지방자치단체의 행정기구와 정원기준 등에 관한 규정」 별표 3 제2호 비고 제2호에 따라 행정자치부장관이 시장·군수·구청장과 협의하여 정하는 동장·읍장·면장으로 한정한다)에게 위임할 수 있는 권한은 다음 각 호와 같다.
〈개정 16.02.11〉

1. 6층 이하로서 연면적 2천제곱미터 이하인 건축물의 건축·대수선 및 용도변경에 관한 권한
2. 기존 건축물 연면적의 10분의 3 미만의 범위에서 하는 증축에 관한 권한

④ 법 제82조제3항에 따라 동장·읍장 또는 면장에게 위임할 수 있는 권한은 다음 각 호와 같다.
〈개정 18.09.04〉

1. 법 제14조에 따른 건축물의 건축 및 대수선에 관한 권한
2. 법 제20조제3항에 따른 가설건축물의 축조 및 이 영 제15조의2에 따른 가설건축물의 존치기간 연장에 관한 권한
3. 삭제 〈18.09.04〉
4. 법 제83조에 따른 옹벽 등의 공작물 축조에 관한 권한

⑤ 법 제82조제4항에서 "대통령령으로 정하는 기관 또는 단체"란 다음 각 호의 기관 또는 단체 중 국토교통부장관이 정하여 고시하는 기관 또는 단체를 말한다.
〈개정 13.11.20〉

1. 「공공기관의 운영에 관한 법률」 제5조에 따른 공기업
2. 「정부출연연구기관 등의 설립·운영 및 육성에 관한 법률」 및 「과학기술분야 정부출연연구기관 등의 설립·운영 및 육성에 관한 법률」에 따른 연구기관

[전문개정 08.10.29]

</td></tr>
</table>

건 축 법 시 행 규 칙	요 약
	권한의 위임과 위탁 (1) 국토교통부장관의 권한을 시·도지사에게 위임 　　특별건축구역의 지정, 변경 및 해제에 관한 권한 (2) 시·도지사의 권한을 시장·군수·구청장에게 위임 (3) 시장 등의 권한을 구청장·동장·읍장·면장에게 위임 　1. 층수가 6층 이하로서 연면적이 2,000 ㎡ 이하인 건축물의 건축·대수선·용도변경 　　※ 층수, 연면적 모두 충족 　2. 기존 건축물 연면적의 10분의 3 미만의 범위에서 하는 증축에 관한 권한 (4) 전자정보처리시스템의 위탁운영 　1. 「공공기관의 운영에 관한 법률」 제5조에 따른 공기업 　2. 「정부출연연구기관 등의 설립·운영 및 육성에 관한 법률」 및 「과학기술분야 정부출연연구기관 등의 설립·운영 및 육성에 관한 법률」에 따른 연구기관

<table>
<tr><th>건 축 법</th><th>건 축 법 시 행 령</th></tr>
<tr><td>

제83조【옹벽 등의 공작물에의 준용】 ① 대지를 조성하기 위한 옹벽, 굴뚝, 광고탑, 고가수조(高架水槽), 지하 대피호, 그 밖에 이와 유사한 것으로서 대통령령으로 정하는 공작물을 축조하려는 자는 대통령령으로 정하는 바에 따라 특별자치시장·특별자치도지사 또는 시장·군수·구청장에게 신고하여야 한다. 〈개정 14.01.14〉

</td><td>

제118조【옹벽 등의 공작물에의 준용】 ① 법 제83조 제1항에 따라 공작물을 축조(건축물과 분리하여 축조하는 것을 말한다. 이하 이 조에서 같다)할 때 특별자치시장·특별자치도지사 또는 시장·군수·구청장에게 신고를 해야 하는 공작물은 다음 각 호와 같다. 〈개정 20.12.15〉

1. 높이 6미터를 넘는 굴뚝
2. 삭제 〈20.12.15〉
3. 높이 4미터를 넘는 장식탑, 기념탑, 첨탑, 광고탑, 광고판, 그 밖에 이와 비슷한 것
4. 높이 8미터를 넘는 고가수조나 그 밖에 이와 비슷한 것
5. 높이 2미터를 넘는 옹벽 또는 담장
6. 바닥면적 30제곱미터를 넘는 지하대피호
7. 높이 6미터를 넘는 골프연습장 등의 운동시설을 위한 철탑, 주거지역·상업지역에 설치하는 통신용 철탑, 그 밖에 이와 비슷한 것
8. 높이 8미터(위험을 방지하기 위한 난간의 높이는 제외한다) 이하의 기계식 주차장 및 철골 조립식 주차장(바닥면이 조립식이 아닌 것을 포함한다)으로서 외벽이 없는 것
9. 건축조례로 정하는 제조시설, 저장시설(시멘트 사일로를 포함한다), 유희시설, 그 밖에 이와 비슷한 것
10. 건축물의 구조에 심대한 영향을 줄 수 있는 중량물로서 건축조례로 정하는 것
11. 높이 5미터를 넘는「신에너지 및 재생에너지 개발·이용·보급 촉진법」 제2조제2호가목에 따른 태양에너지를 이용하는 발전설비와 그 밖에 이와 비슷한 것 〈신설 16.01.19〉

② 제1항 각 호의 어느 하나에 해당하는 공작물을 축조하려는 자는 공작물 축조신고서와 국토교통부령으로 정하는 설계도서를 특별자치시장·특별자치도지사 또는 시장·군수·구청장에게 제출(전자문서에 의한 제출을 포함한다)하여야 한다. 〈개정 14.10.14〉

</td></tr>
</table>

<table>
<tr><td style="text-align:center">건 축 법 시 행 규 칙</td><td style="text-align:center">요 약</td></tr>
</table>

제40조의2 삭제 〈98.9.29〉

제41조 【공작물축조신고】 ①법 제83조 및 영 제118조에 따라 옹벽 등 공작물의 축조신고를 하려는 자는 별지제30호서식의 공작물축조신고서에 다음 각 호의 서류 및 도서를 첨부하여 특별자치시장·특별자치도지사 또는 시장·군수·구청장에게 제출(전자문서로 제출하는 것을 포함한다)해야 한다. 다만, 제6조제1항에 따라 건축허가를 신청할 때 건축물의 건축에 관한 사항과 함께 공작물의 축조신고에 관한 사항을 제출한 경우에는 공작물축조신고서의 제출을 생략한다.

〈개정 21.12.31〉

1. 공작물의 배치도
2. 공작물의 구조도
3. 「건축물의 구조기준 등에 관한 규칙」
   별지 제2호서식의 구조안전 및 내진설계 확인서
   (높이가 8미터 이상인 공작물인 경우에만 첨부한다)
4. 별지 제30호의2서식의 공작물 내풍설계 확인서
   (높이가 8미터 이상인 공작물인 경우에만 첨부한다)
②특별자치시장·특별자치도지사 또는 시장·군수·구청장은 제1항에 따른 공작물축조신고서를 받은 때에는 영 제118조제4항에 따라 별지 제30호의2서식의 공작물의 구조 안전 점검표를 작성·검토한 후 별지 제31호서식의 공작물축조신고필증을 신고인에게 발급하여야 한다. 〈개정 14.11.28〉
③ 법 제83조제2항에 따라 공작물의 소유자나 관리자는 제2항에 따라 공작물축조신고필증을 발급받은 날부터 3년마다 별지 제31호의2서식에 따라 공작물의 유지·관리 상태를 점검하고, 그 결과를 특별자치시장·특별자치도지사 또는 시장·군수·구청장에게 제출하여야 한다.

〈신설 14.11.28〉

③ 영 제118조 제5항의 규정에 의한 공작물관리대장은 별지 제32호 서식에 의한다. 〈개정 14.11.28〉

(1) 신고대상 공작물

높이 및 바닥면적	공작물의 종류
높이 2m를 넘는	옹벽·담장
높이 4m를 넘는	장식탑, 기념탑, 첨탑, 광고탑, 광고판 등
높이 8m 이하 (난간높이 제외)	기계식주차장 및 철골조립식주차장으로서 외벽이 없는 것(건폐율 산정에서는 제외됨)
높이 6m를 넘는	굴뚝
	골프연습장 등의 운동시설을 위한 철탑, 주거지역 및 상업지역에 설치하는 통신용 철탑 등
높이 8m를 넘는	고가수조 등
바닥면적 30㎡를 넘는	지하대피호
건축조례로 정하는 것	제조시설·저장시설(시멘트사이로 포함)· 유희시설 등
건축조례로 정하는 것	건축물의 구조에 심대한 영향을 줄 수 있는 중량물
높이 50m를 넘는	태양에너지를 이용하는 발전설비와 그 밖에 이와 비슷한 것

(2) 신고서류
  공작물축조신고서
  - 공작물 등의 배치도
  - 공작물 등의 구조도
  - 구조안전 및 내진설계 확인서
    (높이 8 m 이상인 경우만 해당)
※ 건축허가 신청 시 건축물의 건축에 관한 사항과 함께 공작물 등의 축조신고에 관한 사항을 제출한 경우에는 공작물축조신고서의 제출을 생략

(3) 유지·관리 상태 점검결과 제출
  허가권자에게 3년마다 제출

<table>
<tr><th>건 축 법</th><th>건 축 법 시 행 령</th></tr>
<tr><td>

[제83조]

② 삭제 〈19.04.30〉

③ 제14조, 제21조 제5항, 제29조, 제40조제4항, 제41조, 제47조, 제48조, 제55조, 제58조, 제60조, 제61조, 제79조, 제84조, 제85조, 제87조와 「국토의 계획 및 이용에 관한 법률」 제76조는 대통령령으로 정하는 바에 따라 제1항의 경우에 준용한다.

〈개정 19.04.30〉

</td><td>

[제118조]

③ 제1항 각 호의 공작물에 관하여는 법 제83조제3항에 따라 법 제14조, 제21조제5항, 제29조, 제35조제1항, 제40조제4항, 제41조, 제47조, 제48조, 제55조, 제58조, 제60조, 제61조, 제79조, 제81조, 제84조, 제85조, 제87조 및 「국토의 계획 및 이용에 관한 법률」 제76조를 준용한다. 다만, 제1항제3호의 공작물로서「옥외광고물 등 관리법」에 따라 허가를 받거나 신고를 한 공작물에 관하여는 법 제14조를 준용하지 않고, 제1항제5호의 공작물에 관하여는 법 제58조를 준용하지 않으며, 제1항제8호의 공작물에 관하여는 법 제55조를 준용하지 않고, 제1항 제3호・제8호의 공작물에 대해서만 법 제61조를 준용한다.

〈개정 21.05.04〉

④ 제3항 본문에 따라 법 제48조를 준용하는 경우 해당 공작물에 대한 구조 안전 확인의 내용 및 방법 등은 국토교통부령으로 정한다. 〈신설 13.11.20〉

⑤ 특별자치시장・특별자치도지사 또는 시장・군수・구청장은 제1항에 따라 공작물 축조신고를 받았으면 국토교통부령 으로 정하는 바에 따라 공작물 관리대장에 그 내용을 작성하고 관리하여야 한다.

〈개정 14.10.14〉

⑥ 제5항에 따른 공작물 관리대장은 전자적 처리가 불가능한 특별한 사유가 없으면 전자적 처리가 가능한 방법으로 작성하고 관리하여야 한다.

[전문개정 08.10.29]

</td></tr>
</table>

건축법시행규칙	요　　약
	(3) 준용규정 　건축법 제14조　　: 건축신고 　　[예외]　3호의 공작물(옥외광고물 등 관리법에 의한 　　　　　　　허가, 신고 받은 것) 　건축법 제21조③ : 착공신고(건설사업자 시공) 　건축법 제29조　　: 공용 건축물에 대한 특례 　건축법 제35조① : 건축물의 유지·관리 　건축법 제40조④ : 대지의 안전 등 – 옹벽설치 　건축법 제41조　　: 토지 굴착부분에 대한 조치 등 　건축법 제47조　　: 건축선에 의한 건축제한 　건축법 제48조　　: 구조내력 등 　건축법 제55조　　: 건폐율 (8호 제외) 　건축법 제58조　　: 대지안의 공지(5호 제외) 　건축법 제60조　　: 건축물의 높이제한 ☆건축법 제61조　　: 일조 등의 확보를 위한 높이제한 　　　　　　　　　　(3호, 8호에 한함) 　건축법 제79조　　: 위반건축물 등에 대한 조치 등 　건축법 제81조　　: 기존의 건축물에 대한 안전점검 및 　　　　　　　　　　시정명령 등 　건축법 제84조　　: 면적·높이 및 층수의 산정 　건축법 제85조　　: 행정대집행법의 적용의 특례 　건축법 제87조　　: 보고 및 검사 등 　국토의 계획 및 이용에 관한 법률 제76조　: 　　　　　　　　　용도지역 및 용도지구안에서의 　　　　　　　　　건축물의 건축제한 등 (4) 대장 기재 관리 　　공작물축조신고 접수시 공작물관리대장에 기재 관리

건 축 법	건 축 법 시 행 령
제84조 【면적·높이 및 층수의 산정】 건축물의 대지 면적, 연면적, 바닥면적, 높이, 처마, 천장, 바닥 및 층수의 산정방법은 대통령령으로 정한다.	**제119조 【면적 등의 산정방법】** ① 법 제84조에 따라 건축물의 면적·높이 및 층수 등은 다음 각 호의 방법에 따라 산정한다. 〈개정 13.03.23〉 1. **대지면적** : 대지의 수평투영면적으로 한다. 다만, 다음 각 목의 어느 하나에 해당하는 면적은 제외한다. 가. 법 제46조제1항 단서에 따라 대지에 건축선이 정하여진 경우 : 그 건축선과 도로 사이의 대지면적 나. 대지에 도시계획시설인 도로·공원 등이 있는 경우 : 그 도시계획시설에 포함되는 대지 (「국토의 계획 및 이용에 관한 법률」 제47조 제7항에 따라 건축물 또는 공작물을 설치하는 도시·군계획시설의 부지는 제외한다)면적

<table>
<tr><th>건 축 법 시 행 규 칙</th><th>요   약</th></tr>
</table>

대지면적

(1) 대지면적 산정의 원칙

 대지면적 : 대지의 수평 투영면적

　　　대지의 표면이 경사진 경우 그 표면에 따른

　　　면적이 아니라 수평면에 투영한 면적

 ※ 임야면적 : 경사면적

(2) 대지면적에서 제외되는 부분

1. 소요너비 미달도로의 건축선과 도로 경계선
 사이의 부분은 대지 면적산정에서 제외된다.

※ 소요너비에 미달되는 너비의 도로 중 당해 도로의
 양쪽에 대지가 있는 경우에는 도로의 중심선
 으로부터 당해 소요너비의 1/2에 상당하는 수평
 거리를 후퇴한 건축선으로 하고 이 건축선과
 도로와의 사이의 대지의 면적은 건축법상 대지면적
 에 포함하지 아니한다.

※ 소요너비에 미달되는 너비의 도로 중 당해 도로의
 반대측에 하천·경사지·철도 등 선로부지 기타 이와
 유사한 것이 있는 경우에 당해 하천·경사지·철도 등
 선로부지 등이 있는 측 도로경계선에서 소요너비에
 상당하는 수평거리의 선을 건축선으로 하고 이 건축
 선과 도로와의 사이의 대지면적은 건축법상 대지면적
 에 포함하지 아니한다.

2. 도로 너비 8m 미만인 도로의 모퉁이에 위치한
 대지로서 街角整理되는 부분의 면적은 다음 표에
 정하는 바에 따라 건축법상 대지면적에 포함하지
 아니한다.

도로의	당해도로의너비		교차되는도로의너비
교차각	6m 이상 8m 미만	4m 이상 6m 미만	
90° 미만	4m	3m	6m 이상 8m 미만
	3m	2m	4m 이상 6m 미만
90° 이상 120° 미만	3m	2m	6m 이상 8m 미만
	2m	2m	4m 이상 6m 미만

3. 대지에 도시계획시설인 도로·공원 등이 있는
 경우 그 도시계획시설에 포함되는 대지면적은
 건축법상 대지면적에 포함하지 아니한다.

[제119조 제1항]

2. **건축면적** : 건축물의 외벽(외벽이 없는 경우에는 외곽 부분의 기둥으로 한다. 이하 이 호에서 같다)의 중심선으로 둘러싸인 부분의 수평투영면적으로 한다. 다만, 다음 각 목의 어느 하나에 해당하는 경우에는 해당 목에서 정하는 기준에 따라 산정한다.　　〈개정 21.11.02〉

　가. 처마, 차양, 부연(附椽), 그 밖에 이와 비슷한 것으로서 그 외벽의 중심선으로부터 수평거리 1미터 이상 돌출된 부분이 있는 건축물의 건축면적은 그 돌출된 끝부분으로부터 다음의 구분에 따른 수평거리를 후퇴한 선으로 둘러싸인 부분의 수평투영면적으로 한다.

　　1)「전통사찰의 보존 및 지원에 관한 법률」제2조제1호에 따른 전통사찰 :
　　　4미터 이하의 범위에서 외벽의 중심선까지의 거리　　〈개정 12.12.12〉

　　2) 사료 투여, 가축 이동 및 가축 분뇨 유출 방지 등을 위하여 처마, 차양, 부연, 그 밖에 이와 비슷한 것이 설치된 축사 : 3미터 이하의 범위에서 외벽의 중심선까지의 거리(두 동의 축사가 하나의 차양으로 연결된 경우에는 6미터 이하의 범위에서 축사 양 외벽의 중심선까지의 거리를 말한다)
　　　　　　〈개정 20.10.08〉

　　3) 한옥 : 2미터 이하의 범위에서 외벽의 중심선까지의 거리

　　4)「환경친화적자동차의 개발 및 보급 촉진에 관한 법률 시행령」제18조의5에 따른 충전시설(그에 딸린 충전 전용 주차구획을 포함한다)의 설치를 목적으로 처마, 차양, 부연, 그 밖에 이와 비슷한 것이 설치된 공동주택(「주택법」제15조에 따른 사업계획승인 대상으로 한정한다): 2미터 이하의 범위에서 외벽의 중심선까지의 거리　　〈신설 17.05.02〉

　　5)「신에너지 및 재생에너지 개발·이용·보급 촉진법」제2조제3호에 따른 신·재생에너지 설비(신·재생에너지를 생산하거나 이용하기 위한 것만 해당한다)를 설치하기 위하여 처마, 차양, 부연, 그 밖에 이와 비슷한 것이 설치된 건축물로서 「녹색건축물 조성 지원법」제17조에 따른 제로에너지건축물 인증을 받은 건축물 : 2미터 이하의 범위에서 외벽의 중심선까지의 거리

　　6)「환경친화적 자동차의 개발 및 보급 촉진에 관한 법률」제2조제9호의 수소연료공급시설을 설치하기 위하여 처마, 차양, 부연 그 밖에 이와 비슷한 것이 설치된 별표 1 제19호가목의 주유소, 같은 호 나목의 액화석유가스 충전소 또는 같은 호 바목의 고압가스 충전소: 2미터 이하의 범위에서 외벽의 중심선까지의 거리

　　7) 그 밖의 건축물 : 1미터

　나. 다음의 건축물의 건축면적은 국토교통부령으로 정하는 바에 따라 산정한다.

　　1) 태양열을 주된 에너지원으로 이용하는 주택

　　2) 창고 또는 공장 중 물품을 입출고하는 부위의 상부에 한쪽 끝은 고정되고 다른 쪽 끝은 지지되지 않는 구조로 설치된 돌출차양

　　3) 단열재를 구조체의 외기측에 설치하는 단열공법으로 건축된 건축물　　〈신설 11.06.29〉

건 축 법 시 행 규 칙	요 약

제43조【 태양열을 이용하는 주택 등의 건축면적 산정 방법 등 】 ①영 제119조제1항제2호나목1) 및 3)에 따라 태양열을 주된 에너지원으로 이용하는 주택의 건축면적과 단열재를 구조체의 외기측에 설치하는 단열공법으로 건축된 건축물의 건축면적은 건축물의 외벽중 내측 내력벽의 중심선을 기준으로 한다. 이 경우 태양열을 주된 에너지원으로 이용하는 주택의 범위는 국토교통부장관이 정하여 고시하는 바에 따른다.
〈개정 20.10.28〉

② 영 제119조제1항제2호나목2)에 따라 창고 또는 공장 중 물품을 입출고하는 부위의 상부에 설치하는 한쪽 끝은 고정되고 다른 끝은 지지되지 않은 구조로 된 돌출차양의 면적 중 건축면적에 산입하는 면적은 다음 각 호에 따라 산정한 면적 중 작은 값으로 한다.　　　　　　〈개정 20.10.28〉

1. 해당 돌출차양을 제외한 창고의 건축면적의 10퍼센트를 초과하는 면적　　〈신설 08.12.11〉

2. 해당 돌출차양의 끝부분으로부터 수평거리 6미터를 후퇴한 선으로 둘러싸인 부분의 수평투영면적　　　　　〈개정 17.01.19〉

요 약

건축면적

(1) 건축 면적

건축물의 외벽(외벽이 없는 경우에는 외곽부분의 기둥)의 중심선으로 둘러싸인 부분의 수평투영면적

(2) 완화 규정

가. 처마, 차양, 부연, 그 밖에 이와 비슷한 것으로서 그 외벽의 중심선으로부터 수평거리 1m 이상 돌출된 부분이 있는 건축물의 건축면적

　- 그 돌출된 끝부분으로부터 다음의 구분에 따른 수평거리를 후퇴한 선으로 둘러싸인 부분의 수평투영면적

1) 전통사찰 : 4m

2) 켄틸레버 구조의 돌출차양이 설치된 축사 : 3m

3) 한옥 : 2m

4) 충전시설 설치를 목적으로 처마, 차양, 부연, 그 밖에 이와 비슷한 것이 설치된 공동주택 : 2m

5) 신·재생에너지 설비 설치를 위한 처마, 차양, 부연 등 제로에너지건축물 : 2m

6) 주유소, LPG 충전소 또는 고압가스 충전소 : 2미터

7) 기타 건축물 : 1m

나. 다음의 건축물의 건축면적은 아래에 정하는 바에 따라 산정.

1) 태양열을 주된 에너지원으로 이용하는 주택

　- 건축물의 외벽중 내측 내력벽의 중심선

2) 창고, 공장 중 물품을 입출고하는 부위의 상부에 켄틸레버 구조로 설치된 돌출차양

　-. 해당 돌출차양을 제외한 창고의 건축면적의 10 %를 초과하는 면적

　- 해당 돌출차양의 끝부분으로부터 수평거리 6m를 후퇴한 선으로 둘러싸인 부분의 수평투영면적

3) 단열재를 구조체의 외기측에 설치하는 단열공법으로 건축된 건축물

　- 건축물의 외벽중 내측 내력벽의 중심선

건 축 법 시 행 령

[제119조 제1항 제2호]

  다. 다음의 경우에는 건축면적에 산입하지 않는다.

   1) 지표면으로부터 1미터 이하에 있는 부분(창고 중 물품을 입출고하기 위하여 차량을 접안시키는 부분의 경우에는 지표면으로부터 1.5미터 이하에 있는 부분)

   2) 「다중이용업소의 안전관리에 관한 특별법 시행령」제9조에 따라 기존의 다중이용업소(2004년 5월 29일 이전의 것만 해당한다)의 비상구에 연결하여 설치하는 폭 2미터 이하의 옥외피난계단(기존 건축물에 옥외 피난계단을 설치함으로써 법 제55조에 따른 건폐율의 기준에 적합하지 아니하게 된 경우만 해당한다)

   3) 건축물 지상층에 일반인이나 차량이 통행할 수 있도록 설치한 보행통로나 차량통로

   4) 지하주차장의 경사로

   5) 건축물 지하층의 출입구 상부(출입구 너비에 상당하는 규모의 부분을 말한다)

   6) 생활폐기물 보관시설(음식물쓰레기, 의류 등의 수거시설을 말한다. 이하 같다)

   7) 「영유아보육법」제15조에 따른 영유아보육시설(2005년 1월 29일 이전에 설치된 것만 해당한다)의 비상구에 연결하여 설치하는 폭 2미터 이하의 영유아용 대피용 미끄럼대 또는 비상계단(기존 건축물에 영유아용 대피용 미끄럼대 또는 비상계단을 설치함으로써 법 제55조에 따른 건폐율 기준에 적합하지 아니하게 된 경우만 해당한다) 〈신설 11.06.29〉

   8) 「장애인·노인·임산부 등의 편의증진 보장에 관한 법률 시행령」별표 2의 기준에 따라 설치하는 장애인용 승강기, 장애인용 에스컬레이터, 휠체어리프트 또는 경사로 〈개정 16.07.19〉

   9) 「가축전염병 예방법」제17조제1항제1호에 따른 소독설비를 갖추기 위하여 같은 호에 따른 가축사육 시설(2015년 4월 27일 전에 건축되거나 설치된 가축사육시설로 한정한다)에서 설치하는 시설 〈신설 15.04.24〉

   10) 「매장문화재 보호 및 조사에 관한 법률 시행령」제14조제1항제1호 및 제2호에 따른 현지보존 및 이전 보존을 위하여 매장문화재 보호 및 전시에 전용되는 부분 〈신설 16.01.19〉

   11) 「가축분뇨의 관리 및 이용에 관한 법률」제12조제1항에 따른 처리시설(법률 제12516호 가축분뇨의 관리 및 이용에 관한 법률 일부개정법률 부칙 제9조에 해당하는 배출시설의 처리시설로 한정한다) 〈신설 16.01.19〉

   12) 「영유아보육법」제15조에 따른 설치기준에 따라 직통계단 1개소를 갈음하여 건축물의 외부에 설치하는 비상계단(같은 조에 따른 어린이집이 2011년 4월 6일 이전에 설치된 경우로서 기존 건축물에 비상계단을 설치함으로써 법 제55조에 따른 건폐율 기준에 적합하지 않게 된 경우만 해당한다) 〈신설 19.10.22〉

[전문개정 09.6.30]

건 축 법 시 행 규 칙	요 약
	(3) 건축 면적 산정 제외 1) 지표면으로부터 1m 이하에 있는 부분 　－ 창고(차량을 접안시키는 부분) : 1.5m 이하 2) 기존의 다중이용업소(2004년 5월 29일 이전의 것 　만 해당)의 비상구에 연결하여 설치하는 폭 2m 　이하의 옥외피난계단(건폐율의 기준에 적합하지 　아니하게 된 경우만 해당) 3) 건축물 지상층에 일반인이나 차량이 통행할 수 　있도록 설치한 보행통로나 차량통로 4) 지하주차장의 경사로 5) 건축물 지하층의 출입구 상부 　(출입구 너비에 상당하는 규모의 부분) 6) 생활폐기물 보관시설 　(음식물쓰레기, 의류 등의 수거시설) 7) 영유아보육시설(2005년 1월 29일 이전에 설치된 　것만 해당)의 비상구에 연결하여 설치하는 폭 2m 　이하의 영유아용 대피용 미끄럼대 또는 비상계단 　(건폐율 기준에 적합하지 아니한 경우만 해당) 8) 장애인용 승강기, 장애인용 에스컬레이터, 　휠체어리프트, 경사로 9) 가축사육시설(2015년 4월 27일 전에 건축되거나 　설치된 가축사육시설로 한정)에서 설치하는 시설 10) 현지보존 및 이전보존을 위하여 매장문화재 보호 　및 전시에 전용되는 부분 11) 처리시설 　(법률 제12516호 가축분뇨의 관리 및 이용에 관한 　법률 일부개정법률 부칙 제9조에 해당하는 배출 　시설의 처리시설로 한정) 12)「영유아보육법」 제15조에 따른 설치기준에 따라 　직통계단 1개소를 갈음하여 건축물의 외부에 설치 　하는 비상계단 　(같은 조에 따른 어린이집이 2011년 4월 6일 이전 　에 설치된 경우로서 기존 건축물에 비상계단을 　설치함으로써 건폐율 기준에 적합하지 않게 된 　경우만 해당)

[제119조 제1항]

3. **바닥면적** : 건축물의 각층 또는 그 일부로서 벽, 기둥, 그 밖에 이와 비슷한 구획의 중심선으로 둘러싸인 부분의 수평투영면적으로 한다. 다만, 다음 각 목의 어느 하나에 해당하는 경우에는 각 목에서 정하는 바에 따른다.

　가. 벽·기둥의 구획이 없는 건축물은 그 지붕 끝부분으로부터 수평거리 1미터를 후퇴한 선으로 둘러싸인 수평투영면적으로 한다.

　나. 건축물의 노대등의 바닥은 난간 등의 설치 여부에 관계없이 노대 등의 면적(외벽의 중심선으로부터 노대 등의 끝부분까지의 면적을 말한다)에서 노대 등이 접한 가장 긴 외벽에 접한 길이에 1.5미터를 곱한 값을 뺀 면적을 바닥면적에 산입한다. 〈개정 18.09.04〉

　다. 필로티나 그 밖에 이와 비슷한 구조(벽면적의 2분의 1 이상이 그 층의 바닥면에서 위층 바닥 아래면까지 공간으로 된 것만 해당한다)의 부분은 그 부분이 공중의 통행이나 차량의 통행 또는 주차에 전용되는 경우와 공동주택의 경우에는 바닥면적에 산입하지 아니한다.

　라. 승강기탑(옥상 출입용 승강장을 포함한다), 계단탑, 장식탑, 다락[층고(層高)가 1.5미터(경사진 형태의 지붕인 경우에는 1.8미터) 이하인 것만 해당한다], 건축물의 내부에 설치하는 냉방설비 배기장치 전용 설치공간(각 세대나 실별로 외부 공기에 직접 닿는 곳에 설치하는 경우로서 1제곱미터 이하로 한정한다), 건축물의 외부 또는 내부에 설치하는 굴뚝, 더스트슈트, 설비덕트, 그 밖에 이와 비슷한 것과 옥상·옥외 또는 지하에 설치하는 물탱크, 기름탱크, 냉각탑, 정화조, 도시가스정압기, 그 밖에 이와 비슷한 것을 설치하기 위한 구조물과 건축물 간에 화물의 이동에 이용되는 컨베이어벨트만을 설치하기 위한 구조물은 바닥면적에 산입하지 않는다. 〈개정 21.01.08〉

　마. 공동주택으로서 지상층에 설치한 기계실, 전기실, 어린이놀이터, 조경시설 및 생활폐기물 보관시설의 면적은 바닥면적에 산입하지 않는다. 〈개정 20.10.08〉

　바. 「다중이용업소의 안전관리에 관한 특별법 시행령」 제9조에 따라 기존의 다중이용업소(2004년 5월 29일 이전의 것만 해당한다)의 비상구에 연결하여 설치하는 폭 1.5미터 이하의 옥외피난계단(기존 건축물에 옥외 피난계단을 설치함으로써 법 제56조에 따른 용적률에 적합하지 아니하게 된 경우만 해당한다)은 바닥면적에 산입하지 아니한다.

　사. 제6조제1항제6호에 따른 건축물을 리모델링하는 경우로서 미관 향상, 열의 손실 방지 등을 위하여 외벽에 부가하여 마감재 등을 설치하는 부분은 바닥면적에 산입하지 아니한다. 〈신설 10.02.16〉

　아. 제1항제2호나목3)의 건축물의 경우에는 단열재가 설치된 외벽 중 내측 내력벽의 중심선을 기준으로 산정한 면적을 바닥면적으로 한다. 〈신설 11.06.29〉

　자. 「영유아보육법」 제15조에 따른 영유아보육시설(2005년 1월 29일 이전에 설치된 것만 해당한다)의 비상구에 연결하여 설치하는 폭 2미터 이하의 영유아용 대피용 미끄럼대 또는 비상계단의 면적은 바닥면적(기존 건축물에 영유아용 대피용 미끄럼대 또는 비상계단을 설치함으로써 법 제56조에 따른 용적률 기준에 적합하지 아니하게 된 경우만 해당한다)에 산입하지 아니한다. 〈신설 11.06.29〉

　차. 「장애인·노인·임산부 등의 편의증진 보장에 관한 법률 시행령」 별표 2의 기준에 따라 설치하는 장애인용 승강기, 장애인용 에스컬레이터, 휠체어리프트 또는 경사로는 바닥면적에 산입하지 아니한다.

　카. 「가축전염병 예방법」 제17조제1항제1호에 따른 소독설비를 갖추기 위하여 같은 호에 따른 가축사육시설(2015년 4월 27일 전에 건축되거나 설치된 가축사육시설로 한정한다)에서 설치하는 시설은 바닥면적에 산입하지 아니한다. 〈신설 15.04.24〉

　타. 「매장문화재 보호 및 조사에 관한 법률 시행령」 제14조제1항제1호 및 제2호에 따른 현지보존 및 이전보존을 위하여 매장문화재 보호 및 전시에 전용되는 부분은 바닥면적에 산입하지 아니한다.

　파. 「영유아보육법」 제15조에 따른 설치기준에 따라 직통계단 1개소를 갈음하여 건축물의 외부에 설치하는 비상계단의 면적은 바닥면적(같은 조에 따른 어린이집이 2011년 4월 6일 이전에 설치된 경우로서 기존 건축물에 비상계단을 설치함으로써 법 제56조에 따른 용적률 기준에 적합하지 않게 된 경우만 해당한다)에 산입하지 않는다. 〈신설 19.10.22〉

　하. 지하주차장의 경사로(지상층에서 지하 1층으로 내려가는 부분으로 한정한다)는 바닥면적에 산입하지 않는다. 〈개정 21.05.04〉

바닥면적

건축물의 각층 또는 그 일부로서 벽·기둥·그 밖에 이와 비슷한 구획의 중심선으로 둘러싸인 부분의
수평 투영면적

[예외]

(1) 벽·기둥의 구획이 없는 건축물

지붕 끝 부분으로부터 수평거리 1m 후퇴한 선으로 둘러싸인 수평투영면적은 바닥면적에 포함되고
1 m 후퇴한 선 밖의 부분은 면적 산정에서 제외됨

(2) 건축물의 노대 등

노대 등의 바닥은 난간 등의 설치에 관계없이 노대 등의 면적(외벽의 중심선으로부터 노대 등의 끝부분까지
면적)에서 노대 등이 접한 가장 긴 외벽에 접한 길이에 1.5 m 를 곱한 값을 공제한 면적을 바닥면적에 산입

※ 노대 등 : 주택의 발코니 등

(3) 필로티 그 밖에 이와 비슷한 구조의 부분

당해 부분이 공중의 통행 또는 차량의 주차에 전용되는 경우와 공동주택의 경우.

※ 필로티 : 벽면적의 1/2 이상이 공간으로 된 구조

(4) 기타 바닥 면적에서 제외되는 부분

 1. 승강기탑(옥상 출입용 승강장 포함)·계단탑·장식탑·다락[층고가 1.5 m (경사지붕 1.8 m) 이하인 것]
    냉방설비 배기장치 전용설치공간(각 세대나 실별로 외부에 설치하는 경우 : 1㎡ 이하로 한정)·
    내외부 굴뚝· 더스트슈트·설비덕트 그 밖에 이와 비슷한 것
 2. 옥상·옥외 또는 지하에 설치하는 물탱크·기름탱크·냉각탑·정화조 그 밖에 이와 비슷한 것을 설치하기 위한
    구조물
 3. 공동주택으로서 지상층에 설치한 기계실·전기실·어린이놀이터·조경시설
 4. 기존의 다중이용업소(2004. 5. 29 이전) 비상구에 연결하여 설치하는 폭 1.5 m 이하의 옥외피난계단
    (용적률에 부적합한 경우)
 5. 사용승인 후 15년 이상이 되어 리모델링하는 건축물
    – 미관 향상, 열의 손실 방지 등을 위하여 외벽에 부가하여 마감재 등을 설치하는 부분
 6. 단열재가 설치된 외벽 중 내측 내력벽의 중심선을 기준으로 바닥면적 산정
 7. 영유아보육시설(2005년 1월 29일 이전에 설치된 것만 해당)의 비상구에 연결하여 설치하는
    폭 2 m 이하의 영유아용 대피용 미끄럼대 또는 비상계단(용적률 기준에 부적합한 경우만 해당)
 8. 장애인용 승강기, 장애인용 에스컬레이터, 휠체어리프트, 경사로
 9. 소독설비를 갖추기 위한 가축사육시설(2015년 4월 27일 전에 건축되거나 설치된 가축사육시설로 한정)에서
    설치하는 시설
10. 현지보존 및 이전보존을 위하여 매장문화재 보호 및 전시에 전용되는 부분
11.「영유아보육법」에 따른 설치기준에 따라 직통계단 1개소를 갈음하여 건축물의 외부에 설치하는 비상계단의
    면적(어린이집이 2011년 4월 6일 이전에 설치된 경우 기존 건축물에 비상계단을 설치함으로써 용적률 기준에
    적합하지 않게 된 경우만 해당)
12. 지하주차장의 경사로(지상층에서 지하 1층으로 내려가는 부분으로 한정)

<table>
<tr><th>건 축 법</th><th>건 축 법 시 행 령</th></tr>
<tr><td></td><td>

[제119조 제1항]

4. **연면적** : 하나의 건축물 각 층의 바닥면적의 합계로 하되, 용적률을 산정할 때에는 다음 각 목에 해당하는 면적은 제외한다.
〈개정 21.01.08〉

　　가. 지하층의 면적

　　나. 지상층의 주차용(해당 건축물의 부속용도인 경우만 해당한다)
　　　　으로 쓰는 면적

　　다. 삭제〈12.12.12〉

　　라. 삭제〈12.12.12〉

　　마. 제34조제3항 및 제4항에 따라 초고층 건축물과
　　　　준초고층 건축물에 설치하는 피난안전구역의 면적

　　바. 제40조제4항제2호에 따라 건축물의 경사지붕 아래에
　　　　설치하는 대피공간의 면적

</td></tr>
<tr><td>건 축 법</td><td>[제119조 제1항]</td></tr>
</table>

건축법시행규칙	요약

	연면적 : 각층 바닥 면적의 합계
	
	※ 용적률 산정용 연면적에 제외되는 부분
	
	  1. 지하층 면적
	
	  2. 지상층의 주차용 면적
	
	  3. 초고층 건축물과 준초고층 건축물에 설치하는
	     피난안전구역의 면적
	
	  4. 경사지붕 아래에 설치하는 대피공간의 면적

건 축 법	건 축 법 시 행 령
	[제119조 제1항] 5. **건축물의 높이** : 지표면으로부터 그 건축물의 상단까지의 높이 　[건축물의 1층 전체에 필로티(건축물을 사용하기 위한 경비실, 계단실, 승강기실, 그 밖에 이와 비슷한 것을 포함한다)가 설치되어 있는 경우에는 법 제60조 및 법 제61조제2항을 적용할 때 필로티의 층고를 제외한 높이]로 한다. 　다만, 다음 각 목의 어느 하나에 해당하는 경우에는 각 목에서 정하는 바에 따른다. 　가. 법 제60조에 따른 건축물의 높이는 전면도로의 중심선으로부터의 높이로 산정한다. 다만, 전면도로가 다음의 어느 하나에 해당하는 경우에는 그에 따라 산정한다. 　　1) 건축물의 대지에 접하는 전면도로의 노면에 고저차가 있는 경우에는 그 건축물이 접하는 범위의 전면도로부분의 수평거리에 따라 가중평균한 높이의 수평면을 전면도로면으로 본다. 　　2) 건축물의 대지의 지표면이 전면도로보다 높은 경우에는 그 고저차의 2분의 1의 높이만큼 올라온 위치에 그 전면도로의 면이 있는 것으로 본다. 　나. 법 제61조에 따른 건축물 높이를 산정할 때 건축물 대지의 지표면과 인접 대지의 지표면 간에 고저차가 있는 경우에는 그 지표면의 평균 수평면을 지표면으로 본다. 다만, 법 제61조제2항에 따른 높이를 산정할 때 해당 대지가 인접 대지의 높이보다 낮은 경우에는 해당 대지의 지표면을 지표면으로 보고, 공동주택을 다른 용도와 복합하여 건축하는 경우에는 공동주택의 가장 낮은 부분을 그 건축물의 지표면으로 본다. 　다. 건축물의 옥상에 설치되는 승강기탑·계단탑·망루·장식탑·옥탑 등으로서 그 수평투영면적의 합계가 해당 건축물 건축면적의 8분의 1(「주택법」 제15조제1항에 따른 사업계획승인 대상인 공동주택 중 세대별 전용면적이 85제곱미터 이하인 경우에는 6분의 1) 이하인 경우로서 그 부분의 높이가 12미터를 넘는 경우에는 그 넘는 부분만 해당 건축물의 높이에 산입한다. 　라. 지붕마루장식·굴뚝·방화벽의 옥상돌출부나 그 밖에 이와 비슷한 옥상돌출물과 난간벽(그 벽면적의 2분의 1 이상이 공간으로 되어 있는 것만 해당한다)은 그 건축물의 높이에 산입하지 아니한다.

건 축 법 시 행 규 칙	요 약

요약 열 내용:

<table>
<tr><td colspan="2">

건축물의 높이

지표면으로부터 그 건축물의 상단까지 높이

※ 건축물의 1층 전체에 필로티 설치시 필로티 층고 제외
   1) 건축물의 높이제한
   2) 공동주택
      – 채광방향(정북방향은 절대높이임)
      – 동간(棟間) 거리

※ 필로티에 경비실·계단실·승강기실 등 설치는 가능

(1) 건축물의 높이제한의 경우

   기점 – 전면도로의 중심선으로부터의 높이
   종점 – 건축물의 각 해당부분의 상단까지의 높이

1. 전면 도로의 노면에 고저차가 있는 경우
   그 건축물이 접하는 범위의 전면 도로 부분의
   수평거리에 따라 가중 평균한 높이의 수평면을
   전면도로면으로 본다.
2. 대지의 지표면이 전면 도로면보다 높은 경우
   그 고저차의 1/2의 높이만큼 올라온 위치에
   그 전면 도로의 면이 있는 것으로 본다.

(2) 일조 등의 확보를 위한 건축물의 높이제한의 경우

   건축물의 대지의 지표면과 인접대지의 지표면간에
   고저차가 있는 경우에는 그 지표면의 평균수평면을
   지표면으로 본다.

[예외]

</td></tr>
</table>

분 류	지표면의 기준
전용주거지역 및 일반주거지역을 제외한 지역에서 공동주택을 다른 용도와 복합하여 건축할 경우	공동주택의 가장 낮은 부분

(3) 건축물의 높이 산정에서 제외되는 부분

1. 건축물의 옥상에 설치되는 승강기탑·계단탑·망루
·장식탑·옥탑 등으로서 수평 투영면적의 합계가
당해 건축물의 건축 면적의 1/8 이하인 경우로서
옥상 부분의 높이가 12 m 를 넘는 경우에는 그
넘는 부분에 한하여 건축물의 높이에 산입
   ※ 공동주택(주택법 : 전용 85 ㎡ 이하) : 1/6
2. 옥상 돌출부(지붕마루장식·굴뚝·방화벽) 기타
이와 유사한 옥상 돌출물과 난간벽(벽 면적의
1/2 이상이 공간으로 되어 있는 것에 한함)은
높이 산정에서 제외

건 축 법	건축법시행령
	[제119조 제1항] 6. **처마높이** : 지표면으로부터 건축물의 지붕틀 또는 이와 비슷한 수평재를 지지하는 벽·깔도리 또는 기둥의 상단까지의 높이로 한다. 7. **반자높이** : 방의 바닥면으로부터 반자까지의 높이로 한다. 다만, 한 방에서 반자높이가 다른 부분이 있는 경우에는 그 각 부분의 반자면적에 따라 가중 평균한 높이로 한다. 8. **층고** : 방의 바닥구조체 윗면으로부터 위층 바닥구조체의 윗면까지의 높이로 한다. 다만, 한 방에서 층의 높이가 다른 부분이 있는 경우에는 그 각 부분 높이에 따른 면적에 따라 가중 평균한 높이로 한다.

건 축 법 시 행 규 칙	요 약
	처마높이 지표면으로부터 건축물의 지붕틀 또는 이와 유사한 수평재를 지지하는 벽·깔도리 또는 기둥의 상단까지의 높이 **반자높이** 방의 바닥면으로부터 반자까지의 높이 ※ 동일 방에서 반자높이가 다른 경우 　　～ 반자의 면적에 따라 가중 평균한 높이 **층 고** 방의 바닥구조체 윗면으로부터 위층 바닥구조체의 윗면까지의 높이 ※ 동일 방에서 층의 높이가 다른 경우 　　～ 높이에 따른 면적에 따라 가중 평균한 높이

<table><tr><th>건　축　법</th><th>건축법시행령</th></tr></table>

[제119조 제1항]

9. **층수** : 승강기탑(옥상 출입용 승강장을 포함한다), 계단탑, 망루, 장식탑, 옥탑, 그 밖에 이와 비슷한 건축물의 옥상 부분으로서 그 수평투영면적의 합계가 해당 건축물 건축면적의 8분의 1(「주택법」 제15조제1항에 따른 사업계획승인 대상인 공동주택 중 세대별 전용면적이 85제곱미터 이하인 경우에는 6분의 1) 이하인 것과 지하층은 건축물의 층수에 산입하지 아니하고, 층의 구분이 명확하지 아니한 건축물은 그 건축물의 높이 4미터 마다 하나의 층으로 보고 그 층수를 산정하며, 건축물이 부분에 따라 그 층수가 다른 경우에는 그 중 가장 많은 층수를 그 건축물의 층수로 본다.

10. **지하층의 지표면 산정** : 법 제2조제1항제5호에 따른 지하층의 지표면은 각 층의 주위가 접하는 각 지표면 부분의 높이를 그 지표면 부분의 수평거리에 따라 가중평균한 높이의 수평면을 지표면으로 산정한다.

② 제1항 각 호(제10호는 제외한다)에 따른 기준에 따라 건축물의 면적·높이 및 층수 등을 산정할 때 지표면에 고저차가 있는 경우에는 건축물의 주위가 접하는 각 지표면 부분의 높이를 그 지표면 부분의 수평거리에 따라 가중평균한 높이의 수평면을 지표면으로 본다. 이 경우 그 고저차가 3미터를 넘는 경우에는 그 고저차 3미터 이내의 부분마다 그 지표면을 정한다.

③ 다음 각 호의 요건을 모두 갖춘 건축물의 건폐율을 산정할 때에는 제1항제2호에도 불구하고 지방건축위원회의 심의를 통해 제2호에 따른 개방 부분의 상부에 해당하는 면적을 건축면적에서 제외할 수 있다. 〈신설 20.04.21〉

1. 다음 각 목의 어느 하나에 해당하는 시설로서 해당 용도로 쓰는 바닥면적의 합계가 1천제곱미터 이상일 것

　　가. 문화 및 집회시설(공연장·관람장·전시장만 해당한다)

　　나. 교육연구시설(학교·연구소·도서관만 해당한다)

　　다. 수련시설 중 생활권 수련시설, 업무시설 중 공공업무시설

2. 지면과 접하는 저층의 일부를 높이 8미터 이상으로 개방하여 보행통로나 공지 등으로 활용할 수 있는 구조·형태일 것

④ 제1항제5호다목 또는 제1항제9호에 따른 수평투영면적의 산정은 제1항제2호에 따른 건축면적의 산정 방법에 따른다.

⑤ 국토교통부장관은 제1항부터 제4항까지에서 규정한 건축물의 면적, 높이 및 층수 등의 산정방법에 관한 구체적인 적용사례 및 적용방법 등을 작성하여 공개할 수 있다. 〈신설 21.05.04〉

건 축 법 시 행 규 칙	요 약

층 수

(1) 층수 산정의 원칙

구 분	산 정 기 준
층의 구분이 불명확한 건축물	높이 4 m 마다 하나의 층으로 산정
건축물의 부분에 따라 층수를 달리하는 경우	각 부분의 층수 중 가장 많은 층수

(2) 층수 산정에서 제외되는 부분

구 분	조 건
옥상 부분 [승강기탑(옥상 출입용 승강장 포함)·계단탑·망루·장식탑 ·옥탑 기타 이와 유사한 것]	수평 투영 면적의 합계가 건축면적의 1/8 이하인 것 ※ 공동주택(주택법 적용) 전용 85 ㎡ 이하 : 1/6
지 하 층	층수에 산입하지 않음

지하층의 지표면산정

각층의 주위가 접하는 각 지표면 부분의 높이를
그 지표면 부분의 수평거리에 따라 가중 평균한 높이의
수평면을 지표면으로 산정

지표면에 고저차가 있는 경우

(1) 원칙적인 지표면 : 가중평균 높이의 수평면

(2) 고저차가 3 m를 넘을 경우 :

3 m 이내 마다 산정

수평투영면적 산정방법

건축 면적 산정 방법 준용

<table>
<tr><th>건 축 법</th><th>건 축 법 시 행 령</th></tr>
<tr><td>

제85조【「행정대집행법」 적용의 특례】 ① 허가권자는 제11조, 제14조, 제41조와 제79조제1항에 따라 필요한 조치를 할 때 다음 각 호의 어느 하나에 해당하는 경우로서 「행정대집행법」 제3조제1항과 제2항에 따른 절차에 의하면 그 목적을 달성하기 곤란한 때에는 해당 절차를 거치지 아니하고 대집행할 수 있다.

1. 재해가 발생할 위험이 절박한 경우
2. 건축물의 구조 안전상 심각한 문제가 있어 붕괴 등 손괴의 위험이 예상되는 경우
3. 허가권자의 공사중지명령을 받고도 불응하여 공사를 강행하는 경우
4. 도로통행에 현저하게 지장을 주는 불법건축물인 경우
5. 그 밖에 공공의 안전 및 공익에 심히 저해되어 신속하게 실시할 필요가 있다고 인정되는 경우로서 대통령령으로 정하는 경우

② 제1항에 따른 대집행은 건축물의 관리를 위하여 필요한 최소한도에 그쳐야 한다.

[전문개정 09.4.1]

제86조【청문】 허가권자는 제79조에 따라 허가나 승인을 취소하려면 청문을 실시하여야 한다.

제87조【보고와 검사 등】
① 국토교통부장관, 시·도지사, 시장·군수·구청장, 그 소속 공무원, 제27조에 따른 업무대행자 또는 제37조에 따른 건축지도원은 건축물의 건축주등, 공사감리자, 공사시공자 또는 관계전문기술자에게 필요한 자료의 제출이나 보고를 요구할 수 있으며, 건축물·대지 또는 건축공사장에 출입하여 그 건축물, 건축설비, 그 밖에 건축공사에 관련되는 물건을 검사하거나 필요한 시험을 할 수 있다.

〈개정 16.02.03〉

② 제1항에 따라 검사나 시험을 하는 자는 그 권한을 표시하는 증표를 지니고 이를 관계인에게 내보여야 한다.
③ 허가권자는 건축관계자등과의 계약 내용을 검토할 수 있으며, 검토결과 불공정 또는 불합리한 사항이 있어 부실 설계·시공·감리가 될 우려가 있는 경우에는 해당 건축주에게 그 사실을 통보하고 해당 건축물의 건축공사 현장을 특별히 지도·감독하여야 한다. 〈신설 16.02.03〉

</td><td>

제119조의2【「행정대집행법」 적용의 특례】
법 제85조제1항제5호에서 "대통령령으로 정하는 경우"란 「대기환경보전법」에 따른 대기오염물질 또는「물환경보전법」에 따른 수질오염물질을 배출하는 건축물로서 주변 환경을 심각 하게 오염시킬 우려가 있는 경우를 말한다. 〈개정 19.10.22〉

[본조신설 09.8.5]

</td></tr>
</table>

<table>
<tr><td align="center">건 축 법 시 행 규 칙</td><td align="center">요　　　약</td></tr>
</table>

<table>
<tr><td>

[행정대집행법 제3조 (대집행의 절차)]

① 대집행을 하려함에 있어서는 상당한 이행기한을 정하여 그 기한까지 이행되지 아니할 때에는 대집행을 한다는 뜻을 미리 문서로써 계고

② 의무자가 계고를 받고 지정기한까지 그 의무를 이행하지 아니할 때에는 당해 행정청은 대집행영장으로써 대집행을 할 시기, 대집행을 시키기 위하여 파견하는 집행책임자의 성명과 대집행에 요하는 비용의 개산에 의한 견적액을 의무자에게 통지

</td></tr>
</table>

제42조 【출입검사원증】　법 제87조 제2항에 따라 검사나 시험을 하는 자의 권한을 표시하는 증표는 별지 제33호 서식과 같다.　〈개정 08.12.11〉

행정대집행법의 적용의 특례

허가권자는 다음의 필요한 조치를 함에 있어 아래의 경우 행정대집행법의 규정에 의한 절차를 생략하고 이를 대집행할 수 있다.

1) 법조항

법 조 항	내용
법 제11조	건축허가
법 제14조	건축신고
법 제41조	토지굴착부분에 대한 조치 등
법 제79조	위반 건축물 등에 대한 조치 등

2) 행정대집행법 특례대상

1. 재해가 발생할 위험이 절박한 경우
2. 건축물의 구조 안전상 심각한 문제가 있어 붕괴 등 손괴의 위험이 예상되는 경우
3. 허가권자의 공사중지명령을 받고도 불응하여 공사를 강행하는 경우
4. 도로통행에 현저하게 지장을 주는 불법건축물인 경우
5. 그 밖에 공공의 안전 및 공익에 심히 저해되어 신속하게 실시할 필요가 있다고 인정되는 경우로서 「대기환경보전법」에 따른 대기오염물질 또는 「물환경보전법」에 따른 수질오염물질을 배출하는 건축물로서 주변 환경을 심각하게 오염시킬 우려가 있는 경우

3) 대집행 범위

대집행은 건축물의 관리를 위하여 필요 최소한도
- 행정청의 재량남용방지 및 재산권 보호

청 문

건축주 등에 대하여 의견진술 기회 부여
- 허가나 승인 취소 時

보고 및 검사 등

1. 필요한 자료 제출·보고 요구 - 검사·시험
2. 신분증 제시

<table>
<tr><th>건 축 법</th><th>건 축 법 시 행 령</th></tr>
</table>

제87조의2 【지역건축안전센터 설립】

① 지방자치단체의 장은 다음 각 호의 업무를 수행하기 위하여 관할구역에 지역건축안전센터를 설치할 수 있다. 〈개정 22.06.10〉

  1. 제21조, 제22조, 제27조 및 제87조에 따른 기술적인 사항에 대한 보고·확인·검토·심사 및 점검

1의2. 제11조, 제14조 및 제16조에 따른 허가 또는 신고에 관한 업무

  2. 제25조에 따른 공사감리에 대한 관리·감독

  3. 삭제 〈19.04.30〉

  4. 그 밖에 대통령령으로 정하는 사항

② 제1항에도 불구하고 다음 각 호의 어느 하나에 해당하는 지방자치단체의 장은 관할 구역에 지역건축안전센터를 설치하여야 한다. 〈신설 22.06.10〉

  1. 시·도

  2. 인구 50만명 이상 시·군·구

  3. 국토교통부령으로 정하는 바에 따라 산정한 건축허가 면적 (직전 5년 동안의 연평균 건축허가 면적을 말한다) 또는 노후 건축물 비율이 전국 지방자치단체 중 상위 30퍼센트 이내에 해당하는 인구 50만명 미만 시·군·구

③ 체계적이고 전문적인 업무 수행을 위하여 지역건축안전센터에「건축사법」제23조제1항에 따라 신고한 건축사 또는「기술사법」제6조제1항에 따라 등록한 기술사 등 전문인력을 배치하여야 한다

④ 제1항부터 제3항에 따른 지역건축안전센터의 설치·운영 및 전문인력의 자격과 배치기준 등에 필요한 사항은 국토 교통부령으로 정한다.

제119조의3 【지역건축안전센터의 업무】

법 제87조의2제1항제4호에서 "대통령령으로 정하는 사항"이란 관할 구역 내 건축물의 안전에 관한 사항으로서 해당 지방자치단체의 조례로 정하는 사항을 말한다.

[본조신설 18.06.26]

<table>
<tr><th>건 축 법</th></tr>
</table>

제87조의3 【건축안전특별회계의 설치】

① 시·도지사 또는 시장·군수·구청장은 관할 구역의 지역 건축안전센터 설치·운영 등을 지원하기 위하여 건축 안전특별회계(이하 "특별회계"라 한다)를 설치할 수 있다.

② 특별회계는 다음 각 호의 재원으로 조성한다.

  1. 일반회계로부터의 전입금

  2. 제17조에 따라 납부되는 건축허가 등의 수수료 중 해당 지방자치단체의 조례로 정하는 비율의 금액

  3. 제80조에 따라 부과·징수되는 이행강제금 중 해당 지방자치단체의 조례로 정하는 비율의 금액

  4. 제113조에 따라 부과·징수되는 과태료 중 해당 지방자치단체의 조례로 정하는 비율의 금액

  5. 그 밖의 수입금

③ 특별회계는 다음 각 호의 용도로 사용한다.

  1. 지역건축안전센터의 설치·운영에 필요한 경비

  2. 지역건축안전센터의 전문인력 배치에 필요한 인건비

  3. 제87조의2제1항 각 호의 업무 수행을 위한 조사·연구비

  4. 특별회계의 조성·운용 및 관리를 위하여 필요한 경비

  5. 그 밖에 건축물 안전에 관한 기술지원 및 정보 제공을 위하여 해당 지방자치단체의 조례로 정하는 사업의 수행에 필요한 비용

<table>
<tr><th>건 축 법 시 행 규 칙</th><th>요　　　　약</th></tr>
</table>

제43조의2 【지역건축안전센터의 설치 및 운영 등】

① 시·도지사 및 시장·군수·구청장이 법 제87조의2에 따라 설치하는 지역건축안전센터(이하 "지역건축안전센터"라 한다)에는 센터장 1명과 법 제87조의2제1항 각 호의 업무를 수행하는 데 필요한 전문인력을 둔다.

② 시·도지사 및 시장·군수·구청장은 해당 지방자치단체 소속 공무원 중에서 건축행정에 관한 학식과 경험이 풍부한 사람이 제1항에 따른 센터장(이하 "센터장 "이라 한다)을 겸임하게 할 수 있다.

③ 센터장은 지역건축안전센터의 사무를 총괄하고, 소속 직원을 지휘·감독한다.

④ 제1항에 따른 전문인력(이하 "전문인력"이라 한다)은 다음 각 호의 어느 하나에 해당하는 자격을 갖춘 사람으로서 건축행정에 관한 학식과 경험이 풍부한 사람으로 한다.

〈개정 19.02.25〉

1. 「건축사법」 제2조제1호에 따른 건축사
2. 다음 각 목의 어느 하나에 해당하는 사람
　가. 「국가기술자격법」에 따른 건축구조기술사
　나. 「건설기술 진흥법 시행령」 별표 1에 따른
　　　건설기술인 중 건축구조 분야 고급기술인 이상의
　　　자격기준을 갖춘 사람
3. 「국가기술자격법」에 따른 건축시공기술사
4. 다음 각 목의 어느 하나에 해당하는 사람
　가. 「국가기술자격법」에 따른 건축기계설비기술사
　나. 「건설기술 진흥법 시행령」 별표 1에 따른
　　　건설기술인 중 건축기계설비 분야 고급기술인
　　　이상의 자격기준을 갖춘 사람
5. 다음 각 목의 어느 하나에 해당하는 사람
　가. 「국가기술자격법」에 따른 지질 및 지반기술사
　　　또는 토질 및 기초기술사
　나. 「건설기술 진흥법 시행령」 별표 1에 따른
　　　건설기술인 중 토질·지질 분야 고급기술인
　　　이상의 자격기준을 갖춘 사람

⑤ 시·도지사 및 시장·군수·구청장은 별표 8에 따른 산정기준에 따라 지역건축안전센터의 전문인력을 확보하기 위하여 노력하여야 한다. 다만, 전문인력 중 제4항제1호 및 제2호에 해당하는 전문인력(이하 "필수전문인력"이라 한다)은 각각 1명 이상 두어야 한다.

지역건축안전센터

1. 지역건축안전센터설치 - 허가권자
　1) 건축허가, 건축신고, 착공신고, 사용승인,
　　현장조사·검사 및 확인업무의 대행,
　　안전점검, 기존건축물에 대한 안전점검
　　및 시정명령 등, 보고 및 검사 등에 따른
　　기술적인 사항에 대한 보고·확인·검토
　　·심사 및 점검
　2) 공사감리에 대한 관리·감독
　3) 주택의 유지관리·지원에 따른 기술지원
　　및 정보제공
　4) 그 밖에 대통령령으로 정하는 사항
2. 전문인력 배치
　- 건축사
　- 기술사 등 : 건축구조기술사
　　　　　　　　건축구조 분야 고급기술인
　　　　　　　　건축시공기술사
　　　　　　　　건축기계설비기술사
　　　　　　　　건축기계설비 분야 고급기술인
　　　　　　　　지질 및 지반기술사
　　　　　　　　토질 및 기초기술사
　　　　　　　　토질·지질 분야 고급기술인
3. 지역건축안전센터의 설치·운영 및 전문인력의 자격과 배치기준 등에 필요한 사항은 국토교통부령으로 정한다.

건 축 법 시 행 규 칙

⑥ 시장·군수·구청장이 지역의 규모·예산·인력 및 건축허가 등의 신청 건수를 고려하여 단독으로 지역건축안전센터를 설치·운영하는 것이 곤란하다고 판단하는 경우에는 둘 이상의 시·군·구가 공동으로 하나의 지역건축안전센터를 설치·운영할 수 있다. 이 경우 공동으로 지역건축안전센터를 설치·운영하려는 시장·군수·구청장은 지역건축안전센터의 공동 설치 및 운영에 관한 협약을 체결하여야 한다.

⑦ 제1항부터 제6항까지에서 규정한 사항 외에 지역 건축안전센터의 조직 및 운영 등에 필요한 사항은 해당 지방자치단체의 조례로 정한다.

건 축 법	건 축 법 시 행 령

제88조 【건축분쟁전문위원회】 ① 건축등과 관련된 다음 각 호의 분쟁(「건설산업기본법」 제69조에 따른 조정의 대상이 되는 분쟁은 제외한다. 이하 같다)의 조정(調停) 및 재정(裁定)을 하기 위하여 국토교통부에 건축분쟁전문위원회(이하 "분쟁위원회"라 한다)를 둔다 〈개정 14.05.28〉

1. 건축관계자와 해당 건축물의 건축등으로 피해를 입은 인근주민(이하 "인근주민"이라 한다) 간의 분쟁

2. 관계전문기술자와 인근주민 간의 분쟁

3. 건축관계자와 관계전문기술자 간의 분쟁

4. 건축관계자 간의 분쟁

5. 인근주민 간의 분쟁

6. 관계전문기술자 간의 분쟁

7. 그 밖에 대통령령으로 정하는 사항

② 삭제 〈14.05.28〉

③ 삭제 〈14.05.28〉

제119조의4 【분쟁조정】 ① 법 제88조에 따라 분쟁의 조정 또는 재정(이하 "조정등"이라 한다)을 받으려는 자는 국토교통부령으로 정하는 바에 따라 신청취지와 신청사건의 내용을 분명하게 밝힌 조정등의 신청서를 국토교통부에 설치된 건축분쟁전문위원회(이하 "분쟁위원회"라 한다)에 제출(전자문서에 의한 제출을 포함한다) 하여야 한다.

〈개정 14.11.28〉

<table>
<tr><th>건 축 법 시 행 규 칙</th><th>요 약</th></tr>
</table>

제43조의3【분쟁조정의 신청】 ①영 제119조의4제1항에 따라 분쟁의 조정 또는 재정(이하 "조정등"이라 한다)을 받으려는 자는 다음 각 호의 사항을 기재하고 서명·날인한 분쟁조정등신청서에 참고자료 또는 서류를 첨부해 국토교통부에 설치된 건축분쟁전문위원회(이하 "분쟁위원회"라 한다")에 제출(전자문서로 제출하는 것을 포함한다)해야 한다.

〈개정 21.06.25〉

1. 신청인의 성명(법인의 경우에는 명칭) 및 주소
2. 당사자의 성명(법인의 경우에는 명칭) 및 주소
3. 대리인을 선임한 경우에는 대리인의 성명 및 주소
4. 분쟁의 조정등을 받고자 하는 사항

〈개정 06.5.12〉

5. 분쟁이 발생하게 된 사유와 당사자간의 교섭경과
6. 신청연월일

②제1항의 경우에 증거자료 또는 서류가 있는 경우에는 그 원본 또는 사본을 분쟁조정등신청서에 첨부하여 제출할 수 있다.　　　　〈개정 06.5.12〉

[본조신설 96.1.18]

제43조의4【분쟁위원회의 회의·운영 등】
①법 제88조에 따른 분쟁위원회의 위원장은 분쟁위원회를 대표하고 분쟁위원회의 업무를 통할한다.

〈개정 14.11.28〉

②분쟁위원회의 위원장은 분쟁위원회의 회의를 소집하고 그 의장이 된다.　　〈개정 14.11.28〉

③분쟁위원회의 위원장이 부득이한 사유로 직무를 수행할 수 없는 때에는 부위원장이 그 직무를 대행한다.

〈개정 14.11.28〉

④분쟁위원회의 사무를 처리하기 위하여 간사를 두되, 간사는 국토교통부 소속 공무원 중에서 분쟁위원회의 위원장이 지정한 자가 된다.　〈개정 14.11.28〉

⑤분쟁위원회의 회의에 출석한 위원 및 관계전문가에 대하여는 예산의 범위 안에서 수당을 지급할 수 있다. 다만, 공무원인 위원이 그 소관 업무와 직접적으로 관련되어 출석하는 경우에는 그러하지 아니 하다.

〈개정 14.11.28〉

[본조신설 06.05.12]

건축분쟁전문위원회

(1) 분쟁조정사항

1. 건축관계자와 피해 입은 인근 주민간의 분쟁
2. 관계전문기술자와 인근 주민간의 분쟁
3. 건축관계자와 관계전문기술자간의 분쟁
4. 건축관계자 간의 분쟁
5. 인근주민 간의 분쟁
6. 관계전문기술자 간의 분쟁

(2) 관할

1. 분쟁위원회 :
   특별시장·광역시장 또는 특별자치도지사가 허가권자인 사항
2. 지방건축분쟁전문위원회 :
   시장·군수·구청장이 허가권자인 사항

(3) 회의 운영

1. 분쟁위원회 :
   - 위원장 : 분쟁위원회 대표,
   　　　　　업무총괄, 회의소집, 의장
   - 간　사 : 국토교통부 소속 공무원 중에서
   　　　　　분쟁위원회의 위원장이 지정한 자
   - 수　당 : 출석한 위원 및 관계 전문가
2. 지방조정위원회 : 시·도의 조례

(4) 분쟁조정신청

1. 분쟁조정등신청서
   - 신청인의 성명(법인의 경우에는 명칭) 및 주소
   - 당사자의 성명(법인의 경우에는 명칭) 및 주소
   - 대리인을 선임한 경우에는 대리인의 성명 및 주소
   - 분쟁의 조정 등을 받고자 하는 사항
   - 분쟁이 발생하게 된 사유와 당사자간의 교섭경과
   - 신청연월일
2. 증거자료 또는 서류

<table>
<tr><td align="center">건 축 법</td><td align="center">건 축 법 시 행 령</td></tr>
</table>

제89조 【분쟁위원회의 구성】

① 분쟁위원회는 각각 위원장과 부위원장 각 1명을 포함한 15명 이내의 위원으로 구성한다.

〈개정 14.05.28〉

② 분쟁위원회의 위원은 건축이나 법률에 관한 학식과 경험이 풍부한 자로서 다음 각 호의 어느 하나에 해당하는 자 중에서 국토교통부장관이 임명하거나 위촉한다. 이 경우 제4호에 해당하는 자가 2명 이상 포함되어야 한다.　　〈개정 14.05.28〉

1. 3급 상당 이상의 공무원으로 1년 이상 재직한 자

2. 삭제 〈14.05.28〉

3. 「고등교육법」에 따른 대학에서 건축공학이나 법률학을 가르치는 조교수 이상의 직(職)에 3년 이상 재직한 자

4. 판사, 검사 또는 변호사의 직에 6년 이상 재직한 자

5. 「국가기술자격법」에 따른 건축분야 기술사 또는 「건축사법」 제23조에 따라 건축사사무소개설신고를 하고 건축사로 6년 이상 종사한 자

6. 건설공사나 건설업에 대한 학식과 경험이 풍부한 자로서 그 분야에 15년 이상 종사한 자

③ 삭제 〈14.05.28〉

④ 분쟁위원회의 위원장과 부위원장은 위원 중에서 국토교통부장관이 위촉한다　　〈개정 14.05.28〉

⑤ 공무원이 아닌 위원의 임기는 3년으로 하되, 연임할 수 있으며, 보궐위원의 임기는 전임자의 남은 임기로 한다.

⑥ 분쟁위원회의 회의는 재적위원 과반수의 출석으로 열고 출석위원 과반수의 찬성으로 의결한다.

〈개정 14.05.28〉

건 축 법 시 행 규 칙	요 약

	분쟁위원회의 구성
	
	(1) 구성
	  1. 위 원 장 : 1인
	  2. 부위원장 : 1인
	  3. 위 원 : 15인 이내(위원장, 부위원장 포함)
	(2) 위원의 위촉(국토교통부장관/시·도지사)
	  1. 3급 상당 이상의 공무원으로 1년 이상
	    재직한 자
	  2. 삭제
	  3. 대학에서 건축공학이나 법률학을 가르치는
	    조교수 이상의 직에 3년 이상 재직한 자
	  4. 판사·검사 또는 변호사의 직에 6년 이상 재직한 자
	    (2인 이상 포함)
	  5. 건축분야기술사, 건축사로 6년 이상 종사한 자
	  6. 건설공사 또는 건설업에 대한 학식과 경험이
	    풍부한 자로서 그 분야에 15년 이상 종사한 자
	
	(3) **위원장 및 부위원장**
	    위원 중에서 국토교통부장관이 위촉
	
	(4) **위원의 임기**
	    공무원이 아닌 위원의 임기는 3년으로 하되
	    연임가능, 보궐위원의 임기는 전임자의 잔여임기
	
	(5) **의 결**
	    회의는 재적위원 과반수의 출석으로 열고
	    출석위원 과반수의 찬성으로 의결

[제89조]

⑦ 다음 각 호의 어느 하나에 해당하는 자는 분쟁위원회의 위원이 될 수 없다.

〈개정 14.05.28〉

1. 피성년후견인, 피한정후견인 또는 파산선고를 받고 복권되지 아니한 자
2. 금고 이상의 실형을 선고받고 그 집행이 끝나거나 (집행이 끝난 것으로 보는 경우를 포함한다)되거나 집행이 면제된 날부터 2년이 지나지 아니한 자
3. 법원의 판결이나 법률에 따라 자격이 정지된 자

⑧ 위원의 제척·기피·회피 및 위원회의 운영, 조정 등의 거부와 중지 등 그 밖에 필요한 사항은 대통령령으로 정한다. 〈신설 14.05.28〉

제90조 삭제 〈14.05.28〉

제119조의7 [위원의 제척 등] ① 법 제89조제8항에 따라 분쟁위원회의 위원이 다음 각 호의 어느 하나에 해당하면 그 직무의 집행에서 제외된다.

1. 위원 또는 그 배우자나 배우자였던 자가 해당 분쟁사건(이하 "사건"이라 한다)의 당사자가 되거나 그 사건에 관하여 당사자와 공동권리자 또는 의무자의 관계에 있는 경우
2. 위원이 해당 사건의 당사자와 친족이거나 친족이었던 경우
3. 위원이 해당 사건에 관하여 진술이나 감정을 한 경우
4. 위원이 해당 사건에 당사자의 대리인으로서 관여하였거나 관여한 경우
5. 위원이 해당 사건의 원인이 된 처분이나 부작위에 관여한 경우

② 분쟁위원회는 제척 원인이 있는 경우 직권이나 당사자의 신청에 따라 제척의 결정을 한다.

③ 당사자는 위원에게 공정한 직무집행을 기대하기 어려운 사정이 있으면 분쟁위원회에 기피신청을 할 수 있으며, 분쟁위원회는 기피신청이 타당하다고 인정하면 기피의 결정을 하여야 한다.

④ 위원은 제1항이나 제3항의 사유에 해당하면 스스로 그 사건의 직무집행을 회피할 수 있다.

[본조신설 14.11.28]

제119조의8 [조정등의 거부와 중지] ① 법 제89조제8항에 따라 분쟁위원회는 분쟁의 성질상 분쟁위원회에서 조정등을 하는 것이 맞지 아니하다고 인정하거나 부정한 목적으로 신청하였다고 인정되면 그 조정등을 거부할 수 있다. 이 경우 조정등의 거부 사유를 신청인에게 알려야 한다.

② 분쟁위원회는 신청된 사건의 처리 절차가 진행되는 도중에 한쪽 당사자가 소(訴)를 제기한 경우에는 조정등의 처리를 중지하고 이를 당사자에게 알려야 한다.

[본조신설 14.11.28]

건 축 법 시 행 규 칙	요 약
	(6) 위원의 결격 사유 　1. 피성년후견인, 피한정후견인 또는 파산선고를 　　받고 복권되지 아니한 자 　2. 금고 이상의 실형의 선고를 받고 그 집행이 　　끝나거나 집행이 면제된 날부터 2년이 지나지 　　아니한 자 　3. 법원의 판결이나 법률에 따라 자격이 정지된 자 **위원의 제척 등** (1) 직무 집행 제외. 　1. 위원 또는 그 배우자나 배우자였던 자가 해당 분쟁 　　사건의 당사자가 되거나 그 사건에 관하여 당사자와 　　공동권리자 또는 의무자의 관계에 있는 경우 　2. 위원이 해당 사건의 당사자와 친족이거나 친족 　　이었던 경우 　3. 위원이 해당 사건에 관하여 진술이나 감정을 한 　　경우 　4. 위원이 해당 사건에 당사자의 대리인으로서 관여 　　하였거나 관여한 경우 　5. 위원이 해당 사건의 원인이 된 처분이나 부작위에 　　관여한 경우 (2) 분쟁위원회는 제척 원인이 있는 경우 직권이나 　　당사자의 신청에 따라 제척 결정 (3) 당사자는 분쟁위원회에 기피신청을 할 수 있으며, 　　기피신청이 타당하다고 인정하면 기피 결정 (4) 위원은 위의 사유에 해당하면 스스로 그 사건의 　　직무집행 회피

제91조【대리인】 ① 당사자는 다음 각 호에 해당하는 자를 대리인으로 선임할 수 있다.

 1. 당사자의 배우자, 직계존·비속 또는 형제자매

 2. 당사자인 법인의 임직원

 3. 변호사

② 삭제 〈14.05.28〉

③ 대리인의 권한은 서면으로 소명하여야 한다.

④ 대리인은 다음 각 호의 행위를 하기 위하여는 당사자의 위임을 받아야 한다.

 1. 신청의 철회

 2. 조정안의 수락

 3. 복대리인의 선임

건 축 법 시 행 규 칙	요 약

	<table><tr><td>대리인</td></tr></table>
	(1) 대리인 자격
	  1. 당사자의 배우자, 직계존·비속 또는 형제자매
	  2. 당사자인 법인의 임·직원
	  3. 변호사
	
	(2) 대리인 선임
	  변호사 외의 자를 대리인으로 선임 하고자 하는
	  당사자는 건축분쟁전문위원회의 위원장의 허가를
	  받아야 한다.
	
	(3) 대리인계
	  대리인의 권한은 서면으로 소명
	
	(4) 위임
	  1. 신청의 철회
	  2. 조정안의 수락
	  3. 복대리인의 선임

건 축 법	건 축 법 시 행 령
제92조 【조정 등의 신청】 ① 건축물의 건축등과 관련된 분쟁의 조정 또는 재정(이하 "조정등"이라 한다)을 신청하려는 자는 분쟁위원회에 조정 등의 신청서를 제출하여야 한다.　　　　　　　〈개정 14.05.28〉 ② 제1항에 따른 조정신청은 해당 사건의 당사자 중 1명 이상이 하며, 재정신청은 해당 사건 당사자 간의 합의로 한다. 다만, 분쟁위원회는 조정신청을 받으면 해당 사건의 모든 당사자에게 조정신청이 접수된 사실을 알려야 한다.　　　　　　　〈개정 14.05.28〉 ③ 건축분쟁전문위원회는 당사자의 조정신청을 받으면 60일 이내에, 재정신청을 받으면 120일 이내에 절차를 마쳐야 한다. 다만, 부득이한 사정이 있으면 분쟁위원회의 의결로 기간을 연장할 수 있다.　　　　　　　〈개정 14.05.28〉	

건 축 법 시 행 규 칙	요　　　약
	조정 등의 신청 (1) 조정 신청 　건축물의 건축 등과 관련한 분쟁의 조정 등을 신청 　하고자 하는 자는 관할 분쟁위원회에 조정 등의 　신청서를 제출 (2) 조정 신청자 　1. 조정신청 : 해당 사건의 당사자 중 1인 이상 　2. 재정신청 : 해당 사건의 당사자 간에 합의 (3) 조정 기간 　1. 조정신청 :　60일 이내 　2. 재정신청 : 120일 이내 　[예외] 부득이한 사정이 있는 경우 　　　　　 위원회의 의결로 기간 연장가능

<table>
<tr><th>건 축 법</th><th>건 축 법 시 행 령</th></tr>
</table>

제93조 【조정등의 신청에 따른 공사중지】

① 삭제　〈14.05.28〉

② 삭제　〈14.05.28〉

③ 시·도지사 또는 시장·군수·구청장은 위해 방지를 위하여 긴급한 상황이거나 그 밖에 특별한 사유가 없으면 조정등의 신청이 있다는 이유만으로 해당 공사를 중지하게 하여서는 아니 된다.

<table>
<tr><th>건 축 법 시 행 규 칙</th><th>요　　　약</th></tr>
<tr><td></td><td>

조정등의 신청에 따른 공사중지

시·도지사 또는 시장·군수·구청장은 위해방지상
긴급하거나 그 밖에 특별한 사유가 없는 한
조정 등의 신청의 사실만을 이유로 당해 공사를
중지하게 하여서는 아니 된다.

</td></tr>
</table>

<table>
<tr><td align="center">건 축 법</td><td align="center">건 축 법 시 행 령</td></tr>
</table>

제94조 【조정위원회와 재정위원회】

① 조정은 3명의 위원으로 구성되는 조정위원회에서 하고, 재정은 5명의 위원으로 구성되는 재정위원회에서 한다.

② 조정위원회의 위원(이하 "조정위원"이라 한다)과 재정위원회의 위원(이하 "재정위원"이라 한다)은 사건마다 분쟁위원회의 위원 중에서 위원장이 지명한다. 이 경우 재정위원회에는 제89조제2항제4호에 해당하는 위원이 1명 이상 포함되어야 한다.
〈개정 14.05.28〉

③ 조정위원회와 재정위원회의 회의는 구성원 전원의 출석으로 열고 과반수의 찬성으로 의결한다.

건 축 법 시 행 규 칙	요 약

	<u>조정위원회와 재정위원회</u>
	
	(1) 조정 / 재정
	  1. 조정 : 3인의 위원으로 구성되는 조정위원회
	  2. 재정 : 5인의 위원으로 구성되는 재정위원회
	
	(2) 위원선임
	  조정위원 및 재정위원은 사건마다 건축분쟁전문
	  위원회의 위원 중에서 위원장이 지명
	  (변호사 등 위원이 1인 이상 포함)
	
	(3) 의 결
	  조정위원회 및 재정위원회의 회의는 구성원 전원의
	  출석으로 개의하고 과반수의 찬성으로 의결

<table>
<tr><th>건 축 법</th><th>건 축 법 시 행 령</th></tr>
</table>

제95조 【조정을 위한 조사 및 의견청취】

① 조정위원회는 조정에 필요하다고 인정하면 조정위원 또는 사무국의 소속 직원에게 관계 서류를 열람하게 하거나 관계 사업장에 출입하여 조사하게 할 수 있다.　　　　　　　　〈개정 14.05.28〉

② 조정위원회는 필요하다고 인정하면 당사자나 참고인을 조정위원회에 출석하게 하여 의견을 들을 수 있다.

③ 분쟁의 조정신청을 받은 조정위원회는 조정기간 내에 심사하여 조정안을 작성하여야 한다.
　　　　　　　　　　　　　　〈개정 14.05.28〉

[제119조의4]

② 조정위원회는 법 제95조제2항에 따라 당사자나 참고인을 조정위원회에 출석하게 하여 의견을 들으려면 회의 개최 5일 전에 서면(당사자 또는 참고인이 원하는 경우에는 전자문서를 포함한다)으로 출석을 요청하여야 하며, 출석을 요청받은 당사자 또는 참고인은 조정위원회의 회의에 출석할 수 없는 부득이한 사유가 있는 경우에는 미리 서면 또는 전자문서로 의견을 제출할 수 있다.

③ 법 제88조, 제89조 및 제91조부터 제104조까지의 규정에 따른 분쟁의 조정등을 할 때 서류의 송달에 관하여는「민사소송법」 제174조부터 제197조까지를 준용한다.　　　　　　〈개정 14.11.28〉

건 축 법 시 행 규 칙	요 약
	  (1) 조사 　필요시 조정위원 또는 사무국의 소속공무원으로 　하여금 관계 서류를 열람하게 하거나 관계 사업장 　에 출입하여 조사하게 할 수 있다. (2) 의견청취 　필요시 당사자 또는 참고인으로 하여금 　조정위원회에 출석하게 하여 의견청취 　- 회의개최 5일전에 서면으로 통지 (3) 조정안 　조정위원회는 조정기간 내에 심사하여 　조정안 작성

건 축 법	건 축 법 시 행 령
제96조 【조정의 효력】 ① 조정위원회는 제95조제3항에 따라 조정안을 작성하면 지체 없이 각 당사자에게 조정안을 제시하여야 한다. ② 제1항에 따라 조정안을 제시받은 당사자는 제시를 받은 날부터 15일 이내에 수락 여부를 조정위원회에 알려야 한다. ③ 조정위원회는 당사자가 조정안을 수락하면 즉시 조정서를 작성하여야 하며, 조정위원과 각 당사자는 이에 기명날인하여야 한다. ④ 당사자가 제3항에 따라 조정안을 수락하고 조정서에 기명날인하면 조정서의 내용은 재판상 화해와 동일한 효력을 갖는다. 다만, 당사자가 임의로 처분할 수 없는 사항에 관한 것은 그러하지 아니하다. 〈개정 20.12.22〉	

건 축 법 시 행 규 칙	요 약
	조정의 효력 (1) 조정안 제시 　조정위원회는 조정안을 작성한 때에는 　지체없이 각 당사자에게 제시 (2) 수락여부통보 　조정안을 제시받은 당사자는 제시를 받은 날부터 　15일 이내에 수락여부를 조정위원회에 통보 (3) 조정서 작성 　당사자가 조정안을 수락한 때에는 조정위원회는 　즉시 조정서를 작성하여야 하며, 조정위원 및 　각 당사자는 이에 기명날인 (4) 합의 　당사자가 조정안을 수락하고 조정서에 기명날인한 　때에는 당사자간에 조정서와 동일한 내용의 합의가 　성립된 것으로 본다.

<table>
<tr><th>건 축 법</th><th>건 축 법 시 행 령</th></tr>
<tr><td>

제97조 【분쟁의 재정】

① 재정은 문서로써 하여야 하며, 재정 문서에는 다음 각 호의 사항을 적고 재정위원이 이에 기명날인 하여야 한다.

 1. 사건번호와 사건명

 2. 당사자, 선정대표자, 대표당사자 및 대리인의 주소·성명

 3. 주문(主文)

 4. 신청 취지

 5. 이유

 6. 재정 날짜

② 제1항제5호에 따른 이유를 적을 때에는 주문의 내용이 정당하다는 것을 인정할 수 있는 한도에서 당사자의 주장 등을 표시하여야 한다.

③ 재정위원회는 재정을 하면 지체 없이 재정 문서의 정본(正本)을 당사자나 대리인에게 송달하여야 한다.

</td><td></td></tr>
</table>

건 축 법 시 행 규 칙	요 약
	분쟁의 재정 (1) 재정 신청 　재정은 문서로써 행하여야 하며, 　재정문서에는 다음 각 호의 사항을 기재하고 　재정위원이 이에 기명·날인하여야 한다. 　1. 사건번호와 사건명 　2. 당사자·선정대표자·대표당사자 및 　　대리인의 주소·성명 　3. 주문(主文) 　4. 신청의 취지 　5. 이유 　6. 재정 날짜 (2) 주장 표시 　이유를 기재하는 때에는 주문내용이 정당함을 　인정할 수 있는 한도에서 당사자의 주장 등을 표시 (3) 서류 송달 　재정위원회는 재정을 한 때에는 지체 없이 　재정문서의 정본을 당사자 또는 대리인에게 송달

제98조 【재정을 위한 조사권 등】 ① 재정위원회는 분쟁의 재정을 위하여 필요하다고 인정하면 당사자의 신청이나 직권으로 재정위원 또는 소속 공무원에게 다음 각 호의 행위를 하게 할 수 있다.

 1. 당사자나 참고인에 대한 출석 요구, 자문 및 진술 청취

 2. 감정인의 출석 및 감정 요구

 3. 사건과 관계있는 문서나 물건의 열람·복사·제출 요구 및 유치

 4. 사건과 관계있는 장소의 출입· 조사

② 당사자는 제1항에 따른 조사 등에 참여할 수 있다.

③ 재정위원회가 직권으로 제1항에 따른 조사 등을 한 경우에는 그 결과에 대하여 당사자의 의견을 들어야 한다.

④ 재정위원회는 제1항에 따라 당사자나 참고인에게 진술하게 하거나 감정인에게 감정하게 할 때에는 당사자나 참고인 또는 감정인에게 선서를 하도록 하여야 한다.

⑤ 제1항제4호의 경우에 재정위원 또는 소속 공무원은 그 권한을 나타내는 증표를 지니고 이를 관계인에게 내보여야 한다.

건 축 법 시 행 규 칙	요 약

<table>
<tr><td></td><td>

재정을 위한 조사권 등

1. 조사권 등
   재정위원회는 필요시 당사자의 신청에 의하여 또는
   직권으로 재정위원 또는 소속공무원으로 하여금
   다음 각 호의 행위를 하게 할 수 있다.
   1) 당사자 또는 참고인에 대한 출석의 요구·자문
      및 진술청취
   2) 감정인의 출석 및 감정의 요구
   3) 사건과 관계있는 문서 또는 물건의 열람·복사·
      제출요구 및 유치
   4) 사건과 관계있는 장소의 출입·조사

2. 당사자는 조사 등에 참여 불가

3. 재정위원회가 직권으로 조사 등을 한 때에는
   그 결과에 대하여 당사자의 의견을 들어야 한다.

4. 재정위원회는 당사자 또는 참고인에게 진술하게
   하거나 감정인에게 감정하게 하는 때에는 선서를
   하도록 하여야 한다.

5. 재정위원 또는 소속공무원은 그 권한을 나타내는
   증표를 지니고 이를 관계인에게 내보여야 한다.

</td></tr>
</table>

<table>
<tr><th>건 축 법</th><th>건 축 법 시 행 령</th></tr>
<tr><td>

제99조 【재정의 효력 등】 재정위원회가 재정을 한 경우 재정 문서의 정본이 당사자에게 송달된 날부터 60일 이내에 당사자 양쪽이나 어느 한쪽으로부터 그 재정의 대상인 건축물의 건축등의 분쟁을 원인으로 하는 소송이 제기되지 아니하거나 그 소송이 철회되면 그 재정 내용은 재판상 화해와 동일한 효력을 갖는다. 다만, 당사자가 임의로 처분할 수 없는 사항에 관한 것은 그러하지 아니하다.

〈개정 20.12.22〉

제100조 【시효의 중단】 당사자가 재정에 불복하여 소송을 제기한 경우 시효의 중단과 제소기간의 산정에 있어서는 재정신청을 재판상의 청구로 본다.

제101조 【조정 회부】 분쟁위원회는 재정신청이 된 사건을 조정에 회부하는 것이 적합하다고 인정하면 직권으로 직접 조정할 수 있다.

〈개정 14.05.28〉

</td><td>

</td></tr>
</table>

건축법시행규칙	요　　　약
	 재정문서의 정본이 당사자에게 송달된 날부터 60일 이내에 당사자 양쪽이나 어느 한쪽으로부터 그 재정의 대상인 건축물의 건축등의 분쟁을 원인으로 하는 소송이 제기되지 아니하거나 그 소송이 철회되면 당사자간에 재정내용과 동일한 합의가 성립된 것으로 본다. 시효의 중단 당사자가 재정에 불복하여 소송을 제기한 경우에는 시효의 중단 및 제소기간의 산정에 있어서는 재정 신청을 재판상의 청구로 본다. 조정 회부 건축분쟁조정위원회는 재정 신청된 사건을 조정에 회부하는 것이 적합하다고 인정하면 직권으로 직접 조정할 수 있다.

<table>
<tr><th>건 축 법</th><th>건 축 법 시 행 령</th></tr>
<tr><td>

제102조 [비용부담]
① 분쟁의 조정등을 위한 감정·진단·시험 등에 드는 비용은 당사자 간의 합의로 정하는 비율에 따라 당사자가 부담하여야 한다. 다만, 당사자간에 비용부담에 대하여 합의가 되지 아니하면 조정위원회나 재정위원회에서 부담비율을 정한다.
② 조정위원회나 재정위원회는 필요하다고 인정하면 대통령령으로 정하는 바에 따라 당사자에게 제1항에 따른 비용을 예치하게 할 수 있다.
③ 제1항에 따른 비용의 범위에 관하여는 국토교통부령으로 정한다.　　　　　〈개정 14.05.28〉

</td><td>

[제119조의4]
④ 조정위원회 또는 재정위원회는 법 제102조제1항에 따라 당사자가 분쟁의 조정등을 위한 감정· 진단· 시험 등에 드는 비용을 내지 아니한 경우에는 그 분쟁에 대한 조정 등을 보류할 수 있다.
⑤ 삭제 〈14.11.28〉
　　　　　　　　　　　[전문개정 08.10.29]

제119조의9 [조정등의 비용 예치] 법 제102조제2항에 따라 조정위원회 또는 재정위원회는 조정 등을 위한 비용을 예치할 금융기관을 지정하고 예치기간을 정하여 당사자로 하여금 비용을 예치하게 할 수 있다.
　　　　　　　　　　　[본조신설 14.11.28]

</td></tr>
</table>

건 축 법 시 행 규 칙	요 약

제43조의5 【비용부담】 법 제102조제3항에 따라 조정 등의 당사자가 부담할 비용의 범위는 다음 각 호와 같다. 〈개정 14.11.28〉

1. 감정·진단·시험에 소요되는 비용
2. 검사·조사에 소요되는 비용
3. 녹음·속기록·참고인 출석에 소요되는 비용, 그 밖에 조정등에 소요되는 비용. 다만, 다음 각 목의 어느 하나에 해당하는 비용을 제외한다.
   가. 분쟁위원회의 위원 또는 영 제119조의9제2항에 따른 사무국(이하 "사무국"이라 한다) 소속 직원 이 분쟁위원회의 회의에 출석하는데 소요되는 비용
   나. 분쟁위원회의 위원 또는 사무국 소속 직원의 출장 에 소요되는 비용
   다. 우편료 및 전신료

[본조신설 06.5.12]

제44조 【규제의 재검토】 ①국토교통부장관은 제13조 에 따른 가설건축물 축조신고 등에 대하여 2014년 1 월 1일을 기준으로 3년마다(매 3년이 되는 해의 1월 1일 전까지를 말한다) 그 타당성을 검토하여 개선 등의 조치를 하여야 한다. 〈개정 14.12.31〉
② 국토교통부장관은 다음 각 호의 사항에 대하여 다음 각 호의 기준일을 기준으로 2년마다(매 2년이 되는 해의 기준일과 같은 날 전까지를 말한다) 그 타당성을 검토하여 개선 등의 조치를 하여야 한다. 〈신설 14.12.31〉

1. 제12조제1항에 따른 건축물의 건축·대수선 또는 설계변경 신고 시 첨부하여야 하는 서류의 종류: 2015년 1월 1일
2. 제14조제1항에 따른 건축공사의 착공신고 시 첨부하여야 하는 서류의 종류: 2015년 1월 1일
3. 제24조제1항에 따른 건축물철거·멸실신고 시 첨부하여야 하는 해체공사계획서에 규정하여야 하는 사항: 2015년 1월 1일

[본조신설 2013.12.30]

비용 부담

(1) 비용부담
- 감정·진단·시험 등에 소요되는 비용은 당사자간의 합의에 의하여 정하는 비율에 따라 부담
- 비용부담에 대한 합의가 되지 아니하는 경우에는 조정위원회 또는 재정위원회에서 부담비율 결정

(2) 비용예치
조정위원회 또는 재정위원회는 비용을 예치할 금융기관을 지정하고 예치기간을 정하여 당사자로 하여금 비용을 예치하게 할 수 있다.

(3) 비용의 범위
  1. 중앙건축분쟁전문위원회
  1) 감정·진단·시험에 소요되는 비용
  2) 검사·조사에 소요되는 비용
  3) 녹음·속기록·참고인 출석에 소요되는 비용, 그 밖에 조정 등에 소요되는 비용.

[비용 제외]
  가. 중앙건축분쟁전문위원회의 위원 또는 국토교통부 소속 직원이 중앙분쟁전문위원회 의 회의에 출석하는데 소요되는 비용
  나. 중앙건축분쟁전문위원회의 위원 또는 국토교통부 소속 직원의 출장에 소요되는 비용
  다. 우편료 및 전신료

  2. 지방건축분쟁전문위원회

<table>
<tr><th>건 축 법</th><th>건 축 법 시 행 령</th></tr>
</table>

제103조 [분쟁위원회의 운영 및 사무처리 위탁]
① 국토교통부장관은 분쟁위원회의 운영 및 사무처리를 「시설물의 안전관리에 관한 특별법」 제25조에 따른 한국시설안전공단에 위탁할 수 있다.
② 분쟁위원회의 운영 및 사무처리를 위한 조직 및 인력 등은 대통령령으로 정한다.
③ 국토교통부장관은 예산의 범위에서 분쟁위원회의 운영 및 사무처리에 필요한 경비를 한국시설안전공단에 출연 또는 보조할 수 있다.
[본조 전문개정 14.05.28]

제104조 [조정등의 절차] 제88조부터 제103조까지의 규정에서 정한 것 외에 분쟁의 조정등의 방법·절차 등에 관하여 필요한 사항은 대통령령으로 정한다.

제104조의2 [건축위원회의 사무의 정보보호]
건축위원회 또는 관계 행정기관 등은 제4조의5의 민원심의 및 제92조의 분쟁조정 신청과 관련된 정보의 유출로 인하여 신청인과 이해관계인의 이익이 침해되지 아니하도록 노력하여야 한다.
[본조 신설 14.05.28]

제119조의10 [분쟁위원회의 운영 및 사무처리]
① 국토교통부장관은 법 제103조제1항에 따라 분쟁위원회의 운영 및 사무처리를 한국시설안전공단에 위탁한다.
〈개정 16.07.19〉
② 제1항에 따라 위탁을 받은 한국시설안전공단은 그 소속으로 분쟁위원회 사무국을 두어야 한다.
[본조신설 14.11.28]

제119조의 5 [선정대표자] ① 여러 사람이 공동으로 조정 등의 당사자가 될 때에는 그 중에서 3명 이하의 대표자를 선정할 수 있다.
② 분쟁위원회는 당사자가 제1항에 따라 대표자를 선정하지 아니한 경우 필요하다고 인정하면 당사자에게 대표자를 선정할 것을 권고할 수 있다.
〈개정 14.11.28〉
③ 제1항 또는 제2항에 따라 선정된 대표자(이하 "선정대표자"라 한다)는 다른 신청인 또는 피신청인을 위하여 그 사건의 조정등에 관한 모든 행위를 할 수 있다. 다만, 신청을 철회하거나 조정안을 수락하려는 경우에는 서면으로 다른 신청인 또는 피신청인의 동의를 받아야 한다.
④ 대표자가 선정된 경우에는 다른 신청인 또는 피신청인은 그 선정대표자를 통해서만 그 사건에 관한 행위를 할 수 있다.
⑤ 대표자를 선정한 당사자는 필요하다고 인정하면 선정대표자를 해임하거나 변경할 수 있다. 이 경우 당사자는 그 사실을 지체 없이 분쟁위원회에 통지하여야 한다. 〈개정 14.11.28〉
[전문개정 08.10.29]

제119조의 6 [절차의 비공개] 분쟁위원회가 행하는 조정 등의 절차는 법 또는 이 영에 특별한 규정이 있는 경우를 제외하고는 공개하지 아니한다.
〈개정 14.11.28〉
[본조신설 06.5.8]

건 축 법 시 행 규 칙	요 약
	1. 위원회의 사무를 처리하기 위하여 위원회에 사무국을 둘 수 있다. 2. 사무를 분장하게 하기 위하여 심사관을 둔다. 1) 분쟁의 조정등에 필요한 사실조사와 인과관계의 규명 2) 피해액의 산정 및 산정기준의 연구·개발 3) 그 밖에 위원장이 지정하는 사항 3. 위원회의 위원장은 특정사건에 관한 전문적인 사항을 처리하기 위하여 관계 전문가를 위촉하여 사무를 행하게 할 수 있다.

1. 위원회의 사무를 처리하기 위하여 위원회에
   사무국을 둘 수 있다.
2. 사무를 분장하게 하기 위하여 심사관을 둔다.
   1) 분쟁의 조정등에 필요한 사실조사와
      인과관계의 규명
   2) 피해액의 산정 및 산정기준의 연구·개발
   3) 그 밖에 위원장이 지정하는 사항
3. 위원회의 위원장은 특정사건에 관한 전문적인
   사항을 처리하기 위하여 관계 전문가를 위촉하여
   사무를 행하게 할 수 있다.

(1) 대표자 선정
    다수인이 공동으로 조정등의 당사자가 되는 때에
    3명 이하의 대표자를 선정할 수 있다.
(2) 대표자 선정 권고
    당사자가 대표자를 선정하지 아니한 경우
    필요하다고 인정하는 때
(3) 선정대표자의 권한
    다른 신청인 또는 피신청인을 위하여 그 사건의
    조정 등에 관한 모든 행위를 할 수 있다.
    다만, 신청의 철회 및 조정안의 수락은
    다른 신청인 또는 피신청인의 서면 동의 필요
(4) 사건에 관한 행위
    대표자가 선정된 때에는 다른 신청인 또는
    피신청인은 선정대표자를 통하여서만 사건에
    관한 행위를 할 수 있다.
(5) 선정대표자 해임, 변경
    당사자는 필요하다고 인정하는 경우
    선정대표자를 해임하거나 변경할 수 있다.
    이 경우 당사자는 그 사실을 지체없이
    건축분쟁조정위원회에 통지하여야 한다.

    건축분쟁조정위원회가 행하는 조정등의 절차는
    법 또는 이 영에 특별한 규정이 있는 경우를
    제외하고는 공개하지 아니한다

<table><tr><th>건 축 법</th><th>건 축 법 시 행 령</th></tr></table>

제105조 【벌칙 적용 시 공무원 의제】

다음 각 호의 어느 하나에 해당하는 사람은 공무원이 아니더라도 「형법」 제129조부터 제132조까지의 규정과 「특정범죄가중처벌 등에 관한 법률」 제2조와 제3조에 따른 벌칙을 적용할 때에는 공무원으로 본다.

〈개정 22.06.10〉

1. 제4조에 따른 건축위원회의 위원
1의2. 제13조의2제2항에 따라 안전영향평가를 하는 자
1의3. 제52조의3제4항에 따라 건축자재를 점검하는 자
2. 제27조에 따라 현장조사·검사 및 확인업무를 대행하는 사람
3. 제37조에 따른 건축지도원
4. 제82조제4항에 따른 기관 및 단체의 임직원
5. 제87조의2제3항에 따라 지역건축안전센터에 배치된 전문인력

제119조의11 【고유식별정보의 처리】

국토교통부장관(법 제82조에 따라 국토교통부장관의 권한을 위임받거나 업무를 위탁받은 자를 포함한다), 시·도지사, 시장, 군수, 구청장(해당 권한이 위임·위탁된 경우에는 그 권한을 위임·위탁받은 자를 포함한다)은 다음 각 호의 사무를 수행하기 위하여 불가피한 경우「개인정보 보호법 시행령」제19조에 따른 주민등록번호 또는 외국인 등록번호가 포함된 자료를 처리할 수 있다.

1. 법 제11조에 따른 건축허가에 관한 사무
2. 법 제14조에 따른 건축신고에 관한 사무
3. 법 제16조에 따른 허가와 신고사항의 변경에 관한 사무
4. 법 제19조에 따른 용도변경에 관한 사무
5. 법 제20조에 따른 가설건축물의 건축허가 또는 축조신고에 관한 사무
6. 법 제21조에 따른 착공신고에 관한 사무
7. 법 제22조에 따른 건축물의 사용승인에 관한 사무
8. 법 제31조에 따른 건축행정 전산화에 관한 사무
9. 법 제32조에 따른 건축허가 업무 등의 전산처리에 관한 사무
10. 법 제33조에 따른 전산자료의 이용자에 대한 지도·감독에 관한 사무
11. 법 제38조에 따른 건축물대장의 작성·보관에 관한 사무
12. 법 제39조에 따른 등기촉탁에 관한 사무
13. 법 제71조제2항 및 이 영 제107조의2에 따른 특별건축구역의 지정 제안에 관한 사무

[본조신설 2017.3.27.]

건 축 법 시 행 규 칙	요 약

요약 column content:

벌칙적용시 공무원의제

다음에 해당하는 자는 형법 제129조 내지 제132조의
적용에 있어서는 이를 공무원으로 본다.

1. 건축위원회의 위원(제4조)
2. 안전영향평가를 하는 자(제13조의2제2항)
3. 건축자재를 점검하는 자(제24조의2제4항)
4. 조사·검사 및 확인업무를 대행하는 사람 (법 제27조)
5. 건축지도원으로서 공무원이 아닌 자 (법 제37조)
6. 기관 및 단체의 임·직원 (법 제82조제4항)
7. 지역건축안전센터에 배치된 전문인력

※ 관계법
「형법」
제129조〔수뢰, 사전수뢰〕
제130조〔제3자 뇌물제공〕
제131조〔수뢰 후 부정처사, 사후수뢰〕
제132조〔알선수뢰〕

「특정범죄 가중처벌 등에 관한 법률」
제 2조〔뇌물죄의 가중처벌〕
제 3조〔알선 수재〕

<table>
<tr><th>건 축 법</th><th>건 축 법 시 행 령</th></tr>
</table>

제10장　벌　칙

제106조【벌칙】 ① 제23조, 제24조의제1항, 제25조제3항, 제52조의3 제1항 및 제52조의5제2항을을 위반하여 설계·시공·공사감리 및 유지·관리와 건축자재의 제조 및 유통을 함으로써 건축물이 부실하게 되어 착공 후「건설산업기본법」 제28조에 따른 하자담보책임기간에 건축물의 기초와 주요구조부에 중대한 손괴를 일으켜 일반인을 위험에 처하게 한 설계자·감리자·시공자·제조업자·유통업자·관계전문기술자 및 건축주는 10년 이하의 징역에 처한다. 〈개정 12.12.22〉

②제1항의 죄를 범하여 사람을 죽거나 다치게 한 자는 무기징역이나 3년 이상의 징역에 처한다.

제107조【벌칙】 ①업무상 과실로 제106조제1항의 죄를 범한 자는 5년 이하의 징역이나 금고 또는 5억원 이하의 벌금에 처한다. 〈개정 16.02.03〉

② 업무상 과실로 제106조제2항의 죄를 범한 자는 10년 이하의 징역이나 금고 또는 10억원 이하의 벌금에 처한다. 〈개정 16.02.03〉

제108조【벌칙】 ① 다음 각 호의 어느 하나에 해당하는 자는 3년 이하의 징역이나 5억원 이하의 벌금에 처한다. 〈개정 20.12.22〉
  1. 도시지역에서 제11조제1항, 제19조제1항 및 제2항, 제47조, 제55조, 제56조, 제58조, 제60조, 제61조 또는 제77조의10을 위반하여 건축물을 건축하거나 대수선 또는 용도변경을 한 건축주 및 공사시공자
  2. 제52조제1항 및 제2항에 따른 방화에 지장이 없는 재료를 사용하지 아니한 공사시공자 또는 그 재료 사용에 책임이 있는 설계자나 공사감리자
  3. 제52조의3제1항을 위반한 건축자재의 제조업자 및 유통업자
  4. 제52조의4제1항을 위반하여 품질관리서를 제출하지 아니 하거나 거짓으로 제출한 제조업자, 유통업자, 공사시공자 및 공사감리자
  5. 제52조의5제1항을 위반하여 품질인정기준에 적합하지 아니함에도 품질인정을 한 자

②제1항의 경우 징역과 벌금은 병과(倂科)할 수 있다. 〈개정 14.05.28〉

제109조【벌칙】 다음 각 호의 어느 하나에 해당 하는 자는 2년 이하의 징역이나 2억원 이하의 벌금에 처한다. 〈개정 17.04.18〉
  1. 제27조제2항에 따른 보고를 거짓으로 한 자
  2. 제87조의2제1항제1호에 따른 보고·확인·검토·심사 및 점검을 거짓으로 한 자

건 축 법 시 행 규 칙	요 약

[좌측]

* 건설산업기본법 제28조 (하자 담보 책임기간)

구 조	하자담보책임기간
벽돌쌓기식구조·철근콘크리트구조·철골구조·철골철근콘크리트구조·기타 이와 유사한 구조	완공일로부터 10년
기타 구조	완공일로부터 5년

·**구조상 주요부분** : 다중이용 건축물의 기초·내력벽·
　　　　　　　　　　　기둥·바닥·보·지붕틀 및 주계단

·**주요부분이 아닌 것** : 사이기둥·최하층바닥·작은보·
　　　　　　　　　차양·옥외계단.기타 이와 유사한 것으로서
　　　　　　　　　건축물의 구조상 중요하지 아니한 부분

[우측]

벌칙 1

(1) 위반행위

설계자·감리자·시공자·관계전문기술자 및 건축주

법조항 및 내 용	
제23조 ――――――――――― 건축설계	
제24조 ① ―――――――――― 건축시공	
제25조 ③ ―――――――――― 공사감리	
제52조의3 ① ―――――제조업자 및 유통업자	
제52조의5 ② ――――――― 건축관계자등	

위반행위	위 규정에 위반하여 설계·시공·공사감리 및 유지·관리와 건축자재의 제조 및 유통을 함으로써 건축물이 부실하게 되어 착공후 건설산업 기본법의 규정에 따른 하자담보책임기간 내에 건축물의 기초와 주요구조부에 중대한 손괴를 일으켜 일반인을 위험에 처하게 한 자

(2) 벌칙

구 분	벌　칙	
위험구분	일반인을 위험에 처하게 한 자	사람을 사상에 이르게 한 자
처벌원칙	10년 이하의 징역	무기 또는 3년 이상의 징역
업무상과실	5년 이하의 징역, 금고 또는 5억원 이하의 벌금	10년 이하의 징역, 금고 또는 10억원 이하의 벌금

벌칙 2 ★3년 이하의 징역이나 5억원 이하의 벌금

법 조항 및 내용	적용대상자
도시지역 안에서 다음 규정에 위반하여 건축물을 건축 / 대수선 / 용도 변경 ·제11조 ① ………………… 건축허가 ·제19조 ①,② ……………… 용도변경 ·제47조 ……건축선에 의한 건축제한 ·제55조 …………… 건축물의 건폐율 ·제56조 …………… 건축물의 용적률 ·제58조 …………… 대지안의 공지 ·제60조 ……… 건축물의 높이제한 ·제61조 …… 일조등의 확보를 위한 건축물의 높이제한 ·제77조의10…건축협정의 효력 및 승계	·건축주 ·공사시공자
·제52조 ①,② ……………방화에 지장이 없는 재료 미사용	·공사시공자 ·설계자 ·공사감리자
·제52조의3 ① ………건축자재 제조 유통	·제조업자 ·유통업자
·제52조의4 ① ………품질관리서 미제출 및 허위제출	·제조업자 ·유통업자 ·공사시공자 ·공사감리자
·제52조의5 ① ……품질인정기준 부적합	·품질인정자

* 징역과 벌금형을 병과할 수 있다.

벌칙 3 ★2년 이하의 징역이나 2억원 이하의 벌금

제27조 ② -- 현장조사·검사 및 확인 업무의 대행 허위보고

제87조의2 ①1 -- 지역건축안전센터 전문인력의 허위업무

제110조【 벌칙 】 다음 각 호의 어느 하나에 해당하는 자는 2년 이하의 징역 또는 1억원 이하의 벌금에 처한다. 〈개정 17.04.18〉

 1. 도시지역 밖에서 제11조제1항, 제19조제1항 및 제2항, 제47조, 제55조, 제56조, 제58조, 제60조, 제61조, 제77조의10을 위반하여 건축물을 건축하거나 대수선 또는 용도변경을 한 건축주 및 공사시공자

 1의2. 제13조제5항을 위반한 건축주 및 공사시공자

 2. 제16조(변경허가 사항만 해당한다), 제21조제5항, 제22조제3항 또는 제25조제7항을 위반한 건축주 및 공사시공자

 3. 제20조제1항에 따른 허가를 받지 아니하거나 제83조에 따른 신고를 하지 아니하고 가설건축물을 건축하거나 공작물을 축조한 건축주 및 공사시공자

 4. 다음 각 목의 어느 하나에 해당하는 자

 가. 제25조제1항을 위반하여 공사감리자를 지정하지 아니하고 공사를 하게 한 자

 나. 제25조제1항을 위반하여 공사시공자 본인 및 계열회사를 공사감리자로 지정한 자

 5. 제25조제3항을 위반하여 공사감리자로부터 시정 요청이나 재시공 요청을 받고 이에 따르지 아니하거나 공사 중지의 요청을 받고도 공사를 계속한 공사시공자

 6. 제25조제6항을 위반하여 정당한 사유 없이 감리중간보고서나 감리완료보고서를 제출하지 아니하거나 거짓으로 작성하여 제출한 자

 6의2. 제27조제2항을 위반하여 현장조사 · 검사 및 확인 대행 업무를 한 자

 7. 삭제 〈19.04.30〉

 8. 제40조제4항을 위반한 건축주 및 공사시공자

 8의2. 제43조제1항, 제49조, 제50조, 제51조, 제53조, 제58조, 제61조제1항 · 제2항 또는 제64조를 위반한 건축주, 설계자, 공사시공자 또는 공사감리자

 9. 제48조를 위반한 설계자, 공사감리자, 공사시공자 및 제67조에 따른 관계전문기술자

 9의2. 제50조의2제1항을 위반한 설계자, 공사감리자 및 공사시공자

 9의3. 제48조의4를 위반한 건축주, 설계자, 공사감리자, 공사시공자 및 제67조에 따른 관계전문기술자

 10. 삭제 〈19.04.23〉

 11. 삭제 〈19.04.23〉

 12. 제62조를 위반한 설계자, 공사감리자, 공사시공자 및 제67조에 따른 관계전문기술자

<table>
<tr><td colspan="4" align="center">요　　　약</td></tr>
</table>

벌칙 4

★2년 이하의 징역 또는 1억원 이하의 벌금

법조항 및 내용	적용대상자
① 도시지역 밖에서 다음 규정에 위반하여 　건축물을 건축 / 대수선 / 용도변경 ·제11조 제1항 ……………………… 건축 허가 ·제19조①,②…………………… 용도 변경 ·제47조 …………건축선에 따른 건축제한 ·제55조 …………………………… 건 폐 율 ·제56조 …………………………… 용 적 률 ·제58조 ……………………… 대지안의 공지 ·제60조 ……………… 건축물의 높이제한 ·제61조 ………………일조등의 확보를 위한 　　　　　　　　　　　　건축물의 높이제한 ·제77조의10 ……건축협정의 효력 및 승계	·건축주 ·공사시공자
①의2 다음 규정에 위반한 경우 ·제13조 제5항 …………공사현장 안전관리	
② 다음 규정에 위반한 경우 ·제16조 ………… 허가와 신고사항의 변경 ·제21조 제3항 ………………착공신고 등 ·제22조 제3항 ……… 건축물의 사용승인 ·제25조 제7항 ……… 건축물의 공사감리	
③ 다음 규정에 의한 허가·신고를 받지 　아니하고 가설 건축물 또는 공작물을 　건축한 경우 ·제20조 제1항 ……………… 가설건축물 ·제83조 …… 옹벽 등의 공작물에의 준용	
④ 다음 규정에 위반하여 공사감리자를 　지정하지 아니하고 공사를 하게 한 경우 ·제25조 제1항 …………건축물의 공사감리	·건축주
⑤ 다음 규정에 위반하여 공사감리자로부터 　시정 또는 재시공 요청을 받고 이에 　따르지 아니하거나 공사중지의 요청을 　받고 공사를 계속 한 경우 ·제25조 제3항 …………건축물의 공사감리	·공사시공자
⑥ 다음 규정에 위반하여 정당한 사유없이 　감리중간보고서 또는 감리완료보고서를 　제출하지아니하거나 거짓으로 작성하여 　제출한 경우 ·제25조 제6항 …………건축물의 공사감리	·공사감리자
⑧ 다음 규정에 위반한 경우 ·제40조 제4항 …………… 대지의 안전 등	·건축주 ·공사시공자
⑧의2 다음 규정에 위반한 경우 ·제43조 제1항 ………… 공개공지 확보 ·제49조 …건축물의 피난시설 및 용도제한 ·제50조 …… 건축물의 내화구조와 방화벽 ·제51조 ……………… 방화지구 안의 건축물 ·제53조 ……………………………… 지하층 ·제58조 ……………………… 대지안의 공지 ·제61조 제1항제2항…일조등의 확보를 위한 　　　　　　　　　　　건축물의 높이제한 ·제64조 …………………………… 승강기	·건축주 ·설계자 ·공사시공자 ·공사감리자

법조항 및 내용	적용대상자
⑨ 다음 규정에 위반한 경우 ·제48조 ………………………… 구조내력 등	·설계자 ·공사감리자 ·공사시공자 ·관계전문기술자
⑨의2 다음 규정에 위반한 경우 ·제50조의2 제1항 …고층건축물의 피난 및 　　　　　　　　　　　　　　안전관리	·설계자 ·공사감리자 ·공사시공자
⑨의3 다음 규정에 위반한 경우 ·제48조 …………………………구조내력 등	·건축주 ·설계자 ·공사감리자 ·공사시공자 ·관계전문기술자
⑩ 삭제	·
⑪ 삭제	
⑫ 다음 규정에 위반한 경우 ·제62조 ………………… 건축설비기준 등	·설계자 ·공사감리자 ·공사시공자 ·관계전문기술자

건 축 법	건 축 법 시 행 령

제111조 【벌칙】 다음 각 호의 어느 하나에 해당하는
자는 5천만원 이하의 벌금에 처한다.

〈개정 16.02.03〉

1. 제14조, 제16조(변경신고 사항만 해당한다),
   제20조제3항, 제21조제1항, 제22조제1항 또는
   제83조제1항에 따른 신고 또는 신청을 하지 아니
   하거나 거짓으로 신고하거나 신청한 자
2. 제24조제3항을 위반하여 설계 변경을 요청받고도
   정당한 사유 없이 따르지 아니한 설계자
3. 제24조제4항을 위반하여 공사감리자로부터 상세
   시공도면을 작성하도록 요청받고도 이를 작성하지
   아니하거나 시공도면에 따라 공사하지 아니한 자
3의2. 제24조제6항을 위반하여 현장관리인을 지정
   하지 아니하거나 착공신고서에 이를 거짓으로
   기재한 자
4. 제28조제1항을 위반한 공사시공자
5. 제41조나 제42조를 위반한 건축주 및 공사시공자
5의2. 제43조제4항을 위반하여 공개공지 등의
   활용을 저해하는 행위를 한 자
6. 제52조의2를 위반하여 실내건축을 한 건축주 및
   공사시공자
6의2. 제52조의4제5항을 위반하여 건축자재에 대한
   정보를 표시하지 아니하거나 거짓으로 표시한 자
7. 삭제 〈19.04.30〉

<table>
<tr><th>건축법시행규칙</th><th colspan="2">요 약</th></tr>
<tr><td></td><td colspan="2">

벌칙 5

★ 5,000 만원 이하의 벌금

법조항 및 내용	적용대상자
① 다음 규정에 의한 신고 또는 신청을 하지 아니하거나 허위의 신고 또는 신청을 한 경우 제14조 ················· 건축 신고 제16조 ················· 허가와 신고사항의 변경 제20조 ③ ················· 가설건축물 제21조 ① ················· 착공신고 등 제22조 ① ················· 건축물의 사용검사 제83조 ① ·········옹벽 등의 공작물에의 준용	건축주
② 다음 규정에 위반하여 설계변경을 요청받고 정당한 사유없이 이에 응하지 아니하는 경우 제24조 ③ ················· 건축시공	설계자
③ 다음 규정에 위반하여 공사감리자로부터 상세 시공도면을 작성하도록 요청받고도 이를 작성하지 아니하거나 시공도면에 따라 공사를 하지 아니 한 경우 제24조 ④ ················· 건축시공	공사시공자
③의2 다음규정에 위반한 경우 제24조 ⑥················· 건축주 직영 현장 현장대리인 배치	현장관리인을 지정하지 아니하거나 착공신고서에 이를 거짓 으로 기재한 자
④ 다음규정에 위반한 경우 제28조 ① ········ 공사현장의 위해 방지 등	공사시공자
⑤ 다음 규정에 위반한 경우 제41조 ········ 토지굴착부분에 대한 조치 등 제42조 ········ 대지의 조경 제52조의2 ········ 실내간축	건축주· 공사시공자
⑤의2 다음 규정에 위반한 경우 제43조 ④ ········ 공개공지등 활용 저해	행위자
⑥ 다음 규정에 의한 명령에 위반한 경우 제81조 ①·⑤ ················· 기존 건축물에 대한 시정명령 제81조 ④ ················· 건축물의 구조안전 여부조사	위반한 자
⑥의2 다음 규정에 의한 명령에 위반한 경우 제52조4 ⑤ ················· 건축자재 정보	미표시 또는 허위 표시자

</td></tr>
</table>

건 축 법	건 축 법 시 행 령
제112조【양벌규정】 ① 법인의 대표자, 대리인, 사용인, 그 밖의 종업원이 그 법인의 업무에 관하여 제106조의 위반행위를 하면 행위자를 벌할 뿐만 아니라 그 법인에도 10억원 이하의 벌금에 처한다. 다만, 법인이 그 위반행위를 방지하기 위하여 해당 업무에 관하여 상당한 주의와 감독을 게을리 하지 아니한 때에는 그러하지 아니하다. ② 개인의 대리인, 사용인, 그 밖의 종업원이 그 개인의 업무에 관하여 제106조의 위반행위를 하면 행위자를 벌할 뿐만 아니라 그 개인에게도 10억원 이하의 벌금에 처한다. 다만, 개인이 그 위반행위를 방지하기 위하여 해당 업무에 관하여 상당한 주의와 감독을 게을리하지 아니한 때에는 그러하지 아니하다. ③ 법인의 대표자, 대리인, 사용인, 그 밖의 종업원이 그 법인의 업무에 관하여 제107조 부터 제111조까지의 규정에 따른 위반행위를 하면 행위자를 벌할 뿐만 아니라 그 법인에도 해당 조문의 벌금형을 과(科)한다. 다만, 법인이 그 위반행위를 방지하기 위하여 해당 업무에 관하여 상당한 주의와 감독을 게을리하지 아니한 때에는 그러하지 아니하다. ④ 개인의 대리인, 사용인, 그 밖의 종업원이 그 개인의 업무에 관하여 제107조부터 제111조까지의 규정에 따른 위반행위를 하면 행위자를 벌할 뿐만 아니라 그 개인에게도 해당 조문의 벌금형을 과한다. 다만, 개인이 그 위반행위를 방지하기 위하여 해당 업무에 관하여 상당한 주의와 감독을 게을리 하지 아니한 때에는 그러하지 아니하다.	

건 축 법 시 행 규 칙	요 약

양벌규정

위반 행위자	· 법인의 대표자 · 법인 또는 개인의 대리인·사용인 　그 밖의　종업원	
위반 행위 조항	법인 또는 개인의 업무에 관하여 위반 행위를 한 때	
	법 제106조	법　제107조 법　제108조 법　제109조 법　제110조 법　제111조
벌의 내용	행위자를 벌하는 외에 법인 또는 개인을 10억원 이하의 벌금에 처한다.	행위자를 벌하는 외에 법인 또는 개인에 대하여도 각 해당조의 벌금형을 과한다.

<table>
<tr><th>건 축 법</th><th>건 축 법 시 행 령</th></tr>
<tr><td></td><td>

제120조【규제의 재검토】 ①국토교통부장관은 다음 각 호의 사항에 대하여 2017년 1월 1일을 기준으로 3년마다(매 3년이 되는 해의 1월 1일 전까지를 말한다) 그 타당성을 검토하여 개선 등의 조치를 하여야 한다. 〈개정 17.12.12〉
  1. 제5조의5제1항제1호에 따른 지방건축위원회의 심의 사항
  2. 제8조제1항에 따라 특별시장이나 광역시장의 허가를 받아야 하는 건축물의 건축 및 같은 조 제3항에 따라 도지사의 승인을 받아야 하는 건축물의 건축
  3. 제12조제1항제3호에 따른 신고 대상의 적절성
  4. 제14조에 따른 용도변경
  5. 제27조에 따른 대지의 조경
  6. 제27조의2에 따른 공개 공지 등의 확보
  7. 제28조에 따른 대지와 도로의 관계
  8. 제31조에 따른 건축선
  9. 제32조제2항에 따른 구조안전의 확인 서류 제출 대상 건축물
  10. 제80조에 따른 건축물이 있는 대지의 분할제한 규모
  11. 제80조의2 및 별표 2에 따라 건축선 및 인접 대지경계선으로부터 건축물까지 띄어야 하는 거리
  12. 제82조에 따른 건축물의 높이 제한
  13. 제86조에 따른 일조 등의 확보를 위한 건축물의 높이 제한
  14. 제91조의3에 따른 관계전문기술자와의 협력
  14의2. 제110조의4에 따른 건축협정의 폐지 제한 기간
  15. 제114조에 따른 위반 건축물에 대한 사용 및 영업행위의 허용 등
  16. 제115조의2제1항에 따른 이행강제금의 감경 대상 건축물
  17. 제115조의2제2항 및 별표 15에 따른 이행강제금의 산정기준
  18. 제118조제1항에 따른 축조 신고 대상 공작물
② 삭제 〈2016.12.30〉
③ 삭제 〈2017.12.12〉

</td></tr>
</table>

<table>
<tr><th>건축법시행규칙</th><th>요　　　약</th></tr>
<tr><td>

제44조【규제의 재검토】①국토교통부장관은 제13조에 따른 가설건축물 축조신고 등에 대하여 2014년 1월 1일을 기준으로 3년마다(매 3년이 되는 해의 1월 1일 전까지를 말한다) 그 타당성을 검토하여 개선 등의 조치를 하여야 한다.　　　　　　　〈개정 14.12.31〉

② 국토교통부장관은 다음 각 호의 사항에 대하여 다음 각 호의 기준일을 기준으로 2년마다(매 2년이 되는 해의 기준일과 같은 날 전까지를 말한다) 그 타당성을 검토하여 개선 등의 조치를 하여야 한다.

〈신설 14.12.31〉

1. 제12조제1항에 따른 건축물의 건축·대수선 또는 설계변경 신고 시 첨부하여야 하는 서류의 종류: 2015년 1월 1일

2. 제14조제1항에 따른 건축공사의 착공신고 시 첨부하여야 하는 서류의 종류: 2015년 1월 1일

3. 제24조제1항에 따른 건축물철거·멸실신고 시 첨부하여야 하는 해체공사계획서에 규정하여야 하는 사항: 2015년 1월 1일

[본조신설 2013.12.30]

</td><td></td></tr>
</table>

<table>
<tr><th>건 축 법</th><th>건 축 법 시 행 령</th></tr>
<tr><td>

제113조 【과태료】
① 다음 각 호의 어느 하나에 해당하는 자에게는
200만원 이하의 과태료를 부과한다.
〈개정 16.02.03〉
  1. 제19조제3항에 따른 건축물대장 기재내용의
변경을 신청하지 아니한 자
  2. 제24조제2항을 위반하여 공사현장에 설계도서를
갖추어 두지 아니한 자
  3. 제24조제5항을 위반하여 건축허가 표지판을
설치하지 아니한 자
  4. 제52조의3제2항 및 제52조의6제4항에 따른 점검
을 거부·방해 또는 기피한 자
  5. 제48조의3제1항 본문에 따른 공개를 하지
아니한 자
② 다음 각 호의 어느 하나에 해당하는 자에게는
100만원 이하의 과태료를 부과한다. 〈개정 16.02.03〉
  1. 제25조제4항을 위반하여 보고를 하지 아니한
공사감리자
  2. 제27조제2항에 따른 보고를 하지 아니한 자
  3. 삭제 〈19.04.30〉
  4. 삭제 〈19.04.30〉
  5. 삭제 〈16.02.03〉
  6. 제77조제2항을 위반하여 모니터링에 필요한
사항에 협조하지 아니한 건축주, 소유자 또는
관리자
  7. 삭제 〈16.01.19〉
  8. 제83조제2항에 따른 보고를 하지 아니한 자
  9. 제87조제1항에 따른 자료의 제출 또는 보고를
하지 아니하거나 거짓 자료를 제출하거나 거짓
보고를 한 자
③ 제24조제6항을 위반하여 공정 및 안전 관리 업무
를 수행하지 아니하거나 공사 현장을 이탈한 현장
관리인에게는 50만원 이하의 과태료를 부과한다.
〈개정 18.08.14〉
④ 제1항부터 제3항까지에 따른 과태료는 대통령령
으로 정하는 바에 따라 국토교통부장관, 시·도지사
또는 시장·군수·구청장(이하 이 조에서 "부과권자"
라 한다)이 부과·징수한다. 〈개정 16.02.03〉

</td><td>

제121조 【과태료의 부과기준】 법 제113조제1항부터
제3항까지의 규정에 따른 과태료의 부과기준은 별표 16
과 같다. 〈개정 17.02.03〉

제122조 삭제 〈05.7.18〉

</td></tr>
</table>

<table>
<tr><th style="text-align:center">건 축 법 시 행 규 칙</th><th style="text-align:center">요 약</th></tr>
<tr><td></td><td>

과태료

(1) 200만원 이하의 과태료

법 조항 및 내용	적용 대상자
제19조 ③ 건축물대장 기재내용 변경	신청하지 아니한 자
제24조②(건축시공) 공사현장 설계도서 비치 위반	공사시공자
제24조⑤(건축시공) 건축허가 표지판 설치위반	공사시공자
제52조의3②(건축자재) 공사장, 제조현장, 유통장소 점검	점검을 거부·방해 또는 기피한 자
제52조의6④(품질인정기관) 현장점검위반	품질인정기관
제48조의3①(건축물의 내진능력 공개)	공개하지 아니한 자

(2)100만원 이하의 과태료

법 조항 및 내용	적용 대상자
제25조④(건축물의 공사감리)	공사감리자
제27조②(현장조사·검사 및 확인업무의 대행)	보고를 하지 아니한 자
제77조②(특별건축구역 건축물의 검사 등) 모니터링 비협조	건축주, 소유자, 관리자
제83조②공작물의 유지관리상태 점검	미보고자
제87조①(보고 및 검사 등)	미보고자, 허위 보고자

(3)50만원 이하의 과태료

법 조항 및 내용	적용 대상자
제24조⑥(건축시공)	현장 관리인

(4) 부과·징수

과태료는 부과권자가 이를 부과·징수한다.
① 부과권자 : 1. 국토교통부장관   2. 시·도지사
            3. 시장·군수·구청장
② 과태료 처분 내용 통보
과태료를 부과할 때에는 당해 위반행위를 조사·확인한
후 다음의 내용을 서면으로 명시하여 이를 납부할 것을
과태료 처분대상자에게 통지 하여야 한다.
1. 위반사실 2. 이의(異議)방법 3. 이의기간

(5) 부과절차

부과권자는 과태료 처분대상자에게 10일 이상의 기간을
정하여 구술 또는 서면에 의한 의견 진술 기회 부여,
위반행위의 동기와 결과 등을 참작하여 과태료금액 결정
지정된 기일까지 의견진술이 없는 때 무의견으로 간주

(6) 과태료 처분에 대한 이의제기

과태료 처분에 불복이 있는 자는 그 처분의 고지를 받은
날부터 30일 이내에 당해 부과권자에게 이의 제기

(7) 이의제기에 대한 처리

부과권자 : 지체없이 관할법원에 이의제기 사실을
          통보 하여야 한다.
관할법원 : 비송(非訟)사건절차법에 의한 과태료의
          재판을 한다.

(8) 체납한 과태료의 징수

- 국세 또는 지방세체납처분의 예에 의하여 징수

- 「국고금관리법 시행규칙」을 준용

</td></tr>
</table>

<table>
<tr><th style="text-align:center">건 축 법</th><th style="text-align:center">건 축 법 시 행 령</th></tr>
<tr><td>

부칙 〈제17733호, 2020. 12. 22.〉
제1조(시행일) 이 법은 공포 후 6개월이 경과한 날부터 시행한다. 다만, 제52조의5 및 제52조의6의 개정규정은 공포 후 1년이 경과한 날부터 시행하고, 제87조의2제1항의 개정규정은 2022년 1월 1일부터 시행한다.
제2조(건축물의 공사감리에 관한 적용례) 제25조제11항의 개정규정은 이 법 시행 후 제21조에 따른 착공신고를 하는 경우부터 적용한다.
제3조(건축물의 마감재료에 관한 적용례) 제52조제4항의 개정규정은 이 법 시행 후 건축허가를 신청하거나 건축신고를 하는 경우부터 적용한다.

부칙 〈제17940호, 2021. 03. 16.〉
제1조(시행일) 이 법은 2021년 12월 23일부터 시행한다.
제2조(건축물 내부 및 외벽의 마감재료에 관한 적용례) 제52조제1항 및 제2항의 개정규정은 이 법 시행 후 최초로 건축허가를 신청하거나 건축신고를 하는 경우부터 적용한다.

부칙 〈제18383호, 2021. 08. 10.〉
제1조(시행일) 이 법은 공포 후 3개월이 경과한 날부터 시행한다.
제2조(건축허가에 관한 적용례) 제11조제11항제6호의 개정규정은 이 법 시행 이후 건축허가를 신청하는 경우부터 적용한다.

부칙 〈제18508호, 2021. 10. 19.〉
제1조(시행일) 이 법은 공포 후 6개월이 경과한 날부터 시행한다.
제2조(대규모 창고시설 등의 방화구획 등에 관한 적용례) 제49조제2항의 개정규정은 이 법 시행 이후 건축허가를 신청(건축허가를 신청하기 위하여 제4조의2에 따라 건축위원회의 심의를 신청하는 경우를 포함한다)하거나 건축신고를 하는 경우부터 적용한다.

</td><td>

부칙 〈제32102호, 2021. 11. 02.〉
제1조(시행일) 이 영은 공포한 날부터 시행한다. 다만, 제15조제7항의 개정규정은 공포 후 6개월이 경과한 날부터 시행한다.
제2조(건축면적 산정방법에 관한 적용례) 제119조제1항제2호가목6)의 개정규정은 이 영 시행 이후 다음 각 호의 신청이나 신고를 하는 건축물부터 적용한다.
  1. 법 제11조에 따른 건축허가(법 제16조에 따른 변경허가 및 변경신고를 포함한다)의 신청(건축허가를 신청하기 위하여 법 제4조의2제1항에 따라 건축위원회에 심의를 신청하는 경우를 포함한다)
  2. 법 제14조에 따른 건축신고(법 제16조에 따른 변경허가 및 변경신고를 포함한다)
  3. 법 제19조에 따른 용도변경 허가의 신청(같은 조에 따른 용도변경 신고 또는 건축물대장 기재내용의 변경신청을 포함한다)
제3조(생활숙박시설의 요건에 관한 적용례) 별표 1 제15호가목의 개정규정은 이 영 시행 이후 부칙 제2조 각 호의 신청이나 신고를 하는 생활숙박시설부터 적용한다.
제4조(가설건축물 존치기간 연장에 관한 경과조치) 이 영 시행 전에 법 제20조제3항에 따라 축조신고를 한 가설건축물의 존치기간 연장에 관하여는 제15조제7항의 개정규정에도 불구하고 종전의 규정에 따른다.
제5조(공동주택의 채광 확보 거리에 관한 경과조치) ① 지방자치단체는 이 영 시행일부터 6개월이 되는 날까지 제86조제3항제2호나목의 개정규정에 따라 건축조례를 제정하거나 개정해야 한다.
② 제1항에 따라 건축조례가 제정되거나 개정되기 전까지는 종전의 건축조례를 적용한다.
③ 제1항에 따른 기한까지 건축조례가 제정되거나 개정되지 않은 경우의 공동주택 채광 확보 거리에 관하여는 제86조제3항제2호나목의 개정규정에 따른 거리기준(건축조례로 정하는 거리의 하한을 말한다)을 적용한다.

부칙 〈제32241호, 2021. 12. 21.〉
이 영은 2021년 12월 23일부터 시행한다.

</td></tr>
</table>

<table>
<tr><td>건 축 법 시 행 규 칙</td><td>건축물의 피난·방화구조 등의 기준에 관한 규칙</td></tr>
</table>

건 축 법 시 행 규 칙	건축물의 피난·방화구조 등의 기준에 관한 규칙
부칙〈제806호, 2021. 01. 08〉 이 규칙은 공포한 날부터 시행한다. **부칙**〈제862호, 2021. 06. 25〉 이 규칙은 공포한 날부터 시행한다. **부칙**〈제935호, 2021. 12. 31〉 제1조(시행일) 이 규칙은 공포한 날부터 시행한다. 다만, 제19조의2제1항 각 호 외의 부분의 개정규정은 2022년 2월 11일부터 시행한다. 제2조(착공신고서의 첨부서류에 관한 적용례) 제14조제1항제4호의 개정규정은 이 규칙 시행 이후 법 제21조에 따라 착공신고를 하는 경우부터 적용한다. 제3조(사용승인신청서의 첨부서류에 관한 적용례) 제16조제1항제8호의 개정규정은 이 규칙 시행 이후 법 제22조제1항에 따라 사용승인을 신청하는 경우부터 적용한다. 제4조(공사감리자의 업무에 관한 적용례) 제19조의2제1항제2호의2의 개정규정은 이 규칙 시행 이후 법 제21조에 따라 착공신고를 하는 경우부터 적용한다. 제5조(공작물축조신고서의 첨부 서류 및 도서에 관한 적용례) 제41조제1항제4호의 개정규정은 이 규칙 시행 이후 법 제83조에 따라 공작물의 축조신고를 하는 경우부터 적용한다. **부칙**〈제1158호, 2022. 11. 02.〉 이 규칙은 공포 후 6개월이 경과한 날부터 시행한다.	**부칙**〈제868호, 2021. 07. 05.〉 제1조(시행일) 이 규칙은 공포한 날부터 시행한다. 제2조(건축물의 방화유리창 설치에 관한 적용례) 제24조제9항의 개정규정은 이 규칙 시행 이후 법 제11조에 따른 건축허가의 신청(건축허가를 신청하기 위해 법 제4조의2제1항에 따라 건축위원회에 심의를 신청하는 경우를 포함한다), 법 제14조에 따른 건축신고 또는 법 제19조에 따른 용도변경 허가를 신청(같은 조에 따른 용도변경 신고 및 건축물대장 기재내용의 변경신청을 포함한다)하는 경우부터 적용한다. **부칙**〈제884호, 2021. 09. 03.〉 제1조(시행일) 이 규칙은 2022년 2월 11일부터 시행한다. 제2조(건축물의 마감재료에 관한 적용례) 제24조제1항·제3항 및 제6항부터 제11항의 개정규정은 이 규칙 시행 이후 법 제11조에 따른 건축허가(법 제16조에 따른 변경허가 및 변경신고는 제외한다)의 신청(건축허가를 신청하기 위해 법 제4조의2제1항에 따라 건축위원회에 심의를 신청하는 경우를 포함한다), 법 제14조에 따른 건축신고(법 제16조에 따른 변경허가 및 변경신고는 제외한다) 또는 법 제19조에 따른 용도변경 허가(같은 조에 따른 용도변경 신고 또는 건축물대장 기재내용의 변경신청을 포함한다)의 신청을 하는 경우부터 적용한다. **부칙**〈제901호, 2021. 10. 15.〉 이 규칙은 공포한 날부터 시행한다. **부칙**〈제931호, 2021. 12. 23.〉 제1조(시행일) 이 규칙은 2021년 12월 23일부터 시행한다. 다만, 제14조제2항제4호의 개정규정은 2022년 1월 31일부터 시행한다. 제2조(품질관리서의 첨부서류에 관한 적용례) 제24조의3제2항제1호다목 및 제2호나목의 개정규정은 이 규칙 시행 이후 실물모형시험을 하는 복합자재 및 단열재에 대한 품질관리서를 제출하는 경우부터 적용한다

<table>
<tr><td align="center">건 축 법</td><td align="center">건 축 법 시 행 령</td></tr>
<tr><td valign="top">

부칙 〈제18935호, 2022. 6. 10.〉
이 법은 공포 후 1년이 경과한 날부터 시행한다.

부칙 〈제19045호, 2022. 11. 15.〉
제1즈(시행일) 이 법은 공포 후 6개월이 경과한
날부터 시행한다.

</td><td valign="top">

부칙 〈제32614호, 2022. 04. 29.〉
제1조(시행일) 이 영은 공포한 날부터 시행한다.
제2조(방화구획으로 구획하지 않을 수 있는 건축물의 부분
에 관한 경과조치) 다음 각 호에 해당하는 건축물의 부분
에 대한 방화구획 설치의무에 관하여는 제46조제2항제2호
의 개정규정에도 불구하고 종전의 규정에 따른다.
 1. 이 영 시행 전에 법 제11조에 따른 건축허가 또는 대
수선허가(법 제16조에 따른 변경허가 및 변경신고를 포함
한다)를 받았거나 신청(건축허가 또는 대수선허가를 신청
하기 위하여 법 제4조의2제1항에 따라 건축위원회에 심의
를 신청한 경우를 포함한다)한 건축물
 2. 이 영 시행 전에 법 제14조에 따라 건축신고(법 제16
조에 따른 변경허가 및 변경신고를 포함한다)를 한 건축
물
 3. 이 영 시행 전에 법 제19조에 따라 용도변경 허가(같
은 조에 따른 용도변경 신고 및 건축물대장 기재내용의
변경신청을 포함한다)를 받았거나 신청한 건축물

</td></tr>
</table>

건축물의 피난·방화구조 등의 기준에 관한 규칙	건축물의 설비기준 등에 관한 규칙
부칙 〈제1106호, 2022. 02. 10.〉 이 규칙은 2022년 2월 11일부터 시행한다. **부칙** 〈제1123호, 2022. 04. 29.〉 제1조(시행일) 이 규칙은 공포한 날부터 시행한다. 제2조(피난구 덮개의 구조기준에 관한 적용례) 제14조 제4항제1호의 개정규정은 이 규칙 시행 이후 다음 각 호의 신청이나 신고를 하는 경우부터 적용한다. 1. 법 제11조에 따른 건축허가 또는 대수선허가(법 제16조에 따른 변경허가 및 변경신고를 포함한다)의 신청(건축허가 또는 대수선허가를 신청하기 위하여 법 제4조의2제1항에 따라 건축위원회에 심의를 신청한 경우를 포함한다) 2. 법 제14조에 따른 건축신고(법 제16조에 따른 변경허가 및 변경신고를 포함한다)	**부칙** 〈제715호, 2020. 04. 09〉 제1조(시행일) 이 규칙은 공포 후 6개월이 경과한 날부터 시행한다. 제2조(환기설비를 설치해야 하는 신축 공동주택 등에 관한 경과조치) 이 규칙 시행 전에 법 제11조에 따른 건축허가를 신청(건축허가를 신청하기 위해 법 제4조의2제1항에 따라 건축위원회의 심의를 신청한 경우를 포함한다)하거나 법 제14조에 따른 건축신고를 한 경우에는 제11조제1항제1호 및 제2호의 개정규정에도 불구하고 종전의 규정에 따른다.

1. 단독주택

[단독주택의 형태를 갖춘 가정보육시설·공동생활가정·지역아동센터·공동육아나눔터(「아이돌봄지원법」 제19조에 따른 공동육아나눔터를 말한다. 이하 같다)·작은도서관(「도서관법」 제2조제4호가목에 따른 작은도서관을 말하며, 해당 주택의 1층에 설치한 경우만 해당한다. 이하 같다) 및 노인복지 시설(노인복지주택은 제외한다)을 포함한다]

가. 단독주택

나. 다중주택:다음의 요건 모두를 갖춘 주택을 말한다.

 1) 학생 또는 직장인 등 여러 사람이 장기간 거주할 수 있는 구조로 되어 있는 것

 2) 독립된 주거의 형태를 갖추지 않은 것(각 실별로 욕실은 설치할 수 있으나, 취사시설은 설치하지 않은 것을 말한다)

 3) 1개 동의 주택으로 쓰이는 바닥면적(부설주차장 면적은 제외한다. 이하 같다)의 합계가 660㎡ 이하이고 주택으로 쓰는 층수(지하층은 제외한다)가 3개 층 이하일 것. 다만, 1층의 전부 또는 일부를 필로티 구조로 하여 주차장으로 사용하고 나머지 부분을 주택(주거 목적으로 한정한다) 외의 용도로 쓰는 경우에는 해당층을 주택의 층수에서 제외한다.

 4) 적정한 주거환경을 조성하기 위하여 건축조례로 정하는 실별 최소 면적, 창문의 설치 및 크기 등의 기준에 적합할 것

다. 다가구주택:다음의 요건 모두를 갖춘 주택으로서 공동주택에 해당하지 아니하는 것을 말한다.

 1) 주택으로 쓰는 층수(지하층은 제외한다)가 3개 층 이하일 것. 다만, 1층의 전부 또는 일부를 필로티 구조로 하여 주차장으로 사용하고 나머지 부분을 주택(주거 목적으로 한정한다) 외의 용도로 쓰는 경우에는 해당 층을 주택의 층수에서 제외한다.

 2) 1개 동의 주택으로 쓰는 바닥면적의 합계가 660㎡ 이하일 것

 3) 19세대(대지 내 동별 세대수를 합한 세대를 말한다) 이하가 거주할 수 있을 것

라. 공관(公館)

2. 공동주택 [공동주택의 형태를 갖춘 가정보육시설·공동생활가정·지역아동센터·공동육아나눔터·작은도서관·노인복지시설(노인복지주택은 제외한다) 및 「주택법 시행령」 제10조제1항제1호에 따른 원룸형 주택을 포함한다]

 다만, 가목이나 나목에서 층수를 산정할 때 1층 전부를 필로티 구조로하여 주차장으로 사용하는 경우에는 필로티 부분을 층수에서 제외하고, 다목 에서 층수를 산정할 때 1층의 전부 또는 일부를 필로티 구조로 하여 주차장으로 사용하고 나머지 부분을 주택(주거 목적으로 한정한다) 외의 용도로 쓰는 경우에는 해당 층을 주택의 층수에서 제외하며, 가목부터 라목까지의 규정에서 층수를 산정할 때 지하층을 주택의 층수에서 제외한다

가. 아파트 : 주택으로 쓰는 층수가 5개층 이상인 주택

나. 연립주택 : 주택으로 쓰는 1개 동의 바닥면적(2개 이상의 동을 지하주차장으로 연결하는 경우에는 각각의 동으로 본다) 합계가 660㎡를 초과하고, 층수가 4개 층 이하인 주택 〈개정 12.12.12〉

다. 다세대주택 : 주택으로 쓰는 1개 동의 바닥면적 합계가 660㎡ 이하이고, 층수가 4개 층 이하인 주택(2개 이상의 동을 지하주차장으로 연결하는 경우에는 각각의 동으로 본다) 〈개정 12.12.12〉

라. 기숙사 : 다음의 어느 하나에 해당하는 건축물로서 공간의 구성과 규모 등에 관하여 국토교통부장관이 정하여 고시하는 기준에 적합한 것. 다만, 구분소유된 개별 실(室)은 제외한다. 〈개정 23.02.14〉

 1) **일반기숙사**: 학교 또는 공장 등의 학생 또는 종업원 등을 위하여 사용하는 것으로서 해당 기숙사의 공동취사시설 이용 세대 수가 전체 세대 수(건축물의 일부를 기숙사로 사용하는 경우에는 기숙사로 사용하는 세대 수로 한다. 이하 같다)의 50퍼센트 이상인 것(「교육기본법」 제27조제2항에 따른 학생복지주택을 포함한다)

 2) **임대형기숙사**: 「공공주택 특별법」 제4조에 따른 공공주택사업자 또는 「민간임대주택에 관한 특별법」 제2조제7호에 따른 임대사업자가 임대사업에 사용하는 것으로서 임대 목적으로 제공하는 실이 20실 이상이고 해당 기숙사의 공동취사시설 이용 세대수가 전체 세대수의 50퍼센트 이상인 것

건 축 법 시 행 령 별 표

3. 제1종 근린생활시설

가. 식품·잡화·의류·완구·서적·건축자재·
   의약품·의료기기 등 일용품을 판매하는 소매점
   으로서 같은 건축물(하나의 대지에 두 동 이상의
   건축물이 있는 경우에는 이를 같은 건축물로
   본다. 이하 같다)에 해당 용도로 쓰는 바닥면적의
   합계가 1,000 ㎡ 미만인 것

나. 휴게음식점, 제과점 등 음료·차(茶)·음식·빵·
   떡·과자 등을 조리하거나 제조하여 판매하는 시설
   (제4호너목 또는 제17호에 해당하는 것은 제외한다)
   로서 같은 건축물에 해당 용도로 쓰는 바닥면적의
   합계가 300 ㎡ 미만인 것

다. 이용원, 미용원, 목욕장, 세탁소 등 사람의 위생
   관리나 의류 등을 세탁·수선하는 시설(세탁소의
   경우 공장에 부설되는 것과 「대기환경보전법」,
   「물환경보전법」 또는 「소음·진동관리법」에 따른
   배출시설의 설치 허가 또는 신고의 대상인 것은
   제외한다)

라. 의원, 치과의원, 한의원, 침술원, 접골원(接骨院),
   조산원, 안마원, 산후조리원 등 주민의 진료·치료
   등을 위한 시설

마. 탁구장, 체육도장으로서 같은 건축물에 해당 용도
   로 쓰는 바닥면적의 합계가 500 ㎡ 미만인 것

바. 지역자치센터, 파출소, 지구대, 소방서, 우체국,
   방송국, 보건소, 공공도서관, 건강보험공단 사무소
   등 주민의 편의를 위하여 공공업무를 수행하는 시설
   로서 같은 건축물에 해당 용도로 쓰는 바닥면적의
   합계가 1,000 ㎡ 미만인 것

사. 마을회관, 마을공동작업소, 마을공동구판장, 공중
   화장실, 대피소, 지역아동센터(단독주택과 공동주택
   에 해당하는 것은 제외한다) 등 주민이 공동으로
   이용하는 시설

아. 변전소, 도시가스배관시설, 통신용 시설(해당
   용도로 쓰는 바닥면적의 합계가 1,000㎡ 미만인
   것에 한정한다), 정수장, 양수장 등 주민의 생활에
   필요한 에너지공급·통신서비스제공이나 급수·배수
   와 관련된 시설

자. 금융업소, 사무소, 부동산중개사무소, 결혼상담
   소 등 소개소, 출판사 등 일반업무시설로서
   같은 건축물에 해당 용도로 쓰는 바닥면적의 합계
   가 30㎡ 미만인 것

차. 전기자동차 충전소(해당 용도로 쓰는 바닥면적
   의 합계가 1,000㎡ 미만인 것으로 한정한다)

4. 제2종 근린생활시설

가. 공연장(극장, 영화관, 연예장, 음악당, 서커스장,
   비디오물감상실, 비디오물소극장, 그 밖에 이와
   비슷한 것을 말한다. 이하 같다)으로서 같은 건축
   물에 해당 용도로 쓰는 바닥면적의 합계가 500㎡
   미만인 것

나. 종교집회장[교회, 성당, 사찰, 기도원, 수도원,
   수녀원, 제실(祭室), 사당, 그 밖에 이와 비슷한 것
   을 말한다. 이하 같다]으로서 같은 건축물에 해당
   용도로 쓰는 바닥면적의 합계가 500㎡ 미만인 것

다. 자동차영업소로서 같은 건축물에 해당 용도로
   쓰는 바닥면적의 합계가 1,000㎡ 미만인 것

라. 서점(제1종 근린생활시설에 해당하지 않는 것)

마. 총포판매소

바. 사진관, 표구점

사. 청소년게임제공업소, 복합유통게임제공업소,
   인터넷컴퓨터게임시설제공업소, 가상현실체험 제공
   업소, 그 밖에 이와 비슷한 게임 및 체험 관련 시설
   로서 같은 건축물에 해당 용도로 쓰는 바닥면적의
   합계가 500㎡ 미만인 것

아. 휴게음식점, 제과점 등 음료·차(茶)·음식·빵·
   떡·과자 등을 조리하거나 제조하여 판매하는 시설
   (너목 또는 제17호에 해당하는 것은 제외한다)로서
   같은 건축물에 해당 용도로 쓰는 바닥면적의 합계가
   300㎡ 이상인 것

자. 일반음식점

차. 장의사, 동물병원, 동물미용실, 「동물보호법」
   제32조제1항제6호에 따른 동물위탁관리업을 위한
   시설, 그 밖에 이와 유사한 것

카. 학원(자동차학원·무도학원 및 정보통신기술을
   활용하여 원격으로 교습하는 것은 제외한다), 교습
   소(자동차교습·무도교습 및 정보통신기술을 활용
   하여 원격으로 교습하는 것은 제외한다), 직업훈련
   소(운전·정비 관련 직업훈련소는 제외한다)로서
   같은 건축물에 해당 용도로 쓰는 바닥면적의 합계가
   500㎡ 미만인 것

타. 독서실, 기원

파. 테니스장, 체력단련장, 에어로빅장, 볼링장,
당구장, 실내낚시터, 골프연습장, 놀이형시설
(「관광진흥법」에 따른 기타유원시설업의 시설을
말한다. 이하 같다) 등 주민의 체육 활동을 위한
시설(제3호마목의 시설은 제외한다)로서 같은 건축
물에 해당 용도로 쓰는 바닥면적의 합계가 500㎡
미만인 것

하. 금융업소, 사무소, 부동산중개사무소, 결혼상담소
등 소개업, 출판사 등 일반업무시설로서 같은 건축
물에 해당 용도로 쓰는 바닥면적의 합계가 500㎡
미만인 것(제1종 근린생활시설에 해당하는 것은 제외
한다)

거. 다중생활시설(「다중이용업소의 안전관리에 관한
특별법」에 따른 다중이용업 중 고시원업의 시설로서
국토교통부장관이 고시하는 기준과 그 기준에 위배
되지 않는 범위에서 적정한 주거환경을 조성하기
위하여 건축조례로 정하는 실별 최소 면적, 창문의
설치 및 크기 등의 기준에 적합한 것을 말한다. 이하
같다)로서 같은 건축물에 해당 용도로 쓰는
바닥면적의 합계가 500㎡ 미만인 것

너. 제조업소, 수리점 등 물품의 제조·가공·수리 등
을 위한 시설로서 같은 건축물에 해당 용도로 쓰는
바닥면적의 합계가 500㎡ 미만이고, 다음 요건 중
어느 하나에 해당하는 것
1) 「대기환경보전법」,「물환경보전법」또는「소음
·진동관리법」에 따른 배출시설의 설치 허가 또는
신고의 대상이 아닌 것
2) 「물환경보전법」 제33조제1항 본문에 따라 폐수
배출시설의 설치 허가를 받거나 신고해야 하는
시설로서 발생되는 폐수를 전량 위탁처리하는 것

더. 단란주점으로서 같은 건축물에 해당 용도로 쓰는
바닥면적의 합계가 150㎡ 미만인 것

러. 안마시술소, 노래연습장

5. 문화 및 집회시설

가. 공연장으로서 제2종 근린생활시설에 해당하지
아니하는 것

나. 집회장[예식장, 공회당, 회의장, 마권(馬券)
장외 발매소, 마권 전화투표소, 그 밖에 이와
비슷한 것을 말한다]으로서 제2종 근린생활시설
에 해당하지 아니하는 것

다. 관람장(경마장, 경륜장, 경정장, 자동차경기장,
그 밖에 이와 비슷한 것과 체육관 및 운동장으로
서 관람석의 바닥면적의 합계가 1,000 ㎡ 이상인
것을 말한다)

라. 전시장(박물관, 미술관, 과학관, 문화관,
체험관, 기념관, 산업전시장, 박람회장, 그 밖에
이와 비슷한 것을 말한다)

마. 동·식물원(동물원, 식물원, 수족관,
그 밖에 이와 비슷한 것을 말한다)

6. 종교시설

가. 종교집회장으로서 제2종 근린생활시설에 해당
   하지 아니하는 것
나. 종교집회장(제2종 근린생활시설에 해당하지
   아니하는 것을 말한다)에 설치하는 봉안당
   (奉安堂)

7. 판매시설

가. 도매시장
   (「농수산물유통 및 가격안정에 관한 법률」에
   따른 농수산물도매시장, 농수산물공판장, 그 밖
   에 이와 비슷한 것을 말하며, 그 안에 있는 근린
   생활시설을 포함한다)
나. 소매시장(「유통산업발전법」 제2조제3호에 따른
   대규모 점포, 그 밖에 이와 비슷한 것을 말하며,
   그 안에 있는 근린생활시설을 포함한다)
다. 상점(그 안에 있는 근린생활시설을 포함한다)
   으로서 다음의 요건 중 어느 하나에 해당하는 것
 1) 제3호가목에 해당하는 용도(서점은 제외한다)
   로서 제1종 근린생활시설에 해당하지 아니하는
   것
 2) 「게임산업진흥에 관한 법률」 제2조제6호의2
   가목에 따른 청소년게임제공업의 시설, 같은 호
   나목에 따른 일반게임제공업의 시설, 같은 조
   제7호에 따른 인터넷컴퓨터게임시설제공업의
   시설 및 같은 조 제8호에 따른 복합유통게임
   제공업의 시설로서 제2종 근린생활시설에 해당
   하지 아니하는 것

8. 운수시설

가. 여객자동차터미널
나. 철도시설
다. 공항시설
라. 항만시설
마. 그 밖에 가목부터 라목까지의 규정에 따른
   시설과 비슷한 시설

9. 의료시설

가. 병원(종합병원, 병원, 치과병원, 한방병원,
   정신병원 및 요양병원을 말한다)
나. 격리병원(전염병원, 마약진료소,
   그 밖에 이와 비슷한 것을 말한다)

10. 교육연구시설
(제2종 근린생활시설에 해당하는 것은 제외한다)

가. 학교(유치원, 초등학교, 중학교, 고등학교,
   전문대학, 대학, 대학교, 그 밖에 이에
   준하는 각종 학교를 말한다)
나. 교육원(연수원, 그 밖에 이와 비슷한 것을
   포함한다)
다. 직업훈련소(운전 및 정비 관련 직업훈련소는
   제외한다)
라. 학원
   (자동차학원·무도학원 및 정보통신기술을
   활용하여 원격으로 교습하는 것은 제외한다),
   교습소(자동차교습·무도교습 및 정보통신
   기술을 활용하여 원격으로 교습하는 것은
   제외한다)
마. 연구소(연구소에 준하는 시험소와
   계측계량소를 포함한다)
바. 도서관

11. 노유자시설

가. 아동관련시설(어린이집, 아동복지시설,
   그 밖에 이와 비슷한 것으로서 단독주택, 공동
   주택 및 제1종 근린생활시설에 해당하지 아니
   하는 것을 말한다)
나. 노인복지시설(단독주택과 공동주택에 해당
   하지 아니하는 것을 말한다)
다. 그 밖에 다른 용도로 분류되지 아니한
   사회복지시설 및 근로복지시설

12. 수련시설

가. 생활권 수련시설(「청소년활동진흥법」에
   따른 청소년수련관, 청소년문화의집, 청소년
   특화시설, 그 밖에 이와 비슷한 것을 말한다)
나. 자연권 수련시설(「청소년활동진흥법」에
   따른 청소년수련원, 청소년야영장, 그 밖에
   이와 비슷한 것을 말한다)
다. 「청소년활동진흥법」에 따른 유스호스텔
라. 「관광진흥법」에 따른 야영장 시설로서
   제29호에 해당하지 아니하는 시설
   〈신설 16.02.11〉

13. 운동시설

가. 탁구장, 체육도장, 테니스장, 체력단련장,
   에어로빅장, 볼링장, 당구장, 실내낚시터,
   골프연습장, 놀이형 시설, 그 밖에 이와 비슷
   한 것으로서 제1종 근린생활시설 및 제2종 근린
   생활시설에 해당하지 아니하는 것
나. 체육관으로서 관람석이 없거나 관람석의 바닥
   면적이 1,000 ㎡ 미만인 것
다. 운동장(육상장, 구기장, 볼링장, 수영장,
   스케이트장, 롤러스케이트장, 승마장,
   사격장, 궁도장, 골프장 등과 이에 딸린
   건축물을 말한다)으로서 관람석이 없거나
   관람석의 바닥면적이 1,000 ㎡ 미만인 것

14. 업무시설

가. 공공업무시설 : 국가 또는 지방자치단체의
   청사와 외국공관의 건축물로서 제1종 근린
   생활시설에 해당하지 아니하는 것
나. 일반업무시설 : 다음 요건을 갖춘 업무시설을
   말한다.   〈개정 12.12.12〉
   1) 금융업소, 사무소, 결혼상담소 등 소개업소,
      출판사, 신문사, 그 밖에 이와 비슷한 것으로서
      제1종 근린생활시설 및 제2종 근린생활시설에
      해당하지 않는 것
   2) 오피스텔(업무를 주로 하며, 분양하거나 임대
      하는 구획 중 일부 구획에서 숙식을 할 수 있도
      록 한 건축물로서 국토교통부장관이 고시하는
      기준에 적합한 것을 말한다)

15. 숙박시설

가. 일반숙박시설 및 생활숙박시설(「공중위생
   관리법」 제3조제1항 전단에 따라 숙박업 신고
   를 해야 하는 시설로서 국토교통부장관이
   정하여 고시하는 요건을 갖춘 시설을 말한다)
나. 관광숙박시설(관광호텔, 수상관광호텔,
   한국전통호텔, 가족호텔 및 휴양 콘도미니엄)
다. 다중생활시설(제2종 근린생활시설에 해당하지
   아니 하는 것을 말한다)
라. 그 밖에 가목부터 다목까지의 시설과 비슷한 것

※「공중위생관리법」 제3조
①공중위생영업을 하고자 하는 자는 공중위생영업의
종류별로 보건복지부령이 정하는 시설 및 설비를
갖추고 시장·군수·구청장(자치구의 구청장에 한한
다. 이하 같다)에게 신고하여야 한다.
[별표1] 숙박업 개별기준
가. 숙박업(생활)은 취사시설과 환기시설이나 창문
   설치. - 실내에 취사시설 설치 시 고정형 취사
   시설을 객실별로 설치하거나 공동 취사공간에 설치
나. 숙박업(생활)은 객실별로 욕실 또는 샤워실
   설치 ★ 호스텔업 : 욕실 또는 샤워실 공용설치가능
다. 건물 일부 숙박업 : 객실 수 30개 이상이거나
   영업장 면적이 연면적의 3분의 1 이상
   .- 조례로 완화가능

16. 위락시설

   가. 단란주점으로서 제2종 근린생활시설에
      해당하지 아니하는 것
   나. 유흥주점이나 그 밖에 이와 비슷한 것
   다. 「관광진흥법」에 따른 유원시설업의 시설,
      그 밖에 이와 비슷한 시설(제2종 근린생활
      시설과 운동시설에 해당하는 것은 제외한다)
   라. 삭제 〈10.02.18〉
   마. 무도장, 무도학원
   바. 카지노영업소

17. 공장

물품의 제조·가공[염색·도장(塗裝)·표백·재봉·
건조·인쇄 등을 포함한다] 또는 수리에 계속적으로
이용되는 건축물로서 제1종 근린생활시설, 제2종근린
생활시설, 위험물저장 및 처리시설, 자동차관련시설,
자원순환 관련시설 등으로 따로 분류되지 아니한 것
〈개정 14.11.11〉

18. 창고시설 (위험물 저장 및 처리 시설 또는 그
부속용도에 해당하는 것은 제외한다)

   가. 창고
      (물품저장시설로서 「물류정책기본법」에 따른
      일반창고와 냉장 및 냉동 창고를 포함한다)
   나. 하역장
   다. 「물류시설의 개발 및 운영에 관한 법률」에
      따른 물류터미널
   라. 집배송 시설

19. 위험물저장 및 처리시설

「위험물안전관리법」, 「석유 및 석유대체연료사업법」,
「도시가스사업법」, 「고압가스 안전관리법」,
「액화석유가스의 안전관리 및 사업법」, 「총포·
도검·화약류 등 단속법」, 「화학물질 관리법」 등에
따라 설치 또는 영업의 허가를 받아야 하는
건축물로서 다음 각 목의 어느 하나에 해당하는 것.
  다만, 자가난방, 자가발전, 그 밖에 이와 비슷한
목적으로 쓰는 저장시설은 제외한다.
   가. 주유소(기계식 세차설비를 포함한다) 및
      석유 판매소
   나. 액화석유가스 충전소·판매소·저장소
      (기계식 세차설비를 포함한다)
   다. 위험물 제조소·저장소·취급소
   라. 액화가스 취급소·판매소
   마. 유독물 보관·저장·판매시설
   바. 고압가스 충전소·판매소·저장소
   사. 도료류 판매소
   아. 도시가스 제조시설
   자. 화약류 저장소
   차. 그 밖에 가목부터 자목까지의 시설과 비슷한 것

20. **자동차관련시설**(건설기계관련시설을 포함한다)

  가. 주차장

  나. 세차장

  다. 폐차장

  라. 검사장

  다. 매매장

  타. 정비공장

  사. 운전학원 및 정비학원

    (운전 및 정비 관련 직업훈련시설을 포함한다)

  다. 「여객자동차 운수사업법」, 「화물자동차 운수사업법」 및 「건설기계관리법」에 따른 차고 및 주기장(駐機場)

  자. 전기자동차 충전소로서 제1종 근린생활시설에 해당하지 않는 것

21. **동물 및 식물관련시설**

  가. 축사

    (양잠·양봉·양어·양돈·양계·곤충사육 시설 및 부화장 등을 포함한다)

  나. 가축시설[가축용 운동시설, 인공수정센터, 관리사(管理舍), 가축용 창고, 가축시장, 동물검역소, 실험동물 사육시설, 그 밖에 이와 비슷한 것을 말한다]

  다. 도축장

  라. 도계장

  마. 작물 재배사

  바. 종묘배양시설

  사. 화초 및 분재 등의 온실

  아. 동물 또는 식물과 관련된 가목부터 사목까지의 시설과 비슷한 것(동·식물원은 제외한다)

22. **자원순환 관련 시설**

  가. 하수 등 처리시설

  나. 고물상

  다. 폐기물재활용시설

  라. 폐기물 처분시설

  마. 폐기물감량화시설

23. **교정시설**

(제1종 근린생활시설에 해당하는 것은 제외한다)

  가. 교정시설

    (보호감호소, 구치소 및 교도소를 말한다)

  나. 갱생보호시설, 그 밖에 범죄자의 갱생·보육·교육·보건 등의 용도로 쓰는 시설

        〈개정 12.12.12〉

  다. 소년원 및 소년분류심사원

24. **군사시설**

(제1종 근린생활시설에 해당하는 것은 제외한다)

  가. 국방·군사시설

25. **방송통신시설**

  (제1종 근린생활시설에 해당하는 것은 제외한다)

  가. 방송국(방송프로그램 제작시설 및 송신·수신·중계시설을 포함한다)

  나. 전신전화국

  다. 촬영소

  라. 통신용 시설

  마. 데이터센터

  바. 그 밖에 가목부터 마목까지의 시설과 비슷한 것

26. 발전시설

발전소(집단에너지 공급시설을 포함한다)로 사용
되는 건축물로서 제1종 근린생활시설에 해당하지
아니하는 것

27. 묘지관련시설

가. 화장시설
나. 봉안당(종교시설에 해당하는 것은 제외한다)
다. 묘지와 자연장지에 부수되는 건축물
라. 동물화장시설, 동물건조장(乾燥葬)시설 및
    동물 전용의 납골시설

28. 관광휴게시설

가. 야외음악당
나. 야외극장
다. 어린이회관
라. 관망탑
마. 휴게소
바. 공원·유원지 또는 관광지에 부수되는 시설

29. 장례시설

가. 장례식장[의료시설의 부수시설(「의료법」 제36조
    제1호에 따른 의료기관의 종류에 따른 시설을 말한
    다)에 해당하는 것은 제외한다]
나. 동물 전용의 장례식장

30. 야영장 시설

「관광진흥법」에 따른 야영장 시설로서 관리동,
화장실, 샤워실, 대피소, 취사시설 등의 용도로
쓰는 바닥면적의 합계가 300 ㎡ 미만인 것
〈신설 16.02.11〉

비고

1. 제3호 및 제4호에서 "해당 용도로 쓰는 바닥면적"이란 부설 주차장 면적을 제외한 실(實) 사용면적에
   공용부분 면적(복도, 계단, 화장실 등의 면적을 말한다)을 비례 배분한 면적을 합한 면적을 말한다.

2. 비고 제1호에 따라 "해당 용도로 쓰는 바닥면적"을 산정할 때 건축물의 내부를 여러 개의 부분으로 구분하여
   독립한 건축물로 사용하는 경우에는 그 구분된 면적단위로 바닥면적을 산정한다.
   다만, 다음 각 목에 해당하는 경우에는 각 목에서 정한 기준에 따른다.

   가. 제4호더목에 해당하는 건축물의 경우에는 내부가 여러 개의 부분으로 구분되어 있더라도 해당 용도로 쓰는
       바닥면적을 모두 합산하여 산정한다.

   나. 동일인이 둘 이상의 구분된 건축물을 같은 세부 용도로 사용하는 경우에는 연접되어 있지 않더라도 이를
       모두 합산하여 산정한다.

   다. 구분 소유자(임차인을 포함한다)가 다른 경우에도 구분된 건축물을 같은 세부 용도로 연계하여 함께 사용
       하는 경우(통로, 창고 등을 공동으로 활용하는 경우 또는 명칭의 일부를 동일하게 사용하여 홍보하거나
       관리하는 경우 등을 말한다)에는 연접되어 있지 않더라도 연계하여 함께 사용하는 바닥면적을 모두 합산
       하여 산정한다.

3. 「청소년 보호법」 제2조제5호가목8) 및 9)에 따라 여성가족부장관이 고시하는 청소년 출입·고용금지업의
   영업을 위한 시설은 제1종 근린생활시설 및 제2종 근린생활시설에서 제외하되, 위 표에 따른 다른 용도의
   시설로 분류되지 않는 경우에는 제16호에 따른 위락시설로 분류한다.

4. 국토교통부장관은 별표 1 각 호의 용도별 건축물의 종류에 관한 구체적인 범위를 정하여 고시할 수 있다.

주차장 법규 요약

주차장법규 요약

주차장

종류	설치장소	비고
노상주차장	도로의 노면 또는 교통광장 (교차점광장만 해당)의 일정한 구역에 설치된 주차장	일반의 이용에 제공
노외주차장	도로의 노면 및 교통광장외의 장소에 설치된 주차장	
부설주차장	건축물, 골프연습장, 그 밖에 주차수요를 유발하는 시설에 부대하여 설치된 주차장	해당 건축물·시설의 이용자 또는 일반의 이용에 제공

기계식주차장

기계식주차장치를 설치한 노외주차장 및 부설주차장

도로

「건축법」에 따른 도로로서 자동차가 통행할 수 있는 도로

자동차

「도로교통법」에 따른 자동차 및 원동기장치자전거

주차전용건축물

주차장 이외 부분의 용도	주차장 면적 비율	비고
원칙	95 % 이상	특별시장·광역시장·특별자치도지사 또는 시장은 노외주차장 또는 부설주차장의 설치를 제한하는 지역의 주차전용건축물의 경우 조례로 주차장 외의 용도로 사용되는 부분에 설치할 수 있는 시설의 종류를 구역별로 제한 가능
근린생활시설, 문화 및 집회시설, 종교시설, 판매시설, 운수시설, 운동시설, 업무시설 또는 자동차 관련 시설	70 % 이상	

1. 건폐율 : 90% 이하   2. 용적률 : 1,500% 이하
3. 대지면적의 최소한도 : 45 ㎡ 이상
4. 높이제한 : 주차장법 제12조의2 참조

주차장의 형태

구분	형식	비고
자주식주차장	운전자가 자동차를 직접 운전하여 주차장으로 들어가는 주차장	지하식·지평식·건축물식(공작물식 포함)
기계식주차장	기계식주차장치를 설치한 노외주차장 및 부설주차장	지하식·건축물식

주차장의 주차단위 구획

1. 평행주차형식의 경우

구분	너비	길이	비고
경형	1.7 m 이상	4.5 m 이상	
일반형	2.0 m 이상	6.0 m 이상	
보도와 차도의 구분이 없는 주거지역의 도로	2.0 m 이상	5.0 m 이상	
이륜자동차	1.0 m 이상	2.3 m 이상	

2. 평행주차형식 외의 경우

구분	너비	길이	비고
경형	2.0 m 이상	3.6 m 이상	
일반형	2.5 m 이상	5.0 m 이상	
확장형	2.6 m 이상	5.2 m 이상	
장애인전용	3.3 m 이상	5.0 m 이상	
이륜자동차전용	1.0 m 이상	2.3 m 이상	

※주차단위구획
흰색 실선으로 표시
(경형자동차 : 파란색 실선)

주차장법규 요약

노상주차장의 구조 · 설비기준

1. 노상주차장을 설치하려는 지역에서의 주차수요와
   노외주차장 또는 그 밖에 자동차의 주차에 사용
   되는 시설 또는 장소와의 연관성 고려 유기적으로
   대응할 수 있도록 적정하게 분포
2. 노상주차장 설치 금지 장소
   가. 주간선도로
   [예외] 분리대나 도로교통에 크게 지장을 주지
          아니하는 부분
   나. 너비 6 m 미만의 도로
   [예외] 보행자의 통행이나 연도의 이용에 지장이
          없는 경우로서 조례로 정하는 경우
   다. 종단경사도 4 % 초과하는 도로
   [예외] 1) 종단경사도가 6 % 이하인 도로로서 보도와
             차도가 구별되어 있고, 그 차도의 너비가
             13 m 이상인 도로에 설치하는 경우
          2) 종단경사도가 6 % 이하인 도로로서
             허가권자가 안전에 지장이 없다고 인정하는
             도로에 설치하는 경우
   라. 고속도로, 자동차전용도로 또는 고가도로
   마. 「도로교통법」 주정차 금지구역 도로의 부분
3. 도로의 너비 또는 교통 상황 등을 고려하여
   그 도로를 이용하는 자동차 통행에 지장이 없도록
   설치
4. 장애인 전용주차구획 설치
   가. 주차대수 규모가 20대 이상 50대 미만인 경우:
       한 면 이상
   나. 주차대수 규모가 50대 이상인 경우:
       주차대수의 2 % 부터 4 % 까지의 범위에서
       장애인의 주차수요를 고려하여 조례로 정하는
       비율 이상

정차 및 주차의 금지

1. 교차로 · 횡단보도 · 건널목이나 보도와 차도가 구분
   된 도로의 보도
2. 교차로의 가장자리나 도로의 모퉁이로부터 5m 이내
3. 안전지대가 설치된 도로에서는 그 안전지대의 사방
   으로부터 각각 10m 이내
4. 버스여객자동차의 정류지(停留地)임을 표시하는
   기둥이나 표지판 또는 선이 설치된 곳으로부터
   10m 이내
5. 건널목의 가장자리 또는 횡단보도로부터 10m 이내
6. 지방경찰청장이 필요하다고 인정하여 지정한 곳

노외주차장의 구조 · 설비기준

1. 출구 · 입구 부근의 가각전제
   자동차의 회전을 쉽게 하기 위하여 필요한 경우,
   차로와 도로가 접하는 부분을 곡선형으로 처리
2. 출구 부근의 구조
   출구로부터 2 m (이륜자동차전용 1.3 m)를 후퇴한
   차로의 중심선상 1.4 m의 높이에서 도로의 중심선
   에 직각으로 향한 왼쪽 · 오른쪽 각각 60°의 범위
   에서 해당 도로를 통행하는 자를 확인할 수 있도록
   하여야 한다.
3. 차로 설치
   가. 주차구획선의 긴 변과 짧은 변 중 한 변 이상이
       차로에 접할 것
   나. 차로의 너비
       1) 이륜자동차전용 노외주차장

주차형식	차로의 너비	
	출입구가 2개 이상	출입구가 1개
평행주차	2.25 m	3.5 m
직각주차	4.0 m	4.0 m
45° 대향주차	2.3 m	3.5 m

       2) 1) 외의 노외주차장

주차형식	차로의 너비	
	출입구가 2개 이상	출입구가 1개
평행주차	3.3 m	5.0 m
직각주차	6.0 m	6.0 m
60° 대향주차	4.5 m	5.5 m
45° 대향주차	3.5 m	5.0 m
교차주차	3.5 m	5.0 m

4. 출입구 너비
   주차대수 규모 50대 미만 : 3.5 m 이상
   주차대수 규모 50대 이상 : 출구 입구를 분리하거나
                   너비 5.5 m 이상의 출입구 설치

5. **지하식 또는 건축물식 노외주차장의 차로**
  가. 차로의 높이 : 주차바닥면으로부터 2.3 m 이상
  나. 곡선 부분 : 자동차가 6 m (총주차대수가 50대
     이하 – 5 m, 이륜자동차전용 – 3 m) 이상의
     내변반경으로 회전할 수 있도록 할 것
  다. 경사로의 차로 너비(연석 포함)
     – 직선형 : 3.3 m 이상(2차로 6 m 이상)
     – 곡선형 : 3.6 m 이상(2차로 6.5 m 이상)
  ※ 연석
     경사로의 양쪽 벽면으로부터 30 cm 이상의 지점
     – 높이 10 cm 이상 15cm 미만으로 설치
  라. 경사로의 종단경사도
     직선 부분 : 17 % 이하 (1/6)
     곡선 부분 : 14 % 이하 (1/7)
  마. 경사로의 노면 : 거친 면
  바. 주차대수 규모가 50대 이상
     – 너비 6 m 이상인 2차로 확보
     – 진입차로와 진출차로 분리
6. **자동차용 승강기 설치**
  주차대수 30대마다 1대 설치
7. **주차에 사용되는 부분의 높이**
  주차바닥면으로부터 2.1 m 이상
8. **주차장 내부 공간 : 일산화탄소 농도 50 ppm 이하**
  – 주차장을 이용하는 차량이 가장 빈번한 시각의
    앞뒤 8시간의 평균치(실내주차장은 25 ppm 이하)
9. **바닥면의 조도 : 벽면에서부터 50 cm 이내 제외**
  가. 주차구획 및 차로 : 최소 조도는 10 lux 이상,
     최대 조도는 최소 조도의 10배 이내
  나. 주차장 출구 및 입구 : 최소 조도 300 lux 이상
  다. 사람이 출입하는 통로 : 최소 조도 50 lux 이상
10. **경보장치 설치**
11. **방범설비 : 주차대수 30대 초과하는 규모**
  폐쇄회로 텔레비전 및 녹화장치 설치·관리
  가. 주차장의 바닥면으로부터 170 cm의 높이에
     있는 사물 식별 가능토록 설치
  나. 폐쇄회로 텔레비전과 녹화장치의 화면 수가
     같게 할 것
  다. 선명한 화질이 유지될 수 있도록 관리
  라. 촬영된 자료는 컴퓨터보안시스템을 설치하여
     1개월 이상 보관

12. **추락방지 안전시설 설치**
  2층 이상 건축물식 주차장 및 허가권자 고시 주차장
  가. 2 ton 차량이 시속 20 km 주행속도로 정면충돌시
     견딜 수 있는 강도의 구조물로서 구조계산에
     의하여 안전하다고 확인된 구조물
  나. 「도로법」에 따른 방호울타리
  다. 2 ton 차량이 시속 20 km 주행속도로 정면충돌시
     견딜 수 있는 강도의 구조물로서 한국도로공사,
     교통안전공단, 그 밖에 국토교통부장관이 정하여
     고시하는 전문연구기관에서 인정하는 제품
  라. 그 밖에 국토교통부장관이 정하여 고시하는
     추락방지 안전시설
13. **주차단위구획 설치 장소 : 평평한 장소에 설치**
  예외-경사도가 7% 이하인 경우로서 시장·군수 또는
     구청장이 안전에 지장이 없다고 인정하는 경우
14. **확장형 주차단위구획**
  주차단위구획 총수의 30 % 이상 설치
    – 평행주차형식의 주차단위구획 수 제외
15. **과속방지턱등 설치 ; 400대초과 – 보행안전**
16. **침수방지시설 : 하천구역 등**
    – 주차차단기, CCTV, 안내방송, 전광판

노외주차장의 부대시설 제한

부대시설의 총면적(전기자동차충전시설 제외)은
주차장 총시설면적 20 % 이하 설치
1. 관리사무소, 휴게소 및 공중화장실
2. 간이매점, 자동차 장식품 판매점 및 전기자동차
   충전시설(허가권자가 설치한 노외주차장만 해당}
3. 주유소(허가권자가 설치한 노외주차장만 해당)
4. 노외주차장의 관리·운영상 필요한 편의시설
5. 조례로 정하는 이용자 편의시설

기계식주차장치 관리인의 배치

수용할 수 있는 자동차대수가
20대 이상인 기계식주차장치

기계식주차장 대기주차

주차대수 20대를 초과하는
20대마다 한 대분의 정류장 확보

주차장법규 요약

부설주차장의 구조·설비기준

1. 노외주차장의 구조·설비기준 준용
2. 소규모 자주식주차장에 대한 완화
   총주차대수 규모가 8대 이하인 자주식주차장
   (지평식 및 건축물식 중 필로티 구조만 해당)의
   구조 및 설비기준
   가. 차로의 너비 : 2.5 m 이상
   [예외] 주차단위구획과 접하여 있는 차로의
   　　　 너비는 주차형식에 따라 다음 기준 이상

주차형식	차로의 너비
평행주차	3.0 m
직각주차	6.0 m
60° 대향주차	4.0 m
45° 대향주차	3.5 m
교차주차	3.5 m

   나. 보도와 차도의 구분이 없는 너비 12 m 미만의
   　　도로에 접하여 있는 경우
   　- 그 도로를 차로로 하여 주차단위구획 배치 가능
   　※ 차로의 너비는 도로 포함 6 m 이상
   　　(평행주차형식인 경우 도로 포함 4 m 이상)
   　※ 도로 포함 범위 : 중앙선까지
   　　- 중앙선이 없는 경우 : 도로 반대쪽 경계선
   다. 보도와 차도의 구분이 있는 12 m 이상의
   　　도로에 접하여 있는 경우
   　- 주차대수가 5대 이하인 부설주차장은
   　　그 주차장의 이용에 지장이 없는 경우
   　　그 도로를 차로로 하여 직각주차형식으로
   　　주차단위구획 배치 가능
   라. 주차대수 5대 이하의 주차단위구획
   　　차로를 기준으로 하여 세로로 2대까지 접하여
   　　배치 가능
   마. 출입구의 너비 : 3 m 이상
   [예외] 막다른 도로에 접하여 있는 부설주차장
   　　　 으로서 시장·군수 또는 구청장이 차량
   　　　 의 소통에 지장이 없다고 인정하는
   　　　 경우 : 2.5 m 미터 이상
   바. 보행인의 통행로가 필요한 경우
   　　시설물과 주차단위구획 사이에 0.5 m 이상
   　　확보

부설주차장의 인근 설치

1. 주차대수 300대 이하인 경우 시설물 부지 인근에
   단독 또는 공동으로 부설주차장을 설치 가능
2. 부지 인근의 범위 : 시·군 또는 구의 조례.
   가. 부지의 경계선으로부터 부설주차장의 경계선
   　　까지의 직선거리 300 m 이내 또는 도보거리
   　　600 m 이내
   나. 해당 시설물이 있는 동·리 및 그 시설물과의
   　　통행 여건이 편리하다고 인정되는 인접 동·리

부설주차장의 설치 제한

특별시장·광역시장·특별자치도지사 또는 시장은
부설주차장을 설치하면 교통 혼잡이 가중될 우려가
있는 지역에 대하여 부설주차장의 설치 제한 가능

도로를 차로로 하여 설치한 부설주차장

도로와 주차구획선 사이에는 담장 등 주차장의 이용
을 곤란하게 하는 장애물 설치 금지

부설주차장의 설치 의무 면제

주차장의 설치에 드는 비용을 시장·군수·구청장에게
납부하는 것으로 부설주차장 설치에 갈음

1. 시설물의 위치
   가. 차량통행의 금지 또는 주변의 토지이용 상황으로
   　　인하여 주차장의 설치가 곤란하다고
   　　허가권자 인정하는 장소
   나. 부설주차장의 출입구가 도심지 등의 간선도로변에
   　　위치하게 되어 자동차교통의 혼잡을 가중시킬 우려
   　　가 있다고 허가권자가 인정하는 장소
2. 시설물의 용도 및 규모 :
   연면적 1만 ㎡ 이상의 판매시설 및 운수시설에 해당
   하지 아니하거나 연면적 1만 5천 ㎡ 이상의 문화 및
   집회시설(공연장·집회장 및 관람장만을 말한다),
   위락시설, 숙박시설 또는 업무시설에 해당하지 아니
   하는 시설물
3. 부설주차장의 규모 : 주차대수 300대 이하의 규모
   (차량통행이 금지된 장소의 경우에는 부설주차장
   설치기준에 따라 산정한 주차대수에 상당하는 규모)

주차장법규 요약

부설주차장의 설치대상 시설물 종류 및 설치기준

시설물	설치기준
1. 위락시설	○ 시설면적 100㎡당 1대 (시설면적/100㎡)
2. 문화 및 집회시설(관람장 제외), 종교시설, 판매시설, 운수시설, 의료시설(정신병원·요양병원 및 격리병원 제외), 운동시설(골프장·골프연습장 및 옥외수영장 제외), 업무시설(외국공관 및 오피스텔 제외), 방송통신시설 중 방송국, 장례식장	○ 시설면적 150㎡당 1대 (시설면적/150㎡)
3. 제1종 근린생활시설[「건축법시행령」 별표1제3호 바목 및 사목(공중화장실, 대피소, 지역아동센터 제외)은 제외], 제2종 근린생활시설, 숙박시설	○ 시설면적 200㎡당 1대 (시설면적/200㎡)
4. 단독주택(다가구주택 제외)	○ 시설면적 50㎡ 초과 150㎡ 이하: 1대 ○ 시설면적 150㎡ 초과: 1대에 150㎡를 초과하는 100㎡당 1대를 더한 대수 [1+{(시설면적-150㎡)/100㎡}]
5. 다가구주택, 공동주택(기숙사 제외), 업무시설 중 오피스텔	○「주택건설기준 등에 관한 규정」 제27조제1항에 따라 산정된 주차대수. 이 경우 다가구주택 및 오피스텔의 전용면적은 공동주택의 전용면적 산정방법을 따른다.
6. 골프장, 골프연습장, 옥외수영장, 관람장	○ 골프장: 1홀당 10대 (홀의 수×10) ○ 골프연습장: 1타석당 1대 (타석의 수×1) ○ 옥외수영장: 정원 15명당 1대 (정원/15명) ○ 관람장: 정원 100명당 1대 (정원/100명)
7. 수련시설, 공장(아파트형 제외), 발전시설	○ 시설면적 350㎡당 1대 (시설면적/350㎡)
8. 창고시설	○ 시설면적 400㎡당 1대 (시설면적/400㎡)
9. 학생용 기숙사	○ 시설면적 400㎡당 1대 (시설면적/400㎡)
10. 그 밖의 건축물	○ 시설면적 300㎡당 1대 (시설면적/300㎡)

주차장법규 요약

비고

1. 시설물의 종류는 다른 법령에 특별한 규정이 없으면 「건축법 시행령」 별표 1에 따르되, 다음 각 목의 어느 하나에 해당하는 시설물을 건축하거나 설치하려는 경우에는 부설주차장을 설치하지 않을 수 있다.

　가. 제1종 근린생활시설 중 변전소·양수장·정수장·대피소·공중화장실, 그 밖에 이와 유사한 시설

　나. 종교시설 중 수도원·수녀원·제실(祭室) 및 사당

　다. 동물 및 식물 관련 시설(도축장 및 도계장은 제외한다)

　라. 방송통신시설(방송국, 전신전화국, 통신용 시설 및 촬영소만을 말한다) 중 송신·수신 및 중계시설

　마. 주차전용건축물(노외주차장인 주차전용건축물만을 말한다)에 주차장 외의 용도로 설치하는 시설물
　　(판매시설 중 백화점·쇼핑센터·대형점과 문화 및 집회시설 중 영화관·전시장·예식장은 제외한다)

　바. 「도시철도법」에 따른 역사
　　(「철도건설법」 제2조제7호에 따른 철도건설사업으로 건설되는 역사를 포함한다)

　사. 「건축법 시행령」 제6조제1항제4호에 따른 전통한옥 밀집지역 안에 있는 전통한옥

2. 시설물의 시설면적은 공용면적을 포함한 바닥면적의 합계를 말하되, 하나의 부지 안에 둘 이상의 시설물이 있는 경우에는 각 시설물의 시설면적을 합한 면적을 시설면적으로 하며, 시설물 안의 주차를 위한 시설의 바닥면적은 그 시설물의 시설면적에서 제외한다.

3. 시설물의 소유자는 부설주차장(해당 시설물의 부지에 설치하는 부설주차장은 제외한다)의 부지(「측량·수로조사 및 지적에 관한 법률」 제67조제1항에 따른 주차장 지목만을 말한다)의 소유권을 취득하여 이를 주차장 전용으로 제공해야 한다. 다만, 주차전용건축물에 부설주차장을 설치하는 경우에는 그 건축물의 소유권을 취득해야 한다.

4. 용도가 다른 시설물이 복합된 시설물에 설치해야 하는 부설주차장의 주차대수는 용도가 다른 시설물별 설치기준에 따라 산정(위 표 제5호의 시설물은 주차대수의 산정대상에서 제외하되, 비고 제8호에서 정한 기준을 적용하여 산정된 주차대수는 따로 합산한다)한 소수점 이하 첫째자리까지의 주차대수를 합하여 산정한다.

　다만, 단독주택(다가구주택은 제외한다. 이하 이 호에서 같다)의 용도로 사용되는 시설의 면적이 50 ㎡ 이하인 경우 단독주택의 용도로 사용되는 시설의 면적에 대한 부설주차장의 주차대수는 단독주택의 용도로 사용되는 시설의 면적을 100 ㎡로 나눈 대수로 한다.

5. 시설물을 용도변경하거나 증축함에 따라 추가로 설치해야 하는 부설주차장의 주차대수는 용도변경하는 부분 또는 증축으로 인하여 면적이 증가하는 부분(이하 "증축하는 부분"이라 한다)에 대해서만 설치기준을 적용하여 산정한다. 다만, 위 표 제5호에 따른 시설물을 증축하는 경우에는 증축 후 시설물의 전체면적에 대하여 위 표 제5호에 따른 설치기준을 적용하여 산정한 주차대수에서 증축 전 시설물의 면적에 대하여 증축 시점의 위 표 제5호에 따른 설치기준을 적용하여 산정한 주차대수를 뺀 대수로 한다.

6. 설치기준(위 표 제5호에 따른 설치기준은 제외한다. 이하 이 호에서 같다)에 따라 주차대수를 산정할 때 소수점 이하의 수(시설물을 증축하는 경우 먼저 증축하는 부분에 대하여 설치기준을 적용하여 산정한 수가 0.5 미만일 때에는 그 수와 나중에 증축하는 부분들에 대하여 설치기준을 적용하여 산정한 수를 합산한 수의 소수점 이하의 수. 이 경우 합산한 수가 0.5 미만일 때에는 0.5 이상이 될 때까지 합산해야 한다)가 0.5 이상인 경우에는 이를 1로 본다. 다만, 해당 시설물 전체에 대하여 설치기준(시설물을 설치한 후 법령·조례의 개정 등으로 설치기준 또는 설치제한기준이 변경된 경우에는 변경된 설치기준 또는 설치제한기준을 말한다)을 적용하여 산정한 총주차대수가 1대 미만인 경우에는 주차대수를 0으로 본다.

7. 용도변경되는 부분에 대하여 설치기준을 적용하여 산정한 주차대수가 1대 미만인 경우에는 주차대수를 0으로 본다. 다만, 용도변경되는 부분에 대하여 설치기준을 적용하여 산정한 주차대수의 합(2회 이상 나누어 용도 변경하는 경우를 포함한다)이 1대 이상인 경우에는 그러하지 아니하다.

8. 단독주택 및 공동주택 중 「주택건설기준 등에 관한 규정」이 적용되는 주택에 대해서는 같은 규정에 따른 기준을 적용한다.

9. 승용차와 승용차 외의 자동차를 함께 주차하는 부설주차장의 경우에는 승용차 외의 자동차의 주차가 가능하도록 하여야 하며, 승용차 외의 자동차를 더 많이 주차하는 부설주차장의 경우에는 그 이용 빈도에 따라 승용차 외의 자동차의 주차에 적합하도록 승용차 외의 자동차를 주차할 주차장을 승용차용 주차장과 구분하여 설치해야 한다. 이 경우 주차대수의 산정은 승용차를 기준으로 한다.

10. 「장애인·노인·임산부 등의 편의증진 보장에 관한 법률 시행령」 제4조 또는 「교통약자의 이동편의 증진법 시행령」 제12조에 따라 장애인전용 주차구역을 설치해야 하는 시설물에는 부설주차장 설치기준에 따른 부설주차장 주차대수의 2 % 부터 4 % 까지의 범위에서 장애인의 주차수요를 고려하여 지방자치단체의 조례로 정하는 비율 이상을 장애인전용 주차구획으로 구분·설치해야 한다.   다만, 부설주차장의 설치기준에 따른 부설주차장의 주차대수가 10대 미만인 경우에는 그러하지 아니하다.

11. 제6조제2항에 따라 지방자치단체의 조례로 부설주차장 설치기준을 강화 또는 완화하는 때에는 시설물의 시설면적·홀·타석·정원을 기준으로 한다.

12. 경형자동차의 전용주차구획으로 설치된 주차단위구획은 전체 주차단위구획 수의 10 % 까지 부설주차장 설치기준에 따라 설치된 것으로 본다.

13. 2008년 1월 1일 전에 설치된 기계식주차장치로서 다음 각 목에 열거된 형태의 기계식주차장치를 설치한 주차장을 다른 형태의 주차장으로 변경하여 설치하는 경우에는 변경 전의 주차대수보다 1대(총주차대수가 8대 이하인 주차장에서는 기계식주차장치에 주차하는 대수의 2분의 1을 뺀 대수)를 적게 설치하더라도 변경 전의 주차대수로 인정한다.

   가. 2단 단순승강 기계식주차장치: 주차구획이 2층으로 되어 있고 위층에 주차된 자동차를 출고하기 위하여는 반드시 아래층에 주차되어 있는 자동차를 출고해야 하는 형태로서, 주차구획 안에 있는 평평한 운반기구를 위·아래로만 이동하여 자동차를 주차하는 기계식주차장치

   나. 2단 경사승강 기계식주차장치: 주차구획이 2층으로 되어 있고 주차구획 안에 있는 경사진 운반기구를 위·아래로만 이동하여 자동차를 주차하는 기계식주차장치

14. 비고 제13호에 따라 기계식주차장치를 설치한 주차장을 변경하여 변경 전의 주차대수로 인정받은 후 해당 시설물의 용도변경 또는 증축 등으로 인하여 주차장을 추가로 설치해야 하는 경우에는 비고 제13호 각 목의 기계식주차장치를 설치한 주차장을 변경하면서 줄어든 주차대수도 포함하여 설치해야 한다.

15. "학생용 기숙사"란 기숙사 중 「초·중등교육법」 제2조 및 「고등교육법」 제2조에 따른 학교에 재학 중인 학생을 위한 기숙사를 말한다.

한눈에 보는 건축법규 (2023년 최신판)

2015년 3월 10일 1판 1쇄 발행
2023년 3월 10일 9판 1쇄 발행

편 저 황 석 규
펴낸이 강 찬 석
펴낸곳 도서출판 **미세움**
주 소 (07315) 서울시 영등포구 도신로51길 4
전 화 02-703-7507   팩스 02-703-7508
등 록 제313-2007-000133호
홈페이지 www.misewoom.com

ISBN 979-11-88602-59-9   93540

정가 28,000원